国家科学技术学术著作出版基金资助出版

电磁分析中的预条件方法

陈如山　著

科学出版社
北　京

内 容 简 介

本书主要介绍了预条件方法的基本理论及其在电磁分析中的应用，包括计算电磁学中的主要数值方法、Krylov子空间迭代方法、预条件技术、迭代算法的自适应加速技术、预条件技术的优化措施、基于物理模型的预条件技术、基于特征谱信息的快速迭代算法及预条件技术、高阶有限元及多重网格迭代法、高阶矩量法及多重网格方法、块迭代算法、并行预条件技术等，重点介绍了多种预条件技术在矩量法和有限元方法中的应用。

本书可作为高等院校电子、物理、数学等相关专业研究生和高年级本科生的参考教材，也可供从事电磁理论、计算电磁学、微波技术等相关领域研究的科技工作者阅读。

图书在版编目(CIP)数据

电磁分析中的预条件方法/陈如山著. —北京：科学出版社，2018.5
ISBN 978-7-03-051509-4

Ⅰ.电…　Ⅱ.①陈…　Ⅲ.电磁学-分析　Ⅳ.O441

中国版本图书馆CIP数据核字(2016)第323302号

责任编辑：陈　婕　纪四稳 / 责任校对：桂伟利
责任印制：吴兆东 / 封面设计：陈　敬

科学出版社 出版
北京东黄城根北街16号
邮政编码：100717
http://www.sciencep.com
北京建宏印刷有限公司 印刷
科学出版社发行　各地新华书店经销
*
2018年5月第　一　版　开本：720×1000 1/16
2022年1月第三次印刷　印张：22 1/2
字数：440 000

定价：160.00元

(如有印装质量问题，我社负责调换)

前　言

随着高性能计算机技术的发展，利用计算电磁学数值方法进行电磁仿真分析，已经成为电磁场与微波技术领域内重要的研究手段。在计算电磁学数值方法中，无论是积分方程类方法还是微分方程类方法，都需要求解由数值方法离散积分方程或者微分方程导出的线性方程组。对该线性方程组的求解主要采用迭代方法进行。但是，随着电磁问题的复杂性和计算规模的增加，所得到的线性系统方程的系数矩阵性态变差，导致迭代方法在分析复杂电磁问题时收敛速度慢，甚至不收敛，难以有效获取电磁问题的解。而预条件技术的发展为解决该问题提供了一种有效的方法。通过构建预条件矩阵，将原始的线性系统转换为矩阵性态良好的等价线性系统，从而加速迭代方法的求解，在确保转换后的线性系统与原始的线性系统拥有相同的解的同时，提高复杂电磁问题的分析效率。

本书主要介绍计算电磁学中预条件方法的基本理论及其在电磁分析中的应用。全书共 12 章，主要内容包括：计算电磁学中的主要数值方法、Krylov 子空间迭代方法、预条件技术、迭代算法的自适应加速技术、预条件技术的优化措施、基于物理模型的预条件技术、基于特征谱信息的快速迭代算法及预条件技术、高阶有限元及多重网格迭代法、高阶矩量法及多重网格方法、块迭代算法、并行预条件技术研究等。

本书的撰写工作得到了丁大志博士、樊振宏博士、芮平亮博士的帮助，同时本书的部分研究内容得到了国家自然科学基金（项目编号：60271005、60325103、60871013、61271076、61431006）的资助。在本书出版之际，一并表示由衷的感谢。

由于作者水平有限，书中难免存在疏漏和不足，望读者批评指正、反馈意见，以便本书再版时补充及修改，邮箱：eerschen@njust. edu. cn。

目　　录

第1章 绪 论

1864年,英国物理学家麦克斯韦(Maxwell)在"A dynamical theory of the electromagnetic field"一文中提出了位移电流的概念[1],认为不仅变化的磁场能产生电场,而且变化的电场也能产生磁场,电磁场由此交替地向外传播,同时提出了麦克斯韦方程组,并首次预言了电磁波的存在。1887年,德国物理学家赫兹用火花放电的实验证实了麦克斯韦的预言,得出了电磁能量可以越过空间传播的结论。赫兹的发现轰动了全世界科学界,开启了人们研究电磁场理论及其应用的大门。随着研究的不断深入,电磁场的理论已经在航空航天、无线电通信、雷达、半导体芯片及封装、遥测遥感、生物医疗以及光电子等行业得到了广泛的应用。

目前,利用电磁波工作的通信、雷达设备已经在国防军事和民用领域发挥着重要的作用,与人们的日常生活息息相关。随着社会的发展,人们希望这些电磁设备的功能越来越齐全、结构越来越小型化、电磁波频谱的利用率越来越高。为了降低电磁设备的设计成本,提高设备性能,需要分析电磁设备的电磁特性,因此各种电磁设备的抗电磁干扰性及彼此间的电磁耦合研究日益引起人们的重视。理论上,以上需求都可归结为复杂的电磁分析问题,即研究电磁波和具有复杂材料构成及几何结构的物质之间的相互作用。实际设备模型的复杂性,使经典电磁学解析求解时存在较大的局限性,甚至根本无法实现。另一个有效的途径是,通过现场实验来研究实际的电磁问题,但在实际环境中开展实验的人力、物力成本巨大,研究周期长,有时因为实验条件的缺失而无法进行研究。

伴随着计算机技术水平的不断提高,利用计算机进行仿真的理论手段越来越受到重视。相应地,在电磁学领域内出现了多种分析电磁问题的数值算法,从而诞生了一门解决复杂电磁场理论与微波工程问题的新兴学科——计算电磁学[2-4]。在电磁学领域的科研工作者的不懈努力下,计算电磁学已经取得了丰硕的成果。随着多种新型算法的提出和改进,计算电磁学能够解决的问题也越来越复杂。计算电磁学可以看成数学方法、电磁场理论和计算机技术结合的产物。使用计算电磁方法,可避免高昂的现场测试费用,同时其数值解对电磁理论的发展和现场实验也有一定的指导意义。随着计算电磁学的发展,利用电磁仿真进行研究已经成为设计电路、天线、电磁兼容和电磁散射等实际工程应用领域内不可或缺的、甚至主要的研究手段。

1.1 计算电磁学发展现状

电磁场数值分析是根据麦克斯韦方程,利用适当的边界条件确定所关心区域内的电磁场或电流分布,进而求出所需要的物理参量。回顾计算电磁学发展的历史,早在1864年,麦克斯韦已用偏微分方程的形式给出了电磁波现象中电场和磁场的统一表达式,他的研究成果被誉为19世纪最显著的科学成就之一。而求解电磁场问题的方法归纳起来可分为三大类,第一类是解析法,第二类是数值法,第三类是半解析数值法,其中每一类又包含若干种方法。

经典的数学分析方法是近百年来电磁学学科发展中一个极为重要的手段。解析法包括建立和求解偏微分方程或积分方程。严格求解偏微分方程的经典方法是分离变量法;严格求解积分方程的方法主要是变换数学法。解析法的优点是:

(1) 可将解答表示为已知函数的显式,从而可计算出精确的结果;

(2) 可以作为近似解和数值解的检验标准;

(3) 在解析过程中和在解的显式中可以观察到问题的内在联系和各个参数对结果所起的作用。

用解析法求解电磁场的边值问题可以得到精确的数值结果,并能根据参量的变化推断出解的变化趋势。但是这种方法所能解决的问题不多,满足不了不断增加的工程方面的需要。于是,人们开始致力于研究求解复杂边值问题的近似方法和数值方法。早在1897年,麦克斯韦就尝试用积分方程的数值解来计算矩形金属板间的电容量。在计算机出现以前,应用数值法求解更复杂的边值问题并非易事,但随着高速度大存储量计算机的发展和数值方法应用的日益广泛,过去看来难解的问题现在已能比较容易解决,并能得到足够精确的数值解。

根据问题求解域的不同,数值计算方法可分为时域和频域两大类。时域方法通常直接离散时域麦克斯韦方程,模拟电磁波的传播,随时间迭代计算,适合于宽频带特征瞬态电磁场的数值仿真,如典型的时域有限差分(finite difference time domain,FDTD)法[5-10]、时域有限元(finite element time domain,FETD)法[11-13]、时域谱元法[14-23]和时域积分方法[24-31]。时域方法的一个突出优点是可以给出关于问题空间丰富的时域瞬态信息,能更直观地反映问题的物理现象。频域方法以不包含时间变量或时间变量导数的频域麦克斯韦方程为出发点,求解系统的相位和频率响应。

频域方法可分为高频近似方法和低频数值方法。在高频方法分析时,电磁波和目标之间的相互作用是一种局部现象,只与作用点附近的几何结构、材质参数和入射波性质有关,而与远离该点的其他信息无关。高频近似方法适合求解电大尺寸目标散射问题,具有物理概念清晰、容易实现、计算效率高等优点。不同的几何结构需要采用不同的散射机理来处理，由于几何结构的多样性和复杂性，考虑所有的散射机理是不切实际的，所以高频方法得到的结果通常是近似解，而非精确解。高频方法大致可以分为基于射线的高频方法和基于电流的高频方法两大类。基于射线的高频方法有几何光学(graphic optics，GO)法、几何绕射理论(geometrical theory of diffraction，GTD)、一致几何绕射理论(uniform theory of diffraction，UTD)等[32-43]。基于射线的高频方法的优点是物理概念简单；缺点是实际计算时的几何判断比较复杂，并且在空间分布的电磁场会出现不连续。基于电流的高频方法有物理光学(physical optics，PO)法[34-37]、等效电磁流(method of equivalent currents，MEC)法[38-39]、迭代物理光学(iterative physical optics，IPO)法[40]等。基于电流的高频方法的优点是空间分布的电磁场可以保持连续，不会出现奇异点；缺点是不能方便地处理电磁波的多次反射作用。一种较为实用的高频方法是弹跳射线(shooting and bouncing rays，SBR)法[41,42]，该方法有效地结合了GO法和PO法的优点。

低频数值方法一般先离散麦克斯韦方程，再求数值解。低频数值方法计算精度高，能够有效求解几何结构和组成材质都较复杂的电磁问题。根据求解方程形式的不同，低频数值方法可以分为积分方程方法和微分方程方法。微分方程方法的代表性方法有时域有限差分(FDTD)法和有限元法(finite element method，FEM)等。FDTD法是由Yee于1966年提出的[44]，该方法直接将麦克斯韦方程组在空间网格中进行离散处理。此后，为了提高FDTD法的计算精度、建模能力以及减少对计算资源的需求等，出现了交替方向隐式时域有限差分(alternating direction implicit-finite-difference time-domain，ADI-FDTD)法、高阶时域有限差分(high order-finite difference time domain，HO-FDTD)法等[45,46]。FEM是一种在多种学科中应用较广的数值方法[47]，该方法以变分原理和剖分插值技术为基础。与FDTD法相比，FEM可以更好地模拟复杂边界问题，但其缺点是产生的矩阵的性态较差。微分方程方法的缺点之一是存在网格的数值色散误差。此外，微分方程方法采用全空间离散，为了分析开域问题需要引入截断边界条件，这样就产生了大量的未知量。因此，微分方程方法适合分析非均匀介质问题和封闭区域内的复杂电磁问题。积分方程方法的代表性方法有矩量法(method of moment，MoM)[48,49]和边界元法(BEM)[50]等。与微分方程方法相比，积分方程方法在公式中已经隐含了无穷远处的辐射边界条件。因此，积分方程方法只需对目标进行离散，其产生的未知量远远小于微分方程方法。积分方程方法主要分为基于矩量法的体积分方程(volume integral equation，VIE)方法和基于矩量法的面积分方程(surface integral equation，SIE)方法两种。由于求解SIE只需要对物体表面进行剖分，而求解VIE需要对整个物体进行剖分，所以相对于VIE方法，SIE方法只需要较少的未知量就可以解决问题。在分析均匀介质结构问题时，VIE方法和SIE

方法都是可行的，但是 VIE 方法可以很好地处理非均匀介质的复杂结构。由于格林(Green)函数的非局部性，积分方程方法的缺点是产生的阻抗矩阵是稠密的，因而对计算机的存储量和计算量的需求分别为 $O(N^2)$ 和 $O(N^3)$，其中 N 是矩阵的维数。当未知量 N 很大时，就需要很大的内存和很长的计算时间。这些在现实应用中都是难以忍受的，因此需要引入快速算法来求解频域积分方程问题，主要有以下三类快速算法。

其一，基于格林函数展开的快速方法。快速多极子算法(fast multipole algorithm，FMA)[51-53]的思想最初由 Rokhlin 等提出。随后，周永祖教授课题组将其发展到求解三维 Helmholtz 问题，利用插值方法提出了多层快速多极子算法(multilevel fast multipole algorithm，MLFMA)[54,55]，并开发出能在高性能微机和小型工作站上解决百万量级电大尺寸目标的电磁散射问题的电磁计算软件 FISC(fast Illinois solver code)。MLFMA 利用加法定理对格林函数展开，通过聚合-转移-配置过程计算远场组之间的相互作用。MLFMA 可以把 MoM 的内存和计算复杂度降为 $O(N\log N)$，由于其解决电磁散射问题时效率高，国内外众多学者对其进行了深入的研究。White 等把 MLFMA 用于三维静态场提取复杂结构电容参数[56]。MLFMA 的后续研究主要有 MLFMA 并行技术[57-62]和 MLFMA 中的近似算法解决电大目标电磁散射，包括射线传播多层快速多极子、快速远场近似等[63,64]，MLFMA 解决低频问题[65-69]，MLFMA 解决复杂环境如半空间[70-73]、平面微带[74-76]、封装结构[77,78]，MLFMA 加速有限元边界积分方程方法(FEBI)等[79-81]。MLFMA 强烈依赖于问题格林函数，当问题的格林函数很复杂时，对其进行展开就相对复杂。有些问题的格林函数很难得到其展开形式，因此就无法采用 MLFMA。类似的方法还有浙江大学的王浩刚博士等在 2005 年提出的多层格林函数插值方法(multilevel Green's function interpolation method，MLGFIM)[82]，美国 Purdue 大学的 Jiao 教授等在 2008 年提出的 H 矩阵(hierarchical matrix)方法和 2009 年提出的 H^2 矩阵方法[83,84]。

其二，基于快速傅里叶变换(fast Fourier transformation，FFT)的方法。共轭梯度快速傅里叶变换(conjugate gradient-fast Fourier transformation，CG-FFT)方法仅适用于相同的长方体网格离散的规则结构以实施卷积，对于任意形状的结构，只能用阶梯形去近似逼近。近年来又产生了基于快速傅里叶变换的自适应积分方法(adaptive integral method，AIM)[85]、预修正快速傅里叶变换(precorrected-FFT，P-FFT)方法[86]、积分方程快速傅里叶变换(integral equation-FFT，IE-FFT)方法[87]、稀疏矩阵/规则网格(sparse matrix canonical grid，SMCG)方法[88,89]等。FFT 类方法通过将格林函数投影到规则网格点—FFT 加速规则网格点之间的耦合作用—规则点插值到不规则点的方式实现加速。FFT 类方法对格林函数的近似具有比 MLFMA 更好的灵活性。FFT 类方法分析三维表面问题时将 MoM 的

内存复杂度降为 $O(N^{1.5})$，计算复杂度降为$O(N^{1.5}\log N)$。虽然 FFT 类方法的复杂度高于 MLFMA，但是复杂度前面的系数很小，所以计算效率依旧很高。对于三维问题，表面积分方程需要建立一个空间的体网格，这是 FFT 类方法复杂度高于 MLFMA 的原因。FFT 类方法的后续研究一方面为 FFT 类方法的改进[90-94]（如网格、执行过程等），另一方面为 FFT 类方法解决介质散射问题[95-98]、微带电路和天线问题[99,100]、三维集成电路问题[101,102]和涂覆问题等[103]。

其三，基于阻抗矩阵的低秩压缩方法。低秩压缩方法主要分为两类：一类为与核相关、基于格林函数矩阵低秩表示的方法，如 H^2 矩阵方法[104,105]、快速方向性多层算法（fast directional multilevel algorithm，FDMA）[106,107]；另一类为基于矩阵分解的、与核无关的方法，如 IES3[108]、H 矩阵[109,110]、自适应交叉近似（adaptive cross approximation，ACA）[111,112]、多层矩阵压缩算法（multilevel matrix decomposition algorithm，MLMDA）[113]、多层 UV（multilevel UV，MLUV）[114]等方法。本书主要研究与核无关的低秩压缩方法，下面为书写方便，将其统称为低秩压缩方法。该方法的优点是实现简单，可以方便地应用现有的 MoM 程序加速求解，缺点是比与核相关的方法（MLFMA、FFT 类方法）效率低。文献[111]、[115]和[116]中使用再压缩技术提高低秩分解的效率，文献[117]提出对于每个组只构造一个低秩压缩分解矩阵来改进现有的低秩压缩方法。对于前文中提到的传统的低秩压缩，即使具有多层的树形结构，但是在每一层都需要重新构造低秩压缩分解矩阵，这个过程需要巨大的内存和计算时间。近来，文献[118]和[119]提出了一种嵌套的低秩压缩分解方法，它对中低频问题可以达到$O(N)$的计算量，全波分析的计算复杂度达到 $O(N\log N)$。由于低秩压缩方法比 MLFMA 和 FFT 法具有更高的使用灵活性，所以近年来逐渐吸引了众多研究人员的兴趣，并用于解决实际工程问题[112,120-123]。

1.2 迭代解法和预条件技术

无论是积分方程方法还是微分方程方法，都需要求解由数值方法离散积分方程或者微分方程导出的线性方程组。一般来说，求解线性系统的方法大体上可以分为两种：一种是直接解法[124-127]；另一种是迭代解法[128-145]。基于矩阵直接求逆的直接解法是求解线性方程组最基本的方法。过去，直接解法为许多工业领域的首选求解器，这主要是因为直接解法有非常好的稳定性。目前有许多功能强大的用于求解大型稀疏线性系统的直接解法软件包，如 Umfpack 等[126]。但是直接解法需要消耗高复杂度的内存资源及求解时间。对于有限元稀疏线性系统的求解，采用直接解法往往需要比矩阵本身的存储内存大上数十倍甚至上百倍的存储空间。这主要是因为，在矩阵分解的过程中，在一些元素为零的位置上，会有非零元素的填充[135]。举例来说，对于一个有限元线性系统，其系数矩阵一般每行包含的元素不超过 30 个，平均仅十几个非零元素。如果采用直接解法，如 LU 分解，在系数矩阵分解过程中，每行会有数百个非零元素填充，从而占用很大的内存空间。直接求解线性系统所需的计算量和内存随着线性系统未知量个数的增大会急剧增加，特别是对于三维偏微分方程离散产生的问题。一般来说，直接求解算法所需的计算量为 $O(n^3)$，n 为矩阵的行数。对三维空间的数值仿真一般会生成包含数万至数百万个未知量的线性系统。而对于某些问题，所产生的线性系统甚至可能包含上亿的未知量，如美国能源部的 ANSI 程序[146]。对于这类问题，直接解法就显得无能为力，这时候就需要迭代解法。

迭代解法相对直接解法需要更少的内存空间以及更少的操作（特别当寻求精度相对较低的近似解时），但是没有直接解法所具有的稳定性。人们对性能稳定且有效的迭代算法的研究促使了一系列迭代算法的产生。迭代解法有许多不同类型的形式。迭代解法的发展经历了从经典的雅可比（Jacobi）、高斯-赛德尔（Gauss-Seidel）等迭代法到现在的预条件 Krylov 子空间迭代法[147-167]，再到多重网格方法[168-187]等一系列阶段。

迭代法的发展趋势主要要求在解决大规模问题时使用尽量少的内存，并在尽可能短的时间内求解。目前，占主要地位的预条件 Krylov 子空间迭代法与近些年快速发展并获得人们重视的多重网格方法等都朝着这一方向发展。

在 Krylov 子空间迭代方法中，共轭梯度（conjugate gradient，CG）方法[186]应用最为广泛，与预条件技术的结合最为紧密，这是因为在理论上，对于对称正定矩阵，当 CG 方法迭代步数与方程数或未知数个数相同时，必将得到精确解。对于分析不均匀介质目标的体积分方程方法，可以利用 FFT 技术实现快速的矩阵矢量乘操作。将 FFT 技术同常用的 CG 方法相结合，就形成了求解体积分方程的 CG-FFT 迭代算法[187]。尽管 CG-FFT 迭代算法解决了传统矩量法的不足，将求解阻抗矩阵方程所需的计算复杂度和存储量分别降低到了 $O(KN\log N)$ 和 $O(N)$，然而其收敛速度缓慢，表现在迭代过程中就是达到满意精度所需的迭代步数多，即 K 取值大，影响了整体求解过程的效率。

为了加速 CG-FFT 算法的收敛速度，双共轭梯度（BCG）迭代算法被用来替代 CG 算法实现阻抗矩阵方程求解的迭代过程，形成了求解体积分方程的 BCG-FFT 算法[188,189]。BCG-FFT 算法的收敛速度比常用的 CG-FFT 算法有较大程度的提高，但破坏了 CG-FFT 算法稳定单调的收敛特性，其收敛曲线极不规则。一种解决该问题的办法就是引入稳定的双共轭梯度（BCGS）迭代算法，用以平滑 BCG 迭代算法的收敛曲线。但是这种 BCGS-FFT 算法[190]仍然没有从根本上解决 BCG-FFT 算法的收敛不稳定性问题。

此外，上述 CG-FFT、BCG-FFT 和 BCGS-FFT 算法在其迭代过程中，不仅需要直接的阻抗矩阵与矢量相乘的信息，而且需要阻抗矩阵的共轭转置与矢量相乘的信息。若矩阵是非对称的，计算其共轭转置矩阵与矢量相乘会比较困难。如果采用无转置的准最小余量迭代(TFQMR)算法,相应的 TFQMR-FFT[191]算法则只需要直接的矩阵与矢量相乘信息。但是,TFQMR-FFT 算法的收敛特性同样极不稳定,而且对于复杂的问题,其迭代过程常常不能收敛。

广义最小余量(generalized minimal residual,GMRES)迭代算法在迭代过程中只需要一种直接的矩阵与矢量相乘的信息,并且具有稳定单调的收敛特性。然而,在大多数情况下,其相应的 GMRES-FFT 算法[192]在求解体积分方程时的收敛速度却比不上 BCG-FFT 算法和 BCGS-FFT 算法。文献[192]中对以上各种快速算法在体积分方程中的应用进行了比较系统的描述。

近些年来,人们对迭代步数为 $O(n)$的算法的研究促进了多重网格算法[168-185]的发展。多重网格算法由 Achi Brandt、Wolfgang Hackbusch 等提出,其思想是在迭代的过程中将线性系统的解的残差分解为高频残差分量与低频残差分量,分别使用不同的算法消去这两种分量,从而达到最优的迭代步数。该类方法可以看成一种常用迭代法,既可以单独使用,也可以与 Krylov 子空间算法结合使用来加快迭代速度。使用多层网格的多重网格方法称为 h-型多重网格方法,而利用不同阶基函数的方法通常称为p-型多重网格方法,其中 h 代表网格尺寸,p 代表基函数的阶数。最初的多重网格算法主要用来求解标量二阶偏微分方程。随后随着研究的深入,多重网格已经能够处理越来越多的物理问题和几何结构。在这些方法中,代数多重网格(algebraic multigrid,AMG)法或者 p-型多重网格算法[171-174]由于不需要知道物理问题的具体特性,只需要知道系数矩阵的信息,具有很广泛的适用性,而成为目前发展的重点方向。对于很多问题,AMG 方法具有与网格无关的收敛速度和 $O(n)$的计算复杂度,但是在用于电磁场中的矢量有限元方程时,该方法却没有预期的收敛性。Chen 等使用高阶矢量等级基函数来构造有限元方程,并采用一种插值算子与投影算子都很简单的多重网格算法来求解[182,183]。

用于克服迭代解法收敛耗时缺点的解决途径主要有两种:①迭代解法的每一步迭代中,矩阵矢量乘是主要的运算,其计算量正比于 $O(N^2)$,因此,降低迭代方法的矩阵矢量乘的计算复杂度,减少每一步的迭代时间必将节省大量的计算时间,如上述的 MLFMA、FFT 方法和低秩压缩方法;②减少迭代收敛所需的步数,同样能够节省许多计算时间。

第二种实现迭代解法加速收敛的方法主要是采用预条件技术[133,193]。无论是 MLFMA 还是 CG-FFT 方法,虽然它们每次迭代的计算复杂度都是 $O(N\log N)$,但在分析复杂微波集成电路以及电大尺寸结构电磁特性时都存在收敛速度较慢、迭代次数较多、计算量巨大的问题,因此可以采用合适的预条件技术以减少迭代步数。预条件技术是指在方程两边同时乘以一个辅助矩阵,使乘积矩阵的条件数降低,加快迭代过程的收敛速度。其最基本的思想是将原始的线性系统转换为另一个等价的线性系统,使转换后的线性系统与原始的线性系统拥有相同的解,并且对于迭代法更加易于求解。

对于预条件技术的研究，人们一方面希望获得通用性强的算法，使之不需要任何外部信息就能使用，同时又希望其对一些严重病态的问题能够表现出优异的收敛性，因此发展出了针对一般问题与特定问题的预条件算法。针对一般问题的方法是指基于代数矩阵，而不需要物理问题的相关信息的方法；针对特定问题的方法是指利用物理问题的特性进行求解的方法，包括基于矢量磁位(**A**)与标量电位(V)的分析方法[194-197]、基于算子偏移的方法[198-203]等。

更多的研究工作则是集中在阻抗矩阵的预条件上[204-208]，这主要是因为利用快速多极子技术求解表面积分方程时，近区作用的稀疏矩阵得到了显式的存储，从而使得基于稀疏矩阵的各种预条件技术[133]可以直接被引入矩量法稠密矩阵的迭代求解过程中。此外，这种预条件技术只是涉及近区作用稀疏矩阵代数信息的处理，而与积分方程的形式及基函数的选取过程无关，增强了程序的可移植性与通用性。

一种最简单的预条件技术就是对角预条件技术(Diag)，它利用矩阵的对角线元素构成的对角矩阵作为阻抗矩阵的预条件矩阵。对角预条件技术要求待求解的矩阵严格对角占优，因此其对一般矩阵迭代算法收敛速度的改善作用并不明显。一种改善措施就是采用近区矩阵的块对角预条件技术(block Diag)或对称超松弛(SSOR)预条件技术。由于块对角预条件算子和对称超松弛预条件算子比对角预条件算子包含更多的阻抗矩阵元素的信息，所以它们的收敛改善效果一般要优于对角预条件。

广泛使用于稀疏矩阵方程的不完全 LU 分解(ILU)预条件技术同样被引入矩量法中稠密阻抗矩阵的迭代求解过程中[205]。根据预条件算子中矩阵元素填充的方式不同，ILU 预条件技术可以划分为三类：与稀疏矩阵非零模式相同的 ILU 预条件技术 ILU(0)、利用填充级数的概念控制预条件算子中矩阵元素填充的 ILU 预条件技术 ILU(p)以及利用门限阈值控制预条件算子中矩阵元素填充的 ILU 预条件技术 ILUT。由于 ILU(p)和 ILUT 预条件算子在其构造过程中允许更多的非零元素的填充，其对收敛改善的效果要优于 ILU(0)预条件算子。但是也正因为如此，ILU(p)和 ILUT 预条件算子的构造计算量大大超出了 ILU(0)预条件算子。尤其是电大尺寸目标电磁散射的分析中，问题变得尤为严重。此外，ILU 类预条件算子构造过程中的不稳定特性[209]也被自然地引入，使得对于某些问题迭代算法收敛异常缓慢甚至发散。针对稀疏矩阵 ILU 预条件的对角扰动技术[210]能够在很大程度上解决这个问题，但是它们对于矩量法中稠密矩阵的 ILU 预条件技术并不适用。

稀疏近似逆(sparse approximate inverse，SAI)预条件技术在积分方程形成的稠密矩阵的预条件中得到了很好的应用[205]，其通过近区作用的稀疏矩阵显式地构造出阻抗矩阵的近似逆矩阵，作为其预条件算子。这种近似逆预条件技术在积分方程的求解过程中获得了良好的收敛改善效果,同时避免了ILU类预条件算子构造过程中的不稳定特性。其预条件算子的性能主要受两方面的影响:一方面是近似逆预条件算子矩阵元素非零模式的选取;另一方面是预条件算子构造过程中一系列最小二乘问题的有效求解。文献[206]指出了利用散射体表面剖分的几何信息可以更好地判断各个基函数之间更强的近区相互作用,利用强相互作用的原则选取近似逆预条件算子矩阵元素的非零模式,获得了很好的收敛加速效果。但是,对于近似逆预条件算子的构造,由于其算子矩阵中每一列矩阵元素的产生分别对应于一个最小二乘问题的求解(尽管是小型的最小二乘问题),预条件算子构造的计算量显著增加。对于电大尺寸的散射目标,这个问题更加突出。

随着待分析问题规模的增大,数值算法已逐渐由串行算法转为并行算法[211-225],一些并行性好的算法越来越获得人们的青睐。并行算法与串行算法的发展不是独立进行的,一些非常具有吸引力的串行算法本身就具有很高的并行性,例如,Krylov子空间迭代法由于对系数矩阵只涉及矩阵矢量乘的操作,具有很好的并行性,但是如果使用预条件技术如SSOR预条件、IC预条件等,则在施加预条件时可能会涉及矩阵求逆的操作而降低迭代法的并行度。因此,随着并行技术的发展,人们逐渐热衷于发展具有高度并行性的预条件算子,如近似逆预条件[226-231]。一些高度串行的算法如IC预条件,如今也可以通过一些技术使之具有一定的并行性[230,231]。同时人们着力于开发具有高度并行性的新算法[218-225],包括区域分解技术与有限元技术的结合等,都收到了很好的效果。

最后需要说明的是,在科学计算中,除了计算电磁学的数值方法,其他许多数值方法对椭圆及抛物线类型的偏微分方程组的离散也均会生成大型的线性方程组。另外,由非偏微分方程组所控制的一些问题,包括电路系统网络、化工处理、经济学模型的设计及计算机分析等也会产生大型稀疏线性方程组。本书中介绍的一些算法也适用于由其他问题所产生的线性系统的求解。

1.3 内容安排

全书共12章。第1章为绪论,介绍计算电磁学的背景与发展现状,同时指出本书研究工作的意义。第2章给出基本的电磁场方程,并分别对计算电磁学中常用的数值方法,如FEM、MoM等进行描述,对它们离散所生成的矩阵方程特性进行说明,为后续章节的展开奠定理论基础。从第3章开始,本书紧紧围绕对计算电磁学中各种数值方法离散后所获得的线性系统方程的有效求解进行展开。第3章首先对求解线性系统方程的直接解法与迭代解法进行简单的比较,指出迭代解法在计算电磁学中的重要地位,随后对目前常用的迭代解法的原理、性能进行详细的分析与比较。第4章从加速迭代解法收敛速度的预条件技术的原理出发,对各种基于稀疏矩阵的预条件技术进行详细的分析与讨论，针对矩量法应用中稠密矩阵的预条件问题，描述一种有效的稀疏化措施。第5章从迭代算法自身的改进出发，介绍多种基于GMRES的自适应加速技术。第6章着重从预条件算子的构造及实施的层面上研究预条件技术的优化措施，对作者提出的混合预条件技术的概念进行描述；针对多种预条件技术的选择与使用，提出多重预条件技术和预条件矩阵插值技术，通过具体的数值算例对这些新型的优化策略进行验证。由于高效预条件算子的构造都是同具体问题的物理背景紧密联系的，因此第7章针对有限元方程的病态特性，引入基于矢量-标量(***A***-*V*)的有限元公式，并在此基础上构造高效的预条件算子；针对有限元边界元混合方程，通过吸收边界条件的近似同样获得性能优良的预条件算子。第8章从预条件技术加速迭代收敛的本质出发，提出多种基于系数矩阵特征谱信息的高效的迭代算法及预条件技术，包括基于特征谱的多重网格迭代算法和基于特征谱的多步混合预条件技术。第9章介绍高阶有限元中的预条件技术。高阶等级基函数的利用，可以用来构造有效的等级预条件技术，如*p*-型多重网格预条件技术、辅助空间预条件技术以及基于分解的Schwarz预条件技术。第10章介绍高阶矩量法及多重网格方法，包括Calderón算子预条件、多重网格预条件以及多分辨基函数预条件方法，这些预条件技术能够有效克服电场积分方程的低频崩溃问题。第11章针对计算电磁学中所涉及的多右边向量系统方程的求解问题，如电磁散射单站雷达截面积(radar cross-section，RCS)的计算，研究多种基于块向量的块迭代算法。第12章研究并行求解技术在计算电磁学中的应用，分别介绍有限元方程求解中的并行代数域分解算法以及基于并行多层快速多极子算法的并行稀疏近似逆预条件技术。

参 考 文 献

[1] Maxwell J C. A dynamical theory of the electromagnetic field[J]. Philosophical Transactions of the Royal Society of London，1865，155：459-512.

[2] 王秉中. 计算电磁学[M]. 北京：科学出版社，2002.

[3] 王长清. 现代计算电磁学基础[M]. 北京：北京大学出版社，2005.

[4] 盛新庆. 计算电磁学要论[M]. 北京：科学出版社，2004.

[5] 葛德彪，闫玉波. 电磁波时域有限差分方法[M]. 2版. 西安：西安电子科技大学出版社，2005.

[6] Lee J F，Lee R，Cangellaris A. Time-domain finite-element methods[J]. IEEE Transactions on Antennas and Propagation，1997，45：430-442.

[7] Chen R S，Du L，Ye Z B，et al. An efficient algorithm for implementing Crank-Nicolson scheme in the mixed finite-element time-domain method[J]. IEEE Transactions on Antennas and Propagation，2009，57(10)：3216-3222.

[8] Du L, Chen R S, Ye Z B. A further study of the alternating-direction implicit scheme used in the mixed finite-element time-domain method[J]. IEEE Antennas and Wireless Propagation Letters, 2009, 8: 775-778.

[9] 杨阳. 电磁场时域有限差分数值方法的研究[D]. 南京:南京理工大学, 2006.

[10] 叶珍宝. 时域有限差分和时域有限元电磁数值计算的研究[D]. 南京:南京理工大学, 2008.

[11] Lee J F. WETD—A finite element time-domain approach for solving Maxwell's equations [J]. IEEE Microwave and Guided Wave Letters, 1994, 4(1): 11-13.

[12] Jiao D, Jin J M. A general approach for the stability analysis of the time-domain finite-element method for electromagnetic simulations[J]. IEEE Transactions on Antennas and Propagation, 2002, 50(11): 1624-1632.

[13] 杜磊. 时域有限元电磁计算方法的研究[D]. 南京:南京理工大学, 2009.

[14] Patera A T. A spectral element method for fluid dynamics-Laminar flow in a channel expansion[J]. Journal of Computational Physics, 1984, 54(3): 468-488.

[15] Chen J F. A hybrid spectral-element/finite-element time-domain method for multiscale electromagnetic simulations[D]. Durham: Duke University, 2011.

[16] Chen J F, Lee J H, Liu Q H. A high-precision integration scheme for the spectral-element time-domain method in electromagnetic simulation[J]. IEEE Transactions on Antennas and Propagation, 2009, 57(10): 3223-3231.

[17] 赵廷刚. 若干发展方程的谱方法和谱元法[D]. 上海:上海大学, 2007.

[18] Pernet S, Ferrieres X, Cohen G. High spatial order finite element method to solve Maxwell's equations in time domain[J]. IEEE Transactions on Antennas and Propagation, 2005, 53(9): 2889-2899.

[19] Lee J H, Xiao T, Liu Q H. A 3-D spectral-element method using mixed-order curl conforming vector basis functions for electromagnetic fields[J]. IEEE Transactions on Microwave Theory and Techniques, 2006, 54(1): 437-444.

[20] Xu K, Chen R S, Sheng Y J, et al. Transient analysis of microwave Gunn oscillator using extended spectral-element time-domain method[J]. Radio Science, 2011, 46(5): 1-9.

[21] Sheng Y J, Xu K, Wang D X, et al. Performance analysis of FET microwave devices by use of extended spectral-element time-domain method[J]. International Journal of Electronics, 2013, 100(5): 699-717.

[22] 徐侃. 电磁散射与微波电路分析的并行加速技术[D]. 南京:南京理工大学, 2012.

[23] 盛亦军. 微波电路的有限元快速分析[D]. 南京:南京理工大学, 2013.

[24] Shanker B, Ergin A A, Aygün K, et al. Analysis of transient electromagnetic scattering from closed surfaces using a combined field integral equation[J]. IEEE Transactions on Antennas and Propagation, 2000, 48(7): 1064-1074.

[25] Rao S M, Wilton D R. Transient scattering by conducting surfaces of arbitrary shape[J]. IEEE Transactions on Antennas and Propagation, 2002, 39(1): 56-61.

[26] Sarkar T K, Lee W W, Rao S M. Analysis of transient scattering from composite arbitrarily shaped complex structures[J]. IEEE Transactions on Antennas and Propagation, 2000, 48(10):1625-1634.

[27] Xia M Y, Zhang G H, Dai G L. Stable solution of time domain integral equation methods using quadratic B-spline temporal basis functions[J]. Journal of Computational Mathematics, 2007, 25(3):374-384.

[28] Shi Y F, Xia M Y, Chen R S, et al. Stable electric field TDIE solvers via quasi-exact evaluation of MOT matrix elements[J]. IEEE Transactions on Antennas and Propagation, 2011, 59(2):574-585.

[29] Zhang H H, Fan Z H, Chen R S. Marching-on-in-degree solver of time-domain finite element-boundary integral method for transient electromagnetic analysis[J]. IEEE Transactions on Antennas and Propagation, 2014, 62(1):319-326.

[30] 施一飞. 时域积分方程及其混合方法的高效算法的研究[D]. 南京:南京理工大学, 2011.

[31] 王全全. 阶数步进时域积分方程方法快速分析电磁散射[D]. 南京:南京理工大学, 2012.

[32] Kouyoumjian R G. Asymptotic high-frequency methods[J]. Proceedings of the IEEE, 1965, 53(8):864-876.

[33] Keller J B. Geometrical theory of diffraction[J]. Journal of the Optical Society of America, 1962, 52(2):116-130.

[34] Kouyoumjian R G, Pathak P H. A uniform geometrical theory of diffraction for an edge in a perfectly conducting surface[J]. Proceedings of the IEEE, 2005, 62(11):1148-1461.

[35] Deschamps G A. Ray techniques in electromagnetics[J]. Proceedings of the IEEE, 1972, 60(9):1022-1035.

[36] An Y Y, Wang D X, Chen R S. Improved multilevel physical optics algorithm for fast computation of monostatic radar cross section[J]. IET Microwaves Antennas and Propagation, 2014, 8(2):93-98.

[37] An Y Y, Fan Z H, Ding D Z, et al. FPO-based shooting and bouncing ray method for wideband RCS prediction[J]. Applied Computational Electromagnetics Society Journal, 2014, 29(4):279-288.

[38] Michaeli A. Equivalent edge currents for arbitrary aspects of observation[J]. IEEE Transactions on Antennas and Propagation, 1984, 32(3):252-258.

[39] Michaeli A. Elimination of infinities in equivalent edge currents, Part I: Fringe current components[J]. IEEE Transactions on Antennas and Propagation, 2003, 34(7):912-918.

[40] Basteiro F O, Rodriguez J L, Burkholder R J. An iterative physical optics approach for analyzing the electromagnetic scattering by large open-ended cavities[J]. IEEE Transactions on Antennas and Propagation, 1995, 43(4):356-361.

[41] Hao L, Chou R C, Lee S W. Shooting and bouncing rays: Calculating the RCS of an arbitrarily shaped cavity[J]. IEEE Transactions on Antennas and Propagation, 1989, 37(2):

194-205.

[42] 丁建军,陈磊,刘志伟,等.基于时域弹跳射线法分析电大尺寸目标的散射[J].系统工程与电子技术,2010,32(9):1846-1849.

[43] 丁建军,刘志伟,徐侃,等.基于高频方法分析电大尺寸目标的散射[J].系统工程与电子技术,2010,32(11):2309-2312.

[44] Yee K S. Numerical solution of initial boundary value problems involving Maxwell's equations in isotropic media[J]. IEEE Transactions on Antennas and Propagation,1966,14(6):302-307.

[45] Namiki T. A new FDTD algorithm based on alternating-direction implicit[J]. IEEE Transactions on Microwave Theory and Techniques,1999,47(10):2003-2007.

[46] Shao Z H,Shen Z X,He Q Y,et al. A generalized higher order finite-difference time-domain method and its application in guided-wave problems[J]. IEEE Transactions on Microwave Theory and Techniques,2003,51(3):856-861.

[47] McDonald B H,Wexler A. Finite-element solution of unbounded field problems[J]. IEEE Transactions on Microwave Theory and Techniques,1972,20(12):841-847.

[48] Harrington R F. Field Computation by Moment Methods[M]. New York:MacMillan,1968.

[49] Rao S M,Wilton D R,Glisson A W. Electromagnetic scattering by surfaces of arbitrary shape[J]. IEEE Transactions on Antennas and Propagation,1982,30(3):409-418.

[50] 曾余庚,刘京生,张雪阳.有限元法和边界元法[M].西安:西安电子科技大学出版社,1991.

[51] Rokhlin V. Rapid solution of integral equations of classical potential theory[J]. Journal of Computational Physics,1985,60(2):187-207.

[52] Greengard L,Rokhlin V. A fast algorithm for particle simulations[J]. Journal of Computational Physics,1987,73(2):325-348.

[53] Rokhlin V. Rapid solution of integral equations of scattering theory in two dimensions[J]. Journal of Computational Physics,1990,86:414-439.

[54] Lu C C,Chew W C. A multilevel algorithm for solving a boundary integral equation of wave scattering[J]. Microwave and Optical Technology Letters,1994,7(10):466-470.

[55] Song J M,Lu C C,Weng C C. Multilevel fast multipole algorithm for electromagnetic scattering by large complex objects[J]. IEEE Transactions on Antennas and Propagation,1997,45(10):1488-1493.

[56] Nabors K,White J. FastCap:A multipole accelerated 3-D capacitance extraction program [J]. IEEE Transactions on Computer-Aided Design of Integrated Circuits and Systems,1991,10(11):1447-1459.

[57] 陈明.并行多层快速多极子算法加速技术的研究[D].南京:南京理工大学,2012.

[58] 潘小敏.计算电磁学中的并行技术及其应用[D].北京:中国科学院研究生院,2006.

[59] Ergul O,Gurel L. Efficient parallelization of the multilevel fast multipole algorithm for the solution of large-scale scattering problems[J]. IEEE Transactions on Antennas and Propagation,2008,56(8):2335-2345.

[60] Fostier J,Olyslager F. An asynchronous parallel MLFMA for scattering at multiple dielectric objects[J]. IEEE Transactions on Antennas and Propagation,2008,56(8):2346-2355.

[61] Taboada J,Landesa L,Obelleiro F,et al. High scalability FMM-FFT electromagnetic solver for supercomputer systems[J]. Antennas and Propagation Magazine,2009,51(6):20-28.

[62] Pan X M,Pi W C,Yang M L,et al. Solving problems with over one billion unknowns by the MLFMA[J]. IEEE Transactions on Antennas and Propagation,2012,60(5):2571-2574.

[63] Cui T J,Chew W C,Chen G,et al. Efficient MLFMA,RPFMA,and FAFFA algorithms for EM scattering by very large structures[J]. IEEE Transactions on Antennas and Propagation,2004,52(3):759-770.

[64] 刘玲玲. 快速偶极子和射线多极子在电磁散射问题中的应用[D]. 南京:南京理工大学,2013.

[65] Zhao J,Chew W. Applying matrix rotation to the three-dimensional low-frequency multilevel fast multipole algorithm[J]. Microwave and Optical Technology Letters, 2000, 26(2): 105-110.

[66] Zhao J S,Chew W C. Three-dimensional multilevel fast multipole algorithm from static to electrodynamic[J]. Microwave and Optical Technology Letters,2000,26(1):43-48.

[67] Jiang L J,Chew W C. A mixed-form fast multipole algorithm[J]. IEEE Transactions on Antennas and Propagation,2005,53(12):4145-4156.

[68] Vikram M,Huang H,Shanker B,et al. A novel wideband FMM for fast integral equation solution of multiscale problems in electromagnetics[J]. IEEE Transactions on Antennas and Propagation,2009,57(7):2094-2104.

[69] Melapudi V,Shanker B,Seal S,et al. A scalable parallel wideband MLFMA for efficient electromagnetic simulations on large scale clusters[J]. IEEE Transactions on Antennas and Propagation,2011,59(7):2565-2577.

[70] Jandhyala V,Shanker B,Michielssen E,et al. Fast algorithm for the analysis of scattering by dielectric rough surfaces[J]. Journal of the Optical Society of America A(Optics,Image Science and Vision),1998,15(7):1877-1885.

[71] Geng N,Sullivan A,Carin L. Multilevel fast-multipole algorithm for scattering from conducting targets above or embedded in a lossy half space[J]. IEEE Transactions on Geoscience and Remote Sensing,2000,38(4):1561-1573.

[72] Li M M,Chen H,Li C,et al. Hybrid UV/MLFMA analysis of scattering by pec targets above a lossy half-space[J]. Applied Computational Electromagnetics Society Journal,2011,26(1):17-25.

[73] Chen R S,Hu Y Q,Fan Z H,et al. An efficient surface integral equation solution to EM scattering by chiral objects above a lossy half space[J]. IEEE Transactions on Antennas and Propagation,2009,57(11):3586-3593.

[74] Jandhyala V,Michielssen E,Shanker B,et al. A fast algorithm for the analysis of radiation and scattering from microstrip arrays on finite substrates[J]. Microwave and Optical Tech-

nology Letters,1999,23(5):306-310.

[75] Zhao J S,Chew W C,Lu C C,et al. Thin-stratified medium fast-multipole algorithm for solving microstrip structures[J]. IEEE Transactions on Microwave Theory and Techniques, 1998,46(4):395-403.

[76] Ginste D V,Michielssen E,Olyslager F,et al. An efficient perfectly matched layer based multilevel fast multipole algorithm for large planar microwave structures[J]. IEEE Transactions on Antennas and Propagation,2006,54(5):1538-1548.

[77] Qian Z G,Chew W C. Packaging modeling using fast broadband surface integral equation method[C]. IEEE-EPEP Electrical Performance of Electronic Packaging,2008:347-350.

[78] Qian Z G,Chew W C. Fast full-wave surface integral equation solver for multiscale structure modeling[J]. IEEE Transactions on Antennas and Propagation,2009,57(11):3594-3601.

[79] Sheng X Q,Jin J M,Song J,et al. On the formulation of hybrid finite element and boundary-integral methods for 3-D scattering[J]. IEEE Transactions on Antennas and Propagation, 1998,46(3):303-311.

[80] Sheng X Q, Yung E K. Implementation and experiments of a hybrid algorithm of the MLFMA-enhanced FE-BI method for open-region inhomogeneous electromagnetic problems [J]. IEEE Transactions on Antennas and Propagation,2002,50(2):163-167.

[81] Fan Z H,Chen M,Chen R S,et al. An efficient parallel FE-BI algorithm for large-scale scattering problems[J]. Applied Computational Electromagnetic Society,2011,26(10):831-840.

[82] Wang H G,Chan C H,Leung T. A new multilevel Green's function interpolation method for large-scale low-frequency EM simulations[J]. IEEE Transactions on Antennas and Propagation,2005,24(9):1427-1443.

[83] Chai W,Jiao D. An H-matrix-based method for reducing the complexity of integral-equation-based solutions of electromagnetic problems[C]. Antennas and Propagation Society International Symposium,2008:1-4.

[84] Chai W,Jiao D. An H2-matrix-based integral-equation solver of reduced complexity and controlled accuracy for solving electrodynamic problems[J]. IEEE Transactions on Antennas and Propagation,2009,57(10):3147-3159.

[85] Bleszynski E,Bleszynski M,Jaroszewicz T. Adaptive integral method for solving large-scale electromagnetic scattering and radiation problems [J]. Radio Science, 1996, 31 (5): 1225-1251.

[86] Phillips J R,White J K. A precorrected-FFT method for electrostatic analysis of complicated 3-D structures[J]. IEEE Transactions on Computer-Aided Design of Integrated Circuits and Systems,1997,16(10):1059-1072.

[87] Seo S M,Lee J F. A fast IE-FFT algorithm for solving PEC scattering problems[J]. IEEE Transactions on Magnetics,2005,41(5):1476-1479.

[88] Chan C H,Lin C M,et al. A sparse matrix/canonical grid method for analyzing microstrip structures[J]. IEICE Transactions on Electronics,1997,80(11):1354-1359.

[89] Ding D Z,Chen R S,Wang D X,et al. The application of the generalized product-type method based on Bi-CG to accelerate the sparse-matrix/canonical grid method[J]. International Journal of Numerical Modelling: Electronic Networks, Devices and Fields, 2005, 18(5): 383-397.

[90] Altman M D,Bardhan J P,Tidor B,et al. A fast multiscale boundary-element method solver suitable for Bio-MEMS and biomolecule simulation[J]. IEEE Transactions on Computer-Aided Design of Integrated Circuits and Systems,2006,25(2):274-284.

[91] Zaeytijd J D,Bogaert I,Franchois A. An efficient hybrid MLFMA-FFT solver for the volume integral equation in case of sparse 3D inhomogeneous dielectric scatterers[J]. Journal of Computational Physics,2008,227(14):7052-7068.

[92] Schobert D T,Eibert T F. A multilevel interpolating fast integral solver with fast Fourier transform acceleration[C]. URSI International Symposium on Electromagnetic Theory (EMTS),2010:520-523.

[93] Wu M F,Kaur G,Yilmaz A E. A multiple-grid adaptive integral method for multi-region problems[J]. IEEE Transactions on Antennas and Propagation,2010,58(5):1601-1613.

[94] Li M,Chen R S,Wang H,et al. A multilevel FFT method for the 3-D capacitance extraction [J]. IEEE Transactions on Computer-Aided Design of Integrated Circuits and Systems, 2013,32(2):318-322.

[95] Nie X C,Li L W,Yuan N,et al. Precorrected-FFT solution of the volume integral equation for 3-D inhomogeneous dielectric objects[J]. IEEE Transactions on Antennas and Propagation,2005,53(1):313-320.

[96] Zhang Z Q,Liu Q H. A volume adaptive integral method(VAIM) for 3-D inhomogeneous objects[J]. IEEE Antennas and Wireless Propagation Letters,2002,1(1):102-105.

[97] 丁大志. 复杂电磁问题的快速分析和软件实现[D]. 南京:南京理工大学,2007.

[98] 芮平亮. 电磁散射分析中的快速迭代求解技术[D]. 南京:南京理工大学,2008.

[99] Ling F,Wang C F,Jin J M. An efficient algorithm for analyzing large-scale microstrip structures using adaptive integral method combined with discrete complex-image method[J]. IEEE Transactions on Microwave Theory and Techniques,2000,48(5):832-839.

[100] 莫磊. 微带电路和天线阵列的快速电磁仿真[D]. 南京:南京理工大学,2006.

[101] Ling F,Okhmatovski V I,Harris W,et al. Large-scale broad-band parasitic extraction for fast layout verification of 3-D RF and mixed-signal on-chip structures[J]. IEEE Transactions on Microwave Theory and Techniques,2005,53(1):264-273.

[102] Okhmatovski V,Yuan M,Jeffrey I,et al. A three-dimensional precorrected FFT algorithm for fast method of moments solutions of the mixed-potential integral equation in layered media[J]. IEEE Transactions on Microwave Theory and Techniques, 2009, 57(12): 3505-3517.

[103] Yin J,Hu J,Que X,et al. A fast IE-FFT solution of 3d coating scatterers[J]. Microwave and Optical Technology Letters,2010,52(1):241-244.

[104] Chai W, Jiao D. An-matrix-based integral-equation solver of reduced complexity and controlled accuracy for solving electrodynamic problems[J]. IEEE Transactions on Antennas and Propagation, 2009, 57(10): 3147-3159.

[105] Borm S. H2-matrices multilevel methods for the approximation of integral operators[J]. Computing and Visualization in Science, 2004, 7(3): 173-181.

[106] Engquist B, Ying L X. Fast directional multilevel algorithms for oscillatory kernels[J]. SIAM Journal of Scientific Computing, 2007, 29(4): 1710-1737.

[107] 陈华. 电磁散射与辐射的快速全波积分方法分析[D]. 南京:南京理工大学,2011.

[108] Kapur S, Long D E. IES3: A fast integral equation solver for efficient 3-dimensional extraction[C]. Proceedings of the IEEE/ACM International Conference on Computer-Aided Design, 1997: 448-455.

[109] Hackbusch W. A sparse matrix arithmetic based on H-matrices. Part I: Introduction to H-matrices[J]. Computing, 1999, 62(2): 89-108.

[110] 胡小情. 基于 H-Matrix 技术的积分方程快速迭代方法的研究[D]. 南京:南京理工大学,2012.

[111] Bebendorf M, Rjasanow S. Adaptive low-rank approximation of collocation matrices[J]. Computing, 2003, 70(1): 1-24.

[112] Zhao K, Vouvakis M N, Lee J F. The adaptive cross approximation algorithm for accelerated method of moments computations of EMC problems[J]. IEEE Transactions on Electromagnetic Compatibility, 2005, 47(4): 763-773.

[113] Michielssen E, Boag A. A multilevel matrix decomposition algorithm for analyzing scattering from large structures[J]. IEEE Transactions on Antennas and Propagation, 1996, 44(8): 1086-1093.

[114] Tsang L, Li Q, Xu P, et al. Wave scattering with UV multilevel partitioning method: 2. Three-dimensional problem of nonpenetrable surface scattering[J]. Radio Science, 2004, doi: 10. 1029/2003 RS003010.

[115] Rius J M, Parron J, Heldring A, et al. Fast iterative solution of integral equations with method of moments and matrix decomposition algorithm-singular value decomposition[J]. IEEE Transactions on Antennas and Propagation, 2008, 56(8): 2314-2324.

[116] Tamayo J M, Heldring A, Rius J M. Multilevel adaptive cross approximation (MLACA) [J]. IEEE Transactions on Antennas and Propagation, 2011, 59(12): 4600-4608.

[117] Li M, Li C, Ong C J, et al. A novel multilevel matrix compression method for analysis of electromagnetic scattering from PEC targets[J]. IEEE Transactions on Antennas and Propagation, 2012, 60(3): 1390-1399.

[118] Bebendorf M, Kuske C, Venn R. Wideband nested cross approximation for Helmholtz problems[J]. Numerische Mathematik, 2015, 130(1): 1-34.

[119] Li M, Francavilla M A, Vipiana F, et al. Nested equivalent source approximation for the modeling of multiscale structures[J]. IEEE Transactions on Antennas and Propagation,

2014,62(7):3664-3678.

[120] Parron J,Rius J M,Mosig J R. Application of the multilevel matrix decomposition algorithm to the frequency analysis of large microstrip antenna arrays[J]. IEEE Transactions on Magnetics,2002,38(2):721-724.

[121] Ong C J,Tsang L. Full-wave analysis of large-scale interconnects using the multilevel UV method with the sparse matrix iterative approach(SMIA)[J]. IEEE Transactions on Advanced Packaging,2008,31(4):818-829.

[122] Deng F S,He S Y,Chen H T,et al. Numerical simulation of vector wave scattering from the target and rough surface composite model with 3-D multilevel UV method[J]. IEEE Transactions on Antennas and Propagation,2010,58(5):1625-1634.

[123] Li M,Ding J,Ding D,et al. Multiresolution preconditioned multilevel UV method for analysis of planar layered finite frequency selective surface[J]. Microwave and Optical Technology Letters,2010,52(7):1530-1536.

[124] Chen R S,Wang D X,Edward K N Y,et al. Application of the multifrontal method to the vector FEM for analysis of microwave filters[J]. Microwave and Optical Technology Letters,2001,31(6):465-470.

[125] George A J W. Computer solution of large sparse positive definite systems[J]. SIAM Review,1984,26(2):289-291.

[126] Davis T A. Algorithm 832:UMFPACK V4. 3—an unsymmetric-pattern multifrontal method[J]. ACM Transcations on Mathematical Software,2004,30(2):196-199.

[127] Amestoy P R,Duff I S,L'Excellent J Y,et al. A fully asynchronous multifrontal solver using distributed dynamic scheduling[J]. SIAM Journal on Matrix Analysis and Applications,2006,23(1):15-41.

[128] Hestenes M R,Stiefel E. Methods of conjugate gradients for solving linear systems[J]. Journal of Research of the National Bureau of Standards,1952,49(6):409-436.

[129] Saad Y,Schultz M. GMRES:A generalized minimal residual algorithm for solving nonsymmetric linear systems[J]. SIAM Journal on Scientific and Statistical Computing,1986,7:856-869.

[130] Reid J K. On the method of conjugate gradients for the solution of large sparse systems of linear equations[A]//Proceedings of the Conference on Large Sparse Sets of Linear Equations. New York:Academic Press,1971:231-254.

[131] Freund R W. A transpose-free quasi-minimal residual algorithm for non-Hermitian linear systems[J]. SIAM Journal on Scientific Computing,2006,60(2):470-482.

[132] Lanczos C. Solution of systems of linear equations by minimized iterations[J]. Journal of Research of the National Bureau of Standards,1952,49:33.

[133] Saad Y. Iterative Methods for Sparse Linear Systems[M]. Boston:PWS Publishing Company,1995:625-635.

[134] Meurant G. Computer Solution of Large Linear System[M]. New York: Elsevier, 1999: 221-232.

[135] Axelsson O. Iterative Solution Methods[M]. Cambridge: Cambridge University Press, 1994:21-33.

[136] Fletcher R. Conjugate Gradient Methods for Indefinite Systems[M]. Berlin: Springer, 1976.

[137] Concus P, Golub G H, O'leary D P. A Generalized Conjugate Gradient Method for the Numerical Solution of Elliptic Partial Differential Equations[M]. New York: Academic Press, 1976:309-332.

[138] Evans D J. The use of pre-conditioning in iterative methods for solving linear systems with symmetric positive definite matrices[J]. IMA Journal of Applied Mathematics, 1968, 4(3): 295-314.

[139] Freund R, Nachtigal N M. A quasi-minimal residual method for non-Hermitian linear systems[J]. Numerische Mathematik, 1991, 60(1):315-339.

[140] van der Vorst H A. Bi-CGSTAB: A fast and smoothly converging variant of Bi-CG for the solution of non-symmetric linear systems[J]. SIAM Journal on Scientific and Statistical Computing, 1992, 13(2):631-644.

[141] Freund R, Golub G H, Nachtigal N M. Iterative solution of linear systems[J]. Acta Numerica, 1992, 1:57-100.

[142] Drkošová J, Greenbaum A, Rozložnik M, et al. Numerical stabiliy of the GMRES method [J]. BIT, 1995, 35:309-330.

[143] Greenbaum A, Strako S Z. Predicting the behavior of finite precision Lanczos and conjugate gradient computations[J]. SIAM Journal on Matrix Analysis and Applications, 1992, 13: 121-137.

[144] Notay Y. Flexible conjugate gradient[J]. SIAM Journal on Scientific and Statistical Computing, 2000, 22:1444-1460.

[145] Saad Y. A flexible inner-outer preconditioned GMRES algorithm[J]. SIAM Journal on Scientific and Statistical Computing, 1993, 14:461-469.

[146] Axelsson O. A survey of preconditioned iterative methods for linear systems of algebraic equations[J]. BIT, 1985, 25(1):165-187.

[147] Axelsson O, Kolotilina L Y U. Preconditioned conjugate gradient methods[C]//Dold A, Eckmann B, Takens F. Lecture Notes in Mathematics. Nijmegen: Springer-Verlag, 1990:1457.

[148] Saint-Georges P, Warzee G, Beauwens R, et al. High-performance PCG solvers for FEM structural analyses[J]. International Journal for Numerical Methods in Engineering, 1996, 39(8):1313-1340.

[149] Saint-Georges P, Warzee G, Notay Y, et al. Problem dependent preconditioners for iterative solvers in FE elastostatics[J]. Computers and Structures, 1999, 73:33-43.

[150] Tismenetsky M. A new preconditioning technique for solving large sparse linear systems [J]. Linear Algebra and Its Applications, 1991, 154-156: 331-353.

[151] Canning F X, Scholl J F. Diagonal preconditioners for the EFIE using a wavelet basis[J]. IEEE Transactions on Antennas and Propagation, 1996, 44(9): 1239-1246.

[152] Yaghjian A D. Banded-matrix preconditioning for electric-field integral equations[J]. IEEE Antennas and Propagation Society International Symposium, 1997, 3: 1806-1809.

[153] Kolotilina L Y U, Yeremin A Y U. Factorized sparse approximate inverse preconditionings. I: Theory[J]. SIAM Journal on Matrix Analysis and Applications, 1993, 14: 45-58.

[154] Yeremin A Y U, Kolotilina L Y U, Nikishin A A. Factorized sparse approximate inverse preconditionings. IV: Simple approaches to rising efficiency[J]. Numerical Linear Algebra with Applications, 1999, 6: 515-531.

[155] Ahn C H, Chew W C, Zhao J S, et al. Numerical study of approximate inverse preconditioner for two-dimensional engine inlet problems[J]. Electromagnetics, 1999, 19: 131-146.

[156] Botros Y Y, Volakis J L. Preconditioned generalized minimal residual iterative scheme for perfectly matched layer terminated application[J]. IEEE Microwave and Guided Wave Letters, 1999, 9(2): 45-47.

[157] Eisenstat S. Efficient implementation of a class of conjugate gradient methods[J]. SIAM Journal on Scientific and Statistical Computing, 1981, 2(1): 1-4.

[158] Manteuffel T. An incomplete factorization technique for positive definite linear systems [J]. Mathematics of Computation, 1980, 34: 473-497.

[159] Watts III J W. A conjugate gradient truncated direct method for the iterative solution of the reservoir simulation pressure equation[J]. Society of Petroleum Engineers Journal, 1981, 21(3): 345-353.

[160] Saad Y. ILUT: A dual threshold incomplete LU factorization[J]. Numerical Linear Algebra Applications, 1994, 1(4): 387-402.

[161] Axelsson O, Kolotilina L. Diagonally compensated reduction and related preconditioning methods[J]. Numerical Linear Algebra with Applications, 1994, 1: 155-177.

[162] Bollhofer M. A robust ILU with pivoting based on monitoring the growth of the inverse factors[J]. Linear Algebra Applications, 2001, 338: 201-213.

[163] Mardochee M M M, Beauwens R, Warzee G. Preconditioning of discrete helmholtz operators perturbed by a diagonal complex matrix[J]. Communications in Numerical Method in Engineering, 2000, 16(11): 801-817.

[164] Mardochee M M M. Incomplete factorization-based preconditionings for solving the Helmholtz equation[J]. International Journal for Numerical Methods in Engineering, 2001, 50: 1077-1101.

[165] Dongarra J J, Duff L S, Sorensen D C, et al. Numerical Linear Algebra for High-Performance Computers[M]. Philadelphia PA: Society for Industrial and Applied Mathematics, 1998.

[166] Hysom D A. New sequential and scalable parallel algorithms for incomplete factor precon-

ditioning[D]. Norfolk: Old Dominion University, 2001.

[167] Hysom D, Pothen A. A scalable parallel algorithm for incomplete factor preconditioning [J]. SIAM Journal on Scientific Computing, 2001, 22(6): 2194-2215.

[168] An Y Y, Fan Z H, Ding D Z, et al. Investigation of multigrid preconditioner for integral equation fast analysis of electromagnetic scattering problems[J]. IEEE Transactions on Antennas and Propagation, 2014, 62(6): 3091-3099.

[169] Hiptmair R. Multigrid method for Maxwell's equations[J]. SIAM Journal on Numerical Analysis, 1998, 36: 204-225.

[170] Briggs W L, Henson V E, McCormick S F. A multigrid tutorial[M]. Philadelphia PA: Society for Industrial and Applied Mathematics, 2000.

[171] Mertens R, Gersem H D, Belmans R, et al. An algebraic multigrid method for solving very large electromagnetic systems [J]. IEEE Transactions on Magnetics, 1998, 34 (5): 3327-3330.

[172] Lahaye D, Gersem H D, Vandewalle S, et al. Algebraic multigrid for complex symmetric systems[J]. IEEE Transactions on Magnetics, 2000, 36(4): 1535-1538.

[173] Birlinhoven S. Algebraic Multigrid: An Introduction for Positive Definite Problems with Applications [R]. Sankt-Augustin: German National Research Center for Information Technology(GMD), 1999.

[174] Reitzinger S, Schöberl J. An algebraic multigrid method for finite element discretizations with edge elements[J]. Numerical Linear Algebra Application, 2002, 9: 223-238.

[175] Debicki M, Mrozowski M, Debicki P. Application of the multigrid method in determination of SAR distribution in hyperthermia treatment of gynaecological cancers[C]. International Conference on Microwaves and Radar, 1998: 760-764.

[176] Costiner S, Manolaclie F, Ta'asan S. Multilevel methods applied to the design of resonant cavities[J]. IEEE Transactions on Microwave Theory and Techniques, 1995, 43(1): 48-55.

[177] Nyka K, Mrozowski M. Combining function expansion and multigrid method for efficient analysis of MMICs. IEEE International Microwave Symposium, 1996, 96: 203-207.

[178] Tsai C L, Wang W S. An improved multigrid technique for quasi-TEM analysis of a microstrip embedded in an inhomogeneous anisotropic medium[J]. IEEE Transactions on Microwave Theory Techniques, 1997, 45(5): 678-686.

[179] Weiss B, Biro O. Edge element multigrid solution of nonlinear magnetostatic problems[J]. International Journal of Computations and Mathematics in Electrical, 2001, 20 (2): 357-365.

[180] Schinnerl M, Schoberl J, Kaltenbacher M. Nested multigrid methods for the fast numerical computation of 3D magnetic fields[J]. IEEE Transactions on Magnetics, 2000, 36 (4): 1557-1560.

[181] Cingoski V, Tokuda R, Noguchi S, et al. Fast multigrid solution method for nested edge-based finite element meshes[J]. IEEE Transactions on Magnetics, 2000, 36(4): 1539-1542.

[182] Hu N, Katz I N. Multi-p methods: Iterative algorithms for the p-version of the finite element analysis[J]. SIAM Journal on Scientific Computing, 1995, 16(6): 1308-1332.

[183] Polstyanko S V, Lee J F. Two-level hierarchical FEM method for modeling passive microwave devices[J]. Journal of Computational Physics, 1998, 140(2): 400-420.

[184] Stüben K, Trottenberg U. Multigrid methods: Fundamental algorithms, model problem analysis and applications[A]// Hackbusch W, Trottenbery U. Multigrid Methods. Berlin: Springer, 1982: 1-176.

[185] Azevedo P. Multi-grid methods and applications[J]. Advances in Engineering Software and Workstations, 1991, 13(3): 157-158.

[186] Hestenes M R, Stiefel E. Methods of conjugate gradients for solving linear systems[J]. Journal of Research of the National Bureau of Standards, 1952, 49(6): 409-436.

[187] Catedra M F, Gago E, Nuno L. A numerical scheme to obtain the RCS of three-dimensional bodies of resonant size using the conjugate gradient method and the fast Fourier transform [J]. IEEE Transactions on Antennas and Propagation, 1989, 37(5): 528-537.

[188] Gan H, Chew W C. A discrete BCG-FFT algorithm for solving 3D inhomogeneous scatterer problems [J]. Journal of Electromagnetic Waves and Applications, 1995, 9 (10): 1339-1357.

[189] Zhang Z Q, Liu Q H. Three-dimensional weak-form conjugate-and biconjugate-gradient FFT methods for volume integral equations[J]. Microwave and Optical Technology Letters, 2001, 29(5): 350-356.

[190] Zhang Z Q, Liu Q H, Xu X M. RCS computation of large inhomogeneous objects using a fast integral equation solver[J]. IEEE Transactions on Antennas and Propagation, 2003, 51(3): 613-618.

[191] Wang C F, Jin J M. Simple and efficient computation of electromagnetic fields in arbitrarily shaped inhomogeneous dielectric bodies using transpose-free QMR and FFT[J]. IEEE Transactions on Microwave Theory and Techniques, 1998, 46(5): 553-558.

[192] Chen R S, Fan Z H, Yung E K N. Analysis of electromagnetic scattering of three-dimensional dielectric bodies using Krylov subspace FFT iterative methods[J]. Microwave and Optical Technology Letters, 2003, 39(4): 261-267.

[193] Chen R S, Wang D X, Yung E K N. Efficient analysis of millimeter wave ferrite circulators by the GMRES iterative algorithm[J]. International Journal of Infrared and Millimeter Waves, 2003, 24(7): 1187-1202.

[194] Bardi I, Biro O, Preis K, et al. Nodal and edge element analysis of inhomogeneously loaded 3D cavities[J]. IEEE Transactions on Magnetics, 1992, 28(2): 1142-1145.

[195] Dyczij-Edlinger R, Biro O. A joint vector and scalar potential formulation for driven high frequency problems using hybrid edge and nodal finite elements[J]. IEEE Transactions on Microwave Theory and Techniques, 1996, 44(1): 15-23.

[196] Dyczij-Edlinger R, Peng G, Lee J F. A fast vector-potential method using tangentially con-

tinuous vector finite elements[J]. IEEE Transactions on Microwave Theory and Techniques,1998,46(6):863-868.

[197] Dyczij-Edlinger R,Peng G,Lee J F. Stability conditions for using TVFEMs to solve Maxwell equations in the frequency domain[J]. International Journal of Numerical Modelling Electronic Networks Devices and Fields,2000,13(2-3):245-260.

[198] Freund R W. Preconditioning of symmetric,but highly indefinite linear systems[C]. The 15th IMACS World Congress on Scientific Computation,Modelling and Applied Mathematics,1997,2:551-556.

[199] Kechroud R,Soulaimani A,Saad Y. Preconditioning techniques for the solution of the Helmholtz equation by the finite element method[J]. Mathematics and Computers in Simulation,2004,65(4-5):303-321.

[200] Laird A L,Giles M B. Preconditioned Iterative Solution of the 2D Helmholtz Equation[R]. Oxford:Oxford University Computing Laboratory,2002.

[201] Mardochée M M M. Incomplete factorization-based preconditionings for solving the Helmholtz equation[J]. International Journal for Numerical Methods in Engineering,2001,50(5):1077-1101.

[202] Paige C C,Saunders M A. Solution of sparse indefinite systems of linear equations[J]. SIAM Journal on Numerical Analysis,1975,12(4):617-629.

[203] Plessix R E,Mulder W A. Separation-of-variables as a preconditioner for an iterative Helmholtz solver[J]. Applied Numerical Mathematics,2003,44(3):385-400.

[204] Sertel K,Volakis J L. Incomplete LU preconditioner for FMM implementation[J]. Microwave and Optical Technology Letters,2000,26(4):265-267.

[205] Alléon G,Benzi M,Giraud L. Sparse approximate inverse preconditioning for dense linear systems arising in computational electromagnetics[J]. Numerical Algorithms,1997,16(1):1-15.

[206] Xie Y,He J,Sullivan A,et al. A simple preconditioner for electric-field integral equations[J]. Microwave and Optical Technology Letters,2001,30(1):51-54.

[207] Niu Z,Xu J. Near-field sparse inverse preconditioning of multilevel fast multipole algorithm for electric field integral equations[C]. Microwave Conference Proceedings,2005.

[208] Bunse-Gerstner A,Gutierrez-Canas I. A hierarchically semiseparable preconditioner for the MFLMM-based solution of the EFIE[C]. Antennas and Propagation Society International Symposium,2006:1895-1898.

[209] Chow E,Saad Y. Experimental study of ILU preconditioners for indefinite matrices[J]. Journal of Computational and Applied Mathematics,1997,86(2):387-414.

[210] Mardochée M M M,Beauwens R,Warzée G. Preconditioning of discrete Helmholtz operators perturbed by a diagonal complex matrix[J]. International Journal for Numerical Methods in Biomedical Engineering,2000,16(11):801-817.

[211] 张宝琳,谷同祥,莫则尧. 数值并行计算原理与方法[M]. 北京:国防工业出版社,1999.

[212] 李晓梅，莫则尧，胡庆丰. 可扩展并行算法的设计与分析[M]. 北京：国防工业出版社，2000.

[213] 韦祥文. MPI平台下二维欧拉方程数值解法[D]. 西安：西北工业大学，2003.

[214] 迟利华. 大型稀疏线性方程组在分布式存储环境下的并行计算[D]. 长沙：国防科技大学，1998.

[215] 汪杰. 适合于并行计算的一类电磁场边值问题分析方法的研究[D]. 南京：东南大学，2001.

[216] Choi-Grogan Y S, Eswar K, Sadayappan P, et al. Sequential and parallel implementations of the partitioning finite-element method[J]. IEEE Transactions on Antennas and Propagation, 1997, 44(12): 1609-1616.

[217] Wolfe C T, Navsariwala U, Gedney S D. A parallel finite-element tearing and interconnecting algorithm for solution of the vector wave equation with PML absorbing medium[J]. IEEE Transactions on Antennas and Propagation, 2000, 48(2): 278-284.

[218] Mathur K K, Johnsson S L. The finite element method on a data parallel computing system [J]. International Journal of High Speed Computing, 1989, 1(1): 29-44.

[219] Jiao D, Chakravarty S, Dai C. A layered finite element method for electromagnetic analysis of large-scale high-frequency integrated circuits[J]. IEEE Transactions on Antennas and Propagation, 2007, 55(2): 422-432.

[220] Wolfe C T, Gedney S D. Preconditioning the FETI method for accelerating the solution of large EM scattering problems[J]. IEEE Antennas and Wireless Propagation Letters, 2007, 6: 175-178.

[221] Chen R S, Yung E K N, Chan C H, et al. An algebraic domain decomposition algorithm for the vector finite-element analysis of 3D electromagnetic field problems[J]. Microwave and Optical Technology Letters, 2002, 34(6): 414-417.

[222] Rixen D J, Farhat C. A simple and efficient extension of a class of substructure based preconditioners to heterogeneous structural mechanics problems[J]. International Journal for Numerical Methods in Engineering, 1999, 44(4): 489-516.

[223] Li Y, Jin J M. A vector dual-primal finite element tearing and interconnecting method for solving 3-D large-scale electromagnetic problems[J]. IEEE Transactions on Antennas and Propagation, 2006, 54(10): 3000-3009.

[224] Yin L, Hong W. Domain decomposition method: A direct solution of Maxwell equations [C]. Antennas and Propagation Society International Symposium, 1999: 1290-1293.

[225] Stupfel B, Mognot M. A domain decomposition method for the vector wave equation[J]. IEEE Transactions on Antennas and Propagation, 2000, 48(5): 653-660.

[226] Kolotilina L Y, Yeremin A Y. Factorized sparse approximate inverse preconditionings I: Theory[J]. SIAM Journal on Matrix Analysis and Applications, 1993, 14(1): 45-58.

[227] Kolotilina L Y, Nikishin A A, Yeremin A Y. Factorized sparse approximate inverse preconditionings. IV: Simple approaches to rising efficiency[J]. Numerical Linear Algebra with

Applications,1999,6(7):515-531.

[228] Ahn C H,Chew W C,Zhao J S,et al. Numerical study of approximate inverse preconditioner for two-dimensional engine inlet problems[J]. Electromagnetics,1999,19(2):131-146.

[229] Botros Y Y,Volakis J L. Preconditioned generalized minimal residual iterative scheme for perfectly matched layer terminated applications[J]. IEEE Microwave and Guided Wave Letters,1999,45(2):45-47.

[230] Hysom D A. New sequential and scalable parallel algorithms for incomplete factor preconditioning[D]. Norfolk:Old Dominion University,2001.

[231] Hysom D, Pothen A. A scalable parallel algorithm for incomplete factor preconditioning [J]. SIAM Journal on Scientific Computing,2000,22(6):2194-2215.

第 2 章 计算电磁学中的主要数值方法

计算电磁学中有许多数值模拟方法，虽然它们都从求解麦克斯韦方程出发，但是其性能各异。本章简要介绍计算电磁学领域中几种常用的数值求解方法，如有限元法、矩量法等。

2.1 有 限 元 法

有限元法的发展经历了从节点有限元法到基于棱边的矢量有限元法再到高阶矢量有限元法等一系列阶段[1]。其中，节点有限元法适合用于静电问题和泊松方程中的标量电势的求解，但用于求解高频电磁问题中的矢量电场或矢量磁场时则会出现一些问题，即不能保证各单元相邻表面之间场的连续性，并且不能正确地表示场的旋度的零空间，从而在仿真过程中出现伪解，使仿真结果不可靠。因此，在节点有限元法的基础上出现了矢量有限元法[2]。矢量有限元法一般用于求解基于电场的矢量 Helmholtz 方程，它根据所求解问题控制方程的不同采用不同的基函数。当用矢量有限元法模拟基于电场的矢量 Helmholtz 方程时，根据电场的物理特性，采用切向矢量基函数来展开电场，保证了各单元相邻表面之间电场的切向连续性，而对场的法向连续性不做要求。无论是节点有限元法还是矢量有限元法，采用高阶基函数以提高精度的建模方法是目前发展的主要方向[3-7]。

总体来说，采用有限元法进行数值仿真的基本步骤是：首先建立与待求问题相对应的微分控制方程，并确定适当的边界条件；其次通过各种合适的形式将解域划分成有限个单元，并在每个单元中构造分域基函数；最后用里茨变分法或者伽辽金加权余量法构造代数形式的有限元方程。这也是将其称为有限元法的根本原因。相对于其他数值方法，有限元法的最大优点是其离散单元的灵活性。这是因为有限元法可以更精确地模拟各种复杂的几何结构，并通过选择网格点的疏密情况适应场分布的不同情况，既能满足计算精度的要求，又不增加过大的计算量。此外，离散后有限元方程组中的稀疏矩阵是稀疏、对称的，非常有利于代数方程组的求解。然而，作为一种基于微分方程的数值方法，有限元法与积分方程方法相比，对于开域问题，必须采用吸收边界条件(absorbing boundary condition，ABC)[8,9]、完全匹配层(perfectly matched layer，PML)[10,11]来截断求解区域，将无限大空间的计算问题限制在有限区域范围之内，增加了该算法的计算量。

2.1.1　电磁场边值问题

用有限元法分析电磁场问题，首先要对电磁场中的边值问题进行研究。边值问题出现在物理系统的数学模型中，如何对其快速而有效地求解一直是数值模拟方法研究的主题。典型的边值问题可用区域 Ω 内的控制微分方程和包围区域 Ω 的边界 Γ 上的边界条件来定义。对于大多数电磁问题，都能用如下控制方程来表示：

$$L\Phi=g \tag{2.1}$$

式中，L 为微分算子；g 为已知的激励函数；Φ 为需要求解的未知场函数，可以是电场、磁场或电势、磁势等。对于一般的问题，主要有狄利克雷(Dirichlet)边界条件、诺依曼(Neumann)边界条件及辐射边界条件等。

计算电磁学所分析的时谐电磁场的特性可以表述为如下的电场波动方程：

$$\nabla\times(\mu_r^{-1}\ \nabla\times\boldsymbol{E}(\boldsymbol{r}))-k_0^2\varepsilon_r\boldsymbol{E}(\boldsymbol{r})=-\mathrm{j}k_0Z_0\boldsymbol{J}(\boldsymbol{r}) \tag{2.2}$$

或磁场波动方程：

$$\nabla\times(\varepsilon_r^{-1}\ \nabla\times\boldsymbol{H}(\boldsymbol{r}))-k_0^2\mu_r\boldsymbol{H}(\boldsymbol{r})=\nabla\times\varepsilon_r^{-1}\boldsymbol{J}(\boldsymbol{r}) \tag{2.3}$$

式(2.2)与式(2.3)即高频电磁问题的控制方程，一般采用式(2.2)进行有限元建模。式(2.2)和式(2.3)中，$\boldsymbol{E}(\boldsymbol{r})$、$\boldsymbol{H}(\boldsymbol{r})$分别表示在空间 $\boldsymbol{r}$ 点处的电场和磁场强度矢量，ε_r、μ_r 分别表示在 $\boldsymbol{r}$ 点处的媒质相对介电常数和磁导率，$k_0=\omega\sqrt{\varepsilon_0\mu_0}$、$Z_0=\sqrt{\mu_0/\varepsilon_0}$分别表示在介电常数和磁导率为 ε_0、μ_0 的自由空间中电磁波的传播常数和波阻抗，ω 为电磁波的角频率，∇为哈密顿算符，$\boldsymbol{J}$ 为在 $\boldsymbol{r}$ 点处的电流密度，$\hat{\boldsymbol{n}}$ 为表面 $\boldsymbol{r}$ 点处的单位法向分量。在时谐有限元分析中用得最多的边界条件为理想电壁边界条件与理想磁壁边界条件。在理想导电壁表面上，边界条件可以表示为

$$\hat{\boldsymbol{n}}\times\boldsymbol{E}(\boldsymbol{r})=0 \tag{2.4}$$

在理想磁壁表面上，有

$$\hat{\boldsymbol{n}}\times\nabla\times\boldsymbol{E}(\boldsymbol{r})=0 \tag{2.5}$$

确定了控制方程与边界条件，就可以使用有限元方法对所分析的问题区域进行离散，进而求出待求的未知场量及其他物理特性。

2.1.2　伽辽金加权余量法与里茨变分法

伽辽金加权余量法与里茨(Ritz)变分法是早期求解电磁场控制方程(2.1)的两种最常用的近似方法。假定 $\widetilde{\Phi}$ 是控制方程(2.1)的近似解，将 $\widetilde{\Phi}$ 代入式(2.1)，由于近似解与真实解之间存在误差，所以会得到一个非零余量：

$$r=L\widetilde{\Phi}-g \tag{2.6}$$

伽辽金加权余量法通过对上述余量求加权积分：

$$I_i=\int_{\Omega}w_ir\mathrm{d}\Omega \tag{2.7}$$

来寻求式(2.1)的近似解 $\widetilde{\Phi}$，使得 $I_i=0,i=1,2,\cdots,N$。式(2.7)中的 w_i 为加权函

数，近似解 $\widetilde{\Phi}$ 可以表示为下面的展开函数形式：

$$\widetilde{\Phi}=\sum_{i=1}^{N}a_i f_i \tag{2.8}$$

这里 f_i 称为插值函数，一般为线性或高次函数。权函数的选取有多种方法，如点配置法、最小二乘法等，但在伽辽金加权余量法中，权函数 w_i 与近似解展开所用的函数 f_i 相同。

里茨变分法是一种用变分表达式来得到近似解的方法。这种方法将边值问题用泛函表示，泛函的极小值对应于给定边界条件下的控制方程的解。方程(2.1)的近似解 $\widetilde{\Phi}$ 通过求下面的泛函对 $\widetilde{\Phi}$ 的极小值来得到[1]：

$$F(\widetilde{\Phi})=\frac{1}{2}\langle L\widetilde{\Phi},\widetilde{\Phi}\rangle-\frac{1}{2}\langle\widetilde{\Phi},f\rangle-\frac{1}{2}\langle f,\widetilde{\Phi}\rangle \tag{2.9}$$

方程(2.9)的极值点 $\delta F=0$ 对应于方程(2.1)的近似解。因此，一旦确定了方程(2.1)对应的泛函，即可将 $\widetilde{\Phi}$ 的展开式代入来求解。

一般来说，采用伽辽金加权余量法与采用里茨变分法得到的矩阵方程是相同的。对上述基于电场的矢量波动方程(2.2)采用伽辽金加权余量法，得到如下方程：

$$\int_V \frac{1}{\mu_r}(\nabla\times\boldsymbol{E}(\boldsymbol{r}))\cdot(\nabla\times\boldsymbol{w}(\boldsymbol{r}))-k_0^2\varepsilon_r\boldsymbol{E}(\boldsymbol{r})\cdot\boldsymbol{w}(\boldsymbol{r})\mathrm{d}V=-\mathrm{j}k_0Z_0\int_V\boldsymbol{J}(\boldsymbol{r})\cdot\boldsymbol{w}(\boldsymbol{r})\mathrm{d}V \tag{2.10}$$

上述方程是对整个问题区域进行建模得到的，如果所分析的问题过于复杂，则不能使用简单的函数展开来近似整个区域内的解，就需要对整个问题区域进行离散，并在每个子区域使用伽辽金或里茨变分法来得到整个问题的解，这就是下面要介绍的有限元法。

2.1.3 有限元法的步骤

应用有限元法求解电磁场边值问题一般包含下面几个步骤：

(1) 确立适当的微分控制方程及边界条件；

(2) 网格离散；

(3) 选择基函数和加权函数，运用伽辽金加权余量法或里茨变分法将控制方程转换为线性方程组；

(4) 消去边界上的未知量并求解矩阵方程，得出所分析区域内的场分布；

(5) 后处理，计算出所需的参数。

使用有限元法时，一旦确定了控制方程及计算求解区域，就需要进行网格离散。在有限元分析步骤中，区域离散是非常重要的一步。因为网格离散的方式将会影响计算机内存需求、计算时间和数值结果的精确度，有限元法可以适应不同类型的网格，对二维问题可以采用三角形、矩形及任意四边形等网格；而对三维问题可以采用四面体、四棱锥、三棱柱、六面体等网格剖分，但是最常用的在二维问题中为三角形，在三维问题中为四面体网格[12]。离散网格的多样性使有限元法在模拟任意形状边界的问题时具有强大的功能。

在生成网格之后，就要根据选定的插值函数来建立有限元方程。对于切向矢量有限元通常采用 Whitney 基函数，因为其由 Whitney 提出而得名[13]。Whitney 基函数的形式为

$$\boldsymbol{w}_i=(\zeta_{i1}\nabla\zeta_{i2}-\zeta_{i2}\nabla\zeta_{i1})l_i \quad \text{每边一个} \tag{2.11}$$

式中，下角 i 表示第 i 条边，$i1$、$i2$ 表示第 i 条边两个端点的编号；ζ_i 为体积坐标。体积坐标的定义如下：假定四面体 e 内坐标为(x,y,z)的一点 P，V_i 表示 P 点与四面体除 i 点以外的其他三点构成的四面体的体积，V^e 表示四面体 e 的体积，那么 P 点的体积坐标定义为

$$\zeta_i(x,y,z)=\frac{V_i}{V^e}=\frac{a_i+b_ix+c_iy+d_iz}{6V^e} \tag{2.12}$$

式中，a_i、b_i、c_i、d_i 是与四面体有关的常数。由式(2.12)可以看出，$\boldsymbol{w}_i$ 在单元内部为线性插值函数。如果用 $\boldsymbol{t}_i$ 表示第 i 条边的单位切向矢量，则有

$$\boldsymbol{t}_i\cdot\nabla\zeta_{i1}=-\frac{1}{l_i},\quad \boldsymbol{t}_i\cdot\nabla\zeta_{i2}=\frac{1}{l_i} \tag{2.13}$$

$$\boldsymbol{t}_i\cdot\boldsymbol{w}_i=\zeta_{i1}+\zeta_{i2}=1 \tag{2.14}$$

即 $\boldsymbol{w}_i$ 在棱边 i 上具有恒定的切向分量。通过进一步的推导，可以得出 $\boldsymbol{w}_i$ 在其他各边上的切向场分量为零。这样，$\boldsymbol{w}_i$ 对应的系数表示电场在 i 边的切向分量。由于 Whitney 基函数的系数对应棱边上的电场，所以采用 Whitney 基函数的矢量有限元法又称棱边元。为了便于编程，要将四面体单元的各节点及棱边进行编号。四面体单元内部的局部编号如图 2.1 所示。

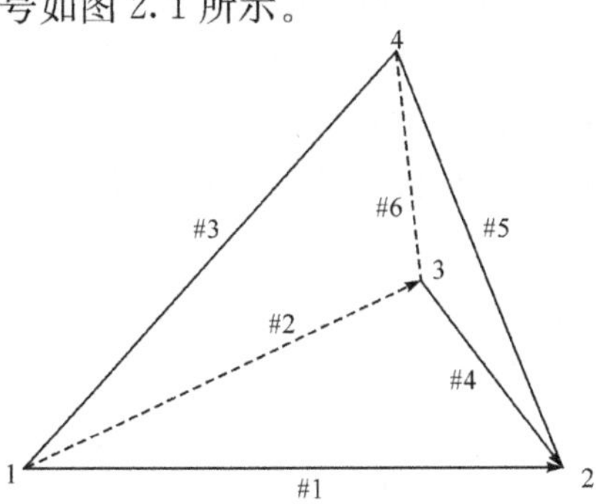

图 2.1　有限元四面体单元示意图

将 Whitney 基函数(式(2.11))代入式(2.10)并积分，最终将所分析问题离散为一个有限元线性系统。令

$$\begin{aligned}
S_{\mathrm{EE}ij} &= \int_{\Omega}(\nabla\times\boldsymbol{w}_i)\cdot\mu_r^{-1}(\nabla\times\boldsymbol{w}_j)\mathrm{d}V\\
T_{\mathrm{EE}ij} &= \int_{\Omega}\varepsilon_r\boldsymbol{w}_i\cdot\boldsymbol{w}_j\mathrm{d}V\\
R_{\mathrm{EE}i} &= -\mathrm{j}k_0Z_0\int_V\boldsymbol{J}(\boldsymbol{r})\cdot\boldsymbol{w}_i(\boldsymbol{r})\mathrm{d}V
\end{aligned} \tag{2.15}$$

则式(2.10)可简化为

$$\boldsymbol{S}_{\mathrm{EE}}-k_0^2\boldsymbol{T}_{\mathrm{EE}}=\boldsymbol{R}_{\mathrm{EE}} \tag{2.16}$$

$\boldsymbol{S}$、$\boldsymbol{T}$中的矩阵元素可以通过式(2.11)～式(2.14)求出。

对于无源问题，$\boldsymbol{R}_{\mathrm{EE}}=0$。消去已知边界上的电场，得到一组待求的线性方程组，简写为

$$\boldsymbol{A}\boldsymbol{x}=\boldsymbol{b} \tag{2.17}$$

如果是本征值问题，则转化为以下本征值问题的求解：

$$\boldsymbol{S}_{\mathrm{EE}}=k_0^2\boldsymbol{T}_{\mathrm{EE}} \tag{2.18}$$

这里待求的未知量为k_0。在求解方程(2.17)或方程(2.18)后，就可以得出微波器件内部的场分布，进而求出与器件本身相关的参数如散射参数[14,15]等。

以上是基本的有限元建模方法。原则上，对于任意的物理问题，只要给出控制方程与边界条件，都可以使用有限元法进行建模求解。但是很多物理问题如波导不连续性、天线辐射等开域问题，在波的传输方向上没有明确的边界条件。由于有限元法只能对有限大的区域进行建模，不可能分析无限大区域的问题，所以传统上使用有限元法分析开域问题时需要人为施加边界条件[8-11]截断计算区域来减少计算量。关于截断边界的方法，许多学者提出了许多不同的方案，如采用ABC吸收边界条件、有限元-边界元联合建模[9]的方法、采用完全匹配层等。其中完全匹配层是一种很有效的截断边界的方法，其概念最初由Berenger提出[10]，由Sacks等[11]和其他一些研究者将其引入有限元法中。完全匹配层是模拟一种无反射的各向异性的假想介质，入射波从其他介质以任意角度入射到该区域均无反射波的存在。完全匹配层本身是有耗的，波在经过一定的距离后会出现明显的衰减。因为完全匹配层是一种理想介质，所以在其内部麦克斯韦方程组完全成立，并且能够保持有限元线性系统矩阵的稀疏性。

在完全匹配层区域内，有效磁导率$\boldsymbol{\mu}$和介电常数$\boldsymbol{\varepsilon}$为对角矩阵的形式。对于在自由空间区域设置的完全匹配层，满足：

$$\boldsymbol{\mu}_r=\boldsymbol{\varepsilon}_r=\frac{\boldsymbol{\mu}}{\mu_0}=\frac{\boldsymbol{\varepsilon}}{\varepsilon_0}=\begin{bmatrix} a & 0 & 0 \\ 0 & b & 0 \\ 0 & 0 & c \end{bmatrix} \tag{2.19}$$

假定波的传播方向为z，可以证明[10]，当$bc=1$、$a=b$时，可以得到零反射。为了使入射波充分衰减，a、b、c应取复数。令$a=b=1/c=\alpha-\mathrm{j}\beta$，$\alpha$决定了此介质中的波长，$\beta$决定了波的衰减程度，则完全匹配层内的相对磁导率与介电参数可以表示为

$$\boldsymbol{\mu}_r=\boldsymbol{\varepsilon}_r=\begin{bmatrix}\alpha-\mathrm{j}\beta & 0 & 0\\ 0 & \alpha-\mathrm{j}\beta & 0\\ 0 & 0 & \dfrac{1}{\alpha-\mathrm{j}\beta}\end{bmatrix} \tag{2.20}$$

在上述条件下,波以任何角度射入完全匹配层都可以获得无反射传输。a、b、c 的取值依赖于波的传播方向和完全匹配层本身的位置。在模拟二维和三维问题时,在不同的方向 $\boldsymbol{\varepsilon}_r$ 和 $\boldsymbol{\mu}_r$ 的取值不同。由于完全匹配层具有优异的吸收特性,得到了大量研究,目前一些学者发展了一些其他形式的完全匹配层,在解决一些特殊问题如轴对称等问题时收到了明显的效果。

有限元所产生的线性系统(2.17)为一个高度稀疏的对称线性系统,系数矩阵具有大量的零元素。而且,如果网格节点与棱边的全局编号适当,那么非零元素会集中在一定的带宽之内,即有限元产生的矩阵为一稀疏带状阵。由于有限元线性系统的高度稀疏性,在存储时需采用稀疏格式存储。常用的稀疏存储格式有压缩稀疏行(CSR)存储格式压缩稀疏列(CSC)存储格式等[16],这不仅能节省大量的存储空间,而且结合迭代求解算法可以节省大量不必要的操作,极大地提高效率。由于有限元矩阵的高度稀疏性,适合采用迭代算法求解。当未知量较少时,该线性系统可以用稀疏矩阵直接解法,如 Multifrontal 方法求解。

矢量有限元产生的线性系统为高度非正定的病态线性系统。系数矩阵的病态性使迭代解法求解该线性系统变得非常困难。由于有限元线性系统的求解是整个有限元仿真中最耗费 CPU 时间与内存的部分,关系到有限元方法的效率与仿真大尺寸问题的能力,所以如何快速有效地求解该线性系统已经成为一个专门的研究方向。

2.1.4　数值结果

本节采用矢量有限元方法对几种不同类型的三维电磁问题进行仿真分析,包括:微波电路问题的 S 参数提取、电磁散射问题雷达截面积(RCS)的计算以及天线辐射问题的方向图的计算。

算例 2.1　微波电路问题的 S 参数提取。分析一个介质基片集成波导(SIW)的微波电路传输问题。基片集成波导的结构示意图及尺寸参数如图 2.2 和图 2.3 所示,其中,SIW 结构的总尺寸为:长度 22.15mm,宽度 9.563mm,介质基片的高度 h 为 0.787mm,相对介电常数为 2.2。图 2.3 中左侧面为激励端口面,右侧面为输出端口面,中间的两个导电圆柱在长度和宽度方向上均中心对称。扫频频段的中心频率为 $f_0=28.0$GHz,带宽为 6GHz。输出端口设置完全匹配层截断计算空间,采用四面体单元离散,离散后未知量数目为 123243。将本节矢量有限元程序

仿真获得的 S_{11}、S_{12}参数与文献[17]给出的测量结果进行比较，结果如图 2.4 所示，可以看出结果吻合得很好。

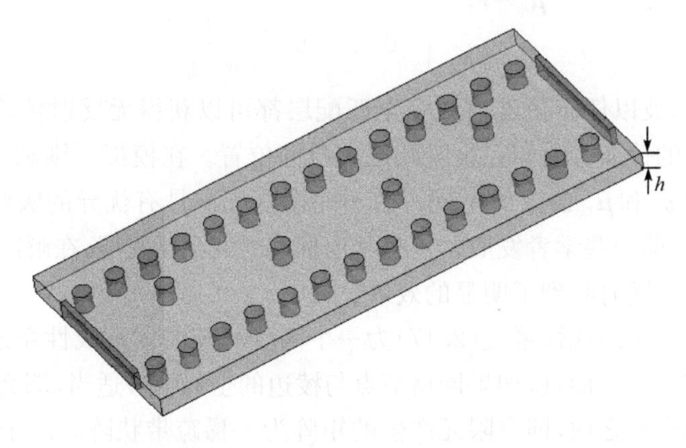

图 2.2　介质基片集成波导结构示意图(h=0.787mm)

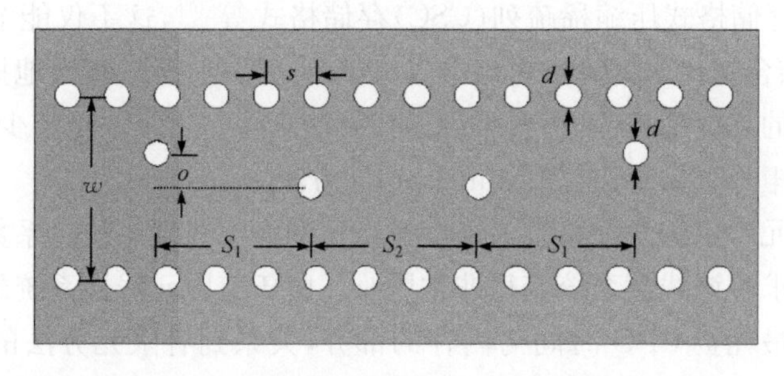

图 2.3　介质基片集成波导结构尺寸参数(w=5.563,s=1.525,d=0.775,o=1.01,S_1=4.71,S_2=5.11,h=0.787,单位为 mm)

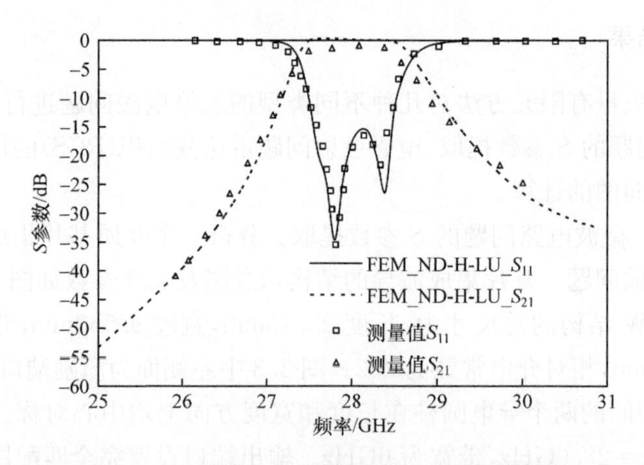

图 2.4　介质基片集成波导结构 S 参数曲线图

算例 2.2　电磁散射问题 RCS 的计算。为了精确验证矢量有限元程序在分析电磁散射问题方面的正确性，仿真一个典型的介质涂敷金属球的电磁散射算例，然后将仿真结果和采用 Mie 级数[18]理论得出的解析解进行比较。入射波入射方向为沿 z 轴正方向，介质涂敷的金属球中，金属球的半径为 $0.3\lambda_0$，介质涂层的厚度为 $0.1\lambda_0$，相对介电常数为 $\varepsilon_r=2.0$。采用完全匹配层截断计算空间，完全匹配层的厚度取为 $0.25\lambda_0$，如图 2.5 所示。采用四面体单元离散，离散后未知量数目为 44422。平面波照射、VV 极化和 HH 极化情况下，计算出的双站 RCS 曲线如图 2.6 所示，由图可以看出，结果与 Mie 级数的解析解吻合良好。VV 极化下，$\phi=0°$，$\theta=0°\sim180°$；HH 极化下，$\phi=90°$，$\theta=0°\sim180°$。

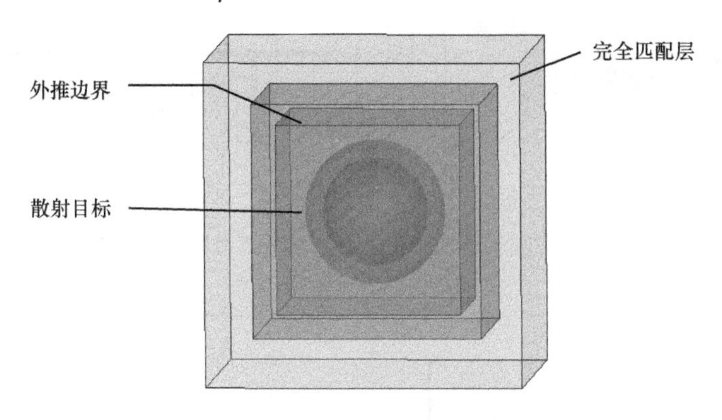

图 2.5　介质涂敷金属球的有限元分析区域示意图

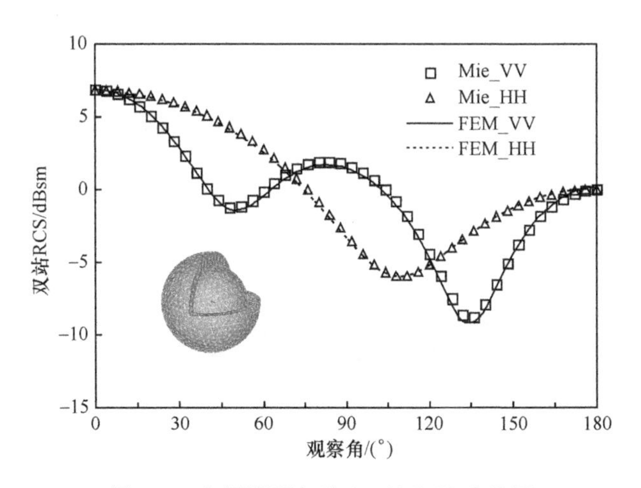

图 2.6　金属涂覆介质球双站 RCS 曲线图

算例 2.3　天线辐射问题的方向图的计算。分析一个背腔式微带贴片天线的电磁辐射特性。如图 2.7 所示，贴片几何尺寸为 5.0cm×3.4cm，位于厚度为

0.08779cm、相对介电常数 $\varepsilon_r=2.17$、损耗正切为 0.0015 的介质基片上；该介质基片位于 7.5cm×5.1cm×0.08779cm 的长方体腔内，腔体镶嵌在一个导电平面内；由于介质基片较薄，同轴馈源可用电流探针来等效，探针位于坐标 $x=1.22$cm、$y=0.85$cm 处。有限元离散后未知量数目为 79723。图 2.8 给出了有限元算法的计算结果，包括输入阻抗和辐射方向图，并与文献[1]采用的方法（有限元-边界积分方法）给出的结果进行比较，可以看出结果吻合良好。

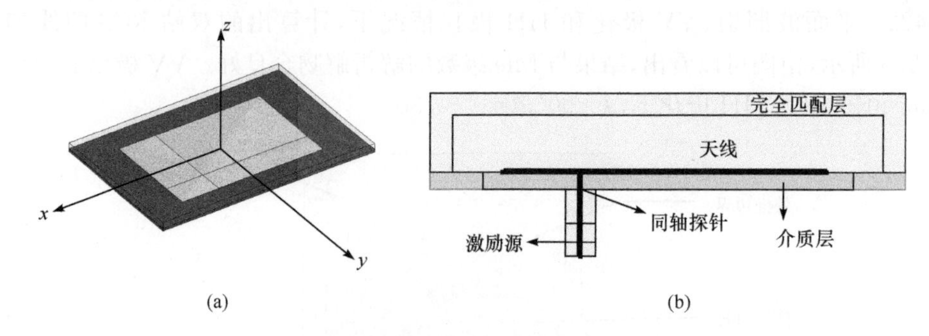

图 2.7　背腔式微带贴片天线结构及离散区域示意图

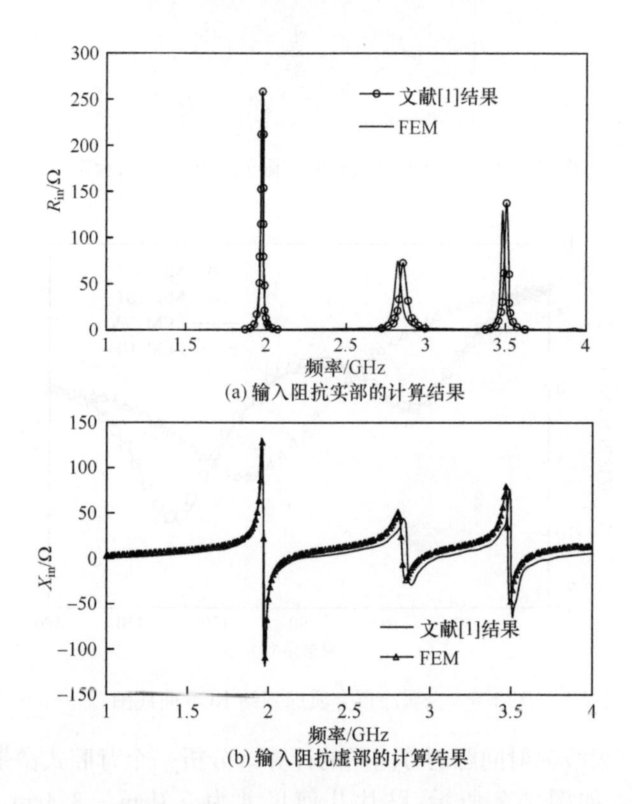

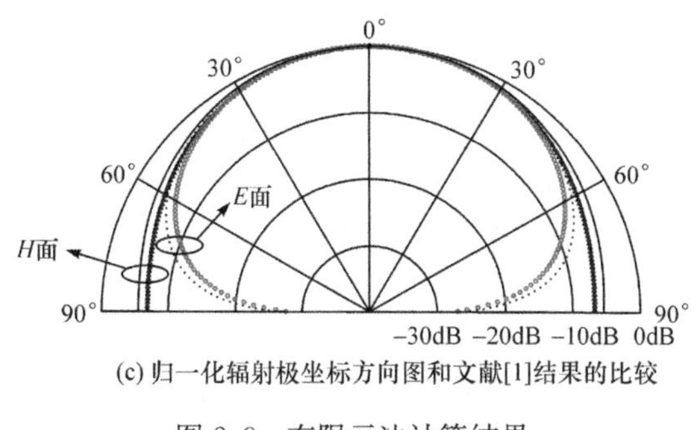

(c) 归一化辐射极坐标方向图和文献[1]结果的比较

图 2.8　有限元法计算结果

2.2 矩量法

自 Harrington 于 1968 年在其所著 *Field Computation by Moment Methods* 一书中系统叙述了矩量法[19]在求解电磁场问题中的应用以来，矩量法已经广泛地应用于各种天线辐射、复杂散射体散射以及静态或准静态等领域。矩量法精度高、所用格林函数直接满足辐射条件，无须像微分方程法那样必须设置吸收边界条件。因此，基于积分方程的矩量法具有一定的优越性。

矩量法的应用主要受以下几个方面的限制：首先，必须针对所要求解的问题导出与之相应的积分方程；其次，在此基础上还要选择、构造全域或分域上满足边界条件的基函数；再次，由于矩量法离散产生稠密的线性代数方程组，当采用直接解法和迭代解法求解时，所需的计算量分别为 $O(N^3)$ 和 $O(N^2)$（N 为未知量的个数），这种计算复杂度限制了矩量法对分析电大尺寸目标电磁散射问题的分析。

为了降低内存需求和计算复杂度，学者提出了很多基于矩量法的快速算法，这些快速算法根据加速的原理可以分为三类：第一类是基于快速傅里叶变换技术(FFT)[18-22]、稀疏矩阵正交网格方法(SMCG)[23-27]、自适应积分方法(AIM)[28-30]等；第二类是基于格林函数展开的快速算法如快速多极子方法(FMM)[31-33]和多层快速多极子方法(MLFMM)[34-37]等；第三类是基于低秩矩阵压缩类的快速算法，如自适应交叉近似方法(ACA)[38]、多层 UV 分解方法[39]、多层 QR 分解方法[40]、多层矩阵分解算法(MLMDA)[41]、H 矩阵方法和 H^2 矩阵方法[42-44]等。这些算法各有其特点和适用范围，相比于 MoM 的计算复杂度和内存需求，这些快速算法的出现都大大地降低了计算复杂度和内存需求，使电大尺寸目标电磁特性的精确求解成为可能。

2.2.1　矩量法的离散化过程

矩量法是将算子方程化为矩阵方程，然后求解该矩阵方程，对于电磁问题，积分方程都可以用下面的算子方程来描述：

$$Lf=g \tag{2.21}$$

式中，L 为线性算子；f 为未知函数；g 是已知函数如激励函数。算子 L 的值域为算子在其定义域上运算而得的函数的集合。算子方程的通常求解方法是将 f 在 L 的定义域内展开成$\{f_1,f_2,\cdots,f_N\}$的线性组合，表示如下：

$$f\approx\sum_{n=1}^{N}a_n f_n \tag{2.22}$$

式中，a_n 为展开系数；f_n 为一组线性无关的基函数；N 为未知量的个数。如果 $N\to\infty$，则方程的解是精确解。然而实际应用中，N 必须是有限大的，此时方程(2.22)的右边项是待求函数 f 的近似解。将式(2.22)代入式(2.21)，再由算子 L 的线性性质可得

$$\sum_{n=1}^{N}a_n Lf_n\approx g \tag{2.23}$$

为了求解方程(2.23)中未知函数 f 的系数 a_n，需要选取一组测试函数$\{w_1,w_2,\cdots,w_N\}$，每个测试函数都与式(2.23)做内积，可以得到如下方程组：

$$\sum_{n=1}^{N}a_n\langle w_m,Lf_n\rangle=\langle w_m,g\rangle,\quad m=1,2,\cdots,N \tag{2.24}$$

可以将方程写成如下形式：

$$\boldsymbol{Za}=\boldsymbol{b} \tag{2.25}$$

其中向量 $\boldsymbol{b}$ 及矩阵 $\boldsymbol{Z}$ 的各元素可表示为

$$b_m=\langle w_m,g\rangle \tag{2.26}$$

$$Z_{mn}=\langle w_m,Lf_n\rangle \tag{2.27}$$

通过求解方程(2.25)，得到未知函数 f 的展开系数 a_n，从而可以获得算子方程的近似解。上述即矩量法完整的离散化过程。

2.2.2　积分方程的选取

按照待求未知量在积分方程中的位置，积分方程可分为未知量只位于积分内部的第一类积分方程与未知量位于积分内部和外部的第二类积分方程。按照待求未知量所在的区域，积分方程又可分为未知量位于表面的表面积分方程和未知量位于体积内部的体积分方程。求解表面积分方程、体积分方程的相应方法则称为表面积分方程方法、体积分方程方法[20,21]。

1. 金属体散射问题表面积分方程的建立

从麦克斯韦方程出发，根据理想导体表面的边界条件，可以获得电场积分方程(EFIE)、磁场积分方程(MFIE)及混合场积分方程，下面分别加以介绍。

假设平面波 $\boldsymbol{E}^{\mathrm{i}}$ 入射到一个边界为 S 的金属体 V 上，会产生散射场 $\boldsymbol{E}^{\mathrm{s}}$，可由并矢格林函数 $\boldsymbol{G}$ 简洁地表示为

$$\boldsymbol{E}^{\mathrm{s}}(\boldsymbol{r}) = \frac{\mathrm{j}\omega\mu}{4\pi}\int_{s}\boldsymbol{G}(\boldsymbol{r},\boldsymbol{r}')\cdot\boldsymbol{J}(\boldsymbol{r}')\mathrm{d}S \tag{2.28}$$

式中，$\boldsymbol{J}$ 为理想导体表面电流密度；$\boldsymbol{G}$ 为自由空间的电场并矢格林函数：

$$\boldsymbol{G}(\boldsymbol{r},\boldsymbol{r}')=\left(\boldsymbol{I}-\frac{1}{k^2}\nabla\nabla'\right)g(\boldsymbol{r},\boldsymbol{r}') \tag{2.29}$$

式中，$k=\omega\sqrt{\mu_0\varepsilon_0}$ 为自由空间中的波数；ω 为角频率；$\boldsymbol{I}$ 为单位张量；$g(\boldsymbol{r},\boldsymbol{r}')$ 为自由空间中的标量格林函数：

$$g(\boldsymbol{r},\boldsymbol{r}')=\frac{\mathrm{e}^{-\mathrm{j}k|\boldsymbol{r}-\boldsymbol{r}'|}}{|\boldsymbol{r}-\boldsymbol{r}'|} \tag{2.30}$$

因此，总的电场可表示为

$$\boldsymbol{E}(\boldsymbol{r})=\boldsymbol{E}^{\mathrm{s}}(\boldsymbol{r})+\boldsymbol{E}^{\mathrm{i}}(\boldsymbol{r}) \tag{2.31}$$

利用电磁场在理想导体表面上的边界条件，即切向电场为零，有

$$\hat{\boldsymbol{n}}\times\boldsymbol{E}(\boldsymbol{r})=0 \quad 或 \quad \hat{\boldsymbol{t}}\cdot\boldsymbol{E}(\boldsymbol{r})=0 \tag{2.32}$$

式中，$\hat{\boldsymbol{n}}$ 为理想导体表面外法向单位矢量；$\hat{\boldsymbol{t}}$ 为切向单位矢量。综合式(2.29)、式(2.31)和式(2.32)，即可得到理想导体表面电场积分方程：

$$\hat{\boldsymbol{t}}\cdot\boldsymbol{E}^{\mathrm{i}}(\boldsymbol{r}) =-\frac{\mathrm{j}\omega\mu}{4\pi}\int_{s}\hat{\boldsymbol{t}}\cdot\boldsymbol{G}(\boldsymbol{r},\boldsymbol{r}')\cdot\boldsymbol{J}(\boldsymbol{r}')\mathrm{d}S',\quad \boldsymbol{r}\in S \tag{2.33}$$

也可以把散射电场用磁矢量位和电标量位来表示：

$$\boldsymbol{E}^{\mathrm{s}}(\boldsymbol{r})=\mathrm{j}\omega\boldsymbol{A}(\boldsymbol{r})-\nabla\varphi(\boldsymbol{r}) \tag{2.34}$$

式中

$$\boldsymbol{A}(\boldsymbol{r}) = \frac{\mu}{4\pi}\int_{s}\mathrm{d}S' g(\boldsymbol{r},\boldsymbol{r}')\boldsymbol{J}(\boldsymbol{r}') \tag{2.35}$$

$$\varphi(\boldsymbol{r}) = \frac{1}{\mathrm{j}\omega 4\pi\varepsilon}\int_{s}\mathrm{d}S'\,\nabla'\cdot\boldsymbol{J}(\boldsymbol{r}')g(\boldsymbol{r},\boldsymbol{r}') \tag{2.36}$$

因此，理想导体表面的电场积分方程可表示为

$$\hat{\boldsymbol{t}}\cdot\nabla\varphi(\boldsymbol{r})-\hat{\boldsymbol{t}}\cdot\mathrm{j}\omega\boldsymbol{A}(\boldsymbol{r})=\hat{\boldsymbol{t}}\cdot\boldsymbol{E}^{\mathrm{i}}(\boldsymbol{r}) \tag{2.37}$$

对于理想导体表面的磁场积分方程，可以通过磁场边界条件获得，即

$$\hat{\boldsymbol{n}}\times[\boldsymbol{H}^{\mathrm{s}}(\boldsymbol{r})+\boldsymbol{H}^{\mathrm{i}}(\boldsymbol{r})]=\boldsymbol{J}(\boldsymbol{r}) \tag{2.38}$$

式中，$\boldsymbol{H}^{\mathrm{i}}(\boldsymbol{r})$ 为入射磁场；$\boldsymbol{H}^{\mathrm{s}}(\boldsymbol{r})$ 为理想导体表面的散射磁场，其表达式为

$$\boldsymbol{H}^{\mathrm{s}}(\boldsymbol{r}) = \frac{1}{4\pi}\nabla\times\int_{s}g(\boldsymbol{r},\boldsymbol{r}')\boldsymbol{J}(\boldsymbol{r}')\mathrm{d}S' \tag{2.39}$$

将式(2.39)代入式(2.38)，即可得到封闭理想导体的磁场积分方程为

$$\hat{\boldsymbol{n}}\times\boldsymbol{H}^{\mathrm{i}}(\boldsymbol{r}) = \boldsymbol{J}(\boldsymbol{r})-\frac{1}{4\pi}\hat{\boldsymbol{n}}\times\nabla\times\int_{s}g(\boldsymbol{r},\boldsymbol{r}')\boldsymbol{J}(\boldsymbol{r}')\mathrm{d}S',\quad \boldsymbol{r}\in S \tag{2.40}$$

当 $\boldsymbol{r}=\boldsymbol{r}'$时,磁场积分方程(2.40)存在奇异点,奇异项为$-\boldsymbol{J}(\boldsymbol{r})\Omega/(4\pi)$,可方便地剔除。这里,$\Omega$ 是奇异点所展成的立体角。对于常见的光滑曲面,$\Omega=2\pi$,这样去掉奇异性之后的磁场积分方程(2.40)可写为

$$\hat{\boldsymbol{n}}\times\boldsymbol{H}^{\mathrm{i}}(\boldsymbol{r})=\frac{1}{2}\boldsymbol{J}(\boldsymbol{r})-\frac{1}{4\pi}\hat{\boldsymbol{n}}\times\boldsymbol{\nabla}\times\mathrm{P.V.}\int_{s}g(\boldsymbol{r},\boldsymbol{r}')\boldsymbol{J}(\boldsymbol{r}')\mathrm{d}S',\quad \boldsymbol{r}\in S \tag{2.41}$$

式中,P.V. 表示积分的主值。方程(2.41)用磁矢量位表示为

$$\frac{1}{2}\boldsymbol{J}(\boldsymbol{r})-\frac{1}{\mu}\hat{\boldsymbol{n}}\times\boldsymbol{\nabla}\times\boldsymbol{A}(\boldsymbol{r})=\hat{\boldsymbol{n}}\times\boldsymbol{H}^{\mathrm{i}}(\boldsymbol{r}) \tag{2.42}$$

与电场积分方程相比,磁场积分方程产生的矩阵性态更好,但缺点是只能用于闭合结构,且精度没有电场积分方程好。与电场积分方程相同,磁场积分方程同样存在谐振点,即在某些频率点存在伪解。为了避免这一问题,学者引入了混合场积分方程(CFIE),CFIE 的选取通常有 TENE、TENH、NETH、NENH 四种类型。在本章中采用的是 TENH 型混合场积分方程,因为其形成的矩阵性态好,并能真正地消除内谐振现象,其表达式可写为

$$\alpha(\mathrm{EFIE})+(1-\alpha)\eta\hat{\boldsymbol{t}}\cdot(\mathrm{MFIE}) \tag{2.43}$$

式中,α 为混合参数,介于 0 与 1 之间;$\eta=\sqrt{\mu/\varepsilon}$为波阻抗,它的引入是为了使 EFIE 部分与 MFIE 部分具有相同的量纲。将 EFIE 的表达式(2.37)与 MFIE 的表达式(2.42)代入,可以得到混合积分方程的一般形式为

$$\begin{aligned}-\hat{\boldsymbol{t}}\cdot\left[\mathrm{j}\alpha\omega+\frac{\eta(1-\alpha)}{\mu}\hat{\boldsymbol{n}}\times\boldsymbol{\nabla}\times\right]\boldsymbol{A}(\boldsymbol{r})+\alpha\hat{\boldsymbol{t}}\cdot\boldsymbol{\nabla}\varphi(\boldsymbol{r})+\frac{\eta(1-\alpha)}{2}\hat{\boldsymbol{t}}\cdot\boldsymbol{J}(\boldsymbol{r})\\=\hat{\boldsymbol{t}}\cdot[\alpha\boldsymbol{E}^{\mathrm{i}}(\boldsymbol{r})+(1-\alpha)\eta\hat{\boldsymbol{n}}\times\boldsymbol{H}^{\mathrm{i}}(\boldsymbol{r})],\quad \boldsymbol{r}\in S\end{aligned} \tag{2.44}$$

很明显,当 $\alpha=1$ 时,混合积分方程即转化为电场积分方程;当 $\alpha=0$ 时,混合积分方程转化为磁场积分方程。分析理想导体表面散射问题三种积分方程中,混合场积分方程的性态最好,磁场积分方程次之,电场积分方程最差。在实际应用中,混合积分方程和磁场积分方程仅适用于封闭结构表面的情形;电场积分方程对开放结构和封闭结构都适用。

2. 介质体散射问题积分方程的建立

对介质体散射问题一般可以通过表面积分方程和体积分方程来解决,对于介质体是均匀或者分块均匀的,使用表面积分方程求解比较合适。表面积分方程方法被广泛使用的原因是其所需的格林函数为形式简单的均匀介质格林函数,而且未知量位于表面上而不是处于整个体积内。对于非均匀介质体散射,可采用体积分方程方法,其中未知量是在非均匀区域中的体电流。本节研究的介质散射问题是采用体积分方程[22],所以这里主要对体积分方程进行介绍。

假设非均匀介质体的介电常数和电导率分布为 $\varepsilon(\boldsymbol{r})$ 和 $\sigma(\boldsymbol{r})$，入射电磁波在介质体上产生的感应电流为

$$\boldsymbol{J}_{\text{eq}}(\boldsymbol{r})=[\sigma(\boldsymbol{r})+\text{j}\omega(\varepsilon(\boldsymbol{r})-\varepsilon_0)]\boldsymbol{E}(\boldsymbol{r})=\tau(\boldsymbol{r})\boldsymbol{E}(\boldsymbol{r}) \tag{2.45}$$

根据麦克斯韦方程，此感应电流可写为

$$\boldsymbol{J}_{\text{eq}}(\boldsymbol{r})=\frac{\tau(\boldsymbol{r})}{\text{j}\omega\varepsilon(\boldsymbol{r})+\sigma(\boldsymbol{r})}\nabla\times\boldsymbol{H}(\boldsymbol{r}) \tag{2.46}$$

此感应电流在背景均匀介质中产生的电场为

$$\boldsymbol{E}^{\text{s}}(\boldsymbol{r})=-\frac{\text{j}k\eta}{4\pi}\int_V\left[\boldsymbol{J}_{\text{eq}}(\boldsymbol{r})+\frac{1}{k^2}\nabla(\nabla'\cdot\boldsymbol{J}_{\text{eq}}(\boldsymbol{r}))\right]g(\boldsymbol{r},\boldsymbol{r}')\text{d}V' \tag{2.47}$$

感应电流在背景均匀介质中产生的磁场为

$$\boldsymbol{H}^{\text{s}}(\boldsymbol{r})=-\frac{1}{4\pi}\int_V\boldsymbol{J}_{\text{eq}}(\boldsymbol{r})\times\nabla g(\boldsymbol{r},\boldsymbol{r}')\text{d}V' \tag{2.48}$$

根据总场为入射场与散射场之和，将式(2.45)代入式(2.47)可得下列未知量为电场的体积分方程：

$$\boldsymbol{E}(\boldsymbol{r})+\frac{\text{j}k\eta}{4\pi}\int_V\left[\tau(\boldsymbol{r})\boldsymbol{E}(\boldsymbol{r})+\frac{1}{k^2}\nabla(\nabla'\cdot\tau(\boldsymbol{r})\boldsymbol{E}(\boldsymbol{r}))\right]g(\boldsymbol{r},\boldsymbol{r}')\text{d}V=\boldsymbol{E}^{\text{i}}(\boldsymbol{r}) \tag{2.49}$$

同样将式(2.48)代入式(2.50)可得下列未知量为磁场的体积分方程：

$$\frac{1}{4\pi}\int_V\frac{\tau(\boldsymbol{r})}{\text{j}\omega\varepsilon(\boldsymbol{r})+\sigma(\boldsymbol{r})}\nabla\times\boldsymbol{H}(\boldsymbol{r})\times\nabla g(\boldsymbol{r},\boldsymbol{r}')\text{d}V'+\boldsymbol{H}(\boldsymbol{r})=\boldsymbol{H}^{\text{i}}(\boldsymbol{r}) \tag{2.50}$$

2.2.3　散射场的计算

求解积分方程离散后的线性方程组，即可获得整个物体表面的电流分布；根据电流分布，即可获得目标在远处的散射场；通过散射场可以求得目标的雷达截面积(RCS)。远场散射的电场表达式为

$$\boldsymbol{E}^{\text{s}}(\boldsymbol{r})=\text{j}k\eta\int_S\left[\boldsymbol{I}+\frac{1}{k^2}\nabla\nabla\right]\frac{\text{e}^{-\text{j}k|\boldsymbol{r}-\boldsymbol{r}'|}}{4\pi|\boldsymbol{r}-\boldsymbol{r}'|}\cdot\boldsymbol{J}(\boldsymbol{r}')\text{d}S' \tag{2.51}$$

利用远场近似 $|\boldsymbol{r}-\boldsymbol{r}'|\approx|\boldsymbol{r}|$，$\text{e}^{\text{j}k|\boldsymbol{r}-\boldsymbol{r}'|}\approx\text{e}^{\text{j}kr}\text{e}^{\text{j}k\hat{\boldsymbol{r}}\cdot\boldsymbol{r}'}$，标量格林函数可近似表达为

$$g(\boldsymbol{r},\boldsymbol{r}')\approx\frac{\text{e}^{\text{j}kr}}{r}\text{e}^{-\text{j}k\hat{\boldsymbol{r}}\cdot\boldsymbol{r}'} \tag{2.52}$$

代入式(2.53)，远区散射电场可表示为

$$\boldsymbol{E}^{\text{s}}(\boldsymbol{r})=\text{j}k\eta\frac{\text{e}^{-\text{j}kr}}{4\pi r}\hat{\boldsymbol{r}}\times\left(\int_S\text{e}^{\text{j}k\hat{\boldsymbol{r}}\cdot\boldsymbol{r}}\boldsymbol{J}(\boldsymbol{r}')\text{d}S'\times\hat{\boldsymbol{r}}\right) \tag{2.53}$$

得到散射场后，很容易求得目标的 RCS：

$$\sigma(\theta,\phi)=\lim_{r\to\infty}10\lg\frac{4\pi r^2\ |\boldsymbol{E}^{\text{s}}|^2}{|\boldsymbol{E}^{\text{i}}|^2} \tag{2.54}$$

RCS 的单位为 m^2，取对数后通常用 dBsm 表示，sm 表示平方米（square meter）。对于导体目标，RCS 的值除以波长的平方后通常仅与目标的电尺寸有关，而与具体的工作频率无关，本书中将 RCS 的值除以波长的平方后再取对数的单位记为 dB。

2.2.4 多层快速多极子方法

1. 快速多极子方法的基本原理

快速多极子方法的基本原理是将目标表面离散得到的各个电流看成一个一个的子散射体，通过分组将子散射体之间的作用分为近场组作用和远场组作用。通常最细层的组的电尺寸不低于 0.2λ。当两个非空组之间至少有一个公共点时，两个组之间的关系属于近场组，使用矩量法直接计算两个组内基函数之间的互作用。当两个非空组之间至少相隔一个组时，它们之间的关系属于远场组，采用快速多极子方法的聚合-转移-配置来计算。对于源点组，该组中心代表组内所有子散射体对其相邻组之间的作用；对于场点组，该组中心代表来自该组的所有非相邻组对它的作用。通过这种分组方式，减少了基函数之间作用的次数来降低计算复杂度和内存需求。电流之间互作用的次数由原来矩量法的 $O(N^2)$ 降低到 $O(N^{1.5})$。快速多极子方法的聚合-转移-配置过程如图 2.9 所示。

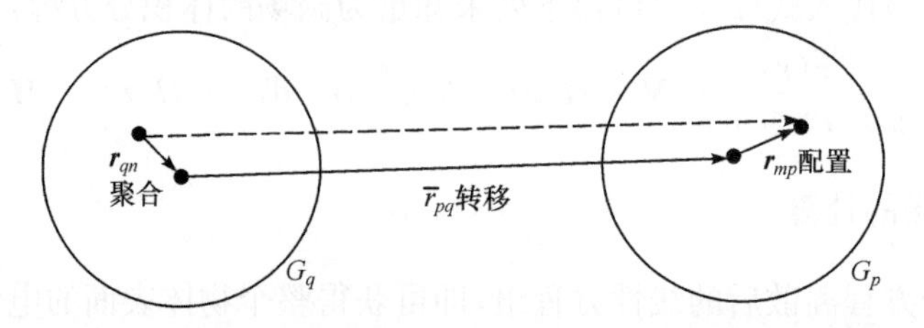

图 2.9 两个组内基函数的互作用分解成三部分：聚合-转移-配置

快速多极子方法的数学基础是矢量加法定理和平面波展开理论。当场点组和源点组之间的关系满足远场关系作用时，自由空间的格林函数可以使用加法定理展开成如下形式：

$$\frac{\mathrm{e}^{-\mathrm{j}k|\boldsymbol{r}+\boldsymbol{d}|}}{|\boldsymbol{r}+\boldsymbol{d}|} \approx -\frac{\mathrm{j}k}{4\pi}\oiint \mathrm{d}^2\hat{\boldsymbol{k}}\mathrm{e}^{-\mathrm{j}\boldsymbol{k}\cdot\boldsymbol{d}}T_L(\hat{\boldsymbol{k}}\cdot\hat{\boldsymbol{r}}),\quad |\boldsymbol{r}|>|\boldsymbol{d}| \tag{2.55}$$

式中

$$\oiint \mathrm{d}^2\hat{\boldsymbol{k}} = \int_0^{2\pi}\int_0^{\pi}\sin\theta\mathrm{d}\theta\mathrm{d}\phi \tag{2.56}$$

$$T_L(\hat{\boldsymbol{k}}\cdot\hat{\boldsymbol{r}}) = \sum_{l=0}^{L}(-\mathrm{j})^l(2l+1)\mathrm{h}_l^{(2)}(kr)\mathrm{P}_l(\hat{\boldsymbol{k}}\cdot\hat{\boldsymbol{r}}) \tag{2.57}$$

式中，$\mathrm{h}_l^{(2)}(\cdot)$为第二类球汉克尔函数；$\mathrm{P}_l(\cdot)$为勒让德函数；$L$ 为无穷求和的截断

项数；$\oiint \mathrm{d}^2\hat{\boldsymbol{k}}$ 是谱空间单位球面上的二重积分，单位球面上积分点数为 $K_L = 2(L+1)^2$ 个，其中在 θ 方向采用 $L+1$ 点的一维高斯积分，ϕ 方向采用 $2(L+1)$ 点的梯形法则积分。通常 L 的选取需要满足如下条件：

$$L = kd + \alpha \lg(\pi + kd) \quad 或 \quad L = kd + \beta (kd)^{1/3} \tag{2.58}$$

d 通常选取为组的对角线的长度，其中 $\alpha = -\lg\varepsilon$，$\beta = 1.8(-\lg\varepsilon)^{2/3}$，$\varepsilon$ 代表算法所要达到的精度。在图 2.9 中，对场点 $\boldsymbol{r}_m$ 和源点 $\boldsymbol{r}_n$ 有

$$\boldsymbol{r}_{mp} = \boldsymbol{r}_m - \boldsymbol{r}_p, \quad \boldsymbol{r}_{pq} = \boldsymbol{r}_p - \boldsymbol{r}_q, \quad \boldsymbol{r}_{qn} = \boldsymbol{r}_q - \boldsymbol{r}_n, \quad \boldsymbol{r}_{mn} = \boldsymbol{r}_{mp} + \boldsymbol{r}_{pq} + \boldsymbol{r}_{qn} \tag{2.59}$$

当场点 $\boldsymbol{r}_m$ 和源点 $\boldsymbol{r}_n$ 满足远场关系时，即满足 $|\boldsymbol{r}_{pq}| > |\boldsymbol{r}_{mp} + \boldsymbol{r}_{nq}|$，利用式(2.56)，自由空间的格林函数可以写为如下形式：

$$\frac{\mathrm{e}^{-\mathrm{j}kr_{mn}}}{r_{mn}} = -\frac{\mathrm{j}k}{4\pi}\oiint \mathrm{d}^2\hat{\boldsymbol{k}}\,\mathrm{e}^{-\mathrm{j}\boldsymbol{k}\cdot(\boldsymbol{r}_{mp}+\boldsymbol{r}_{qn})} T_L(\hat{\boldsymbol{r}}_{pq}\cdot\hat{\boldsymbol{k}}) \tag{2.60}$$

对于导体目标，式(2.29)表述的电场积分方程中的并矢格林函数在角谱空间的表达式可以写成如下形式：

$$\boldsymbol{G}(\boldsymbol{r}_m, \boldsymbol{r}_n) = \frac{\mathrm{j}k}{4\pi}\oiint \mathrm{d}^2\hat{\boldsymbol{k}}(\boldsymbol{I} - \hat{\boldsymbol{k}}\hat{\boldsymbol{k}})\mathrm{e}^{-\mathrm{j}\boldsymbol{k}\cdot(\boldsymbol{r}_{mp}+\boldsymbol{r}_{qn})} T_L(\hat{\boldsymbol{r}}_{pq}\cdot\hat{\boldsymbol{k}}) \tag{2.61}$$

将并矢格林函数处理表达式代入混合场积分方程中，可以得到 FMM 矩阵矢量乘表达式：

$$\sum_{n=1}^{N} Z_{mn}a_n = \sum_{q\in B_p}\sum_{n\in G_q} Z_{mn}a_n + \left(\frac{k_o}{4\pi}\right)^2 \oiint \boldsymbol{R}_{mp}(\hat{\boldsymbol{k}}) \cdot \sum_{q\notin B_p} T_L(\hat{\boldsymbol{r}}_{pq}\cdot\hat{\boldsymbol{k}}) \sum_{n\in G_q} \boldsymbol{F}_{qn}(\hat{\boldsymbol{k}}) a_n \mathrm{d}^2\hat{\boldsymbol{k}} \tag{2.62}$$

式中

$$\boldsymbol{R}_{mp}(\hat{\boldsymbol{k}}) = \iint_{S_0} \mathrm{e}^{-\mathrm{j}\boldsymbol{k}\cdot\boldsymbol{r}_{mp}} [\alpha(\boldsymbol{I} - \hat{\boldsymbol{k}}\hat{\boldsymbol{k}})\cdot\boldsymbol{f}_m + (1-\alpha)\hat{\boldsymbol{k}}\times\hat{\boldsymbol{n}}\times\boldsymbol{f}_m]\mathrm{d}S \tag{2.63}$$

$$\boldsymbol{F}_{qn}(\hat{\boldsymbol{k}}) = \iint_{S_0} \mathrm{e}^{-\mathrm{j}\boldsymbol{k}\cdot\boldsymbol{r}_{qn}} (\boldsymbol{I} - \hat{\boldsymbol{k}}\hat{\boldsymbol{k}})\cdot\boldsymbol{f}_n \mathrm{d}S \tag{2.64}$$

式(2.62)中的 B_p 代表来自附近组的贡献。$\boldsymbol{R}_{mp}(\hat{\boldsymbol{k}})$、$\boldsymbol{F}_{qn}(\hat{\boldsymbol{k}})$ 分别为聚合因子、配置因子。由于 $\hat{\boldsymbol{k}}\cdot\boldsymbol{F}_n = 0$，即 $\boldsymbol{F}_n$ 只与 θ、ϕ 有关，与 r 无关，并且它与远场的计算有类似的地方，所以 $\boldsymbol{F}_{qn}(\hat{\boldsymbol{k}})$ 又称为辐射方向图，$\boldsymbol{R}_{mp}(\hat{\boldsymbol{k}})$ 则称为接收方向图。

下面分析 FMM 的计算复杂度。假设物体表面离散的未知量个数为 N，非空组的个数为 M，则平均每个组中的基函数个数为 N/M；每个组有 c_1 个近场组。因此，第一步对于近场计算部分的计算量为 $T_1 = c_1 N^2 M^{-1}$；对于第二步的聚合过程可以看出计算量为 $T_2 = c_2 KN$；第三步转移过程的计算量为 $T_3 = c_3 KG(G-B)$，其中 G 为非空组数，B 为平均近组数；第四步分配过程的计算量为 $T_4 = c_4 KN$，其中 c_1、c_2、c_3、c_4 是与程序实现有关的常量，K 与每组所占的面积成正比，进而与每组所含有的未知量成正比，即 $K = O(NM^{-1})$。对于这个问题，有一个最优的数值 M，使 $M = \sqrt{bNa^{-1}}$ 时，总的运算复杂度最小，b 和 a 是与机器及程序

执行相关的量。此时，快速多极子的运算复杂度为 $O(N^{1.5})$，为了方便，通常取 $M=\sqrt{N}$，从这里可以看出，当未知量 N 很大时，快速多极子的运算复杂度$O(N^{1.5})$ 相对于矩量法的 $O(N^2)$ 计算复杂度已经大大降低，但对于电大尺寸目标的分析仍然比较困难。

2. 多层快速多极子方法的基本原理

对于电大尺寸目标的散射问题，由于未知量的数目 $N\gg1$，快速多极子方法中的非空组数 M 也会很大。虽然聚合和配置的过程能够有效地进行，但快速多极子方法中的转移过程计算量会变得很大，因此如何进一步提高快速多极子方法的效率显得尤为重要。针对这一问题，美国伊利诺伊大学周永祖教授在快速多极子方法的基础上提出了多层快速多极子方法。多层快速多极子方法是快速多极子方法的推广。多层快速多极子方法基于树形结构，其特点是逐层聚合、逐层转移、逐层配置、嵌套递推。对于二维情况，它将求解区域用一正方形包围，然后细分为 4 个子正方形，该层记为第一层；将每个子正方形再细分为 4 个更小的子正方形，则得到第二层，此时共有 4^2 个正方形；依次类推得到更高层。对于三维情况，则用一正方体包围记为第 0 层，经过一次细分后得到 8 个子正方体，记为第 1 层，依次类推细分下去，直到子正方体的边长为 0.2λ 左右。由此可以确定多层快速多极子方法在求解一个给定电尺寸的目标散射时所需的层数。显然，对于二维、三维情况，第 i 层正方形或正方体的数目分别为 4^i 或 8^i。这种树形分层结构如图 2.10 所示。

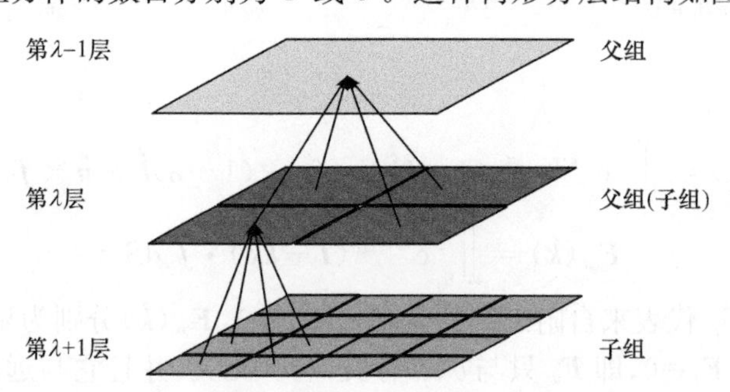

图 2.10　二维多层快速多极子方法的分层结构示意图

与快速多极子方法相同，多层快速多极子方法的矩阵矢量乘同样可以分解成聚合、转移、配置三个部分。但是，多层快速多极子方法中的聚合、转移、配置和快速多极子方法中有所不同，在快速多极子方法中聚合、转移、配置只发生在一层，即在最细层某个组除了近场组，其他所有的组都属于远场组需要转移过来；而在多层快速多极子方法中，首先在最细层将各个非空组内的散射体的贡献聚合到该组的中心，然后进行该层内部的转移操作，这种转移操作只在本层满足本层是远场而父层是近场的组之间发生作用。具体如图 2.11 所示，图 2.11(a)表示一个二维目标的分组示意图，图中格子框表示观察点所在的组，浅灰色代表近场作用区，深灰色表示使用快速多极子方法作用的区。图 2.11(b)表示在多层快速多极子方法中的作用方式，其中远场分为带阴影的和深灰色的方格，其中带阴影的符合多层快速多极子中的在本层属于远场组而在父层是近场组的条件，因此在最细层发生转移作用。完成同层之间内部的转移操作之后，将各个组中心的聚合因子通过插值聚合到高一层中本组的父层组。接着完成父层组之间的满足转移条件的远场组之间的转移，如图 2.11(b)中的深灰色所示。如此递推至第二层。到此，完成聚合、转移过程。然后从第二层开始各个非空组将通过转移得到的平面波数通过反向插值技术，得到子层组的内向波表达式。这种操作一直进行下去直至配置到最细层组，从而完成整个多层快速多极子方法逐层聚合、逐层转移、逐层配置的过程。

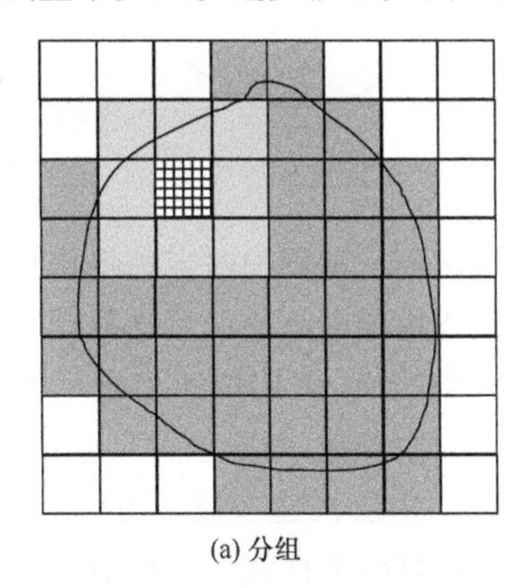

(a) 分组

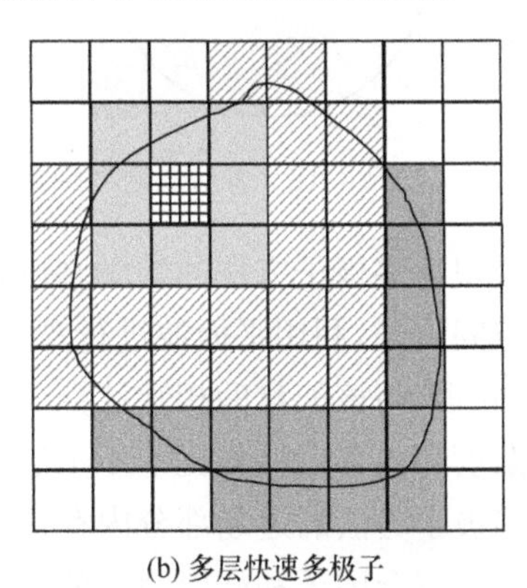

(b) 多层快速多极子

图 2.11　二维目标的分组示意图与多层快速多极子树形结构示意图

图 2.12 给出了多层快速多极子方法的聚合-转移-配置过程示意图。下面结合此图来说明多层快速多极子方法的实现过程。考察树形结构中某两个未知数点 m 与 n，观察点 m 所在的最细层组至最粗层组分别用 $p_f, p_{f-1}, \cdots, p_3, p_2$ 表示；源点 n 所在的最细层组至最粗层组分别用 $q_f, q_{f-1}, \cdots, q_3, q_2$ 表示。观察点与源点之间的距离矢量可写为

$$\boldsymbol{r}_m - \boldsymbol{r}_n = \boldsymbol{r}_{mp_f} + \boldsymbol{r}_{p_f p_{f-1}} + \cdots + \boldsymbol{r}_{p_3 p_2} + \boldsymbol{r}_{p_2 q_2} + \boldsymbol{r}_{q_2 q_3} + \cdots + \boldsymbol{r}_{q_{f-1} q_f} + \boldsymbol{r}_{q_f n} \tag{2.65}$$

根据加法定理，如果：

$$|\boldsymbol{r}_{p_2 q_2}| > |\boldsymbol{r}_{mp_f} + \boldsymbol{r}_{p_f p_{f-1}} + \cdots + \boldsymbol{r}_{p_3 p_2} + \boldsymbol{r}_{q_2 q_3} + \cdots + \boldsymbol{r}_{q_{f-1} q_f} + \boldsymbol{r}_{q_f n}| \tag{2.66}$$

则标量格林函数可展开成如下形式：

$$\begin{aligned}\frac{\mathrm{e}^{-\mathrm{j}kr_{mn}}}{r_{mn}} = & -\frac{\mathrm{j}k}{4\pi}\oiint \mathrm{d}^2\hat{\boldsymbol{k}} \exp[-\mathrm{j}k\hat{\boldsymbol{k}} \cdot (\boldsymbol{r}_{mp_f} + \boldsymbol{r}_{p_f p_{f-1}} + \cdots + \boldsymbol{r}_{p_3 p_2})] \\ & \cdot \alpha_{p_2 q_2}(\hat{\boldsymbol{k}} \cdot \hat{\boldsymbol{r}}_{m_2 n_2}) \exp[-\mathrm{j}k\hat{\boldsymbol{k}} \cdot (\boldsymbol{r}_{q_2 q_3} + \cdots + \boldsymbol{r}_{q_{f-1} q_f} + \boldsymbol{r}_{q_f n})]\end{aligned} \tag{2.67}$$

将式(2.67)中的格林函数表达式代入式(2.62)中，可以得到阻抗矩阵的表达形式

$$Z_{mn}=\oiint \mathrm{d}^2\hat{\boldsymbol{k}}\boldsymbol{R}_{mp_f}(\hat{\boldsymbol{k}})\mathrm{e}^{-\mathrm{j}\boldsymbol{k}\cdot\boldsymbol{r}_{p_f p_{f-1}}}\cdots\mathrm{e}^{-\mathrm{j}\boldsymbol{k}\cdot\boldsymbol{r}_{p_3 p_2}}\cdot\Gamma_{p_2 q_2}(\hat{\boldsymbol{k}}\cdot\hat{\boldsymbol{r}}_{p_2 q_2})\mathrm{e}^{-\mathrm{j}\boldsymbol{k}\cdot\boldsymbol{r}_{q_2 q_3}}\cdots\mathrm{e}^{-\mathrm{j}\boldsymbol{k}\cdot\boldsymbol{r}_{q_{f-1} q_f}}\boldsymbol{F}_{q_f n}(\hat{\boldsymbol{k}}) \tag{2.68}$$

式中，$\boldsymbol{F}_{q_f n}(\hat{\boldsymbol{k}})$为最细层的辐射方向图；$\boldsymbol{R}_{mp_f}(\hat{\boldsymbol{k}})$为最细层的接收方向图。由式(2.68)可以看出，多层快速多极子方法是通过逐层聚合、逐层转移、逐层配置的过程来完成矩阵矢量乘运算的。

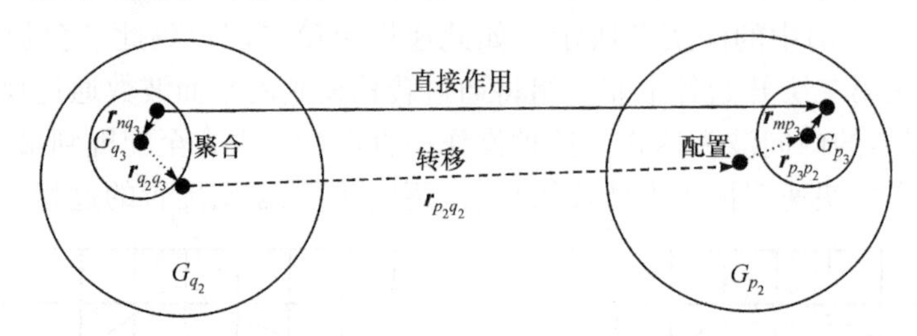

图 2.12　多层快速多极子方法的聚合-转移-配置过程示意图

多层快速多极子方法的数学基础是矢量加法定理。利用加法定理将格林函数在角谱空间展开，利用平面波进行算子对角化，最终将稠密阵与矢量相乘计算转化为几个稀疏阵与该矢量的相乘计算。通过这种存储方式，多层快速多极子方法的计算复杂度和内存消耗相比于矩量法大大降低。即使如此，对于电大尺寸目标，多层快速多极子方法的远场部分内存需求依然很大。多层快速多极子方法中，迭代前必须先将聚合因子和配置因子的角谱空间积分计算出来存储在内存中供矩阵矢量乘使用。当角谱空间积分采样率较高且未知量较大时，计算和存储聚合因子、配置因子的内存消耗将增加得很快。对于未知量达 1 亿的电大尺寸目标，仅存储聚合因子和配置因子这两项就需要 200GB 的内存。为了进一步提高多层快速多极子方法的计算能力和效率，2005 年 Eibert 提出了一种基于谱域球谐函数[45]展开的多层快速多极子方法。在这种方法中，使用球谐函数来展开聚合因子和配置因子，迭代前仅需对它们的球谐展开系数及对应球谐函数谱分量进行存储。由于直角坐标下谱分量远小于球坐标，所以使用球谐函数后的聚合因子和配置因子的内存消耗将降低很多。

2.2.5　并行多层快速多极子方法

虽然多层快速多极子方法相比于快速多极子方法的计算复杂度已大大降低，但对于未知量规模达到上千万甚至上亿的问题，无论是内存需求还是计算时间，现有的单个计算机资源都很难满足要求，进一步降低多层快速多极子方法的计算复杂度已经很困难。因此，如何进一步提高多层快速多极子方法求解问题的能力成为人们关注的焦点。而并行计算技术正是高效利用计算机资源，提高计算速度和效率的一种有效方法。并行计算的核心是通过并行计算可以将一个大问题分解成多个小问题,每一个小问题分给一个处理器来处理,多个处理器联合起来快速地分析一个大问题。并行技术同样适用于多层快速多极子方法,通过将多层快速多极子方法并行,使电大尺寸目标的电磁散射特性的精确求解成为可能。然而由于结构的复杂性,多层快速多极子方法的并行并不是在单机版的程序上简单修改,而是需要从算法结构方面做出很多调整,有些甚至是根本性的改变才能实现多层快速多极子方法并行的高效性。本节将详细地给出多层快速多极子方法在解决电大尺寸目标问题时存在的困难以及解决方案。

负载平衡是设计一个并行程序的基础,负载平衡的好坏在很大程度上直接决定了并行程序效率的高低。因此,如何设计一个负载平衡以提高并行效率和减少通信开销是设计并行多层快速多极子方法的核心。

组是多层快速多极子方法中很重要的一个概念,在多层快速多极子方法中,无论是近场阻抗矩阵的计算还是远场组之间的互作用以及父子层之间的插值计算都会使用到组的概念,通过 Morton[46]编码很容易找到某个组的近场组、远场组及其父子层组。因此,按照平分组[47]的思想来实现并行多层快速多极子方法是一个很简单直观的方案。此时在最细层某个组被分给了某个进程,那么其父层组放在同一个进程中来处理。事实上对于电尺寸不大的目标,按照平分组的思想并行效率是很高的。对于电尺寸较大的目标,从表 2.1 可以看出下面几层非空组的数目比较多,因此按照平分组的思想可以获得很高的并行效率。但是对于上面几层平面波数的个数大于非空组的个数,此时仍然采用平分组的并行方式很难获得较高的并行效率,原因如下:首先,上面几层非空组的数目比较少,当进程数目比较多时,进程数可能超过非空组的数目,按照平分组的方式就会造成某些进程的闲置,因而必然会影响并行计算的效率;其次,由于上面几层组的尺寸比较大,格林函数展开的平面波数项较多,如果按照平分组的思想,那么每个进程需要计算和存储所有的转移矩阵,从表 2.2 可以看出当组的电尺寸比较大时,仅保存某一层的转移矩阵就需要消耗几兆字节的内存,而且计算转移矩阵消耗的时间也很长,极大地降低了并行多层快速多极子方法的效率;再次,在上面几层如果按照平分组的方式,由于每个进程上保存了部分组的所有平面波数的信息,转移的过程如果某个进程需要的某个组的信息不在本地进程中就需要与其他进程通信获得非本地组的消息。然而,由于上面几层组的平面波数项很大,如果通信需要传递完整的平面波数信息,信息量是巨大的,通信需要消耗大量的时间。通过上面分析可以看出,对于电大尺寸目标散射特性的分析,如果采用平分组的思想很难实现负载平衡,导致程序的扩展性也不是很好,破坏了整个并行的效率。

表 2.1　直径为 400λ 的金属球使用 MLFMM 分析电磁散射问题时在不同层的非空组数和平面波数情况

层数	非空组数	平面波数
1	4574129	128
2	1189759	338
3	303447	1058
4	76770	3362
5	19232	11552
6	4760	42050
7	1160	160178
8	272	618278
9	56	2428808

表 2.2　不同电尺寸组的转移矩阵内存占用情况

电尺寸/λ	平面波数	转移矩阵大小/MB
25	160178	76.8
50	618272	294
100	2428808	1184
200	9600962	4672

为了解决上述存在的问题,根据多层快速多极子方法在不同层中组与平面波数之间的关系,对多层快速多极子方法中的上下层采用不同的并行方案。在下面几层,非空组的个数大于组中的平面波数,此时组的数目远远大于平面波数的个数,因此,在最下面几层采用平分组的方式来并行,即每个进程中拥有部分组的所有平面波数的信息。上面几层非空组的数目比较少,而平面波数比较多,此时平面波数的个数远远大于非空组的个数,因此在上面几层采用平分平面波数的方式来并行,即每个进程拥有所有组的部分平面波数的信息。在从平分组的层到平分平面波数的层之间需要引入一层过渡层,用来完成从平分组的层到平分平面波数层的过渡。通过这两种不同的并行方案对并行多层快速多极子方法中上下层的处理,极大地提高了并行多层快速多极子方法的并行效率,保证了算法的高可扩展性。实践证明,即使在进程数目很多时,采用这两种并行方式相结合设计的并行多层快速多极子方法仍然可以获得较高的并行效率。

2.2.6　数值结果

下面通过分析一些电大尺寸导体目标的散射特性来验证并行多层快速多极子方法的精确性和高效性。

算例 2.4　金属球的电尺寸为 400λ，入射波频率 $f=12.0$GHz。离散后未知量为 110690304。平面波的入射角度为 $\theta^{inc}=0°$，$\phi^{inc}=0°$，双站 RCS 的观察角度为 $\theta_s=0°\sim180°$和 $\phi_s=0°$。采用混合场积分方程来计算，α 选取为 0.5。使用了 9 层多层快速多极子方法，其中 5、6、7、8、9 层采用平分组的方式并行，1、2、3、4 层采用平分平面波数的方式并行。调用 32 个进程参与计算。图 2.13 给出了在 $\theta_s=0°\sim180°$和 $\phi_s=0°$方向的双站 RCS。图 2.14 给出了 $\theta_s=0°\sim30°$和 $\phi_s=0°$方向上的 RCS 与 Mie 结果对比，从图中可以看出并行多层快速多极子方法（PMLFMM）的计算结果与 Mie 解析解吻合得很好。

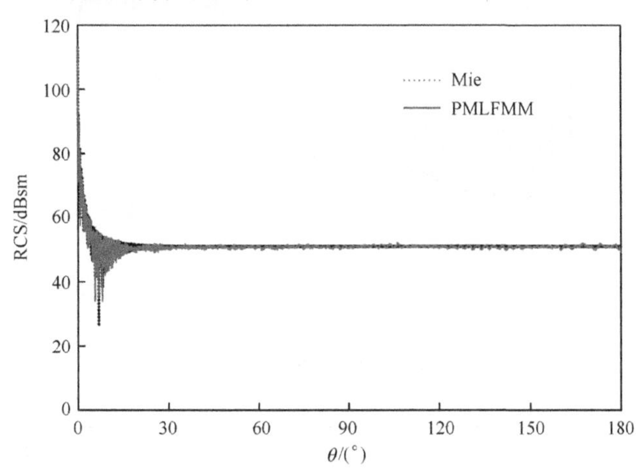

图 2.13　直径为 400λ 的金属球在 $\theta_s=0°\sim180°$和 $\phi_s=0°$方向的 RCS

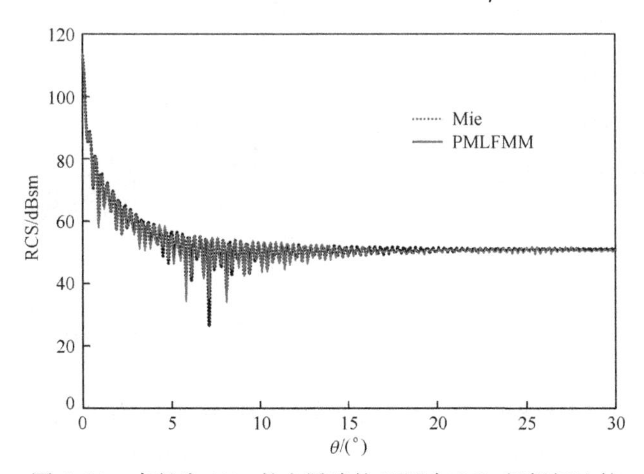

图 2.14　直径为 400λ 的金属球的 RCS 与 Mie 解析解比较

算例 2.5 分析 VFY-218 全金属飞机模型的散射特性，图 2.15 给出了 VFY-218 飞机的模型图。采用混合场积分方程来计算，α 选取为 0.5。入射波频率为 $f=12.0\text{GHz}$。平面波入射角度为 $\theta^{\text{inc}}=90°$，$\phi^{\text{inc}}=90°$，双站 RCS 观察角度为 $\theta_s=90°$ 和 $\phi_s=0°\sim360°$。离散后的未知量为 35063808，使用了 10 层多层快速多极子方法来计算。其中对 5、6、7、8、9、10 层采用平分组的方式并行，对 1、2、3、4 层采用平分平面波数的方式并行。图 2.16 给出了并行多层快速多极子方法计算的结果与高频弹跳射线(SBR)方法计算的结果的比较，可以看出这两种计算方法得到的结果大致是吻合的。

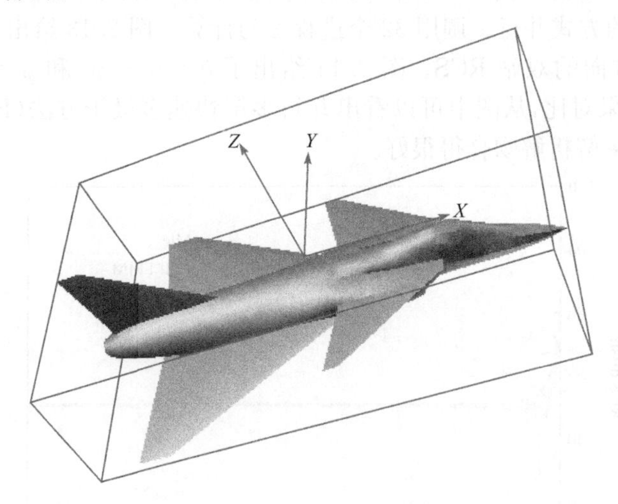

图 2.15　VFY-218 飞机模型图

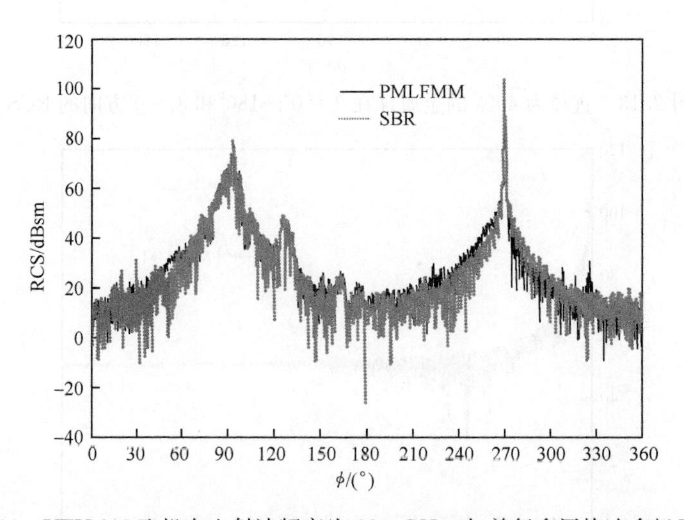

图 2.16　VFY-218 飞机在入射波频率为 12.0GHz 时，并行多层快速多极子方法计算结果与高频 SBR 方法计算结果的比较

算例 2.6　分析一个电尺寸为 800λ 的全金属卫星结构，结构如图 2.17 所示。中间立方体长、宽、高均为 2m，两边的两个太阳能电板的长为 8m、宽为 2m，太阳能电板与中间立方体的间隔为 1m。开放结构采用电场积分方程分析。入射波频率 $f=12.0\text{GHz}$，入射角度为 $\theta^{\text{inc}}=90°$，$\phi^{\text{inc}}=90°$，双站 RCS 观察角度为 $\theta_s=90°$，$\phi_s=0°\sim180°$。离散后的未知量为 10180608，总共使用了 10 层多层快速多极子方法，其中对 5、6、7、8、9、10 层采用按平分组的方式并行，对 1、2、3、4 层采用按平分平面波数方式并行。图 2.18 给出了并行多层快速多极子方法的计算结果与高频 SBR 方法的计算结果的比较。由图可以看出结果吻合得不错，显示了并行多层快速多极子方法分析电大尺寸目标的能力。

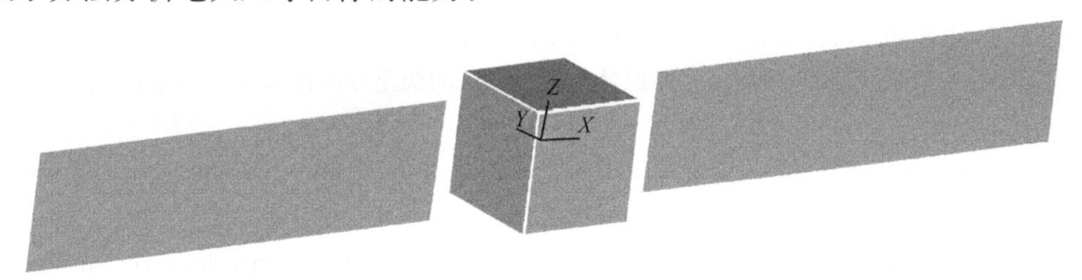

图 2.17　卫星结构图

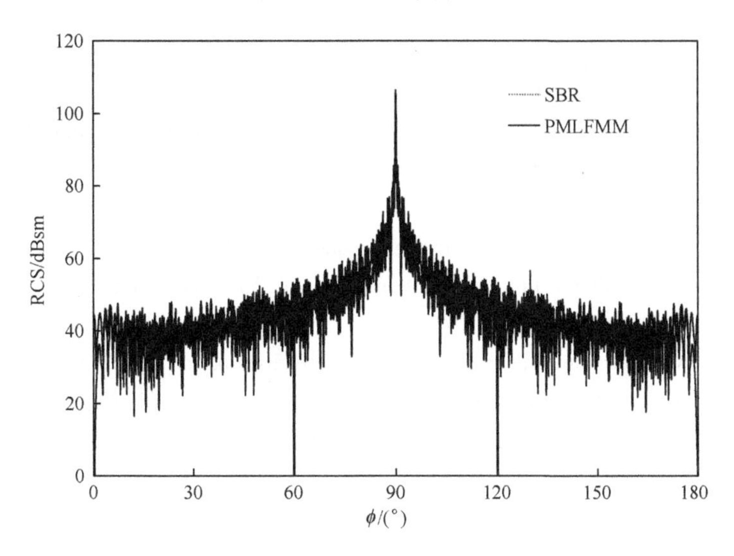

图 2.18　卫星结构在入射波频率为 12.0GHz 时，并行多层快速多极子方法计算结果与高频 SBR 方法计算结果的比较

参考文献

[1] Jin J M. The Finite Element Method in Electromagnetics[M]. 2nd ed. New York: John Wiley & Sons Inc., 2002.

[2] Lee J F. Tangential vector finite elements for electromagnetic field computation[J]. IEEE Transactions on Magnetics,1991,27(5):4032-4035.

[3] Kolundzija B M,Popovic B D. Entire-domain Galerkin method for analysis of metallic antennas and scatterers[J]. IEE Proceedings H-Microwaves,Antennas and Propagation,1993,140(1):1-10.

[4] Jorgensen E,Volakis J L,Meincke P,et al. Higher order hierarchical Legendre basis functions for electromagnetic modeling[J]. IEEE Transactions on Antennas and Propagation, 2004,52(11):2985-2995.

[5] 班永灵. 高阶矢量有限元方法及其在三维电磁散射与辐射问题中的应用[D]. 成都:电子科技大学,2006.

[6] 平学伟. 电磁场中的快速有限元分析[D]. 南京:南京理工大学,2007.

[7] 朱剑. 复杂电磁问题的有限元、边界积分及混合算法的快速分析技术[D]. 南京:南京理工大学,2009.

[8] Engquist B,Majda A. Absorbing boundary conditions for the numerical simulation of waves[J]. Mathematics of Computation,1997,31:629-651.

[9] Ali M W,Hubing T H,Drewniak J L. A hybrid FEM/MoM technique for electromagnetic scattering and radiation from dielectric objects with attached wires[J]. IEEE Transactions on Electromagnetic Compatibility,1997,39(4):304-314.

[10] Berenger J P. A perfectly matched layer for the absorption of electromagnetic waves[J]. Journal of Computational Physics,1994,114:185-200.

[11] Sacks Z S,Kingsland D M,Lee R,et al. Performance of an anisotropic artificial absorber for truncating finite element meshes[J]. IEEE Transactions on Antennas and Propagation, 1995,43:1460-1463.

[12] Wu J Y,Lee R. The advantages of triangular and tetrahedral edge elements for electromagnetic modelling with the finite element method[J]. IEEE Transactions on Antennas and Propagation,1997,45(9):1431-1437.

[13] Whitney H. Geometric Integration Theory[M]. Princeton:Princeton University Press,1957.

[14] Tsai M J,Flaviis F D,Fordham O,et al. Modeling planar arbitrarily shaped microstrip elements in multilayered media[J]. IEEE Transactions on Microwave Theory and Techniques, 1997,45(3):330-337.

[15] Katehi P B,Alexopoulos N G. On the modeling of electromagnetically coupled microstrip antennas-the printed strip dipole[J]. IEEE Transactions on Antennas and Propagation, 1984,32:1179-1186.

[16] Saad Y. Iterative Methods for Sparse Linear Systems[M]. 2nd ed. Boston:PWS Publishing Company,2000.

[17] Lu C C. Improving the solution accuracy of thin dielectric approximation with a vertical electric field component[J]. Microwave and Optical Technology Letters,2008,50(7):1978.

[18] Bohren C F,Huffman D R. Absorption and Scattering of Light by Small Particles[M]. New

York:John Wiley,1983.

[19] Harrington R F. Field Computation by Moment Methods[M]. Malabar:Krieger Publishing Company,1968.

[20] Sarkar T K,Arvas E,Rao S M. Application of FFT and the conjugate gradient method for the solution of electromagnetic radiation from electrically large and small conducting bodies [J]. IEEE Transactions on Antennas and Propagation,1991,34(5):635-640.

[21] Jin J M,Volakis J L. A biconjugate gradient FFT solution for scattering by planar plates [J]. Electromagnetics,1992,12(1):105-119.

[22] Su C C. The three-dimensional algorithm of solving the electric field integral equation using face-centered node points,conjugate gradient method,and FFT[J]. IEEE Transactions on Microwave Theory and Techniques,1993,41(3):510-515.

[23] Catedra M F,Torres R P,Basterrechea J,et al. The CG-FFT Method:Application of Signal Processing Techniques to Electromagnetics[M]. Norwood:Artech House,1995.

[24] Chen R S,Yung E K N,et al. Analysis of electromagnetic scattering of three dimensional dielectric bodies by use of Krylov subspace FFT iterative methods[J]. Microwave and Optical Technology Letters,2003,39(4):261-267.

[25] Chan C H,Tsang L. A sparse-matrix canonical-grid method for scattering by many scatterers[J]. Microwave and Optical Technology Letters,1995,8(2):114-118.

[26] Ding D Z,Chen R S,Wang D X,et al. The application of the generalized product-type method based on Bi-CG to accelerate the sparse-matrix/canonical grid method[J]. International Journal of Numerical Modelling: Electronic Networks, Devices and Fields, 2005, 18(5): 383-397.

[27] 孙玉发,陈志豪. 分析三维随机介质目标散射问题的 SMCG 方法[J]. 中国科学技术大学学报(自然科学版),2003,33(3):345-350.

[28] Bleszynski E,Bleszynski M,Jaroszewicz T. A fast integral-equation solver for electromagnetic scattering problems[J]. IEEE Antennas and Propagation Society International Symposium,1994,s223-224(96):416-419.

[29] Ling F,Wang C F,Jin J M. An efficient algorithm for analyzing large-scale microstrip structures using adaptive integral method combined with discrete complex-image method[J]. IEEE Transactions on Microwave Theory and Techniques,2004,48(5):832-839.

[30] Zhuang W,Fan Z H,Hu Y Q. Adaptive integral method combined with the loose GMRES algorithm for planar structures analysis[J]. International Journal of RF and Microwave Computer-aided Engineering,2009,19(1):24-32.

[31] Song J M,Chew W C. Fast multipole method solution using parametric geometry[J]. Microwave and Optical Technology Letters,1994,7(16):760-765.

[32] Guo C,Hubing T H. Development and application of a fast multipole method in a hybrid FEM/MoM field solver[J]. ACES Journal,2004,19(3):126-134.

[33] Coifman R,Rokhlin V,Wandzura S M. The fast multipole method for the wave equation:A pedestrian prescription[J]. IEEE Transactions on Antennas and Propagation,1993,35(3):7-12.

[34] Song J M, Lu C C, Chew W C. Multilevel fast multipole algorithm for electromagnetic scattering by large complex objects[J]. IEEE Transactions on Antennas and Propagation, 1997, 45(10): 1488-1493.

[35] Lu C C, Chew W C. A multilevel algorithm for solving boundary integral equations of wave scattering[J]. Microwave and Optical Technology Letters, 2010, 7(10): 466-470.

[36] Song J M, Chew W C. Multilevel fast-multipole algorithm for solving combined field integral equations of electromagnetic scattering[J]. Microwave and Optical Technology Letters, 1995, 10(1): 14-19.

[37] 陈明. 并行多层快速多极子算法加速技术的研究[D]. 南京：南京理工大学，2012.

[38] Hu X Q, Zhang C, Xu Y, et al. An improved multilevel simple sparse method with adaptive cross approximation for scattering from target above Lossy Half Space[J]. Microwave and Optical Technology Letters, 2011, 54(3): 573-577.

[39] Li M M, Ding J J, Ding D Z, et al. Multiresolution preconditioned multilevel UV method for analysis of planar layered finite frequency selective surface[J]. Microwave and Optical Technology Letters, 2010, 52(7): 1530-1536.

[40] Daniel J W, Gragg W B, Kaufman L, et al. Reorthogonalization and stable algorithms for updating the Gram-Schmidt QR factorization[J]. Mathematics of Computation, 1976, 33: 772-795.

[41] Michielssen E, Boag A. A multilevel matrix decomposition algorithm for analyzing scattering from large structures[J]. IEEE Transactions on Antennas and Propagation, 1996, 44(8): 1086-1093.

[42] Li L, Wang H G, Chan C H. An improved multilevel Green's function interpolation method with adaptive phase compensation[J]. IEEE Transactions on Antennas and Propagation, 2008, 56(5): 1381-1393.

[43] Wan T, Jiang Z N, Sheng Y J. Hierarchical matrix techniques based on matrix decomposition algorithm for the fast analysis of planar layered structures[J]. IEEE Transactions on Antennas and Propagation, 2011, 59(11): 4132-4141.

[44] Chai W, Jiao D. An H2-matrix-based integral-equation solver of reduced complexity and controlled accuracy for solving electrodynamic problems[J]. IEEE Transactions on Antennas and Propagation, 2009, 57(5): 3147-3159.

[45] Eibert T F. A diagonalized multilevel fast multipole method with spherical harmonics expansion of the *k*-space integrals[J]. IEEE Transactions on Antennas and Propagation, 2005, 53(2): 814-817.

[46] Samet H. Design and Analysis of Spatial Data Structures[M]. Reading: Addison-Wesley, 1990.

[47] Velamparambil S V, Song J M, Chew W C. A portable parallel multilevel fast multipole solver for scattering from perfectly conducting bodies[J]. IEEE Antennas and Propagation Society International Symposium, 1999, 1(1): 648-651.

第 3 章　Krylov 子空间迭代方法

本章介绍用于求解线性代数方程组的迭代方法：

$$\boldsymbol{A}\boldsymbol{x}=\boldsymbol{b} \tag{3.1}$$

在本书中，如不作特殊说明，这里的 $\boldsymbol{A}$ 均指维数为 $N\times N$ 的复数不对称矩阵。3.1 节对求解线性代数方程组的直接解法同迭代解法进行简单比较。3.2 节给出迭代方法的一种分类。从 3.3 节开始重点阐述用于计算电磁学中大型线性代数方程组求解的一类 Krylov 子空间迭代方法，并用具体的算例对几种常用的 Krylov 子空间迭代方法的收敛性能、计算复杂度以及内存消耗情况进行较为全面的比较与分析。

3.1　直接解法和迭代解法简介

求解矩阵方程一般分为直接解法和迭代解法两种。直接解法是指基于待求矩阵直接分解的一种代数矩阵方程组的求解方法。一般来说，只要分解过程稳定，直接解法就能提供可靠性高以及求解精度高的解。这是直接解法最显著的优点之一。此外，对于多个右边激励项的问题，由于直接解法只要求进行一次对系数矩阵的分解，通过重复利用分解信息，使得对于多个激励项的求解问题变得快速。例如，在散射体单站 RCS 的计算中，对于不同的入射角度，会形成成百上千个代数矩阵方程。而这些矩阵方程的系数矩阵具有相同的形式，只是右边的激励向量因入射角度的不同而不同。然而，对于大型矩阵方程的求解，即使是在并行计算的平台上，直接解法也显得无能为力。这是因为，直接解法需要存储具有 N^2 个单精度或双精度复数元素的系数矩阵，并且需要 $O(N^3)$ 次运算操作才能实现对该系数矩阵的直接分解，这里 N 指的是系数矩阵的维数。对于块右边向量的情况，一些基于直接解法的算法可以减少矩阵方程求解时的运算量，如 EADS[1]。尽管如此，对于大型的工程问题，如此巨大的开销仍然是限制直接解法获得广泛应用的一个瓶颈。

一般来说，任何一个大型稠密矩阵的背后都会隐藏着一些信息，这些信息或者从矩阵形式的层面上显现出来，如 Toeplitz 阵、循环阵、正交阵等，或者从原始的物理问题描述中得到体现，如格林函数的衰减特性等。通常，这些信息的发掘，可以使迭代求解技术得到有效的利用，从而使稠密矩阵方程的求解开销大大减小。与直接解法相比，迭代解法并不需要对待求矩阵进行显式存储，而只需要在迭代的过程中实现系数矩阵与任意矢量相乘的操作即可。而隐藏于稠密矩阵背后的这些信息的有效利用，往往能使这个矩阵矢量乘操作的计算复杂度大为降低。迭代解法能在迭代进行的过程中，对精确解逐步逼近，当达到问题所需的求解精度时，迭代过程就可以终止。

在过去的几十年里，众多学者对现代迭代解法的理论与应用进行了大量的研究。然而，尽管迭代解法在很多工程问题上得到了非常成功的应用，但是对于求解矩阵方程的"鲁棒性"，它仍然不能与直接解法相比拟。近年来，人们已经公认，迭代解法只有同其加速技术相结合(如基于矩阵的预条件技术)，才能在一些难于求解的工程问题中得到有效应用。假如人们不仅具有应用于实现矩阵矢量乘操作的快速算法，而且有高效的预条件技术可以利用，那么迭代算法完全可以替代直接解法，成为可靠的求解技术。

幸运的是，近年来出现了众多快速计算矩阵矢量乘的方法，促进了迭代解法的进一步发展。例如，用于微波集成电路分析的快速傅里叶变换(FFT)算法和用于电大目标导体散射的多层快速多极子(MLFMM)算法，它们都可以将稠密矩阵矢量乘的计算复杂度从 $O(N^2)$ 降低到 $O(N\log N)$，从而使电大目标的计算成为可能。无论是 FFT 还是 MLFMM，都只是降低了单个矩阵矢量乘的运算量。对于很多复杂问题的求解，需要迭代很多步数才能达到满意精度的解，甚至根本不能收敛。本书主要从降低整个迭代解法求解过程中迭代步数出发，通过研究快速的迭代算法和高效的预条件技术，改善矩阵性态，提高迭代算法的收敛速度，加速复杂电磁问题的计算。

3.2 迭代方法的分类

迭代方法通常是指使用连续的迭代过程来逐步逼近线性系统方程组真实解的一种数值求解技术。一般可将迭代方法分为静态和非静态迭代方法两类。静态迭代方法是指在迭代过程中对不同的迭代向量采取相同的迭代操作，也可以说其迭代矩阵是固定的。这种静态的迭代方法相当古老，也容易理解和实现。但是它们往往针对的是具有特殊优良性态的矩阵方程求解，如有限差分法离散得到的严格对角占优矩阵方程等。对于具有一般性的矩阵方程，常常得不到收敛到满意精度的解。属于静态迭代方法的有雅可比(Jacobi)迭代、高斯-赛德尔(Gauss-Seidel)迭代、超松弛迭代(SOR)、对称超松弛迭代(SSOR)等。

非静态迭代方法是指每次迭代过程中对迭代向量的操作依赖于迭代次数的一种迭代求解技术，即迭代矩阵是关于迭代步数变化的函数。通常，由于非静态的迭代方法在迭代的过程中会构造一个由一系列正交向量构成的空间，即 Krylov 子空间，所以，非静态的迭代算法常常又被称为 Krylov 子空间迭代算法。属于 Krylov 子空间迭代方法的有共轭梯度(CG)法、双共轭梯度(BCG)法、共轭梯度平方

(CGS)法、广义最小余量(GMRES)法、准最小余量(QMR)法等。下面就计算电磁学中常用的几种 Krylov 子空间迭代算法加以介绍。

3.3　共轭梯度类迭代方法

共轭梯度迭代算法[2]是由 Stiefel 和 Hestences 首次提出的，它是目前人们所熟知的最常用也是最古老的 Krylov 子空间迭代算法之一。共轭梯度算法通过迭代会产生一系列的迭代解向量，用来逼近矩阵方程(3.1)的真实解，同时会生成每步的迭代余量和用来更新下一步迭代解向量及余量的搜索方向。随着迭代的顺利进行，共轭梯度法生成的向量会越来越多，但是它只需要存储其中的部分向量，算法内存开销小。这种共轭梯度算法是针对对称正定矩阵提出的，只有在矩阵是对称正定的情况下，共轭梯度法才能保证当前的搜索方向使迭代解向量与真实解向量之间的误差在某种范数下是最小的，即此迭代过程能稳定收敛并最终逼近真实的解。

那么，对于一般非正定对称的矩阵方程，上述的共轭梯度法就不能应用，如 CFIE 生成的非对称复系数矩阵方程就属于这种情况。解决这一问题的措施之一是将矩阵方程(3.1)的求解转化为其法方程的求解，即

$$\boldsymbol{A}^{\mathrm{H}}\boldsymbol{A}\boldsymbol{x}=\boldsymbol{A}^{\mathrm{H}}\boldsymbol{b} \tag{3.2}$$

式中，上标 H 表示复矩阵的共轭转置。由于算子 $\boldsymbol{A}^{\mathrm{H}}\boldsymbol{A}$ 是自伴、正定的，所以可以应用共轭梯度迭代算法进行求解。这种应用于法方程求解的共轭梯度法一般称为 CGN 迭代算法(conjugate gradient method for normal equations)。金建铭在《电磁场有限元方法》[3]一书中介绍了求解法方程(3.2)的 CGN 迭代算法的三种实现方案，本书采用的是其中第三种实现方案，这是因为该方案的收敛效果最稳定。下面给出该方案算法流程，以供读者借鉴。

算法 3.1　CGN

(1) 开始：给定初始解 $\boldsymbol{x}_0$，迭代精度 tol，计算

$$\boldsymbol{r}_0=\boldsymbol{b}-\boldsymbol{A}\boldsymbol{x}_0$$

$$\boldsymbol{p}_0=\frac{\boldsymbol{A}^{\mathrm{H}}\boldsymbol{r}_0}{\langle\boldsymbol{A}^{\mathrm{H}}\boldsymbol{r}_0,\boldsymbol{A}^{\mathrm{H}}\boldsymbol{r}_0\rangle}$$

(2) 迭代：对 $k=0,1,2,\cdots,n$ 进行迭代，有

$$\alpha_k=\frac{1}{\langle\boldsymbol{A}\boldsymbol{P}_k,\boldsymbol{A}\boldsymbol{P}_k\rangle}$$

$$\boldsymbol{x}_{k+1}=\boldsymbol{x}_k+\alpha_k\boldsymbol{P}_k$$

$$\boldsymbol{r}_{k+1}=\boldsymbol{r}_k+\alpha_k\boldsymbol{A}\boldsymbol{P}_k$$

$$\beta_k=\frac{1}{\langle\boldsymbol{A}^{\mathrm{H}}\boldsymbol{r}_{k+1},\boldsymbol{A}^{\mathrm{H}}\boldsymbol{r}_{k+1}\rangle}$$

$$\boldsymbol{p}_{k+1} = \boldsymbol{p}_k + \beta_k \boldsymbol{A}^{\mathrm{H}} \boldsymbol{r}_{k+1}$$

(3) 终止：当满足下式时迭代终止，即

$$\frac{\|\boldsymbol{r}_{k+1}\|_2}{\|\boldsymbol{b}\|_2} \leqslant \text{tol}$$

如上所述，原始的共轭梯度迭代算法并不适用于求解非对称的矩阵方程，原因就在于该算法并不能保证迭代过程中产生的所有余量都是相互正交的[4]。对于复对称线性方程组的求解，共轭正交共轭梯度迭代(COCG)算法[5]具有相当大的优势，COCG法是CG法的一种扩展，其优点是在每步迭代中只需要一次矩阵矢量乘[6,7]操作。BCG法[8]可以看成CG法在非对称矩阵方程中应用的一个延伸，它基于系数矩阵$\boldsymbol{A}$和转置矩阵$\boldsymbol{A}^{\mathrm{H}}$来构造两组彼此正交的余量。这样做虽然使得BCG法可应用于求解非对称的矩阵方程，却并不能保证当前的迭代解与真实解之间的误差在某种范数的意义下是最小的，从而造成BCG法的收敛特性极不规则，甚至会造成算法的异常终止。针对BCG法收敛不稳定的问题，Sonneveld和van der Vorst分别提出了共轭梯度平方(CGS)算法[9]和稳定的双共轭梯度(BCGS)算法[10]。尽管这两种改进后的算法在很多情况下比BCG法的收敛性要好，但是它们仍然不能解决BCG法的异常终止问题，即算法迭代过程中的稳定性问题。

3.4 广义最小余量迭代算法

3.3节的阐述表明，原始的共轭梯度迭代算法只能适用于对称正定的矩阵方程的迭代求解，基于原始共轭梯度迭代算法的CGN和BCG迭代算法可以应用到相应的法方程的迭代求解。但是，无论是CGN法还是BCG法，都需要额外的矩阵矢量乘信息，即共轭转置的矩阵矢量乘或转置的矩阵矢量乘。然而，在很多应用中由物理问题离散得到的系数矩阵并不显式可见，提供额外的矩阵矢量乘信息就可能变得异常困难，从而使它们的应用范围受到限制。为了解决这个问题，Saad和Schultz于1986年提出了一种广义最小余量(GMRES)迭代算法[11]，这种算法可应用于一般的非Hermitian矩阵方程的求解。为了后续章节的使用，下面对其原理部分进行介绍。

假定待求解的矩阵方程如式(3.1)所示，对于任意给定的一个初始近似解$\boldsymbol{x}_0$，其相应的余量为$\boldsymbol{r}_0 = \boldsymbol{b} - \boldsymbol{A}\boldsymbol{x}_0$。GMRES算法的迭代过程通过Arnoldi算法构造Krylov子空间：

$$\kappa_m = \operatorname{span}\{\boldsymbol{r}_0, \boldsymbol{A}\boldsymbol{r}_0, \cdots, \boldsymbol{A}^{m-1}\boldsymbol{r}_0\}$$

的一组正交规范基$\boldsymbol{V}_m$，并在此空间内获得对精确解的逼近，即

$$\boldsymbol{x}_m = \boldsymbol{x}_0 + \boldsymbol{V}_m \boldsymbol{y}$$

式中，m为Krylov子空间的维数；$\boldsymbol{y}$为一个长度为m的复向量，其取值要能保证当

前迭代余量 $\boldsymbol{r}_m=\boldsymbol{b}-\boldsymbol{A}\boldsymbol{x}_m$ 的2-范数在正交规范基 $\boldsymbol{V}_m$ 空间内是最小的，这也是最小余量迭代算法名称的由来。

严格来说，GMRES迭代算法能在 N 步之前收敛到精确解。然而，在实际应用中，待求解矩阵方程的未知量 N 通常都很大。当GMRES迭代算法迭代步数增多，即 m 变得很大时，存储如此大的空间 $\boldsymbol{V}_m$ 往往会超出当前计算机的存储能力。这就使得上述GMRES迭代算法得不到实际应用。Saad等[11]同时提出了GMRES迭代算法的一个变体，即重复循环的GMRES迭代算法GMRES(m)。重复循环的GMRES迭代算法的思想是：预先设定一个 m 值，然后利用GMRES迭代算法迭代 m 步，并构造近似解 $\boldsymbol{x}_m$；如果这个近似解可以接受，则认为达到收敛，就停止迭代；如果还没有达到收敛精度要求，则以此 $\boldsymbol{x}_m$ 当做迭代的初始值，即 $\boldsymbol{x}_0=\boldsymbol{x}_m$，重新进行 m 步GMRES；如此重复，直到达到收敛为止。通常，m 的取值远小于待求未知量 N 的大小。实际应用中采用的都是这种重复循环的GMRES(m)算法。不失一般性，仍然将其称为广义最小余量迭代算法，而将原始的GMRES迭代算法称为全空间的广义最小余量迭代算法。这是因为原始的GMRES迭代算法在极限情况下要产生全部维数为 N 的Krylov子空间。下面给出其算法流程，以供参考。

算法3.2　GMRES迭代算法

(1) 开始：给定初始解 $\boldsymbol{x}_0$、迭代精度tol和Krylov子空间的维数 m，则有

$$\boldsymbol{r}_0=\boldsymbol{b}-\boldsymbol{A}\boldsymbol{x}_0$$

(2) Arnoldi迭代过程：定义 $\beta=\|\boldsymbol{r}_0\|_2$，$\boldsymbol{v}_1=\boldsymbol{r}_0/\beta$；对 $j=1,\cdots,m$ 进行循环，计算

$$\boldsymbol{z}=\boldsymbol{A}\boldsymbol{v}_j$$

对 $i=1,\cdots,j$ 进行循环，计算

$$\begin{cases}h_{i,j}=\langle\boldsymbol{z},\boldsymbol{v}_i\rangle\\ \boldsymbol{z}=\boldsymbol{z}-h_{i,j}\boldsymbol{v}_i\end{cases}$$

定义 $h_{j+1,j}=\|\boldsymbol{z}\|_2$ 及 $\boldsymbol{v}_{j+1}=\boldsymbol{z}/h_{j+1,j}$，终止循环。

(3) 终止或循环：定义 $\boldsymbol{V}_{m+1}:=[\boldsymbol{v}_1,\cdots,\boldsymbol{v}_{m+1}]$，并计算

$$\boldsymbol{x}_m=\boldsymbol{x}_0+\boldsymbol{V}_m\boldsymbol{y}_m$$

其中

$$\boldsymbol{y}_m=\mathrm{argmin}_y\|\beta\boldsymbol{e}_1-\overline{\boldsymbol{H}}_m\boldsymbol{y}\|_2,\quad \boldsymbol{e}_1=[1,0,\cdots,0]^{\mathrm{T}}$$

如果满足精度，则停止迭代；否则，令 $\boldsymbol{x}_0\leftarrow\boldsymbol{x}_m$，返回步骤(1)执行。

上述算法中的 $\overline{\boldsymbol{H}}_m$ 代表Arnoldi迭代过程中生成的维数为$(m+1)\times m$ 的上Hessenberg矩阵。

3.5 常用 Krylov 子空间迭代算法的比较

3.3 节和 3.4 节对几种常用的迭代算法原理部分进行了介绍，同时也进行了一些简单的比较。由于本书中求解的是一般矩阵方程，其系数矩阵为复数的非 Hermitian 阵。本节在算法本身的层面上对求解此类一般性矩阵方程的迭代算法进行简单的归纳与比较。由于迭代算法种类繁多，这里只考虑了一些常用的迭代算法，包括 CGN 法[3]、BCG 法[8]、BCGS 法[10]、CGS 法[9]、TFQMR 法[12]和 GMRES 法[11]。

首先，从算法的稳定性进行介绍。CGN 法和 GMRES 法的迭代都具有稳定的单调收敛特性，而 BCG 法、CGS 法以及 TFQMR 法的收敛特性是极其不规则的，会造成收敛的不可预测性。尽管 BCGS 法对 BCG 法不规则的收敛曲线进行了很大程度上的平滑改进，但是并没有从根本上解决这个问题。

其次，从迭代顺利进行所需要的矩阵矢量乘信息进行介绍。GMRES 法、TFQMR 法和 CGS 法都只需要直接的矩阵矢量乘的信息就能保证迭代的顺利进行，而 BCG 法和 CGN 法则需要额外的共轭转置矩阵矢量乘的信息，这在一些应用中增加了算法实现的难度。

最后，给出这些迭代算法实施过程中的内存需求，这就需要一个标准来衡量。通常都是用迭代算法达到收敛解的过程中所需开辟的长度为 N 的一维向量的个数来衡量。如表 3.1 所示，表中 m 代表 GMRES 迭代算法中 Krylov 子空间的维数，m 的取值取决于未知量的数目，一般 m 取为 30。从表 3.1 可以看出，GMRES 迭代算法的实现占用了最多的计算机内存资源。

表 3.1 各种迭代算法实现所需的内存量(以维数为 N 的一维向量个数为单位)

迭代算法	CGN	BCG	CGS	TFQMR	GMRES
内存需求	5	7	8	9	$m+3$

3.6 常用迭代算法在体积分方程中的应用

大量的文献中皆考察了不同的迭代算法在计算电磁学中的应用[13-16]，本节重点考察上述几种常用的 Krylov 子空间迭代算法在求解体积分方程中的应用，并用具体的算例来说明其收敛性能。需要说明的是，为了应用迭代算法，必须预先设定迭代算法运行的三个参量，即迭代初值、要求达到的收敛精度以及允许的最大迭代步数。原则上，迭代算法的初始近似解是可以任意给定的，但是在大多数情况下，为了计算方便，迭代初值可设置为零。应用积分方程方法分析散射问题时，一般并不需要太高的收敛精度。这里遵循大多数文献的取法，将迭代法的收敛精度设置

为 10^{-3}，即认为当前迭代余量与初始迭代余量 2-范数的比值(相对误差)小于或等于收敛精度时，获得所需的近似解，并停止迭代。同时，将最大迭代步数取为 1000。也就是说，当迭代算法的迭代步数达到了最大迭代步数时，仍然没有达到收敛精度，就可以认为其迭代过程发散，或者说该迭代算法在此例中不收敛。此外，对于 GMRES 迭代算法，将其每次循环中的迭代次数设置为 30。

本节采用体积分方程结合快速傅里叶变换方法分析五种不同结构介质体的散射特性[15]，分别如下所述。

算例 3.1　均匀介质球的散射。入射波频率为 300MHz，介质球的相对介电常数为 4.0，半径满足 $k_0a=1$，其中 k_0 为自由空间中的波数。离散网格为 15×15×15，获得的未知量大小为 12288。

算例 3.2　方形介质块的散射。入射波频率为 100MHz，介质块的相对介电常数为 10.0，边长为 $0.3\lambda_0$，其中 λ_0 为自由空间中的波长。离散网格为 31×31×31，获得的未知量大小为 98304。

算例 3.3　双层不均匀介质球的散射。入射波频率为 300MHz，双层球内部的相对介电常数为 9.0，外部的相对介电常数为 16.0，且内外半径分别满足 $k_0r_2=0.489$，$k_0r_1=0.942$。离散网格为 31×31×31，获得的未知量大小为 98304。

算例 3.4　空心介质方柱的散射。入射波频率为 100MHz，空心介质方柱的相对介电常数为 12.0，其底部边长和高分别为 $0.4\lambda_0$、$0.4\lambda_0$、$0.8\lambda_0$。离散网格为 31×31×63，获得的未知量大小为 196680。

算例 3.5　椭圆介质球的散射。入射波频率为 300MHz，椭圆介质球的相对介电常数为 16.0，其长、短半径分别满足 $k_0a=\pi/2$、$a/b=2$。离散网格满足 15×31×15，获得的未知量大小为 24576。

图 3.1～图 3.5 不但给出了本节算例的几何结构图，而且给出了它们在平面波照射下的双站 RCS 曲线。其中，对于算例 3.1 介质球散射的情况，还给出了其 Mie 级数解析解[17]。从图 3.1 可以看出，本节利用快速傅里叶变换技术结合迭代算法获得的介质体积分方程数值解与Mie级数的解析解吻合得很好，从而验证了本节程序的正确性。需要说明的是，只要迭代算法能顺利收敛并达到要求的精度，可以认为不同的迭代算法最终会获得相同的结果。基于这个认识，本节不再对各种迭代算法求解出来的 RCS 曲线进行比较。

在利用积分方程分析目标散射问题时，由于迭代算法中主要的计算量都集中在矩阵矢量乘操作上，而且对于不同的迭代算法，其单步迭代过程中矩阵矢量乘次数不尽相同，所以利用每次迭代的余量范数随迭代步数变换的曲线来描述迭代算法的收敛速度是不恰当的。为了更好地比较不同迭代算法的收敛速度，图 3.6～图 3.10 给出了不同算例中各种迭代算法的余量范数随矩阵矢量乘次数变化的曲线。从图中可以看出，对于所有的算例，CGN 和 GMRES 迭代算法都能稳定地单调收敛；BCG 迭代算法同样能收敛到给定的精度，但是其收敛曲线却是不规则的；BCGS 迭代算法虽然在有的情况下能平滑 BCG 迭代算法中不

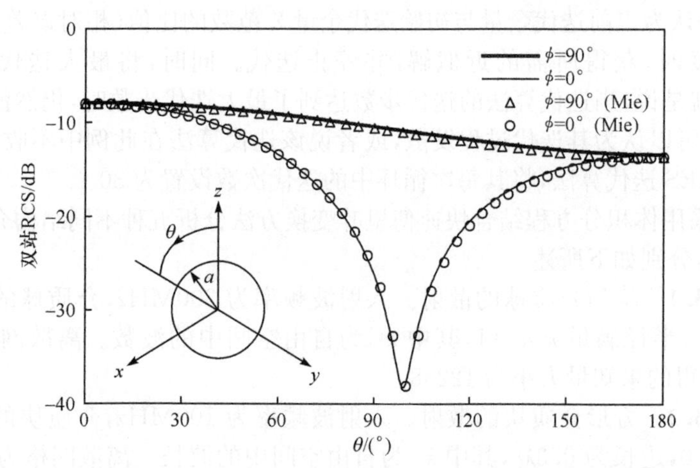

图3.1 半径满足 $k_0a=1$，相对介电常数为 4.0 的均匀介质球的双站 RCS

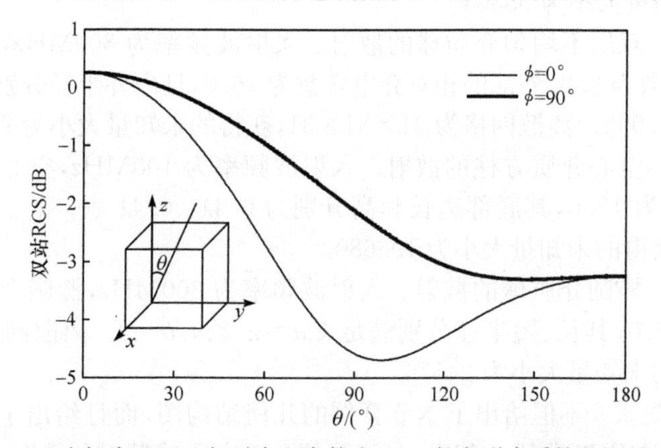

图 3.2 边长为 $0.3\lambda_0$，相对介电常数为 10.0 的方形介质块的双站 RCS

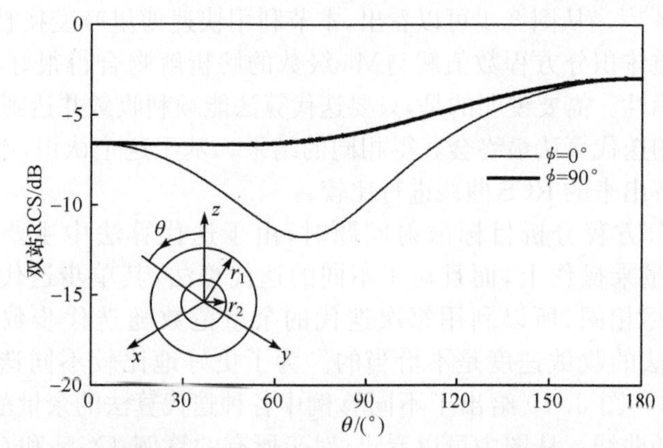

图 3.3 内外半径分别满足 $k_0r_2=0.489$、$k_0r_1=0.942$，内外层相对介电常数分别为 9.0 和 16.0 的双层不均匀介质球的双站 RCS

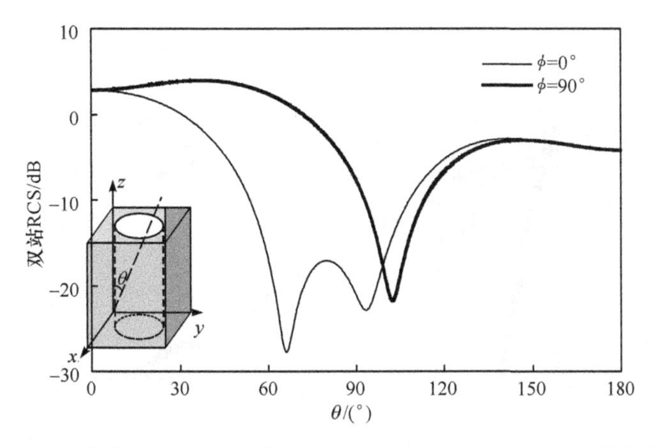

图 3.4 底部边长和高分别为 $0.4\lambda_0$、$0.4\lambda_0$、$0.8\lambda_0$，相对介电常数为 12.0 的空心介质方柱的双站 RCS

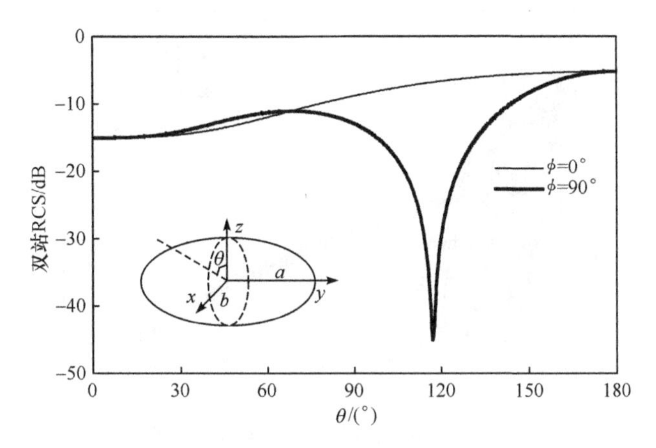

图 3.5 长、短半径分别满足 $k_0a=\pi/2$、$a/b=2$，相对介电常数为 16.0 的椭圆介质球的双站 RCS

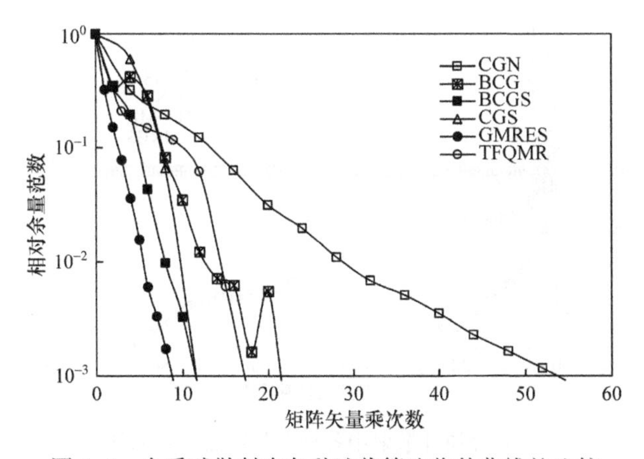

图 3.6 介质球散射中各种迭代算法收敛曲线的比较

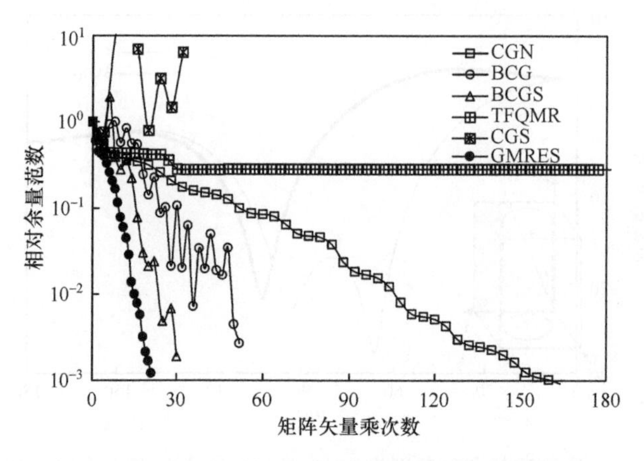

图 3.7　介质块散射中各种迭代算法收敛曲线的比较

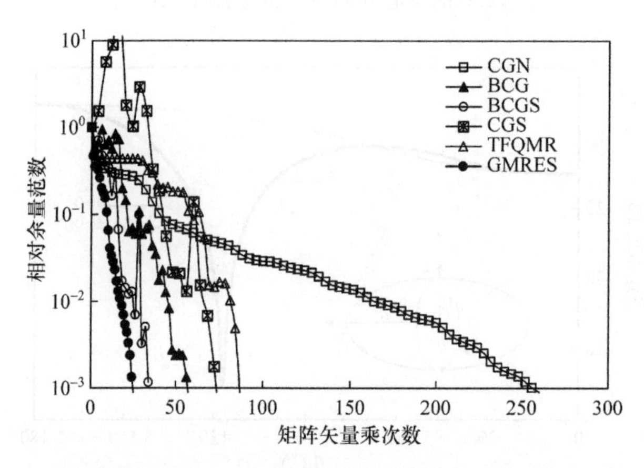

图 3.8　双层介质球散射中各种迭代算法收敛曲线的比较

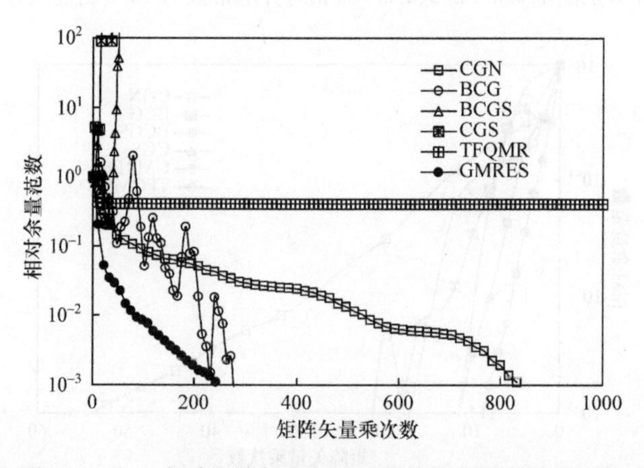

图 3.9　空心介质柱散射中各种迭代算法收敛曲线的比较

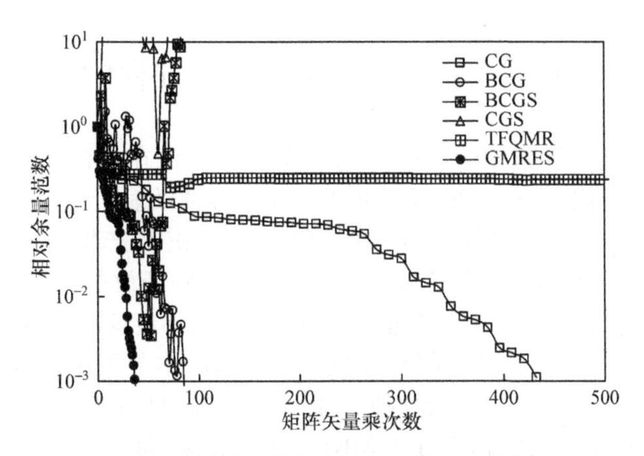

图 3.10　椭圆介质球散射中各种迭代算法收敛曲线的比较

规则的收敛曲线，加速 BCG 迭代算法的收敛速度(图 3.6～图 3.8)，但是在其余的情况下，却不能收敛。属于这种情况的还有 CGS 算法和 TFQMR 算法，它们的收敛曲线同样是不规则的，且多数情况下不能收敛。在这些算例中，尽管 BCG 算法的收敛曲线形状不规则，但是它却获得了可观的收敛速度，比稳定收敛的 CGN 算法还要快 2.5～5.1 倍，可仍然比不上 GMRES 算法的收敛速度。除算例 3.4 的情况外，GMRES 算法的收敛速度都比 BCG 算法快 2 倍以上。

除矩阵矢量乘次数之外，每次迭代过程中不同的迭代算法本身的计算复杂度(如向量的点乘、更新、累加等操作)也不尽相同。为了获得更全面的比较，表 3.2 列出了不同算例中各种迭代算法达到收敛时所需的矩阵矢量乘次数与整体迭代花费的时间。从表 3.2 同样可以得到与上述相同的结论，即 GMRES 算法在各种迭代算法中获得了最快的收敛速度。

表 3.2　不同算例中各种迭代算法达到收敛时所需的矩阵矢量乘次数与迭代求解时间

迭代算法	算例 3.1		算例 3.2		算例 3.3		算例 3.4		算例 3.5	
	MVPs	时间/s	MVPs	时间/s	MVPs	时间/s	MVPs	时间/s	MVPs	时间/s
CGN	56	1.93	164	91.97	260	142.14	836	1105.0	440	32.27
BCG	22	0.73	54	35.08	58	34.91	278	398.2	86	6.33
BCGS	12	0.38	30	21.84	34	17.69	*	*	*	*
CGS	12	0.4	*	*	76	45.69	*	*	*	*
TFQMR	18	0.57	*	*	87	59.34	*	*	*	*
GMRES	9	0.32	22	11.99	25	18.11	252	349.2	37	3.08

* 表示该迭代算法在所允许的最大迭代步数内未达到收敛。

3.7 常用迭代算法在表面积分方程中的应用

本节考察上述几种常用的 Krylov 子空间迭代算法在分析理想导体散射的表面积分方程中的应用。第 2 章的论述说明了理想导体散射问题可以用三种表面积分方程来描述，即 CFIE、MFIE 和 EFIE。CFIE 和 MFIE 产生的系数矩阵的性态要比 EFIE 的好，从而易于迭代求解。然而，对于一些开放的结构，由于 CFIE 和 MFIE 积分方程中的外法向单位矢量没有定义，从而不能应用。此时，EFIE 积分方程就成了唯一的选择。考虑到分析问题的一般性，本节采用 EFIE 分析理想导体散射的问题。这里，迭代的初始近似解仍然取为零，收敛精度设置为 10^{-3}，而最大迭代步数取为 2000。此外，对于 GMRES 迭代算法，每次循环中的迭代次数仍设置为 30。

本节同样考察了五种不同结构理想导体散射的情况，它们分别是：

算例 3.6 半径为 1m 的导体球。入射波频率为 300MHz，未知量为 5211。

算例 3.7 导体杏仁核(almond)[18]。入射波频率为 3GHz，未知量为 1815。

算例 3.8 双向尖导体(double ogive)[18]。入射波频率为5GHz，未知量为 2571。

算例 3.9 边长为 1m 的导体方块。入射波频率为 350MHz，未知量为 3366。

算例 3.10 金属球-锥结合体(cone-sphere)[18]。入射波频率为 869MHz，未知量为 4461。

图 3.11～图 3.15 不但给出了本节算例中的几何结构及网格剖分图，而且给出了它们在平面波照射下的双站 RCS 曲线。其中，对于算例 3.6 中理想导体球散射的情况，还给出了其 Mie 级数[17]解析解。从图 3.11 可以看出，本节利用快速多极子技术结合迭代算法获得的 EFIE 表面积分方程数值解与 Mie 级数的解析解吻合得很好，从而验证了程序的正确性。

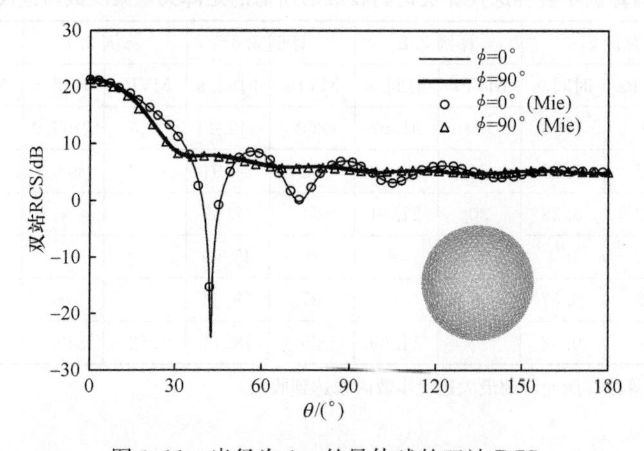

图 3.11 半径为 1m 的导体球的双站 RCS

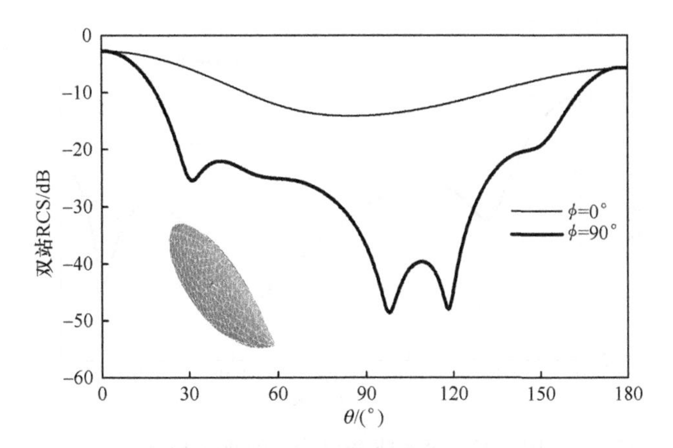

图 3.12　导体杏仁核的双站 RCS

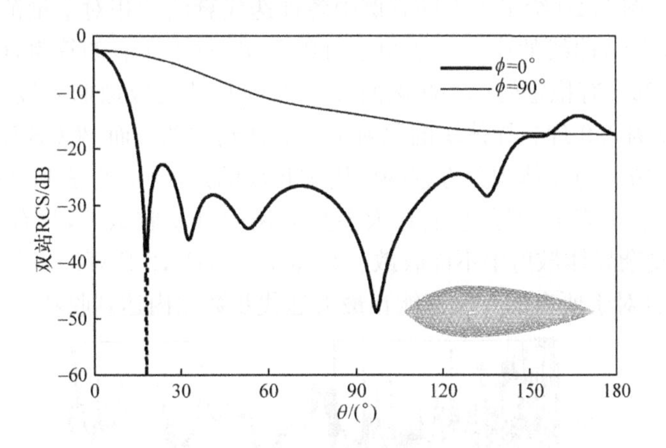

图 3.13　双向尖导体的双站 RCS

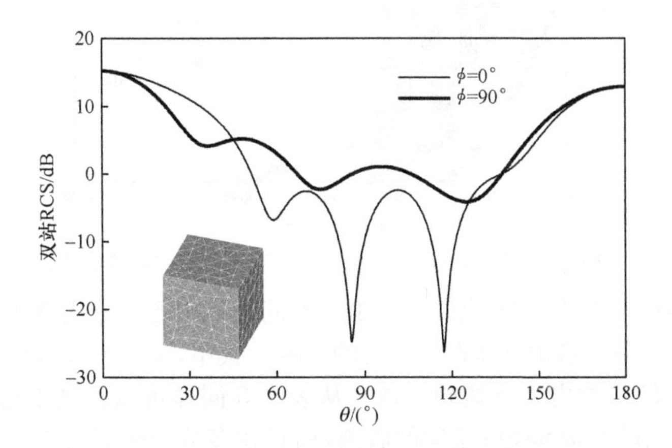

图 3.14　边长为 1m 的导体块的双站 RCS

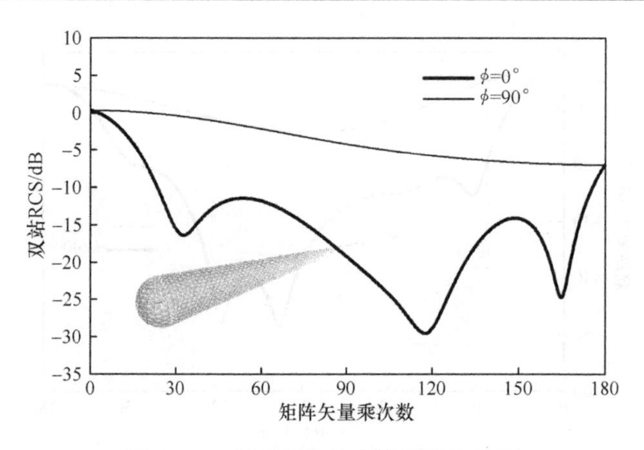

图 3.15 金属球-锥结合体的双站 RCS

图 3.16～图 3.20 给出了不同算例中各种迭代算法的相对余量范数随矩阵矢量乘次数变化收敛曲线的比较。从图中可以看出，对于所有的算例，CGN 算法和 GMRES 算法都具有稳定的单调收敛曲线。BCG 算法的收敛曲线极其不规则，而且它只能在算例 3.9 理想导体块的散射中才能达到收敛。而 BCGS 算法在所有的算例中均不收敛。与在体积分方程的应用中相反的是，CGS 算法和 TFQMR 算法的收敛曲线尽管不规则，但是它们在大多数算例中都是收敛的，只有在算例 3.10 球-锥结合的复杂导体散射中不能收敛。整体来看，GMRES 算法不仅具有稳定的收敛速度，而且对于所有的算例都能在最大迭代步数之内达到收敛。

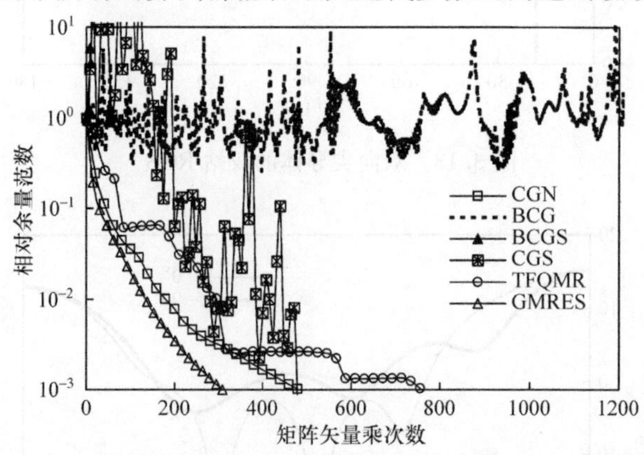

图 3.16 理想导体球散射中各种迭代算法的收敛曲线的比较

为了获得更全面的比较，表 3.3 列出了不同算例中各种迭代算法达到收敛时所需的矩阵矢量乘次数和整体迭代花费的时间。其中，* 表示该迭代算法在所能允许的最大迭代步数内未能达到收敛。从表 3.3 同样可以得到上述的结论，即 GMRES 对不同的结构都能够稳定的收敛，而且在多数情况下都获得了较快的收敛速度。

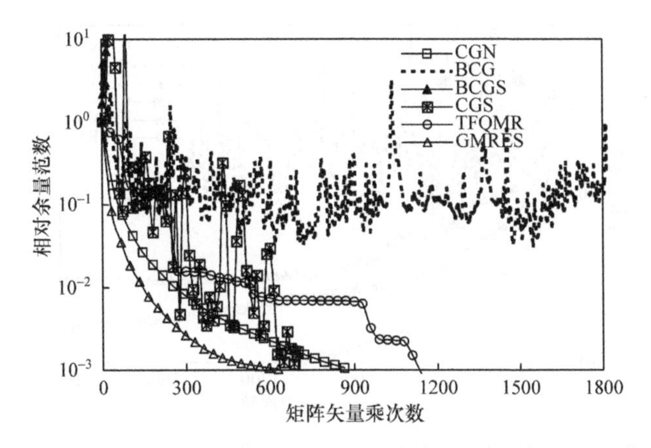

图 3.17 导体杏仁核散射中各种迭代算法的收敛曲线的比较

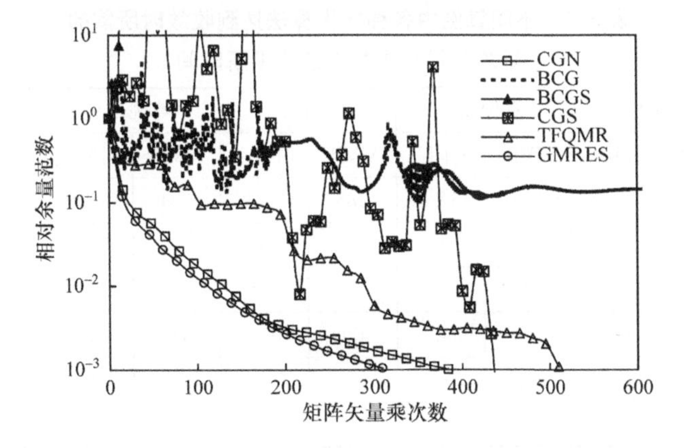

图 3.18 双向尖导体散射中各种迭代算法的收敛曲线的比较

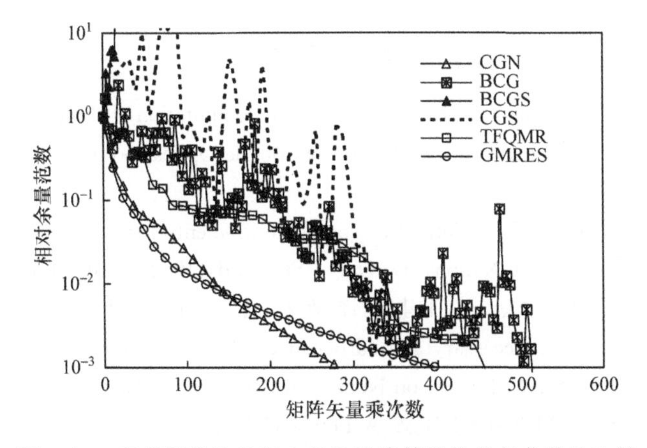

图 3.19 理想导体块散射中各种迭代算法的收敛曲线的比较

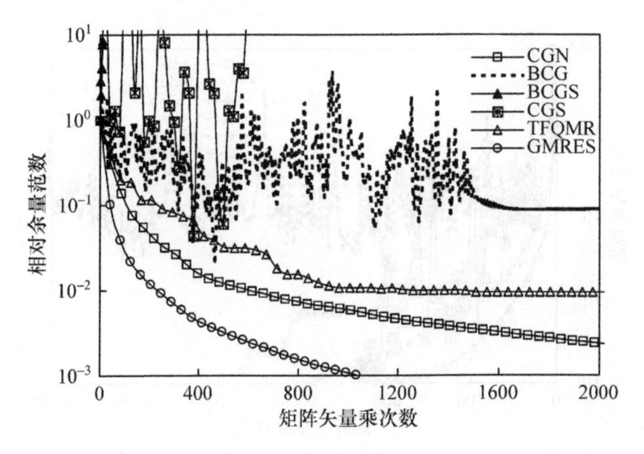

图 3.20 双向尖导体散射中各种迭代算法的收敛曲线的比较

表 3.3 不同算例中各种迭代算法达到收敛时所需的矩阵矢量乘次数与迭代求解时间

迭代算法	算例 3.6		算例 3.7		算例 3.8		算例 3.9		算例 3.10	
	MVPs	时间/s	MVPs	时间/s	MVPs	时间/s	MVPs	时间/s	MVPs	时间/s
CGN	484	87.0	896	50.8	388	33.9	284	30.2	*	*
BCG	*	*	*	*	*	*	513	76.9	*	*
BCGS	*	*	*	*	*	*	*	*	*	*
CGS	480	95.5	700	34.4	436	40.1	344	33.2	*	*
TFQMR	765	161.1	1140	69.3	522	60.7	456	54.3	*	*
GMRES	308	50.2	654	31.2	317	26.4	398	37.5	1046	281.4

* 表示该迭代算法在所允许的最大迭代步数内未达到收敛。

参考文献

[1] Chew W C, Lu C C, Wang Y M. Review of efficient computation of three-dimensional scattering of vector electromagnetic waves[J]. Journal of the Optical Society of America A, 1994, 11(4): 1528-1537.

[2] Hestences M R, Stiefel E L. Method of conjugate gradients for solving linear systems[J]. Journal of Research of the National Bureau of Standards, 1952, 49: 409-436.

[3] 金建铭. 电磁场有限元方法[M]. 王建国, 译. 西安: 西安电子科技大学出版社, 1998.

[4] Faber V, Manteuffel T. Necessary and sufficient conditions for the existence of a conjugate gradient method[J]. SIAM Journal on Numerical Analysis, 1984, 21(2): 352-362.

[5] van der Vorst H A, Melissen J B M. A Petrov-Galerkin type method for solving $Ax=b$, where A is symmetric complex[J]. IEEE Transactions on Magnetics, 1990, 26(2): 706-708.

[6] Freund R W. Conjugate gradient-type methods for linear systems with complex symmetric

coefficient matrices[J]. SIAM Journal on Scientific and Statistical Computing, 1992, 13(1): 425-448.

[7] 李月卉. 电磁场数值求解中迭代方法与预条件技术研究[D]. 成都：电子科技大学, 2005.

[8] Lanczos C. Solution of systems of linear equations by minimized iterations[J]. Journal of Research of the National Bureau of Standards, 1995, 49: 33-53.

[9] Sonneveld P. CGS, a fast Lanczos-type solver for nonsymmetric linear systems[J]. SIAM Journal on Scientific and Statistical Computing, 1989, 10(1): 36-52.

[10] van der Vorst H A. Bi-CGSTAB, a fast and smoothly converging variant of Bi-CG for the solution of nonsymmetric linear systems[J]. SIAM Journal on Scientific and Statistical Computing, 1992, 13(2): 631-644.

[11] Saad Y, Schultz M. GMRES: A generalized minimal residual algorithm for solving nonsymmetric linear systems[J]. SIAM Journal on Scientific and Statistical Computing, 1986, 7(3): 856-869.

[12] Freund R W. A transpose-free quasi-minimal residual algorithm for non-Hermitian linear systems[J]. SIAM Journal on Scientific and Statistical Computing, 1993, 14(2): 470-482.

[13] Fan Z H, Wang D X, Chen R S, et al. The application of iterative solvers in discrete dipole approximation method for computing electromagnetic scattering[J]. Microwave and Optical Technology Letters, 2006, 48(9): 1741-1746.

[14] Ding D Z, Chen R S, Wang D X, et al. The application of the generalized product-type method based on Bi-CG to accelerate the sparse-matrix/canonical grid method[J]. International Journal of Numerical Modelling Electronic Networks Devices and Fields, 2005, 18(5): 383-397.

[15] Chen R S, Fan Z H, Yung E K N. Analysis of electromagnetic scattering of three dimensional dielectric bodies using Krylov subspace FFT iterative methods[J]. Microwave and Optical Technology Letters, 2003, 39(4): 261-267.

[16] Chen R S, Yung E K N, Yang A H, et al. Application of preconditioned Krylov subspace iterative FFT techniques to method of lines for analysis of the infinite plane metallic grating[J]. Microwave and Optical Technology Letters, 2002, 35(2): 160-167.

[17] Kong J A. Electromagnetic Wave Theory[M]. New York: Wiley, 1986.

[18] Woo A C, Wang H T G, Schuh M J, et al. EM programmer's notebook-benchmark radar targets for the validation of computational electromagnetics programs[J]. IEEE Antennas and Propagation Magazine, 1993, 35(1): 84-89.

第4章 预条件技术

第3章介绍了多种迭代求解技术，发现针对不同的结构，其收敛特性皆有所不同。本质上，迭代算法的收敛特性是由待求解系数矩阵的性态决定的，矩阵的条件数是衡量矩阵性态好坏的一个标准。对于条件数大，即性态很差的系数矩阵，迭代算法收敛十分缓慢甚至不收敛。本章着重探讨在迭代求解之前对矩阵方程的预条件技术，以使预条件后的矩阵方程适合迭代算法的快速求解。首先简单介绍矩阵方程预条件的基本思想，并给出预条件技术的一种分类；随后重点对计算电磁学中各种预条件技术进行阐述，并对其加速迭代收敛的性能、构造复杂度以及内存需求量进行详细分析。

4.1 预条件技术概述

第3章对迭代算法的描述表明，Krylov 子空间迭代算法本质上就是先构造一组 Krylov 子空间 $\kappa_m(\boldsymbol{A},\boldsymbol{r}_0)=\mathrm{span}\{\boldsymbol{r}_0,\boldsymbol{A}\boldsymbol{r}_0,\cdots,\boldsymbol{A}^{m-1}\boldsymbol{r}_0\}$，然后在此空间内搜索解向量。这个 Krylov 子空间与其他空间的区别在于，它同系数矩阵的逆矩阵 $\boldsymbol{A}^{-1}$ 密切相关。这是因为任何一个非奇异矩阵的逆矩阵都可以由系数矩阵 $\boldsymbol{A}$ 的幂构成的最小多项式来表示。由矩阵理论可知，如果这个最小多项式的次数是 m，那么矩阵方程

$$\boldsymbol{A}\boldsymbol{x}=\boldsymbol{b} \tag{4.1}$$

的解向量就可以由空间 $\kappa_m(\boldsymbol{A},\boldsymbol{b})=\mathrm{span}\{\boldsymbol{b},\boldsymbol{A}\boldsymbol{b},\cdots,\boldsymbol{A}^{m-1}\boldsymbol{b}\}$ 中的任何一组基向量线性表示。很显然，最小多项式的幂次越低，迭代算法所需构造的 Krylov 子空间的维数也就越低，从而更容易获得快速的收敛速度[1]。如果在迭代开始之前，利用另一个非奇异矩阵 $\boldsymbol{M}$ 对系数矩阵 $\boldsymbol{A}$ 进行预条件，使得预条件后矩阵 $\boldsymbol{M}^{-1}\boldsymbol{A}$ 的特征值分布在几个相对集中的区域（如 t 个，$t<m$）。那么，只要区域半径足够小，矩阵 $\boldsymbol{M}^{-1}\boldsymbol{A}$ 的性态在数值上就同一个只具有 t 个不同特征值的矩阵性态相似，从而将原来系数矩阵对应的最小特征多项式的幂次降低。理论上，经过这种预条件后的矩阵方程只需 t 步迭代就可以获得合理的近似解。

对矩阵方程进行预条件，其实质就是使预条件后的矩阵方程具有良好的性态，即其特征谱是聚集的，从而有利于迭代算法的求解。其一般形式为

$$\boldsymbol{M}_1^{-1}\boldsymbol{A}\boldsymbol{M}_2^{-1}\boldsymbol{z}=\boldsymbol{M}_1^{-1}\boldsymbol{b} \tag{4.2}$$

其中，$\boldsymbol{x}=\boldsymbol{M}_2^{-1}\boldsymbol{z}$，$\boldsymbol{M}=\boldsymbol{M}_1\boldsymbol{M}_2$ 称为预条件矩阵。当 $\boldsymbol{M}_2=\boldsymbol{I}$ 时，称为对式(4.1)的左边

预条件；当 $\boldsymbol{M}_1=\boldsymbol{I}$ 时，称为对式(4.1)的右边预条件，$\boldsymbol{I}$ 代表单位矩阵。显然，当 $\boldsymbol{M}=\boldsymbol{A}$ 时，相当于采用直接解法求解矩阵方程。从这里可以看出，预条件后的线性系统是否比原系统更易于求解，构造一个高效的预条件算子是关键。预条件算子的构造一般需遵循以下三条基本原则：

(1) $\boldsymbol{M}$ 应该是 $\boldsymbol{A}$ 在某种意义下的一个良好的近似；

(2) 构造预条件矩阵 $\boldsymbol{M}$ 本身的计算复杂度和内存消耗要小；

(3) 对任意一个矢量 $\boldsymbol{y}$，$\boldsymbol{M}^{-1}\boldsymbol{y}$ 的计算复杂度要小。

此外，根据预条件算子施加方式的不同，一般可以把预条件技术分为隐式和显式两种。隐式的预条件技术是指构造的预条件算子 $\boldsymbol{M}$ 是系数矩阵 $\boldsymbol{A}$ 的一个近似，即 $\boldsymbol{M}\approx\boldsymbol{A}$。这种预条件算子的施加需要在每步迭代的过程中隐含求解另一个线性系统方程来实现 $\boldsymbol{M}^{-1}\boldsymbol{y}$ 操作。求解 $\boldsymbol{M}^{-1}\boldsymbol{y}$ 可以采用直接解法，也可以采用迭代解法。不完全 LU 分解(ILU)预条件技术就属于隐式预条件技术中的一类。ILU 预条件算子的一般形式为 $\boldsymbol{M}=\widetilde{\boldsymbol{L}}\widetilde{\boldsymbol{U}}$，这里的 $\widetilde{\boldsymbol{L}}$、$\widetilde{\boldsymbol{U}}$ 分别是 $\boldsymbol{A}$ 严格 LU 分解的一个近似。很显然，ILU 预条件算子的施加就需要上、下两个三角矩阵方程的求逆过程。属于隐式预条件技术的还有对角预条件(Diag)、对称超松弛预条件(SSOR)和灵活预条件(如 FGMRES)等。特别地，灵活预条件技术又常被称为内外迭代技术，它是利用一个内部的迭代算法来作为外部迭代算法的预条件，即使用迭代算法来实现 $\boldsymbol{M}^{-1}\boldsymbol{y}$ 操作。因此，仍可以将其归结到隐式预条件技术的范畴。

显式预条件技术直接显式地构造一个预条件算子 $\boldsymbol{M}$ 来近似原系数矩阵的逆矩阵，即 $\boldsymbol{M}\approx\boldsymbol{A}^{-1}$。由于这种预条件技术本身近似的是系数矩阵的逆矩阵，其预条件算子的施加操作就转化为预条件矩阵同任意一个矢量的相乘操作，即 $\boldsymbol{My}$。这样做的好处是避免了预条件算子施加过程中的求逆过程，从而便于算法的并行化，但它也同时增加了构造预条件算子的难度，因为要对待求矩阵的逆直接近似。常用的稀疏近似逆预条件就属于显式预条件技术的范畴。

4.2　稠密矩阵的稀疏化

无论是显式预条件算子的构造，还是隐式预条件算子的构造，通常需要显式地给出系数矩阵，即其系数矩阵的每个元素在预条件算子的构造过程中是可以被自由使用的。这种要求往往并不能得到满足，特别是在对于稠密矩阵的预条件中，其大部分矩阵元素由于内存的限制常常不被存储，分析理想导体散射的表面积分方程法就属于这种情况。由于快速多极子技术的应用，对应于远区作用的矩阵元素信息并没有显式地给出，而是通过矩阵矢量乘的形式隐含给出的。只有对应于近区作用的矩阵元素才得到显式的存储。因此，一般情况下，都不是对稠密矩阵直接进行构造预条件，而是先对该稠密矩阵进行稀疏化，然后在稀疏化后的矩阵的基础上构造预条件算子。这就要求稀疏化的矩阵应该是对原来稠密矩阵的一个非常好的近似,否则预条件的效果将无法预测。

那么,能不能利用积分方程中近区作用产生的稀疏矩阵来构造预条件算子呢?答案是可以。考察积分方程中自由空间格林函数,可以发现自由空间格林函数随着场点与源点距离的增大呈现出衰减的特性。这表明,阻抗矩阵中幅值较大的元素应该集中在主对角线附近,因为它们对应于近区的场点与源点的强相互作用;而其他位置上的矩阵元素的幅度应该是较小的,因为它们对应于远区的场点与源点的弱相互作用。因此,利用近区作用矩阵来构造预条件算子是恰当的,这就相当于设置了一个门限值,将稠密的阻抗矩阵中较大的元素予以保留,而丢弃了其中较小的元素。这种舍弃矩阵中小元素的操作称为对该矩阵的稀疏化。

对稠密矩阵先进行稀疏化,然后再构造预条件算子的思想是由 Kolotilina[2] 率先提出的。他先利用矩阵中幅值最大的元素对矩阵元素进行归一化,使幅度最大的元素变为单位值 1,其余元素皆小于 1;然后设置一个门限值 $\varepsilon\in(0,1)$,根据 $|a_{i,j}|>\varepsilon$ 条件来对矩阵元素进行稀疏化。这种舍弃小元素的做法同近区作用矩阵的获得在本质上是一致的。本书中,如不作特殊说明,对于计算电磁学中稠密矩阵的预条件,都是基于这种稀疏化的近区作用矩阵 $\widetilde{\boldsymbol{A}}$ 来进行构造的。为了便于描述,在不引起混淆的情况下,在预条件的构造过程中,$\widetilde{\boldsymbol{A}}$ 仍记为 $\boldsymbol{A}$。

4.3 预条件广义最小余量迭代算法

在第 3 章中,广义最小余量(GMRES)迭代算法在积分方程的迭代求解过程中具有稳定单调的收敛特性,这是因为该方法在 Krylov 子空间的近似余量有最小的 2-范数,因此又被称为"最优" Krylov 方法[3]。因此,本节基于 GMRES 构建上述各种预条件算法,并比较它们的性能。

GMRES 算法每经过一步迭代,下一步所需的存储空间和计算量都将随之增加,因此实际应用中一般采用重新启动的 GMRES 算法[4]。在重新启动的 GMRES 算法中,每当 Krylov 子空间的维数达到 m 时,原方程的近似解就变为新的初始值以进行下 m 步迭代。考虑到内存的巨大消耗,重新启动值 m 一般远小于方程的阶数 n。然而,选择一个合适的重新启动值非常困难,因为它对 GMRES 算法的收敛速度影响非常大[5]。一般来说,重新启动都会使 GMRES 算法收敛变慢,因为当迭代过程重新启动时,许多信息如先前所得到的近似空间的信息都被丢弃。这就是 GMRES(m)众所周知的一大缺陷,即每次重新启动后,以前计算所得到的子空间的正交性没被保留下来。因此,GMRES(m)就不能保持超线性收敛特性[6],甚至不能收敛。为了克服 GMRES(m)的这个缺陷,本书采用两种行之有效的方法,一种是采用预条件技术,而另一种是利用重新启动前所得到的近似空间的部分信息加速收敛。后者将在后续章节中具体介绍，本节首先给出预条件的GMRES算法，具体如下。

(1) 开始：选择Krylov子空间的初始值 $\boldsymbol{x}_0$ 和维数 m。定义一个 $(m+1)\times m$ 矩阵 $\boldsymbol{H}_m$，使所有的 $h_{i,j}$ 初始化为零。

(2) Arnoldi过程：

① 计算 $\boldsymbol{r}_0=\boldsymbol{b}-\boldsymbol{A}\boldsymbol{x}_0$，$\beta=\|\boldsymbol{r}_0\|_2$，$\boldsymbol{t}_1=\boldsymbol{r}_0/\beta$；

② 对 $j=1,\cdots,m$ 进行循环，计算

$$\boldsymbol{s}_j=\boldsymbol{M}^{-1}\boldsymbol{t}_j,\quad \boldsymbol{w}=\boldsymbol{A}\boldsymbol{s}_j$$

对 $i=1,\cdots,j$，进行循环

$$h_{i,j}:=(\boldsymbol{w},\boldsymbol{t}_j),\quad \boldsymbol{w}:=\boldsymbol{w}-h_{i,j}\boldsymbol{t}_i$$

终止循环。计算

$$h_{j+1,j}=\|\boldsymbol{w}\|_2,\quad \boldsymbol{t}_{j+1}=\boldsymbol{w}/h_{j+1,j}$$

终止循环。

③ 定义 $\boldsymbol{S}_m:=[\boldsymbol{s}_1,\cdots,\boldsymbol{s}_m]$。

(3) 求得近似解：计算

$$\boldsymbol{x}_m=\boldsymbol{x}_0+\boldsymbol{S}_m\boldsymbol{y}_m$$

其中，$\boldsymbol{y}_m=\arg\min\limits_{y}\|\beta\boldsymbol{e}_1-\overline{\boldsymbol{H}}_m\boldsymbol{y}\|_2$，$\boldsymbol{e}_1=[1,0,\cdots,0]^{\mathrm{T}}$。

(4) 重复：如果满足精度要求，则停止；否则，使 $\boldsymbol{x}_0=\boldsymbol{x}_m$ 并返回步骤(2)。

如果将预条件矩阵 $\boldsymbol{M}$ 用单位矩阵来代替，上述算法就是一个普通的GMRES算法。构造预条件矩阵 $\boldsymbol{M}$ 的方法有许多种，包括对角预条件、对称超松弛预条件、不完全LU分解预条件和稀疏近似逆预条件等。下面分别介绍这些预条件方法。

4.4　对角预条件技术

对角预条件又称雅可比预条件，是一种最简单的预条件技术，它利用系数矩阵的对角矩阵作为原矩阵的一个近似。其预条件矩阵被定义为

$$\boldsymbol{M}=\boldsymbol{D}\tag{4.3}$$

式中，$\boldsymbol{D}$ 代表一个对角矩阵，其元素由系数矩阵 $\boldsymbol{A}$ 的对角线元素组成。这种预条件突出的好处就是构造简单，便于施加，并且几乎不需要额外的存储量。

然而，由于其包含的稀疏矩阵的信息过少，一般其预条件的效果并不是很明显。解决这个问题的措施之一就是利用系数矩阵的块对角或者对角线附近的带状矩阵来构造预条件算子[7]，使预条件的效果比起对角预条件有很大的提高。但是，这种块对角预条件技术要求预先对稀疏矩阵进行一系列的初等变换，或者说是对未知量的重新排序，以使稀疏矩阵中的大元素集中在矩阵的对角块当中。这显然

增加了预条件算子构造的复杂度。

4.5 对称超松弛预条件技术

与对角预条件算子的构造相似，对称超松弛(SSOR)预条件算子也可以直接由系数矩阵 $\boldsymbol{A}$ 直接表达。其预条件矩阵被定义为

$$\boldsymbol{M}=(\boldsymbol{D}+\omega\boldsymbol{E})\boldsymbol{D}^{-1}(\boldsymbol{D}+\omega\boldsymbol{F}) \tag{4.4}$$

式中，$\boldsymbol{D}$、$\boldsymbol{E}$、$\boldsymbol{F}$ 分别表示 $\boldsymbol{A}$ 的对角阵、严格下三角阵和严格上三角矩阵；$\omega\in(0,2.0)$，是一个松弛因子。如果 $\boldsymbol{A}$ 具有对称性，则有 $\boldsymbol{F}=\boldsymbol{E}^{\mathrm{T}}$。

从式(4.4)的定义可以看出，SSOR 预条件算子比 Diag 包含了系数矩阵更多的信息[8-12]，因而常常具有更好的预条件效果。此外，由于 SSOR 预条件算子具有分解的形式，所以其又具有了基于分解的预条件算子的共性。例如，与 4.6 节中即将介绍的不完全 LU 分解预条件技术相同，SSOR 预条件算子的施加同样包含了上、下三角阵的求逆过程。同时，由于 SSOR 预条件算子的分解因子(如 $\boldsymbol{D}+\omega\boldsymbol{E}$)是直接从系数矩阵中抽取的，避免了预条件算子施加过程中不稳定的现象。

4.6 不完全 LU 分解预条件技术

基于 LU 分解的直接法求解矩阵方程时，首先将矩阵分解成上、下两个三角阵因子的乘积，然后利用这两个三角阵的求逆获得矩阵方程的解。很自然地，如果对该矩阵进行不严格或不完全的 LU 分解，那么就可以利用得到的上、下两个三角阵因子的乘积作为原系数矩阵一个很好的近似，即 $\boldsymbol{M}=\tilde{\boldsymbol{L}}\tilde{\boldsymbol{U}}\approx\tilde{\boldsymbol{A}}$，这里 $\tilde{\boldsymbol{L}}$、$\tilde{\boldsymbol{U}}$ 分别是矩阵 $\boldsymbol{A}$ 严格分解的因子 $\boldsymbol{L}$、$\boldsymbol{U}$ 的一个近似。这就是不完全 LU 分解预条件的构造思想。

不完全 LU 分解预条件是针对稀疏矩阵方程迭代求解过程中最常用、最高效的预条件技术之一[13-18]，它同样可用于稠密矩阵的预条件。这只需要先对稠密矩阵进行稀疏化，然后在这个稀疏化的矩阵上进行不完全的 LU 分解，如在 FMM 的近区作用矩阵上构造不完全 LU 分解预条件算子[14]。不完全 LU 分解预条件技术在对称矩阵中的应用通常称为不完全 Cholesky 分解(IC)。其预条件算子具有如下形式：

$$\boldsymbol{M}=\boldsymbol{L}\boldsymbol{D}\boldsymbol{L}^{\mathrm{T}} \tag{4.5}$$

式中，$\boldsymbol{D}$ 和 $\boldsymbol{L}$ 分别是不完全分解过程中得到的对角阵和单位下三角阵(对角线元素为单位值 1 的下三角矩阵)。为不失一般性，本书中仍然将式(4.5)定义的不完全 Cholesky 分解预条件算子称为不完全 LU 分解预条件算子。

根据不完全 LU 分解过程中矩阵元素填充的策略不同，一般可以把不完全 LU 分解预条件技术分为三种，即 ILU(0)、ILU(p)和 ILUT。为了下面叙述方便，先介绍一个非零模式的概念。非零模式表示稀疏矩阵中非零元素对应的位置标号的集合。一个稀疏矩阵 $\widetilde{\mathbf{A}}$ 的非零模式可数学表达为

$$\mathrm{NZ}(\mathbf{A})=\{(i,j)\ |\ a_{i,j}\neq 0\}$$

为了控制 LU 分解过程中不完全分解的程度，不完全 LU 分解需要规定分解过程中的非零模式，以决定元素的填充方式。ILU(0)预条件采用与稀疏矩阵 $\widetilde{\mathbf{A}}$ 相同的非零模式，即

$$\mathrm{NZ}(\boldsymbol{M}_{\mathrm{ILU(0)}})=\mathrm{NZ}(\widetilde{\mathbf{A}}) \tag{4.6}$$

它只允许分解过程中元素在其非零模式的位置上进行更新，而不允许元素在新的位置上产生，处理的办法是直接简单地丢弃新位置上的非零元素。

ILU(p)预条件采用一种填充级数(level of fill)的概念来实现非零元素填充的控制。它给稀疏矩阵 $\widetilde{\mathbf{A}}$ 中的每个元素位置分配一个填充级数，并允许其在分解的过程中进行自动更新。其定义如下：

起始时

$$\mathrm{lev}_{ij}=\begin{cases}0, & \text{如果 } a_{ij}\neq 0\text{，或 } i=j\\ \infty, & \text{否则}\end{cases}$$

分解过程中

$$\mathrm{lev}_{ij}=\min\{\mathrm{lev}_{ij},\mathrm{lev}_{ik}+\mathrm{lev}_{kj}+1\}$$

利用上面公式中定义的填充级数，ILU(p)通过式(4.7)来控制分解过程中非零元素的填充，即

$$\mathrm{NZ}(\boldsymbol{M}_{\mathrm{ILU}(p)})=\{(k,i)\,|\,\mathrm{lev}_{ki}\leqslant p\} \tag{4.7}$$

式中，p 是一个大于 0 的整数。这种填充方式允许填充级数在小于或等于 p 的位置上填充新产生的元素。这样产生的 ILU(p)预条件矩阵的非零模式更能逼近系数矩阵逆矩阵的非零模式，一般可以获得比 ILU(0)更好的预条件效果。

ILUT(ILU with threshold)采用的是设置门限的方式来控制分解过程中矩阵元素的填充，即预先设定一个门限值 τ，允许模值高于此门限值的矩阵元素的填充，而小于此门限值的矩阵元素被简单地丢弃。此外，为了进一步控制填充元素的大小，它还规定了矩阵每行填充元素的最大个数 p。如果对于某一行，高于门限值的元素超过 p 个，则只选取其中最大的 p 个元素进行填充。因此，这种基于门限的 ILU 预条件常被表示为 ILU(p,τ)。

4.7　稀疏近似逆预条件技术

稀疏近似逆(SAI)预条件是一种显式的预条件技术，它通过对系数矩阵的逆

矩阵进行直接稀疏近似地构造预条件算子[13]。常用的稀疏近似逆预条件技术都是在 F-范数最小化的基础上构造的，即构造一个稀疏近似的逆矩阵 $\boldsymbol{M}=\{m_{i,j}\}$，使得 $\|\boldsymbol{I}-\boldsymbol{M}\widetilde{\boldsymbol{A}}\|_F$（对应于左边预条件的情况）或者 $\|\boldsymbol{I}-\widetilde{\boldsymbol{A}}\boldsymbol{M}\|_F$（对应于右边预条件的情况）在给定的预条件矩阵 $\boldsymbol{M}$ 的非零模式下最小。

稀疏近似逆预条件算子的构造选择在 F-范数下最小的好处是可以使在 F-范数下最小化问题的求解转化为 N 个各自独立的线性最小二乘问题的求解，即

$$\min_{NZ(\boldsymbol{M})}\|\boldsymbol{I}-\widetilde{\boldsymbol{A}}\boldsymbol{M}\|_F^2=\sum_{j=1}^{N}\min_{NZ(\boldsymbol{M})}\|\boldsymbol{e}_j-\widetilde{\boldsymbol{A}}\boldsymbol{m}_j\|_2^2 \tag{4.8}$$

式(4.8)对应于右边预条件算子构造的情况。这里 $\boldsymbol{e}_j$ 表示单位矩阵 $\boldsymbol{I}$ 的第 j 列，$\boldsymbol{m}_j$ 表示所要构造的近似逆预条件矩阵 $\boldsymbol{M}$ 的第 j 列。从式(4.8)可以看出，近似逆预条件矩阵每一列的构造分别对应于一个最小二乘问题的求解。对于左边预条件的情况，在系数矩阵对称的情况下，由于存在

$$\|\boldsymbol{I}-\boldsymbol{M}\boldsymbol{A}\|_F^2=\|\boldsymbol{I}-\boldsymbol{A}\boldsymbol{M}^{\mathrm{T}}\|_F^2=\|\boldsymbol{I}-\boldsymbol{A}\boldsymbol{M}\|_F^2 \tag{4.9}$$

这里利用了系数矩阵对称的性质，其预条件算子的构造同右边预条件算子的构造类似，因此，这里只以右边预条件的情况进行说明。

利用式(4.8)构造 SAI 预条件算子的一个重要步骤就是选择非零模式，以决定非零元素填充的位置与待求解的最小二乘问题的大小。假定 SAI 预条件矩阵 $\boldsymbol{M}$ 的非零模式已经选定，且可表示为

$$\mathrm{NZ}(\boldsymbol{M})=\{(i,j)\mid m_{i,j}\neq 0\} \tag{4.10}$$

则预条件矩阵 $\boldsymbol{M}$ 的第 j 列 $\boldsymbol{m}_j$ 的非零模式就可表示为

$$J=\{i\in[1,N]\mid (i,j)\in\mathrm{NZ}(\boldsymbol{M})\} \tag{4.11}$$

那么，由式(4.8)定义的最小二乘问题的求解就只同矩阵 $\boldsymbol{A}$ 的部分列构成的一个子矩阵有关，且这些列号可以用 J 表示。这里把由标号 J 定义的子矩阵定义为 $\boldsymbol{A}(:,J)$。由于矩阵 $\boldsymbol{A}$ 是稀疏的，所以 $\boldsymbol{A}(:,J)$ 有很多零行（元素全为 0 的行）。而这些零行的存在与否并不会影响式(4.8)定义的最小二乘问题的求解。假定子矩阵 $\boldsymbol{A}(:,J)$ 中非零行的标号集合可以用 I 表示，并定义 $\hat{\boldsymbol{A}}=\boldsymbol{A}(I,J)$，$\hat{\boldsymbol{m}}_j=\boldsymbol{m}_j(J)$ 及 $\hat{\boldsymbol{e}}_j=\boldsymbol{e}_j(J)$，则由式(4.8)定义的最小二乘问题可以转化为如下“缩小的”最小二乘问题的求解：

$$\min\|\hat{\boldsymbol{e}}_j-\hat{\boldsymbol{A}}\hat{\boldsymbol{m}}_j\|_2,\quad j=1,2,\cdots,n \tag{4.12}$$

式(4.12)定义的最小二乘问题比式(4.8)定义的最小二乘问题要小得多，从而可以大大减少预条件算子的构造时间。而由式(4.12)定义的最小二乘问题可以直接利用 QR 分解或 CGN 算法来进行迭代求解。

对于 SAI 预条件矩阵 $\boldsymbol{M}$ 的非零模式，通常有两种方式可以选择：一种是静态方式；另一种是动态方式。静态方式在预条件算子的构造前就给出其非零模式，其

构造思想是:在保证预条件矩阵的非零模式足够稀疏的情况下,其非零模式要求能很好地反映出系数矩阵的逆矩阵中最大元素的位置,以使在此非零模式上填充的元素能对预条件的效果作出最大的贡献。由于这种静态方式在预条件算子构造前就给出了其非零模式,因而十分有利于 SAI 预条件算子的并行化。此外,SAI 预条件算子构造所需要的存储量以及计算复杂度也可以预先估计。

一种简单而有效的静态模式选取方式是直接选取稀疏矩阵 $\widetilde{\boldsymbol{A}}$ 的非零模式作为 SAI 预条件矩阵的非零模式[19],即

$$\mathrm{NZ}(\boldsymbol{M})=\mathrm{NZ}(\widetilde{\boldsymbol{A}}) \tag{4.13}$$

本节采用同样的取法,这样做的原因是积分方程中近场作用阻抗矩阵的非零模式与其逆矩阵的非零模式在对角线周围的很大区域内都很相似。为了获得更有效的非零模式,也可以选取稀疏矩阵幂次高的非零模式,如 $\widetilde{\boldsymbol{A}}^2$、$\widetilde{\boldsymbol{A}}^3$ 等。这是因为更高幂次系数矩阵的非零模式更能逼近其真实逆矩阵的非零模式。但是,这种高次的非零模式中非零元素的个数会显著增大,通常会导致 SAI 预条件算子的构造时间难以忍受。

另一种非零模式的选取方式是动态的,它可以在 SAI 预条件算子构造的过程中动态地决定最佳的非零模式。但是,基于这种动态非零模式的 SAI 预条件算子的构造成本大,同时也不利于算法的并行化,因而常不被采用[20,21]。

4.8　几种常用预条件技术性能的比较

下面分别考虑几种常用的预条件技术,如对角预条件、对称超松弛预条件、不完全 LU 分解预条件、稀疏近似逆预条件在电场积分方程中的应用。求解 EFIE 方程的迭代算法采用的是广义最小余量法,每次循环的迭代次数取为 30。迭代的初始值皆设置为零,最大迭代次数设置为 2000,迭代精度为 10^{-3}。MLFMA 用来加速迭代算法中矩阵矢量乘,各种预条件技术都基于近场矩阵构造。这里,应用四个不同的算例模型来说明各种预条件技术的性能,分别如下。

算例 4.1　导体杏仁核(almond)[22]。入射波频率为 3GHz,未知量为 1815。

算例 4.2　双向尖导体(double ogive)[22]。入射波频率为 5GHz,未知量为 2571。

算例 4.3　边长为 1m 的导体方块。入射波频率为 350MHz,未知量为 3366。

算例 4.4　半径为 1m 的金属球。入射波频率为 200MHz,未知量为 3972。

如前所述,判定一个给定预条件算子的优劣,并不能只看其预条件效果,还需考察该预条件算子的构造以及预条件操作施加的花费,这种花费是指计算量与内存的需求量。一般来说,只有构造以及施加花费小,且能获得快速收敛效果的预条件算子才能说其是高效的。本节就是拟从预条件算子改善收敛性的效果、预条件

算子构造及施加的花费三个方面来综合考察各种预条件算子的性能。

首先来考察各种预条件算子加速迭代算法收敛速度的效果。图 4.1～图 4.4 给出了不同算例中各种预条件算子预条件的 GMRES(30)迭代算法的收敛曲线。从图中可以看出，对角预条件只能稍微地对收敛性有所改善，而对称超松弛预条件对收敛的改善要比对角预条件的多，这是因为对称超松弛预条件算子中包含了比对角预条件算子中更多的系数矩阵的信息。

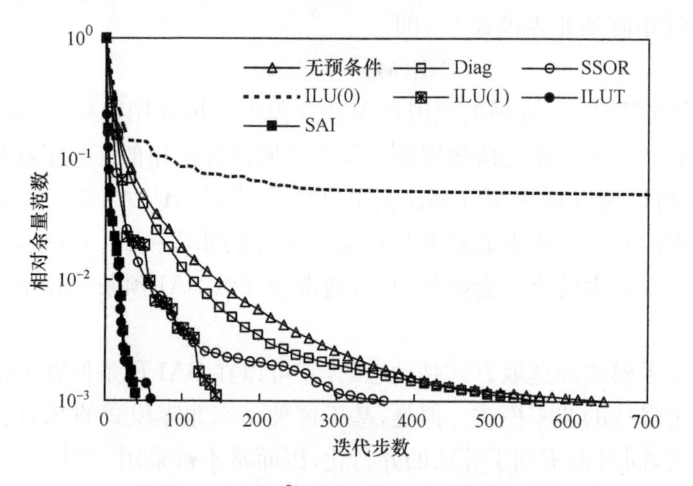

图 4.1 算例 4.1 中当 $\widetilde{\boldsymbol{A}}$ 的密度为 2.46%时各种预条件的 GMRES(30)迭代算法收敛曲线的比较

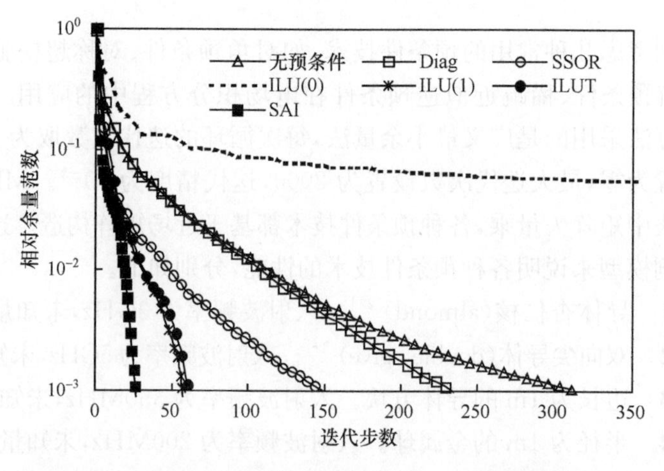

图 4.2 算例 4.2 中当 $\widetilde{\boldsymbol{A}}$ 的密度为 2.21%时各种预条件的 GMRES(30)迭代算法收敛曲线的比较

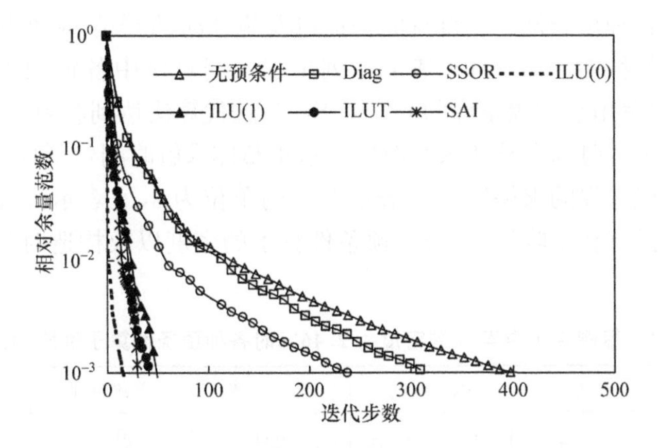

图 4.3 算例 4.3 中当 $\widetilde{\mathbf{A}}$ 的密度为 2.43%时各种预条件的 GMRES(30)迭代算法收敛曲线的比较

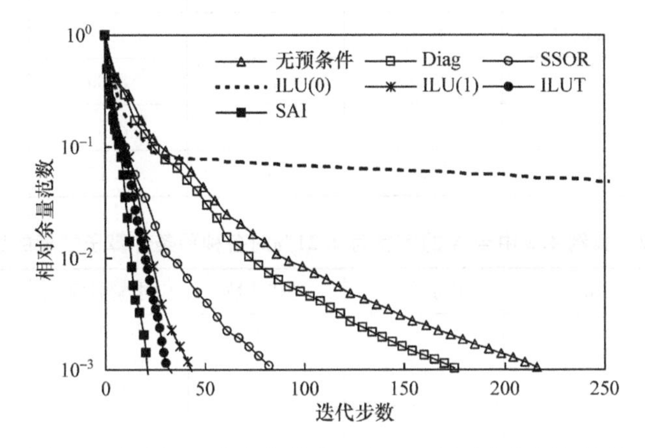

图 4.4 算例 4.4 中当 $\widetilde{\mathbf{A}}$ 的密度为 2.33%时各种预条件的 GMRES(30)迭代算法收敛曲线的比较

不完全 LU 分解 ILU(0)预条件尽管在算例 4.3 的情况下获得了最快的收敛，但是在其他情况下，其预条件算子中分解因子的病态引起的算子的不稳定性使 GMRES(30)迭代算法的收敛性遭到破坏，从而在给定的最大迭代步数之内都得不到收敛。ILU(p)和 ILUT 算子由于允许分解过程中预条件算子元素的动态填充，在一定程度上避免了算子的不稳定，从而获得了很好的预条件效果。

稀疏近似逆(SAI)预条件算子由于直接近似系数矩阵的逆矩阵，而且其施加过程也只是执行一次矩阵矢量乘的操作，因此不存在不完全 ILU 分解预条件算子的不稳定性问题。在所有的算例中，SAI 预条件获得了比 ILU 类预条件算子更好的收敛效果。SAI 预条件 GMRES(30)算法的迭代步数降低到无预条件 GMRES(30)算法迭代步数的 6.6%～9.5%。

其次考察各种预条件算子自身的构造以及施加时的开销，从而从整体说明各种预条件算子的性能。表 4.1～表 4.4 列出了不同算例中各种预条件算子的密度、构造时间以及用它们预条件的 GMRES(30)迭代算法达到收敛时的迭代步数、迭代过程中的求解时间和整体求解时间。这里整体求解时间包括预条件算子的构造时间以及迭代过程的求解时间。表中时间的单位为 s，* 表示该算法在最大的迭代步数之内没有获得收敛，—表示预条件算子的密度以及构造时间可以忽略的情况。

表 4.1　算例 4.1 中当 $\tilde{A}$ 的密度为 2.46%时各种预条件算子性能的比较

预条件技术	密度	构造时间	迭代步数	求解时间	整体时间
无预条件	—	—	654	30.96	30.96
Diag	—	—	569	26.91	26.91
SSOR	2.51%	—	364	18.20	18.20
ILU(0)	2.51%	0.06	*	*	*
ILU(1)	7.08%	12.87	151	8.39	21.26
ILUT	10.38%	54.8	61	3.61	58.41
SAI	2.46%	21.93	43	2.17	24.1

表 4.2　算例 4.2 中当 $\tilde{A}$ 的密度为 2.21%时各种预条件算子性能的比较

预条件技术	密度	构造时间	迭代步数	求解时间	整体时间
无预条件	—	—	317	26.11	26.11
Diag	—	—	235	19.4	19.4
SSOR	2.25%	—	149	12.97	12.97
ILU(0)	2.25%	0.17	*	*	*
ILU(1)	6.25%	37.97	58	6.49	44.46
ILUT	4.70%	24.54	64	6.61	31.15
MILU(0)	2.25%	0.16	70	6.09	6.25
SAI	2.21%	56.73	27	2.52	59.25

表 4.3　算例 4.3 中当 $\tilde{A}$ 的密度为 2.43%时各种预条件算子性能的比较

预条件技术	密度	构造时间	迭代步数	求解时间	整体时间
无预条件	—	—	398	36.15	36.15
Diag	—	—	317	30.35	30.35

续表

预条件技术	密度	构造时间	迭代步数	求解时间	整体时间
SSOR	2.45%	—	237	26.83	26.83
ILU(0)	2.45%	0.4	16	1.6	2.0
ILU(1)	7.03%	196.66	49	7.56	204.22
ILUT	5.78%	281.61	41	6.8	288.41
SAI	2.42%	336.03	30	4.55	340.58

表 4.4　算例 4.4 中当 $\widetilde{A}$ 的密度为 2.33%时各种预条件算子性能的比较

预条件技术	密度	构造时间	迭代步数	求解时间	整体时间
无预条件	—	—	221	32.81	32.81
Diag	—	—	177	26.5	26.5
SSOR	2.35%	—	84	13.15	13.15
ILU(0)	2.35%	0.57	*	*	*
ILU(1)	6.44%	359.31	43	9.99	369.3
ILUT	4.96%	380.75	33	7.49	388.24
SAI	2.33%	615.47	21	7.06	622.53

从表 4.1～表 4.4 中可以看出，由于对角预条件算子(Diag)和对称超松弛预条件算子(SSOR)可以直接从系数矩阵获得，所以它们的构造时间可以忽略。同时，由于这两种预条件算子的改善效果并不明显，所以它们需要较多的迭代步数才能达到收敛，从而造成迭代过程的求解时间与没有预条件相比，也没有太多的改善。

由于 ILU(0)预条件算子直接采用稀疏化矩阵的非零模式，所以其算子的密度与稀疏化矩阵的密度几乎相同。正是由于 ILU(0)预条件算子具有较小的算子密度，预条件算子的构造很快，通常只需要很少的时间。而 ILU(1)和 ILUT 预条件算子的密度明显增加，同时也需要更多的构造时间。虽然它们可以获得快速的收敛速度，即较少的迭代步数就能达到收敛，但是它们整体的求解时间相对没有预条件没有明显的改善，甚至更多。而且，随着算例 4.1～算例 4.4 未知量的增大，它们预条件算子的构造时间也在不断增加。正是这个原因，限制了 ILU(p)和 ILUT 在很多问题中的应用。

从表 4.1～表 4.4 中还可以看出，稀疏近似逆(SAI)预条件算子虽然获得了很好的收敛效果，但是其预条件算子的构造时间却是相当巨大的，而且随着算例 4.1～算例 4.4 未知量的增大，其构造时间也在不断增加。

参考文献

[1] Ipsen I C F, Meyer C D. The idea behind Krylov methods[J]. American Mathematical Monthly, 1998, 105(10): 889-899.

[2] Kolotilina L Y. Explicit preconditioning of systems of linear algebraic equations with dense matrices[J]. Journal of Soviet Mathematics, 1988, 43(4): 2566-2573.

[3] Baker A H. On improving the performance of the linear solver restarted GMRES[D]. Colorado: Dissertation of University of Colorado, 2003.

[4] Saad Y, Schultz M H. GMRES: A generalized minimal residual algorithm for solving nonsymmetric linear systems[J]. SIAM Journal on Scientific and Statistical Computing, 1986, 7(3): 856-869.

[5] Joubert W. On the convergence behavior of the restarted GMRES algorithm for solving nonsymmetric linear systems[J]. Numerical Linear Algebra with Application, 1994, 1(5): 427-447.

[6] van der Vorst H A, Vuik C. The superlinear convergence behaviour of GMRES[J]. Journal of Computational and Applied Mathematics, 1993, 48(3): 327-341.

[7] Song J M, Lu C C, Chew W C. Multilevel fast multipole algorithm for electromagnetic scattering by large complex objects[J]. IEEE Transactions on Antennas and Propagation, 1997, 45(10): 1488-1493.

[8] Chen R S, Ping X W, Wang D X, et al. SSOR preconditioned GMRES for the FEM analysis of waveguide discontinuities with anisotropic dielectric[J]. International Journal of Numerical Modelling, 2004, 17(2): 105-118.

[9] Chen R S, Yung E K N, Chan C H, et al. Application of SSOR preconditioned conjugate gradient algorithm to edge-FEM for 3-dimensional full wave electromagnetic boundary value problems[J]. IEEE Transactions on Microwave Theory and Techniques, 2002, 50(4): 1165-1172.

[10] Chen R S, Tsang K F, Yung E K N. Application of SSOR preconditioning technique to method of lines for millimeter wave scattering[J]. International Journal of Infrared and Millimeter Waves, 2000, 21(8): 1281-1301.

[11] Mo L, Chen R S, Feng X P, et al. Adaptive integral method(AIM) combined with the SSOR preconditioned CG algorithm for planar structures analysis[C]. Asia-Pacific Microwave Conference, 2005: 1842-1844.

[12] Chen R S, Wang D X, Yung E K N. Application of preconditioned GMRES algorithm for analysis of millimeter wave ferrite sphere circulators[J]. International Journal of Infrared and Millimeter Waves, 2004, 25(4): 633-647.

[13] Saad Y. Iterative Methods for Sparse Linear Systems[M]. 2nd ed. Boston: PWS Publishing Company, 2000.

[14] Sertel K, Volakis J L. Incomplete LU preconditioner for FMM implementation[J]. Micro-

wave and Optical Technology Letters,2000,26(4):265-267.

[15] Chen R S,Ping X W,Yung E K N. Application of diagonally perturbed incomplete factorization preconditioned conjugate gradient algorithms for edge finite element analysis of Helmholtz equations [J]. IEEE Transactions on Antennas and Propagation, 2006, 54 (5): 1604-1608.

[16] Chen R S,Ping X W,Tsang K F. Application of robust incomplete Cholesky factorizations preconditioned CG algorithms for FEM analysis of millimeter wave filters[J]. International Journal of Infrared and Millimeter Waves,2003,24(12):2193-2151.

[17] Ping X W,Chen R S,Yung E K N,et al. The perturbed ILUP ILUT preconditioning of finite element equations for the three-dimensional Helmhotz equations [C]. Progress in Electromagnetics Research Symposium,2004.

[18] Jian Z,Rui P L,Chen R S,et al. Diagonally perturbed incomplete Cholesky preconditioned CG method for *A-V* formulation of FEM[C]. Asia-Pacific Microwave Conference,2005: 1845-1847.

[19] Chow E. A priori sparsity patterns for parallel sparse approximate inverse preconditioners [J]. SIAM Journal on Scientific and Computing,2000,21(5):1804-1822.

[20] Wang K,Kim S,Zhang J. A comparative study on dynamic and static sparsity patterns in parallel sparse approximate inverse preconditioning[J]. Journal of Mathematical Modeling and Algorithms,2003,2(3):203-215.

[21] Rui P L,Chen R S. An efficient sparse approximate inverse preconditioning for FMM implementation[J]. Microwave and Optical Technology Letters,2007,49(7):1746-1750.

[22] Woo A C,Wang H T G,Schuh M J et al. EM programmer's notebook-benchmark radar targets for the validation of computational electromagnetics programs[J]. IEEE Antennas and Propagation Magazine,1993,35(1):84-89.

第 5 章 迭代算法的自适应加速技术

第 4 章介绍了多种预条件技术,通过改善待求解线性系统方程中系数矩阵的性态,来加速迭代算法的收敛速度。本章着重从迭代算法自身出发,通过有效利用迭代过程中的信息加快迭代算法的收敛速度。首先对常用的广义最小余量迭代(GMRES)算法及其收敛特性进行一些必要的回顾与分析,并对各种基于 GMRES 算法的加速技术进行归纳与总结;随后对各种 GMRES 的加速求解技术的原理与实施进行详细分析,并考察它们在介质体散射体积分方程求解中的应用。

5.1 GMRES 迭代算法收敛性分析

GMRES 算法[1]的原始形式是基于全域 Krylov 空间的,从迭代的初始余量出发,构造与求解问题同等大小的 Krylov 空间,从而得到未知量的解(即全域 Krylov 空间基的线性组合)。显然,构造与待求问题同等大小的 Krylov 空间要受内存的限制。一般的处理方法是将全域的 Krylov 空间截断,在这个截断的 Krylov 子空间中来寻求问题的一个近似解,再从当前的近似解出发重新构造新的 Krylov 子空间,得到更逼近真实解的下一个近似解,如此重复下去,直到得到可以接受的近似解。由上述方法产生的算法常被称为重复循环的 GMRES(m)迭代算法。这种方法解决了全域 Krylov 空间的存储难题,但也同时降低了全域 Krylov 空间 GMRES 迭代算法优良的超线性收敛特性[2]。

重复循环策略的引入使得上一次循环中 Krylov 子空间中可能包含的有价值的历史信息被简单地丢弃,这是造成全域 Krylov 空间 GMRES 迭代算法超线性收敛特性丧失的根本原因。具体表现在如下两个方面:一方面,由于上一次循环中 Krylov 子空间的信息被下一次 Krylov 子空间的信息替代,重复构造的 Krylov 子空间与上一次构造的 Krylov 子空间之间的正交性不能得到保持,因而解空间需要更多的 Krylov 子空间来线性表达,表现在迭代过程中就是迭代算法的步数显著增多;另一方面,由于迭代算法的收敛速度在很大程度上受系数矩阵特征值分布(特征谱)的影响,特别是一些相对较小特征值的影响,而全域 Krylov 空间 GMRES 迭代算法的一个最大的优点就是在其迭代过程中能自动地消去这些较小特征值对收敛性的影响。这是因为全域 Krylov 空间不仅是构成解空间的一组正交基,而且也是构成其系数矩阵特征向量空间的一组正交基。而重复循环的引入使一些较小特征值对应的特征向量并不能由当前循环构造的 Krylov 子空间来线性表达,从而不能如全域 Krylov 空间 GMRES 迭代算法那样逐步消去特征值的影响，造成重复循环的 GMRES(m)迭代算法收敛速度缓慢。

很显然，重复循环的 GMRES(m)迭代算法收敛速度在很大程度上取决于每次循环中的迭代步数 m。一般来说，m 越大，GMRES(m)迭代算法收敛得就越快。当 $m\to\infty$时，GMRES(m)就转化为全域 Krylov 空间的 GMRES 迭代算法，即 GMRES(∞)。为了考察重复循环的 GMRES(m)迭代算法收敛速度随参数 m 变化的影响，这里重新考虑 GMRES(m)迭代算法在介质体散射体积分方程求解中的应用。

算例 5.1　均匀介质球的散射。入射波频率为 300MHz，介质球的相对介电常数为 30.0，半径满足 $k_0a=1$，其中 k_0 为自由空间中的波数。离散网格为 31×31×31，获得的未知量大小为 98304。

算例 5.2　双层不均匀介质球的散射。入射波频率为 300MHz，双层球内部的相对介电常数为 20.0，外部的相对介电常数为 40.0，且内外半径分别满足 $k_0r_2=0.489$，$k_0r_1=0.942$。离散网格为 31×31×31，获得的未知量大小为 98304。

算例 5.3　方形介质块的散射。入射波频率为 300MHz，介质块的相对介电常数为 25.0，边长为 $0.3\lambda_0$，其中 λ_0 为自由空间中的波长。离散网格为 31×31×31，获得的未知量大小为 98304。

算例 5.4　椭圆介质球的散射。入射波频率为 300MHz，椭圆介质球的相对介电常数为 30.0。其长、短半径分别满足 $k_0a=\pi/2$，$a/b=2$。离散网格满足 15×31×15，获得的未知量大小为 24576。

此外，在本章中，迭代算法的初值皆取为零，收敛精度取为 10^{-3}，最大迭代步数取为 2000。

表 5.1 给出了在不同算例中，重复循环的 GMRES(m)迭代算法在每次循环中取不同的迭代步数时达到收敛所需要的矩阵矢量乘次数。表中 * 表示在 2000 步内没有收敛。从表中可以看出，随着迭代步数 m 的增大，所需的矩阵矢量乘次数在逐渐减小；当矩阵矢量乘次数小于参数 m 时，表明该 m 值足够大，使 GMRES(m)等价于 GMRES(∞)。但是，参数 m 的增大，同样需要消耗更多的存储量。因此，实际应用中一般取为 $m=30$，以限制迭代算法对内存资源的占用。

表 5.1　GMRES(m)迭代算法在参数 m 取不同值的情况下达到收敛所需要的矩阵矢量乘次数

m	算例 5.1	算例 5.2	算例 5.3	算例 5.4
10	698	*	*	*
30	137	1242	1166	*
50	76	164	280	334
80	59	106	107	125
100	59	100	88	109

5.2　基于GMRES迭代算法的自适应加速技术概述

重复循环的GMRES(m)迭代算法舍弃了上一次Krylov子空间的信息，降低了迭代算法的收敛速度。该算法在构造Krylov子空间的同时，额外得到了待求矩阵的特征谱信息(即系数矩阵的特征值和特征向量的信息)。迭代法的收敛速度在很大程度上取决于系数矩阵的谱特性。预条件方法的出发点就是通过改善矩阵的谱特性，从而达到提高迭代算法收敛性的目的。这说明，对于重复循环的GMRES(m)迭代过程中有价值的历史信息，如特征谱信息的有效利用，同样可以提高其收敛速度，降低迭代步数，从而达到减小总体运算量的目的。因此，为了弥补GMRES(m)迭代算法中重复循环策略的负面影响，尽可能地逼近全空间GMRES迭代算法超线性的收敛特性，可以通过保留GMRES(m)迭代过程中重复循环时丢弃的一些有用的历史信息，并利用它们来加速当前的迭代过程。

大量的迭代算法加速技术都基于上述思想，Eiermann大量的迭代算法加速技术也都基于上述思想，Eiermann等[3]对大部分的加速技术进行了详细的分析与比较。本章根据信息利用策略的不同，将基于GMRES迭代算法的加速技术分为四类。

第一类是Krylov子空间扩大技术(augmentation technique)。此类加速技术的思想是直接将GMRES(m)迭代过程中有用的历史信息(通常是指一些向量)直接添加到当前构造的Krylov子空间当中，以弥补重复循环的负面影响。属于此类加速技术的迭代算法有扩大Krylov子空间的广义最小余量(augmented GMRES，AGMRES)迭代算法[4,5]和松散的广义最小余量(loose GMRES，LGMRES)迭代算法[6-8]。其中，AGMRES迭代算法是将GMRES(m)迭代过程中产生的额外特征向量的信息直接强加到当前的Krylov子空间中，以消去这些特征向量所对应的特征值对其收敛性的影响，从而达到加速收敛速度的目的；LGMRES迭代算法则是将重复循环时丢弃的历史误差信息加以保留，并添加到当前的Krylov子空间中，以弥补当前构造的Krylov子空间相对于重复循环时所丢弃的历史Krylov子空间之间的正交性损失。

第二类是特征谱重复循环技术(spectral restarting technique)。由前文叙述可知，GMRES(m)直接将上一次循环后计算得到的余量作为初始向量，重新迭代构造新的Krylov子空间。那么，也可以利用上一次循环得到的近似解和一些有价值的特征向量信息重新构造下一次Krylov子空间的部分基向量及重新循环迭代所需的初始向量。这种技术通过新的重复循环策略来消去不良特征值对收敛性的影响，改善迭代过程中矩阵的谱结构，从而达到提高重复循环GMRES(m)迭代算法收敛速度的目的;属于特征谱重复循环加速技术的典型代表是隐式循环的广义最小余量法(GMRES with implicit restarting,GMRES-IR)[9,10]和消去特征值影响循环策略的广义最小余量法(GMRES with deflated restarting,GMRES-DR)[11,12]。其中,GMRES-IR 在每次循环结束时,通过 Sorensen 的隐式循环 Arnoldi 算法(IRA)[13]将有用的特征向量包含到下次循环的 Krylov 子空间中,以达到消去相应的特征值影响的目的;而 GMRES-DR 则是显式地利用这些特征向量信息,通过一系列的矩阵以及向量的代数操作显式地将这些有价值的特征向量信息包含到下次循环的 Krylov 子空间中,由于这个原因,GMRES-DR 法又被称为显式循环广义最小余量法。

第三类是特征谱预条件技术(spectral preconditioning technique)。此类加速技术利用 GMRES(m)迭代过程中当前循环产生的特征谱信息构造一个谱预条件算子,并将之应用到下次循环的迭代过程中。利用预条件的思想直接改善迭代过程中系数矩阵的谱结构,从而达到加速后续迭代收敛速度的目的。Erhel 提出的 DGMRES(deflated GMRES)[14]就是其中的一个典型代表。DGMRES 在每次循环结束时都构造一个新的谱预条件算子,并将其应用到下次循环的迭代当中,以自适应地调整迭代过程中的谱结构,加速后续迭代过程的收敛速度。

第四类是内外迭代技术(inner-outer iteration technique)。其基本思想是利用迭代算法的求逆过程来近似执行预条件操作 $\boldsymbol{M}^{-1}\boldsymbol{y}$,特别地,这里的 $\boldsymbol{M}=\boldsymbol{A}$。具体来说,就是利用一个迭代算法(称为内迭代)近似求解系统方程 $\boldsymbol{A}^{-1}\boldsymbol{y}$,以替代另一个迭代算法(称为外迭代)中的预条件操作 $\boldsymbol{M}^{-1}\boldsymbol{y}$,其中,$\boldsymbol{y}$ 表示任一向量。可以看出,内外迭代技术本质上等价于隐式预条件技术。此外,如果在外迭代过程中,内迭代取不同的迭代精度,则相对于外迭代,仿佛在每次迭代的过程中应用了不同的预条件算子。因此,内外迭代技术又常被称为灵活预条件技术(flexible preconditioning technique)。灵活的广义最小余量(flexible GMRES,FGMRES)迭代算法[15-18]和嵌套的广义最小余量(GMRESR)迭代算法[19]就是其中典型的代表。FGMRES 算法和 GMRESR 算法都使用全空间的 GMRES 算法来作为其内迭代算法,不同的是,FGMRES 算法采用 GMRES(m)作为外迭代,而 GMRESR 算法使用一般共轭余量(general conjugate residual,GCR)法[20]作为其外迭代算法。

5.3　Krylov 子空间扩大技术

5.3.1　扩大子空间的广义最小余量迭代算法

如前所述,GMRES(m)迭代算法中引入了重复循环的策略,在重新循环时丢弃了上一次循环迭代过程中产生的 Krylov 子空间,使一些有价值的历史信息被舍弃，极大地影响了该迭代算法的收敛速度。因此，在开始新的循环时，一些有用的历史信息应该被保留，并用来加快新的循环迭代过程中的收敛速度。本节考虑从历史的 Krylov 子空间中抽取出有价值的向量信息，并将之添加到当前循环构造的 Krylov 子空间中，以弥补有价值的历史信息的损失。

注意到 GMRES(m)迭代算法中的 Arnoldi 算法不仅构成了 GMRES(m)的迭代过程，同时还可以计算系数矩阵 $\boldsymbol{A}$ 的特征值与特征向量的信息[21]。这里考虑在循环结束时，计算并保留一些与系数矩阵最小特征值相对应的特征向量(又称最小特征向量)，并将其添加到新的循环产生的 Krylov 子空间中。这样做的动机基于如下一个事实，即如果一个收敛的特征向量被添加到当前的 Krylov 子空间中，则与其相对应的特征值就可以从系数矩阵的特征谱中被等效地消除，后续的迭代过程按照此等效的特征谱继续进行。

假定系数矩阵 $\boldsymbol{A}$ 的特征值 $\lambda_1,\lambda_2,\cdots,\lambda_n$ 按照模值从小到大的顺序排列，则该系数矩阵的条件数可以表示为 $\kappa=|\lambda_n|/|\lambda_1|$。如果将 k 个最小特征值 $\lambda_1,\lambda_2,\cdots,\lambda_k$ 所对应的特征向量添加到当前的 Krylov 子空间中，则可以消去 k 个最小的特征值对当前迭代收敛速度的影响，且此时系数矩阵的等效条件数减小为 $\kappa_e=|\lambda_n|/|\lambda_{k+1}|$。由于系数矩阵条件数减小，可以期望获得更快的收敛速度。

扩大子空间的广义最小余量(AGMRES)迭代算法[4]正是基于上述思想，其具体的实施过程也很简单。首先构造出当前的 Krylov 子空间，然后将获得的最小特征向量直接添加到该空间中，并在此扩大的空间内搜索新的近似解向量。其具体算法流程如下。

算法 5.1 AGMRES(m,k)

(1) 初始化：赋值循环次数 $i=0$，给定初始解 $\boldsymbol{x}_0$ 及参数 m、k，并定义 $s=m+k$。

(2) 迭代：

$$\boldsymbol{r}_i=\boldsymbol{b}-\boldsymbol{A}\boldsymbol{x}_i,\quad \beta=\|\boldsymbol{r}_i\|_2,\quad \boldsymbol{v}_1=\boldsymbol{r}_i/\beta$$

对 $j=1,\cdots,s$ 进行循环，计算

$$\boldsymbol{w}=\begin{cases}\boldsymbol{A}\boldsymbol{v}_j, & \text{如果 } j\leqslant m\\ \boldsymbol{A}\boldsymbol{u}_{j-s+k}, & \text{其他}\end{cases}$$

对 $l=1,\cdots,j$ 进行循环，并计算

$$\begin{cases}h_{l,j}=\langle \boldsymbol{w},\boldsymbol{v}_l\rangle\\ \boldsymbol{w}=\boldsymbol{w}-h_{l,j}\boldsymbol{v}_l\end{cases}$$

定义 $h_{j+1,j}=\|\boldsymbol{w}\|_2$ 和 $\boldsymbol{v}_{j+1}=\boldsymbol{w}/h_{j+1,j}$，终止循环。

(3) 终止或循环：定义 $\boldsymbol{W}_s=[\boldsymbol{v}_1,\cdots,\boldsymbol{v}_m,\boldsymbol{u}_1,\cdots,\boldsymbol{u}_k]$，$\overline{\boldsymbol{H}}_s=\{h_{i,j}\}_{1\leqslant i\leqslant j+1;1\leqslant j\leqslant s}$；计算 $\boldsymbol{y}_s$ 使得 $\|\beta\boldsymbol{e}_1-\overline{\boldsymbol{H}}_s\boldsymbol{y}_s\|$ 最小；计算

$$\boldsymbol{z}_{i+1}=\boldsymbol{W}_s\boldsymbol{y}_s(\text{及 } \boldsymbol{A}\boldsymbol{z}_{i+1}=\boldsymbol{V}_{s+1}\overline{\boldsymbol{H}}_s\boldsymbol{y}_s),\quad \boldsymbol{x}_{i+1}=\boldsymbol{x}_i+\boldsymbol{z}_{i+1}$$

如果满足精度，则终止迭代。否则，令 $\boldsymbol{x}_i=\boldsymbol{x}_{i+1}$，$i=i+1$，计算 k 个特征向量 $\boldsymbol{u}_1,\cdots,$

$\boldsymbol{u}_k$ 并返回步骤(2)。

值得注意的是，在 AGMRES 算法迭代过程中对最小特征向量的有效估计是该算法实施中的一个难点。文献[22]提供了多种特征向量的估计策略。由于系数矩阵的谐和里茨值(harmonic Ritz value)以及谐和里茨向量(harmonic Ritz vector)对于 GMRES(m)迭代算法的收敛性影响最大[23]，在本章中特征值和特征向量的估计皆采用谐和里茨值以及其对应的谐和里茨向量来近似。下面对谐和里茨值以及谐和里茨向量的具体求解进行简要的介绍。

在常用的 GMRES(m)迭代算法中，通过 Arnoldi 迭代可以获得 Krylov 子空间的一组正交规范基 $\boldsymbol{V}_m$，且有

$$\boldsymbol{A}\boldsymbol{V}_m=\boldsymbol{V}_{m+1}\overline{\boldsymbol{H}}_m=\boldsymbol{V}_m\boldsymbol{H}_m+h_{m+1,m}\boldsymbol{v}_{m+1}\boldsymbol{e}_m^{\mathrm{H}} \tag{5.1}$$

$$\boldsymbol{V}_m^{\mathrm{H}}\boldsymbol{A}\boldsymbol{V}_m=\boldsymbol{H}_m \tag{5.2}$$

式中，$\overline{\boldsymbol{H}}_m$ 为维数为$(m+1)\times m$ 的上 Hessenberg 矩阵。为了计算系数矩阵的谐和里茨值以及谐和里茨向量，需要求解如下所示的一般性特征值问题：

$$\boldsymbol{V}_m^{\mathrm{H}}\boldsymbol{A}\boldsymbol{V}_m\tilde{\boldsymbol{g}}_i=\frac{1}{\tilde{\theta}_i}\boldsymbol{V}_m^{\mathrm{H}}\boldsymbol{A}^{\mathrm{H}}\boldsymbol{A}\boldsymbol{V}_m\tilde{\boldsymbol{g}}_i \tag{5.3}$$

利用式(5.1)及式(5.2)，式(5.3)可简化为

$$\boldsymbol{H}_m^{\mathrm{H}}\tilde{\boldsymbol{g}}_i=\frac{1}{\tilde{\theta}_i}\widetilde{\boldsymbol{H}}_m^{\mathrm{H}}\widetilde{\boldsymbol{H}}_m\tilde{\boldsymbol{g}}_i \tag{5.4}$$

式(5.4)同样可以写为另外一种形式，如：

$$(\boldsymbol{H}_m+h_{m+1,m}^2\boldsymbol{f}\boldsymbol{e}_m^{\mathrm{H}})\tilde{\boldsymbol{g}}_i=\tilde{\theta}_i\tilde{\boldsymbol{g}}_i \tag{5.5}$$

式中，$\boldsymbol{f}=\boldsymbol{H}_m^{-\mathrm{H}}\boldsymbol{e}_m$，$\tilde{\theta}_i$ 即谐和里茨值，其相应的谐和里茨向量可写为 $\tilde{\boldsymbol{y}}_i=\boldsymbol{V}\tilde{\boldsymbol{g}}_i$。

从算法 5.1 中还可以看出，在每次循环迭代的过程中，AGMRES(m,k)迭代算法要比一般的 GMRES(m)多执行 k 个矩阵矢量乘操作，而且还需要额外存储 k 对向量 $\boldsymbol{u}_j$ 和 $\boldsymbol{A}\boldsymbol{u}_j$。如果以存储长度为 n 的向量个数为衡量标准，AGMRES(m,k)迭代算法至少需要存储 $m+k+1$ 个正交基向量($\boldsymbol{v}_1,\boldsymbol{v}_2,\cdots,\boldsymbol{v}_{m+k+1}$)、$k$ 对向量 $\boldsymbol{u}_j$ 和 $\boldsymbol{A}\boldsymbol{u}_j$，以及一个近似解向量 $\boldsymbol{x}_i$ 和一个右边向量 $\boldsymbol{b}$。因此，上述 AGMRES(m,k)迭代算法在每次循环中需要存储 $m+3k+3$ 个长度为 n 的向量，并且需要执行 $m+k$ 次矩阵矢量乘操作。

为了说明 AGMRES(m,k)迭代算法加速收敛速度的性能，表 5.2 列出了在参数 k 取不同值时达到收敛所需的矩阵矢量乘次数，表中 * 表示在 2000 步内没有收敛。这里，AGMRES(m,k)中每次循环的迭代步数 m 采取了一般的取法，即固定为 $m=30$。其中，当 $k=0$ 时，AGMRES(m,k)退化为一般的 GMRES(m)迭代算法。

表 5.2 AGMRES(m,k)迭代算法中取不同参数 k 时达到收敛所需要的矩阵矢量乘次数

k	0	4	8	12	16	20
算例 5.1	137	68	71	73	77	76
算例 5.2	1242	132	137	143	124	127
算例 5.3	1166	193	114	114	119	127
算例 5.4	*	341	161	168	157	166

从表 5.2 中可以看出，强加少量最小特征向量到当前的 Krylov 子空间中，能显著地提高重复循环迭代算法 GMRES(m)的收敛速度，表现在表 5.2 中就是 AGMRES(m,k)迭代算法达到收敛时所需的矩阵矢量乘次数显著减少。然而，随着参数 k 的增大，即利用的最小特征向量数目的增多，AGMRES(m,k)算法中所需的矩阵矢量乘次数并不是单调下降，而是呈现出不规则的变化。在上述测试的算例中，其最优值约集中在 $k=8$ 附近。

造成这种现象的原因有三点：①在最初的几次循环迭代的过程中，由于迭代次数过少，由 Arnoldi 算法计算获得的谐和里茨特征值和特征向量是系数矩阵真实特征值与特征向量的近似，因此添加到 Krylov 子空间中的最小谐和里茨特征向量并不能对收敛速度的提高有所帮助；②当待求解的系数矩阵具有很多的最小特征值，而且这些最小特征值几乎集中在一起时，对其中的少数(如 k 个)最小特征值的估计就变得异常困难；③即使精确地估计出了 k 个最小特征值，并将其对应的最小特征向量添加到 Krylov 子空间中也不能获得良好的收敛速度。这是因为与 k 个最小特征值大小相近的其他特征值依然存在，k 个最小特征向量信息的利用同样要消耗掉 k 个矩阵矢量乘操作。因此，当参数 k 增加时，AGMRES(m,k)额外需要的矩阵矢量乘的操作也在增加。

5.3.2 松散的广义最小余量迭代算法

重复循环的 GMRES(m)迭代算法在求解线性方程组时，每次循环中执行的迭代步数为 m。假定第 i 次循环(或者迭代了 $m\times i$ 步)后的余量为 $\boldsymbol{r}_i$，则第 $i+1$ 次循环后的余量 $\boldsymbol{r}_{i+1}$ 可写成关于第 i 次循环后的余量 $\boldsymbol{r}_i$ 的一个多项式，即 $\boldsymbol{r}_{i+1}=p_{i+1}^m(\mathbf{A})\boldsymbol{r}_i$。其中，$p_{i+1}^m(\mathbf{A})$ 称为幂次为 m 的余量多项式。在每次循环过程中，GMRES(m)在其构造的 Krylov 子空间中搜索解向量，即 $\boldsymbol{x}_{i+1}=\boldsymbol{x}_i+\kappa_m(\mathbf{A},\boldsymbol{r}_i)$，且使 $\boldsymbol{r}_{i+1}\perp \mathbf{A}\kappa_m(\mathbf{A},\boldsymbol{r}_i)$。

然而，在很多情况下，余量 $\boldsymbol{r}_i$ 和 $\boldsymbol{r}_{i+2}$ 所指方向几乎相同，即存在一个常数 α，使得 $\boldsymbol{r}_{i+2}\approx\alpha\boldsymbol{r}_i$。这种现象在经过多次循环后变得尤为明显，它表明余量 $\boldsymbol{r}_i$ 和 $\boldsymbol{r}_{i+2}$ 同时正交于同一个空间 $\mathbf{A}\kappa_m(\mathbf{A},\boldsymbol{r}_i)$，从而使 GMRES($m$)算法迭代过程中余量在 $\boldsymbol{r}_i$ 和 $\boldsymbol{r}_{i+2}$ 所指的方向间交替变换，直接导致迭代过程中缓慢的收敛速度甚至是停滞不前。

GMRES(m)迭代过程中不同循环构造的 Krylov 子空间之间的正交性损失是引起这种余量间方向交替变换现象的根本原因。这是因为,第 $i+1$ 次循环后存在 $\boldsymbol{r}_{i+1}\perp \boldsymbol{A}\kappa_m(\boldsymbol{A},\boldsymbol{r}_i)$。在理想情况下,$\boldsymbol{r}_{i+1}\perp \boldsymbol{A}\kappa_m(\boldsymbol{A},\boldsymbol{r}_{i-1})$也应该同时成立。然而,不幸的是,GMRES($m$)迭代算法在开始第 $i+1$ 次循环时就将 $\kappa_m(\boldsymbol{A},\boldsymbol{r}_{i-1})$子空间整个丢弃。

假定 $\hat{\boldsymbol{x}}$ 是待求解线性系统的真实解向量,则第 i 次循环后的误差可以写成 $\boldsymbol{e}_i=\hat{\boldsymbol{x}}-\boldsymbol{x}_i$。如果定义第 $i-1$ 次循环与第 i 次循环后的迭代误差为 $\boldsymbol{z}_i=\boldsymbol{x}_i-\boldsymbol{x}_{i-1}$,则 $\boldsymbol{z}_i$ 可以被看成对 $\boldsymbol{e}_i$ 的一个很好的近似。由于 $\boldsymbol{z}_i\in\kappa_m(\boldsymbol{A},\boldsymbol{r}_{i-1})$,所以迭代误差 $\boldsymbol{z}_i$ 在一定程度上可以代表第 $i+1$ 次循环时被丢弃的 $\kappa_m(\boldsymbol{A},\boldsymbol{r}_{i-1})$子空间。如果将迭代误差向量 $\boldsymbol{z}_i$ 直接强加到 $\kappa_m(\boldsymbol{A},\boldsymbol{r}_i)$中,那么,子空间 $\kappa_m(\boldsymbol{A},\boldsymbol{r}_i)$与 $\kappa_m(\boldsymbol{A},\boldsymbol{r}_{i-1})$之间的正交性在一定程度上就可以得到保持,从而达到消去余量间方向交替变换现象的目的。很显然,如果能够将精确的误差 $\boldsymbol{e}_i$ 强加到 $\kappa_m(\boldsymbol{A},\boldsymbol{r}_i)$子空间当中,则在当次循环中就可以得到系统方程的真实解 $\hat{\boldsymbol{x}}=\boldsymbol{x}_i+\boldsymbol{e}_i$。从这个方面来看,将 $\boldsymbol{e}_i$ 的一个近似(如 $\boldsymbol{z}_i$)强加到子空间 $\kappa_m(\boldsymbol{A},\boldsymbol{r}_i)$中应该是一个合理的措施。

松散的广义最小余量(LGMRES)迭代算法[6]正是基于这种思想,其具体的实施过程是:在每次循环(i)中首先构造其 Krylov 子空间 $\kappa_m(\boldsymbol{A},\boldsymbol{r}_{i-1})$,然后将以前循环过程中最新产生的 k 个迭代误差向量 $\boldsymbol{z}_j\,(j=(i-k+1):i)$增加到当前的 $\kappa_m(\boldsymbol{A},\boldsymbol{r}_{i-1})$子空间中,这种扩大后的近似空间 $\mathcal{M}=\kappa_m(\boldsymbol{A},\boldsymbol{r}_{i-1})+\text{span}\{\boldsymbol{z}_j\}_{j=(i-k+1):i}$的维数为 $m+k$,最后在此扩大的空间 $\mathcal{M}$ 中搜索近似解向量。LGMRES 算法的具体流程如下。

算法 5.2　LGMRES(m,k)

(1) 初始化:赋值循环次数 $i=0$,给定初始解 $\boldsymbol{x}_0$ 及参数 m、k,并定义 $s=m+k$。

(2) 迭代:

$$\boldsymbol{r}_i=\boldsymbol{b}-\boldsymbol{A}\boldsymbol{x}_i,\quad \beta=\|\boldsymbol{r}_i\|_2,\quad \boldsymbol{v}_1=\boldsymbol{r}_i/\beta$$

对 $j=1,\cdots,s$ 进行循环,计算

$$\boldsymbol{w}=\begin{cases}\boldsymbol{A}\boldsymbol{v}_j, & \text{如果 } j\leqslant m\\ \boldsymbol{A}\boldsymbol{z}_{i-(j-m+1)}, & \text{其他}\end{cases}$$

对 $l=1,\cdots,j$ 进行循环,并计算

$$\begin{cases}h_{l,j}=\langle \boldsymbol{w},\boldsymbol{v}_l\rangle\\ \boldsymbol{w}=\boldsymbol{w}-h_{l,j}\boldsymbol{v}_l\end{cases}$$

定义 $h_{j+1,j}=\|\boldsymbol{w}\|_2$和 $\boldsymbol{v}_{j+1}=\boldsymbol{w}/h_{j+1,j}$,终止循环。

(3) 终止或循环:定义 $\boldsymbol{W}_s=[\boldsymbol{v}_1,\cdots,\boldsymbol{v}_m,\boldsymbol{z}_i,\cdots,\boldsymbol{z}_{i-k+1}]$,$\overline{\boldsymbol{H}}_s=\{h_{i,j}\}_{1\leqslant i\leqslant j+1;1\leqslant j\leqslant s}$,计算 $\boldsymbol{y}_s$ 使得 $\|\beta\boldsymbol{e}_1-\overline{\boldsymbol{H}}_s\boldsymbol{y}_s\|$ 最小;计算

$$\boldsymbol{z}_{i+1}=\boldsymbol{W}_s\boldsymbol{y}_s,\quad \boldsymbol{A}\boldsymbol{z}_{i+1}=\boldsymbol{V}_{s+1}\overline{\boldsymbol{H}}_s\boldsymbol{y}_s,\quad \boldsymbol{x}_{i+1}=\boldsymbol{x}_i+\boldsymbol{z}_{i+1}$$

如果满足精度，则终止迭代；否则，令 $\boldsymbol{x}_i=\boldsymbol{x}_{i+1}$，$i=i+1$ 并返回步骤(2)继续执行。

从算法 5.2 中可以看出，LGMRES(m,k)迭代算法每次循环时只需要进行 m 步的矩阵向量乘操作，而同参数 k 的选取无关。算法中矩阵向量乘操作 $\boldsymbol{A}\boldsymbol{z}_{i+1}$ 并不需要通过显式地与系数矩阵 $\boldsymbol{A}$ 的直接相乘来实现，而是通过 $\boldsymbol{A}\boldsymbol{z}_{i+1}=\boldsymbol{V}_{s+1}\overline{\boldsymbol{H}}_s\boldsymbol{y}_s$ 来得到。此外，也仅有 k 对向量 $\boldsymbol{z}_j$ 和 $\boldsymbol{A}\boldsymbol{z}_j$ 需要存储。一般来说，参数 k 要比 m 小得多。就存储长度为 n 的向量个数而言，LGMRES(m,k)迭代算法至少需要存储 $m+k+1$ 个正交基向量($\boldsymbol{v}_1,\boldsymbol{v}_2,\cdots,\boldsymbol{v}_{m+k+1}$)、$k$ 对的向量 $\boldsymbol{z}_j$ 和 $\boldsymbol{A}\boldsymbol{z}_j$，以及一个近似解向量 $\boldsymbol{x}_i$ 和一个右边向量 $\boldsymbol{b}$。因此，可以说上述的 LGMRES(m,k)迭代算法每次循环中需要存储 $m+3k+3$ 个长度为 n 的向量，并且需要执行 m 次矩阵矢量乘操作。

为了说明 LGMRES(m,k)迭代算法加速收敛的性能，以 5.1 节的四个算例为例，表 5.3 列出了在参数 k 取不同值时达到收敛所需的矩阵矢量乘次数，表中 * 表示在 2000 步内没有收敛。这里，LGMRES(m,k)中每次循环的迭代步数 m 采取了一般的取法，即固定为 $m=30$。其中，当 $k=0$ 时 LGMRES(m,k)退化为一般的 GMRES(m)迭代算法。

表 5.3　LGMRES(m,k)迭代算法中取不同参数 k 时达到收敛所需要的矩阵矢量乘次数

k	0	1	2	3	4	5	6
算例 5.1	137	95	93	94	89	91	92
算例 5.2	1242	236	238	253	226	200	206
算例 5.3	1166	595	349	261	247	275	251
算例 5.4	*	713	888	687	536	448	330

从表 5.3 中可以发现，随着参数 k 的增大，即保留的历史迭代误差向量越多(如 k 从 0 增加到 4)，LGMRES(m,k)达到收敛时所需要的矩阵矢量乘次数就越少，而继续增加参数 k，在大多数情况下收敛改善并不明显，这说明 LGMRES(m,k)只需要较小的 k 就可以获得较好的收敛速度；同时可以看出，在 GMRES(m)迭代算法需要大量的循环才可以达到收敛的情况下(如算例 5.2～算例 5.4 中)，LGMRES(m,k)对 GMRES(m)的收敛速度的改善尤为明显，这正说明了大量循环存在的情况下 Krylov 子空间之间正交性损失得更加严重，而在 Krylov 子空间中添加历史的误差向量信息能很好地弥补正交性损失。

5.4　特征谱重复循环技术

5.4.1　隐式循环的广义最小余量迭代算法

重复循环策略的引入阻碍了 GMRES(m)迭代算法的收敛速度，因此，一些因循环而被丢弃的有价值的历史信息应该被保留下来以消去或减轻重复循环造成的负面影响。5.3 节介绍的 AGMRES(m,k)就是在当前循环结束时，提取出一些近似最小特征向量的信息，并把这些最小特征向量直接添加到下一次循环构造的 Krylov 子空间的末尾，形成一个扩大的近似空间 $\mathscr{M}=\mathrm{span}\{\boldsymbol{r}_0,\boldsymbol{A}\boldsymbol{r}_0,\cdots,\boldsymbol{A}\boldsymbol{r}_0^{m-1},\boldsymbol{u}_1,\boldsymbol{u}_2,\cdots,\boldsymbol{u}_k\}$，然后在这个扩大的近似空间中搜索新的解向量。这个扩大的近似空间由两个彼此独立的部分组成，前一部分是一个维数为 m 的 Krylov 子空间，后一部分是由 k 个最小特征向量构成的一个子空间。

AGMRES(m,k)迭代算法中这种直接强加最小特征向量信息的做法显得很不自然。Sorensen 的隐式循环 Arnoldi(IRA)算法[13]提供了一种更自然地利用特征向量信息的方式。IRA 算法采用一系列的 QR 迭代，将特征向量的信息很自然地包含到 Krylov 子空间中。其具体的做法就是：假定要将 k 个特征向量添加到下一次循环构造的 Krylov 子空间中，则可以选取剩下的 $p=m-k$ 个特征向量所对应的特征值作为偏置因子，表示为 $\tau_1,\tau_2,\cdots,\tau_p$。定义 $\boldsymbol{H}^{(1)}=\boldsymbol{H}_m$，其中 $\boldsymbol{H}_m$ 为 GMRES(m)迭代过程中生成的 Hessenberg 阵。则 IRA 算法中第 i 步的 QR 迭代过程可写为

$$\boldsymbol{H}^{(i)}-\tau_i\boldsymbol{I}=\boldsymbol{Q}^{(i)}\boldsymbol{R}^{(i)},\quad \boldsymbol{H}^{(i+1)}=\boldsymbol{R}^{(i)}\boldsymbol{Q}^{(i)}+\tau_i\boldsymbol{I}$$

定义 $\boldsymbol{Q}=\boldsymbol{Q}^{(1)}\boldsymbol{Q}^{(2)}\cdots\boldsymbol{Q}^{(p)}$，$\boldsymbol{R}=\boldsymbol{R}^{(P)}\boldsymbol{R}^{(P-1)}\cdots\boldsymbol{R}^{(1)}$，则进行 p 步 QR 迭代后，可以得到一组新的 Krylov 子空间正交基 $\boldsymbol{V}^+=\boldsymbol{V}_m\boldsymbol{Q}$。子空间 $\boldsymbol{V}^+$ 中的前 k 列向量就构成了 k 个特征向量组成的空间的一组正交基。因此，利用子空间 $\boldsymbol{V}^+$ 中的前 k 列向量开始一个新的 Arnoldi 迭代过程，就很自然地将 k 个特征向量合适地添加到新的 Krylov 子空间中。

隐式循环的广义最小余量(GMRES-IR)迭代算法[9]就是采用 IRA 算法将一些谐和里茨特征向量(作为系数矩阵近似的最小特征向量)适当地添加到下一次循环的 Krylov 子空间中。文献[9]中证明了通过 IRA 算法获得的近似空间 $\mathscr{N}=\mathrm{span}\{\boldsymbol{u}_1,\boldsymbol{u}_2,\cdots,\boldsymbol{u}_k,\boldsymbol{r}_0,\boldsymbol{A}\boldsymbol{r}_0,\cdots,\boldsymbol{A}\boldsymbol{r}_0^{m-1}\}$ 等价于另一个 Krylov 子空间 $\mathrm{span}\{\boldsymbol{y},\boldsymbol{A}\boldsymbol{y},\cdots,\boldsymbol{A}^{m-1}\boldsymbol{y}\}$，这里 $\boldsymbol{y}$ 是 k 个谐和里茨特征向量的一个线性组合。下面给出 GMRES-IR 迭代算法的具体流程。

算法 5.3　GMRES-IR(m,k)

(1) 初始化：定义 $m,k,\boldsymbol{x}_0$，并计算 $\boldsymbol{r}_0=\boldsymbol{A}(\boldsymbol{x}-\boldsymbol{x}_0)$；令 $\boldsymbol{v}_1=\boldsymbol{r}_0/\|\boldsymbol{r}_0\|$，$\beta=\|\boldsymbol{r}_0\|$。

(2) 迭代：进行 m 步 Arnoldi 迭代。

(3) 构造近似解：计算 $\boldsymbol{x}_m=\boldsymbol{x}_0+\boldsymbol{V}_m\boldsymbol{d}$，这里 $\boldsymbol{d}$ 由 $\|\boldsymbol{V}_{m+1}^{\mathrm{H}}\boldsymbol{r}_0-\overline{\boldsymbol{H}}_m\boldsymbol{d}\|$ 的最小化获得；检验余量范数 $\|\boldsymbol{r}\|$，如果不满足精度，则迭代继续进行。

(4) 求解特征值问题:计算谐和里茨值。

(5) 循环:令 $\boldsymbol{x}_0=\boldsymbol{x}_m$,并结合不理想的谐和里茨值应用隐式 Arnoldi 算法(IRA);返回步骤(2),并从 $k+1$ 步开始继续进行 Arnoldi 迭代。

从算法 5.3 中可以看出,在 GMRES-IR(m,k)迭代的过程中,除了第一次循环,每次循环中只需执行 $m-k$ 次矩阵矢量乘操作。这是因为使用了隐式循环的策略后,GMRES-IR(m,k)迭代过程每次循环都是从 $k+1$ 步开始迭代到 m 步。这表明,最小特征向量通过 IRA 算法自然地得到引入,而不是像 AGMRES(m,k)迭代算法那样以消耗掉 k 个矩阵矢量乘为代价直接强加。此外,对于存储量,GMRES-IR(m,k)也只需要比 GMRES(m)额外保存 k 个近似最小特征向量就可以。对于存储长度为 n 的向量个数,GMRES-IR(m,k)迭代算法需要存储的向量有 $m+1$ 个正交基向量($\boldsymbol{v}_1,\boldsymbol{v}_2,\cdots,\boldsymbol{v}_m$),以及一个近似解向量 $\boldsymbol{x}_i$ 和一个右边向量 $\boldsymbol{b}$。因此,上述 GMRES-IR(m,k)迭代算法每次循环中需要存储 $m+3$ 个长度为 n 的向量,并且需要执行 $m-k$ 次矩阵矢量乘操作。

为了说明 GMRES-IR(m,k)迭代算法加速收敛的性能,以 5.1 节的四个算例为例,表 5.4 列出了其在参数 k 取不同值时达到收敛所需的矩阵矢量乘次数,表中 * 表示在 2000 步内没有收敛。这里同样将参数 m 固定为 30,而且当参数 $k=0$ 时,GMRES-IR(m,k)就退化为一般的 GMRES(m)迭代算法。

表 5.4 GMRES-IR(m,k)迭代算法中取不同参数 k 时达到收敛所需要的矩阵矢量乘次数

k	0	4	8	12	16	20
算例 5.1	137	61	63	60	59	59
算例 5.2	1242	121	109	110	108	105
算例 5.3	1166	129	112	103	91	92
算例 5.4	*	183	148	115	110	110

从表 5.4 可以看出,通过 IRA 算法在循环开始前隐式地将一些近似最小特征向量引入当前的 Krylov 子空间中,同样能显著地加快 GMRES(m)的收敛速度。而且结合表 5.2 和表 5.4 可以发现,在参数 k 取值相同的情况下,GMRES-IR(m,k)比 AGMRES(m,k)需要更少的矩阵矢量乘次数就能达到收敛。这充分表明了隐式重复循环策略 IRA 的有效性。造成这种效果的原因在于 IRA 能将特征向量的信息很自然地引入,而不是像 AGMRES 算法那样强加。

此外,随着参数 k 的增加,GMRES IR(m,k)达到收敛所需要的矩阵矢量乘次数并不总是单调减少的。这除了 5.3 节中影响 AGMRES(m,k)收敛特性的因素在其作用之外,还存在另一个原因。如前所述,通过 IRA 算法将特征向量的信息引入当前循环构造的空间中,就会产生一个新的近似空间 $\mathcal{N}=\text{span}\{\boldsymbol{u}_1,\boldsymbol{u}_2,\cdots,\boldsymbol{u}_k,$

$\boldsymbol{r}_0, \boldsymbol{A}\boldsymbol{r}_0, \cdots, \boldsymbol{A}\boldsymbol{r}_0^{m-1}\}$，空间 $\mathcal{N}$的维数固定为 m。因此，随着引入特征向量个数的增多，空间 $\mathcal{N}$中以 $\boldsymbol{r}_0$ 为起始向量的 Krylov 子空间的维数就相应地在减小。一方面，引入特征向量个数的增多，可以期望获得更好的收敛速度；另一方面，以 $\boldsymbol{r}_0$ 为起始向量的 Krylov 子空间的维数的减少又制约了收敛速度（参考 5.1 节 GMRES 收敛性的分析）。因此，对参数 k 的选取同样要权衡考虑。在上述的算例中，k 的最优值约在 12 附近。

5.4.2　显式循环的广义最小余量迭代算法

5.4.1 节中介绍的 GMRES-IR(m,k)迭代算法由于采用了 IRA 算法，可以很自然地把上一次循环中的一些最小特征向量的信息添加到当前循环的迭代过程中，从而等效地消去相应的最小特征值的影响，提高了收敛速度。对于 GMRES-IR(m,k)迭代过程中的隐式循环策略，可以认为 GMRES-IR(m,k)其实就是利用 IRA 算法将这些近似的最小特征向量进行适当的线性组合，并将这种线性组合得到的向量作为当前 Arnoldi 迭代过程中的初始向量，构造出一个新的 Krylov 子空间，然后在这个新的 Krylov 子空间中搜索新的解向量。

IRA 算法采用多步的 QR 迭代来实现，这不仅使 IRA 算法本身变得很复杂，而且也带来一些数值稳定性方面的问题。Lehoucq[24]提出了一种锁定与追踪技术可以很好地解决 IRA 算法中不稳定的问题，但是它以 IRA 算法变得更为复杂为代价。为了解决这个问题，Wu 和 Simon[25]提出了一种显式的循环技术，并将其成功地应用到特征值问题的求解中。这种显式的循环技术不但具有隐式循环技术改善收敛性同样的性能，而且简单易行，避免了 IRA 算法中的不稳定问题。

Morgan[11]将上述显式循环技术成功应用到 GMRES(m)迭代算法求解线性方程组中，并把这种迭代算法称为显式循环的广义最小余量(GMRES-DR)迭代算法。该算法的具体做法如下：首先进行一次循环的 GMRES(m)迭代，在循环结束时计算出 k 个最小的谐和里茨特征向量；设 $\boldsymbol{V}$ 是循环过程中生成的正交矩阵，其列向量构成子空间的一组基，则第二次循环中的子空间 $\boldsymbol{V}$ 的前 k 列可以通过对这些谐和里茨特征向量的正交化获得，且其第 $k+1$ 列向量 $\boldsymbol{v}_{k+1}$ 可以通过 $\boldsymbol{r}_0$ 与新产生的前 k 列向量正交获得；此后就可以从 $\boldsymbol{v}_{k+1}$ 开始，利用 GMRES(m)中的 Arnoldi 算法继续迭代。下面给出该算法的具体流程。

算法 5.4　GMRES-DR(m,k)

(1) 初始化：定义 $m,k,\boldsymbol{x}_0$，并计算 $\boldsymbol{r}_0=\boldsymbol{A}(\boldsymbol{x}-\boldsymbol{x}_0)$；令 $\boldsymbol{v}_1=\boldsymbol{r}_0/\|\boldsymbol{r}_0\|$，$\beta=\|\boldsymbol{r}_0\|$。

(2) 第一次循环：进行 m 步 GMRES 迭代产生 $\boldsymbol{V}_{m+1}$ 和 $\boldsymbol{H}_m$，通过 $\|\boldsymbol{c}-\boldsymbol{H}_m\boldsymbol{d}\|$ 计算最小 $\boldsymbol{d}$，这里 $\boldsymbol{c}=\beta\boldsymbol{e}_1$，并构造近似解 $\boldsymbol{x}_m=\boldsymbol{x}_0+\boldsymbol{V}_m\boldsymbol{d}$。令 $\beta=h_{m+1,m}$，$\boldsymbol{x}_0=\boldsymbol{x}_m$ 及

$\boldsymbol{r}_0=\boldsymbol{b}-\boldsymbol{A}\boldsymbol{x}_m$，计算矩阵 $\boldsymbol{H}_m+\beta^2\boldsymbol{H}_m^{-\mathrm{H}}\boldsymbol{e}_m\boldsymbol{e}_m^{\mathrm{H}}$ 的 k 个最小特征值特征向量对$(\tilde{\theta}_i,\tilde{\boldsymbol{g}}_i)$（$\tilde{\theta}_i$ 为相应的谐和里茨值）。

（3）前 k 个向量的正交化：将 $\tilde{\boldsymbol{g}}_i(i=1,k)$正交规范化，形成维数为 $m\times k$ 的矩阵 $\boldsymbol{P}_k$。

（4）第 $k+1$ 个向量的正交化：将矩阵 $\boldsymbol{P}_k$ 的每一列向量 $\boldsymbol{p}_1,\cdots,\boldsymbol{p}_k$ 的末尾补零，形成长度为 $m+1$ 的向量，并利用向量 $\boldsymbol{c}-\overline{\boldsymbol{H}}_m\boldsymbol{d}$ 对其进行规范正交化操作，以形成第 $k+1$ 个向量 $\boldsymbol{p}_{k+1}$。注意到 $\boldsymbol{c}-\overline{\boldsymbol{H}}_m\boldsymbol{d}$ 是个长度为 $m+1$ 的向量，它对应于 GMRES 的迭代余量，所形成的矩阵 $\boldsymbol{P}_{k+1}$的维数为$(m+1)\times(k+1)$。

（5）构造新的空间：利用旧矩阵 $\boldsymbol{H}$ 和 $\boldsymbol{V}$ 来构造新矩阵 $\boldsymbol{H}$ 和 $\boldsymbol{V}$ 的部分元素，令 $\boldsymbol{H}_k^{\mathrm{new}}=\boldsymbol{P}_{k+1}^{\mathrm{H}}\cdot\overline{\boldsymbol{H}}_m\boldsymbol{P}_k$ 及 $\boldsymbol{V}_{k+1}^{\mathrm{new}}=\boldsymbol{V}_{k+1}\boldsymbol{P}_{k+1}$，则 $\overline{\boldsymbol{H}}_k=\boldsymbol{H}_k^{\mathrm{new}}$，$\boldsymbol{V}_{k+1}=\boldsymbol{V}_{k+1}^{\mathrm{new}}$。

（6）第 $k+1$ 个向量的重新正交化：将矩阵 $\boldsymbol{V}_{k+1}$中的 $\boldsymbol{v}_{k+1}$对前面的列向量进行规范正交化。

（7）Arnoldi 迭代：从 $k+1$ 开始执行 Arnodi 迭代，以形成矩阵 $\boldsymbol{V}_{m+1}$和 $\overline{\boldsymbol{H}}_m$ 的其余列向量并令 $\beta=h_{m+1,m}$。

（8）构造近似解：令 $\boldsymbol{c}=\boldsymbol{V}_m^{\mathrm{H}}\boldsymbol{r}_0$，并求解 $\min\|\boldsymbol{c}-\overline{\boldsymbol{H}}_m\boldsymbol{d}\|$ 获得向量 $\boldsymbol{d}$，则近似解为 $\boldsymbol{x}_m=\boldsymbol{x}_0+\boldsymbol{V}_m\boldsymbol{d}$。计算余量 $\boldsymbol{r}=\boldsymbol{b}-\boldsymbol{A}\boldsymbol{x}_m=\boldsymbol{V}_{m+1}(\boldsymbol{c}-\overline{\boldsymbol{H}}_m\boldsymbol{d})$，并通过余量范数 $\|\boldsymbol{r}\|=\|\boldsymbol{c}-\overline{\boldsymbol{H}}_m\boldsymbol{d}\|$ 来检验是否收敛，如果没有达到收敛精度要求，则继续执行。

（9）求解特征值问题：计算矩阵 $\boldsymbol{H}_m+\beta^2\boldsymbol{H}_m^{-\mathrm{H}}\boldsymbol{e}_m\boldsymbol{e}_m^{\mathrm{H}}$ 的 k 个最小特征向量对$(\tilde{\theta}_i,\tilde{\boldsymbol{g}}_i)$。

（10）循环：令 $\boldsymbol{x}_0=\boldsymbol{x}_m$ 及 $\boldsymbol{r}_0=\boldsymbol{r}$，返回步骤（3）继续迭代。

从算法 5.4 中可以看出，在 GMRES-DR(m,k)迭代过程中，除了第一次循环，每次循环中同样只需执行 $m-k$ 次矩阵矢量乘操作。这是因为使用了显式循环的策略后，GMRES-DR(m,k)迭代过程每次循环都是从 $k+1$ 步开始迭代到 m 步。同时，最小特征向量的信息得到了自然地引入，而不是像 AGMRES(m,k)迭代算法那样以消耗掉 k 个矩阵矢量乘为代价直接强加。此外，对于存储量，GMRES-DR(m,k)也只需要比 GMRES(m)额外保存 k 个近似最小特征向量。所以，GMRES-DR(m,k)迭代算法需要存储的向量有 $m+1$ 个正交基向量$(\boldsymbol{v}_1,\boldsymbol{v}_2,\cdots,\boldsymbol{v}_m)$、一个近似解向量 $\boldsymbol{x}_i$ 和一个右边向量 $\boldsymbol{b}$。因此，上述 GMRES-DR(m,k)迭代算法每次循环中需要存储 $m+3$ 个长度为 n 的向量，并且只需要执行 $m-k$ 次矩阵矢量乘操作。

为了说明 GMRES-DR(m,k)迭代算法加速收敛的性能，以 5.1 节的四个算例为例，表 5.5 列出了其在参数 k 取不同值时达到收敛所需的矩阵矢量乘次数，表中 * 表示在 2000 步内没有收敛。这里同样将参数 m 固定为 30。当参数 $k=0$ 时，GMRES-DR(m,k)就退化为一般的 GMRES(m)迭代算法。

表 5.5　GMRES-DR(m,k)迭代算法中取不同参数 k 时达到收敛所需要的矩阵矢量乘次数

k	0	4	8	12	16	20
算例 5.1	137	61	63	60	59	59
算例 5.2	1242	122	125	118	105	105
算例 5.3	1166	129	112	102	94	91
算例 5.4	*	177	136	114	110	110

从表 5.5 中可以看出，通过显式循环技术同样可以将一些近似最小特征向量引入当前的 Krylov 子空间当中，同时显著地加快 GMRES(m)的收敛速度。比较表 5.4 和表 5.5 可以发现，GMRES-DR(m,k)和 GMRES-IR(m,k)迭代算法在相同的条件下达到收敛所需的矩阵矢量乘次数几乎相同。这说明这两种算法虽然通过各自不同的方式实现了有效的循环，但是都取得了同样的收敛改善效果。文献[11]也从理论上证明了 GMRES-DR(m,k)和 GMRES-IR(m,k)两种迭代算法在每次循环中构造的子空间是等价的。因此，可以说 GMRES-DR(m,k)不仅获得了与 GMRES-IR(m,k)相同的收敛效果，同时又降低了算法的复杂度，避免了 GMRES-IR(m,k)隐式循环时可能存在的不稳定问题。

5.5　特征谱预条件的广义最小余量迭代算法

无论是扩大子空间的 AGMRES(m,k)迭代算法还是 GMRES-IR(m,k)或 GMRES-DR(m,k)迭代算法，从本质上，它们都是将一些最小特征向量的信息添加到当前的 Krylov 子空间当中，从而消去或减小与其相对应的最小特征值对收敛性造成的不良影响，达到加速收敛速度的目的。本节从预条件技术的角度出发，利用这些最小特征向量的信息构造一个特征谱预条件算子，并用以修正迭代过程中系数矩阵的特征谱结构，从而消去与其相对应的最小特征值对收敛性的影响。

假定待求解系数矩阵的特征值按模值从小到大排列为 $\lambda_1,\lambda_2,\cdots,\lambda_n$，$\boldsymbol{U}$ 为系数矩阵的 l 个最小特征向量构成的一组正交规范基。定义 $\boldsymbol{T}=\boldsymbol{U}^{\mathrm{H}}\boldsymbol{A}\boldsymbol{U}$，Erhel[14] 构造了一个特征谱预条件算子 $\boldsymbol{M}=\boldsymbol{I}_n+\boldsymbol{U}(\boldsymbol{T}/|\lambda_n|-\boldsymbol{I}_l)\boldsymbol{U}^{\mathrm{H}}$，并将其应用到 GMRES($m$)迭代算法中，称为 DGMRES 迭代算法。用此特征谱预条件算子 $\boldsymbol{M}$ 作为右边预条件得到的预条件后的矩阵 $\boldsymbol{A}\boldsymbol{M}^{-1}$ 的特征值为 $\lambda_{l+1},\lambda_{l+2},\cdots,\lambda_n,|\lambda_n|,\cdots,|\lambda_n|$。由此可以看出，上述构造的特征谱预条件算子可以将系数矩阵中的 l 个最小特征值转化为 l 个大小为 $|\lambda_n|$ 的正实数，从而消去了 l 个最小特征值对收敛性的不良影响。下面给出其具体的算法流程。

算法 5.5 DGMRES(m,k)

(1) 初始化:定义 $m,k,l\leqslant k,\boldsymbol{x}_0$,并计算初始余量 $\boldsymbol{r}_0=\boldsymbol{A}(\boldsymbol{x}-\boldsymbol{x}_0)$;令 $j=0,\boldsymbol{U}=\{\ \},\boldsymbol{v}_1=\boldsymbol{r}_0/\|\boldsymbol{r}_0\|,\beta=\|\boldsymbol{r}_0\|$。

(2) 迭代:对矩阵 $\boldsymbol{AM}^{-1}$ 应用 Arnoldi 迭代以获得矩阵 $\boldsymbol{V}_m$。

(3) 构造近似解:$\boldsymbol{x}_m=\boldsymbol{x}_0+\boldsymbol{V}_m\boldsymbol{d}$,这里 $\boldsymbol{d}$ 由 $\min\|\beta\boldsymbol{e}_1-\overline{\boldsymbol{H}}_m\boldsymbol{d}\|$ 获得。通过余量范数 $\|\boldsymbol{r}\|$ 检验是否收敛,如果没有达到收敛,则继续迭代。

(4) 循环:令 $\boldsymbol{x}_0=\boldsymbol{x}_m,\boldsymbol{r}_0=\boldsymbol{r}$,如果 $j<k$,则计算 l 个最小谐和里茨向量的一组正交规范基 $\boldsymbol{U}_l$,并将其添加到矩阵 $\boldsymbol{U}$ 中,然后计算 $\boldsymbol{T}=\boldsymbol{U}^{\mathrm{H}}\boldsymbol{AU}$,并定义 $\boldsymbol{M}^{-1}=\boldsymbol{I}_n+\boldsymbol{U}(|\lambda_n|\boldsymbol{T}^{-1}-\boldsymbol{I}_l)\boldsymbol{U}^{\mathrm{H}}$。设定 $j=j+l$,返回步骤(2)。

从算法 5.5 中可以看出,DGMRES(m,k)迭代算法在每次循环结束时提取固定的 l 个最小特征向量的正交基,并增加到 $\boldsymbol{U}$ 中,用来不断更新特征谱预条件算子 $\boldsymbol{M}$。为了控制预条件算子 $\boldsymbol{M}$ 的大小,一般设定一个参数 k,当 $\boldsymbol{U}$ 的维数达到 k 时停止更新,并在后续的迭代循环过程中使用这个相同的特征谱预条件算子。因此,特征谱预条件算子 $\boldsymbol{M}$ 的大小(即 $\boldsymbol{U}$ 的维数)最大为 k。

在特征谱预条件算子的构造过程中,每次更新的 $\boldsymbol{U}_l$ 需要额外存储。同时,为了节约矩阵矢量乘次数,$\boldsymbol{AU}_l$ 同样得到了存储。所以,DGMRES(m,k)迭代算法需要存储的大小为 n 的向量有 $m+1$ 个正交基向量($\boldsymbol{v}_1,\boldsymbol{v}_2,\cdots,\boldsymbol{v}_m$)、$k$ 个向量 $\boldsymbol{U}$、k 个向量 $\boldsymbol{AU}$、一个近似解向量 $\boldsymbol{x}_i$ 和一个右边向量 $\boldsymbol{b}$。因此,上述 DGMRES(m,k)迭代算法最多需要存储 $m+2k+3$ 个长度为 n 的向量,每次循环中最多需要执行 $m+l$ 次矩阵矢量乘操作。

为了说明 DGMRES(m,k)迭代算法加速收敛的性能,以 5.1 节的四个算例为例,表 5.6 列出了其在参数 k 取不同值时达到收敛所需的矩阵矢量乘次数,表中 * 表示在 2000 步内没有收敛。这里同样将参数 m 固定为 30,并且将每次循环中提取的特征向量个数 l 设置为 4。当参数 $k=0$ 时,表示没有用到特征谱预条件,这种情况下 DGMRES(m,k)就退化为一般的 GMRES(m)迭代算法。

表 5.6 DGMRES(m,k)迭代算法中取不同参数 k 时达到收敛所需要的矩阵矢量乘次数

$k(l=4)$	0	4	8	12	16	20
算例 5.1	137	64	64	64	64	64
算例 5.2	1242	518	127	125	125	125
算例 5.3	1166	857	126	128	128	128
算例 5.4	*	1653	159	179	158	158

从表 5.6 中可以看出,通过在迭代过程中构造并应用特征谱预条件算子,同样能提高 GMRES(m)迭代算法的收敛速度,而且随着 k 的增大,其加速收敛性的效

果越明显。需要指出的是，在迭代步数较少的情况下，DGMRES(m,k)迭代算法循环中特征谱预条件算子的大小可能还没有增加到 k 就达到了收敛。因此，选取更大的参数 k 达到收敛所需的矩阵矢量乘次数相同，如表 5.6 中的算例 5.2，当参数 k 从 12 增加到 20 时就属于这种情况。

5.6　内外迭代技术

5.6.1　灵活的广义最小余量迭代算法

内外迭代技术又称灵活预条件技术，它们之间在本质上是等价的。因此，本节将从预条件的角度阐述内外迭代技术的基本原理。以对矩阵方程的右边预条件为例，假定待求解线性方程组的形式为 $\boldsymbol{Ax}=\boldsymbol{b}$，预条件技术的基本思想就是利用迭代算法等效地求解线性方程组 $\boldsymbol{AM}^{-1}(\boldsymbol{Mx})=\boldsymbol{b}$，以获得原矩阵方程的解。由于迭代算法的迭代过程中只要求矩阵矢量乘的信息就可以顺利地进行，所以这里的矩阵 $\boldsymbol{AM}^{-1}$ 并不需要显式地相乘构造出来，而是对于任意一个矢量 $\boldsymbol{v}$，要求能够提供矩阵 $\boldsymbol{AM}^{-1}$ 与该向量相乘的信息。

很显然，在迭代的过程中，当需要执行 $\boldsymbol{M}^{-1}\boldsymbol{v}$ 求逆操作时，可以通过求解与其等价的矩阵方程 $\boldsymbol{Mz}=\boldsymbol{v}$ 来实现。在对矩阵方程的预条件中，$\boldsymbol{M}$ 通常代表一个预条件算子(矩阵)，而 $\boldsymbol{M}^{-1}\boldsymbol{v}$ 等价为一个直接法的求逆过程。那么，同样可以应用另一个迭代算法，通过迭代求解矩阵方程 $\boldsymbol{Mz}=\boldsymbol{v}$ 来实现 $\boldsymbol{M}^{-1}\boldsymbol{v}$ 的求逆过程，也可以说利用一个内迭代算法来实现迭代过程(外迭代)的预条件操作。由于整个迭代求解的过程中应用了两个内、外迭代算法，所以这种预条件技术常被称为内外迭代算法。

下面以右边预条件的 GMRES(m)迭代算法为例来说明这种内外迭代算法的具体实现过程。为此，先给出一个右边预条件的 GMRES(m)迭代算法的流程。

算法 5.6　右边预条件的 GMRES(m)

(1) 初始化：定义 $\boldsymbol{x}_0$ 及 Krylov 子空间维数 m。

(2) 迭代过程：计算余量 $\boldsymbol{r}_0=\boldsymbol{A}(\boldsymbol{x}-\boldsymbol{x}_0)$，并令 $\beta=\|\boldsymbol{r}_0\|$ 和 $\boldsymbol{v}_1=\boldsymbol{r}_0/\beta$；对 $j=1,\cdots,m$ 进行循环，施加预处理操作，即计算

$$\boldsymbol{z}_j=\boldsymbol{M}^{-1}\boldsymbol{v}_j,\quad \boldsymbol{w}=\boldsymbol{A}\boldsymbol{z}_j$$

对 $i=1,\cdots,j$ 进行循环，计算

$$\begin{cases} h_{i,j}=(\boldsymbol{w},\boldsymbol{v}_i) \\ \boldsymbol{w}=\boldsymbol{w}-h_{i,j}\boldsymbol{v}_i \end{cases}$$

$$h_{j+1,j}=\|\boldsymbol{w}\|,\quad \boldsymbol{v}_{j+1}=\boldsymbol{w}/h_{j+1,j}$$

终止循环。定义 $\boldsymbol{V}_m=[\boldsymbol{v}_1,\boldsymbol{v}_2,\cdots,\boldsymbol{v}_m]$。

(3) 构造近似解：获得近似解 $\boldsymbol{x}_m=\boldsymbol{x}_0+\boldsymbol{M}^{-1}\boldsymbol{V}_m\boldsymbol{y}_m$，这里

$$\boldsymbol{y}_m=\arg\min\|\beta\boldsymbol{e}_1-\overline{\boldsymbol{H}}_m\boldsymbol{y}_m\|,\quad \boldsymbol{e}_1=[1,0,\cdots,0]^{\mathrm{T}}$$

(4) 循环：如果收敛，则停止迭代；否则，令 $\boldsymbol{x}_0=\boldsymbol{x}_m$，并返回步骤(2)。

从算法 5.6 中可以看出，右边预条件的 GMRES(m)在迭代过程中构造了预条件的 Krylov 子空间 $\mathrm{span}\{\boldsymbol{r}_0,\boldsymbol{A}\boldsymbol{M}^{-1}\boldsymbol{r}_0,\cdots,(\boldsymbol{A}\boldsymbol{M}^{-1})^{m-1}\boldsymbol{r}_0\}$的一组正交规范基，并且利用一系列预条件的向量 $\boldsymbol{z}_i=\boldsymbol{M}^{-1}\boldsymbol{v}_i$（$i=1,\cdots,m$）的线性组合来构造新的近似解向量。由于这些向量都是通过将同一个预条件算子 $\boldsymbol{M}^{-1}$施加到每个向量 $\boldsymbol{v}_i$ 上，所以它们并不需要被存储，只需要在它们的线性组合 $\boldsymbol{V}_m\boldsymbol{y}_m$ 上施加一次预条件算子 $\boldsymbol{M}^{-1}$。

下面考虑应用迭代算法实现算法 5.6 中的操作 $\boldsymbol{z}_j=\boldsymbol{M}^{-1}\boldsymbol{v}_j$。由于迭代过程本身就是一个近似的过程，所以即使是在相同收敛精度的情况下，对两个不同的操作 $\boldsymbol{z}_j=\boldsymbol{M}^{-1}\boldsymbol{v}_j$ 执行两次相同的迭代过程，其迭代求逆所等效的预条件算子 $\boldsymbol{M}^{-1}$也是不同的。因此，这里就不能像常规的预条件技术那样，对线性组合 $\boldsymbol{V}_m\boldsymbol{y}_m$ 执行一次迭代求逆来等效各自的迭代求逆获得的向量的线性组合。

解决这个问题的一个有效措施就是对迭代过程中的 $\boldsymbol{z}_j=\boldsymbol{M}^{-1}\boldsymbol{v}_j$ 进行额外的存储，这样就可以允许在同一个迭代过程中应用不同的预条件算子或迭代过程来等价地近似实现 $\boldsymbol{M}^{-1}$的操作。此时，解向量可以写为 $\boldsymbol{x}_m=\boldsymbol{x}_0+\boldsymbol{Z}_m\boldsymbol{y}_m$，其中 $\boldsymbol{Z}_m=[\boldsymbol{z}_1,\boldsymbol{z}_2,\cdots,\boldsymbol{z}_m]$。特别地，如果在内迭代中使用同样的 GMRES 迭代算法来实现预条件操作，就成为灵活的广义最小余量(FGMRES)迭代算法[15]。下面给出一种 FGMRES 迭代算法的具体流程。

算法 5.7 FGMRES(m_{inner}, $\mathrm{tol}_{\mathrm{inner}}$)

(1) 初始化：定义 $\boldsymbol{x}_0$ 及 Krylov 子空间维数 m，并设定内迭代 Krylov 子空间维数 m_{inner}及内迭代控制精度 $\mathrm{tol}_{\mathrm{inner}}$。

(2) 迭代过程：计算余量 $\boldsymbol{r}_0=\boldsymbol{A}(\boldsymbol{x}-\boldsymbol{x}_0)$，并令 $\beta=\|\boldsymbol{r}_0\|$ 及 $\boldsymbol{v}_1=\boldsymbol{r}_0/\beta$。对 $j=1,\cdots,m$进行循环，根据参数 m_{inner}和 $\mathrm{tol}_{\mathrm{inner}}$应用 GMRES 迭代近似求解

$$\boldsymbol{z}_j=\boldsymbol{M}^{-1}\boldsymbol{v}_j,\quad \boldsymbol{w}=\boldsymbol{A}\boldsymbol{z}_j$$

对 $i=1,\cdots,j$ 进行循环，计算

$$\begin{cases} h_{i,j}=(\boldsymbol{w},\boldsymbol{v}_i) \\ \boldsymbol{w}=\boldsymbol{w}-h_{i,j}\boldsymbol{v}_i \end{cases}$$

$$h_{j+1,j}=\|\boldsymbol{w}\|,\quad \boldsymbol{v}_{j+1}=\boldsymbol{w}/h_{j+1,j}$$

终止循环。定义 $\boldsymbol{Z}_m=[\boldsymbol{z}_1,\boldsymbol{z}_2,\cdots,\boldsymbol{z}_m]$。

(3) 构造近似解：获得近似解 $\boldsymbol{x}_m=\boldsymbol{x}_0+\boldsymbol{M}^{-1}\boldsymbol{V}_m\boldsymbol{y}_m$，这里

$$\boldsymbol{y}_m=\arg\min\|\beta\boldsymbol{e}_1-\overline{\boldsymbol{H}}_m\boldsymbol{y}_m\|,\quad \boldsymbol{e}_1=[1,0,\cdots,0]^{\mathrm{T}}$$

(4) 循环：如果收敛，则停止迭代；否则，令 $\boldsymbol{x}_0=\boldsymbol{x}_m$，并返回步骤(2)。

比较算法 5.6 和算法 5.7 可以发现，右边预条件的 GMRES(m)迭代算法和 FGMRES(m_{inner}，$\text{tol}_{\text{inner}}$)迭代算法除了采用不同的预条件方式，最大的一个区别就是预条件后的向量 $\boldsymbol{z}_j$ 在 FGMRES(m_{inner}，$\text{tol}_{\text{inner}}$)中需要显式地存储。因此，从预条件的角度来看，FGMRES 的实现只需要比预条件的 GMRES 算法额外存储 m 个向量 $\boldsymbol{z}_j$。从迭代算法的角度来看，其外迭代需要存储$(m+3)+m$ 个长度为 n 的向量。由于内迭代为一个全域的 GMRES 迭代算法，需要存储 $m_{\text{inner}}+3$ 个长度为 n 的向量。同时，在外迭代的一个循环中，FGMRES 总共要执行 $m\times m_{\text{inner}}$次矩阵矢量乘操作。值得注意的是，在大多数情况下，FGMRES 在外迭代的 GMRES 算法重复循环之前就获得了收敛，而且在执行一次内迭代时，可能在达到 m_{inner}步之前就达到了内迭代的收敛精度要求而退出内迭代过程。因此，FGMRES(m_{inner}，$\text{tol}_{\text{inner}}$)迭代算法最多需要存储 $2m+m_{\text{inner}}+6$ 个长度为 n 的向量，在外迭代的每次循环中最多需要执行 $m\times m_{\text{inner}}$次矩阵矢量乘操作。

为了说明 FGMRES(m_{inner}，$\text{tol}_{\text{inner}}$)迭代算法加速收敛速度的性能，以 5.1 节的四个算例为例，表 5.7 列出了其取不同的内迭代精度 $\text{tol}_{\text{inner}}$时达到收敛所需要的矩阵矢量乘次数，表中 * 表示在 2000 步内没有收敛。这里，外迭代 GMRES 算法中 Krylov 子空间的维数 m 一般取值 30。为了同时限制内迭代全域 GMRES 迭代算法内存的需求，同样将 m_{inner}设置为 30。此外，表中的 $\text{tol}_{\text{inner}}$取为∞时表示没有用到内迭代 GMRES 算法，FGMRES 就退化为一般的最小余量迭代算法 GMRES(m)。

表 5.7　FGMRES(m_{inner}，$\text{tol}_{\text{inner}}$)迭代算法在 $m_{\text{inner}}=30$，而 $\text{tol}_{\text{inner}}$变化时达到收敛所需要的矩阵矢量乘次数

$\text{tol}_{\text{inner}}$	∞	0.2	0.1	0.08	0.06	0.04	0.02
算例 5.1	137	125	108	109	116	120	125
算例 5.2	1242	219	263	204	271	213	248
算例 5.3	1166	290	331	277	279	279	279
算例 5.4	*	317	303	336	340	341	341

从表 5.7 中可以看出，利用一个内迭代算法来实现另一个外迭代过程中的预条件操作同样能达到改善收敛性的目的。然而，由于内迭代本身要占用一定的计算量，如矩阵矢量乘的操作，所以，只有在内迭代的预条件效果能显著地加快外迭代的收敛速度时，才能弥补内迭代的计算量，获得整体的加速效果。因此，如表 5.7 中所示，增加内迭代的收敛精度，即减小 $\text{tol}_{\text{inner}}$以追求更好的预条件效果，并不总是能减少 FGMRES 迭代算法整体的计算量。在上述算例中，内迭代的精度 $\text{tol}_{\text{inner}}$在 0.08 附近获得了满意的效果。

5.6.2　嵌套的广义最小余量迭代算法

嵌套的广义最小余量(GMRESR)迭代算法[19]同样是一种内外迭代算法,它使用一般共轭余量迭代算法(GCR)[20]作为其外迭代算法,而使用 m 步的全域子空间一般最小余量迭代算法(GMRES)作为其内迭代算法,以实现对外迭代过程的灵活预条件操作。这里,内迭代算法 GMRES 被用来近似求解余量方程 $\boldsymbol{Ae}_j=\boldsymbol{r}_j$ 以获得搜索向量空间,利用外迭代算法 GCR 在其空间内构造系统方程的解向量。下面对 GMRESR 迭代算法的推导过程进行具体的说明。

为了求解线性方程组 $\boldsymbol{Ax}=\boldsymbol{b}$,假定有两个矩阵 $\boldsymbol{U}_m=(\boldsymbol{u}_1,\boldsymbol{u}_2,\cdots,\boldsymbol{u}_m)$,$\boldsymbol{C}_m=\boldsymbol{AU}_m$,其中,矩阵 $\boldsymbol{C}_m$ 满足 $\boldsymbol{C}_m^{\mathrm{H}}\boldsymbol{C}_m=\boldsymbol{I}_m$,则最小化问题 $\min\limits_{x\in\mathrm{range}(U_k)}\|\boldsymbol{Ax}=\boldsymbol{b}\|_2$ 的解可以写为 $\boldsymbol{x}=\boldsymbol{U}_m\boldsymbol{C}_m^{\mathrm{H}}\boldsymbol{b}$,且其余量满足 $\boldsymbol{r}=\boldsymbol{b}-\boldsymbol{C}_m\boldsymbol{C}_m^{\mathrm{H}}\boldsymbol{b}$,$\boldsymbol{r}\perp\mathrm{range}(\boldsymbol{C}_m)$。在 GCR 迭代算法中,$\boldsymbol{u}_j$ 取为 $\boldsymbol{r}_{j-1}$,即 $\boldsymbol{u}_j=\boldsymbol{r}_{j-1}$,这使得空间 $\mathrm{range}(\boldsymbol{U}_m)$ 为 Krylov 子空间 $\mathrm{span}\{\boldsymbol{r}_0,\boldsymbol{Ar}_0,\cdots,\boldsymbol{Ar}_0^{m-1}\}$,其中 $\boldsymbol{r}_0=\boldsymbol{b}-\boldsymbol{Ax}_0$,$\boldsymbol{x}_0$ 为迭代的初始解。

很显然,$\boldsymbol{u}_j$ 也可以取为任意的非零向量。在最优的情况下,如果选取 $\boldsymbol{u}_j=\boldsymbol{e}_{j-1}$,则可获得近似解向量为待求解线性方程组的真实解。这里 $\boldsymbol{e}_{j-1}$ 为第 $j-1$ 步获得的近似解与真实解之间的误差向量。然而,这种精确的误差向量难以获得,但是可以很容易获得对误差向量 $\boldsymbol{e}_{j-1}$ 的一个好的近似。一种办法就是构造一个预条件矩阵 $\boldsymbol{M}\approx\boldsymbol{A}$,通过预条件操作 $\boldsymbol{M}^{-1}\boldsymbol{r}_{j-1}$ 获得对 $\boldsymbol{e}_{j-1}$ 的一个近似,从而得到一个预条件的 GCR 迭代算法。

同样,也可以应用一个迭代算法,通过迭代求解余量方程 $\boldsymbol{Ae}_{j-1}=\boldsymbol{r}_{j-1}$ 获得对误差向量 $\boldsymbol{e}_{j-1}$ 的一个近似。特别地,如果采用全域子空间的 GMRES 迭代算法来求解这个余量方程,就得到了 GMRESR 迭代算法。下面给出一种 GMRESR 迭代算法的实现流程。

算法 5.8　GMRESR(m_{inner},$\mathrm{tol}_{\mathrm{inner}}$)

(1) 初始化:定义 $\boldsymbol{x}_0$ 及 Krylov 子空间维数 m,并设定内迭代 Krylov 子空间维数 m_{inner} 及内迭代控制精度 $\mathrm{tol}_{\mathrm{inner}}$,设定 $i=0$ 并计算 $\boldsymbol{r}_0=\boldsymbol{A}(\boldsymbol{x}-\boldsymbol{x}_0)$。

(2) 迭代:对 $i=1,2,3,\cdots$ 进行循环,计算 $j=\mathrm{mod}(i,m)$;根据参数 m_{inner} 和 $\mathrm{tol}_{\mathrm{inner}}$ 应用 GMRES 迭代近似求解 $\boldsymbol{u}_j=\boldsymbol{A}^{-1}\boldsymbol{r}_{j-1}$,计算 $\boldsymbol{c}_j=\boldsymbol{Au}_j$;对 $i=1,\cdots,j$ 进行循环,

$$\alpha_i=\boldsymbol{c}_i^{\mathrm{H}}\boldsymbol{c}_j,\quad \boldsymbol{c}_j=\boldsymbol{c}_j-\alpha_i\boldsymbol{c}_i,\quad \boldsymbol{u}_j=\boldsymbol{u}_j-\alpha_i\boldsymbol{u}_i$$

终止循环,

$$\boldsymbol{u}_j=\boldsymbol{u}_j/\|\boldsymbol{c}_j\|_2,\quad \boldsymbol{c}_j=\boldsymbol{c}_j/\|\boldsymbol{c}_j\|$$

$$\boldsymbol{x}_j=\boldsymbol{x}_{j-1}+(\boldsymbol{c}_j^{\mathrm{H}}\boldsymbol{r}_{j-1})\boldsymbol{u}_j,\quad \boldsymbol{r}_j=\boldsymbol{r}_{j-1}-(\boldsymbol{c}_j^{\mathrm{H}}\boldsymbol{r}_{j-1})\boldsymbol{c}_j$$

通过余量范数 $\|\boldsymbol{r}_j\|_2$ 检验是否收敛,如果达到收敛,则停止迭代,终止循环。

从算法 5.8 中可以看出，如果在 GMRESR(m_{inner}，$\text{tol}_{\text{inner}}$)算法迭代过程中取 $\boldsymbol{u}_j=\boldsymbol{r}_{j-1}$，则 GMRESR 就退化为 GCR 迭代算法。值得注意的是，在算法 5.8 的实施中，GCR 外迭代算法采取了一种截断(truncated)技术来限制空间 $\boldsymbol{C}$、$\boldsymbol{U}$ 的大小，将迭代过程中的最新产生的 m 个向量 $\boldsymbol{u}_j$、$\boldsymbol{c}_j$ 予以保留。由于外迭代 GCR 中需要存储 $2m+2$ 个长度为 n 的向量，内迭代 GMRES 中需要 $m_{\text{inner}}+3$ 个长度为 n 的向量，所以，GMRESR(m_{inner}，$\text{tol}_{\text{inner}}$)迭代算法总共需要保存 $2m+m_{\text{inner}}+5$ 个长度为 n 的向量。同时，由于内迭代的引入，GMRESR 算法每步迭代过程中增加了 m_{inner} 次矩阵矢量乘操作。

为了说明 GMRESR(m_{inner}，$\text{tol}_{\text{inner}}$)迭代算法加速收敛的性能，以 5.1 节的四个算例为例，表 5.8 列出了其取不同的内迭代精度 $\text{tol}_{\text{inner}}$时达到收敛所需要的矩阵矢量乘次数。这里外迭代 GMRES 算法中 Krylov 子空间的维数 m 一般取 30。为了同时限制内迭代全域 GMRES 迭代算法内存的需求，同样将 m_{inner}设置为 30。表中的 $\text{tol}_{\text{inner}}$取为$\infty$时表示没有用到内迭代的 GMRES 算法，GMRESR 迭代算法就退化为一般的共轭余量迭代算法 GCR(m)。

表 5.8　GMRESR(m_{inner}，$\text{tol}_{\text{inner}}$)迭代算法在 $m_{\text{inner}}=30$，而 $\text{tol}_{\text{inner}}$变化时达到收敛所需要的矩阵矢量乘次数

$\text{tol}_{\text{inner}}$	∞	0.2	0.1	0.08	0.06	0.04	0.02
算例 5.1	82	125	108	109	116	120	124
算例 5.2	356	219	232	204	240	213	248
算例 5.3	674	321	300	308	279	279	279
算例 5.4	767	348	303	429	371	372	372

从表 5.8 可以看出，除了算例 5.1，利用 GMRES 算法作为内迭代算法同样能减少 GCR 算法迭代过程中的矩阵矢量乘次数。但是在算例 5.1 的情况下，GMRESR(m_{inner}，$\text{tol}_{\text{inner}}$)迭代算法达到收敛所需的矩阵矢量乘次数竟然比单独使用 GCR(m)迭代算法还要多，这主要是因为 GMRESR 算法内迭代中的 GMRES 迭代算法占用了过多的计算量(矩阵矢量乘操作)，超出了外迭代所获得的加速增益。因此，只有在内迭代的预条件效果能显著地加快外迭代的收敛速度时，才能弥补内迭代的计算量，获得整体的加速效果。在其他算例中，内迭代的精度 $\text{tol}_{\text{inner}}$在 0.08 附近获得了较满意的整体效果。

5.7　几种加速技术性能的比较

以上几节对几种基于 GMRES 迭代算法的加速技术进行了详细的介绍，并给出了它们加速迭代过程收敛速度的效果。然而，判断一种加速技术是否有效，并不能只看其加速收敛速度的效果，还需要考察这种加速技术引入时本身的计算量与内存的需求量，以及施加在具体的迭代算法上的计算量与内存的需求量。一般来说，只有引入和施加这种加速技术的代价很小，同时又能获得良好的加速效果时，才能说这种加速技术是有效或高效的。由于具体的加速技术引入和施加的计算量可以归结到具体的GMRES快速迭代算法的整体计算量之中，本节拟从节约整体计算量的效果以及整体的内存需求两个方面来考察各种加速技术的性能。

首先，考察各种加速技术减少整体计算量的效果。这里以各种快速迭代算法达到收敛时所需要的矩阵矢量乘次数的多少来衡量。因为，在迭代过程中，绝大部分的计算量都消耗在矩阵矢量乘操作上。以5.1节的四个算例为例，图5.1～图5.4给出了不同算例中各种快速迭代算法在迭代过程中余量范数随矩阵矢量乘次数的变化曲线。在计算中，所有的快速算法中的Krylov子空间的维数m都取为30。此外，在AGMRES、GMRES-DR、GMRES-IR以及DGMRES迭代算法中，所利用的最小特征向量的个数k都取为8。同时，在DGMRES迭代算法中，每次循环结束时抽取的最小特征向量的个数l为4。而在LGMRES迭代算法中，每次循环结束时使用了5个最新的误差向量来加速重复循环的广义最小余量迭代算法GMRES(m)的收敛速度。对于内外迭代算法FGMRES和GMRESR，其外迭代GMRES中的Krylov子空间的维数m都取为30，而内迭代的Krylov子空间的维数m_{inner}和内迭代精度$\text{tol}_{\text{inner}}$分别取为30和0.1。

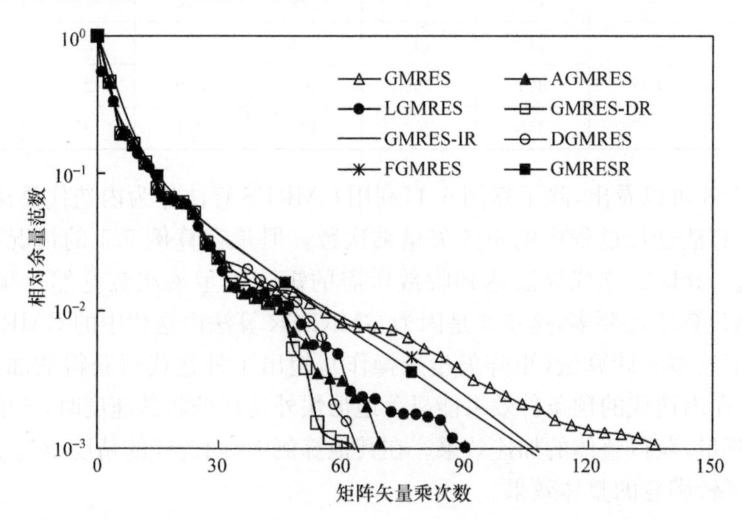

图5.1　算例5.1中各种快速迭代算法收敛曲线的比较

从图5.1～图5.4中可以看出，AGMRES、GMRES-DR、GMRES-IR和DG-MRES四种快速迭代算法的收敛曲线比较相似和集中，这是因为它们都是利用相同的最小特征向量的信息来消去迭代过程中与之相应的最小特征值的影响。因

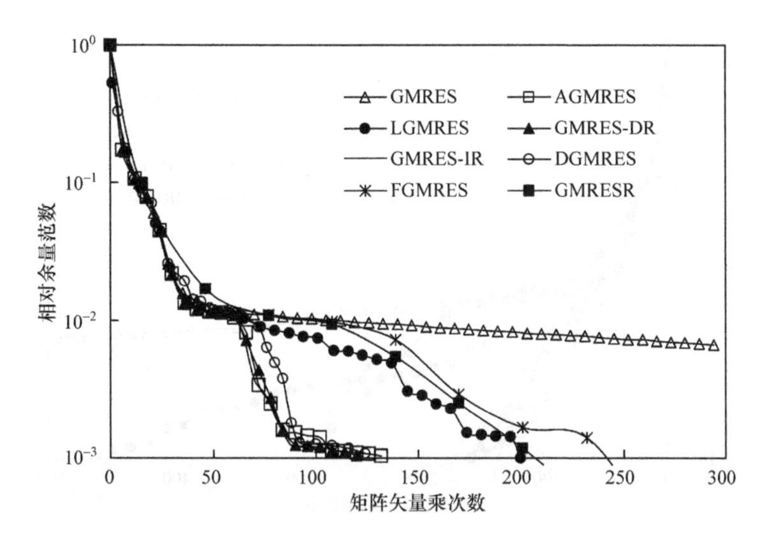

图 5.2　算例 5.2 中各种快速迭代算法收敛曲线的比较

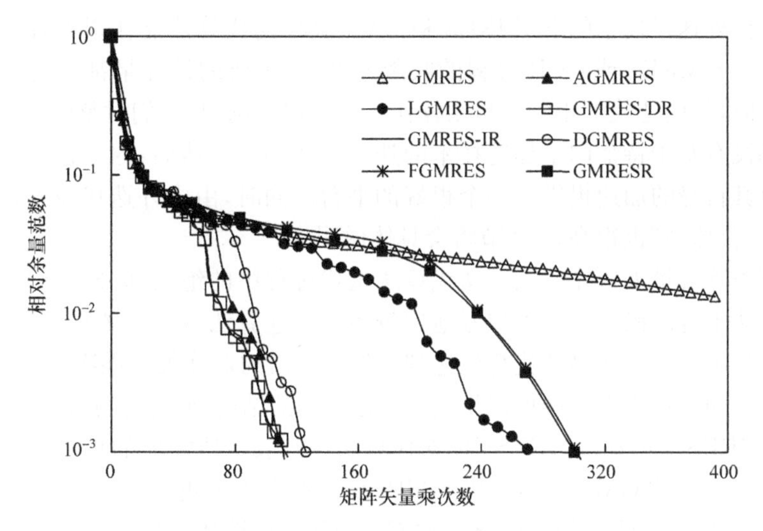

图 5.3　算例 5.3 中各种快速迭代算法收敛曲线的比较

此,可以说它们在本质上是相同的。同时,由于 GMRES-DR 和 GMRES-IR 迭代算法比 AGMRES 迭代算法更自然地引入最小特征向量的信息,所以它们在大多数情况下获得了更快的收敛速度。

与 AGMRES 快速算法不同的是,LGMRES 快速迭代算法利用的是每次循环结束后的迭代误差向量的信息来弥补 Krylov 子空间之间的正交性的损失。在上述算例中,其改善收敛性的效果要比利用特征向量加速的快速算法差。但是,LGMRES 迭代算法简单易行,这也是该算法的一个显著特点。

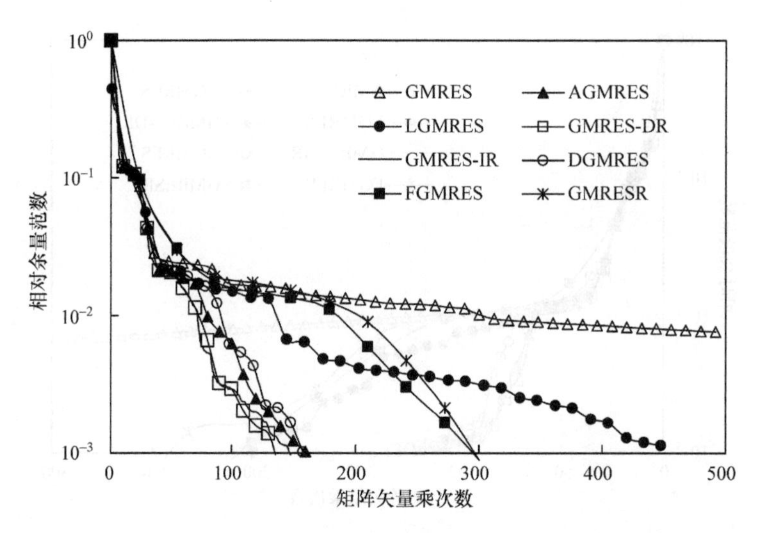

图 5.4　算例 5.4 中各种快速迭代算法收敛曲线的比较

基于内外迭代技术的 FGMRES 和 GMRESR 迭代算法能在很大程度上提高外迭代算法 GMRES 或 GCR 过程的收敛速度，其主要的计算量都消耗在内迭代过程中，即执行内迭代的矩阵矢量乘操作。在上述算例中，它们对整体计算量的改善效果都没有基于特征向量加速技术的迭代算法的好。然而，内外迭代技术为迭代算法对其自身的加速提供了一个很好的平台。同时，由内外迭代技术构造的快速算法的“鲁棒性”也很高，5.8 节将会具体说明。

尽管矩阵矢量乘操作占用了迭代算法迭代过程中的绝大部分计算量，但还存在一些算法本身的操作。为了更好地比较各种快速算法减少整体计算量的效果，表 5.9 中列出了各种快速迭代算法达到收敛时所需的矩阵矢量乘次数(MVPs)和整体求解时间。从表中同样可以得到与上述相同的结论，同时还可以发现，在算例 5.1 中 GMRES-DR 和 GMRES-IR 迭代算法达到收敛所需要的矩阵矢量乘次数相同(为 63)，但是 GMRES-IR 比 GMRES-DR 消耗了更多的时间。这是因为 GMRES-IR 迭代算法中隐式的循环比 GMRES-DR 迭代算法中显式的循环占用了更多的计算量。

表 5.9　各种快速迭代算法达到收敛时所需要的矩阵矢量乘次数和整体的求解时间比较

迭代算法	算例 5.1		算例 5.2		算例 5.3		算例 5.4	
	MVPs	时间/s	MVPs	时间/s	MVPs	时间/s	MVPs	时间/s
GMRES	137	100.3	1242	884.0	1166	807.8	*	*
AGMRES	71	52.4	137	101.6	114	86.0	161	15.0
LGMRES	91	68.7	200	151.4	275	212.1	448	42.0

续表

迭代算法	算例 5.1		算例 5.2		算例 5.3		算例 5.4	
	MVPs	时间/s	MVPs	时间/s	MVPs	时间/s	MVPs	时间/s
GMRES-DR	63	43.5	125	84.8	112	77.2	136	12.0
GMRES-IR	63	57.2	109	99.3	112	105.9	148	19.8
DGMRES	64	44.0	127	90.8	126	91.5	159	13.5
FGMRES	108	74.2	263	180.1	331	231.4	303	23.9
GMRESR	108	73.2	232	157.9	300	207.5	303	23.8

其次，比较各种加速技术的引入带来的内存要求。这里同样以存储长度为 n 的向量个数来衡量。表 5.10 列出了不同迭代算法实施时占用内存的大小。可以发现，GMRES-DR 和 GMRES-IR 两种迭代算法所需的内存同一般的重复循环 GMRES(m)迭代算法相同，说明了这两种快速算法并没有引入额外的内存需求。

表 5.10　以存储长度为 n 的向量个数来衡量的各种迭代算法内存需求量的比较

迭代算法	GMRES	AGMRES	LGMRES	GMRES-DR
内存需求	$m+3$	$m+3k+3$	$m+3k+3$	$m+3$
迭代算法	GMRES-IR	DGMRES	FGMRES	GMRESR
内存需求	$m+3$	$m+2k+3$	$2m+m_{\text{inner}}+6$	$2m+m_{\text{inner}}+5$

5.8　其他迭代加速技术

5.7 节提到的嵌套广义最小余量迭代算法(GMRESR)使用一般共轭余量迭代算法(GCR)作为其外迭代算法，使用 m 步的全域子空间一般最小余量迭代算法(GMRES)作为其内迭代算法，以实现对外迭代过程的灵活预条件操作。正交化嵌套的广义最小余量迭代算法(GCRO)[26]在 GMRESR 内迭代中加入一个正交化的过程，这样在内迭代 GMRES 中保留 GCR 的正交关系，可以得到最佳近似解，也可以在更小的子空间中使用改进的算子解余量方程，从而加快收敛。由于 GCRO 外迭代过程与 GMRESR 相同，这里就不做重复说明，仅列出 GCRO 内迭代的迭代过程。

算法 5.9　GCRO 内迭代(m_{inner}，$\text{tol}_{\text{inner}}$)

(1) 开始：

$$r_0=r_{j-1}^{GR}$$
$$v_1=r_0/\|r_0\|_2$$

(2) 迭代：

```
KLoop: do k=1,…,m_inner
         v_{k+1}=(I-C_{j-1}C^H_{j-1})Av_k;
           do t=1,…,k
             h_{tk}=v^H_{k+1}v_t;
```

```
            v_{k+1} = v_{k+1} - h_{tk} v_t
        end do
        h_{k+1,k} = ‖ v_{k+1} ‖ 2;
        v_{k+1} = v_{k+1} / h_{k+1,k}
        if( ‖ r_k ‖ 2 ≤ tol_inner) break KLoop
    end do KLoop
```

(3) 构造新的正交向量:

$\beta = \| r_j^{GR} \|_2$

Find y_i subject to min $\| \beta e_1 - \bar{H}_i y_i \|_2$, where $e_1 = [1, 0, \cdots, 0]^T$

$u_j = (I - U_{j-1} C_{j-1}^H A) V_i y_i$

从存储量方面看,GCRO(m_{inner})的存储量为 $2j + m_{inner}$ 个 n 维向量,随着 j 的增大,内存的需求也会越来越大,同样可以在 GCRO 上加入截断(truncated)技术来限制空间 $\boldsymbol{C}$、$\boldsymbol{U}$ 的大小。比较 GMRESR 内迭代和 GCRO 内迭代不难发现,GCRO 内迭代引入了一个正交化的操作,使得内迭代要求解的矩阵方程由 $\boldsymbol{u}_j = \boldsymbol{A}^{-1} \boldsymbol{r}_{j-1}$ 变化为 $\boldsymbol{u}_j = ((\boldsymbol{I} - \boldsymbol{C}_{j-1} \boldsymbol{C}_{j-1}^H) \boldsymbol{A})^{-1} \boldsymbol{r}_{j-1}$,这样在结束内迭代时,还要通过令 $\boldsymbol{u}_j = (\boldsymbol{I} - \boldsymbol{U}_{j-1} \boldsymbol{C}_{j-1}^H \boldsymbol{A}) \boldsymbol{V}_i \boldsymbol{y}_i$ 将 $\boldsymbol{u}_j$ 还原到原来的解空间。

此外,还可以像显式循环的 GMRES-DR(m,k)迭代算法那样,把 GCRO 算法推广到 GCRO-DR(m,k)迭代算法[27],通过将一些最小特征向量的信息添加到当前的 Krylov 子空间当中,消去或减小与其相对应的最小特征值对收敛性造成的不良影响,达到加速收敛速度的目的。

算法 5.10 GCRO-DR(m,k)

(1) 初始化:选择 m、子空间的最大维数 k、近似特征向量的个数以及任意初始值 $\boldsymbol{x}_0$,并且计算 $\boldsymbol{r}_0 = \boldsymbol{b} - \boldsymbol{A}\boldsymbol{x}_0$,得到 $\boldsymbol{v}_1 = \boldsymbol{r}_0 / \| \boldsymbol{r}_0 \|$ 和 $\beta = \| \boldsymbol{r}_0 \|$,$i=1$。

(2) 第一次循环:应用一般的 GMRES(m),即使用 Arnoldi 迭代法得到 $\boldsymbol{V}_{m+1}$ 和 $\bar{\boldsymbol{H}}_m$,min $\| \boldsymbol{c} - \bar{\boldsymbol{H}}_m \boldsymbol{d} \|$,其中未知数是 $\boldsymbol{d}$,$\boldsymbol{c} = \beta \boldsymbol{e}_1$,得到近似解 $\boldsymbol{x}_1 = \boldsymbol{x}_0 + \boldsymbol{V}_m \boldsymbol{d}$,$\boldsymbol{r}_1 = \boldsymbol{V}_{m+1} (\boldsymbol{c} - \bar{\boldsymbol{H}}_m \boldsymbol{d})$。令 $\beta = h_{m+1,m}$,计算出 $\boldsymbol{H}_m + \beta^2 \boldsymbol{H}_m^{-H} \boldsymbol{e}_m \boldsymbol{e}_m^H$ 的 k 个最小的特征向量对 $(\tilde{\theta}_i, \tilde{\boldsymbol{g}}_i)$,并存放在 $\boldsymbol{P}_k$ 中。

(3) 构造正交向量:$\tilde{\boldsymbol{Y}}_k = \boldsymbol{V}_m \boldsymbol{P}_k$,对 $\bar{\boldsymbol{H}}_m \boldsymbol{P}_k$ 进行 QR 分解得 $[\boldsymbol{Q}, \boldsymbol{R}]$,$\boldsymbol{C}_k = \boldsymbol{V}_{m+1} \boldsymbol{Q}$,$\boldsymbol{U}_k = \tilde{\boldsymbol{Y}}_k \boldsymbol{R}^{-1}$。

(4) Arnoldi 迭代构造新的空间:$i = i+1$,$\boldsymbol{v}_1 = \boldsymbol{r}_{i-1} / \| \boldsymbol{r}_{i-1} \|$,对 $(\boldsymbol{I} - \boldsymbol{C}_k \boldsymbol{C}_k^H) \boldsymbol{A}$ 做 $m-k$ 次 Arnoldi 迭代得到 $\boldsymbol{V}_{m-k+1}$、$\bar{\boldsymbol{H}}_{m-k}$ 和 $\boldsymbol{B}_{m-k} = \boldsymbol{C}_k^H \boldsymbol{A} \boldsymbol{V}_{m-k}$。构造对角阵 $\boldsymbol{D}_k$,使得 $\tilde{\boldsymbol{U}}_k = \boldsymbol{U}_k \boldsymbol{D}_k$ 的每一个列向量有单位范数

$$\hat{\boldsymbol{V}}_m = [\tilde{\boldsymbol{U}}_k \quad \boldsymbol{V}_{m-k}], \quad \hat{\boldsymbol{W}}_{m+1} = [\boldsymbol{C}_k \quad \boldsymbol{V}_{m-k+1}], \quad \bar{\boldsymbol{G}}_m = \begin{bmatrix} \boldsymbol{D}_k & \boldsymbol{B}_{m-k} \\ 0 & \bar{\boldsymbol{H}}_{m-k} \end{bmatrix}$$

(5) 求解最小二乘问题:min $\| \hat{\boldsymbol{W}}_{m+1}^H \boldsymbol{r}_{i-1} - \bar{\boldsymbol{G}}_m \boldsymbol{d} \|$,得到近似解 $\boldsymbol{x}_i = \boldsymbol{x}_{i-1} + \hat{\boldsymbol{V}}_m \boldsymbol{d}$,$\boldsymbol{r}_i = \boldsymbol{r}_{i-1} - \hat{\boldsymbol{W}}_{m+1} \bar{\boldsymbol{G}}_m \boldsymbol{d}$,如果 $\| \boldsymbol{r}_i \| <$ tol,结束;否则,继续进行下面迭代。

(6) 求解特征值问题:计算出 $\bar{\boldsymbol{G}}_m^H \bar{\boldsymbol{G}}_m \tilde{\boldsymbol{g}}_i = \tilde{\theta}_i \bar{\boldsymbol{G}}_m^H \hat{\boldsymbol{W}}_{m+1}^H \hat{\boldsymbol{V}}_m \tilde{\boldsymbol{g}}_i$ 的 k 个最小的特征向量对 $(\tilde{\theta}_i, \tilde{\boldsymbol{g}}_i)$,并存放在 $\boldsymbol{P}_k$ 中。

(7) 构造新的正交向量 $\tilde{\boldsymbol{Y}}_k=\hat{\boldsymbol{V}}_m\boldsymbol{P}_k$，对 $\bar{\boldsymbol{G}}_m\boldsymbol{P}_k$ 进行 QR 分解得$[\boldsymbol{Q},\boldsymbol{R}]$，$\boldsymbol{C}_k=\hat{\boldsymbol{W}}_{m+1}\boldsymbol{Q}$，$\boldsymbol{U}_k=\tilde{\boldsymbol{Y}}_k\boldsymbol{R}^{-1}$。

(8) 循环：跳到第(4)步。

在 GCRO_DR(m,k)迭代算法中，每次迭代需要存储 $m+k$ 个列向量。对算子$(\boldsymbol{I}-\boldsymbol{C}_k\boldsymbol{C}_k^{\mathrm{H}})\boldsymbol{A}$ 做 $m-k$ 次 Arnoldi 迭代，可以得到 Krylov 子空间的一组正交规范基 $\boldsymbol{V}_{m-k+1}$，且有

$$(\boldsymbol{I}-\boldsymbol{C}_k\boldsymbol{C}_k^{\mathrm{H}})\boldsymbol{A}\boldsymbol{V}_{m-k}=\boldsymbol{V}_{m-k+1}\bar{\boldsymbol{H}}_{m-k} \tag{5.6}$$

因为 $\boldsymbol{V}_{m-k+1}\perp\boldsymbol{C}_k$，式(5.6)等价于：

$$\boldsymbol{A}[\boldsymbol{U}_k\quad\boldsymbol{V}_{m-k}]=[\boldsymbol{C}_k\quad\boldsymbol{V}_{m-k+1}]\begin{bmatrix}\boldsymbol{I}_k & \boldsymbol{B}_k\\ \boldsymbol{0} & \bar{\boldsymbol{H}}_{m-k}\end{bmatrix} \tag{5.7}$$

式中，$\boldsymbol{B}_k=\boldsymbol{C}_k^{\mathrm{H}}\boldsymbol{A}\boldsymbol{V}_{m-k}$。为了减少式(5.7)中右边矩阵不必要的病态性，构造一个对角阵 $\boldsymbol{D}_k$，使得 $\hat{\boldsymbol{U}}_k=\boldsymbol{D}_k\boldsymbol{U}_k$ 具有单位列向量，并且定义

$$\hat{\boldsymbol{V}}_k=[\boldsymbol{U}_k\quad\boldsymbol{V}_{m-k}],\quad \hat{\boldsymbol{W}}_{m+1}=[\boldsymbol{C}_k\quad\boldsymbol{V}_{m-k+1}],\quad \bar{\boldsymbol{G}}_m=\begin{bmatrix}\boldsymbol{I}_k & \boldsymbol{B}_k\\ \boldsymbol{0} & \bar{\boldsymbol{H}}_{m-k}\end{bmatrix}$$

这样式(5.7)可重写为

$$\boldsymbol{A}\hat{\boldsymbol{V}}_m=\hat{\boldsymbol{W}}_{m+1}\bar{\boldsymbol{G}}_m$$

式中，$\hat{\boldsymbol{V}}_m$、$\hat{\boldsymbol{W}}_{m+1}$具有单位列向量；$\bar{\boldsymbol{G}}_m=\hat{\boldsymbol{W}}_{m+1}^{\mathrm{H}}\boldsymbol{A}\hat{\boldsymbol{V}}_m$ 为上 Hessenberg 矩阵；$\boldsymbol{D}_k$ 为对角阵，并且 $\hat{\boldsymbol{W}}_{m+1}$的列向量相互正交。

考察三种不同结构理想导体双站 RCS 散射情况，来验证正交化嵌套的广义最小余量迭代算法对传统 GMRES 的改善效果，它们分别如下。

算例 5.5　边长为 1m 的导体方块。入射波频率为 1GHz，未知量为 12660。

算例 5.6　双向尖导体(double ogive)[28]。入射波频率为 8GHz，未知量为 5886。

算例 5.7　某型号导弹(missile)。入射波频率为 200MHz，未知量为 7818。

迭代的初始近似解取为零，收敛精度设置为 10^{-3}，最大迭代步数取为 2000。在计算中，所有的快速算法中的 Krylov 子空间的维数 m 都取为 30。此外，在 GMRES-DR、GCRO-DR 迭代算法中，利用的最小特征向量的个数 k 都取为 8。同时，对于内外迭代算法 GMRESR 和 GCRO，其外迭代 GMRES 中的 Krylov 子空间的维数 m 都取为 30，而内迭代的 Krylov 子空间的维数 m_{inner} 和内迭代精度 $\text{tol}_{\text{inner}}$ 分别取为 30 和 0.1。所有计算均在 Pentium 4 2.7 GHz CPU960MB RAM 个人计算机上进行。

图 5.5～图 5.7 给出了不同 GMRES 加速迭代算法求解三个算例系统方程时的收敛曲线。可以看出，GMRESR 甚至恶化了传统 GMRES 迭代算法的收敛效果。而 GCRO 却能很好地加速 GMRES 的收敛，这是因为 GCRO 内迭代 GMRES 中保留了外迭代 GCR 的正交关系，可以得到最佳近似解，也可以在更小的子空间中使用改进的算子解余量方程。GMRES-DR 和 GCRO-DR 两种快速迭代算法的收敛曲线比较相似和集中[27]，它们都是利用相同的最小特征向量的信息来消去迭代过程中与之相应的最小特征值的影响的。因此，可以说它们在本质上是相同的。

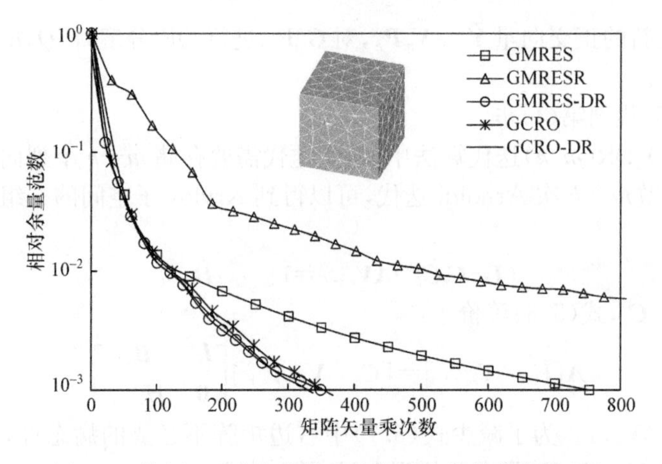

图 5.5　算例 5.5 中各种快速迭代算法收敛曲线的比较

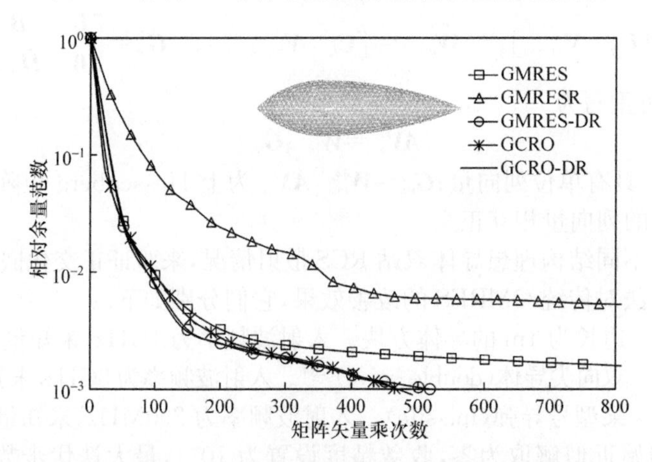

图 5.6　算例 5.6 中各种快速迭代算法收敛曲线的比较

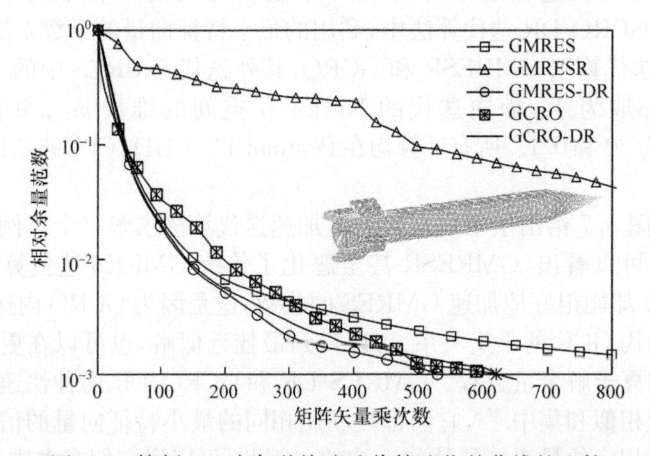

图 5.7　算例 5.7 中各种快速迭代算法收敛曲线的比较

尽管矩阵矢量乘操作占用了迭代算法迭代过程中的绝大部分的计算量，但还存在一些算法本身的操作。为了更好地比较各种快速算法减少整体的计算量效果，表 5.11 中同时列出了各种快速迭代算法达到收敛时所需的矩阵矢量乘次数(MVPs)和整体求解时间。和上面的结论相似，GMRES-DR、GCRO、GCRO-DR 算法都能很好地改善传统 GMRES 算法的收敛性。

表 5.11　各种快速迭代算法达到收敛时所需要的矩阵矢量乘次数和整体的求解时间比较

迭代算法	算例 5.5		算例 5.6		算例 5.7	
	MVPs	时间/s	MVPs	时间/s	MVPs	时间/s
GMRES	753	551.2	*	*	1180	398.3
GMRESR	*	*	*	*	*	*
GMRES-DR	350	255.7	518	191.8	529	183.9
GCRO	372	281.1	496	196.9	651	228.5
GCRO-DR	338	256.1	470	181.9	624	208.1

同样可以讨论 k 取不同值时对 GCRO-DR 迭代算法收敛性的影响。表 5.12 列出了其在参数 k 取不同值时达到收敛所需的矩阵矢量乘次数。表 5.11 和表 5.12 中的 * 都表示在 2000 步内没有收敛。这里同样将参数 m 固定为 30，而且当参数 $k=0$ 时，GCRO-DR(m,k)就退化为一般的 GMRES(m)迭代算法。可以看出，强加少量最小特征向量到当前的 Krylov 子空间当中，能显著地提高重复循环迭代算法 GMRES(m)的收敛速度，表现在表 5.12 中就是 GCRO-DR(m,k)迭代算法达到收敛时所需的矩阵矢量乘次数显著减少。然而，随着参数 k 的增大，即利用的最小特征向量数目的增多，GCRO-DR(m,k)所需的矩阵矢量乘次数并不是单调下降，而是呈现出不规则的变化。在上述测试的算例中，其最优值大约集中在 $k=8$ 附近。

表 5.12　GCRO-DR(m,k)迭代算法中取不同参数 k 时达到收敛所需要的矩阵矢量乘次数

k	0	4	8	12	16	20
算例 5.5	753	342	338	354	348	340
算例 5.6	*	476	470	498	481	450
算例 5.7	1180	810	624	624	630	612

参 考 文 献

[1] Saad Y, Schultz M. GMRES: A generalized minimal residual algorithm for solving nonsymmetric linear systems[J]. SIAM Journal on Scientific Statical Computing, 1986, 7(3): 856-869.

[2] van der Vorst H A, Vuik C. The superlinear convergence behaviour of GMRES[J]. Journal of Computational and Applied Mathematics, 1993, 48(3): 327-341.

[3] Eiermann M, Ernst O G, Schneider O. Analysis of acceleration strategies for restarted minimum residual methods[J]. Journal of Computational and Applied Mathematics, 2000, 123: 261-292.

[4] Morgan R B. A restarted GMRES method augmented with eigenvectors[J]. SIAM Journal on Matrix Analysis and Applications, 1995, 16(4): 1154-1171.

[5] Rui P L, Chen R S, Yung E K N. Fast analysis of electromagnetic scattering of 3D dielectric bodies with augmented GMRES-FFT method[J]. IEEE Transactions on Antennas and Propagation, 2005, 53(11): 3848-3852.

[6] Baker A H, Jessup E R, Manteuffel T. A Technique for Accelerating the Convergence of Restarted GMRES[R]. Colorado: University of Colorado at Boulder, 2003.

[7] Rui P L, Chen R S, Feng X P, et al. Fast analysis of microwave integrated circuits using the loose GMRES-FFT method[J]. International Journal of RF and Microwave CAD Engineering, 2005, 15(6): 578-586.

[8] Ding D Z, Chen R S, Fan Z H, et al. Fast analysis of electromagnetic scattering of 3D dielectric bodies by use of the loose GMRES-FFT method[J]. International Journal of Electronics, 2005, 92(7): 401-415.

[9] Morgan R B. Implicitly restarted GMRES and Arnoldi methods for nonsymmetric systems of equations[J]. SIAM Journal on Matrix Analysis and Applications, 2000, 21(4): 1112-1135.

[10] Rui P L, Chen R S. Implicitly restarted GMRES fast fourier transform method for electromagnetic scattering[J]. Journal of Electromagnetic Waves and Applications, 2007, 21(7): 973-986.

[11] Morgan R B. GMRES with deflated restarting[J]. SIAM Journal on Scientific Computing, 2002, 24(1): 20-37.

[12] Rui P L, Li S S, Chen R S. Three-dimensional weak-form DRGMRES-NUFFT for volume integral equations[C]. IEEE International Symposium on Antennas and Propagation, 2006: 3999-4002.

[13] Sorensen D C. Implicit application of polynomial filters in a k-step Arnoldi method[J]. SIAM Journal on Matrix Analysis and Applications, 1992, 13(1): 357-385.

[14] Erhel J, Burrage K, Pohl B. Restarted GMRES preconditioned by deflation[J]. Journal of Computational and Applied Mathematics, 1996, 69(2): 303-318.

[15] Saad Y. A flexible inner-outer preconditioned GMRES algorithm[J]. SIAM Journal on Scientific Computing, 1993, 14(2): 461-469.

[16] Ding D Z, Chen R S, Wang D X, et al. Application of the inner-outer flexible GMRES-FFT method to the analysis of scattering and radiation by cavity-backed patch antennas and arrays[J]. International Journal of Electronics, 2005, 92(11): 645-659.

[17] Mo L, Chen R S, Rui P L, et al. Fast analysis of microwave integrated circuits by use of the

inner-outer flexible GMRES-FFT method[J]. Microwave and Optical Technology Letters, 2004, 43(5): 409-413.

[18] Chen R S, Ding D Z, Fan Z H, et al. Flexible GMRES-FFT method for fast matrix solution: Application to 3D dielectric bodies electromagnetic scattering[J]. International Journal of Numerical Modelling, 2004, 17(6): 523-537.

[19] van der Vort H A, Vuik C. GMRESR: A family of nested GMRES methods[J]. Numerical Linear Algebra with Applications, 1994, 1(4): 369-386.

[20] Eisenstat S C, Elman H C, Schultz M H. Variational iterative methods for nonsymmetric systems of linear equations[J]. SIAM Journal on Numerical Analysis, 1983, 20(2): 345-357.

[21] Arnoldi W E. The principle of minimized iterations in the solution of the matrix eigenvalue problem[J]. Quarterly of Applied Mathematics, 1951, 9: 17-29.

[22] Chapman A, Saad Y. Deflated and augmented Krylov subspace techniques[J]. Numerical Linear Algebra with Applications, 1997, 4(1): 43-66.

[23] Goossens S, Roose D. Ritz and harmonic Ritz values and the convergence of FOM and GMRES[J]. Numerical Linear Algebra with Applications, 1997, 4: 43-66.

[24] Lehoucq R B. Analysis and implementation of an implicitly restarted Arnoldi iteration[D]. Houston: Rice University, 1995.

[25] Wu K, Simon H. Thick-restart Lanczos method for symmetric eigenvalue problems[J]. SIAM Journal on Matrix Analysis and Applications, 2000, 22: 602-616.

[26] de Sturler E. Nested Krylov method based on GCR[J]. Journal of Computational and Applied Mathematics, 1997, 67(1): 15-47.

[27] Parks M L, de Sturler E, Maiti S. Recycling Krylov subspaces for sequences of linear system [J]. SIAM Journal on Scientific Computing, 2006, 28(5): 1651-1674.

[28] Woo A C, Wang H T G, Schuh M J, et al. EM programmer's notebook-benchmark radar targets for the validation of computational electromagnetics programs[J]. IEEE Antennas and Propagation Magazine, 1993, 35(1): 84-89.

第6章　预条件技术的优化措施

预条件技术能改善系数矩阵的条件数，加速迭代算法的收敛，但是在实际应用过程中，总会受到各式各样条件的限制，因此会出现预条件算子的构造时间长、消耗内存多和对迭代算法的加速效果不明显等问题。为了解决这些问题，本章从第4章中介绍的预条件方法出发，引入一些预条件技术的改进措施。

6.1　对称超松弛预条件技术的有效实现

用CG迭代算法求解大规模对称正定方程组时，常应用预条件方法，如不完全LU分解(ILU)[1]、稀疏近似逆(SAI)[2]降低系数矩阵的条件数，改善收敛性。然而，构造这些预条件算子通常会花费额外的计算时间，例如，在对有限元稀疏线性方程组的迭代求解中，其矩阵矢量乘的计算时间复杂度为$O(N)$，为了加速迭代收敛速度，采用的预条件算子的构造时间不能超出这个范围。满足这个条件最容易实现的方法是用系数矩阵的对角或块对角逆作为预条件算子[3]。对于稠密的线性方程组，这种简单的预条件方法非常有效，但是在有限元稀疏矩阵的迭代求解过程中，对角预条件的改善效果却并不明显。对称超松弛(SSOR)预条件是另一种容易实现的预条件方法，其预条件算子可以直接从系数矩阵中提取，构造计算量几乎为零，而且在有限元稀疏矩阵的迭代求解过程中也是非常有效的。此外，相比对角预条件，SSOR预条件包含更多的系数矩阵信息，能更快地加速迭代算法的收敛速度。同时SSOR预条件算子具有分解的形式，因此具有基于分解的预条件算子的共性。例如，类似ILU分解预条件技术，SSOR预条件算子的施加同样包含上/下三角阵的求逆过程，并且SSOR预条件算子的分解因子(如$\boldsymbol{D}+\omega\boldsymbol{E}$)直接从系数矩阵中抽取，从而避免了预条件算子施加过程中不稳定的现象，这种不稳定的现象在ILU预条件技术中很普遍。常用的稀疏近似逆预条件算子的构造过程中，由于需要求解N个独立的最小二乘问题，导致近似逆预条件在整个求解时间上不占任何优势。

基于上述讨论可以发现，相对传统预条件方法(Diag、ILU、SAI等)，SSOR预条件技术有着明显的优势。本节从降低SSOR预条件施加过程中的计算量出发，介绍一种SSOR预条件技术的有效实施方式，详见文献[4]。在4.4节中简单地介绍了SSOR预条件的构造过程：

$$\boldsymbol{M}=(\widetilde{\boldsymbol{D}}+\boldsymbol{L})\widetilde{\boldsymbol{D}}^{-1}(\widetilde{\boldsymbol{D}}+\boldsymbol{U}) \tag{6.1}$$

其中,令 $\boldsymbol{A}=\boldsymbol{L}+\boldsymbol{D}+\boldsymbol{U}$,$\boldsymbol{L}$ 为一个上三角矩阵,$\boldsymbol{D}$ 为对角阵,$\boldsymbol{U}$ 为下三角矩阵,$\widetilde{\boldsymbol{D}}=(1/\omega)\boldsymbol{D}$,$0<\omega<2$。通常情况下,松弛因子 ω 的选取对预条件效果不会有很大的影响,可将它恒定为 1。

迭代算法的收敛效果往往受系数矩阵条件数的影响,加入 SSOR 预条件后,线性方程 $\boldsymbol{Ax}=\boldsymbol{b}$ 转化为

$$\widetilde{\boldsymbol{A}}\tilde{\boldsymbol{x}}=\tilde{\boldsymbol{b}} \tag{6.2}$$

式中

$$\widetilde{\boldsymbol{A}}=\widetilde{\boldsymbol{D}}(\widetilde{\boldsymbol{D}}+\boldsymbol{L})^{-1}\boldsymbol{A}(\widetilde{\boldsymbol{D}}+\boldsymbol{U})^{-1}$$
$$\tilde{\boldsymbol{b}}=\widetilde{\boldsymbol{D}}(\widetilde{\boldsymbol{D}}+\boldsymbol{L})^{-1}\boldsymbol{b}$$
$$\tilde{\boldsymbol{x}}=(\widetilde{\boldsymbol{D}}+\boldsymbol{U})\boldsymbol{x}$$

对 CG 迭代算法应用 SSOR 预条件,一般 SSOR 预条件的 CG 迭代算法(SSOR-CG)[4]通过在每一步迭代过程中对 $\widetilde{\boldsymbol{D}}$、$(\widetilde{\boldsymbol{D}}+\boldsymbol{L})^{-1}$、$\boldsymbol{A}$、$(\widetilde{\boldsymbol{D}}+\boldsymbol{U})^{-1}$进行连续的累加来获取新的待求量。而本节所讨论的改进的 SSOR 预条件 CG 算法(简称 MSSOR-CG)[4]的流程可表示如下。

算法 6.1 MSSOR-CG

(1) 初始化:定义 $\boldsymbol{r}_0=\widetilde{\boldsymbol{D}}(\widetilde{\boldsymbol{D}}+\boldsymbol{L})^{-1}\boldsymbol{b}-\widetilde{\boldsymbol{A}}\tilde{\boldsymbol{x}}_0$,$\boldsymbol{p}_0=\boldsymbol{G}_0=\widetilde{\boldsymbol{A}}^a\boldsymbol{r}_0$,$\boldsymbol{K}=2\widetilde{\boldsymbol{D}}-\boldsymbol{D}$。

(2) 循环 $i=0,1,\cdots$,直至收敛:

① $\boldsymbol{t}_i=(\widetilde{\boldsymbol{D}}+\boldsymbol{U})^{-1}\boldsymbol{p}_i$;

② $\widetilde{\boldsymbol{A}}\boldsymbol{p}_i=\widetilde{\boldsymbol{D}}\boldsymbol{t}_i+(\widetilde{\boldsymbol{D}}+\boldsymbol{L})^{-1}(\boldsymbol{p}_i-\boldsymbol{K}\boldsymbol{t}_i)$;

③ $\partial_i=\dfrac{\|\boldsymbol{G}_i\|^2}{\|\widetilde{\boldsymbol{A}}\boldsymbol{P}_i\|^2}$;

④ $\tilde{\boldsymbol{x}}_{i+1}=\tilde{\boldsymbol{x}}_i+\partial_i\boldsymbol{p}_i$;

⑤ $\boldsymbol{r}_{i+1}=\boldsymbol{r}_i-\partial_i\widetilde{\boldsymbol{A}}\boldsymbol{p}_i$;

⑥ $\boldsymbol{w}_{i+1}=(\widetilde{\boldsymbol{D}}+\boldsymbol{L})^{-a}\widetilde{\boldsymbol{D}}^a\boldsymbol{r}_{i+1}$;

⑦ $\boldsymbol{g}_{i+1}=\boldsymbol{w}_{i+1}+(\widetilde{\boldsymbol{D}}+\boldsymbol{U})^{-a}(\widetilde{\boldsymbol{D}}^a\boldsymbol{r}_{i+1}-\boldsymbol{K}^a\boldsymbol{w}_{i+1})$;

⑧ $\beta_i=\dfrac{\|\boldsymbol{g}_{i+1}\|^2}{\|\boldsymbol{g}_i\|^2}$;

⑨ $\boldsymbol{p}_{i+1}=\boldsymbol{g}_{i+1}+\beta_i\boldsymbol{p}_i$。

其中,$\|\boldsymbol{G}\|=\sqrt{\langle\boldsymbol{G},\boldsymbol{G}\rangle}$为 Euclidean 范数,$\langle\boldsymbol{f},\boldsymbol{g}\rangle$为任意两个向量做内积,$\boldsymbol{A}^a$ 表示矩阵 $\boldsymbol{A}$ 的伴随矩阵。

如果定义 NZ($\boldsymbol{A}$)为矩阵 $\boldsymbol{A}$ 中非零元素的个数,通过上面的分析可知,每一次 SSOR-CG 迭代要做 $6N+4$NZ($\boldsymbol{A}$)次加法运算,而 MSSOR-CG 每做一次迭代只需要做 $10N+2$NZ($\boldsymbol{A}$)次加法运算,很显然,MSSOR-CG 算法的加法运算次数近似为 SSOR-CG 的一半,也就是说 MSSOR-CG 算法的迭代求解时间会是 SSOR-CG 算法的一半。

下面将通过 MSSOR-CG 算法结合有限元法分析一些电磁问题来验证 MSSOR-CG 算法的效率。迭代算法的初始解均为零，收敛误差为－40dB，所有计算均在 Pentium 4 2.7GHz 960MB RAM 个人计算机上进行。首先测试半高介质块加载的波导不连续性问题，其结构如图 6.1 所示，图中矩形波导宽 $a=2\text{cm}$，高 $b=1\text{cm}$；半高介质块长、宽、高分别为：$c=0.888\text{cm}$，$w=0.8\text{cm}$，$d=0.399\text{cm}$；介电常数 $\varepsilon=6\varepsilon_0$；工作频率 $f=9\text{GHz}$。测试中，在波导的输出端口使用 PML 来截断边界条件，使用有限元网格离散，将代求问题离散为 222400 个四面体，包含 5751 个节点、30518 条边，最终得到一个具有 24982 个未知量的稀疏复线性系统。图 6.2 给出了 MSSOR-CG、SSOR-CG 和传统 CG 迭代算法的收敛效果图，从图中可以看出，改进 SSOR 预条件 CG 方法所需的迭代步数与传统 SSOR 预条件 CG 方法的迭代步数是一样的，均约为无预条件 CG 方法迭代步数的 1/3。但是在求解时间上，SSOR-CG 需要 1745s，MSSOR-CG 只需要 996s，将近减少了一半，实例计算结果和上面所给出的结论是一致的。

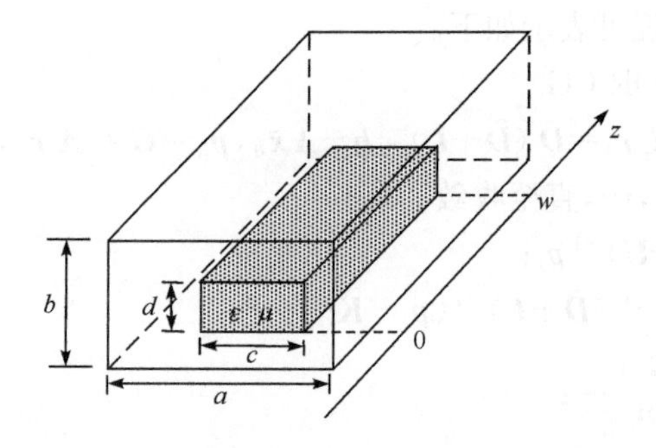

图 6.1　半高介质块加载的波导几何结构

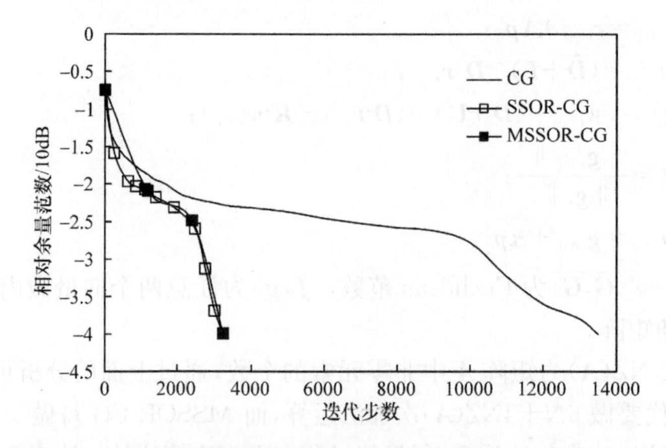

图 6.2　加载部分介质块的矩形波导工作频率 $f=9\text{GHz}$ 时不同预条件 CG 迭代算法的收敛曲线

本节分析的第二个例子是一个微带传输线，其几何结构与尺寸如图 6.3 所示。介电常数为 $\varepsilon=2.25\varepsilon_0$，工作频率为 $f=9\text{GHz}$。使用有限元网格离散，可将该问题离散为 13500 个四面体，包含 3410 个节点、18229 条边，最终得到一个具有 14654 个未知量的稀疏复线性系统。图 6.4 给出了 MSSOR-CG、SSOR-CG 和传统 CG 迭代算法的收敛效果图。从图中可以看出，MSSOR-CG、SSOR-CG 的迭代步数降低到无预条件 CG 方法迭代步数的 1/4。在求解时间上，SSOR-CG 需要 929s，MSSOR-CG 只需要 535s，同样将近减少了一半，实例计算结果和上面所给出的结论一致。

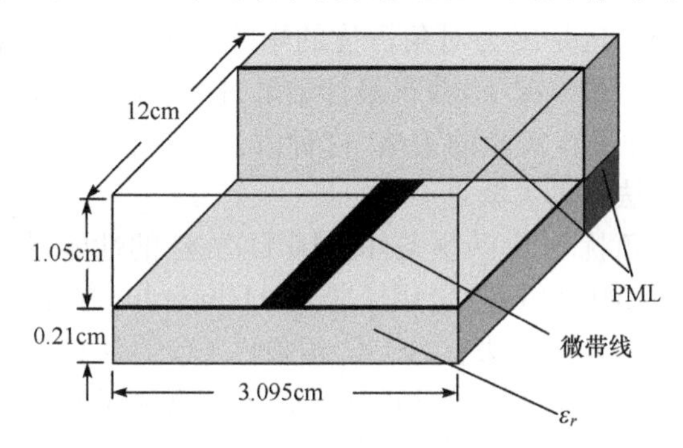

图 6.3　带 PML 截断的微带线几何结构与尺寸

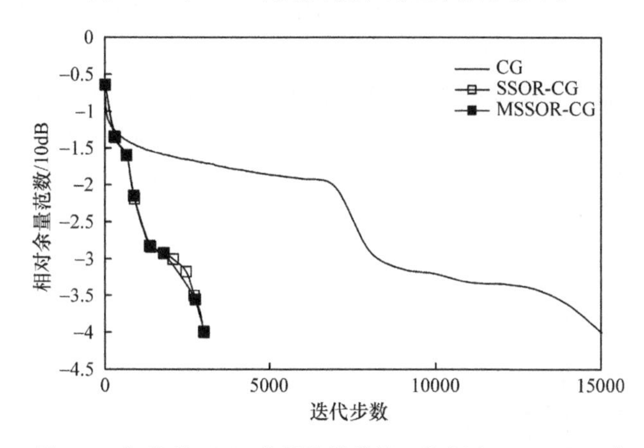

图 6.4　加载带 PML 截断的微带线工作频率 $f=9\text{GHz}$ 时不同预条件 CG 迭代算法的收敛曲线

6.2　不完全 LU 分解预条件技术中的扰动技术

6.2.1　对角线扰动技术

不完全 LU 分解(ILU)预条件可以起到加速迭代求解过程、提高收敛速度的作用。然而，在某些情况下，系数矩阵条件数的病态结果会导致预条件算子的效果变差。本节提出对 ILU 预条件的改进算法[5]，引入系数矩阵的对角线扰动矩阵，使待分解的矩阵对角占优，即不再由原矩阵 $\mathbf{A}$，而由加入对角扰动后的矩阵 $\hat{\mathbf{A}}$ 构造 ILU 预条件算子。事实证明，对角线扰动方法在构造具有鲁棒性的不完全 LU 分解预条件算子时非常有效。

在构造加入扰动的不完全 LU 分解预条件算子时，不完全因子分解基于矩阵 $\hat{\mathbf{A}}=\mathbf{A}+\gamma\mathrm{diag}(\mathbf{A})$，其中 $\gamma>0$ 为扰动因子，$\mathrm{diag}(\mathbf{A})$ 代表矩阵 $\mathbf{A}$ 的对角部分。在分解过程中，倘若分解失败，将增大 γ 值，并重复分解过程，直至成功。显然，基于 $\hat{\mathbf{A}}$ 的不完全因子分解一定存在分解稳定的值 γ^*，例如，可以找到使得 $\hat{\mathbf{A}}=\mathbf{A}+\gamma\mathrm{diag}(\mathbf{A})$ 对角占优的最小 γ 值。这是因为对角占优的矩阵为 Hermitian 矩阵，它的不完全分解因子一定存在。一般情况下，获得最佳结果时的 γ 值往往远小于 γ^* 值。由于 γ 值的选取是基于一种误差实验的策略，这种方法的代价相当大。寻找适当 γ 值的困难便成为这种方法的最大缺点。

为了研究基于对角扰动 ILU 预条件(MILU)方法的性能，将 MILU 预条件技术结合 CG 迭代算法(MILU-CG)应用于求解 Helmholtz 方程的有限元方法中分析一些电磁问题。做比较的方法有 SSOR 预条件 CG 算法(SSOR-CG)、SAI 预条件 CG 算法(SAI-CG)。迭代算法的初始解均为零，收敛误差为 −70dB，所有计算都在 Pentium 4 1.7GHz 个人计算机上进行。仍分析 6.1 节中的两个算例，结构参数、未知量个数均相同。图 6.5 给出了用 MILU-CG、SAI-CG、SSOR-CG 以及传统 CG 迭代算法分析半高介质块加载波导的收敛效果图。从图中可以看出，当扰动因子 $\gamma=0.5$ 时，加对角扰动的 ILU 预条件 CG 方法的迭代步数是不加预条件的 CG 方法迭代步数的 3.6%。对于 MILU-CG、SAI-CG、SSOR-CG 以及传统 CG 方法，CPU 时间分别为 956s、3764s、3183s 和 18214s。可以看出，这几种预条件方法中，加对角扰动的 ILU 预条件的效果最好，SAI-CG、SSOR-CG 以及无预条件 CG 方法所需 CPU 时间分别是 MILU-CG 方法所需 CPU 时间的 2.9 倍、2.3 倍和 18.1 倍。

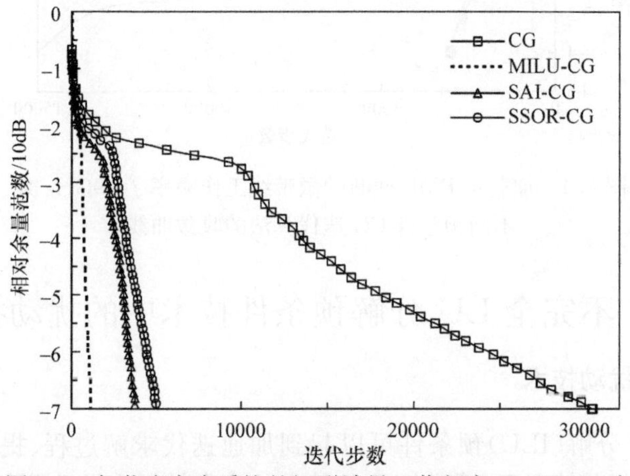

图 6.5　加载半高介质块的矩形波导工作频率 $f=9\mathrm{GHz}$ 时不同预条件 CG 迭代算法的收敛曲线

图 6.6 为扰动因子 γ 取不同值时 MILU-CG 算法收敛的时间曲线。通过观察可以发现，扰动因子 γ 通常选择在 $0.3<\gamma\leqslant 1$ 较为合适，其中 $\gamma=0.5$ 时效果最佳。图 6.7 给出了用 MILU-CG、SAI-CG、SSOR-CG、Diag-CG（对角预条件 CG）以及传统 CG 迭代算法分析带 PML 截断的微带线的收敛效果图。从图中可以看出，当扰动因子 $\gamma=1.0$ 时，MILU-CG 算法的 CPU 时间是无预条件 CG 算法的 4%。MILU-CG、SAI-CG、SSOR-CG、Diag-CG 以及传统 CG 方法花费的 CPU 时间分别为 407s、1510s、1678s、2526s 和 4740s。同样可以看出，这几种预条件方法中，加对角扰动的 ILU 预条件效果最好，再一次验证了对角扰动技术的有效性。

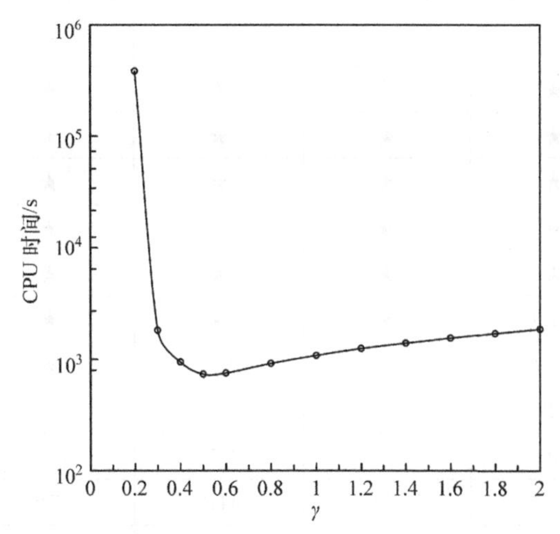

图 6.6　加载部分介质块的矩形波导工作频率 $f=9$GHz 时，相对于不同扰动因子 γ，MILU-CG 迭代算法误差小于 -70dB 时所需的 CPU 时间曲线

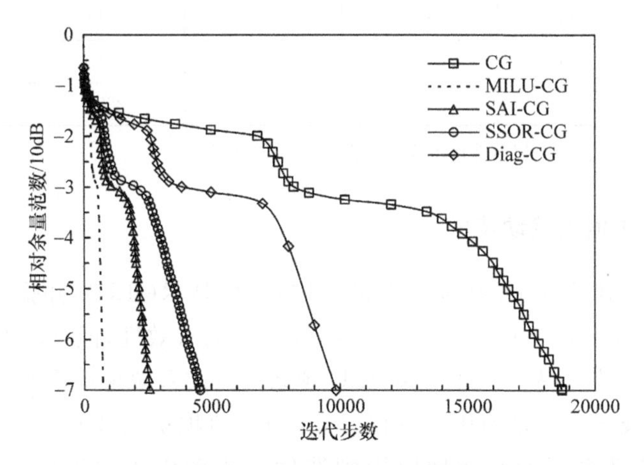

图 6.7　加载带 PML 截断的微带线工作频率 $f=9$GHz 时不同预条件 CG 迭代算法的收敛曲线

表 6.1 反映了 ILU 预条件在取不同填充值情况下，扰动因子 γ 对于 ILU 预条件 CG 算法的迭代步数影响。可以看出，γ 不变时，随着填充值的增大，迭代步数越来越多；填充值不变时，γ 增大，迭代步数逐渐减少，当 γ 增大到一定值时，迭代步数又开始增加。对于加载带 PML 截断的微带线，γ 取 1.0、填充值取 10 时 CG 迭代算法的加速效果最好。

表 6.1 加载带 PML 截断的微带线，在不同填充值情形下，扰动因子 γ 的变化对 ILU 预条件 CG 算法的迭代步数影响

γ \ 填充值	10	15	20	25	30
0.0	★	★	★	★	★
0.2	★	★	★	★	★
0.3	★	★	★	★	★
0.4	★	★	★	★	★
0.5	★	★	★	★	★
0.6	27700	★	★	★	★
0.7	1321	2215	28264	★	★
0.8	822	1230	8134	13445	★
0.9	700	806	3459	4184	19599
1.0	662	751	3417	5740	4073
1.2	695	737	2379	2413	4715
1.4	761	764	1784	3803	3081
1.6	829	808	1509	2517	7480
1.8	896	854	1315	3314	3850
2.0	972	907	1302	2825	2770

★表示残余量低于－40dB 以前迭代步数已经超过 5000 的情形。

6.2.2 MFIE 主值项扰动技术

6.2.1 节介绍了加对角扰动的不完全 LU 分解技术(ILU)，并验证了其在求解有限元分析 Helmholtz 方程产生的稀疏线性系统的有效性，但是求解积分方程产生的稠密线性系统，这种扰动技术对 ILU 预条件的改善效果却不明显[6]。本节介绍另一种扰动技术——磁场积分方程(MFIE)主值项扰动技术[6]，在此基础上构造的 ILU 预条件算子能有效地应用到迭代法求解电磁散射的电场积分方程(EFIE)中。

一般情况下，由混合场积分方程(CFIE 包括 EFIE 和 MFIE)得到的阻抗矩阵有很好的条件数,更利于迭代算法的收敛,而单独由 EFIE 得到的阻抗矩阵条件数差。加 MFIE 主值项扰动的 ILU 预条件技术就是基于这个原理,先在 EFIE 得到的近场矩阵上添加 MFIE 主值项扰动,然后对新的矩阵进行稀疏化,最后利用 ILU 分解构造预条件算子。设 $\widetilde{\boldsymbol{A}}$ 为 EFIE 近场阵,$\widetilde{\boldsymbol{Z}}_{\mathrm{MFIE}}$ 为 MFIE 主值项得到的稀疏矩阵,$\tau\in(0,1.0)$为扰动因子,则新的近场阵 $\widetilde{\boldsymbol{A}}_\tau$ 可表示为

$$\widetilde{\boldsymbol{A}}_\tau=\widetilde{\boldsymbol{A}}+\tau\widetilde{\boldsymbol{Z}}_{\mathrm{MFIE}}$$

对 $\widetilde{\boldsymbol{A}}_\tau$ 进行 ILU 分解得到的预条件算子即改进了的 ILU 预条件算子。

为了验证 MFIE 主值项扰动技术对 ILU 预条件的改善效果,考察四种不同结构理想导体双站 RCS 散射情况,它们分别是:

算例 6.1　半径为 1m 的导体球(sphere)。入射波频率为 300MHz,未知量为 5211。

算例 6.2　导体杏仁核(almond)。入射波频率为 3GHz,未知量为 1815。

算例 6.3　双向尖导体(double ogive)。入射波频率为 5GHz,未知量为 2571。

算例 6.4　边长为 1m 的导体方块。入射波频率为 350MHz,未知量为 3366。

这里,迭代的初始近似解仍然取为零,收敛精度设置为 10^{-3},最大迭代步数取为 2000(* 表示迭代步数超出 2000 步)。此外,采用的迭代算法为 GMRES,每次循环中的迭代次数设置为 30。所有计算均在 Pentium 4 2.9GHz CPU、1GB RAM 个人计算机上进行。

图 6.8～图 6.11 给出了施加各种不同预条件方法的 GMRES 迭代算法用于求解四个算例系统方程时收敛曲线的比较。图中,GMRES 表示一般 GMRES 迭代算法,无预条件;Diag 表示对角预条件;SSOR 表示对称超松弛预条件;ILU(0)、ILU(1)、ILUT 分别为 4.6 节中介绍的采用不同非零元素填充方式的 ILU 预条件

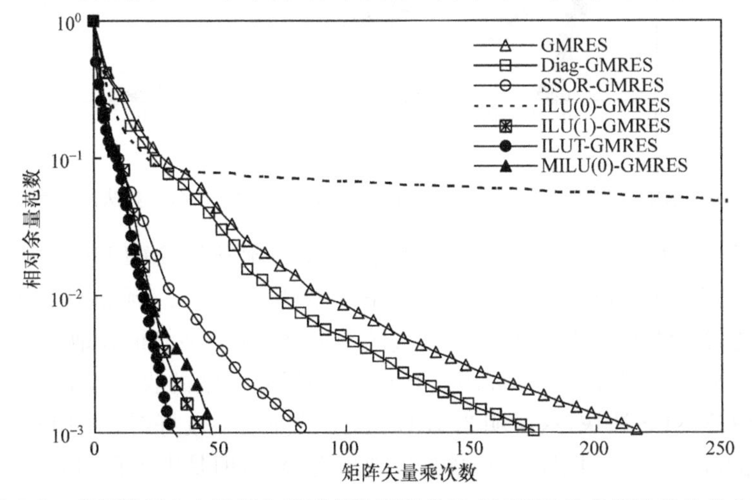

图 6.8　求解算例 6.1 系统方程时各种预条件的 GMRES 迭代算法的收敛曲线

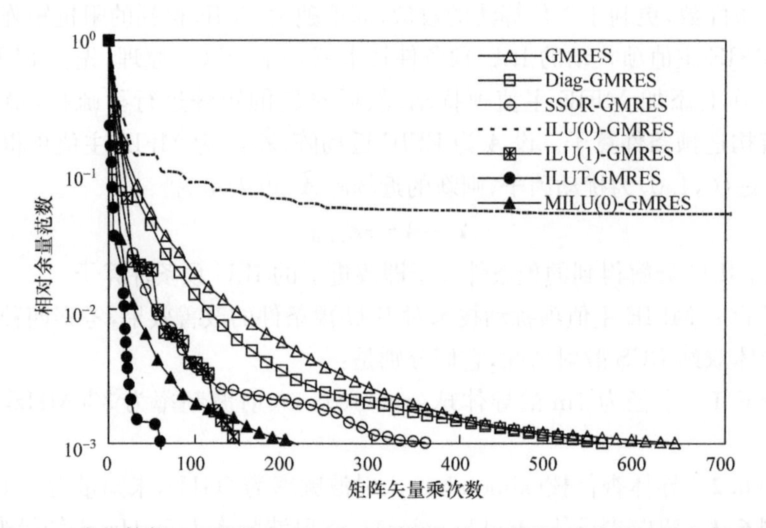

图 6.9　求解算例 6.2 系统方程时各种预条件的 GMRES 迭代算法的收敛曲线

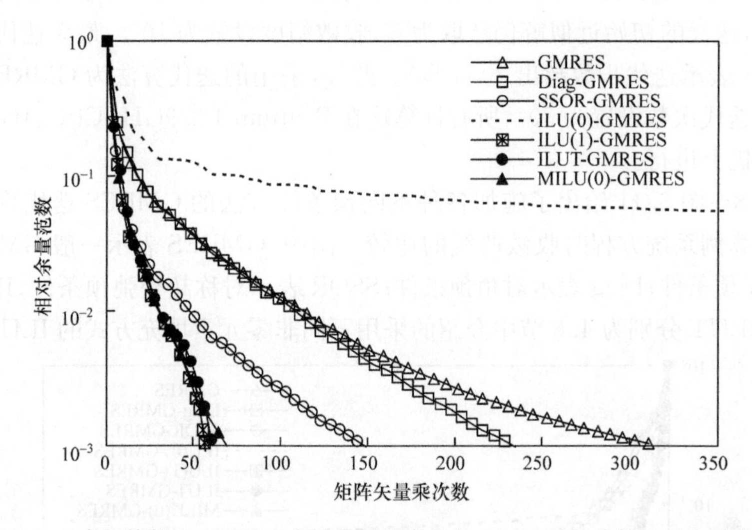

图 6.10　求解算例 6.3 系统方程时各种预条件的 GMRES 迭代算法的收敛曲线

方法；MILU(0)为加 MFIE 主值项扰动的 ILU(0)预条件，MILU(0)扰动因子取 0.5。由图可以看出，由于预条件矩阵条件数差，ILU(0)预条件甚至恶化了 GMRES 迭代算法的收敛效果，然而改进的 ILU(0)预条件能很好地加速 GMRES 迭代算法的收敛。导体立方体算例中 ILU(0)-GMRES 法的收敛效果很好，而且比 MILU(0)-GMRES 法快，这说明当 ILU(0)预条件效果较好时，MILU(0)并不能实现对其的改进。ILUT、ILU(1)预条件效果也很好，但是由于它们采用了不同的

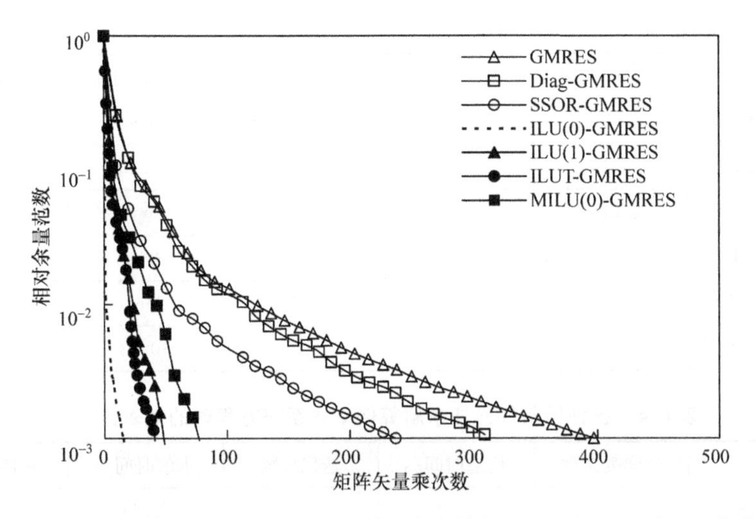

图 6.11　各种预条件的 GMRES 迭代算法求解算例 6.4 系统方程时的收敛曲线

非零元素填充模式，结果导致在构造预条件算子时特别耗时和耗内存。表 6.2～表 6.5 分别给出了不同预条件方法求解算例时的效率比较，其中复杂度表示非零元素在整个系数矩阵中所占的比例，* 表示迭代步数超出 2000 步。由表可以看出，ILUT-GMRES 法、ILU(1)-GMRES 法的迭代步数比 MILU(0)-GMRES 法要少，但是预条件算子的构造时间和内存需求都要比 MILU(0)-GMRES 法多。比较整个求解时间(包括预条件算子构造时间和迭代求解时间)，MILU(0)-GMRES 法还是要比 ILUT-GMRES 法、ILU(1)-GMRES 法高效。

表 6.2　各种预条件方法求解算例 6.1 系统方程时的效率比较

算法	空间复杂度	构造时间/s	迭代步数	求解时间/s	整体时间/s
GMRES	—	—	221	32.81	32.81
Diag-GMRES	—	—	177	26.5	26.5
SSOR-GMRES	2.35%	—	84	13.15	13.15
ILU(0)-GMRES	2.35%	0.57	*	*	*
ILU(1)-GMRES	6.44%	359.31	43	9.99	369.3
ILUT-GMRES	4.96%	380.75	33	7.49	388.24
MILU(0)-GMRES	2.35%	0.62	47	8.64	9.26

表 6.3　各种预条件方法求解算例 6.2 系统方程时的效率比较

算法	空间复杂度	构造时间/s	迭代步数	求解时间/s	整体时间/s
GMRES	—	—	654	30.96	30.96

续表

算法	空间复杂度	构造时间/s	迭代步数	求解时间/s	整体时间/s
Diag-GMRES	—	—	569	26.91	26.91
SSOR-GMRES	2.51%	—	364	18.20	18.20
ILU(0)-GMRES	2.51%	0.06	*	*	*
ILU(1)-GMRES	7.08%	12.87	151	8.39	21.26
ILUT-GMRES	10.38%	54.8	61	3.61	58.41
MILU(0)-GMRES	2.51%	0.06	216	10.83	10.89

表 6.4 各种预条件方法求解算例 6.3 系统方程时的效率比较

算法	空间复杂度	构造时间/s	迭代步数	求解时间/s	整体时间/s
GMRES	—	—	317	26.11	26.11
Diag-GMRES	—	—	235	19.4	19.4
SSOR-GMRES	2.25%	—	149	12.97	12.97
ILU(0)-GMRES	2.25%	0.17	*	*	*
ILU(1)-GMRES	6.25%	37.97	58	6.49	44.46
ILUT-GMRES	4.70%	24.54	64	6.61	31.15
MILU(0)-GMRES	2.25%	0.16	70	6.09	6.25

表 6.5 各种预条件方法求解算例 6.4 系统方程时的效率比较

算法	空间复杂度	构造时间/s	迭代步数	求解时间/s	整体时间/s
GMRES	—	—	398	36.15	36.15
Diag-GMRES	—	—	317	30.35	30.35
SSOR-GMRES	2.45%	—	237	26.83	26.83
ILU(0)-GMRES	2.45%	0.4	16	1.6	2.0
ILU(1)-GMRES	7.03%	196.66	49	7.56	204.22
ILUT-GMRES	5.78%	281.61	41	6.8	288.41
MILU(0)-GMRES	2.45%	0.41	77	8.06	8.47

上面算例中扰动因子 $\tau=0.5$。下面讨论扰动因子取不同值时对 MILU(0)收敛效果的影响。从表 6.6 可以看出，随着 τ 的增大，GMRES 迭代步数越来越少，但是当 τ 增大到一定程度时迭代步数不再减少，这是因为对稀疏近场阵进行较大的扰动会恶化预条件效果。

表 6.6　扰动因子取不同值时对 MILU(0)预条件效果的影响

τ	算例 6.1	算例 6.2	算例 6.3	算例 6.4
0.1	1636	*	447	207
0.2	426	370	109	79
0.3	243	99	78	55
0.4	210	65	69	47
0.5	203	59	58	44
0.6	174	58	55	43
0.7	118	56	53	43
0.8	103	55	52	43
0.9	90	55	51	43
1.0	89	55	52	43

6.3　多层快速多极子方法中一种有效的稀疏近似逆预条件技术

稀疏近似逆(SAI)预条件技术已经在 4.7 节中进行了详细说明，这里不再重复，本节着重讨论其在多层快速多极子方法(MLFMM)中的有效改进方法[7]。仔细考虑 MLFMM[8] 的实现过程可以发现，最细层同一组中的每一个基函数经由近场阵与同组或者同层邻近组中其他的基函数匹配。因此，在近场阵中，同组中的每一个基函数都与相同的基函数集合匹配。基于此信息，可以对最小二乘问题即式(4.9)进行简化。

令 G_j 表示第 j 个组，NG_j 表示其相邻组(不包括 G_j)，预条件矩阵 $\boldsymbol{M}$ 中与组 G_j 中的基函数相关的列的非零模式可以定义为

$$J=\{i\in[1,N]\mid i\in G_j \cup i\in \mathrm{NG}_j\}$$

J 集合可以形成新的子矩阵 $\widetilde{\boldsymbol{A}}(:,J)$。由于矩阵 $\boldsymbol{A}$ 是稀疏的，即 $\widetilde{\boldsymbol{A}}(:,J)$ 有很多的零行(元素全为 0 的行)，而且这些零行的存在与否并不会影响最小二乘问题的求解。假定子矩阵 $\widetilde{\boldsymbol{A}}(:,J)$ 中非零行的标号集合可以用 I 表示，再令 NNG_j 为 NG_j 的邻近组(同样不包括 NG_j)，集合 I 可表示为

$$I=\{i\in[1,N]\mid i\in G_j \cup i\in \mathrm{NG}_j \cup i\in \mathrm{NNG}_j\}$$

定义 $\overline{\boldsymbol{A}}=\widetilde{\boldsymbol{A}}(I,J)$，$\overline{\boldsymbol{M}}_j=\boldsymbol{M}(:,J)$，$\overline{\boldsymbol{E}}_j=\overline{\boldsymbol{E}}(:,J)$，要求解的最小二乘问题就能够被简化为

$$\min\|\overline{\boldsymbol{E}}_j-\overline{\boldsymbol{A}}\overline{\boldsymbol{M}}_j\|_2^2,\quad j=1,\cdots,M \tag{6.3}$$

式中，M 为最细层组的个数，一般情况下 M 远小于 N，因此构造 SAI 预条件算子

的复杂度能够通过用式(6.3)替换式(4.9)而大大地被简化。

为了进一步增强基函数的相关性,简化最小二乘问题的求解,还可以对集合 J、I 进行压缩:

$$J=\{i\in[1,N]\mid(i\in G_j\cup i\in \mathrm{NG}_j)\cap(\mathrm{dist}(i,j)\leqslant\tau_1)\}\tag{6.4}$$

$$I=\{i\in[1,N]\mid(i\in G_j \text{ or } i\in \mathrm{NG}_j\cup i\in \mathrm{NNG}_j)\cap(\mathrm{dist}(i,k)\leqslant\tau_2,k\in J)\}\tag{6.5}$$

式中,$\mathrm{dist}(i,j)$定义为 G_j 组的组中心到边界 i 的中心的距离;$\mathrm{dist}(i,k)$表示包含所有边界 $k\in J$ 的组的组中心到边界 i 的中心的距离;τ_1 和 τ_2 是两个非零实数。通常最细层组的大小接近半个波长(0.5λ),在这种情况下 τ_1 和 τ_2 的值可以取为

$$0.25\lambda\leqslant\tau_1,\quad \tau_2\leqslant1.0\lambda \text{ 且 } \tau_1\leqslant\tau_2$$

最后必须指出,式(6.4)、式(6.5)定义的非零模式选取策略本质上与几何学中稀疏模式选取策略类似[9],因为一次对同组中所有边进行操作,所以能大大减少 SAI 预条件矩阵的构造时间。

为了验证 SAI 预条件技术在 MLFMM 中的有效性,现重新考察算例 6.1～算例 6.4。

图 6.12～图 6.15 给出了施加各种不同预条件方法的 GMRES 迭代算法用于求解四个算例系统方程时收敛曲线的比较。其中,GMRES 表示没有用预条件的 GMRES 法,SSOR 表示对称超松弛预条件,ILU(1)为不完全 LU 分解,SAI 为一般稀疏近似逆预条件,MSAI 为本节改进的 SAI 预条件。不难看出,所有预条件中 MSAI 预条件的收敛性最好。

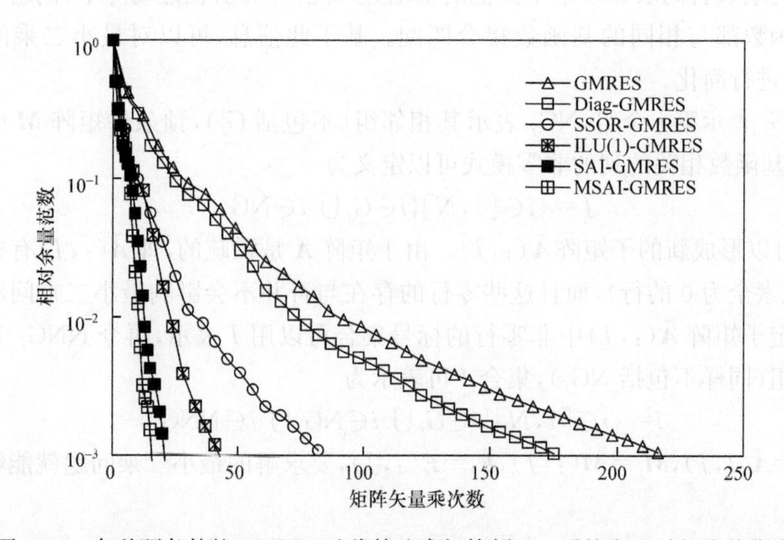

图 6.12 各种预条件的 GMRES 迭代算法求解算例 6.1 系统方程时的收敛曲线

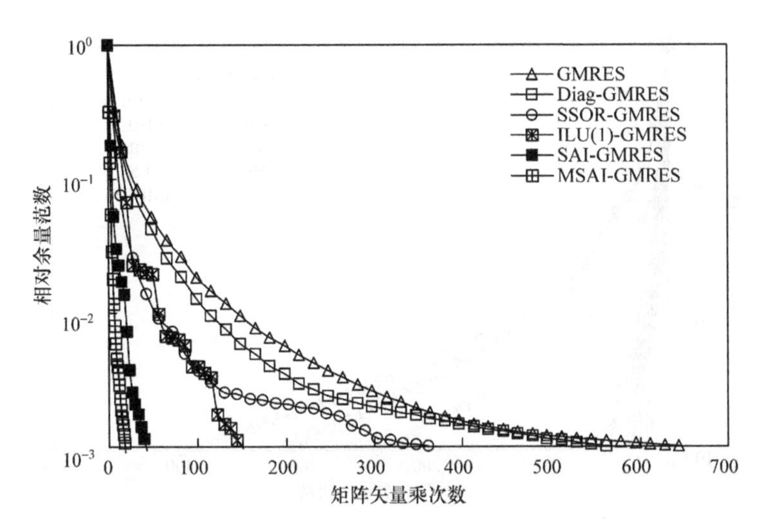

图 6.13　各种预条件的 GMRES 迭代算法求解算例 6.2 系统方程时的收敛曲线

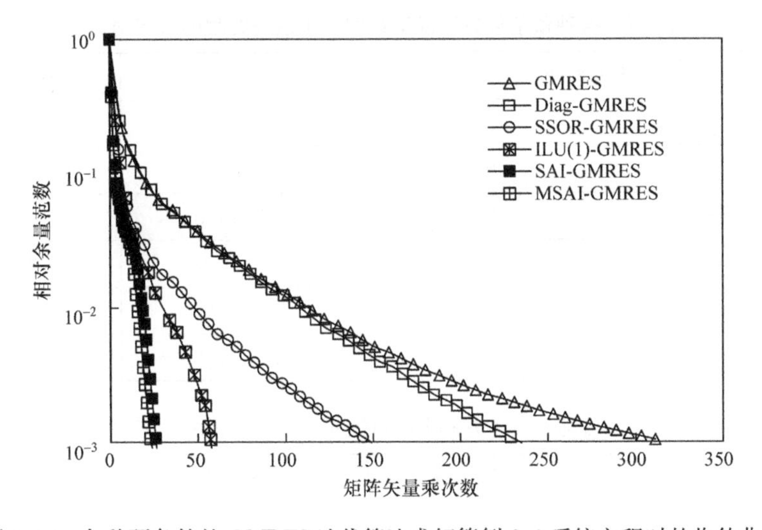

图 6.14　各种预条件的 GMRES 迭代算法求解算例 6.3 系统方程时的收敛曲线

预条件方法的好坏不仅体现在加速迭代收敛上，而且体现在其自身构造时间的长短。表 6.7～表 6.10 分别给出了不同预条件的 GMRES 方法求解算例时预条件算子的构造时间和迭代求解时间。可以看出，MSAI 在保证传统 SAI 预条件收敛效果的同时能较大地缩减预条件算子的构造时间。这就证明了利用 MLFMA 分组信息重整最小二乘问题和选取非零模式的有效性。

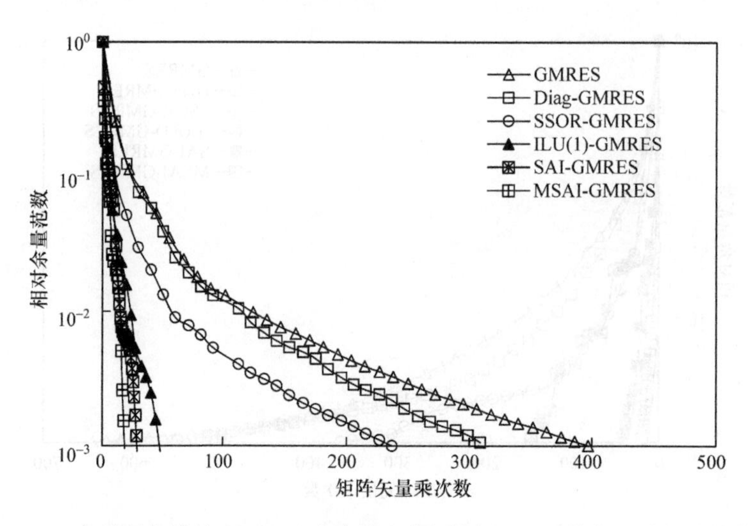

图 6.15　各种预条件的 GMRES 迭代算法求解算例 6.4 系统方程时的收敛曲线

表 6.7　各种预条件方法求解算例 6.1 系统方程的效率对比

算法	构造时间	迭代步数	求解时间/s	整体时间/s
GMRES	—	221	32.81	32.81
Diag-GMRES	—	177	26.5	26.5
SSOR-GMRES	—	84	13.15	13.15
ILU(1)-GMRES	359.31	43	9.99	369.3
SAI-GMRES	615.47	21	7.06	622.53
MSAI-GMRES	26.84	16	3.52	30.36

表 6.8　各种预条件方法求解算例 6.2 系统方程的效率对比

算法	构造时间	迭代步数	求解时间/s	整体时间/s
GMRES	—	654	30.96	30.96
Diag-GMRES	—	569	26.91	26.91
SSOR-GMRES	—	364	18.20	18.20
ILU(1)-GMRES	12.87	151	8.39	21.26
SAI-GMRES	21.93	43	2.17	24.1
MSAI-GMRES	9.97	22	1.24	11.21

表 6.9　各种预条件方法求解算例 6.3 系统方程的效率对比

算法	构造时间	迭代步数	求解时间/s	整体时间/s
GMRES	—	317	26.11	26.11
Diag-GMRES	—	235	19.4	19.4
SSOR-GMRES	—	149	12.97	12.97
ILU(1)-GMRES	37.97	58	6.49	44.46
SAI-GMRES	56.73	27	2.52	59.25
MSAI-GMRES	5.92	24	2.18	8.1

表 6.10　各种预条件方法求解算例 6.4 系统方程的效率对比

算法	构造时间	迭代步数	求解时间/s	整体时间/s
GMRES	—	398	36.15	36.15
Diag-GMRES	—	317	30.35	30.35
SSOR-GMRES	—	237	26.83	26.83
ILU(1)-GMRES	196.66	49	7.56	204.22
SAI-GMRES	336.03	30	4.55	340.58
MSAI-GMRES	10.92	25	2.59	13.51

6.4　混合预条件技术

6.4.1　双步混合预条件技术

近似逆预条件(SAI)除了 6.3 节介绍的结合 GMRES(m)在 FMM 中的有效应用，还被广泛地应用于 CG 迭代算法，非零模式的选取在 SAI 中占据着重要地位，为了获得更有效的非零模式，可以选取系数矩阵幂次高的非零模式，如 $\boldsymbol{A}^2$、$\boldsymbol{A}^3$ 等。这是因为更高幂次系数矩阵的非零模式更能逼近其真实逆矩阵的非零模式。但是，这种高次的非零模式中非零元素的个数会显著增大，通常会导致 SAI 预条件算子的构造时间难以忍受。另外，为了发挥上述两种算法的优势，本节提出一种新的双步混合预条件技术，即 SAI-SSOR[10]，它能够实现既加快迭代收敛，又不耗费太多的构造时间的目的。

设待求解的线性系统方程为

$$\boldsymbol{A}\boldsymbol{x}=\boldsymbol{b} \tag{6.6}$$

式中，$\boldsymbol{A}\in C^{n\times n}$ 是用 FEM 方法离散 Helmhotz 方程得到的对称、非 Hermitian 矩阵。双步混合预条件方法分两步进行。假定 $\boldsymbol{M}_1$ 为系数矩阵 $\boldsymbol{A}$ 的一个预条件算

子，$\boldsymbol{M}_2$ 为乘积矩阵 $\boldsymbol{M}_1\boldsymbol{A}$ 的一个预条件算子，则对线性系统方程(6.6)的迭代求解过程可以转化为对式(6.7)的求解：

$$\boldsymbol{M}_2\boldsymbol{M}_1\boldsymbol{A}\boldsymbol{x}=\boldsymbol{M}_2\boldsymbol{M}_1\boldsymbol{b} \tag{6.7}$$

式(6.7)定义的预条件后的系统方程可看成对线性系统方程(6.6)通过连续施加双步预条件算子 $\boldsymbol{M}_1$ 和 $\boldsymbol{M}_2$ 获得的，因此这里把 $\boldsymbol{M}=\boldsymbol{M}_2\boldsymbol{M}_1$ 称为系数矩阵 $\boldsymbol{A}$ 的一个双步预条件算子。下面介绍 SAI-SSOR 预条件的具体实现过程。

第一步：构造 SAI 预条件辅助矩阵。

SAI 预条件将待求解的线性系统方程(6.6)转化为

$$\boldsymbol{W}\tilde{\boldsymbol{x}}=\tilde{\boldsymbol{b}} \tag{6.8}$$

式中，$\boldsymbol{W}=\boldsymbol{G}\boldsymbol{A}\boldsymbol{G}^{\mathrm{T}}$，$\tilde{\boldsymbol{x}}=\boldsymbol{G}^{-\mathrm{T}}\boldsymbol{x}$，$\tilde{\boldsymbol{b}}=\boldsymbol{G}\boldsymbol{b}$。$\boldsymbol{G}=[g_{ij}]$ 是一个上三角(非奇异)的 SAI 预条件矩阵，完全由 SAI 所采用的稀疏模式 S 决定，$g_{ij}=0$，如果$(i,j)\in S$，则稀疏模式定义为

$$S=\{(i,j):i\geqslant j+m \cup i<j\} \tag{6.9}$$

和 $\boldsymbol{G}$ 有着相同零模式的非零辅助矩阵 $\bar{\boldsymbol{G}}=[\bar{g}_{ij}]$可通过求解式(6.10)来获取：

$$F(\bar{\boldsymbol{G}})=\sum_{k=1}^{n}\min\ \|\boldsymbol{A}_k\,\bar{\boldsymbol{g}}_k-\boldsymbol{e}_k\|_F^2 \tag{6.10}$$

式中，$\boldsymbol{A}_k=(a_{ij})$，$1\leqslant i,j\leqslant k$，$\boldsymbol{e}_k=[0,0,\cdots,1]$，$\bar{\boldsymbol{g}}_k=[\bar{g}_{k1},\bar{g}_{k2},\cdots,\bar{g}_{kk}]$，由于 $\boldsymbol{A}_k$ 是稀疏矩阵，所以用 CG 迭代算法求解式(6.10)得到的 $\bar{\boldsymbol{G}}$ 比解式(6.11)简单得多：

$$\boldsymbol{A}_k^a\boldsymbol{A}_k\,\bar{\boldsymbol{g}}_k=\boldsymbol{A}_k^a\bar{\boldsymbol{e}}_k \tag{6.11}$$

第二步：用 SSOR 预条件的 CG 迭代算法求解式(6.8)。

关于 SSOR 预条件的 CG 迭代算法 MSSOR-CG 可参考 6.1 节，本节不做重复说明。式(6.9)定义的稀疏模式 S 是一个带宽为 m 的带状三角矩阵。由于这种预条件方法只受参数 m 的影响，可以通过调节 m 的值来改善迭代算法的收敛性。此外，m 参数的选取还会影响预条件过程中计算的时间和空间复杂度。为了在第二步中成功地应用 SSOR 预条件，辅助矩阵 $\boldsymbol{W}$ 必须显式地计算出来。因此，要通过调节恰当的参数 m 来寻求求解显式矩阵 $\boldsymbol{W}$ 的计算复杂度和预条件效果之间的平衡。

仍以 6.1 节中的电磁结构来测试双步混合预条件对 CG 迭代的加速效率，结构参数、未知量个数均相同，m 取为 10。迭代算法的初始解均取为 0.0，误差精度为-70dB，所有计算都在 Pentium 2.4GHz、512MB RAM 个人计算机上进行。图 6.16 和图 6.17 给出了用 CG、对称超松弛预条件 CG(SSOR-CG)、近似逆预条件 CG(SAI-CG)和 SAI/SSOR 双步混合预条件 CG 迭代算法(SAI/SSOR-CG)分

析半高介质块加载的波导收敛曲线。可以看出，SAI/SSOR-CG 方法结合了 SSOR、SAI 预条件各自的优势，能同时改善它们的预条件效果。

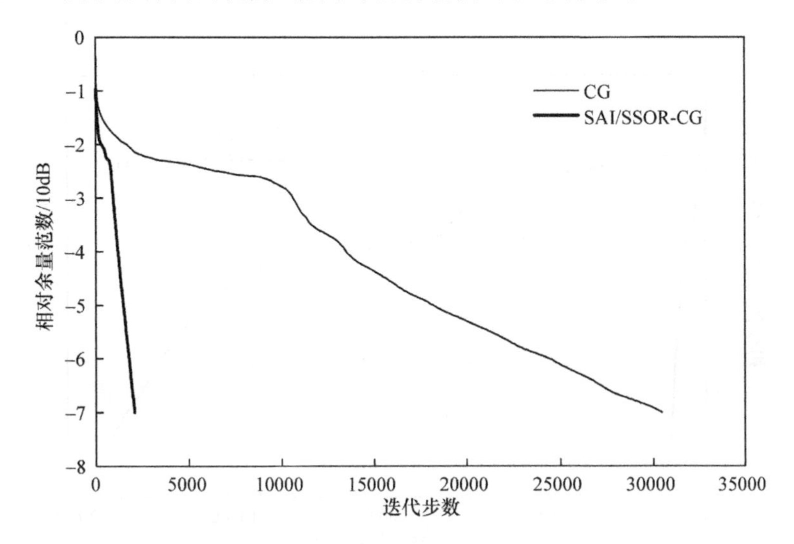

图 6.16　部分介质块加载的矩形波导工作频率 f=9GHz 时 CG 与 SAI/SSOR-CG 迭代算法的收敛曲线

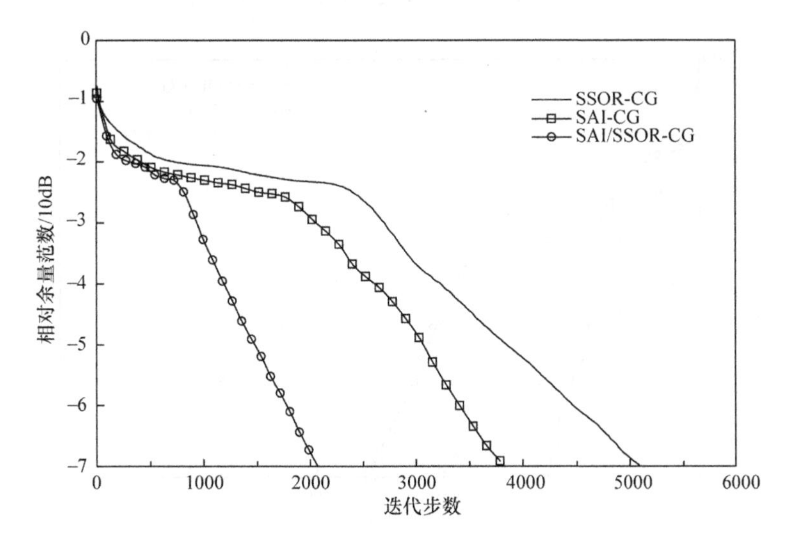

图 6.17　部分介质块加载的矩形波导工作频率 f=9GHz 时不同预条件 CG 迭代算法的收敛曲线

图 6.18 和图 6.19 给出了用 CG、SSOR-CG、SAI-CG 和 SAI/SSOR-CG 迭代算法分析带 PML 截断的微带线的收敛曲线。可以看出,混合预条件 CG 算法收敛速度最快。

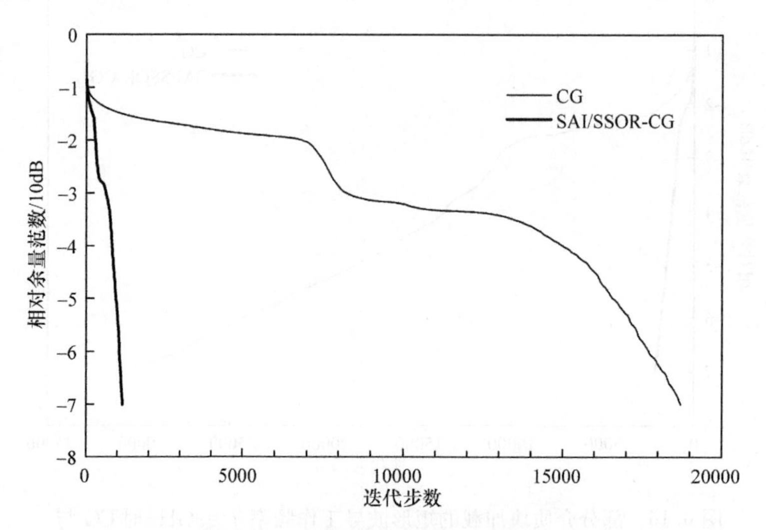

图 6.18　加载带 PML 截断的微带线工作频率 f=9GHz 时 CG 与 SAI/SSOR-CG 迭代算法的收敛曲线

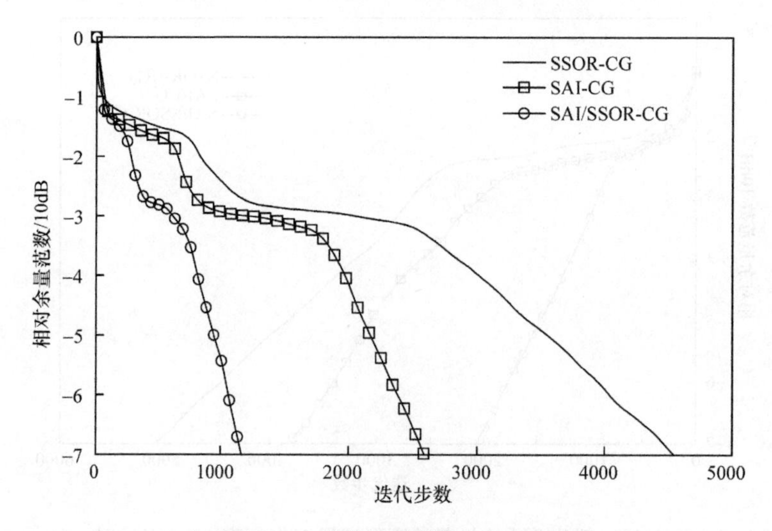

图 6.19　加载带 PML 截断的微带线工作频率 f=9GHz 时不同预条件 CG 迭代算法的收敛曲线

下面测试参数 m 的变化对迭代步数的影响。图 6.20 给出了取不同 m 值时迭代到相对残差降低为10^{-7}时的迭代步数和迭代计算 CPU 时间，由图可知，随着 m 值的增大，预条件效果越来越好，但是构造预条件算子的时间会越来越长，最终出现迭代步数减少而耗费的时间越来越多的情况。这正是因为随着 m 的增大，第一步中占主导地位的用 SAI 显式地求解预条件辅助矩阵 $\boldsymbol{W}$ 耗时越来越长的缘故。由此可见，选取合理的参数 m 是双步混合预条件技术的关键环节。

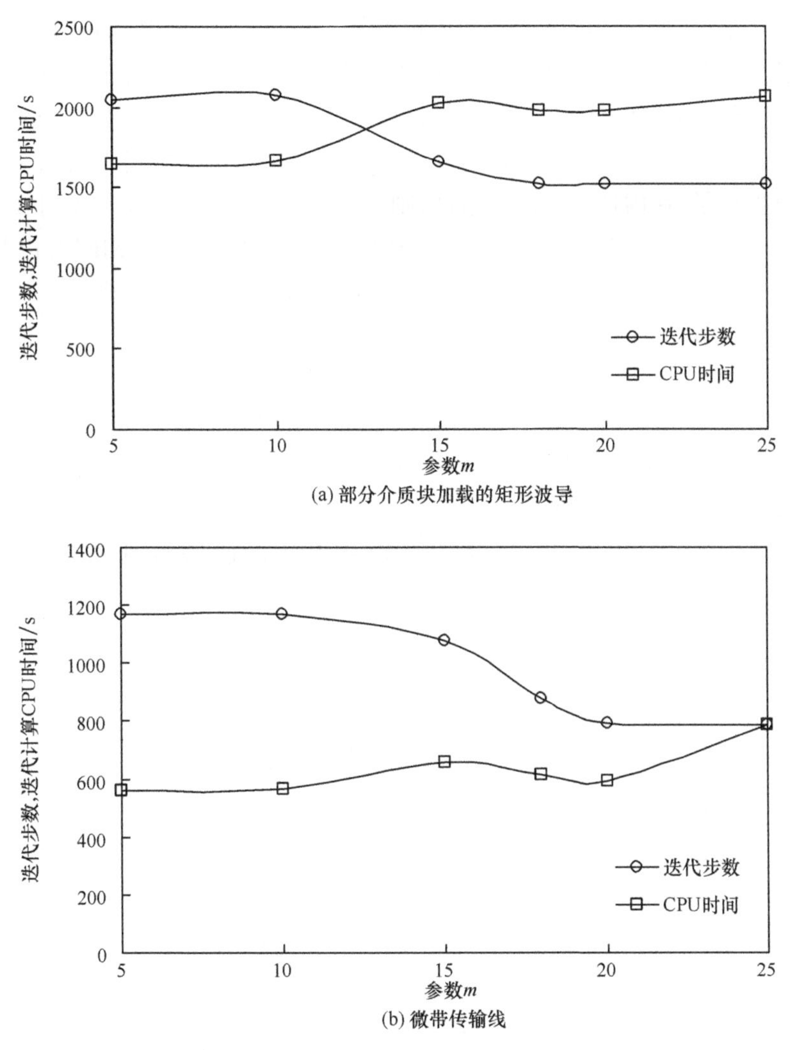

图 6.20 参数 m 取不同值时 SAI/SSOR 混合双步预条件 CG 迭代算法的收敛迭代步数和迭代计算 CPU 时间

6.4.2 SSOR 预条件技术与 GMRESR 及 FGMRES 结合算法

内外迭代技术、预条件技术都能很好地改进迭代算法的收敛效果,本节将介绍如何利用常用的预条件技术来优化内外迭代技术的加速收敛效果。前面已经提到,内外迭代加速技术中内迭代无需精确地求出,而只需得到一个快速近似解。因此,可以将内迭代的退出条件放宽:一般定义为迭代满若干步,满足这个条件则退出内迭代。那么,如果在内迭代中加入预条件,加速内迭代求解,则可以保证在使用相同迭代步数的情况下得到更精确的内迭代解。这相当于在相同的计算代价的情况下,增强了内迭代作为隐式预条件技术的预条件效果,从而达到加快外迭代收敛速度的目的。从另一个角度看,内外迭代技术中的内迭代相当于使用了灵活可变的预条件算子,在内迭代中加预条件,则实现了可变预条件算子和不可变预条件算子的混合。文献[11]和[12]中分别将 SSOR 预条件技术同 FGMRES 以及 GMRESR 相结合,分别形成 SSOR-FGMRES 和 SSOR-GMRESR 快速算法。不失一般性,这里以文献[12]中的 SSOR-GMRESR 算法进行说明,重点讨论这种混合技术的收敛改善效果。

首先分析 6.1 节中的部分介质块加载的矩形波导,结构参数、未知量个数均相同。迭代算法的初始解均取为零,收敛误差取为−70dB,所有计算都在 Pentium IV 1.7GHz 个人计算机上进行。图 6.21 给出了当工作频率为 $f=10\text{GHz}$ 时,不同预条件 CG 算法和 SSOR-GMRESR 方法的收敛特性与迭代步数的关系。

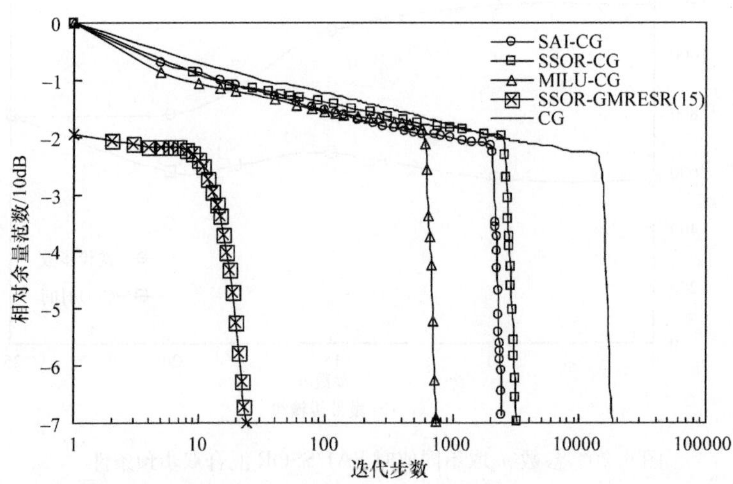

图 6.21 加载部分介质块的矩形波导工作频率 $f=10\text{GHz}$ 时,不同预条件 CG 算法和 SSOR-GMRESR 迭代算法的收敛曲线

从图 6.21 中可以看出，在取内迭代 $m_{\text{inner}}=15$ 的情况下，传统 CG 算法的迭代步数是 SSOR-GMRESR(15)的 726.4 倍，而各算法的 CPU 时间为：SSOR-GMRESR(15)为 175s，MILU-CG(加对角扰动的 ILU 预条件 CG)为 835s，SSOR-CG 为 1462s，SAI-CG 为 1767s，传统 CG 需要 7396s。SSOR-GMRESR(15)与 CG 算法相比，计算时间上的改善效果要比迭代步数的改善效果小得多。图 6.22 比较了内迭代加预条件 GMRESR 与不加预条件 GMRESR 的收敛效果。

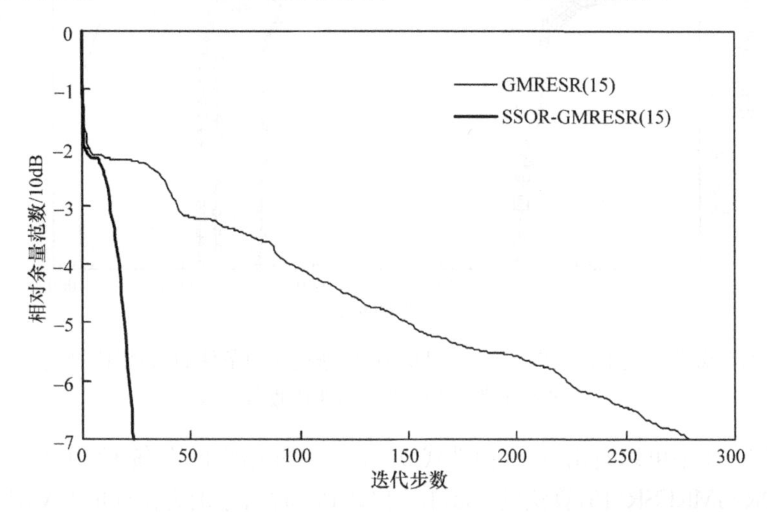

图 6.22　加载部分介质块的矩形波导工作频率 $f=10\text{GHz}$ 时，内迭代加预条件的 GMRESR 法与不加预条件的 GMRESR 算法的迭代收敛曲线

下面考虑一个未知量更大的微带天线[13]，其几何结构尺寸如图 6.23 所示。整个区域被分成 67500 个四面体，包含 9868 个内节点和 70029 条内边。结果中生成一个共有 79897 条未知边的待求解的大规模复稀疏线性系统。当工作频率为

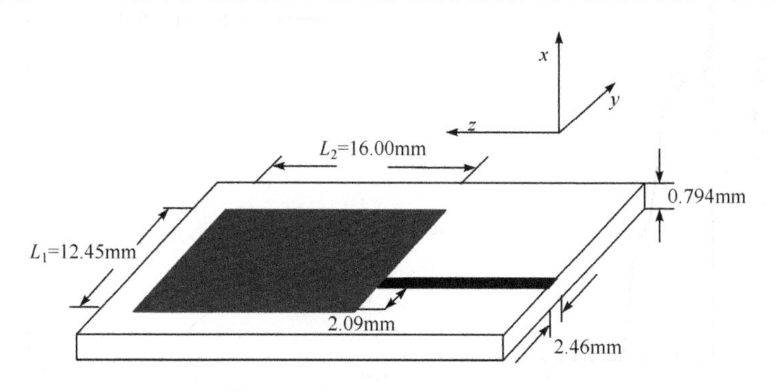

图 6.23　带 PML 截断的微带天线几何结构与尺寸

f=7.5GHz 时，不同预条件 CG 方法和 SSOR-GMRESR(25)方法的收敛误差与迭代步数的关系如图 6.24 所示。

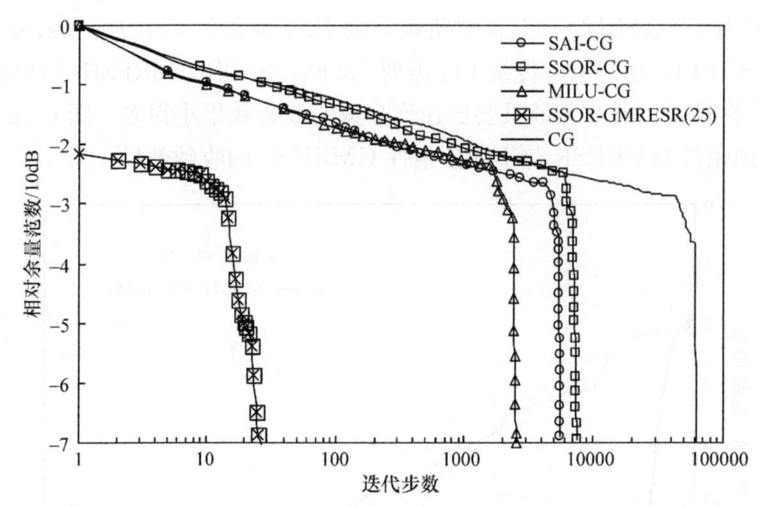

图 6.24　微带天线工作频率 f=7.5GHz 时，内迭代加预条件的 GMRESR 迭代算法与各种预条件 CG 算法的迭代收敛曲线

从图 6.24 中可以看出，在取内迭代 m_{inner}=25 的情况下，传统 CG 算法的迭代步数是 SSOR-GMRESR(15)算法的 23311.5 倍；CPU 时间分别为：SSOR-GMRESR(25)为 889s，SSOR-CG 为 4519s，SSOR-CG 为 8694s，MILU-CG(加对角扰动的 ILU 预条件 CG)为 9794s，传统 CG 需要 63429s。在计算时间上，SSOR-GMRESR(15)仅仅是 CG 算法的 71.3 倍，比迭代步数的改善效果要差很多。图 6.25 比较了内迭

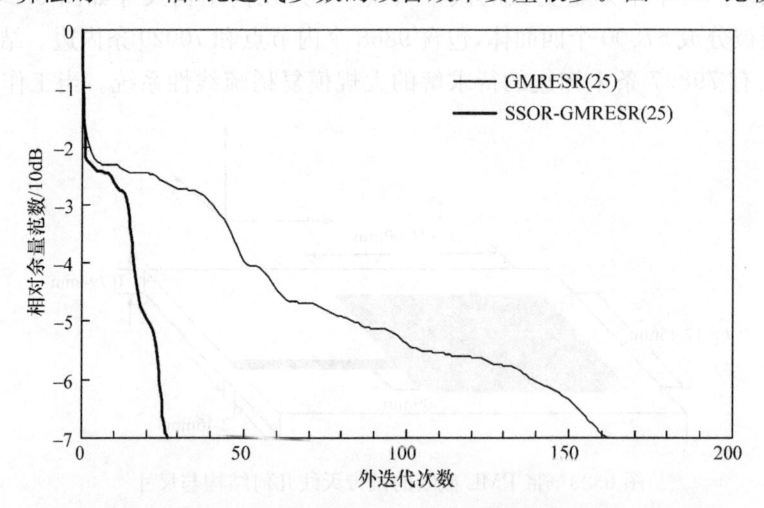

图 6.25　对于微带天线问题工作频率 f=7.5GHz 时，内迭代加预条件的 GMRESR 迭代算法与不加预条件的 GMRESR 算法的迭代收敛曲线

代加预条件 GMRESR 与不加预条件 GMRESR 的收敛效果，可以看出，用 SSOR 作内迭代 GMRES 预条件的 GMRESR(25)算法与不用预条件的 GMRESR 算法相比，前者迭代步数是后者的 16.7%，而前者求解时间是后者的 22.7%。

在 GMRESR 中一个重要的问题是如何选取参数 m_{inner}，使迭代算法的收敛效果最好。从理论上讲，m_{inner}越大，对迭代收敛的改善越明显。但事实不是这样，随着 m_{inner}的增大，内迭代的计算复杂度也会随之增加。一般情况下，需要选择一个适中的 m_{inner}值来平衡算法的计算时间和效率。下面列举本节涉及的三个算例来验证这一说法。图 6.26 分别给出了随着 m_{inner}的变化，SSOR-GMRESR(25)应用到这两个算例上收敛时的迭代步数和迭代 CPU 时间。可以看出，随着 m_{inner}的增大，迭代步数单调下降，然而迭代时间在接近到各自的最优值(加半高介质块波导的不连续问题 $m_{\text{inner}}=15$，微带传输线和微带天线 $m_{\text{inner}}=25$)后又重新开始增大。

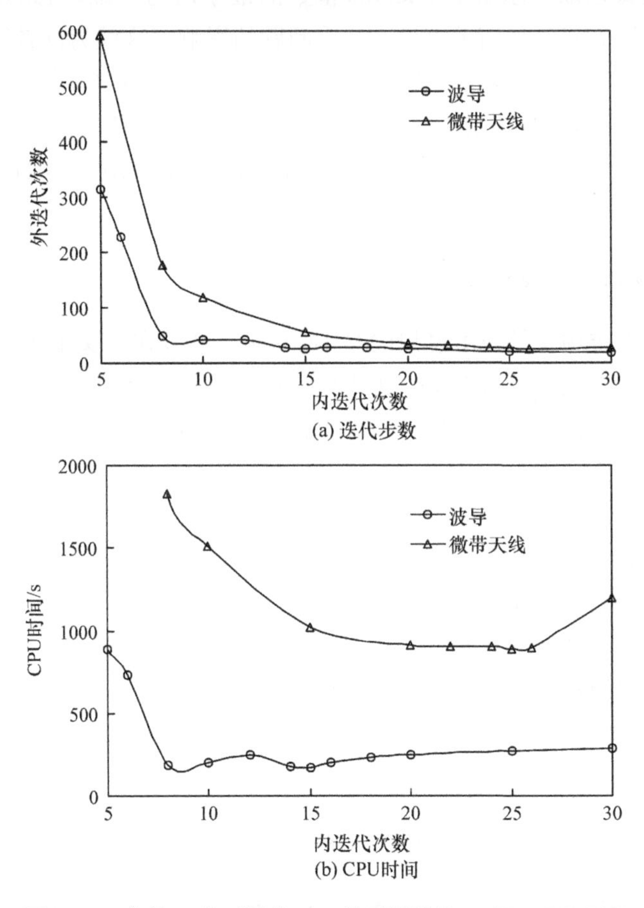

图 6.26 参数 m 取不同值时三种不同结构 SSOR-GMRESR 迭代算法收敛时的迭代步数和 CPU 时间

6.5 多重预条件技术

前面所讨论的预条件CG(PCG)迭代算法、预条件GMRES(PGMRES)迭代算法在迭代过程中始终都采用唯一的预条件算子$\boldsymbol{M}$,它可以是任一对角(Diag)预条件算子、对称超松弛(SSOR)预条件算子、不完全LU(ILU)分解预条件算子、近似逆(SAI)预条件算子等。然而,随着系数矩阵$\boldsymbol{A}$性态的不同,上述预条件方法的预条件效果也会不一样。对角预条件适用于对角占优的矩阵;SSOR预条件在对称正定情况下会有很好的预条件效果;ILU分解已经成功地应用于非对称稠密矩阵,但是其分解方法非常病态,结果会导致三角求解不稳定和预条件方法失效;SAI以非零模式选取下求解Frobenius范数的最小值为基础,因此其预条件效果受非零模式选取方式和如何求解最小二乘问题的影响。这就为读者针对具体的问题应用何种预条件技术带来了难题。为了克服各种预条件技术自身的不足,更好地发挥各自的优点,本节开始考虑如何在迭代算法中同时施加多个预条件操作的多重预条件技术,以及在现有多个预条件算子可以利用的情况下,如何采用算法对适当的预条件进行选择的问题。

6.5.1 多重预条件共轭梯度算法

首先提出多重预条件技术思想的是Bridson等[13],在其文献中将用于迭代求解正定对称矩阵方程的预条件CG迭代算法推广到多重预条件CG(multipreconditioned conjugate gradient,MP-CG)迭代算法。下面给出MP-CG迭代算法的流程以便进一步讨论分析。

算法6.2 MP-CG

(1) 选定$\boldsymbol{x}_0$、k、tol;$\boldsymbol{r}_0=\boldsymbol{b}-\boldsymbol{A}\boldsymbol{x}_0$;

(2) $\boldsymbol{p}_1^j=\boldsymbol{z}_1^j=\boldsymbol{M}_j^{-1}\boldsymbol{r}_0,j=1,\cdots,k$;

(3) 构造矩阵$\boldsymbol{P}_1=[\boldsymbol{p}_1^1,\boldsymbol{p}_1^2,\cdots,\boldsymbol{p}_1^k]$;

(4) $\boldsymbol{y}_1=(\boldsymbol{P}_1^{\mathrm{H}}\boldsymbol{A}\boldsymbol{P}_1)^{-1}(\boldsymbol{P}_1^{\mathrm{H}}\boldsymbol{r}_0)$;

(5) $\boldsymbol{x}_1=\boldsymbol{x}_0+\boldsymbol{P}_1\boldsymbol{y}_1,\boldsymbol{r}_1=\boldsymbol{r}_0-\boldsymbol{A}\boldsymbol{P}_1\boldsymbol{y}_1$;

(6) $i=1$,当$\|\boldsymbol{r}_i\|_2>$tol时进行迭代:

$$\boldsymbol{Z}_{i+1}=[\boldsymbol{M}_1^{-1}\boldsymbol{r}_i,\boldsymbol{M}_2^{-1}\boldsymbol{r}_i,\cdots,\boldsymbol{M}_k^{-1}\boldsymbol{r}_i],\quad \boldsymbol{P}_{i+1}=\boldsymbol{Z}_{i+1}-\sum_{j=1}^{i}\boldsymbol{P}_j(\boldsymbol{P}_j^{\mathrm{H}}\boldsymbol{A}\boldsymbol{P}_j)^{-1}\boldsymbol{P}_j^{\mathrm{H}}\boldsymbol{Z}_{i+1}$$

$$\boldsymbol{y}_{i+1}=(\boldsymbol{P}_{i+1}^{\mathrm{H}}\boldsymbol{A}\boldsymbol{P}_{i+1})^{-1}(\boldsymbol{P}_{i+1}^{\mathrm{H}}\boldsymbol{r}_i),\quad \boldsymbol{x}_{i+1}=\boldsymbol{x}_i+\boldsymbol{P}_{i+1}\boldsymbol{y}_{i+1},\quad \boldsymbol{r}_{i+1}=\boldsymbol{r}_i-\boldsymbol{A}\boldsymbol{P}_{i+1}\boldsymbol{y}_{i+1}$$

$i=i+1$,循环。其中,k为预条件算子的个数,$\boldsymbol{M}_j^{-1}$为不同的预条件算子。很显然,搜索的解空间由$\boldsymbol{M}^{-1}\boldsymbol{r}_i$扩展为$[\boldsymbol{M}_1^{-1}\boldsymbol{r}_i,\boldsymbol{M}_2^{-1}\boldsymbol{r}_i,\cdots,\boldsymbol{M}_k^{-1}\boldsymbol{r}_i]$,更有利于迭代的收

敛。另外,先前 PCG 中的矢量操作变为 $n\times k$(n 为未知量个数)的矩阵操作;$\boldsymbol{P}_j^{\mathrm{H}}\boldsymbol{A}\boldsymbol{P}_j$ 为 $k\times k$ 的矩阵,对其求逆的时间相对于整个迭代时间可以忽略不计。这样,采用 k 个预条件算子的 MP-CG 迭代算法的计算复杂度为 PCG 迭代算法的 k 倍,MP-CG 的内存需求也是 PCG 的 k 倍。这是限制该算法有效性的主要因素。

6.5.2 多重预条件广义最小余量算法

将 PCG 扩展为 k 重预条件的 MP-CG,其计算的时间和空间复杂度都变为相应的 k 倍,而且 CG 迭代算法求解时系数矩阵 $\boldsymbol{A}$ 必须对称正定,收敛速度慢,因此这种算法推广价值不是很大,考虑将 MP 的思想推广到适应范围更广、收敛效果更好的 GMRES(m)上,定义为多重预条件广义最小余量(multipreconditioned generalized minimal residual,MP-GMRES(m))算法[14]。

算法 6.3　MP-GMRES(m)

(1) 初始化:设 $\boldsymbol{x}_0$ 和 Krylov 子空间的维数 m。定义一个$(m+1)\times m$ 的矩阵 $\overline{\boldsymbol{H}}_m$ 并设其每一项初值 h_{ij} 为零。

(2) Arnoldi 迭代:

① 计算 $\boldsymbol{r}_0=\boldsymbol{b}-\boldsymbol{A}\boldsymbol{x}_0,\beta=\|\boldsymbol{r}_0\|_2,\boldsymbol{v}_1=\boldsymbol{r}_0/\beta$,选定 k。

② 对于 $j=1,\cdots,m$,计算

$$\boldsymbol{z}_j=\boldsymbol{M}_{j(l)}^{-1}\boldsymbol{v}_j,\quad \boldsymbol{w}=\boldsymbol{A}\boldsymbol{z}_j$$

对于 $i=1,\cdots,j$,计算

$$\begin{cases} h_{ij}=(\boldsymbol{w},\boldsymbol{v}_i) \\ \boldsymbol{w}=\boldsymbol{w}-h_{i,j}\boldsymbol{v}_i \end{cases}$$

$$h_{j+1,j}=\|\boldsymbol{w}\|_2,\quad \boldsymbol{v}_{j+1}=\boldsymbol{w}/h_{j+1,j}$$

③ 定义 $\boldsymbol{Z}_m:=[\boldsymbol{z}_1,\cdots,\boldsymbol{z}_m]$。

(3) 得出近似解:计算 $\boldsymbol{x}_m=\boldsymbol{x}_0+\boldsymbol{Z}_m\boldsymbol{y}_m$,这里 $\boldsymbol{y}_m=\arg\min\limits_{y}\|\beta\boldsymbol{e}_1-\overline{\boldsymbol{H}}_m\boldsymbol{y}\|_2$,$\boldsymbol{e}_1=[1,0,\cdots,0]^{\mathrm{T}}$。

(4) 循环:如果条件满足,停止迭代;否则,设 $\boldsymbol{x}_0\leftarrow\boldsymbol{x}_m$ 并且跳到第(2)步。其中,$\overline{\boldsymbol{H}}_m$ 为$(m+1)\times m$ 的 Hessenberg 矩阵,$\boldsymbol{M}_{j(l)}$($l=1,2,\cdots,k$)表示不同的预条件器,k 为预条件器的个数。在 Arnoldi 每一步迭代过程交替地使用不同的预条件算子计算 z_j 来实现多重预条件的功效。一般 PGMRES 的迭代过程中 Arnoldi 算法构造预条件过的 Krylov 子空间为 $\mathrm{span}\{\boldsymbol{r}_0,\boldsymbol{A}\boldsymbol{M}^{-1}\boldsymbol{r}_0,\cdots,(\boldsymbol{A}\boldsymbol{M}^{-1})^{m-1}\boldsymbol{r}_0\}$,并在此空间内获得对精确解的逼近 $\boldsymbol{x}_m$。多重预条件通过构造多重预条件的 Krylov 子空间 $\mathrm{span}\{\boldsymbol{r}_0,\boldsymbol{A}\boldsymbol{M}_{j1}^{-1}\boldsymbol{r}_0,\cdots,(\boldsymbol{A}\boldsymbol{M}_{j(m-1)}^{-1})^{m-1}\boldsymbol{r}_0\}$来获得对精确解的逼近。比较算法 5.6 右边预条件的 GMRES,MP-GMRES 除了需要构造多个预条件算子,不需花费额外

的计算时间和存储空间。

为了验证 MP-GMRES 对右边预条件 GMRES 的改进效果，下面考察三种不同结构理想导体双站 RCS 散射情况：

算例 6.5 半径为 1m 的导体球(sphere)。入射波频率为 3GHz，未知量为 2648。

算例 6.6 双向尖导体(double ogive)，模型如 3.7 节所示。入射波频率为 5GHz，未知量为 2574。

算例 6.7 边长为 1m 的导体方块。入射波频率为 350MHz，未知量为 2244。

这里所用的预条件方法有 Diag 预条件、SSOR 预条件、ILU 分解预条件及 SAI 预条件。迭代的初始近似解仍然取为零，收敛精度设置为 10^{-3}，而最大迭代步数取为 2000。此外，右边预条件 GMRES 每次循环中的迭代步数仍设置为 30。所有计算均在 Pentium Ⅳ 2.7GHz、960MB RAM 个人计算机上进行。

表 6.11 给出了应用各种预条件方法求解算例 6.5～算例 6.7 系统方程时算子的迭代步数和求解时间。从图 6.27 可以看出，Diag 预条件对 GMRES 迭代算法的改善效果并不明显，而 SAI 预条件却能很好地改善 GMRES 迭代算法的收敛性。混合 SAI 和 Diag 预条件方法的收敛时间是 Diag 预条件方法的收敛时间的 29.4%；在整个的求解时间上(包括预条件算子的构造时间)，MP-GMRES 算法的 21.3s 也要比 Diag 算法的 31.3s 少。

表 6.11 应用各种预条件方法求解算例 6.5～算例 6.7 系统方程时算子的迭代步数和求解时间

序号	导体球	迭代步数/求解时间	双向尖导体	迭代步数/求解时间	立方体	迭代步数/求解时间
1	GMRES	240/37.03s	GMRES	317/30.95s	GMRES	398/41.66s
2	Jacobi	193/31.28s	SSOR-GMRES	264/30.56s	SSOR-GMRES	346/40.13s
3	SAI-GMRES	30/5.45s	SAI-GMRES	27/3.09s	ILU-GMRES	40/8.56s
4	MP-GMRES	57/9.81s	MP-GMRES	61/7.19s	MP-GMRES	69/11.83s

同样的结论还可以从图 6.28 和图 6.29 中得到，将 SAI 和 SSOR 预条件方法混合在一起后，整个求解时间(包括预条件算子的构造时间)，MP-GMRES 的 12.0s 要比 SSOR-GMRES 的 30.6s 少。将 ILU 和 SSOR 预条件方法混合在一起，整个求解时间上(包括预条件算子的构造时间)，MP-GMRES 法的 11.8s 要比 SSOR-GMRES 法的 40.1s 少。

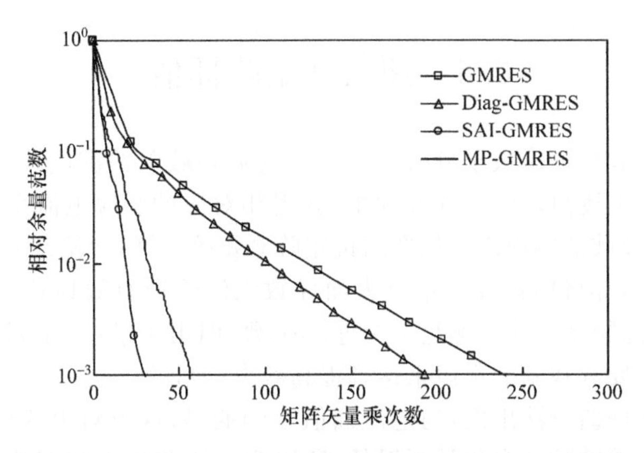

图 6.27　应用各种右边预条件的 GMRES 迭代方法求解算例 6.5 系统方程的收敛曲线

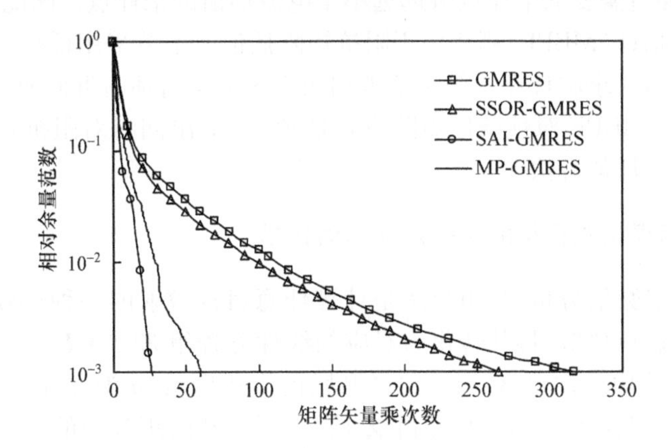

图 6.28　应用各种右边预条件的 GMRES 迭代方法求解算例 6.6 系统方程的收敛曲线

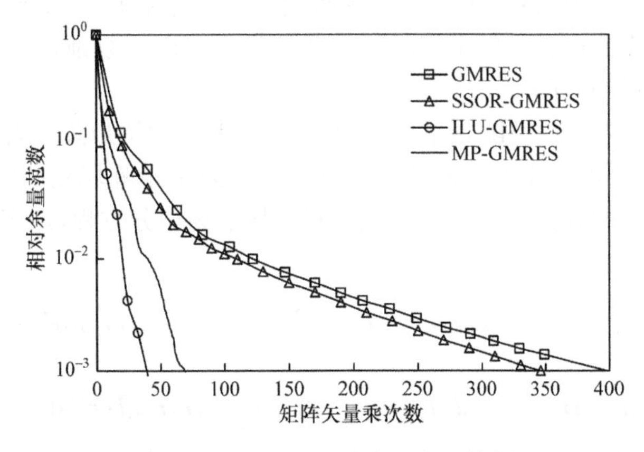

图 6.29　应用各种右边预条件的 GMRES 迭代方法求解算例 6.7 系统方程的收敛曲线

6.6　预条件矩阵插值

利用矩量法和快速多极子分析复杂目标的宽频域单站雷达截面积，传统方法是在每个频率点上逐点求解线性方程组，获得相对应的感应电流系数。对于电大尺寸目标，在宽频域范围内逐点构造阻抗矩阵和矩阵求逆，无论是构造阻抗矩阵还是求解线性系统，都将使得计算量巨大而导致无法快速有效地获得最终的结果。这里，电流系数随频率变化虽然是一个连续函数，但由于求逆，相邻频率之间相关性不强，因此，需要寻找新的手段来达到提高效率的目的。

本节同样从插值方法出发，与电流插值不同的是，这里对阻抗矩阵进行插值。由于格林函数随着波数的变化是缓慢的，所以阻抗矩阵随着频率的变化也是缓慢的，阻抗矩阵插值需要的采样点将远远小于电流插值的采样点。因此，本章分析和阐述模型参数估计(MBPE)算法用于阻抗矩阵插值。本节采用稀疏近似逆预条件方法用于加速迭代求解计算。为了节省扫频带来的构造稀疏近似逆预条件矩阵的时间，同样采用 MBPE 对预条件矩阵进行插值，并提出同时对阻抗矩阵和预条件矩阵插值的混合插值方法[15]。

6.6.1　基于有理函数模型的阻抗矩阵插值技术

在电磁散射数值分析中，矩量法是计算任意目标散射的一种有效工具。矩量法对积分方程进行离散，将其转化为对应的线性方程组 $\boldsymbol{Z}^{n\times n}\cdot\boldsymbol{I}^{n\times 1}=\boldsymbol{V}^{n\times 1}$，其中 $\boldsymbol{Z}$ 为阻抗矩阵，$\boldsymbol{I}$ 为电流向量，$\boldsymbol{V}$ 为入射场激励的右边向量，n 为方程的未知量个数。一般情况下，矩量法产生的阻抗矩阵 $\boldsymbol{Z}$ 是一个稠密阵，矩阵中的每个元素都通过数值积分获得，使得计算阻抗元素的时间占整个散射计算求解时间的大部分。在宽频带散射分析中，随频率变化的 RCS 曲线往往变化剧烈，为了精确描述目标的频率变化特性，需要用较小的采样间隔在宽频带上不断重复地计算阻抗矩阵和求解方程，耗费大量的时间。

相对于诸如 RCS 此类随频率变化剧烈的物理量，阻抗矩阵元素随频率变化比较平缓，因此，采用阻抗矩阵插值的方法可以减少阻抗矩阵填充的时间，从而节省宽频带散射计算的时间。对于三维散射问题，从电场积分方程(EFIE)和磁场积分方程(MFIE)的公式出发

$$\hat{\boldsymbol{t}}\cdot\boldsymbol{E}^{\mathrm{inc}}=\mathrm{j}k\eta\hat{\boldsymbol{t}}\cdot\int_S\left(\bar{\boldsymbol{I}}+\frac{\nabla\nabla}{k^2}\right)G(\boldsymbol{r},\boldsymbol{r}')\cdot\boldsymbol{J}(\boldsymbol{r}')\mathrm{d}\boldsymbol{r}' \tag{6.12}$$

$$\hat{\boldsymbol{n}}\times\boldsymbol{H}^{\mathrm{inc}}=\frac{1}{2}\boldsymbol{J}(\boldsymbol{r}')-\hat{\boldsymbol{n}}\times\nabla\times\int_{S_0}G(\boldsymbol{r},\boldsymbol{r}')\boldsymbol{J}(\boldsymbol{r}')\mathrm{d}\boldsymbol{r}' \tag{6.13}$$

可以看出，阻抗矩阵随频率的变化规律由格林函数决定。对于自由空间金属目标的散射问题，格林函数为

$$G(\boldsymbol{r},\boldsymbol{r}')=\frac{\mathrm{e}^{-\mathrm{j}k|\boldsymbol{r}-\boldsymbol{r}'|}}{4\pi|\boldsymbol{r}-\boldsymbol{r}'|} \tag{6.14}$$

它是 e 的指数形式，随频率变化的趋势只与波数 k 有关。阻抗矩阵元素可以近似地认为随着三维格林函数中的指数函数 $\mathrm{e}^{-\mathrm{j}kr}$ 而变化，即 $Z_{mn}\propto\exp(-\mathrm{j}kR_{mn})$。此时，定义

$$Z'_{mn}=Z_{mn}\exp(\mathrm{j}kR_{mn}) \tag{6.15}$$

式(6.15)用于消除阻抗矩阵元素随频率变化的波动特性，使阻抗矩阵元素 Z'_{mn} 在角宽的频带内较原来的阻抗矩阵元素 Z_{mn} 变得更平缓，从而插值方法更加适合用于估计新的阻抗元素。

对于电大尺寸目标的散射问题，传统矩量法受计算时间和内存的限制，无法进行有效分析。快速多极子和多层快速多极子将阻抗矩阵分为远场和近场两部分：

$$\boldsymbol{Z}=\boldsymbol{Z}_{\text{near}}+\boldsymbol{Z}_{\text{far}} \tag{6.16}$$

近场阻抗矩阵 $\boldsymbol{Z}_{\text{near}}$ 用矩量法直接计算，远场阻抗矩阵 $\boldsymbol{Z}_{\text{far}}$ 用聚合、转移、配置因子隐式地表示，从而可以将矩量法的计算复杂度从 $O(N^2)$ 降低到 $O(N\log N)$，内存消耗同样从 $O(N^2)$ 减低到 $O(N\log N)$。矩量法结合多层快速多极子分析宽频带电磁散射问题，由于远场的聚合、转移、配置因子构造时间少、存储消耗少，所以主要的计算开销集中在近场阻抗矩阵填充和线性方程组求解，因此可以利用插值技术加速近场阻抗矩阵的填充，从而提高宽频带电磁散射分析的效率。

插值函数采用有理函数：

$$Z_{mn}(k)=\frac{a_0+a_1k+\cdots+a_pk^p}{1+b_1k+\cdots+b_qk^q} \tag{6.17}$$

式中，Z_{mn} 为阻抗矩阵中第 m 行和第 n 列元素；k 为波数；$a_0,a_1,\cdots,a_p$ 和 $b_1,b_2,\cdots,b_q$ 为插值系数，可以通过下面的方程求得

$$\begin{bmatrix} 1 & k_1 & \cdots & k_1^p & -Z_{mn}(k_1)k_1 & \cdots & -Z_{mn}(k_1)k_1^q \\ \vdots & & & \vdots & \vdots & & \vdots \\ 1 & k_{p+1} & \cdots & k_{p+1}^p & -Z_{mn}(k_{p+1})k_{p+1} & \cdots & -Z_{mn}(k_{p+1})k_{p+1}^q \\ 1 & k_{p+2} & \cdots & k_{p+2}^p & -Z_{mn}(k_{p+2})k_{p+2} & \cdots & -Z_{mn}(k_{p+2})k_{p+2}^q \\ \vdots & & & \vdots & \vdots & & \vdots \\ 1 & k_{p+q+1} & \cdots & k_{p+q+1}^p & -Z_{mn}(k_{p+q+1})k_{p+q+1} & \cdots & -Z_{mn}(k_{p+q+1})k_{p+q+1}^q \end{bmatrix}\begin{bmatrix} a_0 \\ \vdots \\ a_p \\ b_1 \\ \vdots \\ b_q \end{bmatrix}=\begin{bmatrix} Z_{mn}(k_1) \\ \vdots \\ Z_{mn}(k_{p+1}) \\ Z_{mn}(k_{p+2}) \\ \vdots \\ Z_{mn}(k_{p+q+1}) \end{bmatrix} \tag{6.18}$$

利用有理函数插值，可以用很少的采样点获得宽频带的 RCS 响应。

为了分析阻抗矩阵插值的效果，分析了导弹（未知量为 7818）、金属平板（1m×1m，未知量为 34165）、金属立方体（1m×1m×1m，未知量为 121854），分别如图 6.30～图 6.32 所示。第一个例子的入射角度为 $\theta=90°$、$\varphi=45°$，第二、三个例子的入射角度为 $\theta=0°$、$\varphi=45°$。迭代求解采用的是重启的 GMRES 算法，子空间维数为 30，迭代收敛的精度为 10^{-3}。所有的算例都是在个人计算机上仿真，CPU 为 Intel Core II 8300 2.66GHz，内存为 1.96GHz。从 RCS 扫频曲线可以看出，阻抗矩阵插值的曲线明显比电流插值的曲线要准确，因此，可以证明阻抗矩阵随频率变化的趋势较电流随频率变化的趋势更加平缓。然而，从表 6.12 计算时间上来看，阻抗矩阵插值的计算时间与电流插值的计算时间相比没有任何优势，甚至花费的计算时间更长，其主要原因为：阻抗矩阵构造的时间虽然缩短，但迭代求解的时间没有改变。对于性态比较差的方程，迭代法收敛非常慢，使得求解的时间远远大于阻抗矩阵构造的时间。在这种情况下，即使阻抗矩阵构造的时间能够大幅度降低，计算总时间的花费仍然很多。因此，对于性态较差的方程组，仅仅使用阻抗矩阵插值的方法，计算效率得不到很大的改善，需要新的方法对阻抗矩阵插值进行改进。

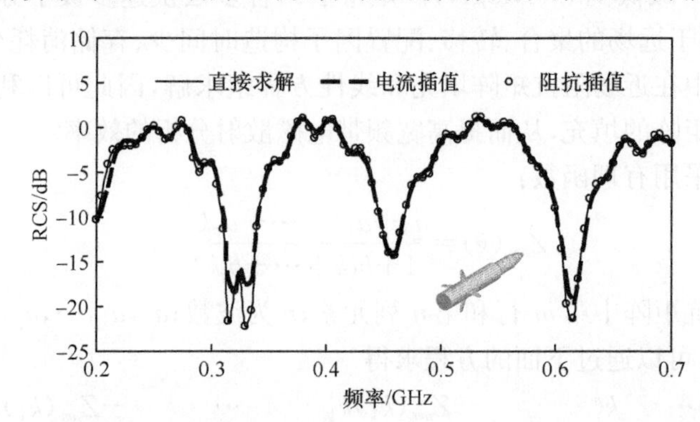

图 6.30　导弹的计算结果：VV 极化的 RCS 扫频曲线

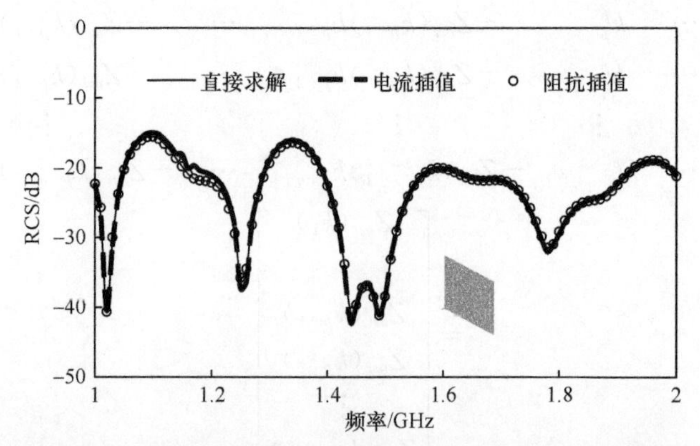

图 6.31　金属平板的计算结果：VV 极化的 RCS 扫频曲线

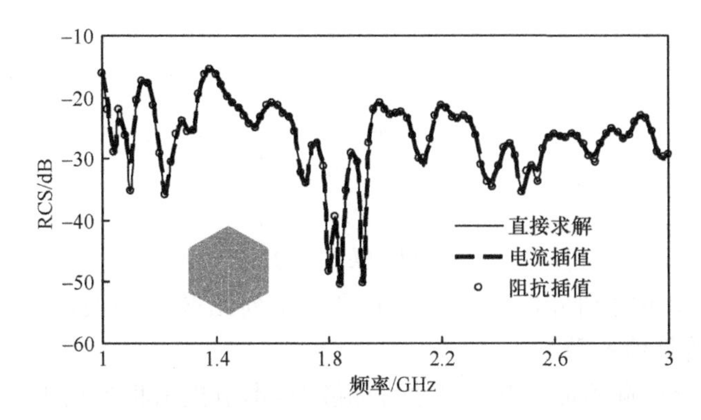

图 6.32　金属立方体的计算结果：VV 极化的 RCS 扫频曲线

表 6.12　频率扫描的总时间比较

目标	未知量	带宽	无插值计算时间/s	电流插值计算时间/s	阻抗矩阵插值计算时间/s
导弹	7818	500MHz	8974	5816	5724
平板	34165	1GHz	63589	32372	53079
立方体	121854	2GHz	75593	37847	46552

6.6.2　基于有理函数模型的稀疏近似逆预条件矩阵插值技术

利用阻抗矩阵插值虽然解决了构造阻抗矩阵的问题，但方程的求解仍然是扫频的瓶颈。在这里，为了能够使迭代求解快速收敛，可以采用稀疏近似逆(SAI)预条件。采用 SAI 预条件加速方程求解虽然减少了迭代步数，但同样增加了构造预条件的时间，尤其是在每个频点上都要构造预条件。可以发现，SAI 预条件矩阵不需要非常高的精确度，也能够获得同样的加速收敛效果，同时不改变最后的 RCS 结果。因此，在对 SAI 预条件矩阵进行插值时，可以节省大量的预条件构造时间。对 SAI 插值同样用有理函数插值的方法，具体公式为

$$M_{mn}(k)=\frac{c_0+c_1k+\cdots+c_pk^p}{1+d_1k+\cdots+d_qk^q} \tag{6.19}$$

$$\begin{bmatrix} 1 & k_1 & \cdots & k_1^p & -M_{mn}(k_1)k_1 & \cdots & -M_{mn}(k_1)k_1^q \\ \vdots & & & \vdots & \vdots & & \vdots \\ 1 & k_{p+1} & \cdots & k_{p+1}^p & -M_{mn}(k_{p+1})k_{p+1} & \cdots & -M_{mn}(k_{p+1})k_{p+1}^q \\ 1 & k_{p+2} & \cdots & k_{p+2}^p & -M_{mn}(k_{p+2})k_{p+2} & \cdots & -M_{mn}(k_{p+2})k_{p+2}^q \\ \vdots & & & \vdots & \vdots & & \vdots \\ 1 & k_{p+q+1} & \cdots & k_{p+q+1}^p & -M_{mn}(k_{p+q+1})k_{p+q+1} & \cdots & -M_{mn}(k_{p+q+1})k_{p+q+1}^q \end{bmatrix}\begin{bmatrix} c_0 \\ \vdots \\ c_p \\ d_1 \\ \vdots \\ d_q \end{bmatrix}$$

$$
=\begin{bmatrix} M_{mn}(k_1) \\ \vdots \\ M_{mn}(k_{p+1}) \\ M_{mn}(k_{p+2}) \\ \vdots \\ M_{mn}(k_{p+q+1}) \end{bmatrix} \tag{6.20}
$$

式中，M_{mn} 为 SAI 预条件矩阵中的第 m 行和第 n 列元素；k 为波数；$c_0, c_1, \cdots, c_p$ 和 $d_1, d_2, \cdots, d_q$ 为插值系数。

为了快速分析宽频带的电大尺寸目标散射，本节提出将近场阻抗矩阵插值和预条件插值相结合，可以节省大量的计算时间。下面用数值算例来说明混合插值方法的效果，分别为导弹(未知量为 7818)、金属平板(1m×1m，未知量为 34165)、金属立方体(1m×1m×1m，未知量为 121854)。第一个例子的入射角度为 $\theta=90°$、$\phi=45°$，第二、三个例子的入射角度为 $\theta=0°$、$\phi=45°$。迭代求解采用的是重启的 GMRES 算法，子空间维数为 30，迭代收敛的精度为 10^{-3}。所有的算例都在个人计算机上仿真，CPU 为 Intel Core II 8300 2.66GHz，内存为 1.96GHz。为了能够显示混合插值方法的优势，将电流插值的结果与新方法的结果进行了比较。如图 6.33(a)、图 6.34(a)和图 6.35(a)所示，当 RCS 曲线复杂时，电流插值方法没有得到准确的结果，相应的采样点数分别为 61、41 和 51；阻抗矩阵插值可以得到准确的 RCS 曲线，且每个算例的阻抗矩阵的采样点数均为 6，预条件的采样点数为 5。可见，在相对少的采样点个数的前提下，阻抗矩阵插值可以获得比电流插值更好的结果。

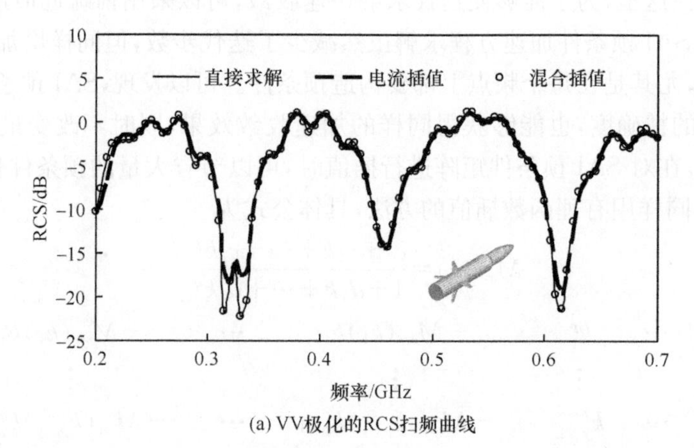

(a) VV极化的RCS扫频曲线

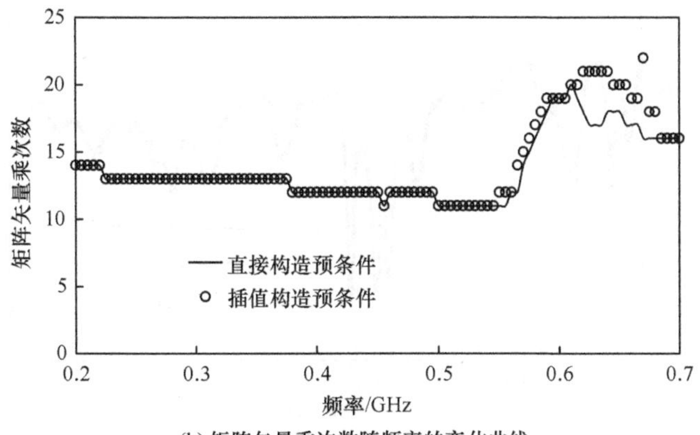

(b) 矩阵矢量乘次数随频率的变化曲线

图 6.33　导弹的计算结果

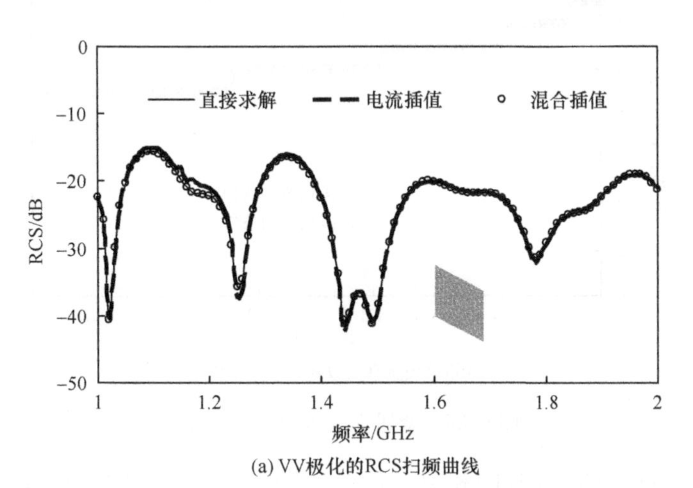

(a) VV极化的RCS扫频曲线

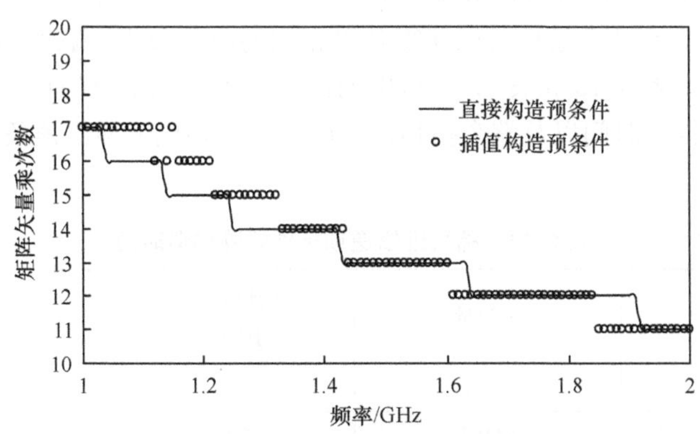

(b) 矩阵矢量乘次数随频率的变化曲线

图 6.34　金属平板的计算结果

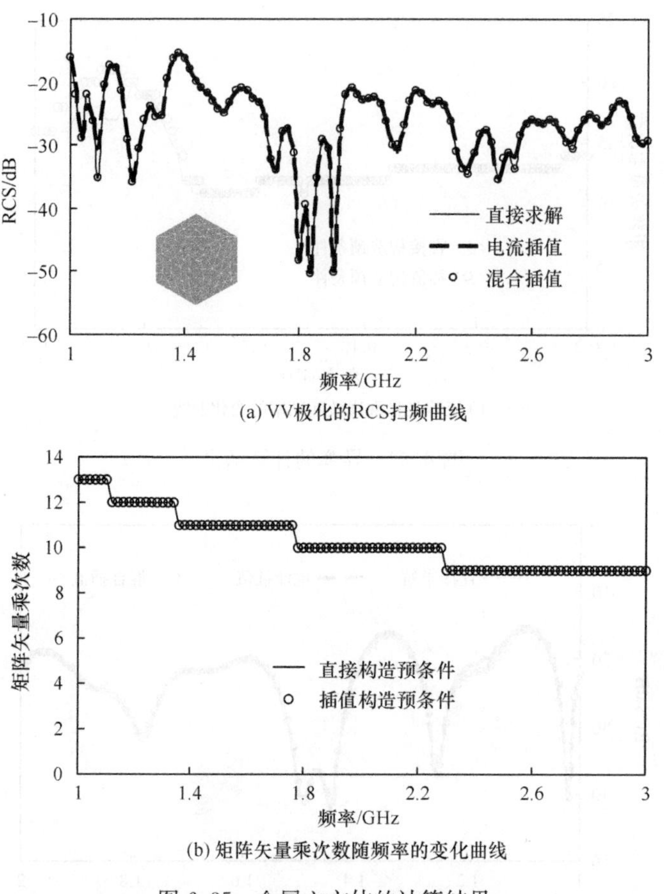

(a) VV极化的RCS扫频曲线

(b) 矩阵矢量乘次数随频率的变化曲线

图 6.35 金属立方体的计算结果

如图 6.33(b)、图 6.34(b)和图 6.35(b)所示，插值获得的 SAI 预条件和传统方法直接构造的 SAI 预条件可以获得几乎相同的收敛效果，因此可以证明插值方法是有效的。由表 6.13 和表 6.14 给出的混合插值方法的计算时间可以看出，各算例的预条件构造时间以及整个扫频计算的时间都要比无插值预条件求解方法少得多。

表 6.13 稀疏近似逆预条件矩阵构造时间

目标	未知量	无插值时 SAI 构造时间/s	经过插值后 SAI 的构造时间/s
导弹	7818	5947	541
平板	34165	59083	4130
立方体	121854	60780	4310

表 6.14　频率扫描的总时间比较

目标	未知量	带宽	无插值 计算时间/s	电流插值 计算时间/s	混合插值 计算时间/s
导弹	7818	500MHz	8974	5816	2024
平板	34165	1GHz	63589	32372	5782
立方体	121854	2GHz	75593	37847	10080

参考文献

[1] Dupont T, Kendall R P, Rachford H H. An approximate factorization procedure for solving self-adjoint elliptic difference equations[J]. SIAM Journal on Numerical Analysis, 1968, 5(3):559-573.

[2] Ahn C H, Chew W C, Zhao J S, et al. Numerical study of approximate inverse preconditioner for two-dimensional engine inlet problems[J]. Electromagnetics, 1999, 19(2):131-146.

[3] Canning F X, Scholl J F. Diagonal preconditioners for the EFIE using a wavelet basis[J]. IEEE Transactions on Antennas and Propagation, 1996, 44(9):1239-1246.

[4] Chen R S, Yung E K N, Chan C H, et al. Application of SSOR preconditioned conjugate gradient algorithm to edge-FEM for 3-dimensional full wave electromagnetic boundary value problems[J]. IEEE Transactions on Microwave Theory and Techniques, 2002, 50(4):1165-1172.

[5] Chen R S, Ping X W, Yung E K N, et al. Application of diagonally perturbed incomplete factorization preconditioned conjugate gradient algorithms for edge finite-element analysis of Helmholtz equations[J]. IEEE Transactions on Antennas and Propagation, 2006, 54(5):1604-1608.

[6] Rui P L, Chen R S. Perturbed incomplete LU preconditioning of EFIE for electromagnetic scattering problems[C]. Microwave Conference, 2007:1-4.

[7] Rui P L, Chen R S. An efficient sparse approximate inverse preconditioning for FMM implementation[J]. Microwave and Optical Technology Letters, 2007, 49(7):1746-1750.

[8] Song J, Lu C C, Chew W C. Multilevel fast multipole algorithm for electromagnetic scattering by large complex objects[J]. IEEE Transactions on Antennas and Propagation, 1997, 45(10):1488-1493.

[9] Xie Y, He J, Sullivan A, et al. A simple preconditioner for electric-field integral equations[J]. Microwave and Optical Technology Letters, 2001, 30(1):51-54.

[10] Rui P L, Chen R S, Yung E K N, et al. Application of a two-step preconditioning strategy to the finite element analysis for electromagnetic problems[J]. Microwave and Optical Technology Letters, 2006, 48(8):1623-1627.

[11] Ping X W, Chen R S, Tsang K F, et al. The SSOR-preconditioned inner outer flexible GMRES method for the FEM analysis of EM problems[J]. Microwave and Optical Techno-

logy Letters, 2006, 48(9): 1708-1712.

[12] Rui P L, Chen R S. Robust GMRES recursive method for fast finite element analysis of 3D electromagnetic problems[J]. Microwave and Optical Technology Letters, 2007, 49(5): 1010-1015.

[13] Bridson R, Greif C. A multipreconditioned conjugate gradient algorithm[J]. SIAM Journal on Matrix Analysis and Applications, 2006, 27(4): 1056-1068.

[14] Rui P L, Yong H, Chen R S. Multipreconditioned GMRES method for electromagnetic wave scattering problems[J]. Microwave and Optical Technology Letters, 2008, 50(1): 150-152.

[15] Fan Z H, Liu Z W, Ding D Z, et al. Preconditioning matrix interpolation technique for fast analysis of scattering over broad frequency band[J]. IEEE Transactions on Antennas and Propagation, 2010, 58(7): 2484-2487.

第7章　基于物理模型的预条件技术

前几章中研究的预条件方法，如 Jacobi、SSOR、SAI 以及 ILU 预条件都是从线性方程组的系数矩阵出发构造的。在构造预条件算子的过程中，并没有考虑所求解的问题模型的实际物理意义，甚至对系数矩阵的结构特性也没有过多考虑。因此，这类预条件算子不但可以求解切向矢量棱边有限元离散 Helmholtz 方程产生的线性系统，而且可以适用于一般的大型稀疏线性系统，甚至可以适用于稠密矩阵，有着很广泛的适用性。但是从数值仿真结果可以看出[1]，使用基于系数矩阵构造的预条件算子结合 CG 迭代求解切向矢量有限元线性系统一般都需要上千步的迭代。即使对应用在对称矩阵中的不完全 Cholesky 分解(IC)预条件，至少也需要大于 500 步的迭代，而且达到最少迭代步数所需要的对角扰动系数很难选择。基于系数矩阵的预条件方法虽然适用于一般的问题，但是预条件效果却受到很大的限制，因此有必要研究新的预条件方法。

如果从所求解的物理问题出发，通过所需解决的问题的相关信息，如控制方程、边界条件或者离散过程等，根据物理问题所产生的矩阵特性如矩阵的谱分布、对角占优性等，针对妨碍迭代收敛的因素构造预条件算子，则可以获得更高质量的预条件算子。这类算子的缺点是不像基于系数矩阵的预条件算子那样具有广泛的通用性从而可以当成黑匣子来使用，但是对于特定的问题却可以获得高质量的预条件算子。

7.1　电场矢量有限元方程的病态特性

基于 $\boldsymbol{A}$-V 场建模[2-5]($\boldsymbol{A}$ 表示矢量磁位势，V 表示标量电势)的方法是克服基于电场的有限元法低频不稳定性的一种很好的方法。人们已经知道，有限元技术分析时谐电磁场问题时一般是对电场矢量波动方程进行离散。然而，在低频时使用电场矢量波动方程进行建模会遇到一些问题。本节将电场波动方程重新写为

$$\nabla \times (\boldsymbol{\mu}_r^{-1} \nabla \times \boldsymbol{E}) - k_0^2 \boldsymbol{\varepsilon}_r \boldsymbol{E} = 0, \quad 在\ \Omega\ 内 \tag{7.1}$$

$$\boldsymbol{H} \times \boldsymbol{n} = \boldsymbol{K}_t, \quad 在\ \Gamma_H\ 上 \tag{7.2}$$

$$\boldsymbol{E} \times \boldsymbol{n} = \boldsymbol{0}, \quad 在\ \Gamma_E\ 上 \tag{7.3}$$

式中，Ω 为有限尺寸的计算区域，其边界为 Γ；外法向单位矢量为 $\boldsymbol{n}$；$\boldsymbol{\mu}_r$ 与 $\boldsymbol{\varepsilon}_r$ 代表电容率张量与电导率张量；k_0 与 η_0 代表自由空间的波数与特征阻抗。

对方程(7.1)两边取散度，即用∇乘以方程两边，对于任意的矢量 $\boldsymbol{B}$，式(7.4)

成立：

$$\nabla \cdot (\nabla \times \boldsymbol{B}) = 0 \tag{7.4}$$

因此有

$$\nabla \cdot \boldsymbol{\varepsilon}_r \boldsymbol{E} = 0 \tag{7.5}$$

式(7.5)即无源条件下的电场散度方程，在任何条件下均成立，为规范电场的一个准则。从上面的推导可以看出，在高频时式(7.5)被包含在波动方程中；然而在静态场的情况下，$k_0=0$，并不能由式(7.1)导出式(7.5)，即电场散度方程被排除在波动方程之外[2]。在频率低于某一频率时，或局部的有限元离散网格非常小时，在单元网格的内部电场接近于静态场，这时不满足电场散度方程，从而工作频率在低于该频率时散度约束条件不再包含在有限元矩阵之中，因此所求出的电场可能不准确；即使工作频率远大于该频率，仍可能影响有限元矩阵的病态性，并反过来影响求解的精度，这就是基于电场的切向有限元方程的低频不稳定性问题。虽然这种缺点并不影响基于棱边的矢量有限元技术作为一种高频建模的方法，然而在有限元网格离散时，特别是当采用自适应网格离散时，可以使非常小的网格内部的局部电场非常接近静态场，这时会造成有限元矩阵病态性的增加以及不完全分解算法的崩溃，使有限元线性系统采用迭代解法非常困难。因此，棱边有限元方法的低频不稳定性问题不仅在低频的情况发生，在高频的情况下也同样存在。低频时电场散度方程的缺少不但造成了解的不精确性，而且大大增加了有限元线性系统的病态特性，造成了迭代方法求解的困难。下面对矢量有限元线性系统的病态特性进行分析。

使用棱边有限元法对式(7.5)进行离散，假定最后生成的节点数为 K，棱边数为 N，最后产生的线性系统表示为

$$\boldsymbol{S} - k_0^2 \boldsymbol{T} = \boldsymbol{b} \tag{7.6}$$

由有限元公式推导可知，$\boldsymbol{S}$ 矩阵为一对称的半正定矩阵，$\boldsymbol{T}$ 矩阵为一正定矩阵。整个系数矩阵的负特征值可以归为以下两种类型。

第一种类型：在静态场时，即 $\omega=0$，上述方程有 K 个零本征值。当频率逐渐升高时，这些零本征值均移向负数区域，因此系数矩阵呈现非正定性，并且条件数很差。

第二种类型：剩下的 $N-K$ 个本征值对应于待求解的问题的谐振模式。如果相应的本征值问题

$$\boldsymbol{S} - k_0^2 \boldsymbol{T} = 0 \tag{7.7}$$

的最小谐振频率对应的标准波数 k_{K+1} 比工作频率所对应的标准波数 k_0 大，则剩下的 $N-K$ 个本征值均大于零；否则，每一个小于工作频率的谐振频率将导致一个负的本征值的产生。

从上面的分析可以看出，使用切向矢量有限元离散 Helmholtz 产生的线性系

统均为非正定阵。相对于 **S** 矩阵,**T** 矩阵中的元素的模一般都很小,因此系数矩阵的对角线元素均为正数。一般来说,第二种类型的负本征值数目远少于第一种类型的本征值数目,这是造成有限元线性系统病态性的主要因素。在低频时,由于有限元单元的局部场近似静态场造成第一类负本征值的数目大大增加,这造成了构造高质量的预条件算子与迭代法求解的困难。

解决上述问题的办法之一是在有限元建模时强制引入电场散度方程,联立式(7.1)与式(7.5)进行建模。但是对于电磁场边值问题(式(7.1)～式(7.3)),式(7.5)为多余的,即联立式(7.1)～式(7.3)可得到唯一的电场解,这时需要将电场转化为矢量磁势与标量电势的梯度的叠加,并将相应的方程与边界条件进行相应的转换,然后进行有限元建模。这时所得出的有限元方程满足了电场散度方程,可以很好地解决上述低频不稳定性问题,并且消除了系数矩阵的第一种类型的负本征值,使迭代法能够更好地收敛。

7.2 基于 A-V 场的预条件技术

7.2.1 A-V 场有限元公式

用 **A** 表示矢量磁位势,V 表示标量电势,则电场可以表示为

$$\boldsymbol{E}=k_0\boldsymbol{A}+\nabla V \tag{7.8}$$

矢量磁势由式(7.9)给出:

$$\nabla\times\boldsymbol{A}=-\mathrm{j}\eta_0\boldsymbol{\mu}_r\boldsymbol{H} \tag{7.9}$$

并且 **A** 与 V 满足下面的约束方程:

$$k_0\nabla\cdot\boldsymbol{\varepsilon}_r\boldsymbol{A}=-\nabla\cdot\boldsymbol{\varepsilon}_r\nabla V \tag{7.10}$$

将式(7.8)～式(7.10)代入矢量波动方程(7.1)中,并结合规范条件(7.5),得到下面的转化为 A-V 场的边值问题:

$$\left.\begin{aligned}\nabla\times(\boldsymbol{\mu}_r^{-1}\cdot\nabla\times\boldsymbol{A})-\boldsymbol{\varepsilon}_r(k_0^2\boldsymbol{A}+k_0\nabla V)=0\\ \nabla\cdot\boldsymbol{\varepsilon}_r(k_0\boldsymbol{A}+\nabla V)=0\end{aligned}\right\}\text{在 }\Omega\text{ 内} \tag{7.11}$$

$$\frac{\mathrm{j}}{\eta_0}(\boldsymbol{\mu}_r^{-1}\cdot\nabla\times\boldsymbol{A})\times\boldsymbol{n}=\boldsymbol{K}_t,\quad \frac{\partial}{\partial n}(\boldsymbol{\varepsilon}_r V)=0\cup\Gamma_H \tag{7.12}$$

$$\boldsymbol{A}\times\boldsymbol{n}=0,\quad V=0\cup\Gamma_E \tag{7.13}$$

其中式(7.12)对应于式(7.2),式(7.13)对应于式(7.3)。

为了得到有限元线性系统,将电位与磁位用下面的基函数展开:

$$\boldsymbol{A}=\sum\alpha_i\boldsymbol{W}_i,\quad V=\sum\varphi_i\zeta_i \tag{7.14}$$

式中,$\boldsymbol{W}_i$ 与 ζ_i 分别代表矢量基函数与标量基函数。ζ_i 为对应单元四面体顶点的体积坐标,并且有

$$\boldsymbol{W}_i=\zeta_{i1}\nabla\zeta_{i2}-\zeta_{i2}\nabla\zeta_{i1}$$

对式(7.11)～式(7.13)应用伽辽金(Galerkin)方法,得

$$\forall \boldsymbol{W}_i:\int_{\Omega}\left[(\nabla\times\boldsymbol{W}_i)\cdot\boldsymbol{\mu}_r^{-1}(\nabla\times\boldsymbol{A})-\boldsymbol{W}_i\cdot\boldsymbol{\varepsilon}_r(k_0^2\boldsymbol{A}+k_0\nabla V)\right]\mathrm{d}\Omega$$

$$=-\mathrm{j}\eta_0\int_{\Gamma_H}\boldsymbol{W}_i\cdot\boldsymbol{K}_t\mathrm{d}\Gamma \tag{7.15}$$

$$\forall\ \nabla\zeta_k:\int_{\Omega}\nabla\zeta_k\cdot\boldsymbol{\varepsilon}_r(k_0\boldsymbol{A}+\nabla V)\mathrm{d}\Omega=-\mathrm{j}\frac{\eta_0}{k_0}\int_{\Gamma_H}\nabla\zeta_k\cdot\boldsymbol{K}_t\mathrm{d}\Gamma \tag{7.16}$$

用矩阵的形式来表示,式(7.15)与式(7.16)可写为

$$\begin{bmatrix}-\boldsymbol{M}_{VV} & -k_0\boldsymbol{M}_{VA}\\ -k_0\boldsymbol{M}_{AV} & \boldsymbol{M}_{AA}\end{bmatrix}\begin{bmatrix}\boldsymbol{x}_V\\ \boldsymbol{x}_A\end{bmatrix}=\begin{bmatrix}\dfrac{1}{k_0}\boldsymbol{r}_V\\ \boldsymbol{r}_A\end{bmatrix} \tag{7.17}$$

式中,$\boldsymbol{x}_A=\mathrm{col}(\alpha_i)$ 与 $\boldsymbol{x}_V=\mathrm{col}(\varphi_k)$ 分别表示与 $\boldsymbol{A}$、V 相联系的系数矢量,并有

$$[\boldsymbol{M}_{AA}]_{ik}=\int_{\Omega}\{(\nabla\times\boldsymbol{W}_i)\cdot\boldsymbol{\mu}_r^{-1}\cdot(\nabla\times\boldsymbol{W}_k)-k_0^2\boldsymbol{W}_i\cdot\boldsymbol{\varepsilon}_r\boldsymbol{W}_k\}\mathrm{d}\Omega \tag{7.18}$$

$$[\boldsymbol{M}_{AV}]_{ik}=\int_{\Omega}\boldsymbol{W}_i\cdot\boldsymbol{\varepsilon}_r\cdot\nabla\zeta_k\mathrm{d}\Omega \tag{7.19}$$

$$[\boldsymbol{M}_{VA}]_{ik}=\int_{\Omega}\nabla\zeta_i\cdot\boldsymbol{\varepsilon}_r\cdot\boldsymbol{W}_k\mathrm{d}\Omega \tag{7.20}$$

$$[\boldsymbol{M}_{VV}]_{ik}=\int_{\Omega}\nabla\zeta_i\cdot\boldsymbol{\varepsilon}_r\cdot\nabla\zeta_k\mathrm{d}\Omega \tag{7.21}$$

$$\boldsymbol{r}_{A,i}=-\mathrm{j}\eta_0\int_{\Gamma_H}\boldsymbol{W}_i\cdot\boldsymbol{K}_t\mathrm{d}\Gamma \tag{7.22}$$

$$\boldsymbol{r}_{A,i}=-\mathrm{j}\eta_0\int_{\Gamma_H}\nabla\zeta_i\cdot\boldsymbol{K}_t\mathrm{d}\Gamma \tag{7.23}$$

由式(7.18)可以看出,当采用同样的插值函数时,$\boldsymbol{M}_{AA}$矩阵与采用电场进行建模所得到的矩阵完全相同。与电场方程相比,上述方程组增加了 K 个标量未知量,然而并没有扩充 E 的解空间。根据式(7.8),从上面的 $\boldsymbol{A}$-V 方程可以导出唯一的电场矢量。$\boldsymbol{A}$-V 方程(7.11)与电场方程有下面的转换关系:

$$\begin{bmatrix}-\boldsymbol{M}_{VV} & -k_0\boldsymbol{M}_{VA}\\ -k_0\boldsymbol{M}_{AV} & \boldsymbol{M}_{AA}\end{bmatrix}=\begin{bmatrix}\boldsymbol{G}^{\mathrm{T}}\\ \boldsymbol{I}\end{bmatrix}[\boldsymbol{M}_{AA}][\boldsymbol{G}\quad\boldsymbol{I}] \tag{7.24}$$

$$\begin{bmatrix}\dfrac{1}{k_0}\boldsymbol{r}_V & \boldsymbol{r}_A\end{bmatrix}^{\mathrm{T}}=[\boldsymbol{G}\quad\boldsymbol{I}]^{\mathrm{T}}\cdot\boldsymbol{r}_E \tag{7.25}$$

式中,$\boldsymbol{G}$ 为梯度矩阵,每行有且只有两个非零元素:

$$\boldsymbol{G}_{im}=-1,\quad \boldsymbol{G}_{in}=1 \tag{7.26}$$

式中,i 表示第 i 条棱边,m、n 表示棱边 i 两个顶点的编号。由于电场方程与 $\boldsymbol{A}$-V 场方程可以相互转换,可以将 $\boldsymbol{A}$-V 方程看成电场方程的一种预条件方法。为了方

便，将 $\boldsymbol{A}$-V 方程简写为

$$\mathbf{A}_{AV}\boldsymbol{x}=\boldsymbol{b} \tag{7.27}$$

式中

$$\mathbf{A}_{AV}=\begin{bmatrix} -\boldsymbol{M}_{VV} & -k_0\boldsymbol{M}_{VA} \\ -k_0\boldsymbol{M}_{AV} & \boldsymbol{M}_{AA} \end{bmatrix}$$

由式(7.24)可以看出，$\boldsymbol{A}$-V 方程的系数矩阵为奇异矩阵，其秩与 $\boldsymbol{M}_{AA}$ 相同，即有 K 个零本征值。但是这并不影响使用共轭梯度迭代法对其进行求解。

虽然采用 $\boldsymbol{A}$-V 场公式建模可以在很宽的频带范围内克服低频不稳定性问题并加速迭代法的收敛速度，但是使用迭代法仍需要很多的迭代步数才能达到收敛，这时就需要借助预条件技术。下面使用 IC(0)预条件结合 CG 迭代求解基于 $\boldsymbol{A}$-V 场的有限元线性系统。

7.2.2 数值结果与分析

本节使用 $\boldsymbol{A}$-V 场建模的方法，测试 IC(0)预条件对 CG 迭代的加速效率。首先测试加半高介质块的波导不连续性问题。图 7.1(a)为一个加半高介质块的矩形波导结构示意图，形波导的宽 $a=2$cm，高 $b=1$cm，插入介质材料的大小为 $c=0.888$cm、$d=0.399$cm 和 $w=0.8$cm，介电常数 $\varepsilon=6\varepsilon_0$。将其离散为 32000 个四面体，使用基于棱边的矢量有限元建模，最终得到一个包含 35816 个未知棱边的稀疏线性系统。计算从 7.6～12.2GHz 频带内的波导传输与反射特性，结果如图 7.1(b)所示。为了验证有限元程序的正确性，在图中同时给出了实验结果[6]，可以看出，两者之间吻合得很好，这证明了本节所建的有限元模型的正确性。

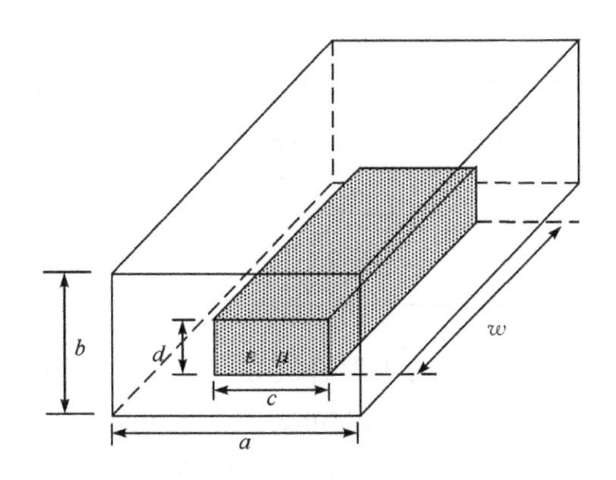

(a) 加半高介质块的矩形波导结构示意图

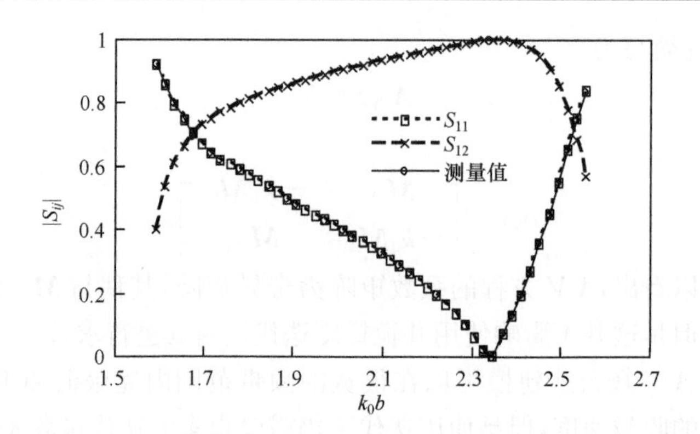

(b) 部分填充介质块的矩形波导的网络参数与标准波数的关系曲线

图 7.1 加半高介质块的矩形波导结构示意图及其传输与反射特性测试结果

表 7.1 中记录了加载部分介质块的矩形波导工作频率为 9.0GHz 时对角扰动系数从 0.0 变到 1.0 时 **A**-V-IC(0)CG 达到−80dB 所需的迭代步数与 CPU 时间。从表中可以看出，当 $\gamma=0.2$ 时，**A**-V-IC(0)CG 的迭代步数最少，为 1155 步；根据第 6 章中的数据结果，IC(0)CG 迭代在选取最佳的扰动系数时的迭代步数为 2367 步。CG 迭代步数为 61769，**A**-V-CG 迭代步数为 37617。可以看出，与使用 E 场建模的方法相比，使用 **A**-V 场建模的方法能够获得更快速的收敛。图 7.2 为 **A**-V-IC(0)CG、IC(0)CG、**A**-V-CG、CG 算法的收敛曲线图。CG 迭代收敛所需的 CPU 时间为 26156s，**A**-V-CG 迭代收敛所需的 CPU 时间为 25259s，IC(0)CG 迭代收敛所需的 CPU 时间为 1524s，**A**-V-IC(0)CG 迭代收敛所需的 CPU 时间为 1499s。虽然使用 **A**-V 方法减少了迭代步数，但因为增加了系数矩阵中的非零元素个数，所以迭代所需的 CPU 时间没有大量节省。

表 7.1 加载部分介质块的矩形波导工作频率为 9.0GHz，γ 取不同值时 A-V-IC(0)CG 达到−80dB 所需的迭代步数与 CPU 时间

γ	0.0	0.2	0.4	0.6	0.8	1.0
迭代步数	1829	1155	1303	1436	1633	1971
CPU 时间/s	2373	1499	1693	1867	2121	2557

接下来测试图 7.3(a)所示的矩形脊波导[6]，该波导的尺寸为：$a=19.05$mm，$b=9.524$mm，$l=5.08$mm，$w=1.016$mm，$h=7.619$mm。假定工作频率为 10～15GHz，将其离散为 36000 个四面体，使用矢量有限元生成一个具有 39861 个未知量的线性系统。应用矢量有限元计算的网络参数如图 7.3(b)所示，与实验结果吻合良好。为了进一步验证 **A**-V-IC 预条件的效果，假定矩形脊波导工作频率为 14.1GHz，对角扰动系数从 0.0 变化到 1.0，**A**-V-IC(0)CG 达到−80dB 时所需的迭代

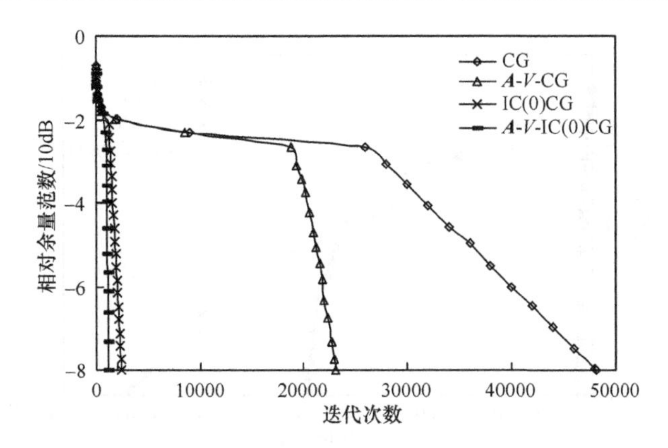

图 7.2 加载部分介质块的矩形波导使用 E 场与 $\boldsymbol{A}$-V 场建模 9.0GHz 时 CG 与 IC(0)CG 迭代的误差收敛曲线

步数与 CPU 时间记录于表 7.2 中。将表中的数据与第 6 章中的数据相比可以看出，对于矩形脊波导，将 IC(0)CG 用于求解 $\boldsymbol{A}$-V 场有限元方程组比用于 E 场有限元方程组的迭代步数要少一半左右，这与加半高介质块的波导不连续性问题的结果相似。图 7.3(c)给出了 $\boldsymbol{A}$-V-IC(0)CG、IC(0)CG、$\boldsymbol{A}$-V-CG、CG 算法的收敛曲线。

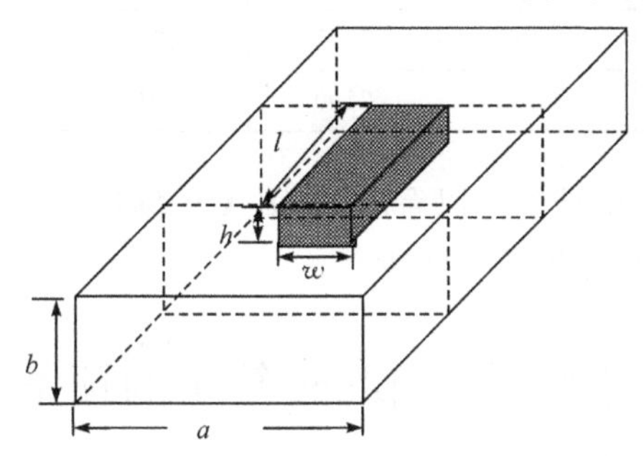

(a) 矩形脊波导结构示意图

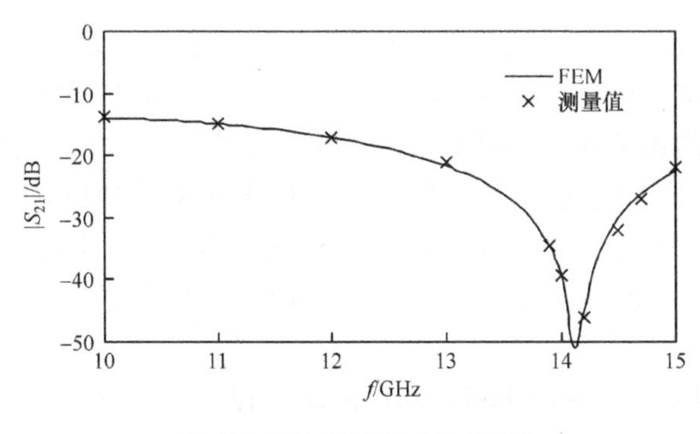

(b) 矩形脊波导的网络参数曲线图

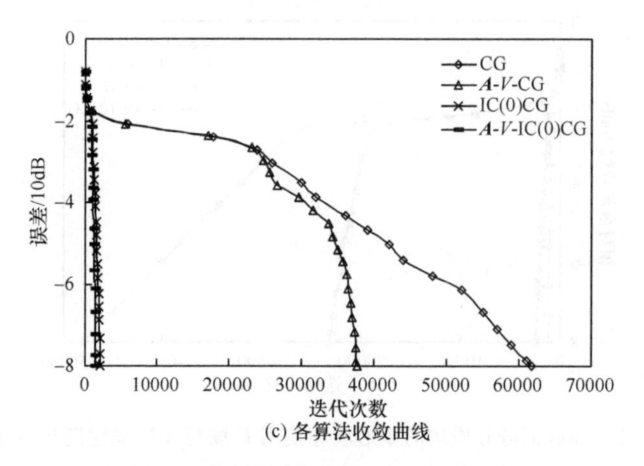

(c) 各算法收敛曲线

图 7.3 矩形脊波导使用 E 场与 $\boldsymbol{A}$-V 场建模，
14.1GHz 时 CG 与 IC(0)CG 迭代的误差收敛曲线

表 7.2 矩形脊波导，取工作频率为 14.1GHz 时，γ 取不同的值时 A-V-IC(0)CG 达到 −80dB 所需的迭代步数与 CPU 时间

γ	0.0	0.1	0.2	0.3	0.4	0.5
迭代次数	3052	1696	1395	1393	1467	1543
CPU 时间/s	4474	2492	2190	2046	2146	2257

根据两个例子的测试结果可以看出，使用 $\boldsymbol{A}$-V 场建模方法所需的迭代步数和 CPU 时间要比使用 E 场建模的方法少。

7.3 基于转移 Laplace 算子的预条件技术

7.3.1 转移 Laplace 算子的预条件

Erlangga 等提出了一系列基于转移 Laplace 算子的预条件技术[7]，并将其用于处理有限差分法分析二维 Helmholtz 方程，得到了很好的收敛效果。本节将这种基于转移算子的预条件技术用于求解三维电磁场分析的矢量有限元矩阵方程。由于基于转移算子生成的矩阵性态优于原有线性系统矩阵，所以结合不完全 Cholesky 分解(IC)预条件技术用于构造左预条件矩阵，从而用于加速共轭梯度迭代法，不完全 Cholesky 分解预条件技术为 ILU 预条件应用于对称矩阵的特殊形式。

人们知道，对基于电场的 Helmholtz 波动方程(7.1)进行离散，所得到的线性方程组可以表示为式(7.6)，式中的 $\boldsymbol{S}$ 为半正定矩阵，$k_0^2\boldsymbol{T}$ 矩阵为正定矩阵，相比较，$\boldsymbol{S}$ 中的元素占主要地位。比较式(7.1)与式(7.6)可以看出，$\boldsymbol{S}$ 矩阵对应于$\nabla\times$

$(\boldsymbol{\mu}_r^{-1}\nabla\times\boldsymbol{E})$的有限元离散，$k_0^2\boldsymbol{T}$对应于$k_0^2\boldsymbol{\varepsilon}_r\boldsymbol{E}$项。而电场有限元方程的非正定性在于式(7.1)中的$k_0^2\boldsymbol{\varepsilon}_r\boldsymbol{E}$前面的负号。在低频时，$\boldsymbol{S}$矩阵可以作为系数矩阵的一个很好的近似，因此使用IC分解时为了增加系数矩阵的正定性，可以舍弃$k_0^2\boldsymbol{T}$项，仅仅对$\boldsymbol{S}$矩阵进行IC分解。但是$\boldsymbol{S}$矩阵为非满秩矩阵。另外，$k_0^2\boldsymbol{T}$项与频率的平方呈正比关系，随着频率的增加，$k_0^2\boldsymbol{T}$中的元素绝对值迅速增大，因此该方案不适用于高频的情况。如果对式(7.28)进行有限元建模：

$$\nabla\times(\boldsymbol{\mu}_r^{-1}\cdot\nabla\times\boldsymbol{E})-k_0^2\boldsymbol{\varepsilon}_r\boldsymbol{E}=0,\quad \text{在}\ \Omega\ \text{内}$$

$$\nabla\times(\boldsymbol{\mu}_r^{-1}\cdot\nabla\times\boldsymbol{E})+k_0^2\boldsymbol{\varepsilon}_r\boldsymbol{E}=0,\quad \text{在}\ \Omega\ \text{内} \tag{7.28}$$

则所得出的线性系统的系数矩阵为正定矩阵。方程(7.28)对应的解并非式(7.6)的解，但是可以将式(7.28)的系数矩阵用于式(7.6)的预条件。式(7.28)中的$k_0^2\boldsymbol{\varepsilon}_r\boldsymbol{E}$项可以看成对算子$\nabla\times(\boldsymbol{\mu}_r^{-1}\cdot\nabla\times\boldsymbol{E})$向实轴正向的偏移。同样，可以用虚数对$\nabla\times(\boldsymbol{\mu}_r^{-1}\cdot\nabla\times\boldsymbol{E})$算子进行扰动。这两种情况可以表示为下面的方程：

$$\nabla\times(\boldsymbol{\mu}_r^{-1}\cdot\nabla\times\boldsymbol{E})+(\alpha^2+\mathrm{j}\beta^2)k_0^2\boldsymbol{\varepsilon}_r\boldsymbol{E}=0,\quad \text{在}\ \Omega\ \text{内} \tag{7.29}$$

$$\alpha^2+\beta^2=1$$

用矢量有限元进行离散，最后得到的方程组为

$$\boldsymbol{S}+(\alpha^2+\mathrm{j}\beta^2)k_0^2\boldsymbol{T}=\boldsymbol{b}' \tag{7.30}$$

令预条件矩阵$\boldsymbol{M}=\boldsymbol{S}+(\alpha^2+\mathrm{j}\beta^2)k_0^2\boldsymbol{T}$。将$\boldsymbol{M}^{-1}$乘以有限元线性系统的两边：

$$\boldsymbol{M}^{-1}\boldsymbol{A}\boldsymbol{x}=\boldsymbol{M}^{-1}\boldsymbol{b} \tag{7.31}$$

则预条件后的线性系统的条件数会比原来的系数矩阵得到明显改善。由于这里需要求出$\boldsymbol{M}$矩阵的逆，这与$\boldsymbol{A}^{-1}$同样困难，所以使用$\boldsymbol{M}$的IC分解因子来代替$\boldsymbol{M}$。因为$\boldsymbol{M}$矩阵的条件数与$\boldsymbol{A}$矩阵相比好很多，所以基于$\boldsymbol{M}$矩阵的IC算法比基于$\boldsymbol{A}$矩阵的IC算法更稳定，而且可以预计所得出的预条件算子能很好地近似$\boldsymbol{M}$矩阵。为了方便，将这种基于偏移算子的IC预条件技术简写为SL-IC预条件。与第6章介绍的基于系数矩阵的预条件方法不同，这种基于扰动算子的预条件方法并不是寻求$\boldsymbol{A}^{-1}$的近似矩阵，但两种方法的目的都是提高预条件后的矩阵的特征值分布。

根据不完全分解构造中非零模式的填充策略[8]，不完全分解有不同的形式。通常有两个通用的方法：基于矩阵结构或设置数值门限值。在相关研究中发现后者通常能生成更准确的预条件技术[8]，因此本节采用后者进行不完全分解，即在不完全分解过程中对称矩阵$\boldsymbol{A}$的下三角矩阵$\boldsymbol{L}$的每行只有一定数量的大值元素被保持，而其他小值元素将被抛弃。所以$\boldsymbol{L}$的非零模式$\boldsymbol{D}$满足下列条件：

$$\boldsymbol{D}=\{(k,i)\mid l_{k,i}<l_{k,p}\} \tag{7.32}$$

式中，$l_{k,p}$是$\boldsymbol{L}$中的第k列的第p个元素。下面给出的是IC分解算法的流程：

(1) 计算下三角 $\boldsymbol{L}$($\boldsymbol{B}=\boldsymbol{L}\boldsymbol{P}^{-1}\boldsymbol{L}^{\mathrm{T}}$,其中 $\boldsymbol{P}=\mathrm{diag}(\boldsymbol{L})$);

(2) 初始化

$$l_{i,j}=M_{i,j}, \quad j=1,2,\cdots,i$$

(3) 不完全分解过程:

```
  do j =1,2,…,n-1
     do i= j+1,j+2,…,n
             l_{i,i}=l_{i,i} -l^2_{i,j} /l_{j,j}
        do k=i+1,i+2,…,n
if(i,k)∉D  l_{k,j}=l_{k,j} -l_{i,j} l_{k,j} /l_{j,j}
          end do
        end do
end do
```

在实际应用中,需要用对角扰动来保证该算法的顺利进行。γ 代表非负常数,$\boldsymbol{Q}$ 代表对角矩阵,其对角元素 q_{ii} 定义为

$$q_{ii}=-\gamma\min\{0,\mathrm{Re}((\boldsymbol{Me})_i)\}, \quad 0<\gamma\leqslant 3 \tag{7.33}$$

式中,$\boldsymbol{e}$ 是单位矢量。$\mathrm{Re}(\boldsymbol{M})$ 是矩阵的实部,定义 $\hat{\boldsymbol{M}}$

$$\hat{\boldsymbol{M}}=\boldsymbol{M}+\boldsymbol{Q} \tag{7.34}$$

式中,矩阵 $\hat{\boldsymbol{M}}$ 是整个 $\boldsymbol{M}$ 矩阵的一个对角扰动。对 $\hat{\boldsymbol{M}}$ 应用标准的 IC 分解,会得到一个非常高效的预条件。下面针对具体的例子来验证 SL-IC 预条件技术的有效性。

7.3.2 数值结果与分析

本节将给出一些数值算例,并用于测试 7.3.1 节描述的 SL-IC 预条件技术的有效性。对于每一个例子,都应用 SL-IC、IC 和结合其他预条件技术 CG 方法进行求解,并对它们的收敛特性进行分析和比较[9]。

首先,部分填充介质的波导结构如图 7.1(a)所示,波导结构被剖分成 22400 个四面体和 5751 个节点。利用低阶基函数,得到一个大的稀疏线性系统,未知数为 24952。为了测试基于 SL-IC 预条件技术的有效性,归一化波数设为 $k_0 b=1.60$。SL-ICCG 预条件技术中填充元素每组的数目 p 最大数从 10 变到 30,并且在不同的扰动因子 γ 下记录迭代次数和 CPU 时间。表 7.3(a)给出了 $\alpha=1$、$\beta=0$ 时的结果,表 7.3(b)给出了 $\alpha=0$、$\beta=1$ 时的结果。通过比较可以看出,在利用 SL-ICCG 求解时,$\alpha=0$、$\beta=1$ 时比 $\alpha=1$、$\beta=0$ 时的收敛更加稳定。为了证明所提出的 SL-IC 预条件的优点,将其收敛性能及效果与 SSORCG、FSAICG、ICCG 和无预条件 CG 做了对比,如图 7.4 所示。可以看出,SL-IC 预条件与其他预条件技术相比有更快的收敛速度。CG、SSORCG、FSAICG、ICCG 和 SL-ICCG 的 CPU 时间分别为 3169s、942s、1267s、485s 和 158s。

表 7.3　当归一化波数 $k_0b=1.60$，应用 SL-ICCG 迭代法求解部分填充介质的不连续波导问题时，p 和 γ 的选择对算法的迭代步数和 CPU 时间的影响

(a) $\alpha=1,\beta=0$

γ \ p		10	15	20	25	30
0.0	迭代步数	—	—	—	—	—
	求解时间/s	—	—	—	—	—
0.1	迭代步数	288	280	181	149	141
	求解时间/s	166	207	172	179	212
0.2	迭代步数	315	246	210	200	195
	求解时间/s	181	183	195	229	271

注：—表示在冗余达到－40dB 前迭代超过 10000 步，下同。

(b) $\alpha=0,\beta=1$

γ \ p		10	15	20	25	30
0.0	迭代步数	547	422	400	409	286
	求解时间/s	309	306	356	436	377
0.1	迭代步数	302	249	164	128	120
	求解时间/s	174	186	158	159	189
0.2	迭代步数	201	237	200	183	175
	求解时间/s	221	176	187	213	249

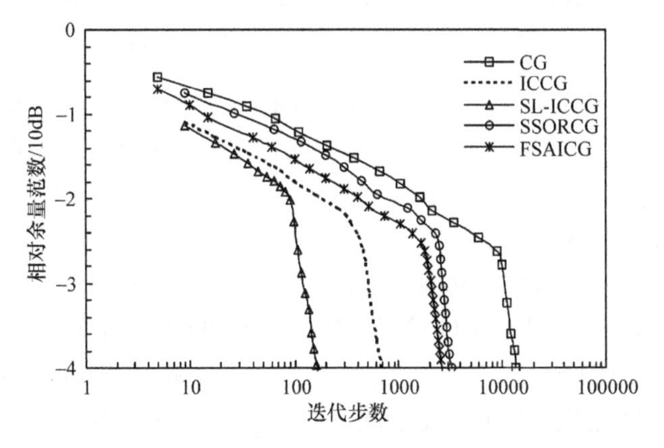

图 7.4　当归一化波数 $k_0b=1.60$ 时，SL-ICCG、ICCG、FSAICG、SSORCG 和 CG 求解迭代收敛曲线比较

从文献[9]中的结果可以看出，ICCG 求解要比 SSORCG、FSAICG 和 CG 更加有效。但是，本节的结果表明 SL-IC 预条件技术比 IC 预条件更有效、更强大。对于文献[10]中的 IC 预条件，随着填充元素的增加，将需要更大的对角扰动因子来稳定 IC 算法。结果，额外填充元素不会改善 ICCG 迭代的收敛。然而，对于 SL-IC 预条件仅需要一个小的对角扰动因子($\gamma=0.1$ 或 0.0)来稳定算法。随着填充元素的增加，SL-ICCG 迭代求解的步数会迅速减少。SL-ICCG 的 CPU 耗时随着不同填充元素 p 的取值的变化如图 7.5 所示。从图中可以发现，CPU 时间并不随 p 单调减小，当 $p\geqslant 20$ 时，SL-ICCG 的 CPU 耗时随填充元素的增加迅速增大。因此，在不完全分解中大量地填充元素是没有必要的。

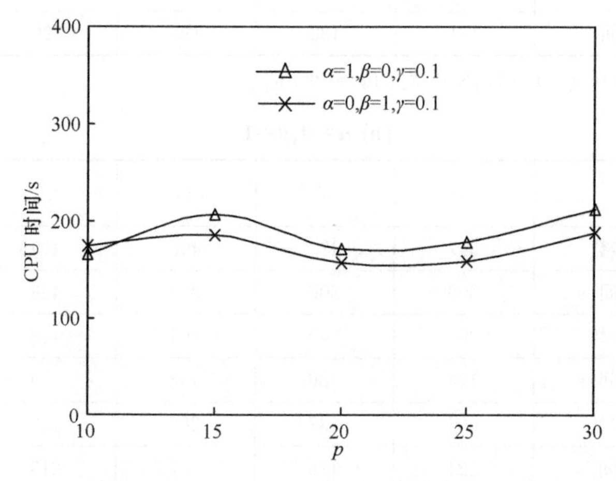

图 7.5　当归一化波数 $k_0b=1.60$、SL-ICCG 法求解部分填充介质的不连续波导时，CPU 耗时随不同填充元素 p 的变化情况

接着采用高阶基函数离散如图 7.1(a)所示部分填充介质的波导结构[11]，用以考察 SL-ICCG 算法对有限元线性系统求解的稳定性和有效性。离散化后，可以得到 3075 个四面体，生产 18184 个未知数的稀疏线性系统。归一化波数仍设为 $k_0b=1.60$。由于高阶基函数增加了每组的非零元素，每组的填充元素 p 的最大数应从 30 增加到 50。对角扰动因子 γ 仍从 0.0 变化到 0.2，表 7.4 记录了当 $\alpha=1$、$\beta=0$和 $\alpha=0$、$\beta=1$ 时 SL-ICCG 求解的迭代步数和 CPU 时间。图 7.6 给出了当填充元素 $p=40$ 时的 SL-ICCG($\alpha=0,\beta=1$)和 ICCG 解法及其他不同的预条件技术 CG 法的误差随迭代步数的变化情况。由图 7.6 可以看出，当误差达到 −40dB 时，SL-ICCG 所需的迭代步数最少。SL ICCG、ICCG、FSAICG、SSORCG 和传统 CG 法的 CPU 时间依次为 243s、1334s、1340s、485s 和 3704s。可以发现 SL-ICCG 的计算时间是无预条件 CG 法的 14.6 倍。

表 7.4　应用 SL-ICCG 算法求解波导不连续性问题时，p 和 γ 的选择对算法迭代步数和 CPU 时间的影响

γ \ p		$\alpha=1,\beta=0$			$\alpha=0,\beta=1$		
		30	40	50	30	40	50
0.0	迭代步数	—	—	105	971	237	136
	求解时间/s	—	—	513	770	299	296
0.1	迭代步数	—	208	149	351	185	150
	求解时间/s	—	274	564	307	253	310
0.2	迭代步数	512	251	204	340	229	204
	求解时间/s	427	311	631	299	293	364

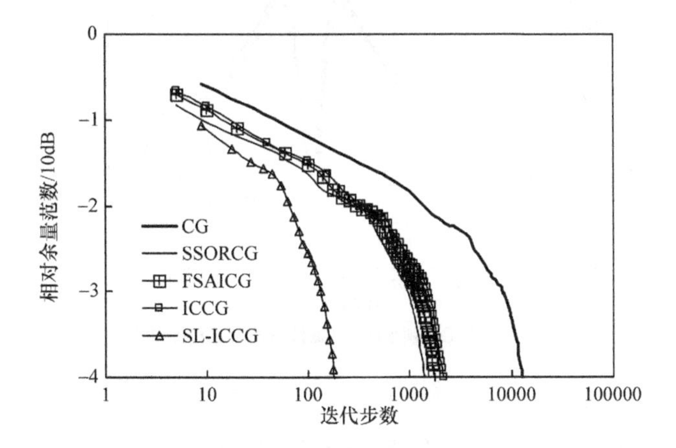

图 7.6　用 SL-ICCG、ICCG、FSAICG、SSORCG 和 CG 求解 PML 作为截断边界的微带线问题时的迭代收敛比较曲线

同样采用高阶基函数分析一个基片集成波导(substrate integrated waveguide,SIW)滤波器[12]。仿真中，采用理想匹配层作为边界截断方法，几何结构的顶视图如图 7.7(a)所示，$d=0.3$mm，$s=0.6$mm，$W=7.8$mm，$W_{SIW}=3.6$mm，$L=4.2$mm。图 7.7(b)比较了本节 S 参数的计算结果与文献[12]中的结果，两者吻合得较好。在计算频率取为 36GHz 时，结构被离散成 14904 个四面体。因此，在采用高阶基函数时，生成的大型稀疏矩阵方程中总共有 78032 个未知数。当 $\alpha=1$、$\beta=0$ 和 $\alpha=0$、$\beta=1$ 时，SL-ICCG 迭代求解的迭代数和 CPU 时间如表 7.5 所示，其中每组的填充元素数目 p 的最大数应从 30 增加到 50。对角扰动因子 γ 从 0.0 变化到 0.2。对于不同的预条件 CG 法在分析 19GHz 频率下 SIW 的 S 参数特性时，冗余误差对迭代次数的收敛特性如图 7.8 所示，其中 SL-ICCG($\alpha=0$、$\beta=1$)和ICCG 求解的填充数都取 $p=40$。从图 7.8 可以看出，当冗余误差达到-40dB

时，SL-ICCG 所需的迭代步数最少。SL-ICCG、ICCG、FSAICG、SSORCG 和传统 CG 法的 CPU 时间依次为 3452s、12089s、10121s、5412s 和 40139s。可以发现 SL-ICCG 的计算时间是无预条件 CG 法的 11.6 倍。

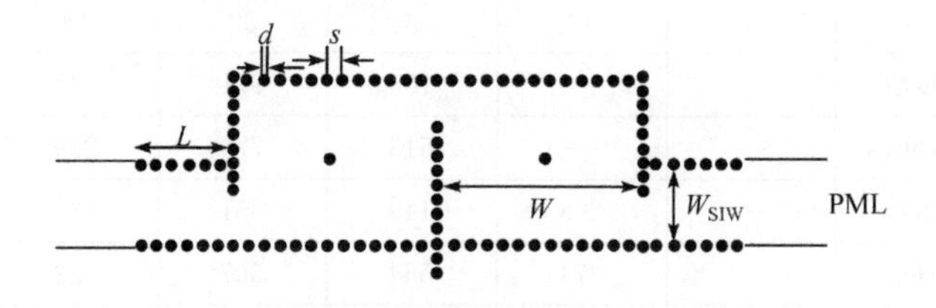

(a) 带有PML截断的SIW滤波器结构顶视图

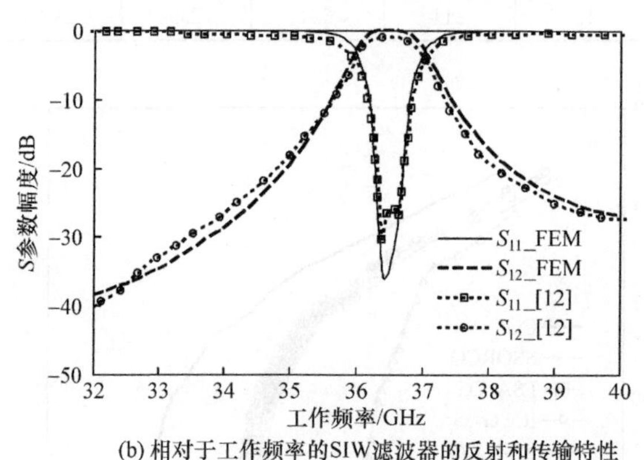

(b) 相对于工作频率的SIW滤波器的反射和传输特性

图 7.7　SIW 滤波器结构及其反射和传输特性实验结果

表 7.5　应用 SL-ICCG 法($\alpha=0$、$\beta=1$)求解 SIW 滤波器时，p 和 γ 的选择对算法迭代步数和 CPU 时间的影响

γ \ p		$\alpha=1,\beta=0$			$\alpha=0,\beta=1$		
		30	40	50	30	40	50
0.0	迭代步数	—	899	604	2919	760	620
	CPU 时间/s	—	4211	3708	9207	3588	3983
0.1	迭代步数	1821	701	615	1488	718	641
	CPU 时间/s	6287	3230	3793	4712	3452	4002
0.2	迭代步数	1752	793	756	1547	902	789
	CPU 时间/s	5910	3662	4245	4921	3927	4464

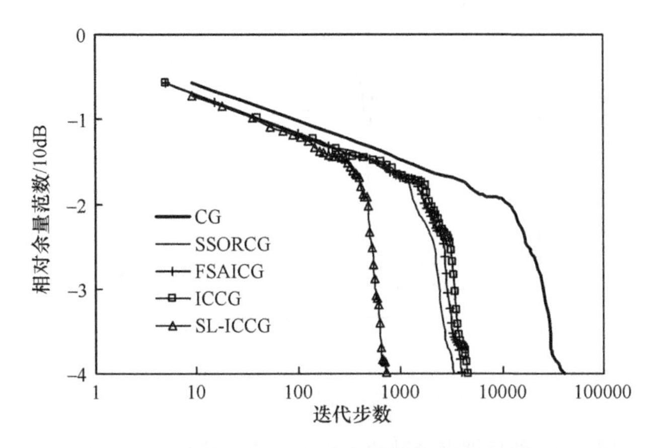

图 7.8　用 SL-ICCG、ICCG、FSAICG、SSORCG 和无预条件 CG 求解 PML 作为阶段边界的 SIW 滤波器时，迭代收敛比较曲线

为了验证 SL-ICCG 算法对于更复杂的微带问题的效率，使用 SL-ICCG 算法分析求解，如图 7.9(a)所示自由空间辐射的微带贴片天线的有限元离散产生的线性系统[13]。将整个计算区域分为 117000 个四面体，其中包含 26818 个节点，150437 条棱边。由于不能够获得实验结果，所以将 FDTD 与 FEM 结果进行了比较。在 0～20GHz 时，使用 FEM 与 FDTD 计算的回波损耗曲线示于图 7.9(b)中，两者之间基本吻合。可见对于该类问题矢量有限元同样能够进行精确的仿真。由于两种建模方法不同，所以高频时存在一些差别，进一步增加建模精度可以减少两者之间的误差。取工作频率为 7.5GHz，使用棱边有限元生成一个包含 127965 个未知量的大型稀疏线性系统。表 7.6(a)与表 7.6(b)分别给出了当 $\alpha=1$、$\beta=0$ 与 $\alpha=0$、$\beta=1$，取不同的 t 值与对角扰动系数 γ 时，SL-ICCG 算法达到收敛所需的迭代步数与 CPU 时间。

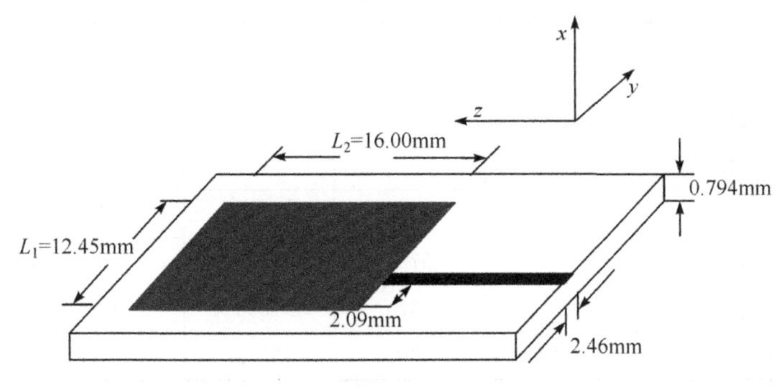

(a) 线反馈微带贴片天线示意图

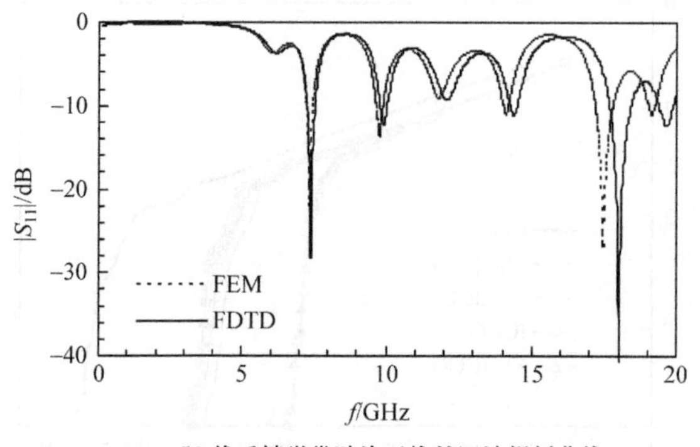

(b) 线反馈微带贴片天线的回波损耗曲线

图 7.9 线反馈微带贴片天线示意图及其回波损耗曲线

表 7.6 线反馈微带天线在 7.5GHz 时，t 与 γ 参数选择对 SL-ICCG 求解器的迭代步数与 CPU 时间的影响

(a) $\alpha=1,\beta=0$

γ \ t		10	15	20	25	30
0.0	迭代步数	—	—	—	—	—
	求解时间/s	—	—	—	—	—
0.1	迭代步数	3201	1601	1153	1085	921
	求解时间/s	9095	5759	5063	5603	5542
0.2	迭代步数	2258	1573	1245	1194	1195
	求解时间/s	6406	5661	5438	6152	7113

注：符号—表示迭代步数大于 10000 或 IC 分解失败，下同。

(b) $\alpha=0,\beta=1$

γ \ t		10	15	20	25	30
0.0	迭代步数	—	—	—	—	—
	求解时间/s	—	—	—	—	—
0.1	迭代步数	3383	1594	1115	1051	895
	求解时间/s	9584	5733	4806	5435	5393
0.2	迭代步数	2298	1574	1223	1167	1164
	求解时间/s	6543	5664	5343	6015	6936

图 7.10 给出了 SL-ICCG、ICCG、FSAICG、SSORCG 及无预条件的 CG 所对应的残差与迭代步数的关系曲线。CG、SSORCG、FSAICG、ICCG 与 SL-ICCG 迭

代所需的步数分别为 99072、32265、9340、2372 与 1115。与无预条件的 CG 迭代相比，SL-ICCG 所需的迭代步数最少。迭代所需的 CPU 时间为：SL-ICCG 为 4806s，ICCG 为 8172s，FSAICG 为 35820s，SSORCG 为 51856s，CG 为 140125s。使用 SL-ICCG 迭代的 CPU 时间与 CG 相比能够节省 29.2 倍。从图中可以看出，SL-IC 的预条件效果要大大优于其他预条件算子，这证明了 SL-IC 算子在求解微带贴片天线辐射问题时的效率。

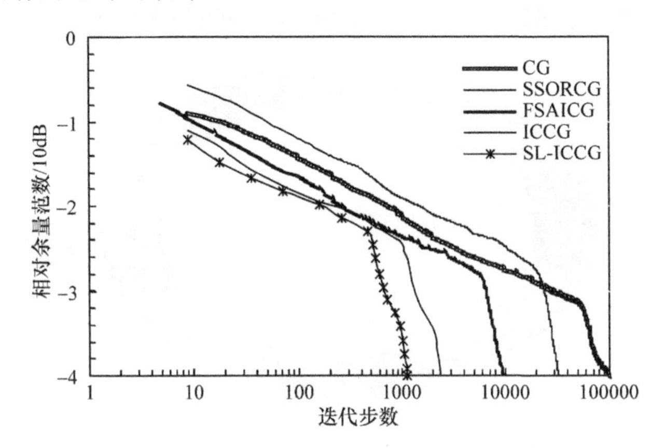

图 7.10　应用 SL-ICCG、ICCG、FSAICG、SSORCG 和无预条件 CG 求解线反馈微带天线 7.5GHz 时的迭代收敛曲线

7.4　基于吸收边界条件的预条件技术

7.4.1　快速多极子结合有限元方法理论及公式

有限元法的一个明显缺点是分析开放结构问题必须采用吸收边界条件，而吸收边界在多数情况下效率不高，如在碰到长细结构的物体时，这时，离散在吸收边界区域的未知量造成最后生成的矩阵大幅度地扩大。而矩量法作为积分方程类的解法在分析开域的表面问题时十分有效，因为它只要物体表面进行离散，没有增加多余的未知数。本节讨论将这两个方法结合起来，文献上称为有限元边界积分法(finite element boundary integral method，FEBI)，利用有限元法处理物体的内部复杂材料，避免了矩量法对这一问题需要不同的积分方程来建模的缺点，利用矩量法分析物体的没闭合的区域，避免了使用吸收边界条件。其中矩量法又能使用快速多极子技术高效快速地计算，这一技术经过十多年的发展[14-20]，从使用低阶的基函数到高阶的基函数，从使用电场边界积分方程到混合场边界积分方程，以及高效简单的预条件技术与高频类方法的混合，文献中多有探讨，这一方法已经被广泛用于电磁场散射、传输、电磁兼容、辐射等问题中，被认为是功能极其强大的求解方

法。下面以带有介质涂层的金属物体目标散射为例介绍这一技术的实现过程。

图 7.11 为一个涂层体，以涂层体最外层的边界面 S_e 将整个区域分成两个区域，面内的体 V 为非均匀介质层，面外为自由空间，或无限大的背景空间。平面波从外照射到这一涂层体上，S_i 是金属闭合表面，因此其内部结构可以不必考虑。在分析时，将 V 区域内的场用有限元法建立方程，对于外部自由空间区域中的场，用矩量法建立方程，然后使这两部分的场在边界上满足不连续条件，建立一个完整的可以求解的方程。根据这一思路，写出相应部分的公式如下。

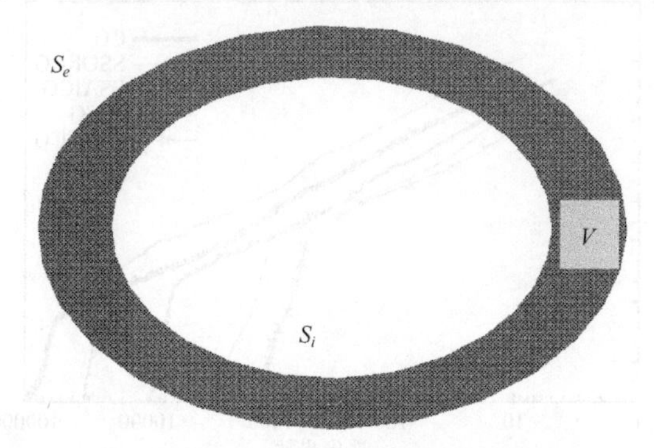

图 7.11　带有介质涂层的金属体示意图

有限元法部分：

$$\nabla\times\left(\frac{1}{\mu_r}\nabla\times\boldsymbol{E}\right)-k_0^2\varepsilon_r\boldsymbol{E}=0,\quad \boldsymbol{r}\in V \tag{7.35}$$

$$\hat{\boldsymbol{n}}\times\left(\frac{1}{\mu_r}\nabla\times\boldsymbol{E}\right)=-\mathrm{j}k_0\hat{\boldsymbol{n}}\times\boldsymbol{H},\quad 在介质表面$$

$$\hat{\boldsymbol{n}}\times\boldsymbol{E}(\boldsymbol{r})=0,\quad 在金属表面$$

将式(7.35)写成变分形式，可得

$$F(\boldsymbol{E})=\frac{1}{2\,\mathrm{j}k_0}\iiint_V\left[\frac{1}{\mu_r}(\nabla\times\boldsymbol{E})\cdot(\nabla\times\boldsymbol{E})-k_0^2\varepsilon_r\boldsymbol{E}\cdot\boldsymbol{E}\right]\mathrm{d}V+\eta\oint\!\!\!\oint_S(\boldsymbol{E}\times\boldsymbol{H})\cdot\hat{\boldsymbol{n}}\mathrm{d}S \tag{7.36}$$

由于此式中 $\boldsymbol{H}$ 只在表面出现，式(7.36)可以转换为

$$F(\boldsymbol{E})=\frac{1}{2\,\mathrm{j}k_0}\iiint_V\left[\frac{1}{\mu_r}(\nabla\times\boldsymbol{E})\cdot(\nabla\times\boldsymbol{E})-k_0^2\varepsilon_r\boldsymbol{E}\cdot\boldsymbol{E}\right]\mathrm{d}V-\oint\!\!\!\oint_S(\boldsymbol{E}\cdot\boldsymbol{J}_s)\mathrm{d}S \tag{7.37}$$

式(7.37)及后面的式子中 $\boldsymbol{H}$、$\boldsymbol{J}$ 表示 $\eta\boldsymbol{H}$、$\eta\boldsymbol{J}$，将 $\boldsymbol{E}$ 与 $\boldsymbol{J}_s$ 分别用矢量四面体有限元基函数及表面 RWG 基函数展开，有

$$\boldsymbol{E}=\sum_{n=1}^{M}\boldsymbol{W}_nE_n,\quad \boldsymbol{J}_s=\sum_{n=1}^{N_s}J_n\boldsymbol{f}_n \tag{7.38}$$

对上述泛函求变分,可写出:

$$\begin{bmatrix} \boldsymbol{K}_{II} & \boldsymbol{K}_{IS} & 0 \\ \boldsymbol{K}_{SI} & \boldsymbol{K}_{SS} & \boldsymbol{B} \end{bmatrix} \begin{Bmatrix} \boldsymbol{E}_I \\ \boldsymbol{E}_S \\ \boldsymbol{J}_s \end{Bmatrix} = \begin{Bmatrix} 0 \\ 0 \end{Bmatrix} \tag{7.39}$$

式中

$$\boldsymbol{K}_{mn} = \sum_e \boldsymbol{K}^e_{i_m j_n} \tag{7.40}$$

$$\boldsymbol{K}^e_{i_m j_n} = \frac{1}{\mathrm{j}k_0} \iiint_V \left[\frac{1}{\mu^e_r} (\nabla \times \boldsymbol{W}^e_i) \cdot (\nabla \times \boldsymbol{W}^e_j) - k_0^2 \varepsilon^e_r \boldsymbol{W}^e_i \cdot \boldsymbol{W}^e_j \right] \mathrm{d}V \tag{7.41}$$

$$\boldsymbol{B}_{mn} = -\int_S \boldsymbol{w}_m \cdot \boldsymbol{f}_n \mathrm{d}S = -\int_S \sum_e \boldsymbol{w}_{i_m} \cdot \boldsymbol{f}_n \mathrm{d}S \tag{7.42}$$

式中,i_m 表示全局边 m 在第 e 个单元内的局部编号是 i,j_n 则表示全局边 n 在第 e 个单元内的局部编号是 j。对体有限元基函数与表面矩量法之间的关系进行分析可以看出,$\boldsymbol{K}$ 与 $\boldsymbol{B}$ 都是稀疏矩阵,并且 $\boldsymbol{K}$ 是对称阵,$\boldsymbol{B}$ 是反对称阵。值得说明的是,有限元采用的基函数与矩量法中基函数的要求的不同之处在于,矢量有限元法中要求基函数的切向分量满足物理量的边界条件,而矩量法是要求法向分量满足物理量的边界条件。

对 S^e 外表面及以外区域,可以用积分方程表示,有两种积分方程,即电场积分方程与磁场积分方程,分别写为

$$\boldsymbol{E}^{\mathrm{inc}}(\boldsymbol{r}) = \frac{1}{2}\boldsymbol{E}(\boldsymbol{r}) + \boldsymbol{L}(\boldsymbol{J}_S) - \boldsymbol{K}(\boldsymbol{M}_S) \tag{7.43}$$

$$\boldsymbol{H}^{\mathrm{inc}}(\boldsymbol{r}) = \frac{1}{2}\boldsymbol{H}(\boldsymbol{r}) + L(\boldsymbol{M}_S) + K(\boldsymbol{J}_S) \tag{7.44}$$

式中

$$\boldsymbol{J}_S = \eta \hat{\boldsymbol{n}} \times \boldsymbol{H}$$

$$\boldsymbol{M}_S = \boldsymbol{E} \times \hat{\boldsymbol{n}}$$

$$\boldsymbol{L}(\boldsymbol{X}) = \mathrm{j}k_0 \iint_S \boldsymbol{X}(\boldsymbol{r}') G_0(\boldsymbol{r},\boldsymbol{r}') \mathrm{d}S' + \oiint_S \frac{\mathrm{j}}{k_0} \nabla' \cdot \boldsymbol{X}(\boldsymbol{r}') \nabla G_0(\boldsymbol{r},\boldsymbol{r}') \mathrm{d}S' \tag{7.45}$$

$$\boldsymbol{K}(\boldsymbol{X}) = \oiint_S \boldsymbol{X}(\boldsymbol{r}') \times \nabla G_0(\boldsymbol{r},\boldsymbol{r}') \mathrm{d}S' \tag{7.46}$$

电场积分方程与磁场积分方程在使用矩量法的过程中,又各有两种形式,分别称为 TE、NE 和 TH、NH,它们分别是

$$\hat{\boldsymbol{t}} \cdot \boldsymbol{E}^{\mathrm{inc}}(\boldsymbol{r}) = \hat{\boldsymbol{t}} \cdot \left[\frac{1}{2}\boldsymbol{E}(\boldsymbol{r}) + \boldsymbol{L}(\boldsymbol{J}_S) - \boldsymbol{K}(\boldsymbol{M}_S) \right] \tag{7.47}$$

$$\hat{\boldsymbol{n}} \times \boldsymbol{E}^{\mathrm{inc}}(\boldsymbol{r}) = \hat{\boldsymbol{n}} \times \left[\frac{1}{2}\boldsymbol{E}(\boldsymbol{r}) + \boldsymbol{L}(\boldsymbol{J}_S) - \boldsymbol{K}(\boldsymbol{M}_S) \right] \tag{7.48}$$

$$\hat{\boldsymbol{t}} \cdot \boldsymbol{H}^{\text{inc}}(\boldsymbol{r})=\hat{\boldsymbol{t}} \cdot \left[\frac{1}{2}\overline{\boldsymbol{H}}(\boldsymbol{r})+\boldsymbol{L}(\boldsymbol{M}_s)+\boldsymbol{K}(\boldsymbol{J}_S)\right] \tag{7.49}$$

$$\hat{\boldsymbol{n}} \times \boldsymbol{H}^{\text{inc}}(\boldsymbol{r})=\hat{\boldsymbol{n}} \times \left[\frac{1}{2}\overline{\boldsymbol{H}}(\boldsymbol{r})+\boldsymbol{L}(\boldsymbol{M}_s)+\boldsymbol{K}(\boldsymbol{J}_S)\right] \tag{7.50}$$

对上述方程按一定的规则组合后,用 RWG 基函数测试,得到一组线性方程组:

$$[\boldsymbol{P} \quad \boldsymbol{Q}]\begin{Bmatrix}\boldsymbol{E}_S \\ \boldsymbol{J}_S\end{Bmatrix}=\boldsymbol{b} \tag{7.51}$$

这里的 $\boldsymbol{P}$ 与 $\boldsymbol{Q}$ 是稠密矩阵。将式(7.51)与式(7.39)联立,可以求出确定的解。求解此方程现行方案有三种公式,它们分别称为内观公式(inward-looking formulation)、外观公式(outward-looking formulation)与混合公式。内观公式先将式(7.39)及式(7.51)组合写为

$$\begin{bmatrix}\boldsymbol{K} & \boldsymbol{B}' \\ \boldsymbol{P}' & \boldsymbol{Q}\end{bmatrix}\begin{Bmatrix}\boldsymbol{E} \\ \boldsymbol{J}_S\end{Bmatrix}=\begin{Bmatrix}\boldsymbol{0} \\ \boldsymbol{b}\end{Bmatrix} \tag{7.52}$$

式(7.52)可以分成两步求解:

$$\begin{aligned}(\boldsymbol{Q}-\boldsymbol{P}'\boldsymbol{K}^{-1}\boldsymbol{B}')\boldsymbol{J}_S&=\boldsymbol{b} \\ \boldsymbol{E}&=-(\boldsymbol{K}^{-1}\boldsymbol{B}')\boldsymbol{J}_S\end{aligned} \tag{7.53}$$

实际操作时,可以先将稀疏矩阵 $\boldsymbol{K}$ 的 LU 分解表示出来,此时用来求解的矩阵条件数比较好。

外观公式则是从式(7.51)中表示出 $\boldsymbol{J}_s$,代入式(7.39)中:

$$\begin{bmatrix}\boldsymbol{K}_{II} & \boldsymbol{K}_{IS} \\ \boldsymbol{K}_{SI} & \boldsymbol{K}_{SS}-\boldsymbol{B}\boldsymbol{Q}^{-1}\boldsymbol{P}\end{bmatrix}\begin{Bmatrix}\boldsymbol{E}_I \\ \boldsymbol{E}_S\end{Bmatrix}=\begin{Bmatrix}\boldsymbol{0} \\ -\boldsymbol{B}\boldsymbol{Q}^{-1}\boldsymbol{b}\end{Bmatrix} \tag{7.54}$$

然后表示出

$$\boldsymbol{J}_S=\boldsymbol{Q}^{-1}\boldsymbol{b}-\boldsymbol{Q}^{-1}\boldsymbol{P}\boldsymbol{E}_S \tag{7.55}$$

这一公式的特点是要求一个满秩稠矩阵的逆,运算量大,不适合求解在分界表面上未知量大的问题。

第三种是采取混合公式,这是用迭代解法直接求解

$$\begin{bmatrix}\boldsymbol{K}_{II} & \boldsymbol{K}_{IS} & \boldsymbol{0} \\ \boldsymbol{K}_{SI} & \boldsymbol{K}_{SS} & \boldsymbol{B} \\ \boldsymbol{0} & \boldsymbol{P} & \boldsymbol{Q}\end{bmatrix}\begin{Bmatrix}\boldsymbol{E}_I \\ \boldsymbol{E}_S \\ \boldsymbol{J}_S\end{Bmatrix}=\begin{Bmatrix}\boldsymbol{0} \\ \boldsymbol{0} \\ \boldsymbol{b}\end{Bmatrix} \tag{7.56}$$

这一公式由于有条件数差的有限元生成的稀疏矩阵与矩量法形成的稠密阵结合,通常要迭代很多步数,极其需要有效的预条件技术以提高求解效率。

7.4.2 利用吸收边界条件构造预条件矩阵

下面介绍文献[17]和[20]中提到的吸收边界条件(ABC)构造预条件矩阵的技术,这一方法被认为是有限元边界积分方程求解散射问题时的一个很高效的预

条件方法，下面介绍相关的公式。

在分界面上的一阶吸收边界条件形式为

$$\hat{\boldsymbol{n}}\times(\nabla\times\boldsymbol{E})+\mathrm{j}k_0\hat{\boldsymbol{n}}\times(\hat{\boldsymbol{n}}\times\boldsymbol{E})=\hat{\boldsymbol{n}}\times(\nabla\times\boldsymbol{E}^{\mathrm{inc}})+\mathrm{j}k_0\hat{\boldsymbol{n}}\times(\hat{\boldsymbol{n}}\times\boldsymbol{E}^{\mathrm{inc}}) \tag{7.57}$$

又可写为

$$\hat{\boldsymbol{n}}\times(\hat{\boldsymbol{n}}\times\boldsymbol{E})-\hat{\boldsymbol{n}}\times\boldsymbol{H}=\hat{\boldsymbol{n}}\times(\hat{\boldsymbol{n}}\times\boldsymbol{E}^{\mathrm{inc}})+\hat{\boldsymbol{n}}\times\boldsymbol{H}^{\mathrm{inc}} \tag{7.58}$$

用 RWG 基函数测试式(7.58)，又得一方程：

$$[\boldsymbol{P}''\quad \boldsymbol{Q}'']\begin{Bmatrix}\boldsymbol{E}_S\\ \bar{\boldsymbol{J}}_S\end{Bmatrix}=\boldsymbol{b} \tag{7.59}$$

而 $\boldsymbol{P}''$ 及 $\boldsymbol{Q}''$ 在物理上正是 $\boldsymbol{P}$ 及 $\boldsymbol{Q}$ 矩阵的近似。因此在求解混合公式(7.56)时，可以用它作为预条件矩阵。

$$\begin{bmatrix}\boldsymbol{K}_{II} & \boldsymbol{K}_{IS} & \boldsymbol{0}\\ \boldsymbol{K}_{SI} & \boldsymbol{K}_{SS} & \boldsymbol{B}\\ \boldsymbol{0} & \boldsymbol{P}'' & \boldsymbol{Q}''\end{bmatrix}^{-1}\begin{bmatrix}\boldsymbol{K}_{II} & \boldsymbol{K}_{IS} & \boldsymbol{0}\\ \boldsymbol{K}_{SI} & \boldsymbol{K}_{SS} & \boldsymbol{B}\\ \boldsymbol{0} & \boldsymbol{P} & \boldsymbol{Q}\end{bmatrix}\begin{Bmatrix}\boldsymbol{E}_I\\ \boldsymbol{E}_S\\ \bar{\boldsymbol{J}}_S\end{Bmatrix}=\begin{bmatrix}\boldsymbol{K}_{II} & \boldsymbol{K}_{IS} & \boldsymbol{0}\\ \boldsymbol{K}_{SI} & \boldsymbol{K}_{SS} & \boldsymbol{B}\\ \boldsymbol{0} & \boldsymbol{P}'' & \boldsymbol{Q}''\end{bmatrix}^{-1}\begin{Bmatrix}\boldsymbol{0}\\ \boldsymbol{0}\\ \boldsymbol{b}\end{Bmatrix} \tag{7.60}$$

式(7.60)又可表达为

$$\left\{\boldsymbol{I}+\begin{bmatrix}\boldsymbol{K}_{II} & \boldsymbol{K}_{IS} & \boldsymbol{0}\\ \boldsymbol{K}_{SI} & \boldsymbol{K}_{SS} & \boldsymbol{B}\\ \boldsymbol{0} & \boldsymbol{P}'' & \boldsymbol{Q}''\end{bmatrix}^{-1}\begin{bmatrix}\boldsymbol{0} & \boldsymbol{0} & \boldsymbol{0}\\ \boldsymbol{0} & \boldsymbol{0} & \boldsymbol{0}\\ \boldsymbol{0} & \boldsymbol{P}-\boldsymbol{P}'' & \boldsymbol{Q}-\boldsymbol{Q}''\end{bmatrix}\right\}\begin{Bmatrix}\boldsymbol{E}_I\\ \boldsymbol{E}_S\\ \bar{\boldsymbol{J}}_S\end{Bmatrix}=\begin{bmatrix}\boldsymbol{K}_{II} & \boldsymbol{K}_{IS} & \boldsymbol{0}\\ \boldsymbol{K}_{SI} & \boldsymbol{K}_{SS} & \boldsymbol{B}\\ \boldsymbol{0} & \boldsymbol{P}'' & \boldsymbol{Q}''\end{bmatrix}^{-1}\begin{Bmatrix}\boldsymbol{0}\\ \boldsymbol{0}\\ \boldsymbol{b}\end{Bmatrix} \tag{7.61}$$

预条件的稀疏矩阵求解过程，即

$$\begin{bmatrix}\boldsymbol{K}_{II} & \boldsymbol{K}_{IS} & \boldsymbol{0}\\ \boldsymbol{K}_{SI} & \boldsymbol{K}_{SS} & \boldsymbol{B}\\ \boldsymbol{0} & \boldsymbol{P}'' & \boldsymbol{Q}''\end{bmatrix}\boldsymbol{x}=\boldsymbol{b} \tag{7.62}$$

可以用直接解法如 SuperLU、UMFPACK 求解，也可用迭代方法求解，有别于式(7.60)的迭代求解，将这一迭代求解称为内迭代求解，而式(7.60)的求解称为外迭代求解。文献[21]使用了 ILU(1)方法继续使用预条件来加速内迭代的求解。比起文献[21]，本节中构造的预条件矩阵具有对称的性质，从而对预条件技术实现带来了效率上的提高，这里主要是采用第 6 章介绍的对称超松弛预条件技术和有扰动的 IC(1)分解来加速内迭代时的线性方程组求解，比起文献[21]中采用 ILU(1)分解作为预条件矩阵的方法，内存消耗及构造预条件矩阵的时间得到减少。下面介绍这两种预条件技术，将式(7.62)写为

$$\boldsymbol{Zx}=\boldsymbol{b} \tag{7.63}$$

带有扰动的 IC(p)分解构造预条件阵的算法步骤如下：

(1) 初始化：

$$d_{i,i}=\tilde{z}_{i,i},\quad i=1,2,\cdots,n$$

$$l_{i,j}=\tilde{z}_{i,j},\quad i=2,3,\cdots,n;j=1,2,\cdots,i-1$$

(2) 不完全 LU 分解过程：

```
do j=1,2,…,n-1
do i=j+1,j+2,…,n
d_{i,i}=d_{i,i}- l^2_{i,j}/d_{j,j}
l_{i,j}=l_{i,j}/d_{j,j}
do k=i+1,i+2,…,n
if(i,k)∈ℜ l_{k,i}=l_{k,i}-l_{i,j}l_{k,j}
end do
 end do
end do
```

$\tilde{z}_{i,j}$表示求解的矩阵经过扰动后形成的矩阵$\tilde{\boldsymbol{Z}}$的元素，本节研究的预条件的稀疏矩阵的扰动主要为对角扰动，即将原矩阵的对角阵乘以某一个值α后形成矩阵$\tilde{\boldsymbol{Z}}=\boldsymbol{Z}+(\alpha-1)\boldsymbol{Z}_{\rm diag}$，$\boldsymbol{Z}_{\rm diag}$表示$\boldsymbol{Z}$矩阵的对角矩阵，$\Re$表示在进行 IC 分解时在填充的稀疏模式，表示为

$$\Re=\{(k,i)\mid \mathrm{lev}(l_{k,i})\leqslant p\}\tag{7.64}$$

整数p表示用户指定的最大填充级别。下三角阵$\boldsymbol{L}$的元素$l_{k,i}$的级别$\mathrm{lev}(l_{k,i})$由式(7.65)定义：

$$\text{初始化：}\quad \mathrm{lev}(l_{k,i})=\begin{cases}0, & \text{当 } l_{k,i}\neq 0 \text{ 或者 } k=i \text{ 时}\\ +\infty, & \text{其他情况}\end{cases}$$

$$\text{分解时：}\quad \mathrm{lev}(l_{k,i})=\min\{\mathrm{lev}(l_{k,i}),\mathrm{lev}(l_{i,j})+\mathrm{lev}(l_{k,i})+1\}$$

此时预条件器$\boldsymbol{M}$可以表达为$\boldsymbol{LDL}^{\rm T}$。

对称预条件的稀疏矩阵又可表达为$\boldsymbol{Z}=\boldsymbol{L}+\boldsymbol{D}+\boldsymbol{L}^{\rm T}$，其中$\boldsymbol{D}$是对角矩阵，$\boldsymbol{L}$是严格的下三角矩阵，注意到此处的$\boldsymbol{L}$与 IC 分解中的$\boldsymbol{L}$阵是不一样的概念，后者是特指分解后的下三角矩阵。SSOR 预条件器$\boldsymbol{M}$可表达为

$$\boldsymbol{M}=(\tilde{\boldsymbol{D}}+\boldsymbol{L})(\tilde{\boldsymbol{D}})^{-1}(\tilde{\boldsymbol{D}}+\boldsymbol{L}^{\rm T})\tag{7.65}$$

式中，$\tilde{\boldsymbol{D}}=(1/\omega)\times\boldsymbol{D}$，$0<\omega<2$。$\omega$的取值对 SSOR 预条件的迭代算法的收敛性没有很大的影响，可以简单地将其值设为 1，此时又称对称高斯-赛德尔预条件。线性方程组(7.63)通过乘以预条件器$\boldsymbol{M}$变换为

$$\hat{\boldsymbol{Z}}\hat{\boldsymbol{x}}=\hat{\boldsymbol{b}}\tag{7.66}$$

式中

$$\hat{\boldsymbol{Z}}=\widetilde{\boldsymbol{D}}(\widetilde{\boldsymbol{D}}+\boldsymbol{L})^{-1}\boldsymbol{Z}(\widetilde{\boldsymbol{D}}+\boldsymbol{L}^{\mathrm{T}})^{-1},\quad \hat{\boldsymbol{b}}=\widetilde{\boldsymbol{D}}(\widetilde{\boldsymbol{D}}+\boldsymbol{L})^{-1}\boldsymbol{b},\quad \hat{\boldsymbol{x}}=(\hat{\boldsymbol{D}}+\boldsymbol{L}^{\mathrm{T}})\boldsymbol{x} \tag{7.67}$$

考虑到$(\widetilde{\boldsymbol{D}}+\boldsymbol{L})$、$(\widetilde{\boldsymbol{D}}+\boldsymbol{L}^{\mathrm{T}})$是系数矩阵 $\boldsymbol{Z}$ 的一部分，因而前处理矩阵几乎不多占内存空间，这比起 ILU 系列的预条件技术也是一个优点，并且此时预条件迭代算法中的矩阵矢量乘能高效地求出。如果 $\boldsymbol{Z}$ 阵中非零无素很大，这一预条件技术比起 IC(0)技术每一步能节省一半的计算量，这也是对称超松弛预条件技术的优点之一。

7.4.3　数值结果与分析

下面计算几个典型的例子来说明利用吸收边界条件构造预条件的有效性。程序实现时，外迭代算法选为 GMRES(30)，其收敛精度要求相对余量范数达到 10^{-4}，初解设置为 0。入射平面波取为 $\boldsymbol{E}^{\mathrm{inc}}=\hat{x}\exp(-\mathrm{j}kz)$。求解式(7.62)时使用的迭代解法称为内迭代算法，选用 GMRES(70)，初解设置为 0，其收敛精度要求相对余量范数达到10^{-5}。

算例 7.1　一个均匀介质球，半径为 $0.1\lambda_0$，介电常数 $\varepsilon_r=14-\mathrm{j}$。采用内观公式时得到的结果如图 7.12 所示，可见结果吻合得很好。此例离散的有限元部分的未知数是 2031，矩量法部分的未知数则是 597，说明 FEBI 公式能准确地分析介电常数大的介质。

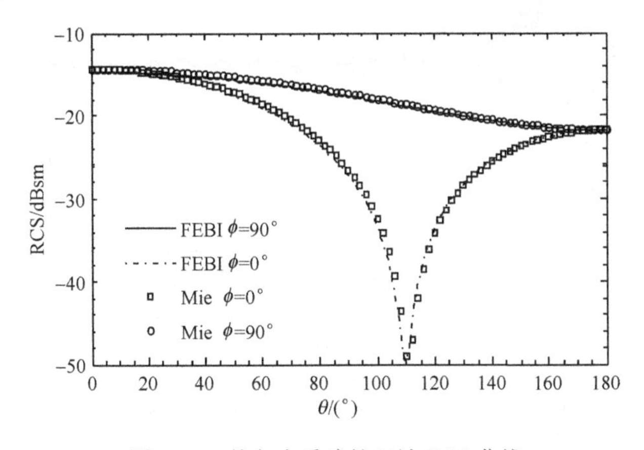

图 7.12　均匀介质球的双站 RCS 曲线

算例 7.2　一个带有介质涂层的金属球，并且对应着边界积分方程的谐振情况。金属球半径为 $0.3423\lambda_0$，涂层厚度为 $0.1017\lambda_0$，相对介电常数为 $\varepsilon_r=4$，离散后的有限元未知数是 11236，矩量法区域的未知数是 2538，计算得双站 RCS 结果如图 7.13 所示，与 Mie 级数解吻合得很好，说明 TE-NH 型混合积分方程是能有效地去除谐振情况的。

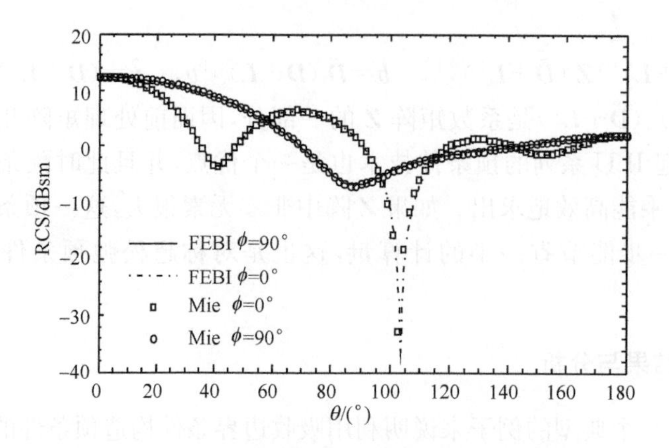

图 7.13　带有介质涂层的金属球的双站 RCS 曲线

算例 7.3　一个电尺寸更大的问题，涂层金属球的内直径为 $6\lambda_0$，涂层厚度为 $0.025\lambda_0$，介电常数为 $\varepsilon_r=2-\mathrm{j}$，离散后的有限元法未知量为 69187，矩量法部分的未知数为 29700，使用五层快速多极子。计算结果如图 7.14 所示。

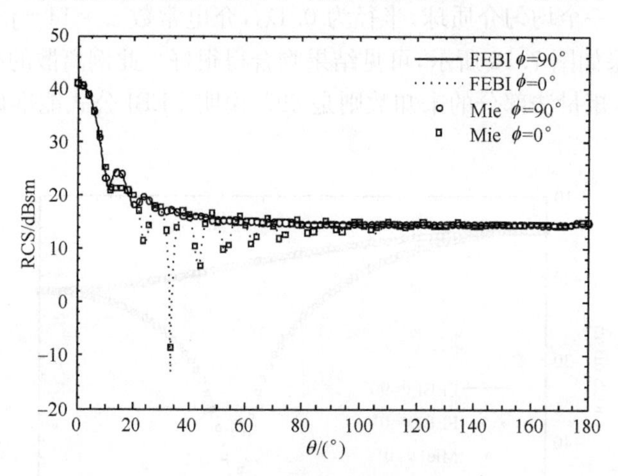

图 7.14　涂层金属球的双站 RCS 曲线

算例 7.4　一个有涂层的有限长金属圆柱结构，金属圆柱的直径为 λ_0，长 $2\lambda_0$，轴向沿 y 方向，原点是体的中心点，涂层厚度是 $0.1\lambda_0$，介电常数 $\varepsilon_r=2-\mathrm{j}$，磁导率 $\mu_r=1.5-\mathrm{j}0.5$。对于这一结构，先使用有限元方法结合多层快速多极子方法加速的边界元法来分析没有涂层时的金属表面问题，并与分析金属表面问题的快速多极子技术对比，再分析有涂层结构的问题。分析没有涂层的结构时，离散的未知量为 15202，其中有限元部分为 11434，矩量法部分为 3768，而分析金属结构的多层快速多极子方法使用 2637 个未知数，在分析涂层结构时总共的有限元边数是

24232，矩量法边则是5907，即未知量为30139。分析结果与文献[21]结果相比如图7.15所示，可见两者是吻合的。

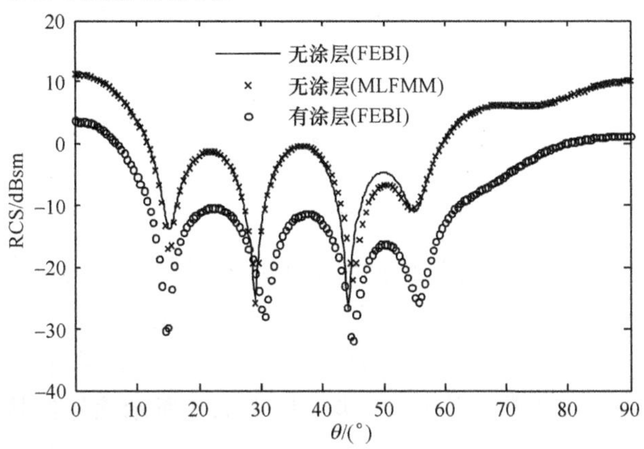

图7.15　金属圆柱结构的单站RCS曲线

下面讨论不同预条件方案实现FEBI算法时的效率。对未知量小于20万的问题，在内观公式中有限元矩阵的求逆及ABC预条件矩阵的求解过程中，稀疏矩阵的逆通过UMFPACK5.0软件计算，这一软件应用在本问题中时，复系数稀疏矩阵的LU分解效率很高，表现为完成LU分解时消耗内存少，计算时间快，由于对未知量更大的问题还是必须采用迭代解法，将SSOR预条件技术结合GMRES(70)引入预条件矩阵的求解中，设置内迭代的GMRES的精度10^{-5}比外迭代精度10^{-4}要低一个数量级。在采用SSOR预条件技术进行内迭代求解时每次的迭代步数平均在93步。

对算例7.1分析并给出求解情况，如表7.7中所示(FEM部分未知数为2031，MoM部分未知数为597)的迭代步数和时间对比，此时SSOR预条件后的内迭代求解步数平均在106步。

表7.7　算例7.1(FEM部分未知数为2031，MoM部分未知数597)中的迭代步数及时间对比

方法	前处理构造时间/s	外迭代步数	迭代时间/s
混合公式	0	1703	57.35
ABC预条件(UMFPACK)	0.8	23	1
ABC预条件(SSOR)	0	23	19

对算例7.2分析并给出求解情况，如表7.8中所示(FEM部分未知数为11236，MoM部分未知数为2538)的迭代步数和时间对比，此时SSOR预条件后内迭代步数平均在30步。

表 7.8　算例 7.2 中的(FEM 部分未知数为 11236,MoM 部分未知数为 2538)迭代步数和时间对比

方法	前处理构造时间/s	外迭代步数	迭代时间/s
混合公式	0	3250	651
ABC 预条件(UMFPACK)	11	27	8.4
ABC 预条件(SSOR)	0	29	159

表 7.9 给出了算例 7.3 的情况,此时 SSOR 预条件后的内迭代求解步数平均在 34 步,将对角元素乘以 1.2 后进行 IC(1)分解来构造预条件矩阵的内迭代求解步数平均在 28 步。表 7.10 给出了在分析算例 7.4 中的涂层情况时的迭代效率。SSOR 预条件后内迭代步数平均在 46 步。从表 7.9 所示涂层结构的(FEM 部分未知数为 69187,MOM 部分未知数为 29700)迭代步数和时间对比可以看出,在采用有限元与快速多极子技术加速的矩量法的混合公式时,使用吸收边界条件来预条件、采用内迭代求解方法,当使用对称超松弛技术来再次预条件内迭代时,所用的迭代步数取决于有限元未知数与矩量法部分的未知数的比值,该比值小,则内迭代的步数就小,该比值大,则内迭代的步数将会越大,而与总的未知量的大小关系不大。在实践中还发现,如果内迭代不使用预条件技术,则迭代步数通常会很大。例如,对算例 7.3 的吸收边界条件不采用预条件技术,平均需要 400 多步的迭代步数,每次内迭代求解就要花 200s;又如,对算例 7.4 内迭代如果不采用预条件,平均将需要 670 步左右,每次求解要花超过 90s 的时间,效率十分低下。由此可见,使用 UMFPACK 提供的 LU 分解算法或 SSOR 预条件加速的内迭代解法大大降低了整个矩阵的求解时间。

表 7.9　算例 7.3 中涂层结构时(FEM 部分未知数为 69187,MoM 部分未知数为 29700)迭代步数和时间对比

方法	前处理构造时间/s	外迭代步数	迭代时间/s
ABC 预条件(UMFPACK)	74	33	180
ABC 预条件(SSOR)	0	33	528
ABC 预条件(IC(1))	3.9	33	482

表 7.11 说明了带有扰动的 IC(1)预条件技术中,扰动因子对性能的影响,以算例 7.3 为例,发现对其他问题也有类似的情况,即需要挑选一个合适的扰动因子,才能达到好的加速效果。针对不同的问题,最佳的扰动因子还可能不一样,这需要使用者有一定的经验才能找到较优的方案。而 SSOR 构造预条件方案中,不

涉及扰动因子的选取，设置较简单，并且在有限元-边界积分方程方法中，采用吸收边界条件作为预条件，利用内外迭代的算法计算时，内外迭代的计算步数通常不是很大，这一点不同于如文献所讨论的有限元问题中迭代步数通常很大的情况，因此，此问题中，SSOR 的迭代加速通常与 IC(1)一个数量级，并且 IC(1)算法要增加额外的内存来保存预条件矩阵，所以可以认为对这类问题，SSOR 预条件技术是一个稳健的构造技术。

表 7.10　算例 7.4 中涂层结构时(FEM 部分未知数为 24232，MoM 部分未知数为 5907)在入射波为 $E^{inc}=\hat{x}\exp(-jkz)$ 时迭代步数和时间对比

方法	前处理构造时间/s	外迭代步数	迭代时间/s
混合公式	0	4026	1992
ABC 预条件(UMFPACK)	29	25	18.8
ABC 预条件(SSOR)	0	25	122.3

表 7.11　算例 7.3 中采用不同的扰动算子的 IC(1)技术构造预条件矩阵时平均内迭代效率

IC(1)求解时的扰动情况	内迭代步数	内迭代时间/s
无扰动	90	37
对角元素乘以 1.1	33	10.9
对角元素乘以 1.2	28	8.3
对角元素乘以 1.3	28	8.3
对角元素乘以 1.4	31	9.6
对角元素乘以 2.0	33	10.9

参考文献

[1] Chen R S, Ping X W, Yung E K N, et al. Application of diagonally perturbed incomplete factorization preconditioned conjugate gradient algorithms for edge finite-element analysis of Helmholtz equations[J]. IEEE Transactions on Antennas and Propagation, 2006, 54(5): 1604-1608.

[2] Bardi I, Biro O, Preis K, et al. Nodal and edge element analysis of inhomogeneously loaded 3D cavities[J]. IEEE Transactions on Magnetics, 1992, 28(2): 1142-1145.

[3] Dyczij-Edlinger R, Biro O. A joint vector and scalar potential formulation for driven high frequency problems using hybrid edge and nodal finite elements[J]. IEEE Transactions on Microwave Theory and Techniques, 1996, 44(1): 15-23.

[4] Dyczij-Edlinger R, Peng G, Lee J F. Stability conditions for using TVFEMs to solve Maxwell equations in the frequency domain[J]. International Journal of Numerical Modelling: Electronic Networks, Devices and Fields, 2000, 13(2-3): 245-260.

[5] Jian Z, Rui P L, Chen R S, et al. Diagonally perturbed incomplete Cholesky preconditioned CG method for AV formulation of FEM[C]. Asia-Pacific Microwave Conference Proceedings, 2005:3.

[6] Ise K, Inoue K, Koshiba M. Three-dimensional finite-element method with edge elements for electromagnetic waveguide discontinuities[J]. IEEE Transactions on Microwave Theory and Techniques, 1991, 39(8):1289-1295.

[7] Erlangga Y A, Vuik C, Oosterlee C W. On a class of preconditioners for solving the Helmholtz equation[J]. Applied Numerical Mathematics, 2004, 50(3):409-425.

[8] Watts J W III. A conjugate gradient-truncated direct method for the iterative solution of the reservoir simulation pressure equation[J]. Society of Petroleum Engineers Journal, 1981, 21(3):345-353.

[9] Zhu J, Ping X W, Chen R S, et al. An incomplete factorization preconditioner based on shifted Laplace operators for FEM analysis of microwave structures[J]. Microwave and Optical Technology Letters, 2010, 52(5):1036-1042.

[10] Ozdemir T, Volakis J L. Triangular prisms for edge-based vector finite element analysis of conformal antennas[J]. IEEE Transactions on Antennas and Propagation, 1997, 45(5):788-797.

[11] 朱剑. 复杂电磁问题的有限元，边界积分及混合算法的快速分析技术[D]. 南京：南京理工大学，2011.

[12] Tao Y, Hong W, Tang H. Design of a Ka-band bandpass filter based on high order mode SIW Resonator[C]. The 7th International Symposium on Antennas, Propagation & EM Theory, 2006:1-3.

[13] Liu Z, He J, Xie Y, et al. Multilevel fast multipole algorithm for general targets on a half-space interface[J]. IEEE Transactions on Antennas and Propagation, 2002, 50(12):1838-1849.

[14] Ji Y. Development and applications of a hybrid finite-element method/method-of-moments (FEM/MoM) tool to model electromagnetic compatibility and signal integrity problems in printed circuit boards[D]. Rolla: University of Missouri, 2000.

[15] Vouvakis M N, Lee S C, Zhao K, et al. A symmetric FEM-IE formulation with a single-level IE-QR algorithm for solving electromagnetic radiation and scattering problems[J]. IEEE Transactions on Antennas and Propagation, 2004, 52(11):3060-3070.

[16] Sheng X Q, Yung E K N. Implementation and experiments of a hybrid algorithm of the MLFMA-enhanced FE-BI method for open-region inhomogeneous electromagnetic problems [J]. IEEE Transactions on Antennas and Propagation, 2002, 50(2):163-167.

[17] Liu J, Jin J M. A highly effective preconditioner for solving the finite element-boundary integral matrix equation of 3-D scattering[J]. IEEE Transactions on Antennas and Propagation, 2002, 50(9):1212-1221.

[18] Pan X M, Sheng X Q. A highly efficient parallel approach of multi-level fast multipole algorithm[J]. Journal of Electromagnetic Waves and Applications, 2006, 20(8): 1081-1092.
[19] 谭云华. 含各向异性介质的三维复杂目标电磁散射的边棱元——快速多极子混合算法研究[D]. 北京：北京大学，2003.
[20] 樊振宏. 电磁散射分析中的快速方法[D]. 南京：南京理工大学，2007.
[21] Sheng X Q, Jin J M, Song J, et al. On the formulation of hybrid finite-element and boundary-integral methods for 3-D scattering[J]. IEEE Transactions on Antennas and Propagation, 1998, 46(3): 303-311.

第8章　基于特征谱信息的快速迭代算法及预条件技术

第5章表明，对于系数矩阵特征谱信息，尤其是最小特征向量信息的有效利用，可以极大地提高线性系统方程迭代求解过程中的收敛速度。本章首先介绍一种改进的扩大子空间的广义最小余量迭代算法(GMRESE)[1]，该新型算法通过系数矩阵的特征谱信息的直接预估以及存储，很好地解决了特征谱信息的精度及其引入方式对算法性能的影响，弥补了AGMRES迭代算法的不足，极大地提高了其收敛性能；接着，从多重网格迭代的思想出发，通过系数矩阵特征谱信息的有效利用，构造一种新型高效的基于系数矩阵特征谱信息的代数多重网格(AMG)迭代算法；最后，从混合预条件技术的思想出发，提出一种新型有效的基于特征谱信息多步混合预条件技术，利用常用的预条件技术以消去迭代过程中误差的高频分量，即系数矩阵特征谱中一些较大特征值对迭代算法收敛性的影响，而利用多步特征谱预条件算子在不同的次序上对误差的低频分量进行校正，即消去各步预条件矩阵特征谱中剩余的一些较小特征值对收敛性的不良影响。本章中的数值结果表明了基于特征谱信息的快速迭代算法及新型预条件技术的高效性。

8.1　改进的扩大子空间广义最小余量迭代算法

8.1.1　GMRESE迭代算法基本原理

通过第5章的分析可以发现，恰当地利用GMRES迭代过程中特征向量的信息，可以有效地消去迭代过程中最小特征值对收敛性的不良影响，从而获得良好的加速效果；同时还发现，对于扩大子空间的广义最小余量(AGMRES)迭代算法，第5章的算例中多数情况下并没有显示出良好的加速效果，这主要归结为如下两个原因：一是，AGMRES迭代算法在迭代初期，也就是在前几次的循环过程中所产生的近似特征向量并不能作为对系数矩阵真实的特征向量的一个良好近似，而对系数矩阵真实的特征向量太过粗糙的估计，并不能对GMRES的收敛性产生有益的帮助；二是，AGMRES迭代算法自身的实现方式造成如此结果。从其算法流程可以看出，每次循环中k个近似特征向量的引入，同样需要以k个矩阵矢量乘以及一系列的正交化操作为代价。很显然，只有在特征向量的引入能显著地提高收敛速度的情况下，这种引入的代价才能得以抵消，从而获得整体的加速效果。

假定$[\boldsymbol{v}_1,\cdots,\boldsymbol{v}_m]$是AGMRES迭代算法中Krylov子空间的一组基，$[\boldsymbol{u}_1,\cdots,$

$\boldsymbol{u}_k$]为每次循环结束时提取的 k 个近似特征向量。定义 $\boldsymbol{W}_{m+k}=[\boldsymbol{v}_1,\cdots,\boldsymbol{v}_m,\cdots,\boldsymbol{u}_1,\cdots,\boldsymbol{u}_k]$,则在每次 AGMRES 的循环过程中存在如下等式:

$$\boldsymbol{A}\boldsymbol{W}_{m+k}=\boldsymbol{V}_{m+k+1}\overline{\boldsymbol{H}}_{m+k+1,m+k} \tag{8.1}$$

式中,$\boldsymbol{V}_{m+k+1}=[\boldsymbol{v}_1,\cdots,\boldsymbol{v}_m,\cdots,\boldsymbol{v}_{m+k+1}]$;$\overline{\boldsymbol{H}}_{m+k+1,m+k}$为上 Hessenberg 阵。假设在执行 AGMRES 迭代算法开始之前,预先获得对系数矩阵的 k 个最小特征向量的一个良好估计,仍然记为$[\boldsymbol{u}_1,\cdots,\boldsymbol{u}_k]$,同时预先计算出此 k 个最小特征向量同系数矩阵的乘积,记为$[\boldsymbol{A}\boldsymbol{u}_1,\cdots,\boldsymbol{A}\boldsymbol{u}_k]$,那么在 AGMRES 每次循环迭代过程中,就可以利用这些预先计算获得的信息$[\boldsymbol{u}_1,\cdots,\boldsymbol{u}_k]$和$[\boldsymbol{A}\boldsymbol{u}_1,\cdots,\boldsymbol{A}\boldsymbol{u}_k]$来替换第 5 章算法 5.1 AGMRES($m,k$)流程中相应的操作。为了同 AGMRES 迭代算法相区别,这里将其称为改进的扩大子空间广义最小余量(GMRES with eigenvectors,GMRESE)迭代算法。

上述 GMRESE 迭代算法有很多优良的特性:首先,它消去了 AGMRES 算法在迭代初始阶段对待求解矩阵最小特征向量的粗糙估计对收敛性的影响,这是因为预先获得的良好近似的最小特征向量可以在迭代的初始阶段就对收敛性的改善有所帮助;其次,由于每次循环的过程中皆使用固定的$[\boldsymbol{u}_1,\cdots,\boldsymbol{u}_k]$和$[\boldsymbol{A}\boldsymbol{u}_1,\cdots,\boldsymbol{A}\boldsymbol{u}_k]$信息,这就避免了循环中对最小特征向量的估计的运算量以及特征向量的强制引入所带来的矩阵矢量乘操作。

很显然,GMRESE 迭代算法的优良特性在很大程度上取决于对系数矩阵最小特征向量的预先估计。一种最简单的做法就是直接通过求解一个大型特征值问题,如利用 ARPACK[2] 软件来获得对系数矩阵最小特征向量的近似估计。由于对最小特征向量的估计并不需要很精确就可以对 GMRES 收敛性的改善有所帮助,所以利用 ARPACK 在较小的精度下求解一个相应的特征值问题,其代价并不是很大。特别地,对于求解多个右边激励向量的情形,如单站 RCS 的计算中,这种预先估计的特征向量带来的收益,能很快地抵消掉其构造所花费的代价,从而带来整体收敛性的巨大改善,这在后续章节中将予以详细说明。上述这种基于 ARPACK 估计最小特征向量的算法称为 GMRESE(1),即 GMRESE(version 1)。下面给出 GMRESE(1)迭代算法求解多个右边向量系统方程的算法流程。

算法 8.1　GMRESE(1)

(1) 给定求解精度$\mathrm{tol}_{\mathrm{eig}}$,利用 ARPACK 软件求解特征值问题 $\boldsymbol{A}\boldsymbol{x}=\lambda\boldsymbol{x}$。获得对系数矩阵 k 个最小特征向量的估计,记为$[\boldsymbol{u}_1,\cdots,\boldsymbol{u}_k]$。

(2) 计算并存储 k 个向量$[\boldsymbol{A}\boldsymbol{u}_1,\cdots,\boldsymbol{A}\boldsymbol{u}_k]$。

(3) 仿照 AGMRES 迭代算法的流程,将 k 个近似特征向量$[\boldsymbol{u}_1,\cdots,\boldsymbol{u}_k]$强加到 GMRES 迭代过程的每次循环之中。注意到特征向量引入时所需要的矩阵矢量乘可以直接从$[\boldsymbol{A}\boldsymbol{u}_1,\cdots,\boldsymbol{A}\boldsymbol{u}_k]$中获得。

(4) 应用步骤(3)所构造的迭代算法逐个求解系统方程 $\boldsymbol{A}\boldsymbol{x}_i=\boldsymbol{b}_i(i=1,2,\cdots)$。

进一步考察第5章介绍的GMRES-DR迭代算法可以发现,GMRES-DR迭代算法每次循环结束时提取的近似特征向量通过显式循环的技术自然地引入下一次循环中的Krylov子空间中。假设$[\boldsymbol{u}_1,\cdots,\boldsymbol{u}_k]$为当前循环结束时获得的近似最小特征向量,$\boldsymbol{r}_0$为新的循环开始时的初始余量,则GMRES-DR$(m,k)$迭代算法在新循环中构造的子空间可表示为

$$\text{span}\{\boldsymbol{u}_1,\cdots,\boldsymbol{u}_k,\boldsymbol{r}_0,\boldsymbol{A}\boldsymbol{r}_0,\cdots,\boldsymbol{A}^{m-k-1}\boldsymbol{r}_0\} \tag{8.2}$$

令$\boldsymbol{V}_m$为GMRES-DR迭代过程中产生的由式(8.2)定义的一组规范正交基,则其前k列向量$\boldsymbol{V}_k$就可以看成由k个近似特征向量构成的空间$\text{span}\{\boldsymbol{u}_1,\cdots,\boldsymbol{u}_k\}$的一组规范正交基,并且存在:

$$\boldsymbol{A}\boldsymbol{V}_k=\boldsymbol{V}_{k+1}\overline{\boldsymbol{H}}_{k+1,k} \tag{8.3}$$

式中,$\overline{\boldsymbol{H}}_{k+1,k}$是一个大小为$(k+1)\times k$的满秩阵。

式(8.3)表明,GMRES-DR迭代算法不仅可以用来实现对系统方程进行迭代求解,同时还能获得该系数矩阵的特征向量的信息,且特征向量的信息包含在循环构造的子空间前部分当中。此外,这些特征向量与系数矩阵相乘的运算可以通过式(8.3)直接获得。因此,可以首先利用GMRES-DR迭代算法求解第一个右边向量对应的系统方程,同时获得系数矩阵最小特征向量的信息,即$\boldsymbol{V}_k$和$\boldsymbol{A}\boldsymbol{V}_k$。其次,将所得到的$\boldsymbol{V}_k$和$\boldsymbol{A}\boldsymbol{V}_k$应用到AGMRES迭代算法相应的操作当中,就可以得到另一种适合求解多个右边向量系统方程的改进的AGMRES算法,这里将其称为GMRESE(2),即GMRESE(version 2)。下面给出GMRESE(2)迭代算法求解多个右边向量系统方程的流程。

算法8.2　GMRESE(2)

(1) 利用GMRES-DR迭代算法求解线性系统$\boldsymbol{A}\boldsymbol{x}_1=\boldsymbol{b}_1$,得到近似最小特征向量$\boldsymbol{V}_k$。

(2) 利用式(8.3)计算并存储k个向量$\boldsymbol{A}\boldsymbol{V}_k$。

(3) 仿照AGMRES迭代算法的流程,将k个近似特征向量$\boldsymbol{V}_k$强加到GMRES迭代过程的每次循环之中。注意到特征向量引入时所需要的矩阵矢量乘可以直接从$\boldsymbol{A}\boldsymbol{V}_k$中获得。

(4) 应用步骤(3)所构造的迭代算法逐个求解后续的线性系统方程$\boldsymbol{A}\boldsymbol{x}_i=\boldsymbol{b}_i(i=2,3,\cdots)$。

8.1.2　GMRESE迭代算法的收敛性能

本节着重考察GMRESE[2]迭代算法加速迭代过程收敛速度的效果。为此,这里同样采用了四个不同的算列模型,它们分别是:

算例 8.1　导体杏仁核(almond)[3]。入射波频率为 5GHz,未知量为 3660。

算例 8.2　金属球-锥结合体(cone-sphere)[3]。入射波频率为 2GHz,未知量为 4047。

算例 8.3　双向尖导体(double ogive)[3]。入射波频率为 8GHz,未知量为 5886。

算例 8.4　某型号导弹(missile)。入射波频率为 200MHz,未知量为 7818。

上述模型的几何剖分结构如图 8.1～图 8.4 所示。本节对其单站 RCS 参数进行了计算。在计算中,采用垂直极化方式,且垂直俯仰角设定为 $\theta=90°$,水平方位角 $\phi=0°\sim180°$,间隔为 2°。由于不同的激励方向对应一个右边向量,所以可以得到 91 个右边向量的系统方程。图 8.1～图 8.4 同时给出了上述模型在垂直极化状态下的单站 RCS 曲线。

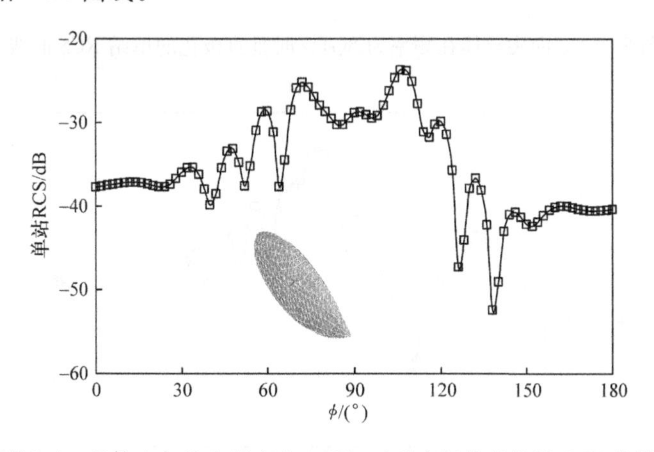

图 8.1　导体杏仁核在频率为 5GHz 时垂直极化的单站 RCS 曲线

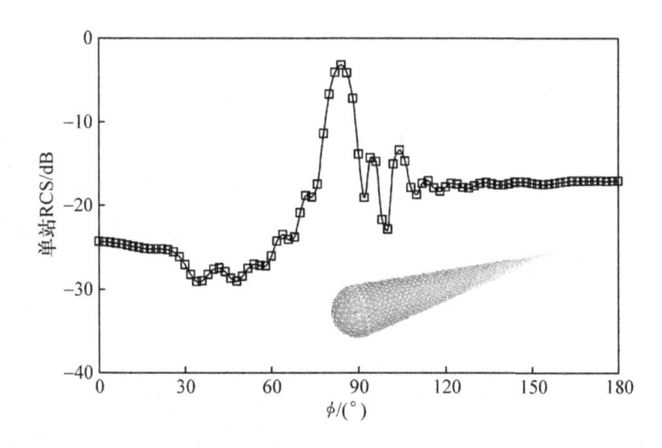

图 8.2　金属球-锥结合体在频率为 2GHz 时垂直极化的单站 RCS 曲线

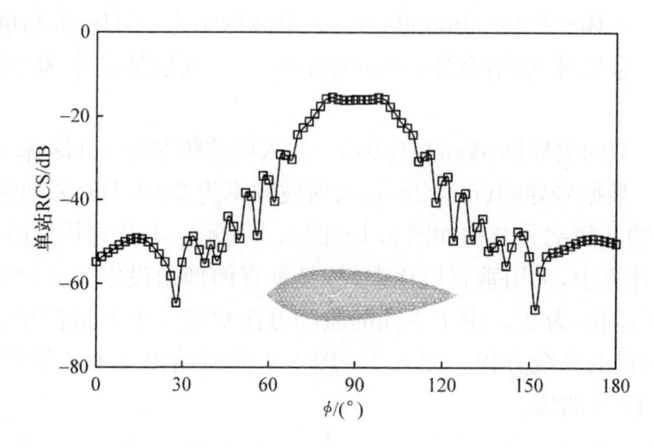

图 8.3　双向尖导体在频率为 8GHz 时垂直极化的单站 RCS 曲线

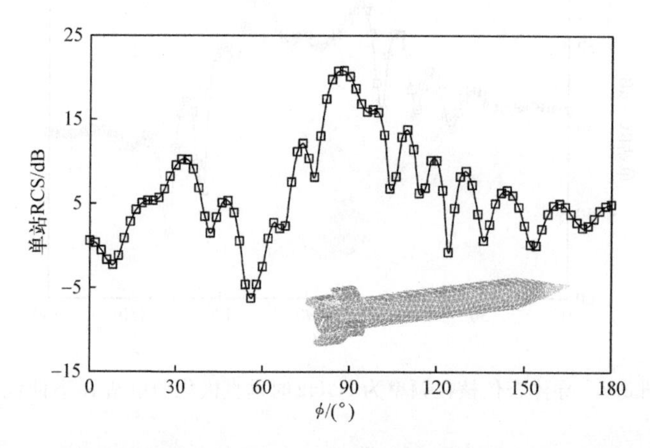

图 8.4　某型号导弹在频率为 200MHz 时垂直极化的单站 RCS 曲线

为了说明 GMRESE 迭代算法加速收敛速度的性能，先考察 GMRESE(1)和 GMRESE(2)两种迭代算法对单个右边向量系统方程应用的情形。为简单起见，选取第一个线性系统方程的求解来说明，它对应于入射角度 $\theta=90°$、$\phi=0°$。为了使 GMRESE(1)和 GMRESE(2)对单个线性系统方程得以应用，这里分别利用 ARPACK 和 GMRES-DR 获得对系数矩阵的 $k=20$ 个最小特征向量的一个估计。其中，ARPACK 求解特征值问题的收敛精度设置为 $\text{tol}_{\text{eig}}=0.1$，GMRES-DR 求解线性系统方程的收敛精度设置为 10^{-8}。

图 8.5～图 8.8 给出了应用两种新型的 GMRESE 迭代算法和一般的 GMRES 迭代算法求解不同算例中第一个系统方程时收敛曲线的比较。这里，在应用迭代算法之前，同样对系统方程进行了改进的近似逆预条件。此外，各迭代算法中 Krylov 子空间的维数皆设为 $m=30$，收敛精度设置为 10^{-5}，初始解取为零向量。

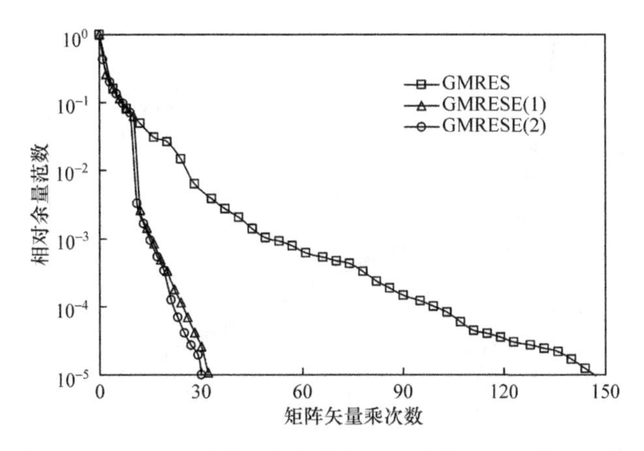

图 8.5　应用 GMRESE 迭代算法求解算例 8.1 中第一个系统方程的收敛曲线

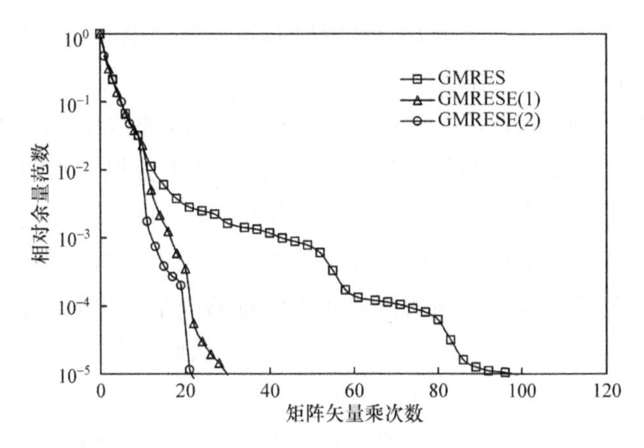

图 8.6　应用 GMRESE 迭代算法求解算例 8.2 中第一个系统方程的收敛曲线

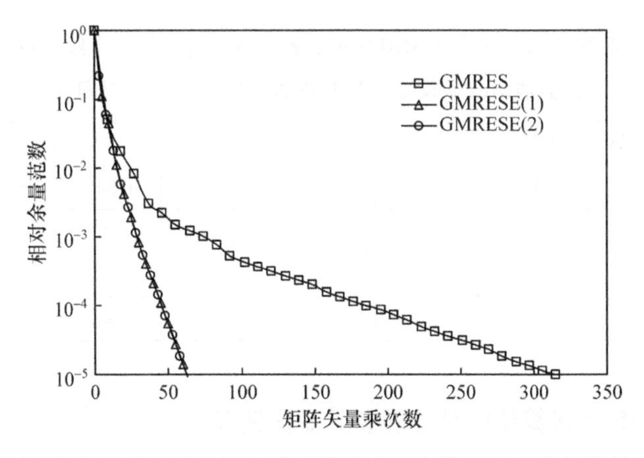

图 8.7　应用 GMRESE 迭代算法求解算例 8.3 中第一个系统方程的收敛曲线

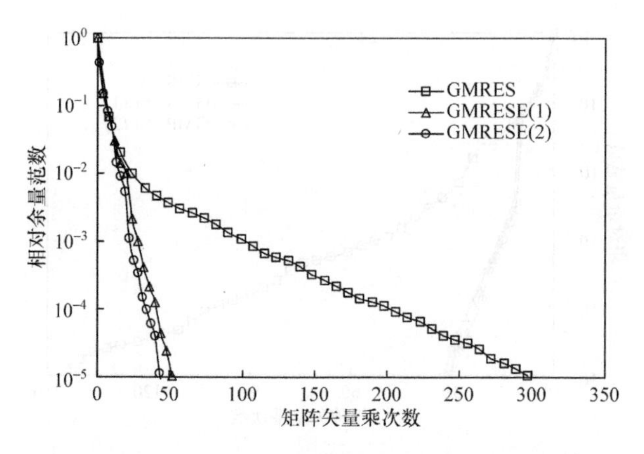

图 8.8　应用 GMRESE 迭代算法求解算例 8.4 中第一个系统方程的收敛曲线

从图 8.5～图 8.8 中可以看出，GMRESE 迭代算法获得了快速的收敛特性，这表明 GMRESE 新型迭代算法的有效性。

同时还可以发现，GMRESE(1)和 GMRESE(2)两种迭代算法尽管采用了不同的方式来预估系数矩阵的特征向量信息，但它们几乎获得了相同的收敛改善效果。在有些情况下，GMRESE(2)甚至比 GMRESE(1)收敛得还要快。这证明应用 GMRES-DR 来获得对系数矩阵特征向量的预估是十分可行和有效的。此外，应用 GMRES-DR 迭代算法来预估特征向量信息的一个突出好处就是：它可以在求解线性系统方程的同时获得对特征向量的估计，从而避免了求解一个额外的大型特征值问题。表 8.1 列出了应用 GMRESE 和 GMRES 算法求解不同算例中第一个线性系统方程达到收敛时所需要的矩阵矢量乘次数与迭代求解时间，从表中可以得出与上述相同的结论。

表 8.1　应用 GMRESE 和 GMRES 法求解不同算例中第一个线性系统方程达到收敛时所需要的矩阵矢量乘次数和求解时间

迭代算法	算例 8.1		算例 8.2		算例 8.3		算例 8.4	
	MVPs	时间/s	MVPs	时间/s	MVPs	时间/s	MVPs	时间/s
GMRES	147	21.4	99	18.3	315	114.8	299	105.7
GMRESE(1)	33	5.1	30	5.8	63	23.7	53	19.4
GMRESE(2)	30	4.6	22	4.2	63	23.7	44	16.2

8.1.3　GMRESE 迭代算法的性能随参数变化情况

8.1.2 节考察了 GMRESE 迭代算法应用于第一个线性系统方程时的收敛特

性。当时固定了特征向量预估时的收敛精度,并在算例中统一使用 $k=20$ 个近似最小特征向量来加速 GMRESE 迭代过程中的收敛速度。本节将重点讨论特征向量的个数 k 及其预估的精度 tol_{eig}(对于 ARPACK)或 tol(对于 GMRES-DR)对 GMRESE 迭代算法收敛性能的影响。

首先考察近似最小特征向量个数 k 对 GMRESE 迭代算法收敛性的影响,这里以 GMRESE(1)为例进行说明。表 8.2 列出了利用 ARPACK 软件预估系数矩阵最小特征向量时,当特征值问题的收敛精度设置为 $tol_{eig}=0.1$ 时,GMRESE(1)迭代算法在求解不同算例中第一个系统方程时所需要的矩阵矢量乘次数以及迭代时间随应用的近似最小特征向量个数 k 的变化情况。从表中可以看出,随着 k 的增大,如从 0 增加到 8,在所有的算例中,GMRESE(1)达到收敛所需的矩阵矢量乘次数以及求解时间都是显著单调减少。这表明少量特征向量的利用就可以有效地加快 GMRESE(1)的收敛速度。然而,随着 k 的继续增大,在有些情况下(如算例 8.1 中,k 从 12 增加到 20),对 GMRESE(1)收敛性的改善并不明显。这是因为,对于一些相对集中的最小特征值,由于它们对收敛性的影响可以近似看成一个与其平均值同等大小的特征值对收敛性的影响。此时,对其中部分特征值所对应的特征向量的估计,且将其增加到 Krylov 子空间当中,并不能消去其整体对收敛性的影响。

表 8.2　特征向量预估精度为 $tol_{eig}=0.1$ 的情况下,应用 GMRESE(1)求解不同算例中第一个线性系统方程所需要的矩阵矢量乘次数与求解时间随特征向量个数 k 的变化

k	算例 8.1		算例 8.2		算例 8.3		算例 8.4	
	MVPs	时间/s	MVPs	时间/s	MVPs	时间/s	MVPs	时间/s
0	147	21.4	99	18.3	315	114.8	299	105.7
4	62	8.9	47	8.6	191	69.7	207	74.7
8	46	6.7	34	6.2	81	29.6	183	65.2
12	36	5.2	36	6.6	80	29.5	61	21.8
16	33	4.8	29	5.4	61	22.6	54	19.6
20	33	5.1	30	5.8	63	23.7	53	19.4

其次,考察系数矩阵最小特征向量的预估精度对 GMRESE 迭代算法收敛性能的影响。这里,将特征向量个数固定为 $k=20$。表 8.3 列出了应用 GMRESE(1)求解不同算例中第一个系统方程达到收敛时所需要的矩阵矢量乘次数与求解时间随 ARPACK 求解精度 tol_{eig} 的变化情况。从表 8.3 中可以看出,利用ARPACK求解预估特征向量的信息时,随着求解精度的升高,对 GMRESE(1)迭代算法收敛速度的影响并不大。这表明对特征向量进行高精度的估计并不必要,也就是说,比较

近似的最小特征向量就可以显著加快 GMRESE(1)迭代算法的收敛速度。这也正是一般情况下将 ARPACK 的求解精度设置为$tol_{eig}=0.1$的原因。

表 8.3　特征向量个数 $k=20$ 的情况下,应用 GMRESE(1)求解不同算例中第一个系统方程所需要的矩阵矢量乘次数与求解时间随 ARPACK 求解精度tol_{eig}的变化

tol_{eig}	算例 8.1		算例 8.2		算例 8.3		算例 8.4	
	MVPs	时间/s	MVPs	时间/s	MVPs	时间/s	MVPs	时间/s
0.20	33	5.1	30	5.7	63	23.8	53	19.5
0.15	32	4.8	30	5.6	63	23.7	53	19.6
0.10	33	5.1	30	5.8	63	23.7	53	19.4
0.06	33	5.1	30	5.6	63	23.8	53	19.5
0.03	34	5.4	30	5.7	63	23.6	53	20.4
0.01	34	5.2	30	5.7	63	23.6	53	19.7

表 8.4 列出了应用 GMRESE(2)求解不同算例中第一个系统方程达到收敛时所需要的矩阵矢量乘次数与求解时间随 GMRES-DR 迭代求解精度 tol 的变化情况。从表 8.4 可以看出,在算例 8.3 和算例 8.4 中,随着 GMRES-DR 求解精度 tol 的提高,如 tol 从 10^{-4} 到 10^{-5},GMRESE(2)所需的矩阵矢量乘次数以及求解时间在显著减少。这是因为,在一般情况下,GMRES-DR 迭代精度越高,其获得的对最小特征向量的估计也就越准确,从而能显著提高 GMRESE(2)迭代算法的收敛速度。随着求解精度 tol 的继续增大可以发现,对 GMRESE(2)的收敛速度几乎没有影响,这也表明对特征向量进行高精度的预估并不必要。为了确保针对不同的问题,GMRES-DR 都能够对特征向量获得较准确的估计,一般情况下,可以将其求解精度设置为 10^{-8}。

表 8.4　特征向量个数 $k=20$ 的情况下,应用 GMRESE(1)求解不同算例中第一个系统方程所需要的矩阵矢量乘次数与求解时间随 GMRES-DR 求解精度 tol 的变化

tol	算例 8.1		算例 8.2		算例 8.3		算例 8.4	
	MVPs	时间/s	MVPs	时间/s	MVPs	时间/s	MVPs	时间/s
10^{-4}	23	3.5	22	4.3	155	58.6	80	30.0
10^{-5}	23	3.5	22	4.3	83	31.4	46	17.6
10^{-6}	23	3.7	22	4.2	77	29.0	46	19.8
10^{-7}	30	4.6	22	4.3	77	28.9	44	16.2
10^{-8}	30	4.6	22	4.2	63	23.7	44	16.2

最后,考察 ARPACK 和 GMRES-DR 两种方式预估特征向量所需要的计算量。表 8.5 和表 8.6 分别列出了估计 $k=20$ 个最小特征向量时,应用 ARPACK

软件和 GMRES-DR 迭代算法在不同的收敛精度下求解所需要的矩阵矢量乘次数与求解时间。从表中可以看出，对特征向量估计的精度要求越高，所需的矩阵矢量乘次数和求解时间也就越多，也就是说，对特征向量估计的计算量随着其精度的增大而增大。比较表 8.5 中 $tol_{eig}=0.1$ 与表 8.6 中 $tol=10^{-8}$ 两种情况下预估特征向量所需要的矩阵矢量乘次数与求解时间可以发现，GMRES-DR 所需要的计算量比 ARPACK 软件花费的还要少，这说明在获得同等收敛效果的同时，GMRESE(2) 迭代算法要比 GMRESE(1) 迭代算法更有效。

表 8.5　估计 $k=20$ 个最小特征向量时，应用 ARPACK 软件在不同的收敛精度下求解所需的矩阵矢量乘次数与求解时间

tol_{eig}	算例 8.1		算例 8.2		算例 8.3		算例 8.4	
	MVPs	时间/s	MVPs	时间/s	MVPs	时间/s	MVPs	时间/s
0.20	147	27.3	95	22.7	216	92.7	159	69.3
0.15	134	23.6	126	29.2	211	92.1	162	71.8
0.10	165	30.5	158	36.2	209	91.9	165	71.0
0.06	167	31.2	177	40.2	219	93.0	170	73.4
0.03	201	40.0	182	40.6	243	102.4	175	76.8
0.01	252	44.9	201	44.9	256	107.2	180	79.4

表 8.6　估计 $k=20$ 个最小特征向量时，应用 GMRES-DR 迭代算法在不同的收敛精度下求解所需的矩阵矢量乘次数与求解时间

tol	算例 8.1		算例 8.2		算例 8.3		算例 8.4	
	MVPs	时间/s	MVPs	时间/s	MVPs	时间/s	MVPs	时间/s
10^{-4}	80	13.1	80	15.9	110	42.6	110	41.8
10^{-5}	80	12.8	80	15.9	170	66.1	140	56.2
10^{-6}	80	14.9	80	16.0	200	77.8	140	56.9
10^{-7}	110	17.6	80	15.9	200	77.9	170	72.4
10^{-8}	110	17.5	80	15.9	230	89.5	170	65.9

8.1.4　GMRESE 迭代算法在单站 RCS 计算中的应用

为了考察 GMRESE 迭代算法在单站 RCS 计算中的应用，对 8.1.2 节中四种不同的算例模型分别进行了测试。对于 GMRESE(1) 迭代算法，ARPACK 软件预估的系数矩阵近似最小特征向量个数设置为 $k=20$。其中，ARPACK 求解其相应大型特征值问题的收敛精度取为 $tol_{eig}=0.1$。对于 GMRESE(2) 迭代算法，利用 GMRES-DR 迭代算法求解第一个系统方程，同时获得对系数矩阵的 $k=20$ 个近似最小特征向量的估计。这里，GMRES-DR 求解第一个系统方程的收敛精度设置为 10^{-8}。

很显然，在利用 GMRESE(1)求解单站 RCS 计算中的具有多个右边向量的系统方程时，需要额外预估出系数矩阵的特征向量信息，以便迭代求解过程中应用。而 GMRESE(2)迭代算法并不需要额外的预估特征向量信息，它可以在利用 GMRES-DR 迭代算法求解第一个系统方程时同时获得。只是为了获得对特征向量较近似的估计，第一个系统方程的求解精度要比整个多右边向量系统方程的求解精度稍高。为了便于比较，下面的结果中同样利用 GMRESE(2)迭代算法计算第一个系统方程。

图 8.9～图 8.12 给出了应用 GMRESE 迭代算法求解不同算例模型的单站 RCS 时，在不同入射方向平面波激励下所需要的矩阵矢量乘次数。从图中可以看

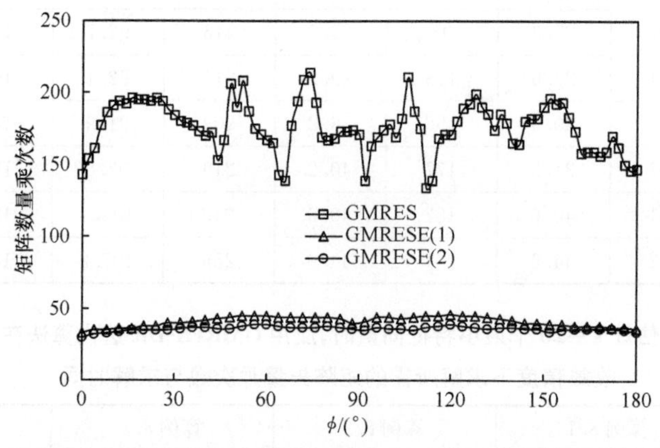

图 8.9　应用 GMRESE 迭代算法求解算例 8.1 在不同入射方向平面波激励下所需的矩阵矢量乘次数

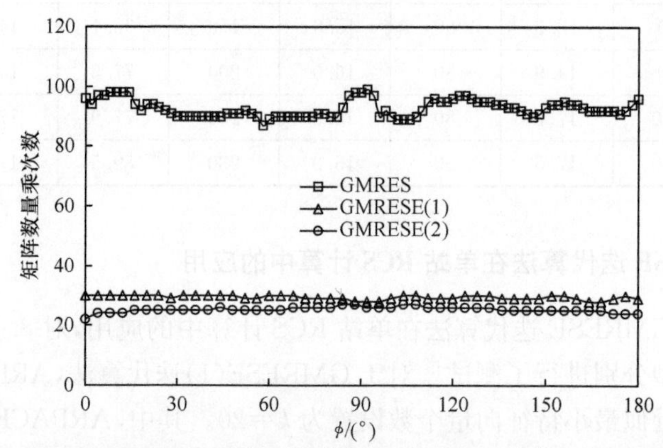

图 8.10　应用 GMRESE 迭代算法求解算例 8.2 在不同入射方向平面波激励下所需的矩阵矢量乘次数

出，在对单站 RCS 的应用中，GMRESE(2)迭代算法和 GMRESE(1)迭代算法所需要的矩阵矢量乘次数几乎相同。一般的 GMRES 迭代算法达到收敛时所需的矩阵矢量乘次数是 GMRESE 快速算法的 3～5 倍。

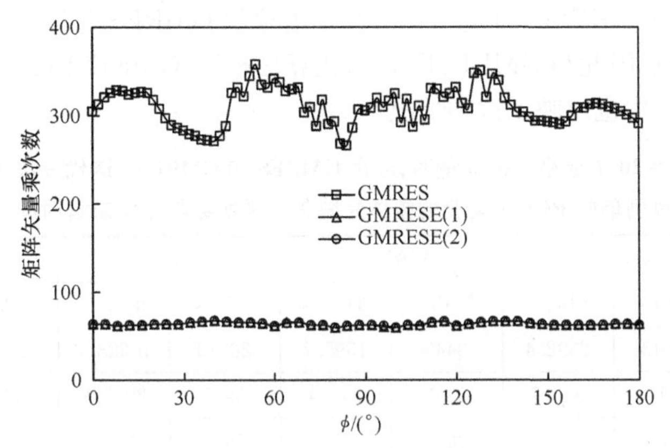

图 8.11　应用 GMRESE 迭代算法求解算例 8.3 在不同入射方向平面波激励下所需的矩阵矢量乘次数

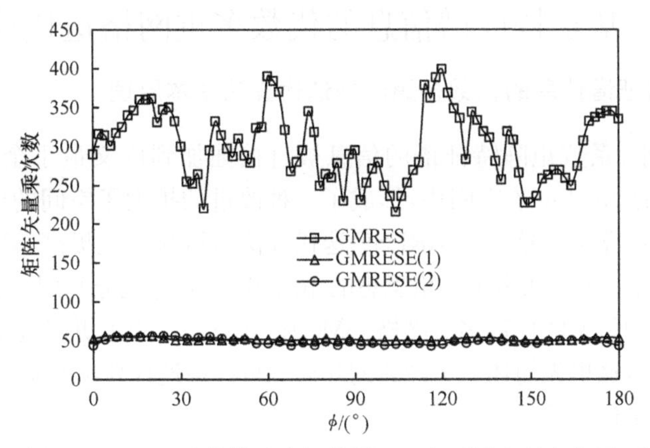

图 8.12　应用 GMRESE 迭代算法求解算例 8.4 在不同入射方向平面波激励下所需的矩阵矢量乘次数

此外还可以看出，GMRES 迭代算法在不同的激励方向下达到收敛所需的矩阵矢量乘次数变化较大。而 GMRESE 快速算法几乎稳定在一个常数值，并不随激励方向的变化而变化。这表明，GMRES 迭代算法在求解多个右边向量的问题时，其收敛速度受右边向量的影响较大，而 GMRESE 快速算法比较稳定，其收敛速度几乎不受右边向量的影响，这也是 GMRESE 快速迭代算法另一个优良的特性之一。

表 8.7 列出了应用 GMRES 和 GMRESE 迭代算法计算单站 RCS 所需要的整体矩阵矢量乘次数与整体迭代求解时间。这里，在 GMRESE(1)中包含了应用

ARPACK 软件估计特征向量的时间。而在 GMRESE(2)中，第一个系统方程的求解时间同时也就是应用 GMRES-DR 估计特征向量的时间。从表中可以看出，对于整体单站 RCS 的计算，GMRESE 快速算法所需要的求解时间比 GMRES 算法少。此外，由于 GMRESE(2)迭代算法并不需要像 GMRESE(1)那样额外的预估特征向量的信息，因此与 GMRESE(1)迭代算法相比，GMRESE(2)需要的计算量还要小。表 8.7 中也反映了这种情况。

表 8.7　$k=20$ 个最小特征向量时，应用 GMRES 和 GMRESE 迭代算法计算不同算例单站 RCS 所需要的整体矩阵矢量乘次数与整体求解时间

迭代算法	算例 8.1		算例 8.2		算例 8.3		算例 8.4	
	MVPs	时间/s	MVPs	时间/s	MVPs	时间/s	MVPs	时间/s
GMRES	16013	2392.4	8443	1595.7	28216	10628.7	27415	9963.5
GMRESE(1)	3911	599.7	2833	545.4	5951	2247.9	4901	1811.3
GMRESE(2)	3365	509.9	2360	449.9	5905	2233.1	4593	1690.0

8.2　基于特征谱信息的代数多重网格迭代算法

8.2.1　基于特征谱信息的代数多重网格迭代算法基本原理

在 8.1 节中，系数矩阵特征谱的信息被直接强加到广义最小余量(GMRES)迭代算法构造的 Krylov 子空间中，形成了一种改进的扩大子空间的广义最小余量(GMRESE)迭代算法。这种 GMRESE 迭代算法可以显著地提高 GMRES 迭代过程中的收敛速度。本章从多重网格思想的角度出发，通过充分利用系数矩阵特征谱的信息，构造一种新型的代数多重网格(SMG)迭代算法。为了更好地说明此种 SMG 迭代算法的思想，这里先简述一下经典的几何二重网格迭代算法的基本原理。

考虑线性系统方程

$$\boldsymbol{Ax}=\boldsymbol{b} \tag{8.4}$$

的迭代求解问题，其中，$\boldsymbol{A}$ 为一个算子方程经过离散获得的系数矩阵，假定迭代求解的初始向量为 $\boldsymbol{x}_0$，则形如式(8.4)的线性系统方程可以利用几何二重网格迭代算法[4]通过下述三个步骤进行迭代求解。

第一步，前光滑过程(pre-smoothing)：通过几步光滑迭代来消去误差的高频分量。值得注意的是，误差的高频分量包含在由系数矩阵的一些较大的特征值所对应的特征向量展开的空间之中，而一般的迭代算法就可以将误差的高频分量显著地减少或削弱。一步前光滑迭代可写为

$$\boldsymbol{x}^{\text{new}}=\boldsymbol{x}^{\text{old}}+\boldsymbol{M}^{-1}(\boldsymbol{b}-\boldsymbol{Ax}^{\text{old}}) \tag{8.5}$$

式中，$\boldsymbol{M}$ 为光滑算子。特别地，当 $\boldsymbol{M}=\boldsymbol{D}$ 或 $\boldsymbol{M}=\boldsymbol{D}+\boldsymbol{L}$ 时，由式(8.5)定义的光滑过

程就变成一步雅可比或高斯-赛德尔迭代。其中，$\boldsymbol{D}$ 和 $\boldsymbol{L}$ 分别代表系数矩阵的对角矩阵以及严格下三角矩阵。为了便于下面的说明，定义 $\boldsymbol{x}_{k+1/3}$ 为经过 μ_1 步前光滑迭代所获得的近似解向量。

第二步，粗网格校正过程(coarse grid correction)：通过第一步的前光滑迭代，剩下的误差分量已经变得很光滑，它们包含在系数矩阵的一些较小的特征值所对应的特征向量展开的空间之中，因而它们不易在当前的网格(又称细网格)中得到消除。但是，可以定义一个较粗的网格，并将经过光滑迭代后的余量(或残量)投影到这个粗网格空间中，通过在这个粗网格的空间中求解相应的余量方程得到近似解 $\boldsymbol{x}_{k+1/3}$ 的一个校正量。如果定义 $\boldsymbol{R}$ 为从细网格空间到粗网格空间进行转换的限制算子(restriction operator)，$\boldsymbol{P}$ 为从粗网格空间到细网格空间进行转换的插值算子(interpolation operator)，则系数矩阵在粗网格空间中的投影可记为 $\boldsymbol{A}_c=\boldsymbol{RAP}$，那么上述粗网格校正过程可表示为

$$\boldsymbol{x}_{k+2/3}=\boldsymbol{x}_{k+1/3}+\boldsymbol{PA}_c^{-1}\boldsymbol{R}(\boldsymbol{b}-\boldsymbol{A}\boldsymbol{x}_{k+1/3}) \tag{8.6}$$

第三步，后光滑过程(post-smoothing)：如式(8.6)所示，在粗网格中获得的误差校正量需要通过插值算子 $\boldsymbol{P}$ 从粗网格空间转化到细网格空间中，以实现近似解 $\boldsymbol{x}_{k+1/3}$ 的一个校正。这种插值过程本身也可能会引入一些高频误差，但是它们同样可以通过几步后光滑的迭代进行消除。因此，以 $\boldsymbol{x}_{k+2/3}$ 作为后光滑迭代过程的初始向量，进行 μ_2 光滑迭代就可以获得新的迭代近似解向量 $\boldsymbol{x}_{k+1}$。

在上述二重网格算法迭代过程中，需要分别定义两套不同的离散网格，即细网格与粗网格。限制算子 $\boldsymbol{R}$ 和插值算子 $\boldsymbol{P}$ 都是通过这两套网格的几何信息获得的，因此可以说粗网格矩阵 $\boldsymbol{A}_c$ 是通过网格的几何定义获得的，这也是其被称为几何多重网格迭代算法的原因。在很多情况下，也可以直接从系数矩阵 $\boldsymbol{A}$ 的元素信息(或代数信息)定义相应的限制算子 $\boldsymbol{R}$ 和插值算子 $\boldsymbol{P}$，同样也可以得到粗网格矩阵 $\boldsymbol{A}_c$。这时的粗网格矩阵 $\boldsymbol{A}_c$ 是通过系数矩阵 $\boldsymbol{A}$ 代数信息直接定义获得的，因此常将这种多重网格迭代算法称为代数多重网格迭代算法。无论是几何多重网格迭代算法还是代数多重网格迭代算法，就其本质来说，它们都是通过一系列的光滑迭代过程来消除误差的高频分量，而误差的低频分量则是通过粗网格的校正过程得以消除。

多重网格迭代算法的一个关键步骤就是进行粗网格校正，以消除迭代过程中的低频误差。而进行粗网格校正的关键则是定义一个有效的粗网格空间，这个粗网格空间必须同系数矩阵特征谱上一些最小特征值所对应的特征向量(称为最小特征向量)展开的空间相对应。也就是说，误差的低频分量是同这些最小特征向量相联系的。因此，它们能在这些最小特征向量展开的空间中得到表达。

如果可以直接获得对系数矩阵 $\boldsymbol{A}$ 的一些最小特征向量的估计，记为 $\boldsymbol{V}_k=\{\boldsymbol{v}_1,\boldsymbol{v}_2,\cdots,\boldsymbol{v}_k\}$，其中 $\{\boldsymbol{v}_1,\boldsymbol{v}_2,\cdots,\boldsymbol{v}_k\}$ 是 $\boldsymbol{V}_k$ 的一组正交规范基，那么 k 个向量展开的空间

$\boldsymbol{V}_k$ 就定义了一个很好的粗网格空间，其空间的维数就是最小特征向量的个数 k。自然地，将当前空间迭代过程中的余量方程在此粗网格空间中投影，就可以获得对低频误差的一次校正。具体来说，就是令细网格到粗网格转换的限制算子$\boldsymbol{R}=\boldsymbol{V}_k^{\mathrm{H}}$。根据一般代数多重网格的定义，从粗网格到细网格转换的限制算子可定义为限制算子的转置共轭，即 $\boldsymbol{P}=\boldsymbol{R}^{\mathrm{H}}=\boldsymbol{V}_k$。系数矩阵在粗网格中的投影仍由伽辽金法定义，即 $\boldsymbol{A}_{\mathrm{c}}=\boldsymbol{RAP}=\boldsymbol{V}_k^{\mathrm{H}}\boldsymbol{AV}_k$。假定细网格中当前迭代近似解为 $\boldsymbol{x}_k$，其余量方程可写为 $\boldsymbol{A}(\boldsymbol{x}-\boldsymbol{x}_k)=\boldsymbol{r}_k$，其中 $\boldsymbol{x}$ 和 $\boldsymbol{r}_k$ 分别表示精确解以及 k 步迭代时的余量，则对当前近似解的粗网格校正过程可表示为

$$\boldsymbol{x}_k^{\mathrm{new}}=\boldsymbol{x}_k+\boldsymbol{V}_k\boldsymbol{A}_{\mathrm{c}}^{-1}\boldsymbol{V}_k^{\mathrm{H}}\boldsymbol{r}_k \tag{8.7}$$

式中，$\boldsymbol{x}_k^{\mathrm{new}}$ 为校正后的近似解。

8.1 节提出了两种预估系数矩阵特征向量的措施，这里采用 GMRES-DR 迭代算法来实现对一些最小特征向量的估计。这是因为 GMRES-DR 迭代算法不仅可以用来实现对系统方程的迭代求解，同时还能获得该系数矩阵的一些最小特征向量的信息，且特征向量的信息包含在每次循环构造的 Krylov 子空间前部分当中，仍记为 $\boldsymbol{V}_k$，同时有 $\boldsymbol{AV}_k=\boldsymbol{V}_k\boldsymbol{H}_k$，即

$$\boldsymbol{V}_k^{\mathrm{H}}\boldsymbol{AV}_k=\boldsymbol{H}_k \tag{8.8}$$

式中，$\boldsymbol{V}_k$ 是 GMRES-DR 循环中 Krylov 子空间前 k 个最小特征向量组成的一组正交规范基；$\boldsymbol{H}_k$ 为 Hessenberg 阵 $\overline{\boldsymbol{H}}_{k+1,k}$ 去掉第 $k+1$ 行所形成的维数为 k 的方阵。因此，这里的 $\boldsymbol{V}_k$ 同样可以看成一个粗网格空间。由式(8.8)可知，$\boldsymbol{H}_k$ 即系数矩阵 $\boldsymbol{A}$ 在此粗网格空间中的投影。

定义限制算子 $\boldsymbol{R}=\boldsymbol{V}_k^{\mathrm{H}}$，插值算子 $\boldsymbol{P}=\boldsymbol{R}^{\mathrm{H}}=\boldsymbol{V}_k$，则式(8.7)定义的粗网格校正过程转化为

$$\boldsymbol{x}_k^{\mathrm{new}}=\boldsymbol{x}_k+\boldsymbol{V}_k\boldsymbol{H}_k^{-1}\boldsymbol{V}_k^{\mathrm{H}}\boldsymbol{r}_k \tag{8.9}$$

同时，校正后所得新的余量可简化为

$$\boldsymbol{r}_k^{\mathrm{new}}=\boldsymbol{b}-\boldsymbol{A}\boldsymbol{x}_k^{\mathrm{new}}=\boldsymbol{r}_k+\boldsymbol{A}(\boldsymbol{x}_k-\boldsymbol{x}_k^{\mathrm{new}})=\boldsymbol{r}_k-\boldsymbol{AV}_k\boldsymbol{d} \tag{8.10}$$

其中

$$\boldsymbol{d}=\boldsymbol{H}_k^{-1}\boldsymbol{V}_k^{\mathrm{H}}\boldsymbol{r}_k=\boldsymbol{r}_k-\boldsymbol{V}_k\boldsymbol{H}_k\boldsymbol{d}$$

$$\boldsymbol{AV}_k=\boldsymbol{V}_k\boldsymbol{H}_k$$

利用式(8.10)，在计算校正后的余量 $\boldsymbol{r}_k^{\mathrm{new}}$ 时可以避免矩阵矢量乘操作，从而节约 SMG 迭代过程中的运算量。

SMG 迭代算法中的光滑过程可以是任意一个迭代过程，只要能保证其能有效地消去误差的高频分量。下面给出一种 SMG 迭代算法执行一步迭代时的算法流程。

算法 8.3 SMG

(1) 前光滑过程：消去误差的高频分量。选择一个迭代算法，对当前迭代近似

解 $\boldsymbol{x}_k$ 以及迭代余量 $\boldsymbol{r}_k$，执行 μ_1 次迭代，并记光滑后的近似解以及迭代余量分别为 $\boldsymbol{x}_{k+1/3}$ 和 $\boldsymbol{r}_{k+1/3}$。

(2) 粗网格校正过程：消去误差的低频分量。利用式(8.9)对当前光滑后的误差在粗网格空间中实行校正，即 $\boldsymbol{x}_{k+2/3}=\boldsymbol{x}_{k+1/3}+\boldsymbol{V}_k\boldsymbol{H}_k^{-1}\boldsymbol{V}_k^{\mathrm{H}}\boldsymbol{r}_{k+1/3}$，同时利用式(8.10)计算校正后的余量 $\boldsymbol{r}_{k+2/3}$。

(3) 后光滑过程：再次消去误差的高频分量。对校正后的近似解 $\boldsymbol{x}_{k+2/3}$ 以及校正后的余量 $\boldsymbol{r}_{k+2/3}$ 执行 μ_2 次与前光滑过程相同的迭代，得到新的迭代近似解 $\boldsymbol{x}_{k+1}$ 以及迭代余量 $\boldsymbol{r}_{k+1}$。

8.2.2 SMG 迭代算法的收敛性能

本节考察算法 8.3 中所描述的 SMG[5] 迭代算法的收敛性能。为了方便起见，这里仍然采用 8.1 节中的四个算例模型。

在对上述算例的单站 RCS 参数的计算中，同样采用了垂直的极化方式，且垂直俯仰角设定为 $\theta=90°$，水平方位角 $\phi=0°\sim180°$，间隔为 2°。由于不同的激励方向对应了一个右边向量，所以可以得到具有 91 个右边激励向量的线性系统方程。

为了说明 SMG 迭代算法的收敛特性，先来考察 SMG 迭代算法对单个右边向量系统方程应用的情形。为方便起见，选取第一个线性系统方程的求解过程来说明，它对应于入射角度 $\theta=90°$、$\phi=0°$。算法 8.3 中的光滑过程原则上可以通过任意一种有效的迭代算法来实现。这里选取的是经过改进的近似逆(MSAI)预条件的 GMRES 迭代过程来实现，且取前后光滑迭代的步数 $\mu_1=\mu_2=10$。同时采用了 MSAI 预条件的 GMRES-DR 迭代算法来实现对粗网格空间 $\boldsymbol{V}_k$ 的一个预估。这里，GMRES-DR 算法的迭代精度取为 10^{-8} 以实现对构成粗网格空间 $\boldsymbol{V}_k$ 中的最小特征向量较精确的估计。粗网格空间的大小固定为 $k=20$。

图 8.13～图 8.16 给出了经过 MSAI 预条件处理的 GMRES 迭代算法同 SMG 求解不同算例中第一个系统方程时收敛曲线的比较结果。这里，GMRES 迭代算法中的 Krylov 子空间的维数取为 30。两种算法的收敛精度皆设置为 10^{-5}，最大迭代步数设置为 2000，初始向量设置为零向量。此外，本章中所有数据的运行环境都是在 CPU 为 3.06GHz、内存为 1GB 的 Pentium 4 单机上进行的。

从图 8.13～图 8.16 可以看出，算法 8.3 中提出的代数多重网格迭代算法获得了快速的收敛特性。这表明经过 MSAI-GMRES 迭代算法光滑后的误差分量能有效地在 SMG 的粗网格空间，即最小特征向量展开的空间 $\boldsymbol{V}_k$ 中得到校正。表 8.8 中同时列出了 MSAI-GMRES 和 SMG 两种迭代算法在求解第一个方程时所需要的矩阵矢量乘次数及其求解时间，从中可以得出相同的结论。

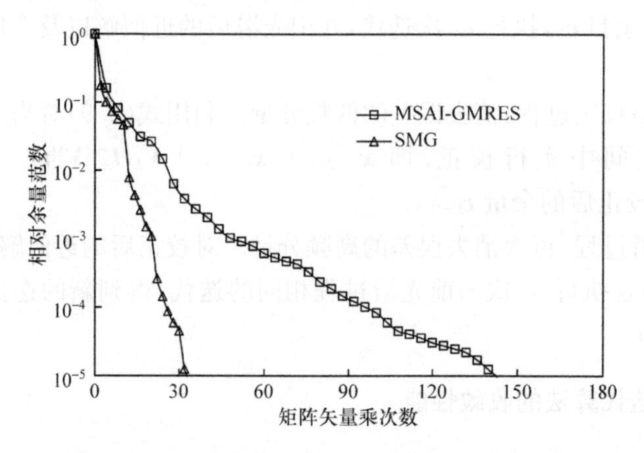

图 8.13　应用 SMG 迭代算法求解算例 8.1 中第一个系统方程的收敛曲线

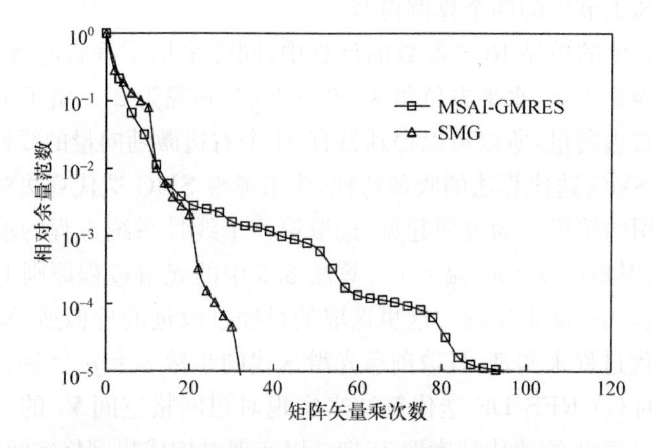

图 8.14　应用 SMG 迭代算法求解算例 8.2 中第一个系统方程的收敛曲线

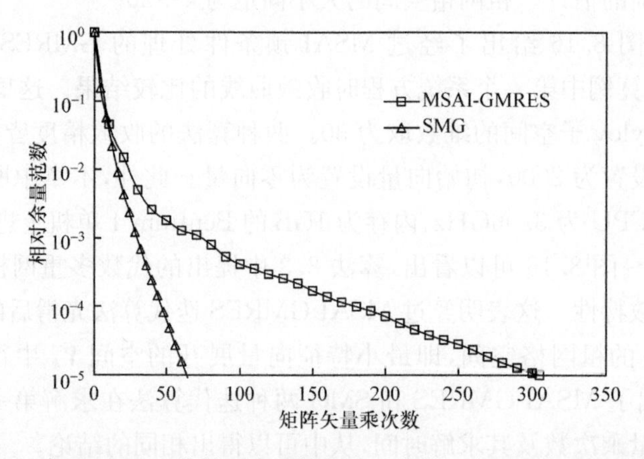

图 8.15　应用 SMG 迭代算法求解算例 8.3 中第一个系统方程的收敛曲线

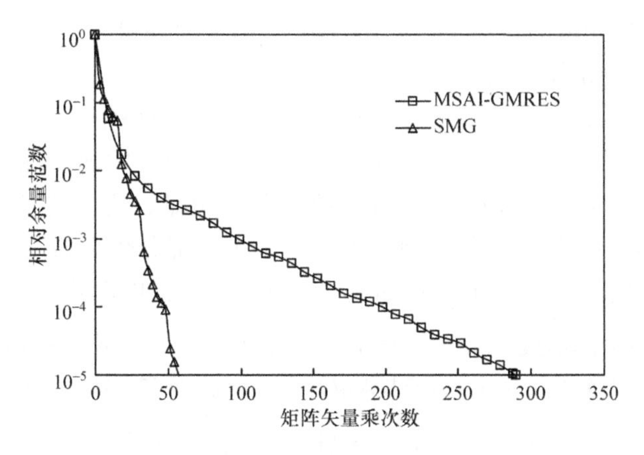

图 8.16　应用 SMG 迭代算法求解算例 8.4 中第一个系统方程的收敛曲线

表 8.8　应用 MSAI-GMRES 和 SMG 算法求解不同算例中第一个线性系统方程达到收敛时所需要的矩阵矢量乘次数与求解时间

迭代算法	算例 8.1	算例 8.2	算例 8.3	算例 8.4
MSAI-GMRES	143(19.1)	96(16.1)	305(108.6)	290(93.9)
SMG	33(4.2)	32(5.2)	64(22.0)	57(17.5)
GMRES-DR	110(17.2)	80(16.1)	230(82.2)	170(60.7)

注:表中不加括号数值为矩阵矢量乘次数,括号内数值为求解时间,单位为 s。后文表中数据同此含义。

此外,表 8.8 中还给出了利用 MSAI 预条件的 GMRES-DR 迭代算法预估 SMG 中粗网格空间所需要的计算量(矩阵矢量乘次数及预估时间)。可以发现,经过 MSAI 预条件的 GMRES-DR 迭代算法在预估粗网格空间时,即求解第一个系统方程时,其计算量比利用 MSAI-GMRES 迭代算法还要小。这表明,当应用 GMRES-DR 迭代算法求解第一个系统方程,而用 SMG 迭代算法求解余下的系统方程时,相对于应用 MSAI-GMRES 迭代算法求解多个右边向量的系统方程,并没有增加计算量。也就是说,这种 SMG 迭代算法应用到此种多右边向量的线性系统方程的求解过程中,并没有增加额外的计算量。下述章节将表明这种 SMG 迭代算法应用于多个右边向量的线性系统方程的求解确实是非常有效的。

8.2.3　SMG 迭代算法的性能随参数变化情况

8.2.2 节粗略地考察了一下 SMG 迭代算法的收敛性能,发现其具有快速的收敛速度。当时固定了前后光滑的迭代步数为 $\mu_1=\mu_2=10$,粗网格空间的大小 $k=20$。本节着重考察 SMG 迭代算法的收敛性能受其前后光滑的迭代步数和粗网格空间大小等参数变化的影响情况。

首先考察粗网格空间维数 k 的大小对 SMG 迭代算法收敛性能的影响。为此，仍固定其前后光滑的迭代步数为 $\mu_1=\mu_2=10$，而允许粗网格空间维数的大小 k 变化。表 8.9 中列出了粗网格空间大小 k 从 0 变化到 20 时 SMG 求解第一个线性系统方程所需要的计算量。从表中可以看出，随着粗网格空间维数的增加，SMG 迭代算法达到收敛时所需要的计算量在单调减少；同时还发现，当粗网格空间维数 k 从 16 变化到 20 时，对 SMG 收敛性的改善并不明显。这主要是归功于采用的 MSAI-GMRES 作为光滑迭代，它能够很好地消去大部分较高的误差分量，而剩下的一些低频误差就可以通过较小的粗网格空间的校正得以消除。

表 8.9 前后光滑的迭代步数为 $\mu_1=\mu_2=10$ 时，应用 SMG 求解第一个线性系统方程达到收敛时所需要的矩阵矢量乘次数及其求解时间随粗网格空间维数 k 的影响情况

k	算例 8.1	算例 8.2	算例 8.3	算例 8.4
0	143(19.1)	96(16.1)	305(108.6)	290(93.9)
4	104(13.9)	47(7.6)	234(73.9)	188(58.6)
8	62(8.0)	45(7.3)	211(66.9)	150(45.3)
12	47(6.1)	42(6.8)	85(27.1)	88(26.8)
16	35(4.5)	34(5.5)	66(20.9)	66(21.5)
20	33(4.2)	32(5.2)	64(22.0)	57(17.5)

其次，考察前后光滑过程的迭代步数 μ_1 和 μ_2 对 SMG 迭代算法收敛性能的影响。为此，固定粗网格空间维数的大小 $k=20$，而允许光滑过程的迭代步数 μ_1 和 μ_2 变化。为了保持前后光滑迭代过程的对称性，仍采取一般的取法，即令 $\mu_1=\mu_2=\mu$ 并同时变化。表 8.10 列出了光滑迭代步数 μ 从 2 变化到 16 时 SMG 求解第一个线性系统方程所需要的计算量。从表中可以看出，随着光滑迭代步数的增大，在大多数情况下，SMG 迭代算法达到收敛时所需要的计算量呈现出先减少后增大的变化趋势。这表明，较少的光滑迭代步数并不能有效地消除误差的高频分量，而较多的光滑迭代步数又显得多余。因此，在本章的算例中，光滑迭代步数一般取在折中值 10 附近。

表 8.10 粗网格空间维数 $k=20$ 时，应用 SMG 求解第一个线性系统方程达到收敛时所需要的矩阵矢量乘次数及其求解时间随光滑迭代步数 μ 的影响情况

μ	算例 8.1	算例 8.2	算例 8.3	算例 8.4
2	47(6.1)	36(5.9)	178(56.8)	109(33.6)
4	38(4.9)	27(4.3)	91(29.0)	75(22.8)
6	33(4.2)	30(5.0)	70(22.3)	55(16.9)
8	32(4.1)	32(5.2)	66(21.0)	49(14.9)

续表

μ	算例 8.1	算例 8.2	算例 8.3	算例 8.4
10	33(4.2)	32(5.2)	64(20.3)	57(17.5)
12	38(4.9)	36(5.8)	61(19.5)	51(15.6)
14	42(5.4)	42(6.8)	58(18.5)	57(17.6)
16	46(5.9)	48(8.1)	57(19.0)	57(17.3)

8.2.4　SMG 迭代算法在单站 RCS 计算中的应用

前面几节中，为了考察 SMG 迭代算法的收敛特性，将其应用到单个右边向量系统方程的求解当中。很显然，由于算法 8.3 中描述的 SMG 迭代算法需要对粗网格空间进行预估，即对一些最小特征向量展开的空间 $\mathbf{V}_k$ 进行预估。推荐的方案是利用 GMRES-DR 迭代算法求解该系统方程，同时获得对 $\mathbf{V}_k$ 的一个估计。因此可以看出，由这种方法确定的 SMG 迭代算法对单个右边向量的线性系统方程的求解并不适用。但这并不影响其在单站 RCS 计算中的有效应用，即相同的系数矩阵在多个右边向量的线性系统方程求解中的应用。而实际应用中更多的也是对散射体单站 RCS 的分析。

图 8.17～图 8.20 给出了应用 SMG 迭代算法求解不同算例模型的单站 RCS 时，在不同入射方向平面波激励下达到收敛所需要的矩阵矢量乘次数。这里 SMG 的参数取为 $\mu_1=\mu_2=10, k=20$。从图中可以看出，与 MSAI-GMRES 迭代算法相比，SMG 迭代算法在不同的激励方向下都获得了较快的收敛速度，且 MSAI-GMRES 迭代算法达到收敛所需要的矩阵矢量乘次数为 SMG 新型算法的 3～5 倍，表明 SMG 迭代算法在分析散射体单站 RCS 的应用中的有效性。

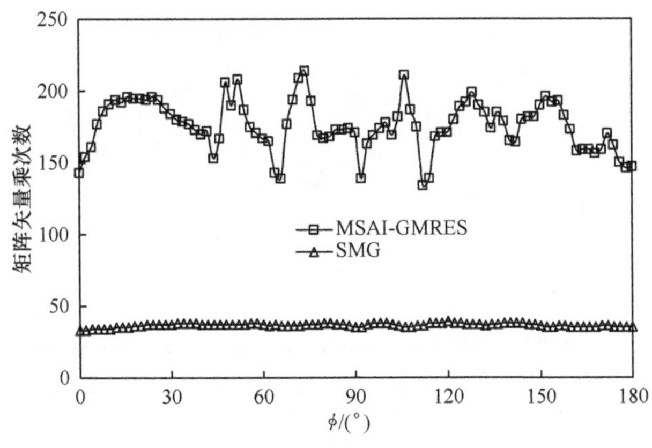

图 8.17　应用 SMG 迭代算法求解算例 8.1 在不同入射方向平面波激励下所需的矩阵矢量乘次数

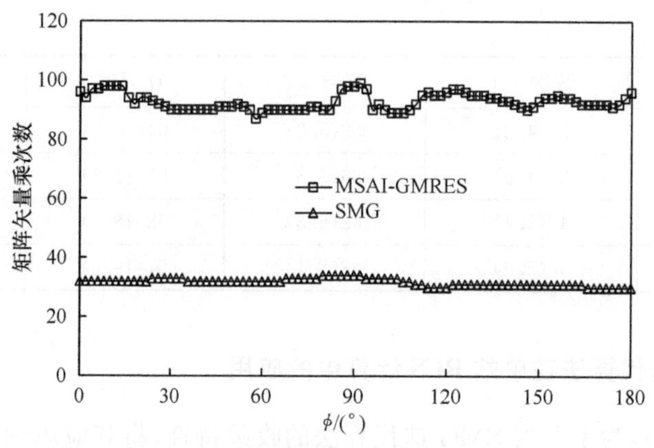

图 8.18　应用 SMG 迭代算法求解算例 8.2 在不同入射方向平面波激励下所需的矩阵矢量乘次数

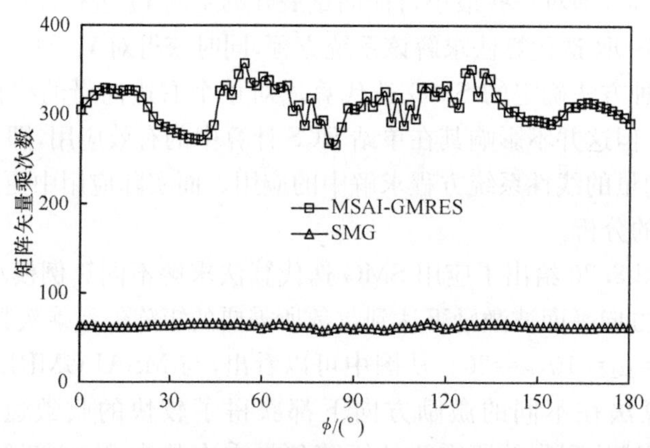

图 8.19　应用 SMG 迭代算法求解算例 8.3 在不同入射方向平面波激励下所需的矩阵矢量乘次数

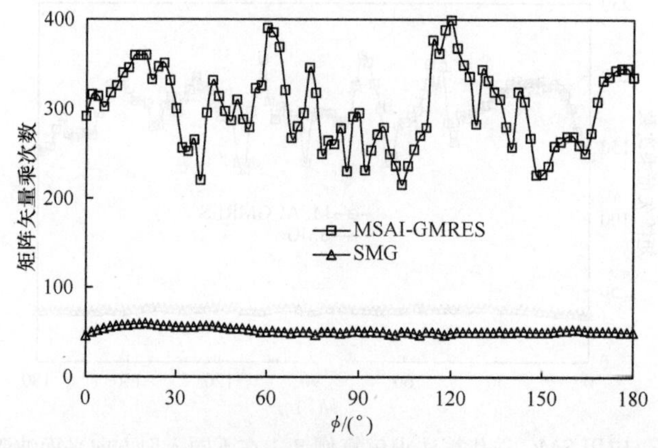

图 8.20　应用 SMG 迭代算法求解算例 8.4 在不同入射方向平面波激励下所需的矩阵矢量乘次数

此外可以看出，MSAI-GMRES 迭代算法在不同入射方向平面波激励下达到收敛所需的矩阵矢量乘次数变化较大，而 SMG 快速算法几乎稳定在一个常数值，并不随激励方向的变化而变化。这表明，MSAI-GMRES 迭代算法在求解多个右边向量的问题时，其收敛速度受右边向量的影响很大，而 SMG 迭代算法比较稳定，其收敛速度几乎不受右边向量变化的影响。这也是 SMG 快速迭代算法另一个优良特性之一。

表 8.11 列出了应用 SMG 迭代算法和 MSAI-GMRES 迭代算法计算单站 RCS 达到收敛所需要的整体矩阵矢量乘次数与整体求解时间。值得注意的是，在 SMG 的应用中，第一个系统方程是由 GMRES-DR 求得的，并得到对粗网格空间的估计。SMG 迭代算法是从第二个系统方程开始应用的。从表中可以看出，对于整体单站 RCS 的计算，SMG 快速算法所需要的求解时间比 MSAI-GMRES 算法要少，这表明了 SMG 新型迭代算法的高效性。

表 8.11　当光滑迭代步数 $\mu_1=\mu_2=10$、粗网格维数 $k=20$ 时，应用 SMG 迭代算法计算不同算例单站 RCS 所需要的整体矩阵矢量乘次数与整体求解时间

迭代算法	算例 8.1	算例 8.2	算例 8.3	算例 8.4
MSAI-GMRES	16013(2141.5)	8443(1402.4)	28211(9256.7)	27424(8602.9)
SMG	3393(440.2)	2944(476.1)	5923(1888.7)	4843(1476.5)

8.2.5　SMG 性能随未知量变化情况

多重网格迭代算法的一个优良特性就是：其求解线性系统方程的计算量同系统方程的未知量成正比。本节考察上述 SMG 迭代算法的计算复杂度同系统方程未知量之间的关系。为此，对边长为 1m 的金属立方体散射的单站 RCS 进行了计算。这里入射波同样采用垂直的极化方式，且垂直俯仰角设定为 $\theta=90°$，水平方位角 $\phi=0°$，即对第一个线性系统方程的求解进行了考察。入射波的频率为 1.1GHz，通过不同的剖分密度使得待求解的线性系统方程的未知量从 18288 到 106542 变化。

图 8.21 给出了应用 MSAI-GMRES 迭代算法和 SMG 迭代算法在求解边长为 1m 的金属立方体单站 RCS 问题中第一个线性系统方程达到收敛所需要的矩阵矢量乘次数同未知量变化之间的关系。这里 SMG 迭代算法中的前后光滑迭代步数仍取为 $\mu_1=\mu_2=10$。由于所分析的线性系统方程的未知量较大，SMG 所选用的粗网格空间的维数取为 $k=40$ 时，MSAI-GMRES 迭代算法的参数没有变化，同 8.2.4 节中相同。这里的迭代求解精度为 10^{-3}。

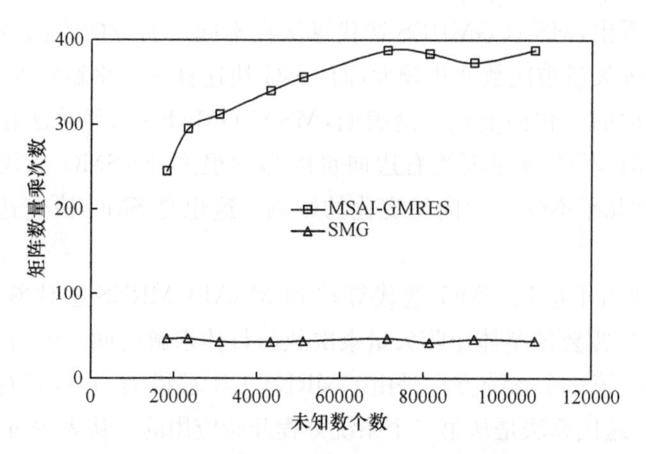

图 8.21 应用 MSAI-GMRES 迭代算法和 SMG 迭代算法达到收敛所需要的矩阵矢量乘次数随未知量的变化关系

从图 8.21 可以看出，MSAI-GMRES 迭代算法尽管显示了良好的收敛特性，然而随着未知量的增长，它所需要的矩阵矢量乘次数总体上呈现出增长的趋势，且其变化也是不规则的；而 SMG 迭代算法达到收敛时所需要的矩阵矢量乘次数随着未知量的增长几乎稳定在一个常值附近，这表明 SMG 迭代算法的收敛速度同未知量的大小无关，而只取决于待分析的具体问题。

图 8.22 给出了应用 MSAI-GMRES 迭代算法和 SMG 迭代算法分析上述问题所需要的计算时间随未知量的变化关系。从图中可以看出，MSAI-GMRES 迭代算法达到收敛时所需要的计算时间随着未知量的增长几乎呈指数级增长；而 SMG 迭代算法所需要的计算时间增长缓慢，随着未知量的变化，近似呈现出线性的关系。这也是本章中提出的 SMG 新型算法最大的优点之一。

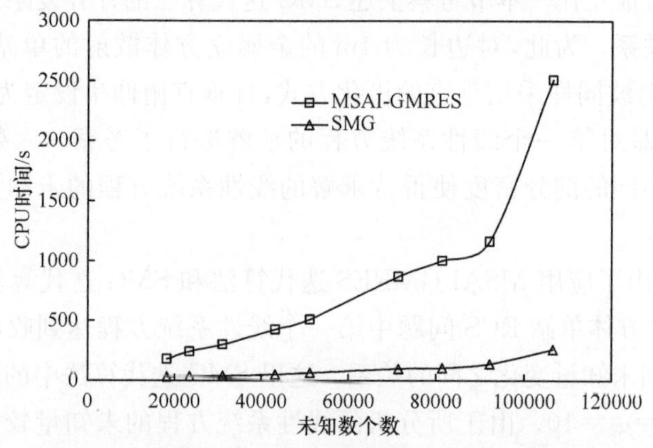

图 8.22 应用 MSAI-GMRES 迭代算法和 SMG 迭代算法达到收敛所需要的计算时间随未知量的变化关系

8.3　基于特征谱信息的多步混合预条件技术

8.3.1　基于特征谱信息的双步混合预条件技术的基本思想

为了加速迭代算法的收敛速度，通常对待求解的线性系统方程

$$\boldsymbol{Ax}=\boldsymbol{b} \tag{8.11}$$

进行预条件(以左边预条件为例)，使得预条件后的线性系统方程

$$\boldsymbol{MAx}=\boldsymbol{Mb} \tag{8.12}$$

更便于迭代算法的求解。这里，$\boldsymbol{M}$ 称为系数矩阵 $\boldsymbol{A}$ 的预条件算子，它可以是任一对称超松弛(SSOR)预条件算子、不完全 LU 分解(ILU)预条件算子、近似逆(SAI)预条件算子等。

然而，这些预条件算子存在着各自的优缺点。例如，SSOR 预条件算子虽然能直接由系数矩阵的信息获得，但是其预条件效果一般并不十分明显。ILU 预条件算子通常能带来快速的收敛速度，然而算子不稳定特性使迭代算法在很多情况下收敛缓慢甚至不收敛。SAI 预条件算子能获得稳定快速的收敛改善效果，但其构造花费巨大。第 4 章中提出了从预条件算子的自身特点出发，对常用的 ILU 及 SAI 预条件算子进行了改进。本节着重考虑通过不同预条件算子的结合，即利用现有的预条件算子构造混合预条件算子来避免单个预条件算子的缺点，从而发挥各自的优越性，获得更优的收敛改善效果。

假定 $\boldsymbol{M}_1$ 为系数矩阵 $\boldsymbol{A}$ 的一个预条件算子，$\boldsymbol{M}_2$ 为乘积矩阵 $\boldsymbol{M}_1\boldsymbol{A}$ 的一个预条件算子，则对线性系统方程(8.11)的迭代求解过程可以转化为对式(8.13)的求解：

$$\boldsymbol{M}_2\boldsymbol{M}_1\boldsymbol{Ax}=\boldsymbol{M}_2\boldsymbol{M}_1\boldsymbol{b} \tag{8.13}$$

式(8.13)定义的预条件后的系统方程可看成对线性系统方程(8.11)通过连续施加双步预条件算子 $\boldsymbol{M}_1$ 和 $\boldsymbol{M}_2$ 获得，因此这里把 $\boldsymbol{M}=\boldsymbol{M}_2\boldsymbol{M}_1$ 称为系数矩阵 $\boldsymbol{A}$ 的一个双步预条件算子。根据上述双步预条件的思想，将一种基于分解的 SAI 预条件算子同 SSOR 预条件算子相结合，构造出一种有效的双步混合(SAI-SSOR)预条件算子[6]，并将其成功地应用到三维微波集成电路中矢量有限元系统方程的求解上；同时，将 SSOR 预条件算子与内外迭代的 Flexible GMRES 结合实现对开放结构电磁散射特性的快速分析[7]。

通过 8.2 节基于特征谱的代数多重网格迭代算法的分析可以发现，经过预条件的迭代算法(如经过 MSAI 预条件的 GMRES 迭代算法)能很快地消除系统方程迭代求解过程中误差的高频分量，误差的低频分量则通过粗网格校正在一系列最小特征向量展开的空间中得到消除。由于误差的高频分量和低频分量分别同系数矩阵特征谱中的较大以及较小特征值相对应，所以从特征谱的角度来看，对系数矩阵的预条件可以很快地消除特征谱中较大特征值对迭代过程收敛性的影响，而

粗网格校正过程则是消除特征谱中一系列最小特征值对收敛性的影响。本节着重考虑利用式(8.13)定义的双步预条件过程来分别消除系数矩阵特征谱中较大以及较小特征值对迭代过程中收敛性的影响,即消除迭代过程中误差的高频分量以及低频分量。

假定 $\boldsymbol{M}_1$ 是一个预条件算子,它能将系数矩阵特征谱中大部分(较大的)特征值集中在一个很小的范围之内,从而消除这些特征值对迭代过程收敛性的影响。例如,SAI 预条件算子可以将系数矩阵特征谱中大部分的特征值集中在单位值 1 附近[8],能很好地消除迭代过程中的高频误差分量,从而加速迭代求解的收敛速度。如果能构造出另一个预条件算子 $\boldsymbol{M}_2$,使其能够消除经过 $\boldsymbol{M}_1$ 预条件后在特征谱中剩余的一些特征值(一般是较小特征值)对收敛性的影响,那么就能够很好地消除迭代过程中误差的低频分量,从而进一步提高迭代过程中的收敛速度。

重新考察第 5 章中介绍的基于特征谱预条件的一般最小余量迭代算法(DGMRES)[9]可以发现,DGMRES 迭代算法在每次循环结束时都抽取出一系列的最小特征向量信息构造一个新的特征谱预条件算子,并将其应用到下次循环迭代中,以自适应地调整迭代过程中的谱结构,从而消去与其相对应的最小特征值对收敛性的影响,加速后续迭代过程的收敛速度。

假设经过 $\boldsymbol{M}_1$ 预条件后的系数矩阵 $\boldsymbol{M}_1\boldsymbol{A}$ 的特征值按模值从小到大排列为 $\lambda_1,\lambda_2,\cdots,\lambda_n$,$\boldsymbol{U}$ 为系数矩阵 $\boldsymbol{M}_1\boldsymbol{A}$ 的 k 个最小特征向量构成的一组正交规范基,定义 $\boldsymbol{T}=\boldsymbol{U}^{\mathrm{H}}\boldsymbol{A}\boldsymbol{U}$,$\boldsymbol{M}_2=\boldsymbol{I}_n+\boldsymbol{U}(\boldsymbol{T}/|\lambda_n|-\boldsymbol{I}_k)\boldsymbol{U}^{\mathrm{H}}$,则再次经过 $\boldsymbol{M}_2$ 预条件后的系数矩阵 $\boldsymbol{M}_2\boldsymbol{M}_1\boldsymbol{A}$ 的特征值为 $\lambda_{k+1},\lambda_{k+2},\cdots,\lambda_n,|\lambda_n|,\cdots,|\lambda_n|$。由此可以看出,特征谱预条件算子 $\boldsymbol{M}_2$ 可以将经过 $\boldsymbol{M}_1$ 预条件后的系数矩阵 $\boldsymbol{M}_1\boldsymbol{A}$ 的特征谱中 k 个最小特征值转化为 k 个大小为 $|\lambda_n|$ 的正实数,从而消去 k 个最小特征值对收敛性的不良影响。也就是说,特征谱预条件算子 $\boldsymbol{M}_2$ 可以很好地消除迭代过程中误差的低频分量。

上述特征谱预条件算子 $\boldsymbol{M}_2$ 的构造需要对系数矩阵 $\boldsymbol{M}_1\boldsymbol{A}$ 的 k 个最小特征向量预估,但这并不影响其在单站 RCS 计算中的应用,即对应于求解多个右边激励向量的线性系统方程

$$\boldsymbol{A}\boldsymbol{x}_i=\boldsymbol{b}_i,\quad i=1,2,3,\cdots \tag{8.14}$$

这里仍然采用 GMRES-DR 迭代算法来实现对系数矩阵 $\boldsymbol{M}_1\boldsymbol{A}$ 的 k 个最小特征向量的估计。下面给出这种双步预条件技术结合迭代算法求解式(8.14)定义的多右边向量系统方程的一个流程。

算法 8.4　基于特征谱信息的双步预条件的迭代算法

(1) 首先利用系数矩阵 $\boldsymbol{A}$ 的信息构造预条件算子 $\boldsymbol{M}_1$,其次采用 GMRES-DR 迭代算法求解经过 $\boldsymbol{M}_1$ 预条件的系统方程:

$$\boldsymbol{M}_1\boldsymbol{A}\boldsymbol{x}_1=\boldsymbol{M}_1\boldsymbol{b}_1 \tag{8.15}$$

同时可以获得对系数矩阵 $\boldsymbol{M}_1\boldsymbol{A}$ 的 k 个最小特征向量的估计。利用特征向量信息构造特征谱预条件算子 $\boldsymbol{M}_2=\boldsymbol{I}_n+\boldsymbol{U}(\boldsymbol{T}/|\lambda_n|-\boldsymbol{I}_k)\boldsymbol{U}^{\mathrm{H}}$，其中 $\boldsymbol{T}=\boldsymbol{U}^{\mathrm{H}}\boldsymbol{A}\boldsymbol{U}$。

(2) 应用双步预条件的迭代算法求解后续的多右边向量系统方程：

$$\boldsymbol{M}_2\boldsymbol{M}_1\boldsymbol{A}\boldsymbol{x}_i=\boldsymbol{M}_2\boldsymbol{M}_1\boldsymbol{b}_i,\quad i=2,3,\cdots \tag{8.16}$$

8.3.2 基于特征谱信息的双步混合预条件技术的性能

本节考察形如式(8.13)所示的基于特征谱信息的双步预条件算子加速迭代算法收敛速度的性能。为了方便起见，仍然采用 8.1.1 节中的四个算例模型进行说明。为了说明双步预条件算子加速迭代算法收敛速度的性能，先来考察经过此双步预条件的迭代算法求解单个右边向量系统方程的情形。为方便起见，这里选取第一个线性系统方程的求解过程来说明，它对应于平面波入射角度 $\theta=90^\circ$、$\phi=0^\circ$。这里，同样采用 GMRES-DR 迭代算法来实现对系数矩阵 $\boldsymbol{M}_1\boldsymbol{A}$ 的一些最小特征向量进行预估。GMRES-DR 的迭代精度取为 10^{-8}，以实现对这些最小特征向量较精确的估计。特征谱预条件算子的大小 k 固定为 20。为表述方便，本节将双步预条件算子简记为 2Step，且 $\boldsymbol{M}_1$ 取为 MSAI 预条件算子。

图 8.23～图 8.26 给出了应用 GMRES 算法及经过各种预条件的 GMRES 迭代算法求解不同算例中第一个系统方程的收敛曲线的比较。这里，GMRES 迭代算法中的 Krylov 子空间的维数取为 30。迭代收敛精度皆设置为 10^{-5}，最大迭代步数为 2000，初始向量为零向量。此外，本节中所有数据的运行环境都是在 CPU 为 3.06GHz、内存为 1GB 的 Pentium 4 单机上进行的。

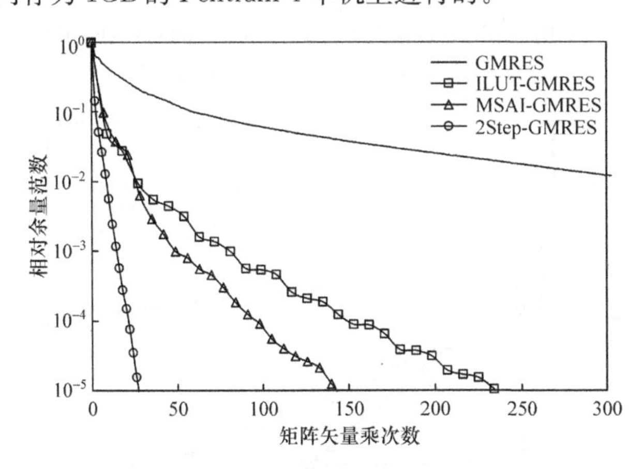

图 8.23　应用 GMRES 算法及经过各种预条件的 GMRES 算法求解算例 8.1 中第一个系统方程的收敛曲线

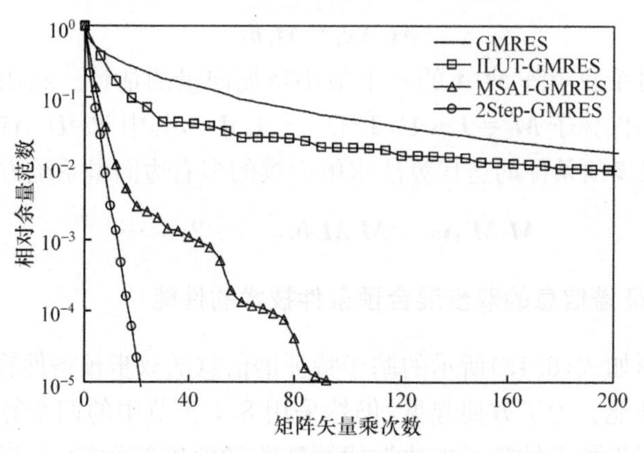

图 8.24　应用 GMRES 算法及经过各种预条件的 GMRES 算法求解算例 8.2 中第一个系统方程的收敛曲线

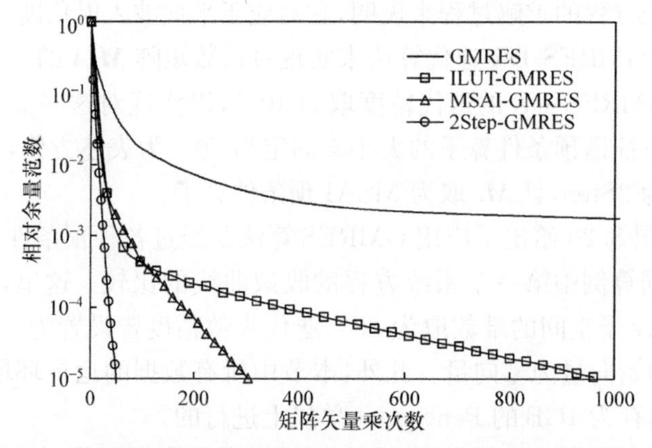

图 8.25　应用 GMRES 算法及经过各种预条件的 GMRES 算法求解算例 8.3 中第一个系统方程的收敛曲线

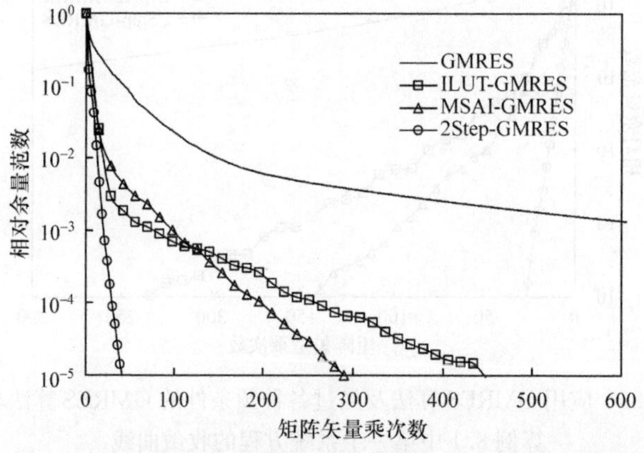

图 8.26　应用 GMRES 算法及经过各种预条件的 GMRES 算法求解算例 8.4 中第一个系统方程的收敛曲线

从图 8.23～图 8.26 中可以看出，经过双步预条件的 GMRES(记为 2Step-GMRES)迭代算法获得了最快的收敛速度。这表明特征谱预条件算子 $\boldsymbol{M}_2$ 能有效地消除经过$\boldsymbol{M}_1$(MSAI)预条件的剩下的一些最小特征值对收敛性的影响，从而有效地消除迭代过程中误差的低频分量，进一步加速迭代过程中的收敛速度。表 8.12 中列出了各种迭代算法达到收敛时所需要的矩阵矢量乘次数与求解时间，从中可以得出相同的结论。此外，表 8.12中还给出了采用 GMRES-DR 迭代算法预估系数矩阵 $\boldsymbol{M}_1\boldsymbol{A}$ 的 k(=20)个最小特征向量所需要的计算量。

表 8.12　应用各种预条件的 GMRES 迭代算法求解不同算例中第一个线性系统方程达到收敛时所需要的矩阵矢量乘次数与求解时间

迭代算法	算例 8.1	算例 8.2	算例 8.3	算例 8.4
GMRES	*	*	*	*
ILUT-GMRES	235(34.8)	*	977(339.3)	448(154.4)
MSAI-GMRES	143(18.9)	96(16.0)	305(100.9)	290(93.9)
GMRES-DR	110(17.5)	80(15.9)	230(81.3)	170(61.5)
2Step-GMRES	27(3.6)	22(3.6)	51(16.7)	41(13.0)

表 8.13 列出了各种预条件算子构造所需要花费的时间。从表中可以看出，由于 ILUT 允许更多的填充量，所以构造其算子花费的时间最多。改进的近似逆预条件算子(MSAI)利用了快速多极子中分组的信息，使得构造时间大为降低。这里的双步预条件算子(2Step)包括 MSAI 的构造时间以及 GMRES-DR 预估特征向量信息时求解第一个线性系统方程的迭代求解时间。

表 8.13　各种预条件算子构造所需要的时间　(单位：s)

预条件算子	算例 8.1	算例 8.2	算例 8.3	算例 8.4
ILUT	106.8	136.2	153.0	590.9
MSAI	17.8	45.6	12.0	44.2
2Step	35.3	61.5	93.3	105.7

前面粗略地考察了双步预条件算子加速迭代算法收敛速度的性能，发现其能显著地提高迭代算法的收敛速度。当时固定了特征谱预条件算子 $\boldsymbol{M}_2$ 的大小 $k=20$。本节将着重考察特征谱预条件算子 $\boldsymbol{M}_2$ 的维数 k 的大小对这种双步预条件算子性能的影响情况。

为此，仍采用相同的 MSAI 预条件算子作为第一步的预条件算子 $\boldsymbol{M}_1$，而允许特征谱预条件算子 $\boldsymbol{M}_2$ 的维数 k 大小变化。表 8.14 中列出了特征谱预条件算子

维数 k 从 0 变化到 20 时双步预条件的 GMRES 迭代算法求解第一个线性系统方程达到收敛时所需要的矩阵矢量乘次数和求解时间。从表中可以看出，随着特征谱预条件算子维数 k 的增加，双步预条件的 GMRES 迭代算法达到收敛时所需要的计算量在单调地减少。同时还可以发现，当 k 从 16 变化到 20 时，对收敛速度的改善并不明显。这表明在上述的四种算例中，只需要较小维数的特征谱预条件算子 $\boldsymbol{M}_2$，就可以显著地提高第一步中 MSAI 预条件算子的性能。

表 8.14　应用双步预条件的 GMRES 迭代算法求解第一个线性系统方程达到收敛时所需要的矩阵矢量乘次数及求解时间随特征谱预条件算子维数 k 的变化情况

k	算例 8.1	算例 8.2	算例 8.3	算例 8.4
0	143(18.9)	96(16.0)	305(100.9)	290(93.9)
4	64(8.2)	35(5.7)	109(35.0)	114(35.8)
8	47(6.1)	32(5.3)	96(31.8)	90(29.1)
12	38(4.9)	29(4.7)	61(21.9)	60(20.0)
16	29(3.8)	25(4.1)	53(17.2)	50(16.0)
20	27(3.6)	22(3.7)	51(16.6)	41(13.0)

8.3.3　基于特征谱信息的多步混合预条件

形如式(8.13)所定义的双步预条件过程中，第一步的预条件算子 $\boldsymbol{M}_1$ 能有效地聚集系数矩阵 $\boldsymbol{A}$ 特征谱中模值较大的大部分特征值，从而消除大部分较大的特征值对收敛性的影响，加速迭代算法的收敛速度；第二步中的特征谱预条件算子 $\boldsymbol{M}_2$ 能有效地转移经过 $\boldsymbol{M}_1$ 预条件后的矩阵 $\boldsymbol{M}_1\boldsymbol{A}$ 特征谱中剩下的一些最小特征值，从而消去这些最小特征值对收敛性的影响，进一步加速迭代算法的收敛速度。

上述的这种双步预条件过程很容易推广到多步的情形[10]。以对线性系统方程(8.11)的三步预条件为例，假定 $\boldsymbol{M}_3$ 是由经过双步预条件后的矩阵 $\boldsymbol{M}_2\boldsymbol{M}_1\boldsymbol{A}$ 的特征谱中一些最小特征向量构造的另一个特征谱预条件算子，则它同样能将双步预条件后的矩阵 $\boldsymbol{M}_2\boldsymbol{M}_1\boldsymbol{A}$ 特征谱中的这些最小特征值进行转移，从而消去这些特征值对式(8.17)迭代算法收敛性的影响，再次加速迭代过程中的收敛速度。

$$\boldsymbol{M}_3\boldsymbol{M}_2\boldsymbol{M}_1\boldsymbol{A}\boldsymbol{x}=\boldsymbol{M}_3\boldsymbol{M}_2\boldsymbol{M}_1\boldsymbol{b} \tag{8.17}$$

下面给出上述三步预条件技术结合迭代算法求解式(8.14)定义的多右边向量系统方程的一个流程，其他多步预条件过程可以类似定义，这里不再赘述。

算法 8.5　基于特征谱信息的三步预条件迭代算法

(1) 首先利用系数矩阵 $\boldsymbol{A}$ 的信息构造预条件算子 $\boldsymbol{M}_1$，其次采用 GMRES-DR

迭代算法求解经过 $\boldsymbol{M}_1$ 预条件后的第一个系统方程：

$$\boldsymbol{M}_1\boldsymbol{A}\boldsymbol{x}_1=\boldsymbol{M}_1\boldsymbol{b}_1 \tag{8.18}$$

同时获得对矩阵 $\boldsymbol{M}_1\boldsymbol{A}$ 的 k 个最小特征向量的估计。利用特征向量信息构造第二步特征谱预条件算子 $\boldsymbol{M}_2$。

(2) 同样采用 GMRES-DR 迭代算法再次求解经过双步预条件后的第二个系统方程：

$$\boldsymbol{M}_2\boldsymbol{M}_1\boldsymbol{A}\boldsymbol{x}_2=\boldsymbol{M}_2\boldsymbol{M}_1\boldsymbol{b}_2 \tag{8.19}$$

同时获得对矩阵 $\boldsymbol{M}_2\boldsymbol{M}_1\boldsymbol{A}$ 的 k 个最小特征向量的估计。利用这些特征向量信息构造第三步特征谱预条件算子 $\boldsymbol{M}_3$。

(3) 应用三步预条件的迭代算法求解后续多右边向量系统方程：

$$\boldsymbol{M}_3\boldsymbol{M}_2\boldsymbol{M}_1\boldsymbol{A}\boldsymbol{x}_i=\boldsymbol{M}_3\boldsymbol{M}_2\boldsymbol{M}_1\boldsymbol{b}_i,\quad i=3,4,\cdots \tag{8.20}$$

为了说明多步预条件算子加速迭代算法收敛速度的性能，这里仍然以经过多步预条件的迭代算法求解单个右边向量线性系统方程的情形为例进行考察。为方便起见，选取式(8.14)中第一个线性系统方程的求解过程来说明，它对应于平面波入射角度 $\theta=90°$、$\phi=0°$。这里同样采用 GMRES-DR 迭代算法实现对所需特征向量信息的预估。GMRES-DR 的迭代精度取为 10^{-8}，以实现对这些最小特征向量较精确的估计，且每步中的特征谱预条件算子维数皆取为相等的大小 $k=20$。第一步的预条件算子 $\boldsymbol{M}_1$ 仍取为 MSAI 预条件算子。为表述方便，将三步预条件算子简记为 3Step，多步预条件算子的表述类似。

图 8.27～图 8.30 列出了应用多步预条件的 GMRES 迭代算法及 MSAI-

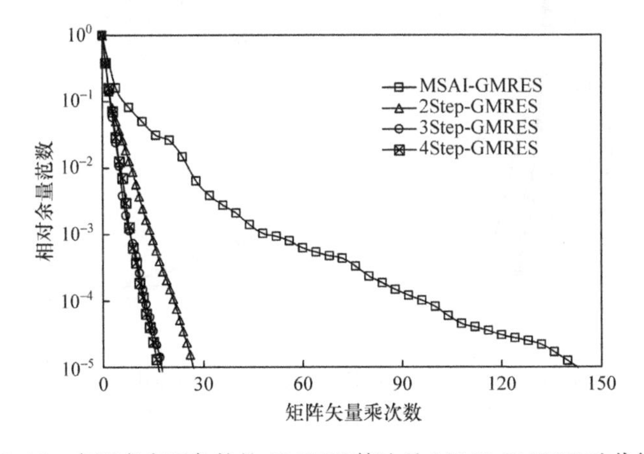

图 8.27　应用多步预条件的 GMRES 算法及 MASI-GMRES 迭代算法求解算例 8.1 中第一个系统方程的收敛曲线

GMRES 迭代算法求解不同算例中第一个线性系统方程的收敛曲线。从图中可以看出，在不同的算例中，3Step-GMRES 的收敛速度要比 2Step-GMRES 快。这表明，通过特征谱预条件算子 $\boldsymbol{M}_3$ 对矩阵 $\boldsymbol{M}_2\boldsymbol{M}_1\boldsymbol{A}$ 特征谱的修正，可以使迭代过程中的收敛速度得到显著的提高，即表明了本节提出的多步预条件技术的有效性。同时还可以看出，4Step-GMRES 的收敛曲线几乎同 3Step-GMRES 的收敛曲线重合，这说明进一步增加混合预条件算子的步数对迭代算法的收敛速度影响并不大。

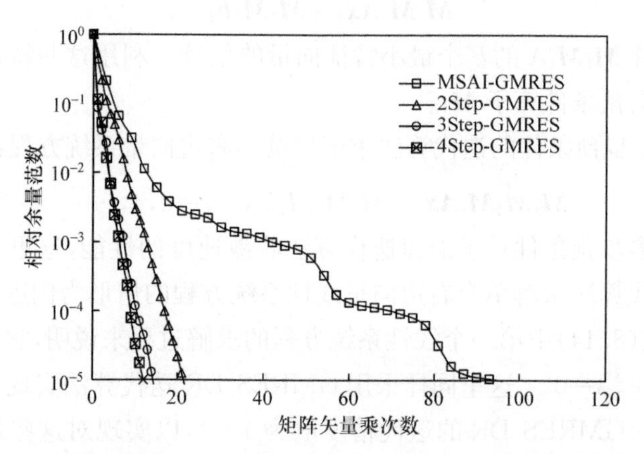

图 8.28　应用多步预条件的 GMRES 算法及 MASI-GMRES 迭代算法求解算例 8.2 中第一个系统方程的收敛曲线

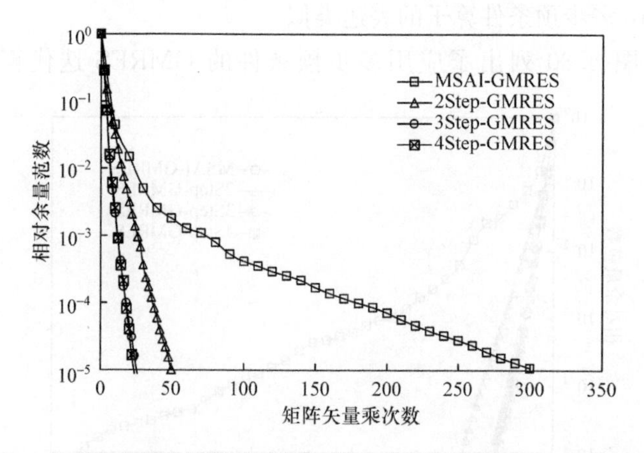

图 8.29　应用多步预条件的 GMRES 算法及 MASI-GMRES 迭代算法求解算例 8.3 中第一个系统方程的收敛曲线

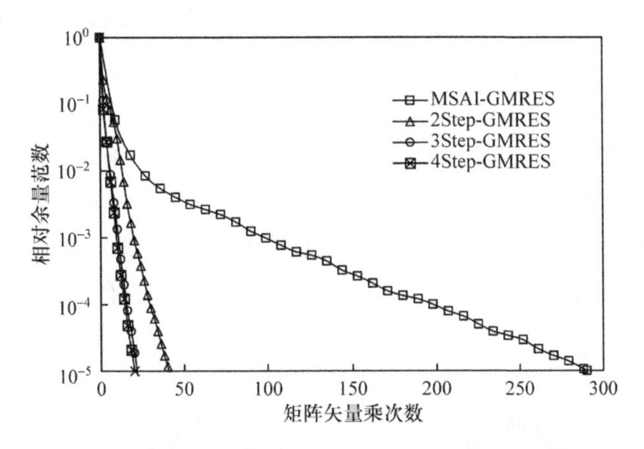

图 8.30　应用多步预条件的 GMRES 算法及 MASI-GMRES 迭代算法求解算例 8.4 中第一个系统方程的收敛曲线

表 8.15 中列出了应用多步预条件的 GMRES 迭代算法及 MSAI-GMRES 迭代算法求解单个右边向量系统方程达到收敛所需要的计算量。从表中同样可以看出,三步预条件改善收敛性的效果比双步预条件有了较大的提高,然而四步预条件对收敛速度的改善并不明显。这是因为经过三步预条件的矩阵 $\boldsymbol{M}_3\boldsymbol{M}_2\boldsymbol{M}_1\boldsymbol{A}$ 特征谱中的特征值相对比较聚集,因此通过第四步特征谱预条件算子 $\boldsymbol{M}_4$ 对 $\boldsymbol{M}_3\boldsymbol{M}_2\boldsymbol{M}_1\boldsymbol{A}$ 特征谱的改善并不明显,表现在迭代过程中就是使得迭代算法的收敛速度得不到明显的改善与提高。

表 8.15　应用各种预条件的 GMRES 迭代算法及 MASI-GMRES 迭代算法求解不同算例中第一个线性系统方程达到收敛时所需要的矩阵矢量乘次数与求解时间

迭代算法	算例 8.1	算例 8.2	算例 8.3	算例 8.4
MSAI-GMRES	143(18.9)	96(16.0)	305(100.9)	290(93.9)
2Step-GMRES	27(3.6)	22(3.6)	51(16.7)	41(13.0)
3Step-GMRES	18(2.4)	15(2.5)	26(8.6)	22(7.2)
4Step-GMRES	17(2.4)	12(2.1)	24(8.1)	21(7.0)

8.3.4　多步混合预条件技术在单站 RCS 计算中的应用

前面几节中,为了考察双步预条件算子的收敛特性,将其应用到单个右边向量系统方程的求解当中。很显然,由于双步预条件算子的构造中需要对一些最小特征向量的信息进行预估。推荐的方案是利用 GMRES-DR 迭代算法求解该系统方程,同时获得对最小特征向量信息的一个估计。但这并不影响其在单站 RCS 计算中的有效应用,即具有相同的系数矩阵在多个右边向量的线性系统方程求解中的应用。而实际应用中更多的也是对散射体单站 RCS 的分析[11]。

图 8.31～图 8.34 给出了应用双步预条件的 GMRES 迭代算法(2Step-GMRES)求解不同算例模型的单站 RCS 时,在不同的激励方向下达到收敛所需要的矩阵矢量乘次数。这里特征谱预条件算子维数仍取为 $k=20$。从图中可以看出,与 MSAI-GMRES 迭代算法相比,经过 2Step-GMRES 迭代算法在不同的激励方向下都获得了较快的收敛速度。这表明了该双步预条件算子的有效性。

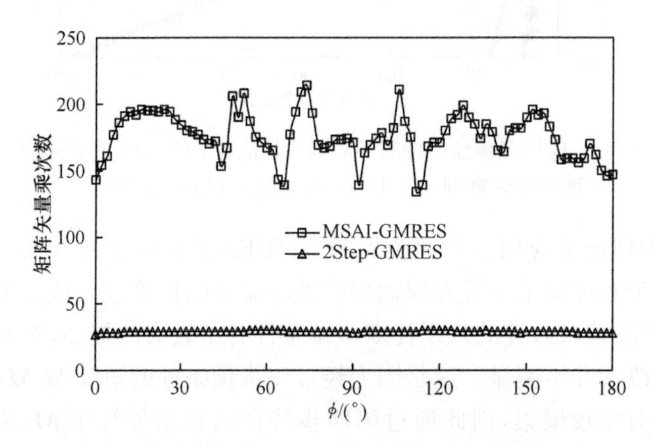

图 8.31　应用双步预条件的 GMRES 迭代算法求解算例 8.1 时
在不同入射方向平面波的激励下所需的矩阵矢量乘次数

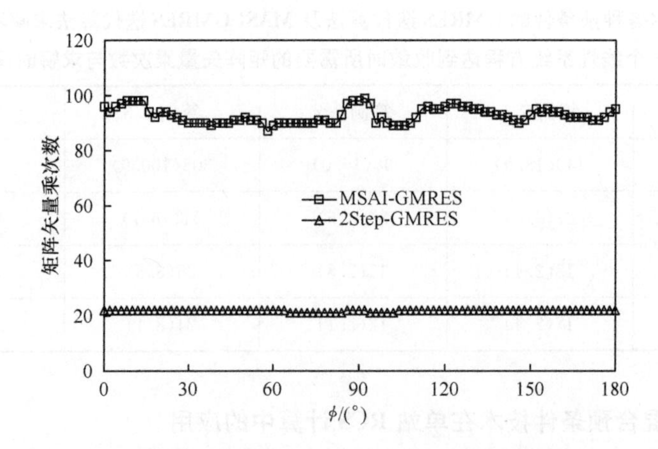

图 8.32　应用双步预条件的 GMRES 迭代算法求解算例 8.2 时
在不同入射方向平面波的激励下所需的矩阵矢量乘次数

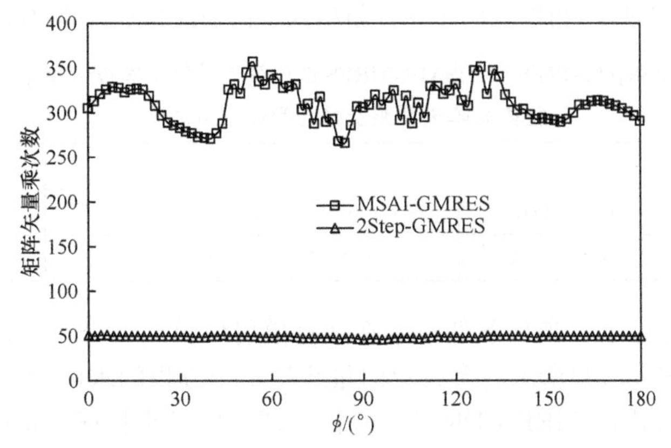

图 8.33　应用双步预条件的 GMRES 迭代算法求解算例 8.3 时
在不同入射方向平面波的激励下所需的矩阵矢量乘次数

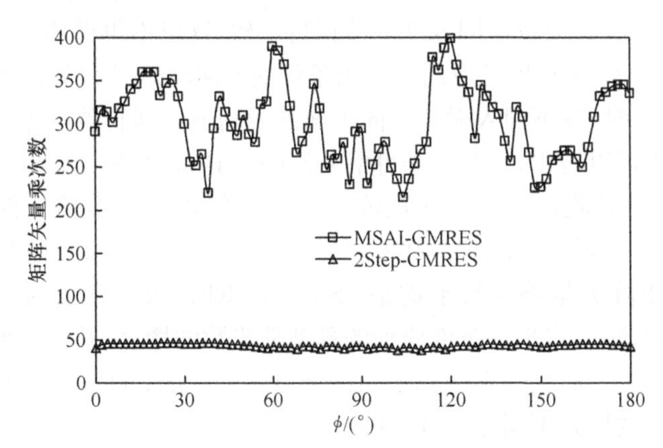

图 8.34　应用双步预条件的 GMRES 迭代算法求解算例 8.4 时
在不同入射方向平面波的激励下所需的矩阵矢量乘次数

此外还可以看出，MSAI-GMRES 迭代算法在不同入射方向平面波的激励下达到收敛所需的矩阵矢量乘次数变化较大。而 2Step-GMRES 算法几乎稳定在一个常数值上，并不随激励方向的变化而变化。这表明，MSAI-GMRES 迭代算法在求解多个右边向量的问题时，其收敛速度受右边向量的影响很大。而 2Step-GMRES 迭代算法比较稳定，其收敛速度几乎不受右边向量变化的影响。这也是 2Step-GMRES 快速迭代算法另一个优良的特性之一。

表 8.16 列出了应用 2Step-GMRES 和 MSAI-GMRES 迭代算法计算单站 RCS 时达到收敛所需要的整体计算量。值得注意的是，在 2Step-GMRES 算法的应用中，第一个系统方程是由 GMRES-DR 求得的，并获得对一些最小特征向量信息的估计。2Step-GMRES 迭代算法是从第二个系统方程开始应用的。从表中可以看出，对于整体单站 RCS 的计算，2Step-GMRES 快速算法所需要的求解时间比

MSAI-GMRES 算法少,再次表明了这种新型双步预条件算子的高效性。

表 8.16　应用 2Step-GMRES 和 MSAI-GMRES 迭代算法计算不同算例单站 RCS 所需要的整体矩阵矢量乘次数与整体求解时间

迭代算法	算例 8.1	算例 8.2	算例 8.3	算例 8.4
MSAI-GMRES	16013(2141.5)	8443(1402.4)	28211(9256.7)	27424(8602.9)
2Step-GMRES	2720(370.4)	2045(343.1)	4662(1565.5)	4089(1308.5)

本节同时考虑了多步预条件技术在计算散射体单站 RCS 中的实际应用[12],它对应于形如式(8.14)所示的多右边向量线性系统方程的求解问题。这里,为了表述方便,仍然利用 GMRES-DR 迭代算法对所需的最小特征向量的信息进行预估,然后利用所得到的特征谱信息构造相应的特征谱预条件算子,并由此产生的多步预条件算子直接应用与逐个求解式(8.14)定义的多右边向量的线性系统方程。另外,计算中的一些参数设定同 8.3.3 节保持一致,这里不再赘述。

图 8.35～图 8.38 给出了应用多步预条件的 GMRES 迭代算法求解不同算例模型的单站 RCS 时,在不同入射角方向平面波激励下达到收敛所需要的矩阵矢量乘次数。从图中可以看出,多步预条件的 GMRES 迭代算法(如 3Step-GMRES 和 4Step-GMRES)达到收敛所需要的矩阵矢量乘次数比起双步预条件的迭代算法 2Step-GMRES 有了显著的减少。在不同的算例中,2Step-GMRES 迭代算法达到收敛所需要的矩阵矢量乘次数平均是 4Step-GMRES 迭代算法的 1.3～1.8 倍。此外还可以发现,随着多步预条件施加的预条件步数的增多,其所需要的矩阵矢量乘次数在单调减少。而且除算例 8.3 的情况,四步预条件的效果比起三步预条件对收敛性改善的效果并不明显,原因如 8.3.3 节所述。

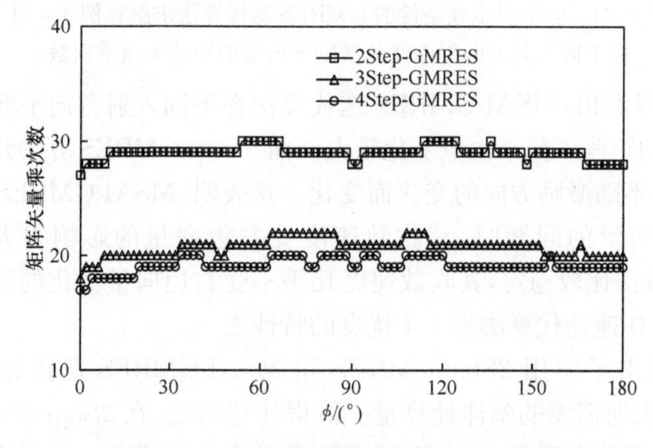

图 8.35　应用多步预条件的 GMRES 迭代算法求解算例 8.1 时在不同入射角方向平面波激励下所需的矩阵矢量乘次数

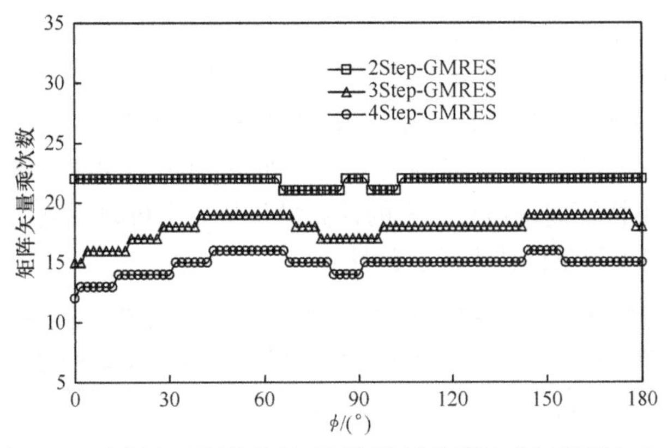

图 8.36　应用多步预条件的 GMRES 迭代算法求解算例 8.2 时在不同入射方向平面波激励下所需的矩阵矢量乘次数

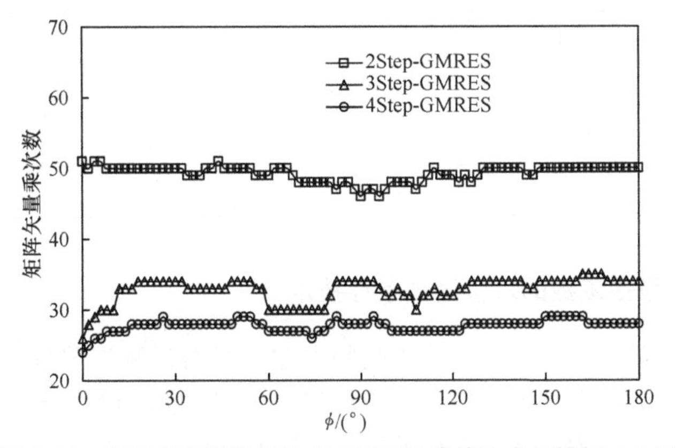

图 8.37　应用多步预条件的 GMRES 迭代算法求解算例 8.3 时在不同入射方向平面波激励下所需的矩阵矢量乘次数

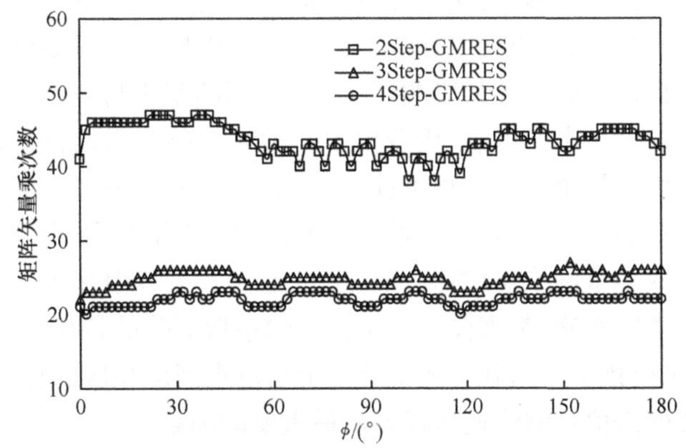

图 8.38　应用多步预条件的 GMRES 迭代算法求解算例 8.4 时在不同入射方向平面波激励下所需的矩阵矢量乘次数

表 8.17 同时给出了利用算法 8.4 和算法 8.5 所定义的多步预条件迭代算法计算不同算例单站 RCS 时所需的整体计算量。其中，GMRES-DR1、GMRES-DR2 和 GMRES-DR3 分别表示利用 GMRES-DR 迭代算法求解相应的第一、第二以及第三个右边向量方程所需的计算量，即分别估计矩阵 $\boldsymbol{M}_1\boldsymbol{A}$、$\boldsymbol{M}_2\boldsymbol{M}_1\boldsymbol{A}$ 和 $\boldsymbol{M}_3\boldsymbol{M}_2\boldsymbol{M}_1\boldsymbol{A}$ 的最小特征向量信息所需的计算量。从表中可以得到与上述相同的结论，再一次证明多步预条件技术的有效性。

表 8.17 应用 GMRES-DR 迭代算法预估特征向量信息所需的计算量以及多步预条件的 GMRES 迭代算法计算不同算例单站 RCS 时所需要的整体矩阵矢量乘次数与整体求解时间

迭代算法	算例 8.1	算例 8.2	算例 8.3	算例 8.4
GMRES-DR1	110(17.5)	80(15.9)	230(81.3)	170(61.5)
GMRES-DR2	80(13.6)	80(16.3)	80(30.5)	80(31.4)
GMRES-DR3	80(13.8)	50(11.1)	80(31.2)	80(32.1)
2Step-GMRES	2720(370.4)	2045(343.1)	4662(1565.5)	4089(1308.5)
3Step-GMRES	2042(286.7)	1765(306.2)	3240(1111.2)	2463(811.8)
4Step-GMRES	1961(285.1)	1526(273.8)	2838(998.4)	2262(770.2)

8.3.5 基于等级基函数的双步谱预条件技术

线性系统解的误差分量可以分为高频误差分量与低频误差分量，其中高频误差分量在迭代过程中能快速衰减，而低频误差分量在迭代过程中衰减很慢。可见，迭代算法收敛速度缓慢主要是由误差的低频误差分量引起的。由于误差的高频分量和低频分量分别同系数矩阵特征谱中的较大以及较小特征值相对应，所以从特征谱的角度来看，对系数矩阵的预条件可以很快地消除特征谱中较大特征值对迭代过程收敛性的影响，而多重网格迭代算法中粗网格校正过程则可以消除特征谱中一系列最小特征值对收敛性的影响。8.2 节介绍的基于特征谱信息的代数多重网格迭代算法就是基于上述思想，构造出了一种高效的多重网格迭代算法。如果用该特征谱信息优化一个给定的预条件算子，如 8.3 节中的多步混合预条件技术所示，同样能提高现有预条件算子的性能。然而，可以看出，无论是 8.2 节中基于特征谱信息的代数多重网格迭代算法的构造，还是 8.3 节中基于特征谱信息的多步混合预条件技术的实施，都需要对预条件后的系数矩阵的特征谱(或一系列最小特征向量)信息进行预估。这就需要求解一个与待求问题相应的特征值问题，这是限制该类基于特征谱信息的快速迭代方法最重要的因素。

本节主要考虑采用高阶等级基函数技术来降低系数矩阵特征谱信息中一系列最小特征向量信息预估的计算量，拓宽上述基于特征谱信息的快速迭代方法的应用。在统一的网格上使用不同阶的等级基函数来建模，低阶基函数展开的解可以看成高阶基函数展开解的一个近似，并且包含了高阶解中绝大部分的低频分量[11,12]。也就是说，这种低阶基函数的利用，可以很好地捕获系数矩阵中绝大部分的低频信息。以基于曲面三角形的两层等级基函数为例[13]，假定 $\boldsymbol{A}_h$ 为使用高阶等级基对应的系数矩阵，由等级基函数的特性，$\boldsymbol{A}_h$ 具有如下分块的形式：

$$\boldsymbol{A}_h=\begin{bmatrix}\boldsymbol{A}_{cc} & \boldsymbol{A}_{fc}\\ \boldsymbol{A}_{fc} & \boldsymbol{A}_{ff}\end{bmatrix} \tag{8.21}$$

式中，$\boldsymbol{A}_{cc}$ 对应低阶基函数展开的系数矩阵，可记为 $\boldsymbol{A}_l$。从式(8.21)中 $\boldsymbol{A}_h$ 矩阵形式的角度看，这种等级基函数的应用使得系数矩阵 $\boldsymbol{A}_h$ 特征谱中绝大部分的低频分量都可以通过低阶的子矩阵 $\boldsymbol{A}_l$ 特征谱中的低频分量来表达。由于低阶矩阵 $\boldsymbol{A}_l$ 所对应的维数相对系数矩阵 $\boldsymbol{A}_h$ 较小，通过对低阶基函数所对应的系数矩阵 $\boldsymbol{A}_l$ 特征谱中一系列最小特征向量信息的预估，以获得整体系数矩阵 $\boldsymbol{A}_h$ 特征谱中低频信息的估计，可望极大地降低特征谱信息预估的计算量。下面以构造两层等级基函数的特征谱双步预条件为例，详细地介绍上述思想的应用。

假定 $\boldsymbol{M}_h$ 为定义在高阶等价基函数所对应的系数矩阵 $\boldsymbol{A}_h$ 上的任一预条件算子，如稀疏近似逆预条件算子，由于预条件算子应用可以使系数矩阵 $\boldsymbol{A}_h$ 的特征谱中大部分模值较大的特征值集中在单位值 1 附近，即其能很好地消除迭代过程中的高频误差分量，那么，如何构造双步预条件中第二步预条件算子 $\boldsymbol{M}_2$ 是等级基预条件技术的关键环节。设 $\boldsymbol{M}_l$ 为 $\boldsymbol{M}_h$ 预条件算子在低阶系数矩阵 $\boldsymbol{A}_l$ 上的投影，那么建立在低阶基函数基础上的预条件后的系数矩阵 $\boldsymbol{M}_l\boldsymbol{A}_l$ 的特征谱信息，就可以很自然地成为高阶基函数所对应的预条件后的系数矩阵 $\boldsymbol{M}_h\boldsymbol{A}_h$ 特征谱中低频分量的近似。基于上述事实，利用低阶矩阵 $\boldsymbol{M}_l\boldsymbol{A}_l$ 特征谱信息构造的特征谱预条件算子可以写为 $\boldsymbol{M}_2=\boldsymbol{I}_n+\boldsymbol{U}(\boldsymbol{T}/|\lambda_n|-\boldsymbol{I}_k)\boldsymbol{U}^{\mathrm{H}}$，其中 $\boldsymbol{T}=\boldsymbol{U}^{\mathrm{H}}\boldsymbol{A}_h\boldsymbol{U}$。其中，$\boldsymbol{U}$ 为采用补零元素的方法将 $\boldsymbol{M}_l\boldsymbol{A}_l$ 的 k 个最小特征向量构成的一组正交规范基 $\boldsymbol{U}$ 扩展为 $n_h\times k$ 维，这里 n_h 表示高阶基函数矩阵 $\boldsymbol{A}_h$ 的维数。如下过程同 8.3 节中一般的双步混合预条件算子的构造过程类似，这里不再赘述。

下面给出一些数值结果来证明该方法的有效性。一共有四个多右边向量计算单站 RCS 的例子，它们是频率为 7GHz、有 3510 个未知量的杏仁核，频率为 9GHz、有 4800 个未知量的单尖橄榄球，频率为 869MHz、有 3840 个未知量的带缝锥球，一个尺寸为 $2.5\lambda\times2.5\lambda\times3.75\lambda$、频率为 300MHz 的有 4698 个未知量的开放腔体(λ 是自由空间波长)。对于前两个例子，设置当 ϕ 固定在 90°时单站 RCS 对目标扫描角度在 θ 方向由 0°变化到 180°。对于开放式腔体的算例，设置当 ϕ 固定在 0°时单站 RCS 对目标扫描角度在 θ 方向由 0°变化到 180°，扫描步长为 1°。计算每个例子单站 RCS 所需要的右边向量的个数是 181。采用 MLFMM 加速的 Krylov 迭代方法求解高阶等级基函数为基础的电场积分方程矩阵方程。GMRES 算法重启参数 m 设为 30。零矢量都被作为最初的近似解，收敛误差为 10^{-3}。

图 8.39～图 8.42 给出了计算单站 RCS 中第一个右边向量系统时不加预条件的 GMRES、ILU 分解预条件的 GMRES(ILU-GMRES)、SAI 预条件的 GMRES(SAI-GMRES)和等级两层谱预条件的 GMRES(2level-GMRES)的收敛曲线。在这些计算中，在利用 GMRES-DR 计算粗网格系统时每行提取 20 个最小特征向量用来构造第二层基于 0.5 阶等级基函数的谱预条件矩阵 $\boldsymbol{M}_l$。可以发现，没有加入预处理的 GMRES 算法对所有算例 400 步迭代后都无法达到收敛，ILU-GMRES 方法在分析开放式腔体结构时 400 步迭代后不收敛，而在所有算例中 SAI-GMRES 和 2level-GMRES 都能够在 400 步迭代以内达到收敛；同时也能观察到 SAI-GMRES 法和 2level-GMRES 法比 ILU-GMRES 法更加有效。相比于 SAI-GMRES 方法，2level-GMRES 方法大大提高了收敛速度，减少了迭代步数。

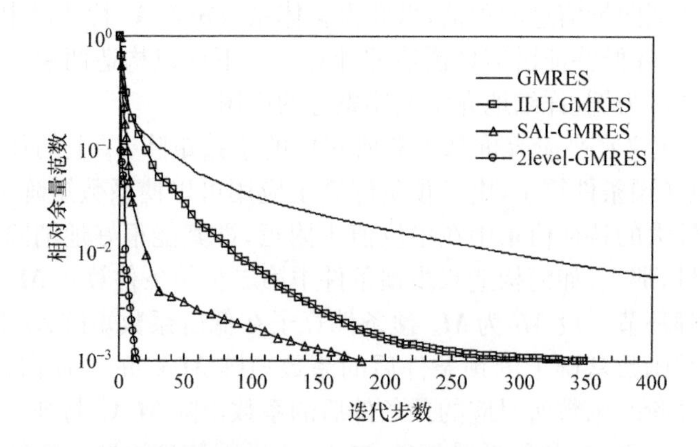

图 8.39 算例 8.1 中第一个右边向量系统不同算法的收敛过程

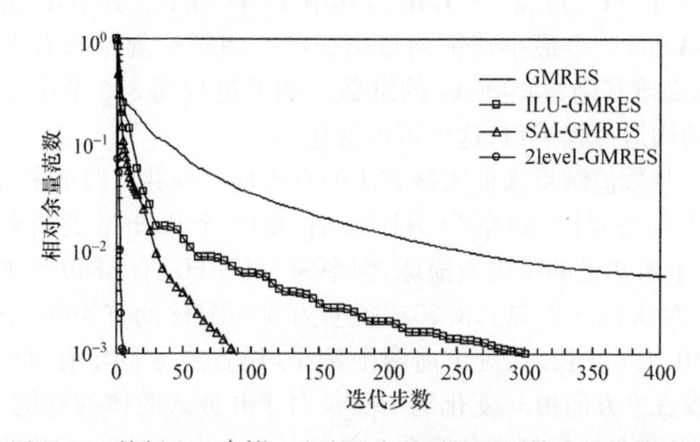

图 8.40 算例 8.2 中第一个右边向量系统不同算法的收敛过程

通常 SAI 预条件矩阵的构造非常耗时，SAI 预条件矩阵 $\boldsymbol{M}_h$ 和谱预条件矩阵 $\boldsymbol{M}_l$ 在单站 RCS 计算中只有在求解第一个右边向量系统时被构造。在计算后续的

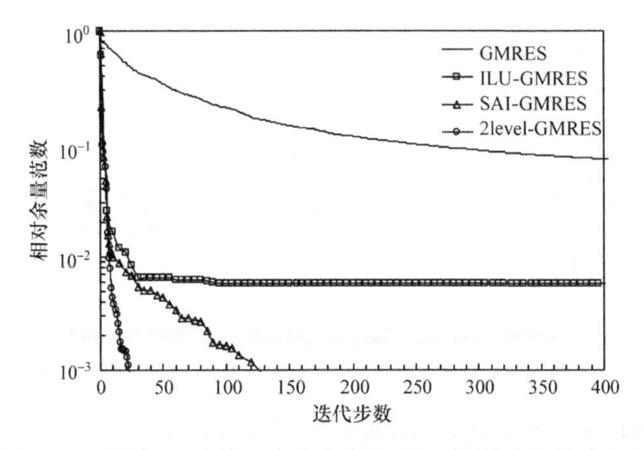

图 8.41　算例 8.3 中第一个右边向量系统不同算法的收敛过程

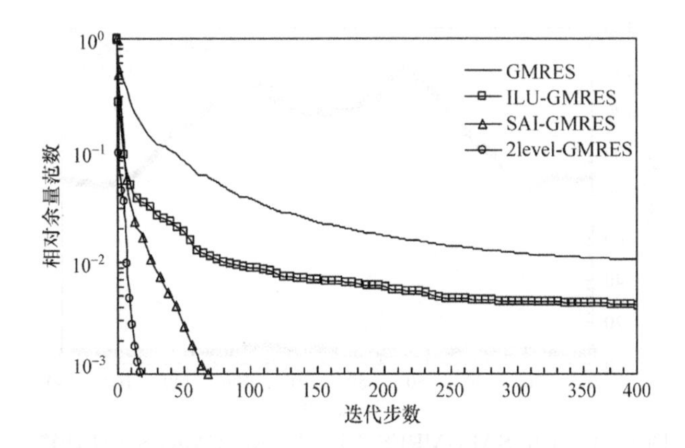

图 8.42　算例 8.4 中第一个右边向量系统不同算法的收敛过程

多个右边向量系统时就不需要再进行构造预条件矩阵，可以节省大量计算时间。图 8.43～图 8.46 给出了 SAI-GMRES 方法和 2level-GMRES 方法在计算上述三个算例的单站 RCS 时不同入射角与迭代步数关系曲线。在这些计算中，同样每行提取 20 个最小特征向量用来构造第二层基于 0.5 阶等级基函数的谱预条件矩阵 $\boldsymbol{M}_l$，不难发现，结合 2level-GMRES 方法能够至少提高 3 倍左右的收敛效率；同时可以发现，单独 SAI-GMRES 方法在计算不同入射角时迭代步数变化相当大，而 2level-GMRES 方法则相当稳定，迭代步数变化不大。表 8.18 给出了在计算每个算例的单站 RCS 时 SAI-GMRES 方法和 2level-GMRES 方法总的迭代步数和计算时间。可以看出，2level-GMRES 方法比 SAI-GMRES 方法具有更快的收敛速度。

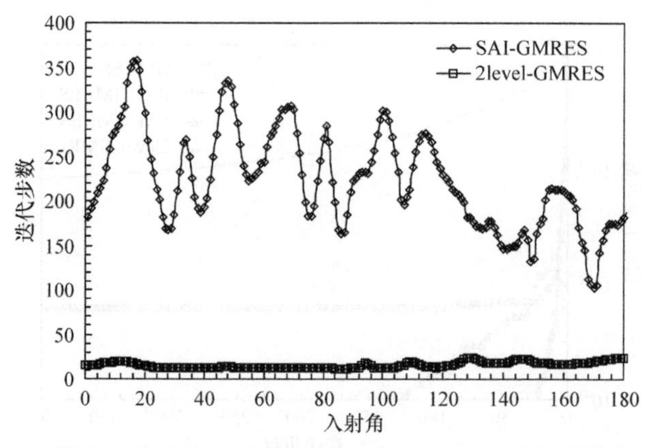

图 8.43 采用 SAI-GMRES 方法和 2level-GMRES 方法计算算例 8.1 的单站 RCS 时不同入射角与迭代步数关系曲线

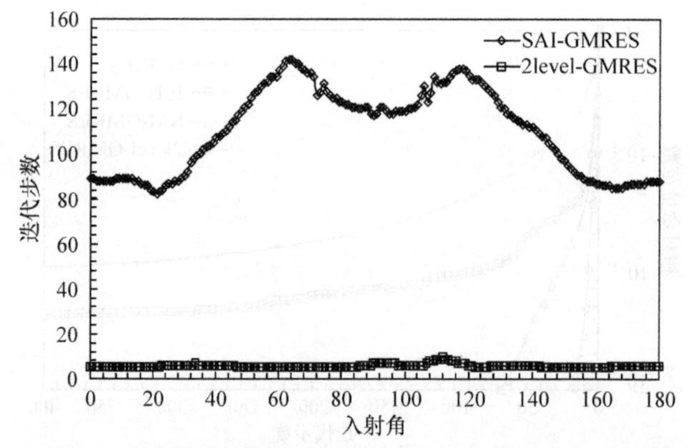

图 8.44 采用 SAI-GMRES 方法和 2level-GMRES 方法计算算例 8.2 的单站 RCS 时不同入射角与迭代步数关系曲线

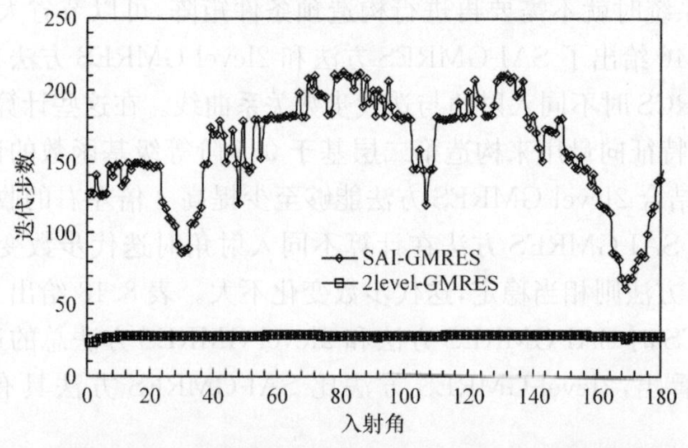

图 8.45 采用 SAI-GMRES 方法和 2level-GMRES 方法计算算例 8.3 的单站 RCS 时不同入射角与迭代步数关系曲线

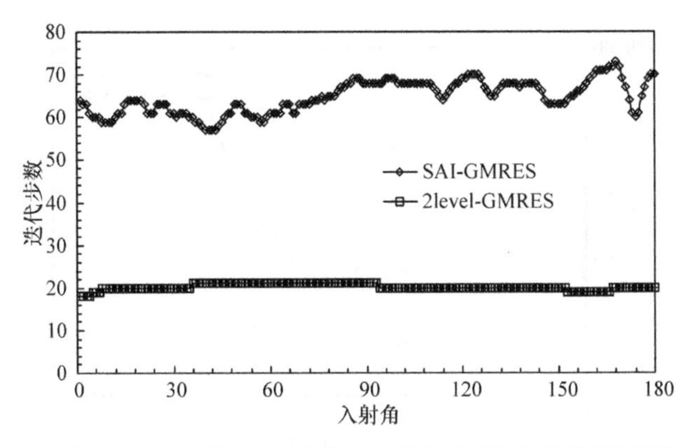

图 8.46　采用 SAI-GMRES 方法和 2level-GMRES 方法计算算例 8.4 的单站 RCS 时不同入射角与迭代步数关系曲线

表 8.18　对每个算例求解单站 RCS 时 SAI-GMRES 法和 2level-GMRES 方法总的迭代步数和计算时间

算例	迭代步数		求解时间/s	
	稀疏近似逆	等级两层谱方法	稀疏近似逆	等级两层谱方法
算例 8.1	40403	2871	18436.3	1292.1
算例 8.2	19923	1034	9845.4	823.0
算例 8.3	28777	5104	17899.69	3360.46
算例 8.4	11720	3653	7587.4	2489.6

以图 8.40 所示算例 8.2 为例，图 8.47 分别给出了采用 2level-GMRES 方法计算单站 RCS 中第一个右边向量系统随未知量数目增加时的收敛特性。可以看出，无论对体面组合模型还是单尖顶橄榄球模型，2level-GMRES 方法随着未知量的增加，迭代步数和求解时间变化都较缓慢，体现了 2level-GMRES 方法的良好特性。

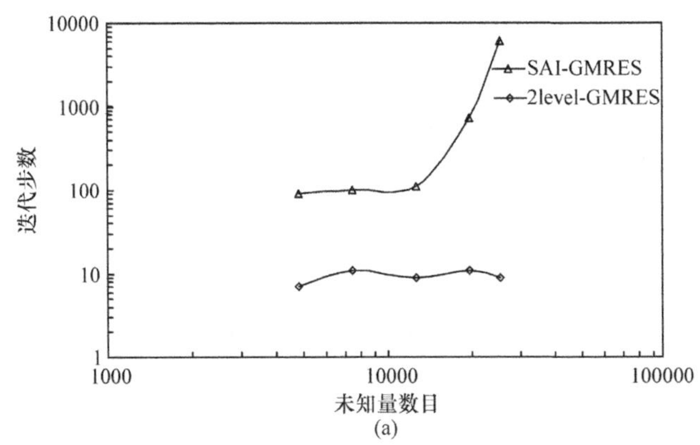

(a)

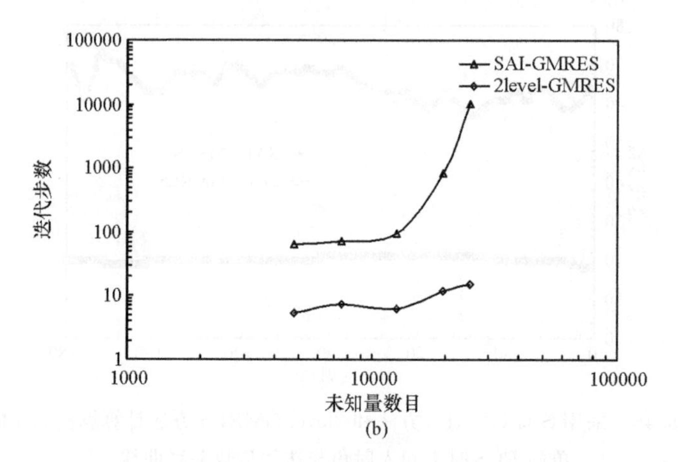

图 8.47　对于算例 8.2,采用 2level-GMRES 方法计算单站 RCS 中第一个右边向量系统随未知量数目增加时的收敛特性

在以上计算中,$k=20$,即每行提取 20 个最小特征向量用来构造第二层基于 0.5 阶等级基函数的谱预条件矩阵 $\boldsymbol{M}_l$。表 8.19 给出了取不同个数的特征向量等级基函数的谱预条件技术的迭代收敛特性比较。可以发现,并不是 k 取值越大,等级基函数的谱预条件技术收敛特性越好,因为要精确提取特征向量代价非常大。本节利用 GMRES-DR 迭代算法近似提取最小特征向量。由于最小特征向量大小非常接近,难以提取,所以这种近似性在一定程度上影响了算法的收敛特性。

表 8.19　取不同个数的特征向量等级基函数的谱预条件技术的迭代收敛特性比较

算例	每行 k 个特征向量										
	0	10	12	14	16	18	20	22	24	26	28
算例 8.1	182	27	21	22	19	19	15	14	16	16	15
算例 8.2	89	12	9	10	10	6	5	5	6	6	5
算例 8.3	127	32	32	24	25	23	23	21	22	23	21
算例 8.4	68	31	26	24	20	20	18	17	21	17	20

参考文献

[1] Rui P L, Chen R S. Enhanced GMRES method combined with MLFMA for solving electromagnetic wave scattering problem[J]. Microwave and Optical Technology Letters, 2008, 50(50): 1433-1439.

[2] Lehoucq R B, Sorensen D C, Yang C. ARPACK User's Guide: Solution of Large-Scale Problem with Implicitly Restarted Arnoldi Methods[M]. Philadelphia: SIAM, 1998.

[3] Woo A C, Wang H T G, Schuh M J, et al. EM programmer's notebook-benchmark radar tar-

gets for the validation of computational electromagnetics programs[J]. IEEE Antennas and Propagation Magazine,1993,35(1):84-89.

[4] Hackbusch W. Multi-Grid Methods and Applications[M]. Berlin:Springer,1985.

[5] Rui P L,Chen R S,Wang D X,et al. A spectral multigrid method combined with MLFMM for solving electromagnetic wave scattering problems[J]. IEEE Transactions on Antennas and Propagation,2007,55(9):2571-2577.

[6] Rui P L,Chen R S. Application of a two-step preconditioning strategy to the finite element analysis for electromagnetic problems[J]. Microwave and Optical Technology Letters,2006,48(8):1623-1627.

[7] Ding D Z,Chen R S,Fan Z H. SSOR preconditioned inner-outer flexible GMRES method for MLFMM analysis of scattering of open objects[J]. Progress in Electromagnetics Research,2009,89(4):339-357.

[8] Alleon G,Benzi M,Giraud L. Sparse approximate inverse preconditioning for dense linear systems arising in computational electromagnetics[J]. Numerical Algorithms,1997,16(1):1-15.

[9] Erhel J,Burrage K,Pohl B. Restarted GMRES preconditioned by deflation[J]. Journal of Computational and Applied Mathematics,1996,69:303-318.

[10] Rui P L,Chen R S,Fan Z H,et al. Multi-step spectral preconditioner for the fast monostotic radar cross section calculation[J]. Electronics Letters,2007,43(7):422-423.

[11] Hu N,Katz I N. Multi-p methods:Iterative algorithms for the *p*-version of the finite element analysis[J]. SIAM Journal on Scientific Computing,1995,16(6):1308-1332.

[12] Polstyanko S V,Lee J F. Two-level hierarchical FEM method for modeling passive microwave devices[J]. Journal of Computational Physics,1998,140(2):400-420.

[13] Ding D Z,Chen R S,Fan Z H,et al. A novel hierarchical two-level spectral preconditioning technique for multilevel fast multipole analysis of electromagnetic wave scattering[J]. IEEE Transactions on Antennas and Propagation,2008,56(4):1122-1132.

第9章 高阶有限元及多重网格迭代法

在电磁学研究和应用领域，基于高阶基函数建模的方法是数值方法发展的趋势。近几年来，大量的电磁场分析与设计工程如天线特性分析与新型天线的设计、微波电路的参数提取、军用目标的RCS特性计算等的发展对高精度数值算法的需求，刺激了人们对高阶数值方法的研究。对于分析复杂的电磁问题，高阶有限元与低阶有限元相比在提高计算精度与计算效率方面具有独特的优势。

以有限元法为例，到目前为止，对电磁场进行全波分析一般是使用基于棱边的矢量有限元，即使用Whitney函数的最低阶有限元。棱边元与节点有限元相比有许多优点，非常适合电磁波动问题。但是由于基于棱边的矢量有限元法采用一阶线性插值，要提高仿真精度就需要很密的网格剖分，所以生成包含很多未知量的大型稀疏线性系统。由于低阶基函数对旋度算子零空间的伪直流模与低频物理模的过度抽样，该线性系统呈现严重的病态特性，使该线性系统用传统的迭代法很难求解。而且这种病态性随着网格密度而增加，并且与问题中所包含的介质块的参数以及结构的复杂性有关，因此采用传统的迭代方法求解该线性系统非常困难。而高阶有限元法要达到低阶有限元法相同的精度，只需要很稀疏的网格，降低了未知量的数目，同时能使迭代法更快速地收敛。因此，近年来高阶有限元技术获得了快速的发展。很多学者，如Webb[1]、Lee[2]、Andersen[3,4]等都分别提出了不同类型的高阶基函数。

总体来说，高阶有限元基函数可分为两种类型：插值型和等级型。插值型，是指每个基函数对应一个插值点，在相应的插值点处的值为1，在其他插值点处的值为0，基函数的系数代表相应插值点处的场值，具有明确的物理意义。插值基函数组中，每个基函数都具有相同的阶数。而等级基函数就是各基函数之间具有一种等级关系，即高阶有限元空间的基函数集合是在低阶有限元空间基函数集合的基础上再加上一定数量的高阶基函数组成完备的基函数。因此，在等级基函数集合中，各个基函数的阶数并不相同，而是存在一种等级关系，即高阶基函数集合包含低阶基函数集合。对于等级基函数，其对应的系数并没有明显的物理意义，需要通过公式计算出各点处的场值。等级基函数允许在同一计算区域采用不同的阶次，因此在进行电磁仿真时具有很大的灵活性，可以根据所研究的问题各处场值的变化快慢及结构复杂性等局部特性，而各部分采用不同阶的基函数进行建模，或者发展自适应方法等。因此，等级基函数比插值基函数获得了更广泛的应用。

9.1　高阶等级基函数

有限元采用不同类型的剖分网格对应不同的高阶基函数。由于四面体单元能模拟任意的几何结构而获得最广泛的应用，所以本节仅对基于四面体网格的等级基函数进行详细的研究。

大家已经知道，最低阶的 Whitney 基函数具有如下形式：

$$\boldsymbol{w}=\{\zeta_{i1}\nabla\zeta_{i2}-\zeta_{i2}\nabla\zeta_{i1}\},\quad i_1<i_2 \tag{9.1}$$

共六个基函数。$\boldsymbol{w}_i$ 在对应的棱边上具有恒定的切向分量，在其他各棱边上的切向分量为零，在单元内部为线性函数。六个 Whitney 基函数组成的不是完备的一阶有限元空间，因此将其称为 0.5 阶有限元。因为该基函数的旋度为完备的零阶旋度空间，所以 0.5 阶有限元又称零阶旋度共型有限元(H_0(curl)TVFEM)。1.5 阶(H_1(curl))等级基函数最早由 Webb 提出，在上述六个基函数的基础上引入了六个基于棱边的纯梯度基函数：

$$\boldsymbol{g}=\{\zeta_{i1}\nabla\zeta_{i2}+\zeta_{i2}\nabla\zeta_{i1}\},\quad i_1<i_2 \tag{9.2}$$

与八个基于面的基函数：

$$\boldsymbol{f}=\{\zeta_{i3}(\zeta_{i1}\nabla\zeta_{i2}-\zeta_{i2}\nabla\zeta_{i1}),\zeta_{i2}(\zeta_{i3}\nabla\zeta_{i1}-\zeta_{i1}\nabla\zeta_{i3})\},\quad i_3>i_2>i_1 \tag{9.3}$$

共 20 个基函数。其中，函数 $\boldsymbol{g}$ 对应六条棱边，每条棱边对应一个 $\boldsymbol{g}$ 类型基函数；而 $\boldsymbol{f}$ 基函数对应四个表面，每个面对应两个 $\boldsymbol{f}$ 基函数。20 个基函数与四面体的对应关系如图 9.1 所示。假定 $\boldsymbol{w}$、$\boldsymbol{g}$、$\boldsymbol{f}$ 对应的系数为 a、b、c，则在四面体内的场可用下面的插值公式表示：

$$\boldsymbol{E}^i=\sum_{i=1}^{6}(\boldsymbol{w}_i a_i+\boldsymbol{g}_i b_i)+\sum_{i=1}^{8}\boldsymbol{f}_i c_i \tag{9.4}$$

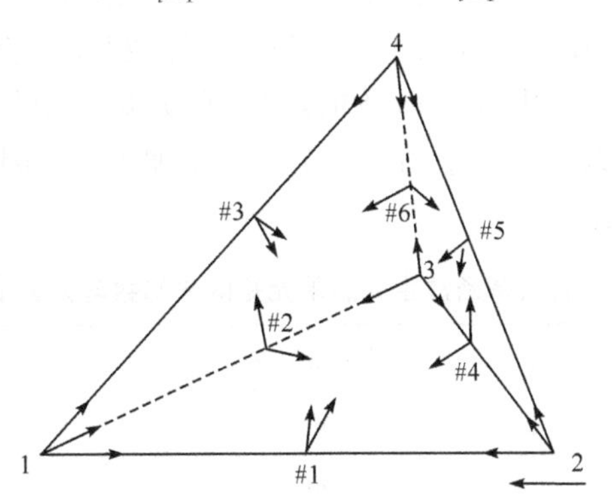

图 9.1　有限元四面体单元示意图

对基函数进行分析可以看出，Webb 基函数展开的场沿单元棱边呈线性变化，在单元表面和内部呈二次函数变化。可以看出，这样构造的基函数将低阶基函数空间包含在高阶的基函数空间之中：

$$\boldsymbol{H}_0(\text{curl})=\text{span}\{\boldsymbol{w}\}$$

$$\boldsymbol{H}_1(\text{curl})=\boldsymbol{H}_0(\text{curl})\oplus\text{span}\{\boldsymbol{g}\}\oplus\text{span}\{\boldsymbol{f}\}$$

2.5 阶($H_2(\text{curl})$)等级基函数集合是在 1.5 阶基函数集合的基础上再加上六个基于棱边的基函数：

$$\nabla W_{s,e}=\{\nabla(\zeta_{i1}\zeta_{i2}^2)\},\quad i_1<i_2 \tag{9.5}$$

与四个基于面的基函数：

$$\nabla W_{s,f}^3=\{\nabla(\zeta_{i1}\zeta_{i2}\zeta_{i3})\},\quad i_1<i_2<i_3 \tag{9.6}$$

与 12 个基于面的基函数：

$$\boldsymbol{R}_{t,f}=\begin{cases}\zeta_{i1}\zeta_{i3}^2\nabla\zeta_{i2}\\ \zeta_{i2}\zeta_{i3}^2\nabla\zeta_{i1}\\ \zeta_{i1}\zeta_{i2}\zeta_{i3}\nabla\zeta_{i1}\end{cases},\quad i_3>i_2>i_1 \tag{9.7}$$

以及三个基于体的基函数：

$$\boldsymbol{R}_{t,v}^3=\{\zeta_2\zeta_3\zeta_4\nabla\zeta_1,\zeta_1\zeta_3\zeta_4\nabla\zeta_2,\zeta_1\zeta_2\zeta_4\nabla\zeta_3\} \tag{9.8}$$

共 45 个基函数所组成，即

$$\boldsymbol{H}_2(\text{curl})=\boldsymbol{H}_1(\text{curl})\oplus\nabla W_{s,e}\oplus\nabla W_{s,f}\oplus R_{t,f}\oplus R_{t,u}$$

这样构造的 2.5 阶基函数在四面体内的场展开式在四面体的表面上为坐标的二次函数，而在四面体内部为三次函数。可以看出，上面构造的各阶基函数在四面体的表面或棱边均比四面体内部的阶数低一阶，因此均为混合阶基函数。

采用高阶基函数构造有限元线性系统的方法与低阶有限元完全相同，具体过程参见第 2 章。各阶基函数生成的单元矩阵的未知数与填充元素个数列于表 9.1 中。从表中可以看出，随着基函数阶数的增加，单元矩阵中的填充元素个数会激增，相应的整个有限元线性系统中的元素个数会增加很多。因此，一般不主张采用 2.5 阶以上的高阶单元。

表 9.1　各阶基函数生成的单元矩阵未知数与元素个数

基函数阶数	基函数个数	单元矩阵元素个数
0.5 阶	6	36
1.5 阶	20	400
2.5 阶	45	2025

使用伽辽金加权余量法或里茨变分法生成单元矩阵，组合并消去边界上的场

分量后，最终得到一个稀疏的线性系统，简写为下面的形式：

$$\boldsymbol{Ax}=\boldsymbol{b} \tag{9.9}$$

$\boldsymbol{A}\in \boldsymbol{C}^{n\times n},\boldsymbol{b},\boldsymbol{X}\in \boldsymbol{C}^{n}$。或者对于腔体本征值问题，写为下面的形式：

$$\boldsymbol{Sx}=\lambda \boldsymbol{Tx} \tag{9.10}$$

采用高阶基函数的优势是能够获得比低阶基函数更高的精度，或在同样的精度要求下能够显著降低未知量的个数。为了验证高阶有限元在提高精度方面的能力，本节分别使用不同阶的有限元求解一个 1cm×0.5cm×0.75cm 的矩形腔体的八个最低非零本征值，并与解析值进行比较，仿真结果列于表 9.2 中。在图 9.2 与图 9.3 中给出了离散不同未知量时各阶有限元求解的精度。

表 9.2　对矩形腔体使用不同阶有限元求解得到的八个最低非零本征值的比较(其中 H_0(curl)TVFEM 未知量为 466，H_1(curl)TVFEM 未知量为 370，H_2(curl)TVFEM 未知量为 219)

模式	TE_{101}	TM_{110}	TE_{011}	TE_{201}	TM_{111}	TE_{111}	TM_{210}	TE_{102}
解析值	5.236	7.025	7.531	7.531	8.179	8.179	8.886	8.947
H_0(curl)	5.200	6.969	7.383	7.492	8.042	8.085	8.756	8.849
误差/%	0.690	0.797	2.232	0.787	1.671	1.142	1.461	1.101
H_1(curl)	5.252	7.012	7.517	7.636	8.143	8.171	8.845	8.859
误差/%	0.297	0.175	0.460	1.117	0.434	0.099	0.455	0.987
H_2(curl)	5.236	7.044	7.557	7.573	8.206	8.212	8.962	9.016
误差/%	0.009	0.272	0.075	0.291	0.329	0.407	0.856	0.767

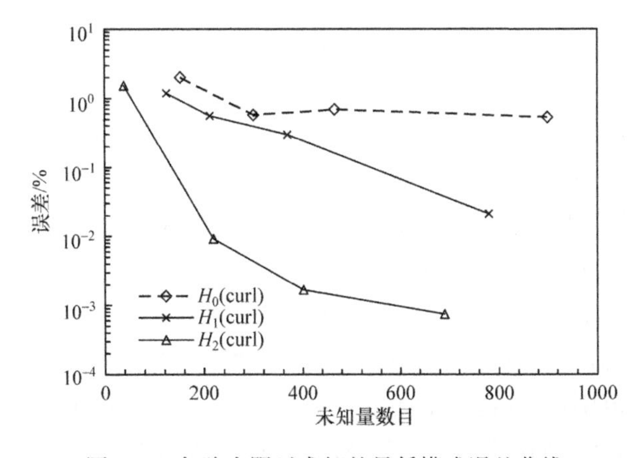

图 9.2　各阶有限元求解的最低模式误差曲线

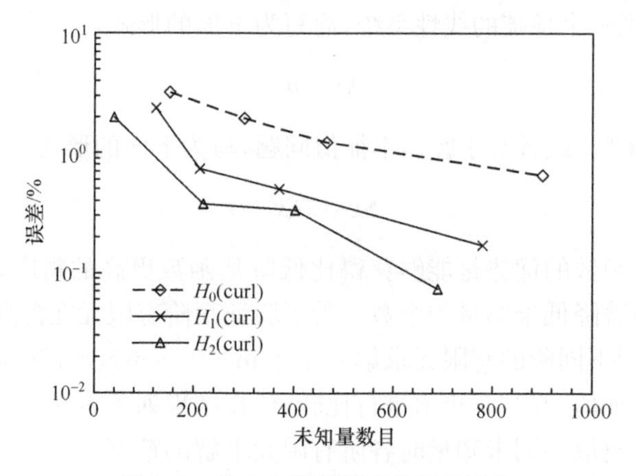

图 9.3　前八个谐振频率的平均误差

由图表可以看出，采用同样的未知量时高阶有限元的误差远远低于低阶元，或者说，高阶元能用较少的未知数获得同样的精度。在同样的精度下，使用高阶单元需要的未知数大约相当于低阶单元未知数的 1/5～1/4。从此算例中可以看出使用高阶基函数的优越性。

高阶有限元最终也归结为稀疏线性方程组(9.9)的求解。虽然等级基函数与插值基函数相比有很多优异的性能，然而与插值基函数相比，应用等级基函数生成的稀疏线性系统具有很大的条件数，因此造成了对其进行迭代求解的困难性。由于高阶有限元基函数与低阶基函数特性不同，所以生成的线性系统与低阶有限元也不同。在求解时除了传统的预条件 Krylov 子空间迭代法，还可以利用高阶等级基函数的特点使用高效的求解方法。将未知量按从低阶组到高阶组的顺序进行编号，则 H_1(curl)TVFEM 线性系统(9.9)可以写为分块形式：

$$\begin{bmatrix} \boldsymbol{A}_{11} & \boldsymbol{A}_{12} \\ \boldsymbol{A}_{21} & \boldsymbol{A}_{22} \end{bmatrix} \begin{bmatrix} \boldsymbol{x}_{(0)} \\ \boldsymbol{x}_{(1)} \end{bmatrix} = \begin{bmatrix} \boldsymbol{b}_{(0)} \\ \boldsymbol{b}_{(1)} \end{bmatrix} \tag{9.11}$$

式中，未知矢量 $\boldsymbol{x}_{(0)}$ 对应于基函数 $\boldsymbol{w}$ 的系数，而 $\boldsymbol{x}_{(1)}$ 与高阶基函数 $\boldsymbol{g}$、$\boldsymbol{f}$ 相对应。$\boldsymbol{A}_{11}$ 是由式(9.1)中的棱边基函数 $\boldsymbol{w}$ 构成的矩阵，$\boldsymbol{A}_{22}$ 是基函数 $\boldsymbol{g}$ 与 $\boldsymbol{f}$ 构成的矩阵。这样，整个系数矩阵就由一系列与等级基函数相关的块矩阵组成。可以看出，$\boldsymbol{A}_{11}$ 与 H_0(curl)TVFEM 线性系统的系数矩阵 $\boldsymbol{A}_0$ 完全相同。大家已经知道，采用 Whitney 基函数时，由于旋度零空间的伪直流模和低频物理模的过抽样，有限元线性系统呈现严重的病态性。然而，在等级基函数的帮助下，能够将矩阵的病态性限制在刚度矩阵的很小范围内，大部分低频分量被限制在 $\boldsymbol{x}_{(0)}$ 中，在 $\boldsymbol{x}_{(1)}$ 中包含了大部分高频振荡模式，这使人们能够对 TVFEM 线性系统进行有效的求解。下面介绍两种有效的求解 H_1(curl)TVFEM 线性系统的方法。

9.2　p-型多重网格预条件技术

9.2.1　p-型多重网格算法

近几年，在求解离散偏微分方程产生的方程组时，多重网格(MG)类型的算法受到了人们的高度重视[5-8]。该类方法最初由 Brandt 等提出，其基本原理是：线性系统解的误差分量可以分为高频误差分量与低频误差分量，其中高频误差分量可以使用迭代法快速衰减，而低频误差分量在迭代的过程中衰减很慢。因此，迭代算法收敛速度缓慢主要是由解的低频误差分量引起的。如果将待求解的问题使用不同层次的网格离散，可以通过一定的方式使低频误差分量包含在粗网格中，而细网格上解的低频误差分量可以通过在粗网格上对解进行校正来消去，从而达到加快迭代法收敛速度的目的。多重网格算法最初主要用于结构网格上的二维标量椭圆偏微分方程的求解。随着一些学者的研究，多重网格算法已经能够求解越来越多的问题。现在，多重网格算法已被认为是求解由差分类方法或 h-型有限元离散偏微分方程所得到的线性系统的最有潜力的算法之一。h-型有限元方法是指通过增加网格的密度来提高有限元求解精度的方法。许多研究结果显示，多重网格方法具有 $O(n)$的计算复杂度，并且对于许多问题的收敛速度与网格无关[8]，而最广泛使用的 ICCG 算法对于三维问题具有 $O(n^2)$的计算复杂度。这使多重网格算法在进行三维电磁模拟时比其他迭代算法具有更大的吸引力。

使用多重网格时，由于需要在不同的网格上迭代求解，所以需要定义在不同层次网格间相互转换的算子。将细网格上的解转换到粗网格，需要定义投影算子 $\boldsymbol{I}_h^{2h}$；反过来则需要定义插值算子 $\boldsymbol{I}_{2h}^h$。假定将细网格上的矩阵定义为 $\boldsymbol{A}^h$，粗网格上的矩阵定义为 $\boldsymbol{A}^{2h}$，则两层多重网格的步骤可以表示如下。

(1) 前光滑迭代：relax($\boldsymbol{x}^k$)，在细网格上进行数步迭代，并计算残差 $\boldsymbol{r}^h=\boldsymbol{b}^h-\boldsymbol{A}^h\boldsymbol{x}^h$。

(2) 粗网格残差校正：

① 残差投影，即将残差投影到粗网格上，$\boldsymbol{r}^{2h}=\boldsymbol{I}_h^{2h}\boldsymbol{r}^h$。

② 求解粗网格方程 $\boldsymbol{A}^{2h}\boldsymbol{y}^{2h}=\boldsymbol{r}^{2h}$。

③ 残差校正，即将粗网格上的残差插值到细网格上，$\boldsymbol{y}^{k+1}=\boldsymbol{y}^k+\boldsymbol{I}_{2h}^h\boldsymbol{r}^{2h}$。

(3) 后光滑迭代，relax($\boldsymbol{x}^k$)，在细网格上迭代滤除残差校正后的高频分量。

上述算法可以推广到多层网格迭代的情况。使用多重网格方法，投影算子与插值算子的构造是影响算法性能的关键。目前一种非常受人们重视的方法是代数多重网格法[7-10]，这种方法不需要知道线性系统之外的有关信息，直接从系数矩阵出发来构造投影算子与插值算子。在分析二维泊松方程或标量 Helmholtz 方程时，这种方法与传统的迭代方法相比，能够显著地降低总的计算时间。然而，当用于求解有限元离散三维矢量 Helmholtz 方程产生的线性系统时，由于系数矩阵的病态性，该方法的收敛性变得不可预知。最近一些学者发展了基于棱边元的几何多重网格算法[6]，在求解有限元离散高频电磁场边值问题产生的线性系统时非常有效。

除了使用不同的离散网格，多重网格方法也可以借助于等级基函数来实现。在同一网格上使用不同阶的等级基函数来建模，低阶有限元的解可以看成高阶有限元解的近似，并且包含高阶有限元解的大部分低频误差分量[7,8]。由于各阶基函数存在等级关系，所以容易构造插值算子与投影算子，从而可以使用多重网格法通过在低阶有限元空间内校正高阶有限元空间内的解来加速迭代。为了区别，使用多层网格的多重网格方法称为 h-型的多重网格方法，而利用不同阶基函数的方法通常称为 p-型的多重网格方法。其中 h 代表网格尺寸，p 代表基函数的阶数。相比较，h-型多重网格方法对于许多问题构造插值算子与限制算子通常非常复杂，需要花费很多的 CPU 时间与存储空间；对于使用四面体剖分的三维问题，使用 h-型多重网格方法一般一个粗网格需要分成八个细网格，因此在网格细化的过程中很可能产生低质量的扁平网格，并且生成的线性系统非常大。而使用 p-型多重网格方法则能够避免烦琐的网格细化过程。另外，使用 p-型多重网格可以具有非常简单的投影算子与插值算子，与 h-型多重网格相比更容易实施。一些学者的研究表明[9]，使用 p-型方法可以比 h-型方法获得更快的收敛速度。下面以 H_1(curl) TVFEM 为基础，简要地介绍适用于高阶有限元线性系统求解的 p-型多重网格算法。

使用等级高阶有限元，最终所得到的线性系统可以写为下面的形式：

$$\boldsymbol{A}_p\boldsymbol{x}_p=\boldsymbol{b}_p \tag{9.12}$$

式中，$\boldsymbol{A}_p\in\boldsymbol{C}^{n\times n}$，$\boldsymbol{b}_p\in\boldsymbol{C}^n$，$p$ 代表基函数的阶数。可以将高阶基函数空间看成细网格，低阶基函数空间看成粗网格。使用多重网格方法需要构造投影算子与插值算子。用 $\boldsymbol{I}_0$ 表示 $n_0\times n_0$ 的单位矩阵，n_0 为 $\boldsymbol{A}_0$ 的阶数，则有

$$\boldsymbol{A}_0=[\boldsymbol{I}_0,0]\boldsymbol{A}_1[\boldsymbol{I}_0,0]^{\mathrm{T}} \tag{9.13}$$

可以看出，插值算子 $\boldsymbol{I}_0^1$ 与投影算子 $\boldsymbol{I}_1^0$ 为

$$\boldsymbol{I}_0^1=[\boldsymbol{I}_0,0]^{\mathrm{T}},\quad \boldsymbol{I}_1^0=[\boldsymbol{I}_0,0] \tag{9.14}$$

已知各阶基函数空间相互转换的算子，就可以使用多重网格法迭代求解。两层的 V 循环 p-型 MG 算法可以表述如下：

(1) 求解方程组 $\boldsymbol{A}_0\boldsymbol{x}_0=\boldsymbol{b}_0$ 来获得一初始解向量$[\boldsymbol{x}_{(0)},0]$；

(2) 对方程组 $\boldsymbol{A}_1\boldsymbol{x}_1=\boldsymbol{b}_1$ 用高斯-赛德尔迭代进行 k 次迭代，计算余量 $\boldsymbol{r}_1=\boldsymbol{b}_1-\boldsymbol{A}_1\boldsymbol{x}$；

(3) 计算余量误差 $e=\dfrac{\|\boldsymbol{r}_1\|}{\|\boldsymbol{b}_1\|}$，如果 e 小于迭代精度，算法结束，否则继续；

（4）在粗网格上求解方程组 $\mathbf{A}_0\boldsymbol{e}_0=\boldsymbol{I}_1^0\boldsymbol{r}_1$；

（5）在细网格上校正解矢量 $\boldsymbol{x}_1^{(k)}=\boldsymbol{x}_1^{(k)}+\boldsymbol{I}_0^1\boldsymbol{e}_0$，并用 $\boldsymbol{x}_1^{(k)}$ 做初始解矢量返回第(2)步。

上述算法可以推广到使用更多重网格的方法。在上面的第(1)步与第(4)步中需要求解局部方程组：

$$\mathbf{A}_0\boldsymbol{e}_0=\boldsymbol{r}_0 \tag{9.15}$$

因为低阶基函数空间上的线性系统尺寸与高阶上的线性系统的尺寸相比非常小，通常情况下，式(9.15)中的未知数仅为式(9.11)中的 1/5 左右，所以求解式(9.15)与求解整个线性系统相比代价非常小，一般可以使用直接解法求解。这里使用 Multifrontal 算法[10]求解式(9.15)。

上述 p-型多重网格算法在求解正定线性系统时具有很好的收敛性。但是，由于矢量有限元离散 Helmholtz 方程产生的线性系统为非正定线性系统，所以在使用上述算法对其进行求解时不具有很好的稳定性。这主要是因为在使用多重网格算法进行粗网格校正时，即在上述算法的第(5)步，校正后的解并不能保证比校正前误差更小，因为粗网格校正会引入新的高频误差；另外，如果粗网格剖分不够密，则粗网格校正不能很好地去除低频误差分量。在文献[8]中，作者研究了该算法用于求解矢量有限元线性系统时的收敛特性。研究表明，该算法在足够密的网格剖分时表现出优异的性能，而网格剖分较粗时使用该算法不能很好地收敛，并且会观察到算法发散的现象。因此，使用多重网格算法必须使用足够密的网格剖分。同时，多重网格算法中细网格光滑迭代使用的是高斯-赛德尔迭代法，在求解非正定线性系统时也会出现发散的现象。但是如果单纯地将高斯-赛德尔迭代法换为 CG 或 GMRES 算法，迭代的收敛速度就会下降许多。考虑到 CG 或 GMRES 算法的稳定性以及求解大型稀疏线性阵的能力，可以将 CG 或 GMRES 算法与 p-型多重网格算法结合起来使用。将 Krylov 算法作为外迭代求解；预条件算子由数步的 p-型多重网格迭代达到某一较低的精度或迭代一定步数而求得。由于预条件矩阵由迭代算法构造，所以每次外迭代所使用的预条件算子可能并不相同，这时使用内外迭代的 FGMRES(m)算法就可以很好地实现上面的算法，即外迭代用 GMRES(m)迭代，保证外迭代不会发散，内迭代使用 p-型多重网格算法来加速求解，从而兼顾了算法上的稳定性与效率。使用这种算法能够求解更广泛的问题。为了方便，称这种算法为 MG-FGMRES 算法[11]。

9.2.2　数值结果与分析

本节使用 MG-FGMRES 分析求解两个具体的例子。测试中，在波导的输出端口使用 PML 来截断边界条件，在输入端口加 TE_{10} 波。所有的结果都是在具有 1GB 内存、2.8GHz 的 P4 个人计算机上执行的。

首先分析的是一个短路 E-面槽耦合的 T 形结，其几何结构与尺寸如图 9.4(a) 所示。

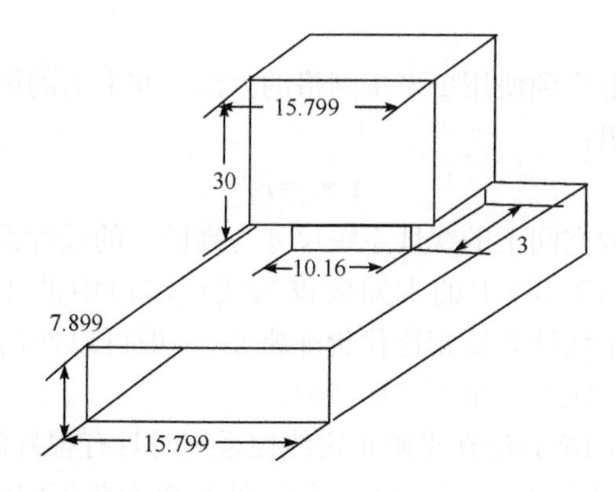

(a) 短路 E-面槽耦合的 T 形结的几何结构与尺寸示意图(单位：mm)

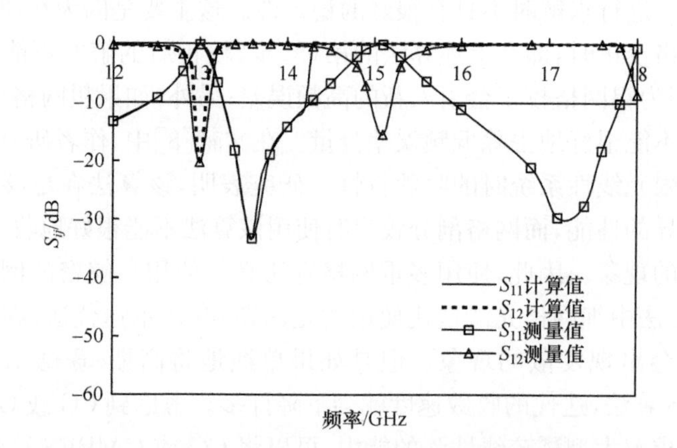

(b) 短路 E-面槽耦合的 T 形结的 S_{11}、S_{12} 幅度随频率的变化曲线

图 9.4　短路 E-面槽耦合的 T 形结的结构示意图及其幅度-频率变化曲线

假定工作频率为 $f=12\text{GHz}$，将该问题离散为 9234 个四面体，包含 2186 个节点。采用 H_1(curl) TVFEM，最终得到一个具有 52472 个未知量的复线性系统。系数矩阵每行的平均非零元素个数为 38。对应于 H_0(curl) TVFEM 空间的线性系统尺寸为 8985，平均每行非零元素个数为 14。可以看出，在同一网格剖分下，H_0(curl) TVFEM 线性系统与 H_1(curl) TVFEM 线性系统相比非常小。采用 H_1(curl) TVFEM 计算的散射参量幅度如图 9.4(b) 所示。图中带矩形与三角形符号的点表示测量值[11]。通过比较可以看出，本节结果与测量结果吻合得很好。

取 MF-FGMRES 算法外迭代的子空间维数为 $m=30$；在内迭代 p-型 MG 算法中的高斯-赛德尔光滑迭代步数取为 $k=1,2,3$，MG-FGMRES 的迭代步数与误差余量的函数关系曲线示于图 9.5(a) 中。由于在 MG-FGMRES 算法中除了外迭代的矩阵矢量乘与构造正交向量，内迭代也占用很多的计算量。为了方便，将完成一次外迭代循环记为一步迭代。当 $k=1,2,3$ 时所用的 CPU 时间分别为 446s、343s 与 276s。从表 9.3 中可以看出，随着 k 的增加，迭代步数逐渐减少。然而由于 k 增加时低阶函数空间的校正需要占用更多的时间，所以总的 CPU 时间并不随着 k 的增加单调下降，而是在 $k=2$ 时所用时间最少。

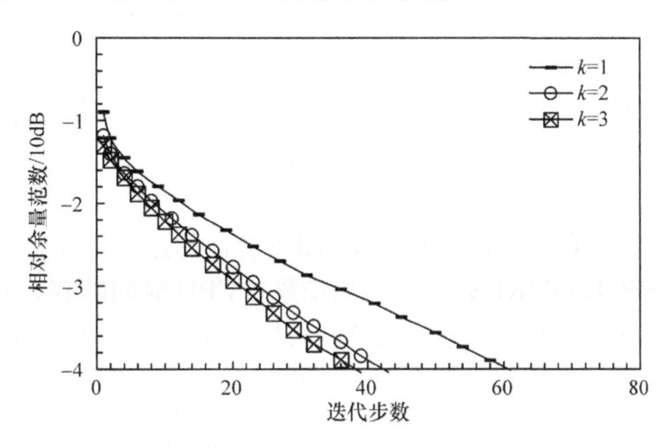

(a) 不同 k 时 MG-FGMRES(30)的收敛曲线

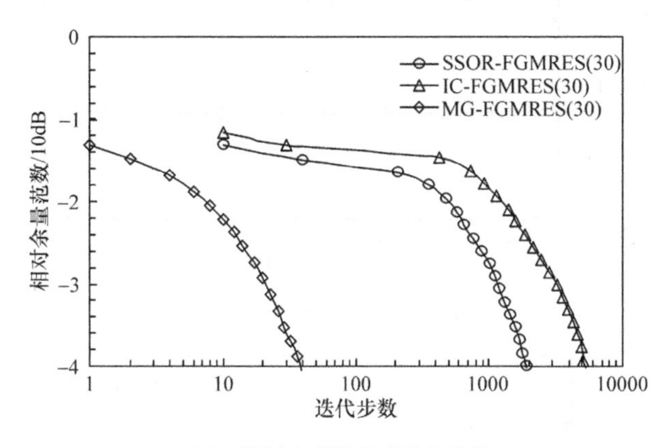

(b) 不同求解器收敛曲线的比较

图 9.5　对于 E-面槽耦合 T 形结，当未知量为 52472 时的实验曲线

为了定性分析 MG-FGMRES 算法的效率，将其与其他两种预条件 GMRES 算法进行了比较，即 SSOR-FGMRES 算法和 IC-FGMRES 算法。三种迭代算法的收敛曲线示于图 9.5(b)中。图中的 MG-FGMRES 算法中 $k=3$。表 9.3 中记录了不同迭代算法的迭代步数与 CPU 时间。从表中可以看出，MG-FGMRES 算法的收敛速度比 SSORGMRES 与 ICGMRES 算法快很多。三种迭代算法所用的 CPU 时间分别为：SSOR-FGMRES 为 1805s，IC-FGMRES 为 9502s，MG-FGMRES 为 276s，可以看出 MG-FGMRES 算法与其他算法相比更有效。

表 9.3　E-面槽耦合 T 形结未知量为 52472 时不同求解器的迭代步数与 CPU 时间

参数	MG-FGMRES			SSOR	IC
	$k=1$	$k=2$	$k=3$	FGMRES	FGMRES
迭代步数	61	43	39	1900	5280
CPU 时间/s	446	343	276	1805	9502

下面测试 FGMRES 外迭代子空间维数 m 的变化对迭代步数的影响。可以知道，m 越大，算法的收敛性越好，然而计算量与存储量相应增大。将 m 值从 10 变化到 100，并将 SSOR-FGMRES 与 MG-FGMRES 算法在误差达到 −40dB 时所需的迭代步数及 CPU 时间与 m 的关系曲线示于图 9.6(a)与(b)中。从图中可以看出，当 m 值从 10 变化到 100 时，MG-FGMRES 算法的迭代步数与 CPU 时间几乎不变，然而对于 SSOR-GMRES 算法，迭代步数与 CPU 时间随着 m 的增大而逐渐增大。因此，要使 SSOR-GMRES 算法达到较快的收敛需选用较大的 m 值。

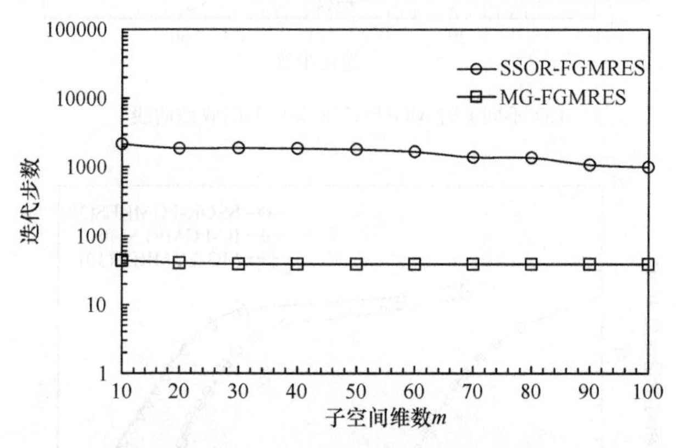

(a) 迭代步数与子空间维数 m 的关系曲线图

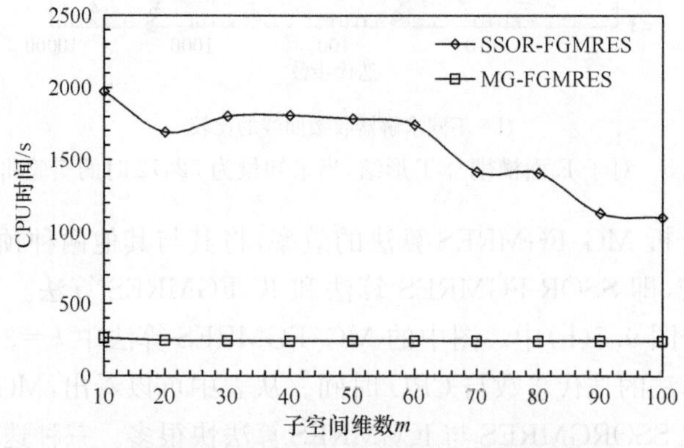

(b) 所用的 CPU 时间与子空间维数 m 的关系曲线图

图 9.6　对于 E-面槽耦合 T 形结，当未知量为 52472 时 SSOR-FGMRES 与 MG-FGMRES 迭代法实验结果

接下来测试求解不同尺寸的线性系统时 MG-FGMRES 算法的效率。将该问题使用不同尺寸的网格离散，得到一系列的稀疏线性系统，未知量的个数从 10000 变化到 100000。随着未知量个数的增加，MG-FGMRES 算法所需的迭代步数与 CPU 时间列于表 9.4 中。从表中可以看出，SSOR-GMRES 算法的迭代步数随着未知量的增加上升得很快，而 MG-FGMRES 算法的迭代步数随着未知量的增加不但没有增加，反而缓慢下降。这是因为，当使用更细的网格离散时，低阶有限元对高阶有限元的校正能够对低频率的本征值作出更为精确的近似，因而能够更好地减少低频误差分量。从该例可以看出，在分析高频电磁问题时，使用 MG-FGMRES 算法与传统的预条件 FGMRES 迭代法相比具有非常大的优势。

表 9.4　对于 E-面槽耦合 T 形结，在不同的网格离散时 SSOR-FGMRES(30) 与 MG-FGMRES(30) 迭代算法所用的迭代步数与 CPU 时间

未知量个数		9966	14656	27086	52472	91014
MG-FGMRES	迭代步数	51	50	41	39	40
	CPU 时间/s	28	46	86	276	883
SSOR-FGMRES	迭代步数	1000	1140	1330	2170	2590
	CPU 时间/s	148	272	583	1975	4277

本章分析的另一个例子是一个圆柱形谐振腔，其几何结构与尺寸如图 9.7(a) 所示。使用有限元网格离散，可得到 9378 个四面体单元。取工作频率为 $f=$ 10GHz，使用 H_1(curl) TVFEM 生成一个包含 53792 个未知量的线性系统。计算的 $|S_{12}|$ 参数如图 9.7(b) 所示。在图中与文献[13]中的测量结果进行了比较，证明两者之间符合得很好。

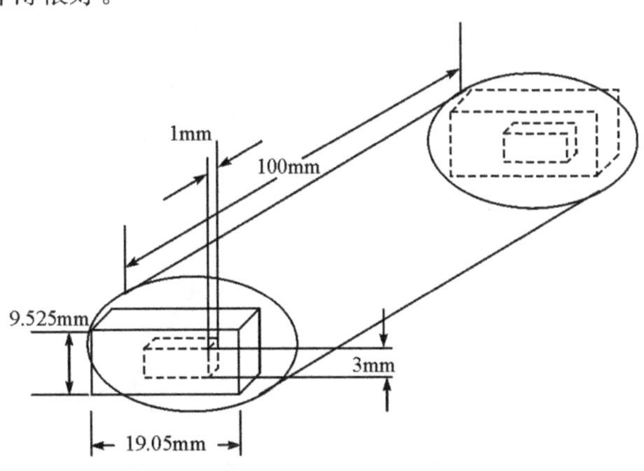

(a) 圆柱形谐振腔的几何结构与尺寸(单位：mm)

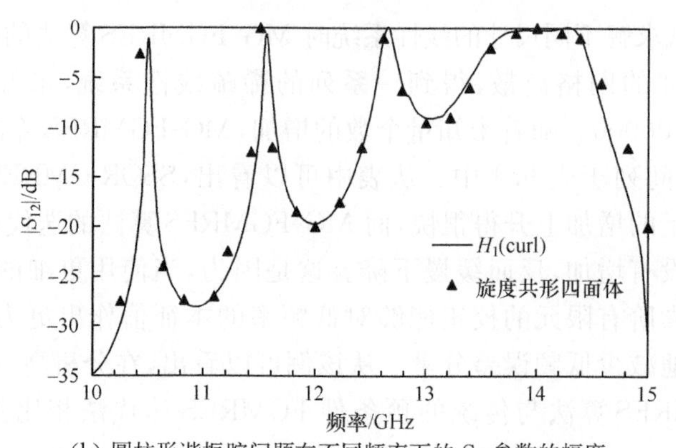

(b) 圆柱形谐振腔问题在不同频率下的 S_{12} 参数的幅度

图 9.7 圆柱形谐振腔的几何结构与尺寸及其 $|S_{12}|$ 参数的幅度

图 9.8(a)中给出的是 MG-FGMRES(30)算法在 $k=1,2,3$ 时的收敛曲线，图 9.8(b)中给出了各种预条件 GMRES 算法的收敛曲线。该图显示，MG-FGMRES 算法与其他预条件 GMRES 算法相比能够更快速地收敛。表 9.5 中给出了不同预条件 GMRES 算法的迭代步数与 CPU 时间。从表中可以看出，三种算

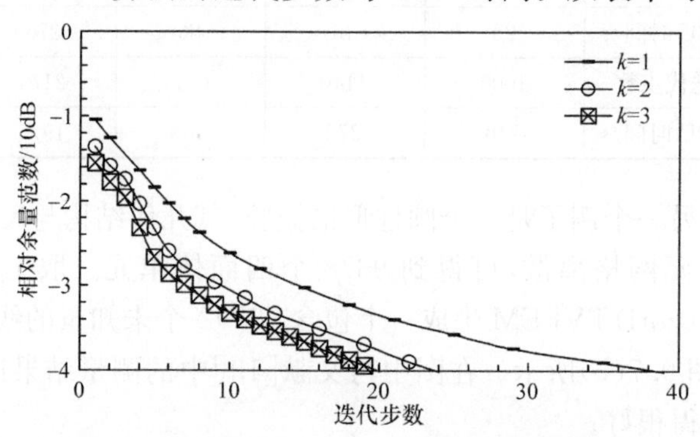

(a) $k=1,2,3$ 时 MG-FGMRES(30)的迭代收敛曲线图

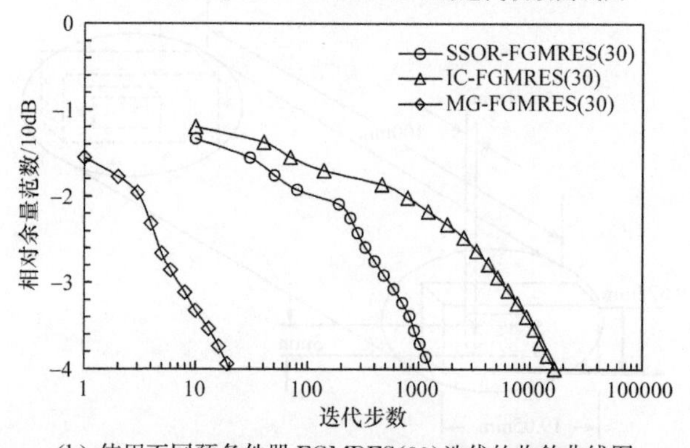

(b) 使用不同预条件器 FGMRES(30)迭代的收敛曲线图

图 9.8 对于圆柱形谐振腔问题，采用不同算法的迭代收敛曲线图

法中,MG-FGMRES 方法所需的 CPL 时间最少。

表 9.5　对于圆柱形谐振腔问题,使用不同的预条件器的 FGMRES(30) 迭代算法的迭代步数与 CPU 时间

算法	MG-FGMRES			SSOR	IC
	$k=1$	$k=2$	$k=3$	FGMRES	FGMRES
迭代步数	39	24	20	1280	16560
CPU 时间/s	204	137	122	1304	27944

对于该问题,改变 FGMRES 算法的子空间维数 m,并将 MG-FGMRES 与 SSOR-GMRES 的迭代步数与 CPU 时间示于图 9.9(a)与(b)中。从图中可以发现,m 的值从 10 变到 100 时,SSOR-GMRES 的迭代步数与 CPU 时间均下降,并且出现轻微的抖动,而 MG-FGMRES 算法与之相比较稳定,迭代步数与 CPU 时间均随 m 值的变化很小。这与使用有限元分析 E-面槽耦合 T 形结问题得出的结果相似。

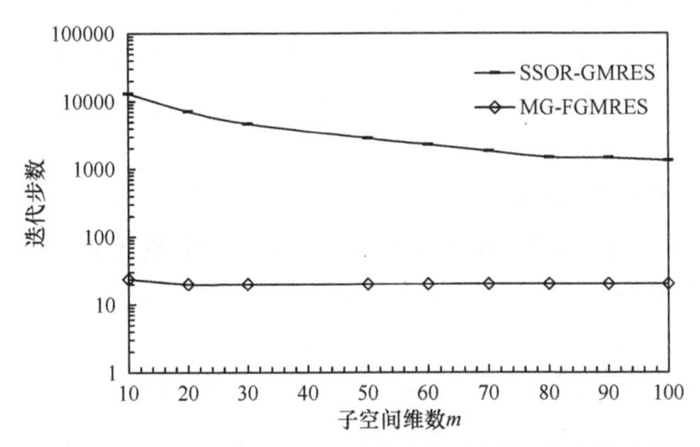

(a) SSOR-GMRES 与 MG-FGMRES 迭代算法在不同的 m 值时所用的迭代步数

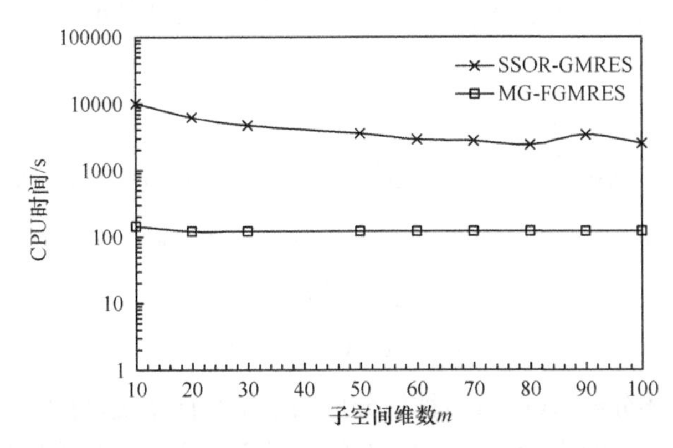

(b) SSOR-GMRES 与 MG-FGMRES 迭代算法在不同的 m 值时所用的 CPU 时间

图 9.9　对于圆柱形谐振腔问题,采用不同迭代算法的实验结果分析

通过这两个例子可以看出，在求解使用基于等级基函数的 H_1(curl) TVFEM 生成的线性系统时，MG-FGMRES 算法比传统的预条件 GMRES 算法能够获得更快的收敛速度，这证明了 p-型 MG 预条件算子的优越性。

9.3 Schwarz 预条件技术

9.3.1 Schwarz 算法概述

在求解矢量有限元离散 Helmholtz 方程产生的线性系统时，MG-FGMRES 迭代算法虽然比 p-型多重网格算法更稳定，但是仍然对网格离散有限制，即在使用较粗的网格时，MG-FGMRES 迭代算法虽然不会发散，但是收敛很慢。因此，适用多重网格算法虽然能够获得很高的收敛效率，但是在应用时仍然受到较大的限制。本节介绍一种用区域分解的思想来求解线性系统的方法。众所周知，有限元线性系统解的低频分量主要包含在 $\boldsymbol{x}_{(0)}$ 中。因此可以推测，如果消去线性系统中待求未知量中的 $\boldsymbol{x}_{(0)}$，那么 $\boldsymbol{x}_{(1)}$ 可以通过迭代法有效地解出。在求出 $\boldsymbol{x}_{(1)}$ 后，由于 $\boldsymbol{x}_{(0)}$ 与 $\boldsymbol{x}_{(1)}$ 相比很小，可以利用适当的方法很容易求解与 $\boldsymbol{x}_{(0)}$ 有关的线性系统。以上思想可以利用 Schwarz 方法轻松实现。Schwarz 方法最早在 1890 年由 Schwarz 提出[14]，常用在区域分解领域。在这里求解等级高阶有限元线性系统，把每阶有限元空间看成一个子域，则 H_1(curl) TVFEM 有限元空间由两个互不重叠的子域组成。根据这种划分方法，将 H_1(curl) TVFEM 线性系统的系数矩阵写为同式(9.11)中分块矩阵的形式，这与多重网格方法中的分块方法相同。实际上 Schwarz 方法与多重网格方法可看成一类相似的方法。

将系数矩阵进行块 Cholesky 分解，式(9.11)中的矩阵 $\boldsymbol{A}$ 可以写为

$$\begin{bmatrix} \boldsymbol{A}_{11} & \boldsymbol{A}_{12} \\ \boldsymbol{A}_{21} & \boldsymbol{A}_{22} \end{bmatrix} = \begin{bmatrix} \boldsymbol{I} & \boldsymbol{0} \\ \boldsymbol{A}_{21}\boldsymbol{A}_{11}^{-1} & \boldsymbol{I} \end{bmatrix} \begin{bmatrix} \boldsymbol{A}_{11} & \boldsymbol{0} \\ \boldsymbol{0} & \boldsymbol{A}_{22} - \boldsymbol{A}_{21}\boldsymbol{A}_{11}^{-1} \end{bmatrix} \begin{bmatrix} \boldsymbol{I} & \boldsymbol{A}_{11}^{-1}\boldsymbol{A}_{12} \\ \boldsymbol{0} & \boldsymbol{I} \end{bmatrix} \tag{9.16}$$

如果定义

$$\begin{bmatrix} \boldsymbol{y}_1 \\ \boldsymbol{y}_2 \end{bmatrix} = \begin{bmatrix} \boldsymbol{I} & \boldsymbol{A}_{11}^{-1}\boldsymbol{A}_{12} \\ \boldsymbol{0} & \boldsymbol{I} \end{bmatrix} \begin{bmatrix} \boldsymbol{x}_1 \\ \boldsymbol{x}_2 \end{bmatrix}, \quad \begin{bmatrix} \bar{\boldsymbol{b}}_1 \\ \bar{\boldsymbol{b}}_2 \end{bmatrix} = \begin{bmatrix} \boldsymbol{I} & 0 \\ -\boldsymbol{A}_{21}\boldsymbol{A}_{11}^{-1} & \boldsymbol{I} \end{bmatrix} \begin{bmatrix} \boldsymbol{b}_1 \\ \boldsymbol{b}_2 \end{bmatrix} \tag{9.17}$$

这时，等式(9.11)的求解被转变为下面两个方程组的求解：

$$\boldsymbol{A}_{11}\boldsymbol{y}_1 = \bar{\boldsymbol{b}}_1 \tag{9.18}$$

$$[\boldsymbol{A}_{22} - \boldsymbol{A}_{21}\boldsymbol{A}_{11}^{-1}]\boldsymbol{y}_2 = \bar{\boldsymbol{b}}_2 \tag{9.19}$$

这样通过上述分解，式(9.11)被拆分成两个子线性系统，可以根据各自的特性分别求解。在式(9.18)中，$\boldsymbol{A}_{11}$ 对应于 H_0(curl) TVFEM 空间，并且是严重病态的，因此，很难用有效的迭代方法求解。然而，因为 $\boldsymbol{A}_{11}$ 只占系数矩阵 $\boldsymbol{A}$ 很小的一部

分，所以可以利用适合求解小规模线性系统的高效直接算法求解式(9.18)，而不需要很多的内存和CPU时间。这样，主要任务就是求解式(9.19)。因为大部分低频分量已经从解中去除，所以式(9.19)可以通过迭代算法快速地求解。因为Krylov方法只需矩阵矢量相乘运算，并且是求解稀疏线性系统最合适的方法，所以本节采用Krylov子空间迭代法中的CG或GMRES迭代法求解式(9.19)。

使用Krylov子空间迭代求解方程组(9.19)，在迭代过程中需要求解矩阵矢量乘积$[\boldsymbol{A}_{22}-\boldsymbol{A}_{21}\boldsymbol{A}_{11}^{-1}]\boldsymbol{r}_2$，这可以通过求解下面的线性系统来得到：

$$\mathbf{A}_{11}\boldsymbol{p}=\boldsymbol{r}_2 \tag{9.20}$$

式(9.20)可用直接解法有效求解，在这里仍采用Multifrontal解法。

在使用Krylov子空间迭代法时，为了获得较高的计算效率，通常需要利用预条件技术来加速迭代。本节使用不完全因式分解的预条件，预条件算子通过对$\mathbf{A}_{22}$进行IC(0)分解[15]来获得

$$\boldsymbol{M}=\boldsymbol{U}_{22}^{\mathrm{T}}\boldsymbol{U}_{22}\approx\boldsymbol{A}_{22} \tag{9.21}$$

在本节的研究中，采用最简单的不完全因式分解预条件，即上三角因子$\boldsymbol{U}$的非零模式和矩阵$\boldsymbol{A}_{22}$的上三角部分的非零模式相同。

一旦解出$\boldsymbol{y}_1$和$\boldsymbol{y}_2$，$\boldsymbol{x}_{(0)}$和$\boldsymbol{x}_{(1)}$就可以通过式(9.22)和式(9.23)来得到

$$\boldsymbol{x}_2=\boldsymbol{y}_2 \tag{9.22}$$

$$\boldsymbol{x}_1=\boldsymbol{y}_1+\mathbf{A}_{11}^{-1}\boldsymbol{A}_{12}\boldsymbol{y}_2 \tag{9.23}$$

为了方便，将这种Schwarz方法与CG或GMRES迭代法结合的方法称为Schwarz-ICCG、Schwarz-ICGMRES[16,17]方法。下面利用该方法求解H_1(curl) TVFEM线性系统。

9.3.2　数值结果与分析

因为不连续波导是射频/微波电路的主要部件，所以本节利用H_1(curl) TVFEM分析两个波导的不连续问题。为了定性分析Schwarz-ICCG(Schwarz-ICGMRES)迭代方法的效率，同时测试一些传统的预条件Krylov子空间迭代方法，包括ICCG、SSOR-CG、IC-GMRES、SSOR-GMRES。所有迭代算法的初始解均设为0，收敛精度选为−40dB，所有的计算均在Pentium 4 2.8GHz的计算机上进行。

采用H_1(curl)TVFEM分析的第一个问题是9.2节中的圆柱形谐振腔。整个区域被分成4043个四面体，包含1033个节点、5071条边和8721个三角形。结果生成一个共有22566条未知边的待求解的大规模复稀疏线性系统。当工作频率为f=10GHz时，不同PCG和PGMRES方法的收敛特性与迭代次数的关系分别如图9.10(a)与(b)所示。从图中可以看出，Schwarz方法结合PCG、PGMRES迭

代算法比传统的 PCG、PGMRES 迭代算法的收敛速度快许多。表 9.6 列出了不同的 CG 和 GMRES 迭代算法的迭代步数和 CPU 时间。从表 9.6 中可以看出，与 CG 迭代算法相比，ICCG 方法和 SSORCG 方法的迭代步数和 CPU 时间都有所减少。利用 SSORCG 方法和 ICCG 方法进行的迭代步数相差不多。然而，SSORCG 方法所用的 CPU 时间却比 ICCG 方法少很多。通过表 9.6 可以看出，采用 ICGMRES 和 SSORGMRES 方法的结论与此相同。这是因为，在 SSOR 预条件迭代方法中采用了有效的矩阵矢量乘积运算，这可以节省 40%～50%的运算时间。因此可以得出这样的结论：对于 H_1(curl) TVFEM 线性系统，SSOR 预条件方法比普通的 IC 预条件方法要好。利用 Schwarz-ICCG 迭代只需 92 次的矩阵矢量乘和 95s 的 CPU 时间，比 SSORCG 方法的矩阵矢量乘次数和 CPU 时间小很多。

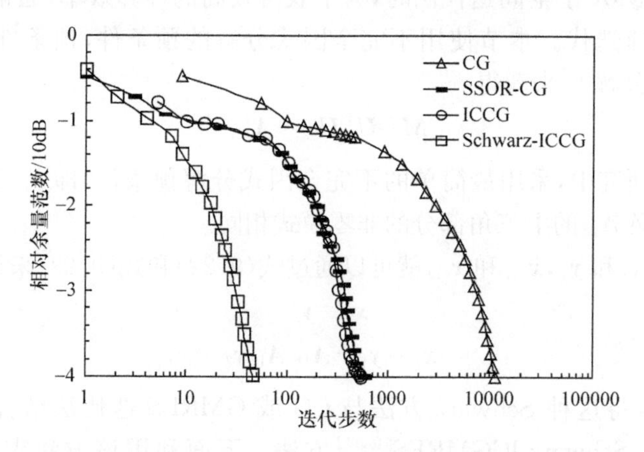

(a) 当工作频率为 10GHz 时，Schwarz-ICCG 迭代法与各种传统的 PCG 的迭代收敛曲线

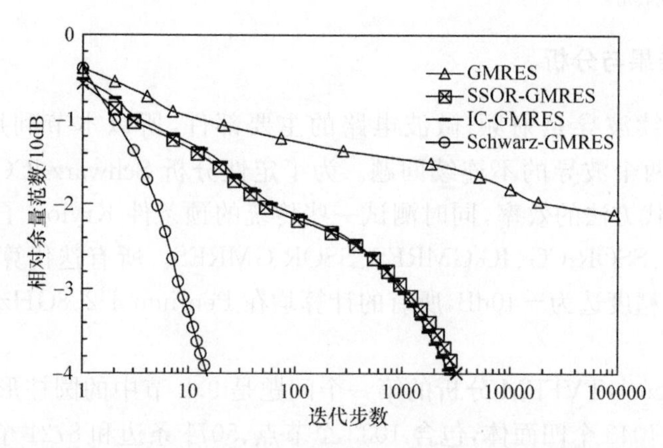

(b) 当工作频率为 10GHz 时，Schwarz-ICGMRES 迭代法与传统 PGMRES 的迭代收敛曲线

图 9.10 对于圆柱形谐振腔问题，采用不同迭代算法得到的收敛曲线

比较表 9.6 可以发现，常规的预条件 CG 方法通常比使用相同预条件的 GMRES(m)方法效果更好。但是，Schwarz-ICGMRES 方法比 Schwarz-ICCG 方法收敛要快得多。利用 Schwarz-ICGMRES 方法，只需 15 次矩阵矢量乘和 20s 的 CPU 时间，其 CPU 时间比 Schwarz-ICCG 的 95s 要小很多。这是因为 GMRES 方法对线性系统的条件数更敏感。对于复病态矩阵，CG 方法比 GMRES 方法工作得好。但是，利用 Schwarz 方法求解时，解的低频分量被消去，得到的矩阵比原始矩阵的特性改善很多。在求解 H_1(curl) TVFEM 线性系统时，Schwarz-ICGMRES 方法显现出很大的优越性。

表 9.6　对于圆柱形谐振腔问题，当工作频率为 10GHz 时，不同迭代算法得到的迭代步数与 CPU 时间

算法	CG	SSORCG	ICCG	Schwarz ICCG
迭代步数	11302	584	561	46
CPU 时间/s	6596	393	581	95

算法	GMRES	SSOR GMRES	IC GMRES	Schwarz ICGMRES
迭代步数	—	3236	2817	15
CPU 时间/s	—	1548	1692	20

注：—表示迭代步数达到 100000 步仍不收敛。本章余同。

本章测试的另一个例子是部分填充介质的矩形波导。将整个区域分成 6676 个四面体，包括 1533 个节点、9000 条边和 14144 个三角形面。结果生成一个共包含 40344 个待求未知量的线性系统。

图 9.11(a)和图 9.11(b)所示的是分析工作频率为 9.0GHz 的矩形波导采用不同的 PCG 和 PGMRES 方法的余量收敛特性同矩阵矢量乘积的关系。不同方法所需的迭代步数和 CPU 时间如表 9.7 所示。ICCG 所用的 CPU 时间为 3929s，SSORCG 和 CG 算法所用的 CPU 时间分别为 2784s 和 22188s。在余量误差为 −40dB时，可以发现，同 CG 方法相比，SSORCG 方法收敛所用的矩阵矢量次数和 CPU 时间分别减少到 10.5%和 12.5%。在余量误差为 −40dB 时，Schwarz-ICCG 方法的计算时间是 SSORCG 方法的 23.8%。而同 SSORGMRES 方法和 Schwarz-ICCG 方法相比，Schwarz-ICGMRES 方法的 CPU 时间分别减少到 8.8%和 22.7%。

认真研究两个例子的数据可以发现，同常规 PCG(PGMRES)迭代方法相比，Schwarz-ICCG(Schwarz-ICGMRES)迭代方法需要的迭代步数和 CPU 时间少很多。

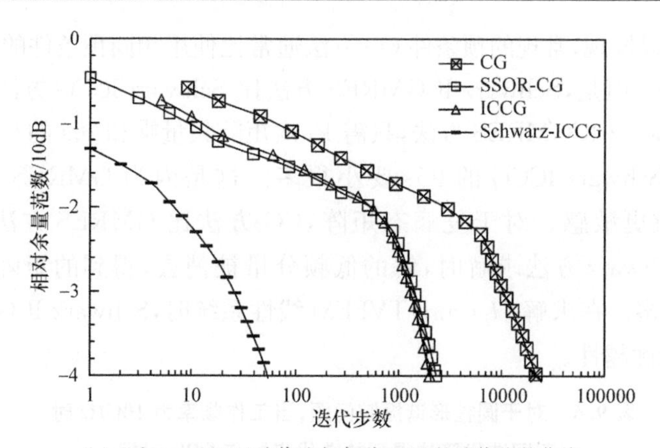

(a) Schwarz-ICCG 迭代法与各种 PCG 的迭代收敛曲线

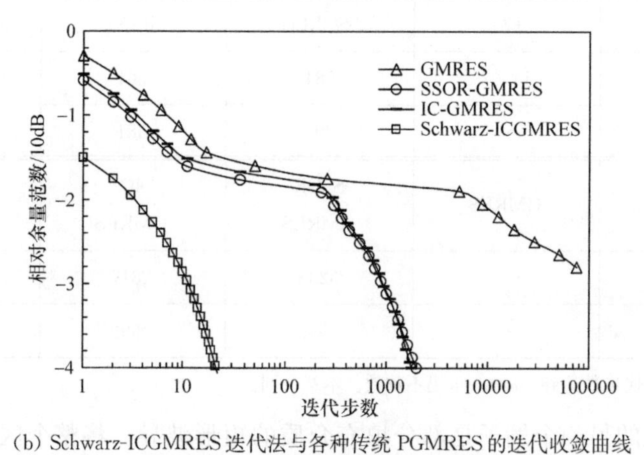

(b) Schwarz-ICGMRES 迭代法与各种传统 PGMRES 的迭代收敛曲线

图 9.11　对于加载部分介质块的矩形波导问题，在 9.0GHz 时，采用不同迭代算法得到的收敛曲线

表 9.7　加载部分介质块的矩形波导，不同迭代算法得到的迭代步数与 CPU 时间

算法	CG	SSOR-CG	ICCG	Schwarz-ICCG
迭代步数	21909	2318	1967	54
CPU 时间/s	22188	2784	3929	670

算法	GMRES	SSOR-GMRES	IC-GMRES	Schwarz-ICGMRES
迭代步数	—	1975	1775	22
CPU 时间/s	—	1761	2036	154

但 Schwarz-Krylov 迭代方法对 CPU 时间的改进明显少于其对矩阵矢量乘次数的改进。原因是使用 Schwarz-ICCG(Schwarz-ICGMRES)迭代方法时，方程(9.20)的求解占用了很多的 CPU 时间，结果 Schwarz-ICCG(Schwarz-ICGMRES)迭代方法的效率就主要取决于求解方程(9.20)的效率。比较这两个例子可以发现，在求解圆柱腔振荡器问题时，Schwarz-ICGMRES 方法更为高效，这是因为 Schwarz-ICGMRES 迭代方法使用了 Multifrontal 方法，它对长而窄的几何体更为高效。因此，如果可以找到更高效的求解方程(9.20)的求解器，将节省更多的 CPU 时间。

9.4　有限元的辅助空间预条件技术

对于电大尺寸问题，计算机内存和时间的需求使得有限元方法求解麦克斯韦方程显得比较困难，原因是有限元方法形成的矩阵非常大，无法快速有效地求解方程组，所以就需要一些快速方法来改善这一情况。在有限元方法用于求解电磁散射问题时，区域分解法(DDM)[17,18]在最近几年使用比较频繁。p-型多重网格，即代数多重网格(AMG)，也被用来求解电磁散射问题[19-21]，它把多重网格应用到高阶基函数，最后求解的矩阵还是基于 Whitney 基函数形成的矩阵。对于一些复杂结构的问题，这样形成的矩阵维数非常大，求解效率很低，所以需要一个将多重网格方法应用于 Whitney 基函数本身的方法。h-型多重网格的缺点是需要一系列嵌套的网格，在处理一些大型复杂问题时使用这种方法并不是很方便。而 p-型多重网格弥补了 h-型多重网格方法的不足，因为它是对形成的矩阵进行操作而非嵌套的有限元网格。该方法一开始起源于标量问题，后来发展到矢量棱边有限元。但是，p-型多重网格应用于矢量棱边有限元并没有达到理想的效果[6]。于是 Hiptmair 等提出了一种利用 AMG 的辅助空间预条件(ASP)[22]方法，它将棱边有限元转换到一个可以运用 AMG 的子空间去求解。Webb 等将该方法运用到频域的矢量棱边有限元求解散射问题，在分析复杂模型结构时，方程的求解速度得到了明显的提高[23]。

本节详细介绍了辅助空间预条件技术的基本原理，并将其应用到有限元方法中，对复杂媒质问题进行了分析，提高了有限元方法的计算效率[24]。

9.4.1　ASP 的基本原理

使用辅助空间预条件(ASP)技术来求解 $\boldsymbol{Ax}=\boldsymbol{b}$ 方程时，辅助空间预条件算子是矩阵 $\boldsymbol{A}$ 的近似逆，以此来提高求解方程组 $\boldsymbol{Ax}=\boldsymbol{b}$ 的迭代收敛特性。令 $\boldsymbol{V}$ 为基于四面体剖分的棱边有限元空间，有一个与此相关的空间 N，它是一个基于同一网格的分段线性标量函数空间，则 ∇N 是 $\boldsymbol{V}$ 的子空间[25]。还需要一个矢量节点函

数空间 N^3，这些矢量函数和棱边基函数不同，单元之间法向和切向具有连续性，并且在每个单元都是一阶的。对于每个函数 $\boldsymbol{u}\in N^3$，得到函数 $\boldsymbol{E}=\boldsymbol{\Pi u}\in V$，定义为

$$\boldsymbol{E}=\boldsymbol{\Pi u}\triangleq\sum\left(\int_i \boldsymbol{u}\cdot \mathrm{d}\boldsymbol{l}\right)\boldsymbol{e}_i \tag{9.24}$$

式中，$\boldsymbol{e}_i$ 为棱边 i 的 Whitney 基函数。

对于空间 N，使用节点插值基函数 $\Phi\in N$，则 $\nabla\Phi\in \boldsymbol{V}$，算子 ∇ 定义为稀疏矩阵 $\boldsymbol{G}$，表示节点和棱边之间的转移矩阵。矩阵 $\boldsymbol{G}$ 的行代表棱边的编号，列代表节点的编号，每行只有两个非零元素 -1 和 1，位于每个棱边的两个节点的全局编号上。

对于空间 N^3，算子 $\boldsymbol{\Pi}$ 由三个矩阵表示：$\boldsymbol{\Pi}=[\boldsymbol{\Pi}_x \quad \boldsymbol{\Pi}_y \quad \boldsymbol{\Pi}_z]$，每个矩阵的构造和矩阵 $\boldsymbol{G}$ 类似，每行也只有两个非零元素，两个元素的值相等，元素的位置和 $\boldsymbol{G}$ 一样，是每个棱边的两个节点的全局编号。对于 $\boldsymbol{\Pi}_x$，其第 i 行元素为 $(\boldsymbol{Gx}_c/2)_i$，$\boldsymbol{x}_c$ 是所有节点的 x 方向的坐标值；对于 $\boldsymbol{\Pi}_y$，其第 i 行元素为 $(\boldsymbol{Gy}_c/2)_i$，$\boldsymbol{y}_c$ 是所有节点的 y 方向的坐标值；对于 $\boldsymbol{\Pi}_z$，其第 i 行元素为 $(\boldsymbol{Gz}_c/2)_i$，$\boldsymbol{z}_c$ 是所有节点的 z 方向的坐标值。

于是通过空间转移矩阵的转换，可以将空间 V 的矩阵 $\boldsymbol{A}$ 转换成空间 N 和 N^3 的矩阵 $\boldsymbol{A}_n$ 和 $\boldsymbol{A}_x$、$\boldsymbol{A}_y$、$\boldsymbol{A}_z$：

$$\boldsymbol{A}_n\triangleq\boldsymbol{G}^{\mathrm{T}}\boldsymbol{AG},\quad \boldsymbol{A}_x\triangleq\boldsymbol{\Pi}_x^{\mathrm{T}}\boldsymbol{A\Pi}_x,\quad \boldsymbol{A}_y\triangleq\boldsymbol{\Pi}_y^{\mathrm{T}}\boldsymbol{A\Pi}_y,\quad \boldsymbol{A}_z\triangleq\boldsymbol{\Pi}_z^{\mathrm{T}}\boldsymbol{A\Pi}_z \tag{9.25}$$

令这四个矩阵的近似逆为 $\boldsymbol{B}_n$、$\boldsymbol{B}_x$、$\boldsymbol{B}_y$、$\boldsymbol{B}_z$，由此可以得到 $\boldsymbol{A}$ 的近似逆为

$$\boldsymbol{A}^{-1}\cong\boldsymbol{GB}_n\boldsymbol{G}^{\mathrm{T}},\quad \boldsymbol{A}^{-1}\cong\boldsymbol{\Pi}_x\boldsymbol{B}_x\boldsymbol{\Pi}_x^{\mathrm{T}},\quad \boldsymbol{A}^{-1}\cong\boldsymbol{\Pi}_y\boldsymbol{B}_y\boldsymbol{\Pi}_y^{\mathrm{T}},\quad \boldsymbol{A}^{-1}\cong\boldsymbol{\Pi}_z\boldsymbol{B}_z\boldsymbol{\Pi}_z^{\mathrm{T}} \tag{9.26}$$

$\boldsymbol{A}$ 的近似逆还可以用 SSOR 预条件表示为 $\boldsymbol{A}^{-1}\cong\boldsymbol{R}_f(\boldsymbol{A})\boldsymbol{DR}_b(\boldsymbol{A})$，其中，$\boldsymbol{D}$ 是 $\boldsymbol{A}$ 的对角矩阵，$\boldsymbol{R}_f(\boldsymbol{A})$ 是 $\boldsymbol{A}$ 的下三角矩阵的逆矩阵，$\boldsymbol{R}_f(\boldsymbol{A})\triangleq(\boldsymbol{D}+\boldsymbol{L})^{-1}$，$\boldsymbol{R}_b(\boldsymbol{A})$ 是 $\boldsymbol{A}$ 的上三角矩阵的逆矩阵，$\boldsymbol{R}_b(\boldsymbol{A})\triangleq(\boldsymbol{D}+\boldsymbol{U})^{-1}$，$\boldsymbol{L}$ 和 $\boldsymbol{U}$ 分别为 $\boldsymbol{A}$ 的严格下三角矩阵和严格上三角矩阵。

以上任何一个 $\boldsymbol{A}$ 的近似逆作为预条件时，求解效率都比较低，于是以下提出三种构造预条件的方法。

第一种：

$$\boldsymbol{A}^{-1}\cong\boldsymbol{R}_f(\boldsymbol{A})\boldsymbol{DR}_b(\boldsymbol{A})+\sum_{i=x,y,z}\boldsymbol{\Pi}_i\boldsymbol{A}_i^{-1}\boldsymbol{\Pi}_i^{\mathrm{T}}+\boldsymbol{GA}_n^{-1}\boldsymbol{G}^{\mathrm{T}}$$

第二种为 V 循环的方法：

Backward GS：$\Delta\boldsymbol{x}\leftarrow\boldsymbol{R}_b(\boldsymbol{A})\boldsymbol{r}$

Residual update：$\boldsymbol{r}\leftarrow\boldsymbol{r}-\boldsymbol{A}\Delta\boldsymbol{x};\boldsymbol{x}\leftarrow\Delta\boldsymbol{x}$

Auxiliary　spaces：$\Delta \boldsymbol{x} \leftarrow \sum_{i=x,y,z} \boldsymbol{\Pi}_i \boldsymbol{A}_i^{-1} \boldsymbol{\Pi}_i^{\mathrm{T}} \boldsymbol{r} + \boldsymbol{G} \boldsymbol{A}_n^{-1} \boldsymbol{G}^{\mathrm{T}} \boldsymbol{r}$

Residual　update：$\boldsymbol{r} \leftarrow \boldsymbol{r} - \boldsymbol{A} \Delta \boldsymbol{x}; \boldsymbol{x} \leftarrow \Delta \boldsymbol{x} + \boldsymbol{x}$

Forward　GS：$\Delta \boldsymbol{x} \leftarrow \boldsymbol{R}_f(\boldsymbol{A}) \boldsymbol{r}$

Residual　update：$\boldsymbol{r} \leftarrow \boldsymbol{r} - \boldsymbol{A} \Delta \boldsymbol{x}; \boldsymbol{x} \leftarrow \Delta \boldsymbol{x} + \boldsymbol{x}$

第三种为 W 循环的方法：

Backward　GS：$\Delta \boldsymbol{x} \leftarrow \boldsymbol{R}_b(\boldsymbol{A}) \boldsymbol{r}$

Residual　update：$\boldsymbol{r} \leftarrow \boldsymbol{r} - \boldsymbol{A} \Delta \boldsymbol{x}; \boldsymbol{x} \leftarrow \Delta \boldsymbol{x}$

Auxiliary　spaces：$\Delta \boldsymbol{x} \leftarrow \sum_{i=x,y,z} \boldsymbol{\Pi}_i \boldsymbol{A}_i^{-1} \boldsymbol{\Pi}_i^{\mathrm{T}} \boldsymbol{r} + \boldsymbol{G} \boldsymbol{A}_n^{-1} \boldsymbol{G}^{\mathrm{T}} \boldsymbol{r}$

Residual　update：$\boldsymbol{r} \leftarrow \boldsymbol{r} - \boldsymbol{A} \Delta \boldsymbol{x}; \boldsymbol{x} \leftarrow \Delta \boldsymbol{x}$

Backward　GS：$\Delta \boldsymbol{x} \leftarrow \boldsymbol{R}_b(\boldsymbol{A}) \boldsymbol{r}$

Residual　update：$\boldsymbol{r} \leftarrow \boldsymbol{r} - \boldsymbol{A} \Delta \boldsymbol{x}; \boldsymbol{x} \leftarrow \Delta \boldsymbol{x}$

Auxiliary　spaces：$\Delta \boldsymbol{x} \leftarrow \sum_{i=x,y,z} \boldsymbol{\Pi}_i \boldsymbol{A}_i^{-1} \boldsymbol{\Pi}_i^{\mathrm{T}} \boldsymbol{r} + \boldsymbol{G} \boldsymbol{A}_n^{-1} \boldsymbol{G}^{\mathrm{T}} \boldsymbol{r}$

Residual　update：$\boldsymbol{r} \leftarrow \boldsymbol{r} - \boldsymbol{A} \Delta \boldsymbol{x}; \boldsymbol{x} \leftarrow \Delta \boldsymbol{x} + \boldsymbol{x}$

Forward　GS：$\Delta \boldsymbol{x} \leftarrow \boldsymbol{R}_f(\boldsymbol{A}) \boldsymbol{r}$

Residual　update：$\boldsymbol{r} \leftarrow \boldsymbol{r} - \boldsymbol{A} \Delta \boldsymbol{x}; \boldsymbol{x} \leftarrow \Delta \boldsymbol{x} + \boldsymbol{x}$

Auxiliary　spaces：$\Delta \boldsymbol{x} \leftarrow \sum_{i=x,y,z} \boldsymbol{\Pi}_i \boldsymbol{A}_i^{-1} \boldsymbol{\Pi}_i^{\mathrm{T}} \boldsymbol{r} + \boldsymbol{G} \boldsymbol{A}_n^{-1} \boldsymbol{G}^{\mathrm{T}} \boldsymbol{r}$

Residual　update：$\boldsymbol{r} \leftarrow \boldsymbol{r} - \boldsymbol{A} \Delta \boldsymbol{x}; \boldsymbol{x} \leftarrow \Delta \boldsymbol{x} + \boldsymbol{x}$

Forward　GS：$\Delta \boldsymbol{x} \leftarrow \boldsymbol{R}_f(\boldsymbol{A}) \boldsymbol{r}$

Residual　update：$\boldsymbol{r} \leftarrow \boldsymbol{r} - \boldsymbol{A} \Delta \boldsymbol{x}; \boldsymbol{x} \leftarrow \Delta \boldsymbol{x} + \boldsymbol{x}$

在这几种方法中，最难的部分也是最耗时的部分就是 $\boldsymbol{A}_n$ 和 $\boldsymbol{A}_x$、$\boldsymbol{A}_y$、$\boldsymbol{A}_z$ 的求逆，本节使用 SSOR 的近似逆来代替它们的逆，即

$$\left.\begin{aligned} \boldsymbol{A}_n^{-1} &\cong (\boldsymbol{L}_n + \boldsymbol{D}_n)^{-1} \boldsymbol{D}_n (\boldsymbol{U}_n + \boldsymbol{D}_n)^{-1} \\ \boldsymbol{A}_i^{-1} &\cong (\boldsymbol{L}_i + \boldsymbol{D}_i)^{-1} \boldsymbol{D}_i (\boldsymbol{U}_i + \boldsymbol{D}_i)^{-1} \end{aligned}\right., \quad i = x, y, z$$

式中，$\boldsymbol{D}_n$ 是 $\boldsymbol{A}_n$ 的对角矩阵，$(\boldsymbol{L}_n+\boldsymbol{D}_n)^{-1}$ 是 $\boldsymbol{A}_n$ 的下三角矩阵的逆矩阵，$(\boldsymbol{U}_n+\boldsymbol{D}_n)^{-1}$ 是 $\boldsymbol{A}_n$ 的上三角矩的逆矩阵，$\boldsymbol{L}_n$ 和 $\boldsymbol{U}_n$ 分别为 $\boldsymbol{A}_n$ 的严格下三角矩阵和严格上三角矩阵。$\boldsymbol{D}_i$ 是 $\boldsymbol{A}_i$ 的对角矩阵，$(\boldsymbol{L}_i+\boldsymbol{D}_i)^{-1}$ 是 $\boldsymbol{A}_i$ 的下三角矩阵的逆矩阵，$(\boldsymbol{U}_i+\boldsymbol{D}_i)^{-1}$ 是 $\boldsymbol{A}_i$ 的上三角角矩阵的逆矩阵，$\boldsymbol{L}_i$ 和 $\boldsymbol{U}_i$ 分别为 $\boldsymbol{A}_i$ 的严格下三角矩阵和严格上三角矩阵。

9.4.2 算例分析

本节给出一些算例用于验证程序的正确性，选用的求解器是 GMRES 和 COCG。本节计算的算例所用的计算机型号为 Intel(R)Core(TM)2 Duo CPU E8400 3.0GHz，内存为 3.24GB。操作系统为 32 位 Windows XP。

由于 SSOR 预条件相对于不完全 LU 分解算法比较稳定，而且构造预条件算子比较简单，所以在本节中都采用 SSOR 预条件进行比较。

从本节的算例可以看出，ASP 预条件相对于 SSOR 预条件迭代步数和迭代时间的节省倍数不成比例，这是因为在 ASP 迭代过程中，构造预条件算子的过程相对于 SSOR 比较复杂，尤其是 9.4.1 节给出的 V 循环和 W 循环，所以才会造成有些算例第一种预条件的迭代时间相对于其他两种迭代步数多，而迭代时间反而较小的情况。

算例 9.1 一个 60mm 的介质球，使用局部共性 PML 低阶有限元计算，未知量为 51040，频率为 1GHz，相对介电常数为 2.65，求解水平极化和垂直极化的 RCS，分别使用 SSOR-GMRES、ASP-GMRES、SSOR-COCG 和 ASP-COCG 四个迭代求解器进行计算，比较它们的迭代效率和计算时间。

图 9.12(a)显示了采用有限元计算的 RCS 结果与 MIE 解析公式计算的水平极化(HH)与垂直极化(VV)RCS 结果的对比。可以表现二者吻合得很好。图 9.12(b)和表 9.8 的结果表明使用 ASP 作为预条件的方法的迭代收敛效率有了很明显的提高；就迭代步数而言，在 ASP_A、ASP_V 和 ASP_W 三种方法中，ASP_W 的迭代效果最好。对于 ASP_W，ASP-COCG 的迭代步数和迭代时间分

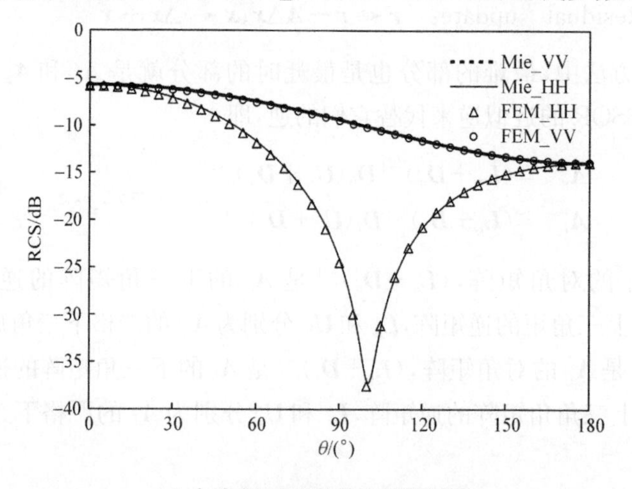

(a) 介质球的电磁散射(RCS)示意图

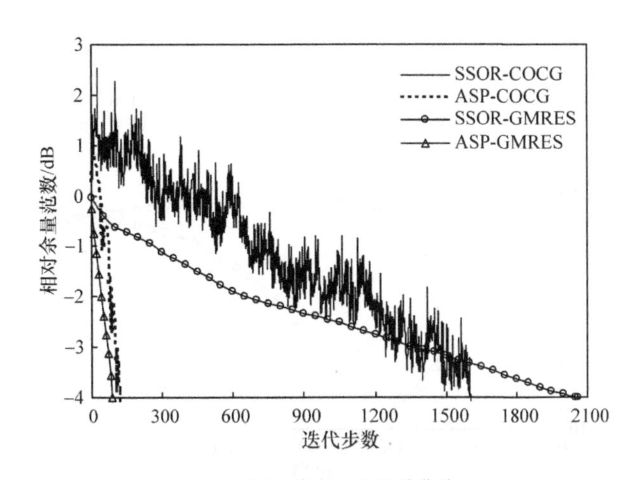

(b) 不同迭代方法的收敛曲线

图 9.12　求解算例 9.1 时的相关曲线

别比 SSOR-COCG 节省了 92.7%和 39.3%，加上预条件构造时间，ASP-COCG 求解总时间相比于 SSOR-COCG 节省了 29.6%；ASP-GMRES 的迭代步数和迭代时间相比于 SSOR-GMRES 分别节省了约 95.7%和 85.5%，加上预条件构造时间，ASP-GMRES 的求解时间相比于 SSOR-GMRES 节省了 84.1%。

表 9.8　不同迭代方法的迭代步数与迭代时间(介质球，1GHz)

算法	COCG				GMRES			
预条件	SSOR	ASP_A	ASP_V	ASP_W	SSOR	ASP_A	ASP_V	ASP_W
迭代步数	1602	234	199	117	2057	185	125	88
构造时间/s	0	36	36	36	0	36	36	35
迭代时间/s	426	161	144	263	2653	352	184	383

算例 9.2　一个 60mm 的金属球，频率为 1GHz，使用局部共性 PML 低阶有限元计算，未知量为 43603，频率为 1GHz，求解水平极化和垂直极化的 RCS，分别使用 SSOR-GMRES、ASP-GMRES、SSOR-COCG 和 ASP-COCG 四个迭代求解器进行计算，比较它们的迭代步数和迭代时间。

图 9.13(b)和表 9.9(a)的结果表明，使用 ASP 作为预条件的迭代方法的迭代收敛效率有了很明显的提高。而且就迭代步数而言，在 ASP_A、ASP_V 和 ASP_W 三种方法中，ASP_V 的迭代效果最好。

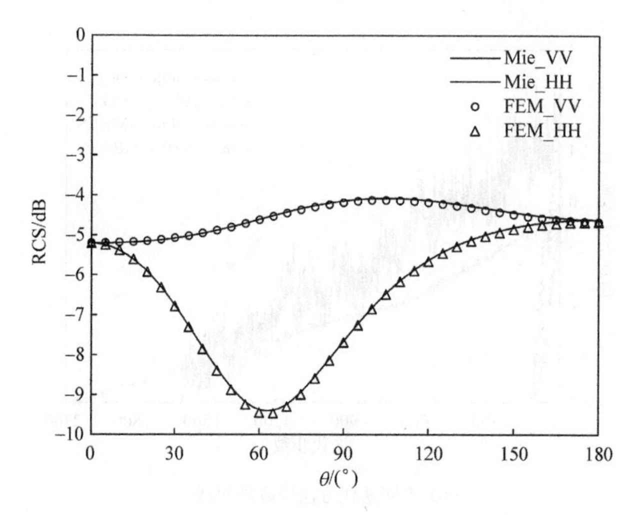

(a) VV 极化和 HH 极化 RCS 结果对比示意图

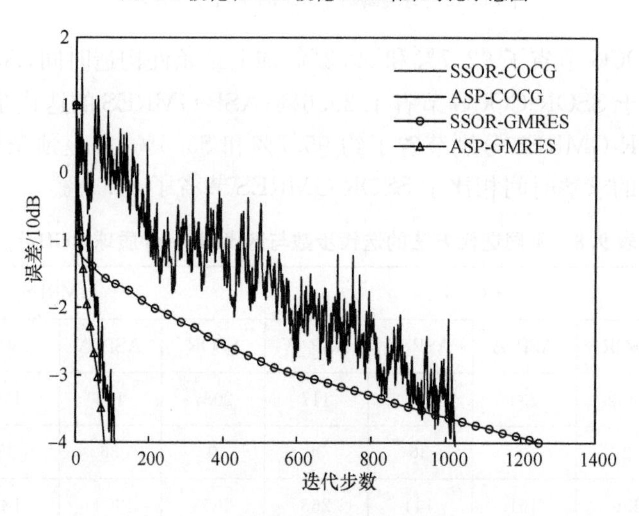

(b) 不同迭代方法的收敛曲线

图 9.13 求解算例 9.2 时的相关曲线(金属球)

表 9.9 求解算例 9.2 得到的结果(金属球,1GHz)

(a) 不同迭代方法的迭代步数与迭代时间

算法	COCG				GMRES			
预条件	SSOR	ASP_A	ASP_V	ASP_W	SSOR	ASP_A	ASP_V	ASP_W
迭代步数	1025	155	106	114	1249	127	79	94
构造时间/s	0	27	27	27	0	29	27	28
迭代时间/s	224	87	82	233	750	123	86	209

(b) 不同的未知量情况下使用 COCG 的迭代步数与迭代时间

方法	未知量	43603	94588	168731	318335
	剖分尺寸	$\lambda/15$	$\lambda/20$	$\lambda/25$	$\lambda/30$
SSOR-COCG	迭代步数	1025	1879	3169	3709
	迭代时间/s	224	983	3012	6810
ASP-COCG	迭代步数	106	161	199	269
	构造时间/s	27	115	379	1358
	迭代时间/s	82	287	703	2087

同时表 9.9(b)还比较了不同未知量情况下 ASP-COCG 和 SSOR-COCG 两种方法的迭代效果，结果表明，随着未知量的增多，ASP-COCG 相比于 SSOR-COCG 的迭代效果都有很明显的提高。

算例 9.3　一个 1.5m 的金属立方体，频率为 300MHz，使用局部共性 PML 低阶有限元计算，剖分未知量为 109383，分别使用 SSOR-GMRES、ASP-GMRES、SSOR-COCG 和 ASP-COCG 四个迭代求解器进行计算，比较它们的迭代效率和计算时间。

图 9.14(b)和表 9.10 的结果表明使用 ASP 作为预条件的迭代方法的迭代收敛效率有了很明显的提高。就迭代步数而言，在 ASP_A、ASP_V 和 ASP_W 三种方法中，ASP_V 的迭代收敛效果最好。而且在该算例中，ASP_W 的迭代效果很差，在这里没有列举出来。

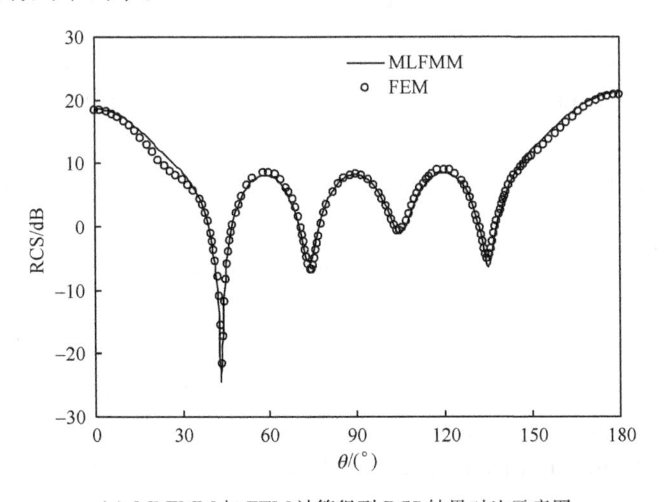

(a) MLFMM 与 FEM 计算得到 RCS 结果对比示意图

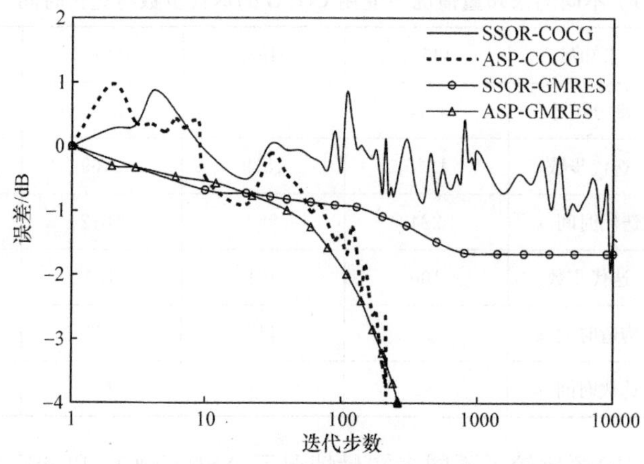

(b) 不同迭代方法的收敛曲线

图 9.14 求解算例 9.3 时的相关曲线(金属立方体)

表 9.10 不同迭代方法的迭代步数与迭代时间(金属立方体)

算法	COCG			GMRES		
预条件	SSOR	ASP_A	ASP_V	SSOR	ASP_A	ASP_V
迭代步数	27078	562	205	—	515	263
构造时间/s	0	206	36	0	205	206
迭代时间/s	15804	931	459	—	1423	864

参 考 文 献

[1] Webb J P. Hierarchical vector basis functions of arbitrary order for triangular and tetrahedral finite elements[J]. IEEE Transactions on Antennas and Propagation, 1999, 47(8): 1244-1253.

[2] Lee J F, Sun D K, et al. Full-wave analysis of dielectric waveguides using tangential vector finite elements[J]. IEEE Transactions on Microwave Theory and Techniques, 1991, 39(8): 1262-1271.

[3] Andersen L S, Volakis J L. Hierarchical tangential vector finite elements for tetrahedral[J]. IEEE MGWL, 1998, 8(3): 127-129.

[4] Andersen L S, Volakis J L. Development and application of a novel class of hierarchical tangential vector finite elements for electromagnetics[J]. IEEE Transactions on Antennas and Propagation, 1999, 47(1): 112-120.

[5] Hiptmair R. Multigrid method for Maxwell's equations[J]. SIAM Journal on Numerical Analysis, 1998, 36: 204-225.

[6] Reitzinger S, Schöberl J. An algebraic multigrid method for finite element discretizations with

edge elements[J]. Numerical Linear Algebra with Applications,2002,9(3):223-238.

[7] Hu N,Katz I N. Multi-p methods:Iterative algorithms for the p-version of the finite element analysis[J]. SIAM Journal on Scientific Computing,1995,16(6):1308-1329.

[8] Polstyanko S V,Lee J F. Two-level hierarchical FEM method for modeling passive microwave devices[J]. Journal on Computational Physics,1998,140(2):400-420.

[9] Wen D G,Jiang K S. P-version adaptive computation of FEM[J]. IEEE Transactions on Magnetics,1994,30(5):3515-3518.

[10] Chen R S,Wang D X,Yung E K N,et al. Application of the multifrontal method to the vector FEM for analysis of microwave filters[J]. Microwave and Optical Technology Letters,2001,31(6):465-470.

[11] Zhu J,Tang W C. The multigrid preconditioned flexible GMRES solver for hierarchical TVFEM analysis[J]. Microwave and Optical Technology Letters,2007,49(8):2012-2018.

[12] Sieverding T,Arndt F. Field theoretic CAD of open or aperture matched T-junction coupled rectangular waveguide structures[J]. IEEE Transactions on Microwave Theory Techniques,1992,40(2):353-362.

[13] Ping X W,Chen R S. Application of algebraic domain decomposition combined with Krylov subspace iterative methods to solve 3D vector finite element equations[J]. Microwave and Optical Technology Letters,2007,49(3):686-692.

[14] Schwarz H A. Gesammelte Mathenraticsche Abhandlungen[M]. Berlin:Springer,1890.

[15] Watts J W III. A conjugate gradient truncated direct method for the iterative solution of the reservoir simulation pressure equation[J]. Society of Petroleum Engineer Journal,1981,21(3):345-353.

[16] Ping X W,Chen R S. The combination of Swartz method and Krylov subspace iterative methods to solve hierarchal TVFEM equations[C]. IEEE Antennas and Propagation Society International Symposium,2006:1791-1794.

[17] Ping X W,Chen R S. An efficient multigrid solver for fast hierarchical TVFEM analysis[C]. China-Japan Joint Symposium on Microwave,2006:333-336.

[18] Shao Y,Peng Z,Lee J F. Full-wave real-life 3-D package signal integrity analysis using nonconformal domain decomposition method[J]. IEEE Transactions on Microwave Theory and Techniques,2011,59:230-241.

[19] Lee J F,Sun D K. p-Type multiplicative Schwarz (pMUS) method with vector finite elements for modeling three-dimensional waveguide discontinuities[J]. IEEE Transactions on Microwave Theory and Techniques,2004,52:864-870.

[20] Ingelstrom P. A new set of H(curl)-conforming hierarchical basis functions for tetrahedral meshes[J]. IEEE Transactions on Microwave Theory and Techniques,2006,54:106-114.

[21] Sheng Y J,Chen R S,Ping X W. An efficient p-version multigrid solver for fast hierarchical vector finite element analysis[J]. Finite Elements in Analysis and Design,2008,44:

732-737.

[22] Hiptmair R, Widmer G, Zou J. Auxiliary space preconditioning in H_0(curl; Ω) [J]. Numerische Mathematik, 2006, 103: 435-459.

[23] Aghabarati A, Webb J P. An algebraic multigrid method for the finite element analysis of large scattering problems [J]. IEEE Transactions on Antennas and Propagation, 2013, 61(2): 809-817.

[24] 丁卫营. 电磁问题中有限元快速求解方法的研究[D]. 南京：南京理工大学，2014.

[25] Bossavit A, Mayergoyz I. Edge-elements for scattering problems[J]. IEEE Transactions on Magnetics, 1989, 25(4): 2816-2821.

第 10 章　高阶矩量法及多重网格方法

分析金属目标电磁散射问题通常是利用积分方程方法(如电场积分方程(EFIE)),将目标表面的感应电流展开为子域基函数的组合(如 RWG 基函数)并利用伽辽金测试技术将积分方程转换成一个矩阵方程组。如果利用直接求解方法(如高斯消去法)求解该矩阵方程组,其计算复杂度将是 $O(N^3)$,其中 N 是矩阵维数,又称未知量个数。如此高的计算复杂度对于中等规模的目标也将是一个很大的挑战。如果利用迭代求解器,计算复杂度和内存需求将降低为 $O(N^2)$,该复杂度还可以利用多层快速多极子方法[1]进一步降低到 $O(N\log N)$。

当入射波频率趋于零时,电场积分方程会有低频崩溃的问题,即不能得到准确的计算结果。这是因为当频率趋于零时,磁矢位所产生的场远小于电标位产生的场,由于计算机的机器精度是有限的,所以磁矢位所产生的场将会被湮没[2]。为了解决这一问题,Eibert 提出了 Loop-tree 和 Loop-star 分解方法[3],Qian 等提出了增强型的 EFIE(AEFIE)方程[4],另外还有电荷-电流方程方法[5]。密网格崩溃是在剖分网格尺寸过小时 EFIE 方程会遇到的一个问题,这种问题产生的原因是随着剖分尺寸的减小,阻抗矩阵的特征值将在零和无穷远处聚集,从而导致矩阵性态变差。另外,EFIE 方程还存在高频崩溃问题,这主要是因为随着目标的电尺寸增加,矩阵方程的维数增加,并导致矩阵性态变差。而基于高阶单元的 Calderón 算子预条件技术[6]、新型多重网格预条件技术[7]以及多分辨基函数预条件技术[8-14]能够有效克服上述问题。本章对这类预条件技术进行介绍,并给出数值计算结果及讨论。

10.1　基于高阶单元的 Calderón 算子预条件技术

基于电场积分方程的矩量法是求解电磁散射问题的有效数值方法之一。然而,电场积分方程并不完美。当离散的密度趋向零时,EFIE 中的积分算子的特征值就会趋向零和无穷大,这样相应的 EFIE 矩阵会有较高的条件数,从而降低求解迭代收敛速度。近年来,一种基于 Calderón 等式的电场积分方程 EFIE 预条件技术已经在文献[15]～[20]提出。实际上,EFIE 积分算子的平方不会有特征值聚集在零和无穷大的[21]情况,从而就会使基于新型 EFIE 方程不依赖离散密度而且有良好的条件数。然而,离散 EFIE 算子平方方程时,很难构造一个条件数良好的连接 Gram 矩阵[15]。如果采用标准的 RWG 基函数作为基函数和测试函数,则

Gram 矩阵的奇异性[20]和 EFIE 积分算子平方项的超奇异性是不可避免的[18,19]。近年来,人们尝试把 EFIE 积分算子分解成奇异和超奇异部分,用不同的基函数和测试基函数来离散不同部分的内积,同时将平方算子中的超奇异部分置为零[16-19]。然而,这个处理过程会增加额外的矩阵矢量乘操作,并且不能使用现有成熟的基于 RWG 基函数的 EFIE 程序代码。最近,一种新型有效的 Calderón 算子预条件技术(CMP)被提出来确保 EFIE 离散后矩阵方程具有良好的性态,该预条件技术引入了由 Buffa 和 Christiansen[22]提出的一种既有散度共型特性又有准旋度共型特性的基函数——BC 基函数,从而用于避免 Gram 矩阵的奇异性。根据 BC 基函数的定义式,它可以看成基于三角形中线网格上的 RWG 基的线性组合,因此构造基于 BC 基函数上的阻抗矩阵可以由基于中线网格上 RWG 基的阻抗矩阵与线性组合对应的转换矩阵相乘获得,这样,CMP 的实现就允许直接应用现有基于 RWG 基函数的 EFIE 程序代码。

本节继承了高阶单元有良好模拟性的优点来构建一个新的基于高阶单元的 CMP[6]。基于高阶单元上的曲面 BC 和曲面 RWG(CRWG)基函数都是定义在粗网格上的,它们同样可以定义为中线网格上的 CRWG 基函数的线性组合[15],由中线网格上的 CRWG 到曲面 BC 基函数的转换矩阵就能求得,这样就可以结合快速多极子和低频快速多极子[23]分别用来求解电大问题和低频问题。尽管中线网格阻抗矩阵的维数大于等于粗剖分网格阻抗矩阵维数的 6 倍,但是基于高阶单元的 CMP 预条件 EFIE 计算耗时仍比一般 EFIE 迭代求解少得多,尤其在用于计算散射目标的单站 RCS 时,该预条件的效率提高的优势更明显。本节详细地描述基于高阶单元的 CMP 的构造过程,以及采用该方法计算的数值算例的结果和分析。

10.1.1 基于 Calderón 算子的积分方程建立

任意形状的三维导体目标带电磁散射的 EFIE 方程可表示为

$$T(\boldsymbol{J})=\frac{1}{\eta}\boldsymbol{E}^{i}\times\hat{\boldsymbol{n}} \tag{10.1}$$

式中,η 为自由空间的特性阻抗;$\boldsymbol{J}$ 为等效电流;$\boldsymbol{E}^{i}$ 为入射电场;$\hat{\boldsymbol{n}}$ 为外表面的单位法线向量。

$$T(\boldsymbol{J})=-\mathrm{j}k\hat{\boldsymbol{n}}\times\int\left[\boldsymbol{J}+\frac{1}{k^{2}}\nabla(\nabla'\cdot\boldsymbol{J})\right]G_{0}\,\mathrm{d}s \tag{10.2}$$

式中,G_0 为自由空间的格林函数,$G_0=g(\boldsymbol{r},\boldsymbol{r}')/(4\pi)$。

在式(10.1)等号两边同时作用算子 T,这样就得到关于算子 T^2 的方程形式:

$$T^{2}(\boldsymbol{J})=T\left(\frac{1}{\eta}\boldsymbol{E}^{i}\times\hat{\boldsymbol{n}}\right) \tag{10.3}$$

根据 Calderón 恒等式[21]可知:

$$T^2(\boldsymbol{J})=-\frac{1}{4}\boldsymbol{J}+K^2(\boldsymbol{J}) \tag{10.4}$$

式中，K 是 MFIE 中积分算子，$K(\boldsymbol{J})=\hat{\boldsymbol{n}}\times\int \boldsymbol{J}\times\nabla G_0 \mathrm{d}s$，具有第二类积分算子的优势，因此基于 T^2 的 EFIE 方程(10.3)离散后获得的阻抗矩阵特征谱会在 −0.25 处累积，因而对应的矩阵形态良好。对于式(10.3)的伽辽金方法的运用过程，需要借助中间变量 $\boldsymbol{U}$ 和 $\boldsymbol{W}$，分别表示如下：

$$T(\boldsymbol{J})=\boldsymbol{U},\quad \frac{1}{\eta}\boldsymbol{E}^i\times\hat{\boldsymbol{n}}=\boldsymbol{W} \tag{10.5}$$

那么式(10.3)转换为

$$T(\boldsymbol{U})=T(\boldsymbol{W}) \tag{10.6}$$

这样离散式(10.3)就可通过离散具有较低奇异性的式(10.5)和式(10.6)来实现。选择曲面 RWG 基函数中的 $\boldsymbol{f}_{\mathrm{CRWG}}$ 来表示电流 $\boldsymbol{J}$，曲面 BC 基函数 $\boldsymbol{f}_{\mathrm{CBC}}$ 来表示中间变量 $\boldsymbol{U}$ 和 $\boldsymbol{W}$。采用伽辽金方法测试式(10.5)和式(10.6)时，分别采用曲面 CRWG 基函数对应的旋度共型的 $\hat{\boldsymbol{n}}\times\boldsymbol{f}_{\mathrm{CRWG}}$ 和曲面 BC 基函数对应的旋度共型的 $\hat{\boldsymbol{n}}\times\boldsymbol{f}_{\mathrm{CBC}}$ 来测试。这样获得的连接矩阵，即 Gram 矩阵是由曲面 BC 基函数和旋度共型的曲面 CRWG 基函数内积获得的，其矩阵性态是良好的[24]。离散式(10.5)和式(10.6)后，式(10.3)最终可以写成阻抗矩阵形式如下：

$$\boldsymbol{Z}^{\mathrm{BC}}\boldsymbol{G}'^{-1}\boldsymbol{Z}\boldsymbol{J}=\boldsymbol{Z}^{\mathrm{BC}}\boldsymbol{G}'^{-1}\boldsymbol{V} \tag{10.7}$$

其中

$$\boldsymbol{Z}_{ij}^{\mathrm{BC}}=\langle\hat{\boldsymbol{n}}\times\boldsymbol{f}_{\mathrm{CBC}_i},T(\boldsymbol{f}_{\mathrm{CBC}_j})\rangle \tag{10.8}$$

$$\boldsymbol{Z}_{ij}=\langle\hat{\boldsymbol{n}}\times\boldsymbol{f}_i,T(\boldsymbol{f}_j)\rangle \tag{10.9}$$

$$\boldsymbol{V}_i=\langle\hat{\boldsymbol{n}}\times\boldsymbol{f}_i,\frac{1}{\eta}\boldsymbol{E}^i\times\hat{\boldsymbol{n}}\rangle \tag{10.10}$$

曲面 BC 基函数定义在原始网格上，可以看成定义在其中线网格上 CRWG 基函数 $\boldsymbol{f}_{\mathrm{CRWG}}^{\mathrm{b}}$ 的线性组合。这里上标 b 表示该符号对应的变量定义在三角形的中线网格上。采用的 CRWG 基函数 $\boldsymbol{f}_{\mathrm{CRWG}}$ 也可以看成 $\boldsymbol{f}_{\mathrm{CRWG}}^{\mathrm{b}}$ 的线性组合。因此，可以得到两个转换矩阵 $\boldsymbol{P}$ 和 $\boldsymbol{R}$，分别表示在 $\boldsymbol{f}_{\mathrm{CRWG}}^{\mathrm{b}}$ 上的空间元素与 $\boldsymbol{f}_{\mathrm{CBC}}$ 和 $\boldsymbol{f}_{\mathrm{CRWG}}$ 的映射关系。此时，式(10.7)可以改写成如下形式，即 CMP 方程形式：

$$\begin{aligned}&\boldsymbol{P}^{\mathrm{T}}\boldsymbol{Z}^{\mathrm{b}}\boldsymbol{P}(\boldsymbol{R}^{\mathrm{T}}\boldsymbol{G}\boldsymbol{P})^{-1}\boldsymbol{R}^{\mathrm{T}}\boldsymbol{Z}^{\mathrm{b}}\boldsymbol{R}\boldsymbol{J}\\&=\boldsymbol{P}^{\mathrm{T}}\boldsymbol{Z}^{\mathrm{b}}\boldsymbol{P}(\boldsymbol{R}^{\mathrm{T}}\boldsymbol{G}\boldsymbol{P})^{-1}\boldsymbol{R}^{\mathrm{T}}\boldsymbol{V}^{\mathrm{b}}\end{aligned} \tag{10.11}$$

其中

$$\boldsymbol{Z}_{ij}^{\mathrm{b}}=\langle\hat{\boldsymbol{n}}\times\boldsymbol{f}_{\mathrm{CRWG}_i}^{\mathrm{b}},T(\boldsymbol{f}_{\mathrm{CRWG}_j}^{\mathrm{b}})\rangle \tag{10.12}$$

$$\boldsymbol{G}_{ij}=\langle\hat{\boldsymbol{n}}\times\boldsymbol{f}_{\mathrm{CRWG}_i}^{\mathrm{b}},\boldsymbol{f}_{\mathrm{CRWG}_j}^{\mathrm{b}}\rangle \tag{10.13}$$

$$\boldsymbol{V}_i^{\mathrm{b}}=\langle\hat{\boldsymbol{n}}\times\boldsymbol{f}_{\mathrm{CRWG}_i}^{\mathrm{b}},\frac{1}{Z}\boldsymbol{E}^i\times\hat{\boldsymbol{n}}\rangle \tag{10.14}$$

式中，向量 $\boldsymbol{J}$ 对应 CRWG 基函数展开的系数，$(\boldsymbol{R}^{\mathrm{T}}\boldsymbol{G}\boldsymbol{P})$ 代表 Gram 矩阵。定义在中线网格上阻抗矩阵 $\boldsymbol{Z}^{\mathrm{b}}$ 和右边向量 $\boldsymbol{V}^{\mathrm{b}}$ 就可以采用成熟的基于 CRWG 基函数的矩量法获得。

10.1.2　构造基于高阶单元的 Calderón 算子预条件技术

本节详细描述基于高阶的 CMP 的构造过程。曲面 BC 和曲面 CRWG 可以由定义在中线网格上的 CRWG 线性组合表示，它们之间的关系和相应的转换矩阵的获取分别在本节第一部分和第二部分中给出。

1. 中线网格关系的重建

根据文献[15]和[22]，由于基于原始网格上的 RWG 基函数可以通过基于中线网格上的 RWG 线性组合而成，在高阶曲单元中也可以同样构造出相应的线性组合关系，只是基于高阶曲单元的中线网格的产生和相应转化矩阵 $\boldsymbol{R}$ 并不能直接采用文献[15]的方法得到。中线网格产生于一系列曲面三角形片组成原始网格。原始网格上的曲面三角形在笛卡儿坐标系中如图 10.1(a)所示，它映射到参量坐标系如图 10.1(b)所示。在曲面三角形上任一位置矢量 $\boldsymbol{r}$ 可以由六个网格顶点以及其各自相应的形函数获得

$$\boldsymbol{r} = \sum_{j=1}^{6} \varphi_j(\xi_1 + \xi_2 + \xi_3)\boldsymbol{r}_j \tag{10.15}$$

形函数 φ_j 在参量坐标系 ξ_1、ξ_2、ξ_3 中可写为

$$\begin{aligned} &\varphi_1 = \xi_1(2\xi_1 - 1), \quad \varphi_2 = \xi_2(2\xi_2 - 1), \quad \varphi_3 = \xi_3(2\xi_3 - 1) \\ &\varphi_4 = 4\xi_1\xi_2, \quad \varphi_5 = 4\xi_2\xi_3, \quad \varphi_6 = 4\xi_3\xi_1 \end{aligned} \tag{10.16}$$

式中，$\xi_1 + \xi_2 + \xi_3 = 1$。

从原始网格上要获得的其中线网格要通过以下处理过程：第一步，在参量坐标系下，原始网格每条边的中心点以及三角形中心点作为中线曲网格所需要的顶点，由此每个原始网格单元可以被分成六个单元；第二步，每个曲三角形单元除了定义的三个顶点，还需要每条边上的中心点定义，因此又在中线网格边的中心点上产生节点。这两步的所有操作均在参量坐标系中完成，如图 10.1(b)和(c)所示的过程。最后一步，把所有新加的节点通过方程(10.15)和式(10.16)从参量坐标系中映射到笛卡儿坐标系中。从图 10.1 可以看出，一个粗网格的单元可以产生 6 个新的中线网格单元，如图 10.1(d)所示。

构造好曲面中线网格后，开始建立分别定义在原始网格和中线网格上 CRWG 基函数的转换关系式。首先定义在曲面三角形上的 CRWG 基函数[25]可写成如下形式：

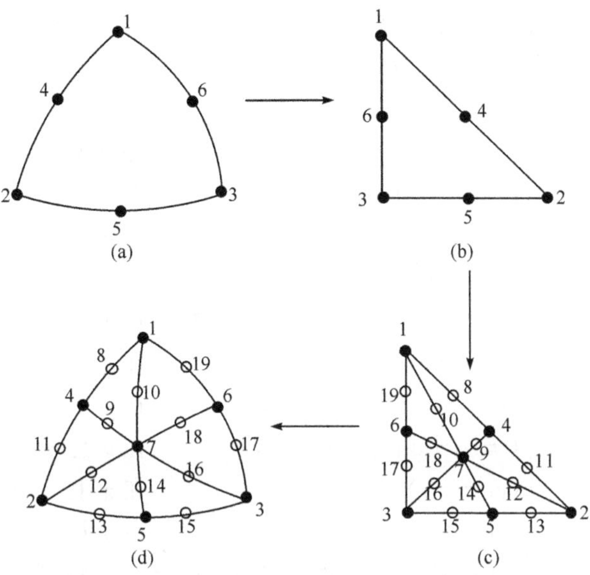

图 10.1　原始网格上一个单元(曲线三角形)细分成六个中线网格的单元

(a) 笛卡儿坐标系下原始网格的一个单元;(b) 一个单元在参量坐标系下的映射;
(c) 中线网格的六个单元在参量坐标下的映射;(d) 在笛卡儿坐标系下中线网格的六个单元

$$\boldsymbol{f}_\beta=\frac{1}{J}(\xi_{\beta+1}\boldsymbol{I}_{\beta-1}-\xi_{\beta-1}\boldsymbol{I}_{\beta+1}),\quad \beta=1,2,3 \tag{10.17}$$

式中,$J=\left|\frac{\partial \boldsymbol{r}}{\partial \xi_1}\times\frac{\partial \boldsymbol{r}}{\partial \xi_2}\right|$是雅可比系数;$\boldsymbol{I}_i(i=1,2,3)$分别表示三条边的切向量,且有$\boldsymbol{I}_1=-\frac{\partial \boldsymbol{r}}{\partial \xi_2},\boldsymbol{I}_2=\frac{\partial \boldsymbol{r}}{\partial \xi_1},\boldsymbol{I}_3=\frac{\partial \boldsymbol{r}}{\partial \xi_2}-\frac{\partial \boldsymbol{r}}{\partial \xi_1}$。

CRWG 基函数的散度为

$$\nabla_S\cdot\boldsymbol{f}_\beta=\frac{\pm 2}{\sqrt{J}} \tag{10.18}$$

由于采用的定义在原始网格上的 CRWG 基函数可以看成中线网格上 CRWG 基函数的线性组合,如图 10.2 所示,一个定义在原始网格第 n 条边上的 CRWG 基的线性组合表达式如下:

$$\boldsymbol{f}_n(\boldsymbol{r})=\sum_{m=1}^{14}c_m\boldsymbol{f}_{n'_m}^{\mathrm{b}}(\boldsymbol{r}) \tag{10.19}$$

式中,$\boldsymbol{f}_{n'_m}^{\mathrm{b}}(\boldsymbol{r})(m=1,\cdots,14)$为原始网格中第 n 条边对应的一对三角形上的中线网格第 m 个边上($m=1,\cdots,14$)上的 CRWG 基;$c_m(m=1,\cdots,14)$表示线性组合系数;$\{c_m\}$为转换矩阵 $\boldsymbol{R}$ 中的一列元素值。

系数 $c_m(m=1,\cdots,14)$的确定是通过对等式(10.19)强加电荷来获得,也就是根据定义在原始网格和定义在中线网格相同定义域内的 CRWG 基函数的散度是

等价的。因此,按照图 10.2 的对应方式,系数 c_m 存在如下关系式:

$$
\begin{cases}
(c_1-c_2)/J_\alpha=1/J, & \text{在 }\alpha\text{ 上} \\
(-c_1+c_3)/J_\beta=1/J, & \text{在 }\beta\text{ 上} \\
(c_2-c_4)/J_\gamma=1/J, & \text{在 }\gamma\text{ 上} \\
(-c_3+c_6)/J_\theta=1/J, & \text{在 }\theta\text{ 上} \\
(c_4-c_5+c_7)/J_\delta=1/J, & \text{在 }\delta\text{ 上} \\
(c_5-c_6+c_8)/J_\eta=1/J, & \text{在 }\eta\text{ 上} \\
(-c_8-c_{10}+c_{11})/J_\lambda=-1/J, & \text{在 }\lambda\text{ 上} \\
(-c_7-c_9+c_{10})/J_\varphi=-1/J, & \text{在 }\phi\text{ 上} \\
(c_9-c_{12})/J_\mu=-1/J, & \text{在 }\mu\text{ 上} \\
(-c_{11}+c_{14})/J_\nu=1/J, & \text{在 }\nu\text{ 上} \\
(c_{13}-c_{14})/J_\pi=1/J, & \text{在 }\pi\text{ 上} \\
(c_{12}-c_{13})/J_o=1/J, & \text{在 }o\text{ 上}
\end{cases}
\tag{10.20}
$$

式中,J 和 $J_i(i=\alpha,\cdots,o)$ 分别是原始网格和中线网格上的雅可比因子。其中,α,β,…,o 表示中线网格曲三角单元的编号,如图 10.2 所示。

为了求解方程(10.20),首先根据划分中线网格时的对称性,可以获得 $c_7=c_8$。然后在中线网格曲单元 α 和 π 上再确定部分系数 c_m 值的大小。根据基函数只在定义域内有效存在的局部特性,在中线网格曲单元 α 内,线性方程(10.19)可以写为

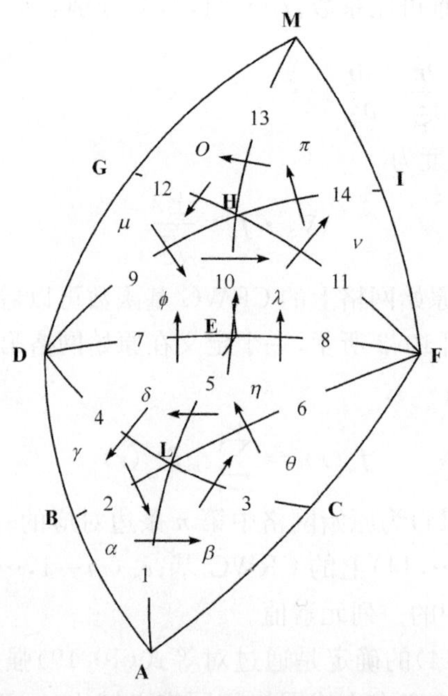

图 10.2　中线网格上 CRWG 基函数的构造

$$c_1 \boldsymbol{f}_1^{\mathrm{b}} - c_2 \boldsymbol{f}_2^{\mathrm{b}} = \boldsymbol{f} \tag{10.21}$$

选取观察点 A，$\boldsymbol{f}_2^{\mathrm{b}}$ 和 $\boldsymbol{f}$ 转变成 0，等式(10.19)变成 $c_1 \boldsymbol{f}_1^{\mathrm{b}}=0$，即有

$$c_1 = 0 \tag{10.22}$$

同理，在中线网格曲单元 π 可得

$$c_{13} = 0 \tag{10.23}$$

最终系数 $c_m(m=1,\cdots,14)$可根据上面等式(10.20)～式(10.23)求得。

根据等式(10.19)，在原始网格和细网格上基函数 CRWG 间的关系可写成如下矩阵权重的形式：

$$\boldsymbol{f} = \boldsymbol{f}^{\mathrm{b}} \cdot \boldsymbol{R} \tag{10.24}$$

式中，$\boldsymbol{f}$ 是由在原始网格上的所有 CRWG 构建的 $1\times N$ 维矩阵(N 是粗网格上的基函数 CRWG 的总数)；$\boldsymbol{f}^{\mathrm{b}}$ 是由在中线网格上的所有 CRWG 构建的 $1\times N^{\mathrm{b}}$ 维矩阵。矩阵 $\boldsymbol{R}$ 每一列都包含 14 元素，分别是系数 $c_m(m=1,\cdots,14)$。因此，矩阵 $\boldsymbol{R}$ 的列对应原始网格上的 CRWG，同时矩阵 $\boldsymbol{R}$ 的行对应中线网格上的 CRWG。

2. 基函数 BC 和基函数 CRWG 之间的关系

曲面 BC 基函数为散度共型和准旋度共型的基函数，正因为此，Gram 矩阵性态良好。它们同样也可以表示为中线网格上 CRWG 的线性组合。因此，定义在中线网格上的曲面 BC 基函数和 CRWG 基函数之间的关系，在构造曲面 CMP 起关键性作用。由 CRWG 基函数线性组合的曲面 BC 基函数的系数表达式来自于文献[22]，在此具体介绍一下如何获得闭合和开放结构的曲面 BC 基函数的系数的步骤。

1) 闭合结构

如图 10.3 所示，一个曲面 BC 基函数是与一个在粗网格上单元的边相关联的，将该边称为相关边。规定该相关边的左定点用字母“L”表示，右定点用字母“R”表示，和文献[15]一样，规定上三角形与相关边中点连接的中线棱边为 $\tilde{0}$，下三角形对称位置中线棱边编号为 0，然后按照顺时针方向依次给与左右定点相连的中线棱边编号。每条相关边上的 BC 基函数可以表示为

$$\boldsymbol{f}_{\mathrm{CBC}} = \sum_{i=0}^{2N_c-1} c_i \boldsymbol{f}^{\mathrm{b}} + \sum_{\tilde{i}=\tilde{0}}^{2\tilde{N}_c-1} \tilde{c}_i \boldsymbol{f}^{\mathrm{b}} \tag{10.25}$$

式中，N_c 代表原始网格上与右定点相连的所有单元数目。类似地，定义 $\tilde{N}_c$ 代表原始网格上与左定点相连的所有单元数目。例如，图 10.3 中，$N_c=5$ 和 $\tilde{N}_c=4$。确定曲面 BC 基函数为 CRWG 基函数线性组合时系数的取值时，会发现与平面

BC 基函数的情况有明显的不同，在曲面的中线网格边上不会存在固定边长，因此可以令与右定点相关系数为

$$\begin{cases} c_0 = 1/2 \\ c_i = \dfrac{N_c - i}{2N_c}, \quad i = 1, \cdots, 2N_c - 1 \end{cases} \tag{10.26}$$

与左定点相关系数为

$$\begin{cases} \tilde{c}_0 = -1/2 \\ \tilde{c}_i = -\dfrac{\widetilde{N}_c - \tilde{i}}{2\widetilde{N}_c}, \quad \tilde{i} = \tilde{1}, \cdots, 2\widetilde{N}_c - 1 \end{cases} \tag{10.27}$$

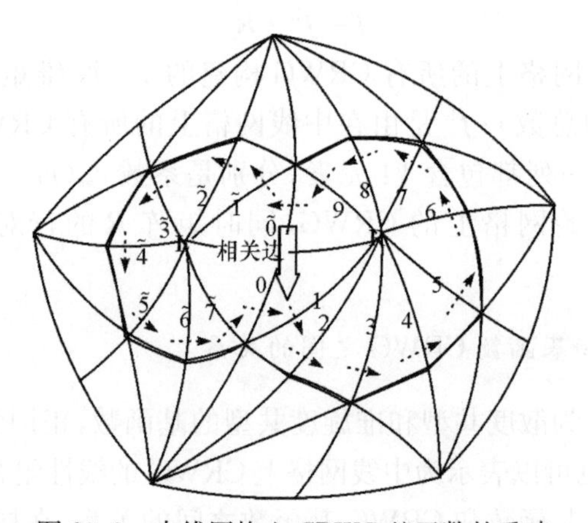

图 10.3　中线网格上 CRWG 基函数的重建

2）开放结构

对于开放结构，引进半个 CRWG 基函数定义在中线网格的边界上来确保能构造出曲面 BC 基函数[22]。与闭合结构的系数定义类似，对于源于平面开放结构[15]有一个系数要改变。为了完整性，这些系数表达式仍在下面给出。

当曲面 BC 参考边的一个定点位于剖分网格的边界上时，这些系数变为

$$\begin{cases} c_0 = 1/2 \\ c_i = \dfrac{N_c - i}{2N_c}, \quad i = 1, \cdots, 2N_c - 1 \\ \tilde{c}_0 = -1/2 \\ \tilde{c}_i = \begin{cases} -(1 - \widetilde{N}_c)/\widetilde{N}_c, & \tilde{i} < \widetilde{N}_{\mathrm{ref}} \\ -(2 \ \ \widetilde{N}_c)/(2\widetilde{N}_c), & \tilde{i} = \widetilde{N}_{\mathrm{ref}}, \quad \tilde{i} = \tilde{1}, \cdots, 2\widetilde{N}_c + 1 \\ -1/\widetilde{N}_c, & \tilde{i} > \widetilde{N}_{\mathrm{ref}} \end{cases} \end{cases} \tag{10.28}$$

式中，$\widetilde{N}_{\mathrm{ref}}$ 指的是与左定点相连的半个相关边在中线网格棱边中的编号，例如，图 10.4(a)，取 $\widetilde{N}_{\mathrm{ref}} = 3$、$\widetilde{N}_c = 3$ 和 $N_c = 6$。

当曲面 BC 参考边上的两个顶点都位于剖分网格的边界上时，这些系数为

$$\begin{cases} c_0=1/2 \\ c_i=\begin{cases} (1-N_c)/N_c, & i<N_{\text{ref}} \\ (2-N_c)/(2N_c), & i=N_{\text{ref}}, \quad i=1,\cdots,2N_c+1 \\ 1/N_c, & i>N_{\text{ref}} \end{cases} \\ \tilde{c}_0=-1/2 \\ \tilde{c}_i=\begin{cases} -(1-\widetilde{N}_c)/\widetilde{N}_c, & \tilde{i}<\widetilde{N}_{\text{ref}} \\ -(2-\widetilde{N}_c)/(2\widetilde{N}_c), & \tilde{i}=\widetilde{N}_{\text{ref}}, \quad \tilde{i}=\tilde{1},\cdots,2\widetilde{N}_c+1 \\ -1/\widetilde{N}_c, & \tilde{i}>\widetilde{N}_{\text{ref}} \end{cases} \end{cases} \tag{10.29}$$

式中，N_{ref}是指与右定点相连的半个相关边在中线网格棱边中的编号，例如，图 10.4(b)中，取 $\widetilde{N}_{\text{ref}}=3$、$\widetilde{N}_c=3$ 和 $N_{\text{ref}}=5$、$N_c=3$。

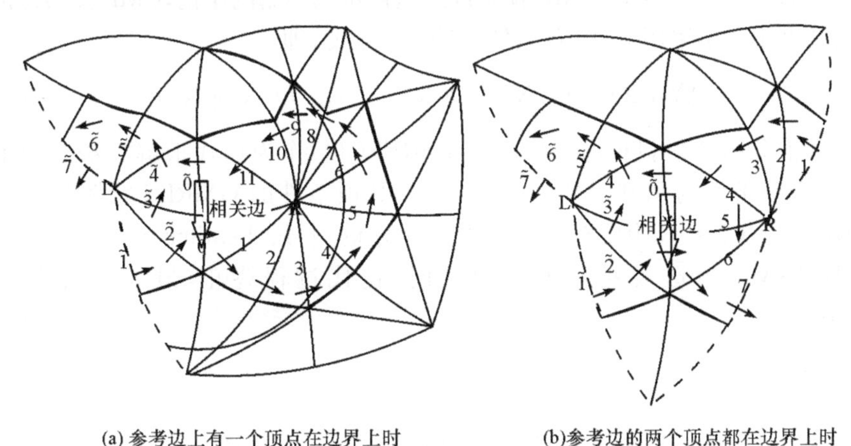

图 10.4　曲面 BC 基函数定义在中线网格上的边上

定义在中线网格上的曲面 BC 基函数和 CRWG 基函数之间的关系写成转换矩阵的形式为

$$\boldsymbol{f}_{\text{CBC}}=\boldsymbol{f}^{\text{b}}\cdot\boldsymbol{P} \tag{10.30}$$

式中，$\boldsymbol{f}_{\text{CBC}}$是由所有定义在原始网格上的曲面 BC 构成的 $1\times N$ 维矩阵。矩阵 $\boldsymbol{P}$ 的每一列包含系数 $c_m(m=0,\cdots,2N_c+1,\tilde{0},\cdots,2\widetilde{N}_c+1)$。因此，矩阵 $\boldsymbol{P}$ 的列对应曲面 BC，同时矩阵 $\boldsymbol{P}$ 的行对应中线网格上的 CRWG。

10.1.3　数值结果与分析

本节应用基于高阶单元的 CMP 分析电磁散射问题。首先分析基于高阶单元的 CMP 实施的计算复杂度，然后通过两个开放结构的圆锥腔和圆柱腔算例，对本

方法迭代求解的收敛进行分析，证明基于高阶单元的 CMP 的正确性和有效性。

由基于高阶单元的 CMP 的应用方程(10.11)，可以看出其计算主要消耗在等式左边的多个矩阵相乘运算，在迭代方法中变为矩阵矢量乘操作的计算消耗。根据 CMP 的构造过程，式(10.11)中转换矩阵 $\boldsymbol{P}$ 和 $\boldsymbol{R}$ 以及 $\boldsymbol{G}$ 进行矩阵矢量乘操作的计算复杂度为 $O(N)$，其中 N 为原始网格的未知量数目。虽然对应中线网格阻抗矩阵 $\boldsymbol{Z}^{\mathrm{b}}$ 的自由度是对应原始网格阻抗矩阵的 6 倍，但是增加的自由度并不会改变矩阵矢量乘所需要的多极子数目，因此通过运用快速多极子方法后，关于 $\boldsymbol{Z}^{\mathrm{b}}$ 的矩阵矢量乘的计算复杂度为($O(N\log N)+O(N)$)，与原矩阵 $\boldsymbol{Z}$ 的复杂度相比增加了 $O(N)$。最终对于式(10.11)的每个迭代步上矩阵矢量乘的计算复杂度为($2O(N\log N)+O(N)$)。尽管该复杂度大于每个迭代步上原有矩阵矢量乘消耗，但是考虑达到相同计算精度时所需迭代步数的影响时，会得出 CMP 预条件后迭代步数 $N_{\mathrm{iter}}^{\mathrm{CMP}}$ 远小于不采用 CMP 预条件的迭代步数 N_{iter} 的结论，CMP 预条件的总计算复杂度小于不采用 CMP 预条件的计算复杂度，即

$$N_{\mathrm{iter}}^{\mathrm{CMP}}(2O(N\log N)+O(N))<N_{\mathrm{iter}}(O(N\log N)) \tag{10.31}$$

在数值分析散射目标时，选用了 GMRES(30)作为迭代求解算法。为了简便起见，无预条件的和基于高阶单元的 CMP 预条件的 GMRES 求解分别标为“GMRES”和“CMP-GMRES”。算例所用计算机型号：Pentium 4.2、9GHz CPU 和 2GB RAM。当迭代残差小于 10^{-5} 时，迭代过程终止，最大迭代次数设为 5000。

1. 开放结构圆锥腔

如图 10.5 所示，底面开口的金属圆锥腔高为 2m，底面直径为 2m。在频率 300MHz 时，用基于高阶单元的 CMP 预条件 EFIE 方法计算了圆锥腔的单站 VV 极化下的 RCS。单站 RCS 的计算角度变量 $0°\leqslant\theta\leqslant180°$，$\phi=0°$。圆锥用 1309 个曲面三角形离散，每个单元的平均尺寸约为 0.125λ。这样在粗网格上 CRWG 的总数为 $N=2060$，中线网格上 CRWG 的总数 $N^{\mathrm{b}}=12472$。频率为 300MHz，用两层 FMA 来加速矩阵矢量乘。如图 10.5 所示，单站 RCS 的数值结果和旋转对称矩量法(BOR-MoM)[23]的计算结果进行了比较。从图中可以看出，两者吻合得很好。图 10.6(a)和(b)分别是 GMRES 和曲面 CMP-GMRES 求解的迭代数目及 CPU 计算时间的比较图。从图中比较可知，GMRES 算法的迭代步数约是 CMP-GMRES 算法的迭代步数的 28 倍，GMRES 消耗的 CPU 计算时间约是 CMP-GMRES 法的 3.5 倍。

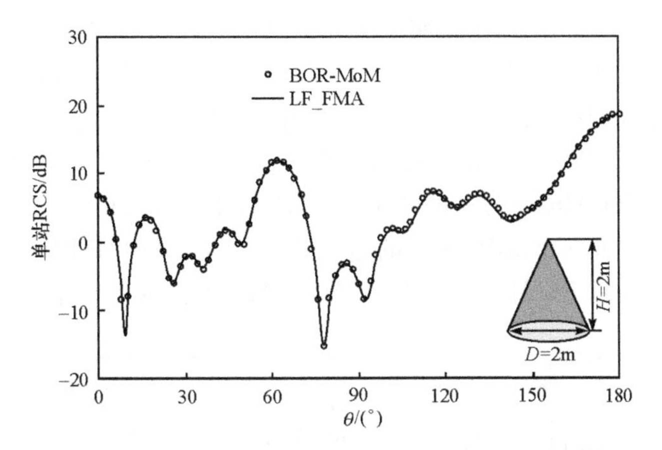

图 10.5　频率为 300MHz，金属圆锥腔 VV 极化下单站 RCS 曲线和 BOR 结果的比较分析

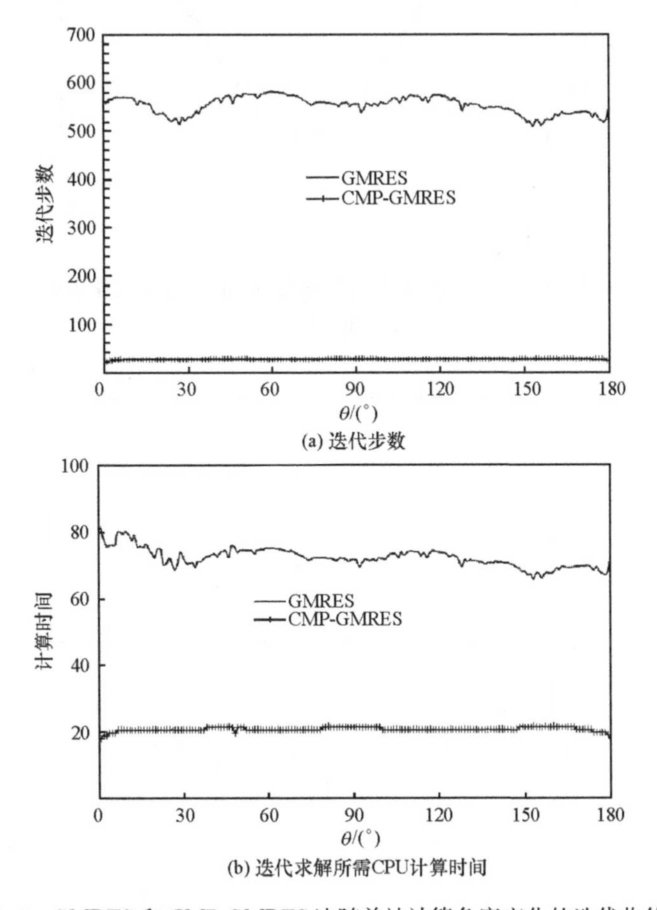

图 10.6　GMRES 和 CMP-GMRES 法随单站计算角度变化的迭代收敛曲线

相同的粗网格剖分下，平均每个单元的尺寸为 0.004λ，计算频率为 10MHz 时，VV 极化下的单站 RCS。通过应用一层低频快速多极子(LF_FMA)，曲面 CMP 预条件的 EFIE 方法可以减少计算所需的内存消耗。如图 10.7 所示，可以看到 LF_FMA 和 BOR-MoM 计算结果吻合得很好。图 10.8(a)和(b)分别是 GMRES 和 CMP-GMRES 方法的迭代步数和迭代求解所需 CPU 计算时间的比较图。从图中比较可知，GMRES 法的迭代步数约是 CMP-GMRES 法的 45 倍，GMRES 法消耗的 CPU 计算时间约是 CMP-GMRES 法的 1.79 倍。

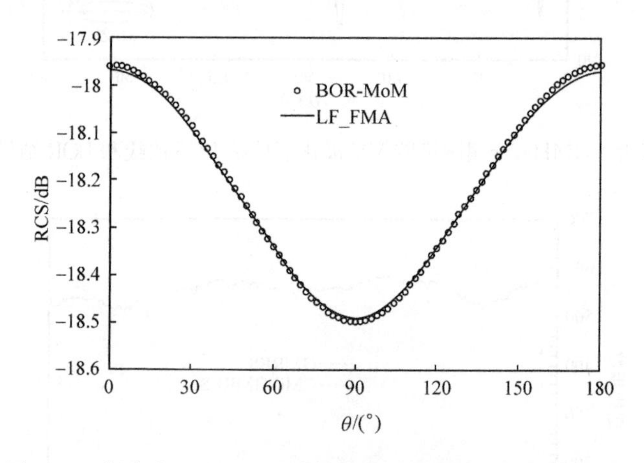

图 10.7　频率为 10MHz，开放结构金属圆锥腔 VV 极化下单站 RCS 曲线和 BOR 结果的比较分析

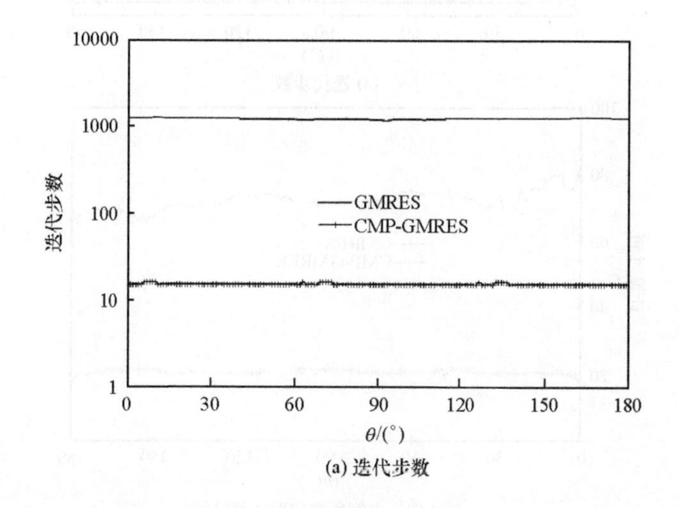

(a) 迭代步数

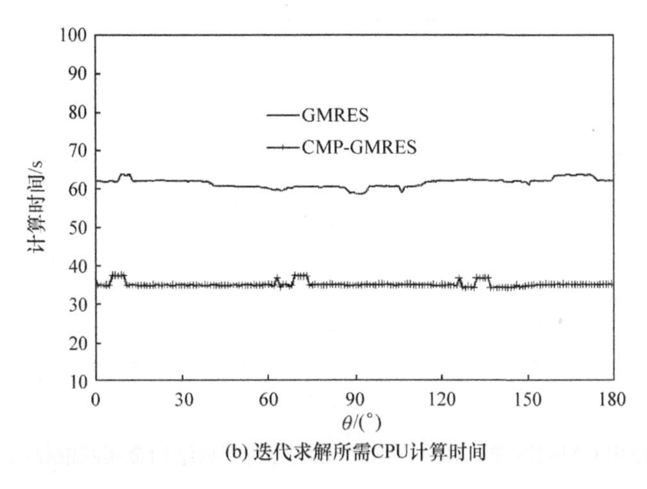

(b) 迭代求解所需CPU计算时间

图 10.8　GMRES 和 CMP-GMRES 法随单站计算角度变化的迭代收敛曲线

如表 10.1 所示，对频率为 10MHz 和 300MHz 使用 CMP 预条件和不用预条件 EFIE 方法分析 θ 为 180 个不同角度时单站 RCS 时总的 CPU 计算时间进行比较。如图 10.9 所示，对用 CMP 预条件方法和无预条件方法求解频率从 10～300MHz 金属圆锥腔迭代步数进行了比较，相同的粗网格上有 1309 个曲面三角形。从图中可以发现，CMP-GMRES 方法的迭代步数远小于 GMRES 方法的迭代步数。

表 10.1　频率为 300MHz 和 10MHz 下，用 CMP 预条件 EFIE 求解开放结构金属圆锥腔时的 CPU 计算所需时间与无预条件的 EFIE 比较

计算频率/MHz	预条件方法	构造预条件时间/s	阻抗矩阵填充时间/s	迭代求解时间/s	总时间/s
10	无	—	86.5	11128.8	11215.3
	基于高阶单元的 CMP	2.75	1203.5	6347.88	7554.13
300	无	—	10.5	13067.3	13077.8
	基于高阶单元的 CMP	2.75	387.9	3726.75	4117.4

2. 开放结构圆柱腔

如图 10.10 所示，开放结构金属圆柱腔高为 3.75m，直径为 2.80m，计算频率

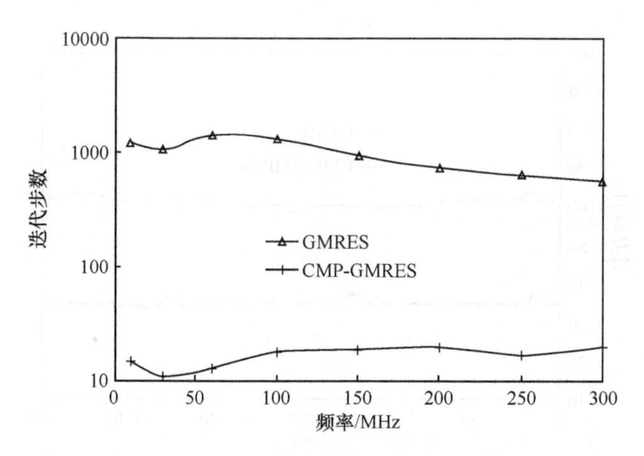

图 10.9　使用 GMRES 和 CMP-GMRES 方法分析开放结构金属圆锥腔的迭代步数

为 300MHz。采用基于高阶单元的 CMP-GMRES 方法分析了曲面圆柱腔 VV 极化下单站 RCS。单站 RCS 的计算角度变量 $0°\leqslant\theta\leqslant180°$，$\phi=0°$。圆柱用 6514 个曲面三角形离散，每个单元的平均尺寸约为 0.1λ。这样在粗网格上 CRWG 的总数为 $N=9733$，中线网格上 CRWG 的总数 $N^{b}=58550$。用三层 FMA 来加速矩阵矢量乘。如图 10.10 所示，单站 RCS 的数值结果和 BOR-MoM 进行了比较分析。从图中可以看出，两者吻合得很好。图 10.11(a)和(b)分别是 GMRES 和 CMP-GMRES 求解的迭代数目和迭代求解所需 CPU 计算时间的比较图。从图中比较可知，GMRES 法的迭代步数约是 CMP-GMRES 法的 35 倍，GMRES 消耗的 CPU 计算时间约是 CMP-GMRES 法的 4.5 倍。

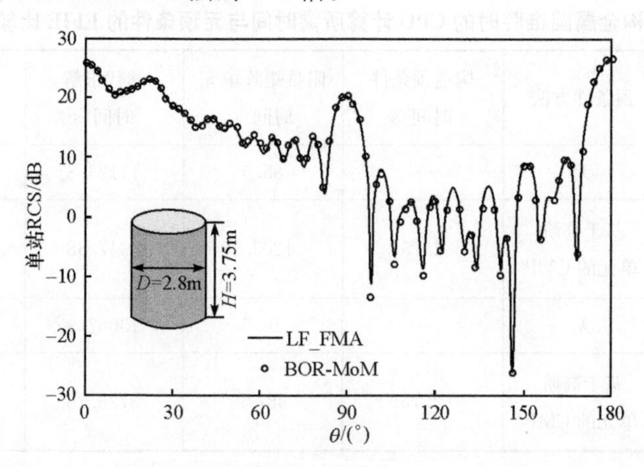

图 10.10　频率为 300MHz，开放结构金属圆柱腔 VV 极化下单站 RCS 曲线和 BOR 结果的比较分析

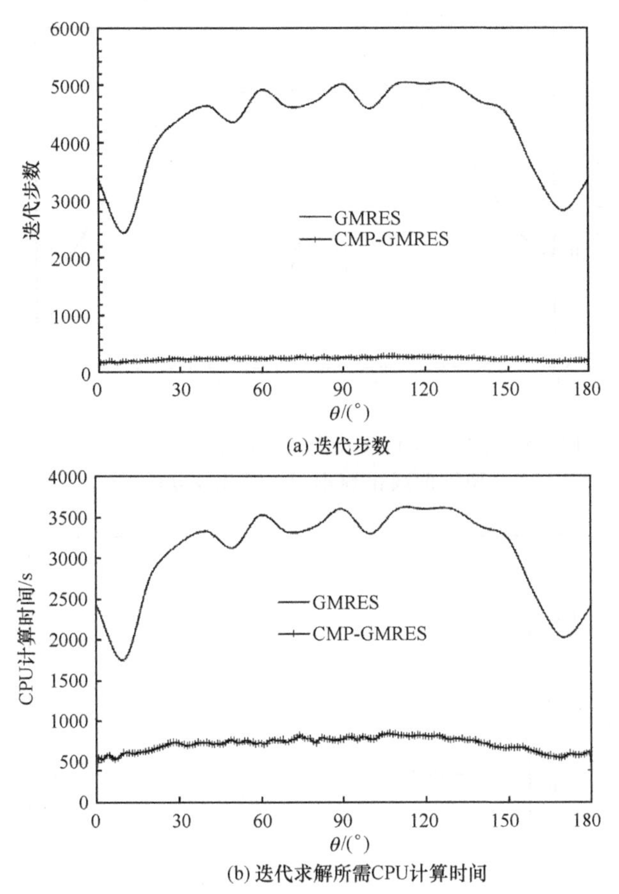

图 10.11　GMRES 和 CMP-GMRES 法随单站计算角度变化的迭代收敛曲线

相同的粗网格剖分下平均每个单元的尺寸为 0.01λ，计算了频率为 30MHz、VV 极化下的单站 RCS。分别应用了一层 LF_FMA 到无预条件 EFIE 方法和应用三层 LF_FMA 到基于高阶单元的 CMP 预条件 EFIE 方法来减少计算所需的内存。如图 10.12 所示，可以看到 LF_FMA 和 BOR-MoM 计算单站 RCS 吻合得很好。图 10.13(a)和(b)分别是 GMRES 和 CMP-GMRES 方法的迭代步数和 CPU 计算时间的比较图。由图中比较可知，GMRES 法的迭代步数约是 CMP-GMRES 法的 140.75 倍，GMRES 法消耗的 CPU 计算时间约是 CMP-GMRES 法的 6.65 倍。

表 10.2 中，对频率为 30MHz 和 300MHz 使用 CMP 预条件和不用预条件 EFIE 方法分析 θ 为 180 个不同角度时单站 RCS 时总的 CPU 计算时间进行了比较。如图 10.14 所示，对用基于高阶单元的 CMP 方法和无预条件方法求解频率从 30～300MHz 开放结构金属圆柱腔迭代步数进行了比较，相同的粗网格剖分上有 6501 个曲面三角形，CMP-GMRES 方法的迭代步数远小于 GMRES 方法的迭代步数。

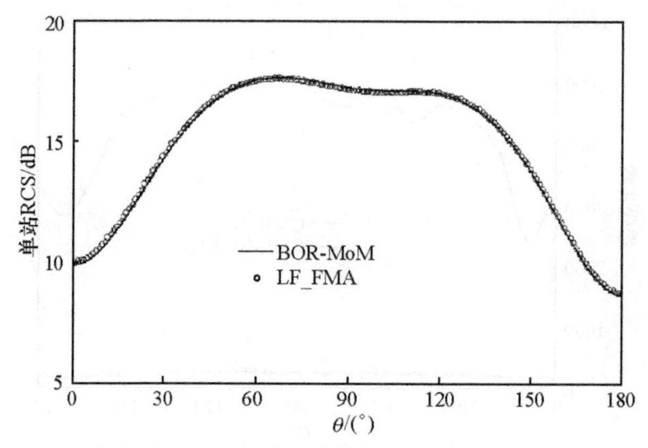

图 10.12　频率为 30MHz 时开放结构金属圆柱腔 VV 极化下单站 RCS 曲线和 BOR 结果的比较分析

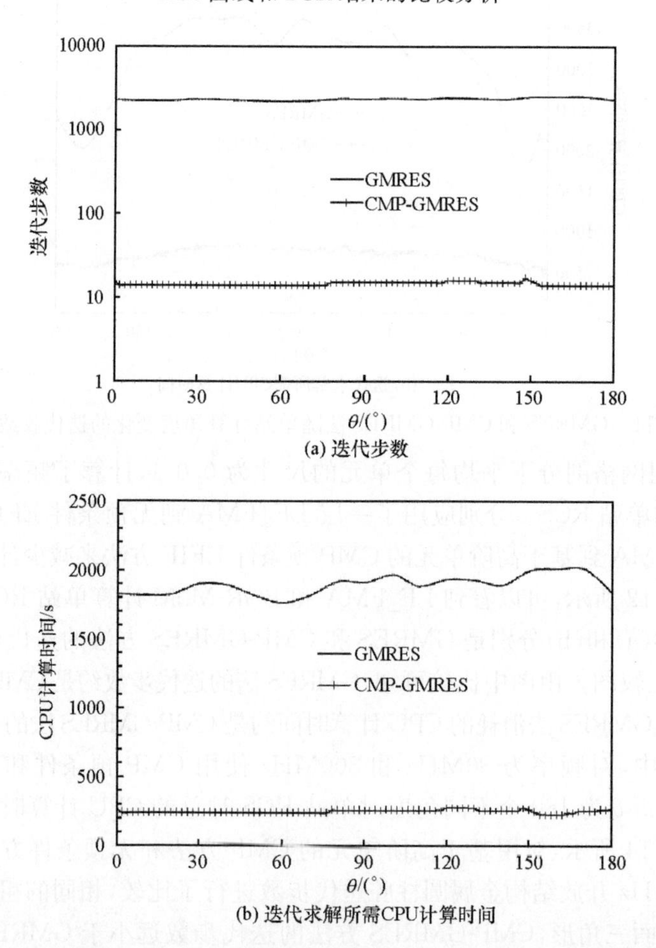

图 10.13　GMRES 和 CMP-GMRES 法随单站计算角度变化的迭代收敛曲线

表 10.2　频率为 300MHz 和 30MHz 下用基于高阶单元的 Calderón 预条件 EFIE 求解开放结构金属圆柱腔时 CPU 计算所需时间与无预条件的 EFIE 比较

计算频率/MHz	预条件方法	构造预条件时间/s	阻抗矩阵填充时间/s	迭代求解时间/s	总时间/s
30	无	—	457.9	35911.6	36369.5
	基于高阶单元的 CMP	55.4	1542.5	4774.8	6372.7
300	无	—	40.6	58203.0	58243.6
	基于高阶单元的 CMP	55.4	1412.0	13075.5	14542.9

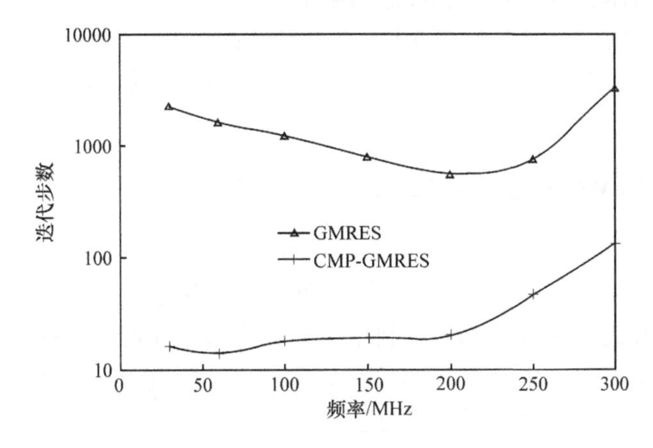

图 10.14　GMRES 和 CMP-GMRES 方法分析开放结构金属圆柱腔的迭代步数

10.2　基于网格细分的多分辨基函数及预条件技术

早期，多分辨算法在计算电磁学中应用的目的是利用其构造小波基函数，从而对矩量法矩阵进行稀疏化处理。早期的多分辨算法[24,25]构造的小波基函数只局限于分析一维和二维问题。为了有效地分析三维问题，Vipiana 等提出了一种新型的多分辨(multi-resolution，MR)基函数[26,27]。与其他多分辨算法不同的是，这种新型的多分辨基函数由经典的 RWG 基函数[28]线性组合而成，构造在一系列的由网格细分方式生成的叠层网格上，因此，本章的多分辨基函数称为基于网格细分的多分辨基函数。而且，由 RWG 基函数到多分辨基函数的转换矩阵是一个高度稀疏的矩阵。因此，这种多分辨基函数可以方便地应用于现有的基于 RWG 基函数的矩量法程序。尤其值得一提的是，由多分辨基函数形成的矩量法矩阵是一个对角占优的矩阵，从而可以通过一个简单的对角预条件达到改善矩阵性态的效果。

文献[28]和[29]对多分辨基函数的性质进行了分析，指出多分辨基函数的谱分辨特性是矩阵对角占优的根本原因。

与 RWG 基函数相比，多分辨基函数具有如下两个优点：①可以用来对矩量法矩阵进行稀疏化处理；②由多分辨基函数形成的矩量法矩阵可以用一个简单的对角预条件来加速迭代法求解的收敛速度。因此，可以通过多分辨基函数与对角预条件相结合来构造多分辨预条件。与基于矩阵构造的预条件技术（如对角预条件、SSOR 预条件、ILU 预条件、SAI 预条件等）相比，多分辨预条件技术构造简单、构造和应用时的额外代价小，尤其是在网格密度较大时，预条件效果显著。多分辨预条件可以方便地与快速算法（如 FMM、AIM）相结合[30-32]。

多分辨基函数以及多分辨预条件矩阵的构造过程可以归结如下：

(1) 在散射体表面产生多分辨叠层网格；

(2) 在各层网格上产生相应的多分辨基函数；

(3) 产生由 RWG/CRWG 基函数到多分辨基函数的转换矩阵；

(4) 产生多分辨预条件矩阵。

10.2.1　基于 CRWG 基函数构造的多分辨基函数

Vipiana 等首先在文献[26]中给出了一种 MR 基函数的构造方式，该方式在构造基函数时首先将基函数空间分为旋度和无旋子空间，然后分别在这两个子空间上构造旋度和无旋 MR 基函数。利用这种方式构造无旋子空间的 MR 基函数时需要用到无旋电流与电荷之间的投影关系。这种构造 MR 基函数的方式显得较为复杂。为了简化 MR 基函数的构造，文献[27]提出了一种新的构造方式。与原有方式相比，文献[27]中的构造方式简单、更易于理解。为了方便地说明 MR 基函数的相关特性，本节主要采用文献[27]中方式构造 MR 基函数。

近年来，曲面高阶基函数[33-36]在分析电磁问题的有限元和矩量法中得到了很大的应用。与传统的平面基函数相比，曲面基函数的优点在于它们能够很好地模拟场、源以及物体的形状。本节将多分辨算法拓展到曲面基函数，基于曲面 CRWG 基函数构造了多分辨曲面 CRWG 基函数，即 MR-CRWG 基函数。由于平面 MR 基函数模拟物体形状的能力由粗网格决定，这在模拟曲面目标时有一定的限制。与平面 MR 基函数相比，MR-CRWG 基函数具有更好的模拟能力。MR-CRWG 基函数的构造方式与平面 MR 基函数类似，它在一系列曲面叠层网格上构造 MR 基函数，并且它是由 CRWG 基函数线性组合而成的。

1. 曲面叠层网格的构造

与平面叠层网格的构造方式类似，曲面叠层网格也是通过一个网格细分过程构造的，图 10.15 给出了第一层网格中的一个曲面贴片细分为四个第二层网格中的曲面贴片的示意图。图 10.15(a)给出了一个曲面三角贴片的示意图,曲面三角形贴片中任意一点的坐标可以由该曲面三角贴片的六个节点表示为

$$\boldsymbol{r} = \sum_{j=1}^{6} \varphi_j(\xi_1, \xi_2, \xi_3)\boldsymbol{r}_j \tag{10.32}$$

式中,$\boldsymbol{r}_j(j=1,2,\cdots,6)$为该曲面三角贴片的节点坐标;$\varphi_j(\xi_1,\xi_2,\xi_3)$为参数坐标系中的形函数:

$$\begin{gathered}\varphi_1=\xi_1(2\xi_1-1), \quad \varphi_2=\xi_2(2\xi_2-1), \quad \varphi_3=\xi_3(2\xi_3-1) \\ \varphi_4=4\xi_1\xi_2, \quad \varphi_5=4\xi_2\xi_3, \quad \varphi_6=4\xi_3\xi_1\end{gathered} \tag{10.33}$$

且参数 ξ_1、ξ_2、ξ_3 满足:

$$\xi_1+\xi_2+\xi_3=1 \tag{10.34}$$

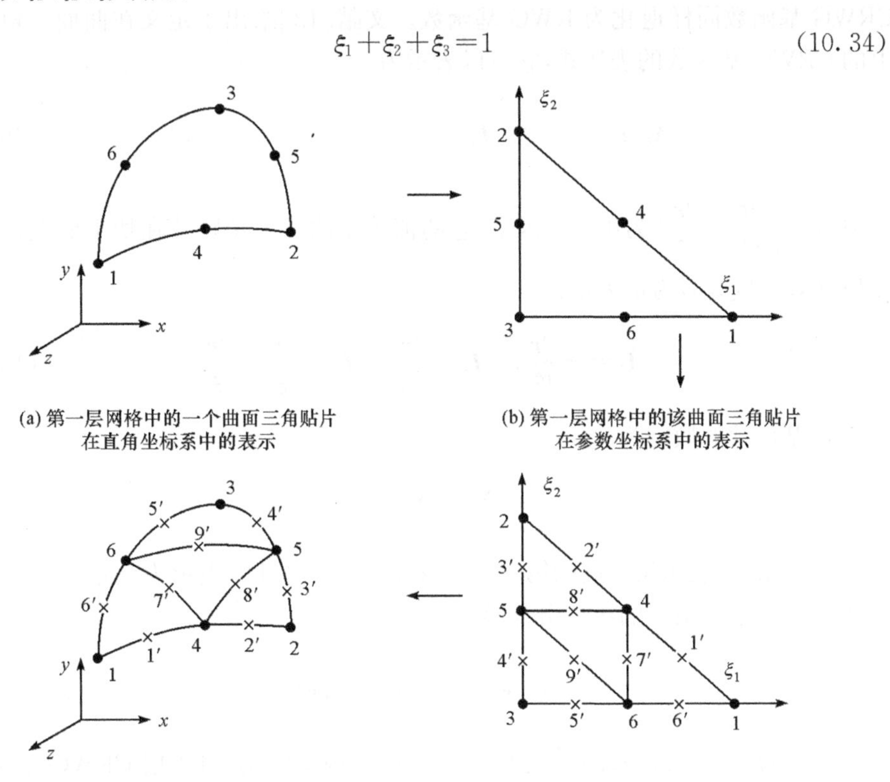

(a) 第一层网格中的一个曲面三角贴片在直角坐标系中的表示
(b) 第一层网格中的该曲面三角贴片在参数坐标系中的表示
(d) 产生的四个第二层网格中的曲面三角贴片在直角坐标系中的表示
(c) 产生的四个第二层网格中的曲面三角贴片在参数坐标系中的表示

图 10.15　由第一层网格中一个曲面三角贴片细分产生四个第二层网格中的曲面三角贴片示意图

第二层网格由第一层网格经过如下划分过程得到:首先,将第一层网格中的曲面三角贴片投影到参量坐标系,得到相应的直角三角形;然后,在参量坐标系中将

直角三角形均匀划分为四个第二层网格的小直角三角形投影；最后，将四个小直角三角形投影回直角坐标系，得到四个第二层网格的曲面三角贴片。类似地，可以通过上述划分过程划分任意一层网格，得到下一层网格。最后一层网格又称“像素层”网格，该层网格的网格单元尺寸由待分析问题所需的精度决定。这样，就得到了一系列的曲面叠层网格。

2. 相邻层间 CRWG 基函数之间的重构关系

任意 j 层曲面网格中的 CRWG 基函数可以由第 $j+1$ 层网格中的 CRWG 基函数线性表示。首先，给出 CRWG 基函数的定义。与 RWG 基函数相同，CRWG 基函数定义在曲面三角贴片的内边上。当曲面三角贴片退化为平面三角贴片时，CRWG 基函数同样退化为 RWG 基函数。文献[12]给出了定义在曲面三角贴片上的 CRWG 基函数的表达式，它可以表示为

$$\boldsymbol{\Lambda}_{\beta}(\boldsymbol{r})=\frac{1}{J}(\xi_{\beta+1}\boldsymbol{I}_{\beta-1}-\xi_{\beta-1}\boldsymbol{I}_{\beta+1}),\quad \beta=1,2,3 \tag{10.35}$$

式中，$J=\left|\frac{\partial \boldsymbol{r}}{\partial \xi_1}\times\frac{\partial \boldsymbol{r}}{\partial \xi_2}\right|$ 为雅可比因子，它的值等于曲面三角贴片在切平面上投影的面积，$\boldsymbol{I}_i(i=1,2,3)$ 为边矢量：

$$\boldsymbol{I}_1=-\frac{\partial \boldsymbol{r}}{\partial \xi_2},\quad \boldsymbol{I}_2=\frac{\partial \boldsymbol{r}}{\partial \xi_1},\quad \boldsymbol{I}_3=\frac{\partial \boldsymbol{r}}{\partial \xi_2}-\frac{\partial \boldsymbol{r}}{\partial \xi_1} \tag{10.36}$$

CRWG 基函数的散度为

$$\nabla_S\cdot\boldsymbol{\Lambda}_{\beta}=\frac{2}{J} \tag{10.37}$$

假设 $\boldsymbol{\Lambda}_n^j(r)$ 表示第 j 层的第 n 个基函数，那么它可以表示为其定义域内的第 $j+1$ 层的八个基函数的线性组合形式：

$$\boldsymbol{\Lambda}_n^j(\boldsymbol{r})=\sum_{m=1}^{8}\alpha_m\boldsymbol{\Lambda}_{n_m'}^{j+1}(\boldsymbol{r}) \tag{10.38}$$

式中，$\boldsymbol{\Lambda}_{n_m'}^{j+1}(\boldsymbol{r})(m=1,\cdots,8)$ 表示对应于第 n_m' 条内边的第 $j+1$ 层 CRWG 基函数，α_m 为待求的转换系数。

重构关系式(10.38)中的转换系数 α_m 可以由不同层的 CRWG 基函数在同一区域上的散度相等关系求得，即可对式(10.38)中的 CRWG 基函数在不同区域上取散度(图 10.16)。

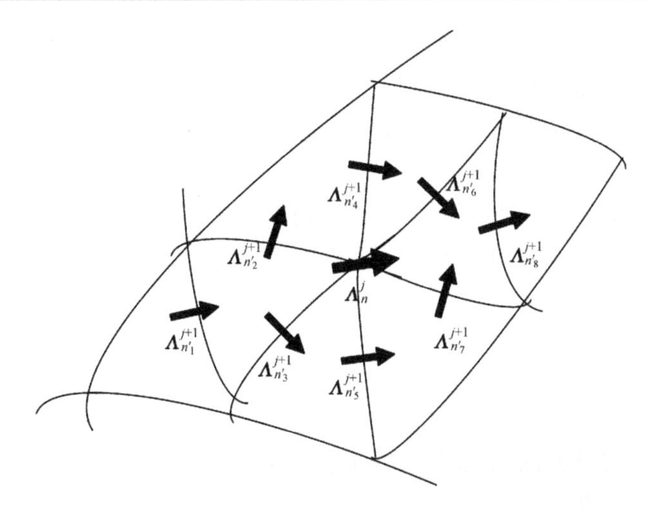

图 10.16　相邻层 CRWG 基函数之间的重构关系示意图

因此有

$$\begin{cases}\alpha_1/J_1=1/J\\ -\alpha_1/J_1+\alpha_2/J_2+\alpha_3/J_3=1/J\\ -\alpha_2/J_2+\alpha_4/J_4=1/J\\ -\alpha_3/J_3+\alpha_5/J_5=1/J\\ -\alpha_4/J_4+\alpha_6/J_6=-1/J\\ -\alpha_5/J_5+\alpha_7/J_7=-1/J\\ -\alpha_8/J_8=-1/J\end{cases} \tag{10.39}$$

式中，J 和 $J_i(i=1,\cdots,8)$分别表示第 j 层和第 $j+1$ 层的 CRWG 基函数的雅可比因子。为了得到上述转换系数 α_m 的唯一解，还需要加入条件 $\alpha_4=\alpha_5$。

3. 基于 CRWG 基函数的 MR 基函数的构造

基于 CRWG 基函数的 MR-CRWG 基函数同样是一个叠层基函数，它是由定义在不同层上的 MR 基函数组成的合集，各层上的 MR-CRWG 基函数均由该层上的 CRWG 基函数线性组合而成。通过相邻层 CRWG 基函数之间的重构关系，各层上的 MR 基函数最终都可以写成最细层上的 CRWG 基函数的线性组合。因此，第一层 MR 基函数与其他层的 MR 基函数需要分开讨论。

1) 第一层 MR 基函数

第一层 MR 基函数可以直接由定义在第一层网格上的 CRWG 基函数组成。这样做的好处是构造简单。第一层 MR 基函数的另一种构造方式是先以第一层网格上的 CRWG 基函数为基础构造 loop-tree 形式的基函数，再将 loop-tree 形式的基函数作为第一层 MR 基函数。

2) 第 l 层($l>1$)MR 基函数

第 l 层($l>1$)MR 基函数可以分为旋度和无旋两类基函数。图 10.17 给出了一个第 $l-1$ 层 CRWG 基函数定义域内构造的第 l 层 MR 基函数。

(1) 旋度基函数。

第 l 层旋度基函数由围绕第 $l-1$ 层内边上的中心点的第 l 层的 CRWG 基函数线性组合而成的 loop 基函数构造，如图 10.17(a)所示。第 l 层旋度基函数可以表示为

$$\boldsymbol{f}_j^{l,L}=\sum_{m=1}^{6}l_m^l\boldsymbol{\Lambda}_{jm}^l \tag{10.40}$$

式中，$\boldsymbol{\Lambda}_{jm}^l$ 为第 l 层的 CRWG 基函数；l_m^l 为 CRWG 基函数相应的系数，CRWG 基函数的方向与顺时针方向相同时 l_m^l 取 1，方向相反时 l_m^l 取 -1。

(2) 无旋基函数。

第 l 层无旋基函数由新增的第 l 层内边所对应的 CRWG 基函数构成，如图 10.17(b)～(g)中的箭头所示。因此，第 l 层无旋基函数可以表示为

$$\boldsymbol{f}_j^{l,X}=\boldsymbol{\Lambda}_m^l \tag{10.41}$$

式中，$\boldsymbol{\Lambda}_m^l$ 为第 l 层新增的内边所对应的 CRWG 基函数。

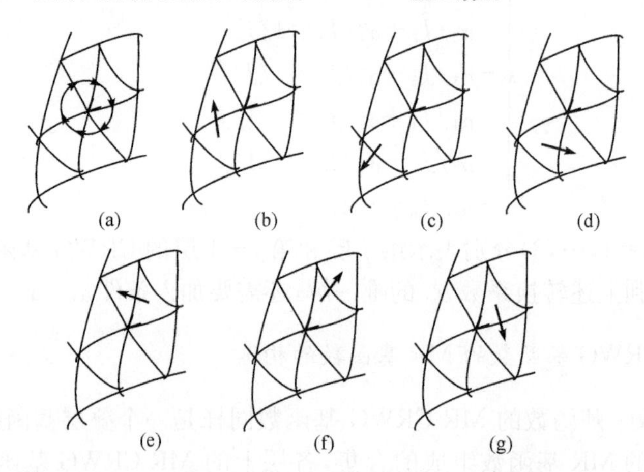

图 10.17　基于 CRWG 基函数的 MR 基函数的构造((a)为旋度基，(b)～(g)为无旋基)

10.2.2　多分辨预条件及其改进

1. MR 预条件矩阵的构造

假设 $\boldsymbol{T}_p^l$ 为第 l 层 MR 基函数与第 l 层 CRWG 基函数之间的转换矩阵，$\boldsymbol{T}_R^l$ 为第 $l+1$ 层 CRWG 基函数与第 l 层 CRWG 基函数之间的重构矩阵，$\boldsymbol{T}^l$ 为前 l 层所有的 MR 基函数与第 l 层 CRWG 基函数之间的转换矩阵。那么，有如下关系：

$$\boldsymbol{T}^1=\boldsymbol{T}_p^1 \tag{10.42}$$

$$\boldsymbol{T}^l=[\boldsymbol{T}^{l-1}\boldsymbol{T}_R^{l-1},\boldsymbol{T}_p^l],\quad 2\leqslant l\leqslant L \tag{10.43}$$

式(10.43)给出了不同层的$\boldsymbol{T}^l$间的递归关系。最后，可以得到前L层所有 MR 基函数与第L层(最细层)CRWG 基函数之间的转换矩阵$\boldsymbol{T}$:

$$\boldsymbol{T}=\boldsymbol{T}^L \tag{10.44}$$

式中，矩阵$\boldsymbol{T}$就是 MR 基函数与 CRWG 基函数之间的转换矩阵。

由于 MR 基函数生成的矩量法矩阵是一个对角占优的矩阵，可以通过一个简单的对角预条件矩阵来有效改善矩阵性态。因此，可以通过将 MR 基函数与 CRWG 基函数之间的转换矩阵和对角预条件矩阵相组合来构造 MR 预条件矩阵。当得到 MR 基函数与 CRWG 基函数的转换矩阵$\boldsymbol{T}$后便可以构造 MR 条件矩阵$\boldsymbol{S}$，矩阵$\boldsymbol{S}$可以表示为

$$\boldsymbol{S}=\boldsymbol{T}\boldsymbol{D}^{-1/2} \tag{10.45}$$

式中，矩阵$\boldsymbol{D}$为对角预条件矩阵

$$\boldsymbol{D}=\mathrm{diag}(\boldsymbol{T}^{\mathrm{T}}\boldsymbol{Z}_{\mathrm{EFIE}}\boldsymbol{T}) \tag{10.46}$$

式中，$\boldsymbol{Z}_{\mathrm{EFIE}}$为由 EFIE 积分方程生成的矩量法矩阵。需要注意的是，式(10.46)中的转换矩阵$\boldsymbol{T}$是一个稀疏矩阵，因此，构造对角预条件矩阵$\boldsymbol{D}$时要充分利用稀疏矩阵的性质，从而节约计算量。

2. MR 预条件的改进

由 EFIE 积分方程生成的矩量法矩阵的性态通常较差，而由 EFIE 和 MFIE 积分方程混合组成的 CFIE 积分方程的性态则很好。然而，由于 MFIE 积分方程不能应用于开放结构，CFIE 积分方程同样不能应用于开放结构。也就是说，对于开放结构，只能应用 EFIE 积分方程。受 CFIE 积分方程良好性态启发，通过引入 MFIE 算子的主值项扰动[37]来构造对角预条件矩阵，从而进一步改善 MR 预条件效果。新的对角预条件矩阵由如下矩阵构造:

$$\boldsymbol{Z}=\boldsymbol{Z}_{\mathrm{EFIE}}+\alpha\boldsymbol{Z}_{\mathrm{MFIE}} \tag{10.47}$$

式中，$\boldsymbol{Z}_{\mathrm{EFIE}}$为由 EFIE 积分方程生成的矩量法矩阵；$\boldsymbol{Z}_{\mathrm{MFIE}}$为由 MFIE 算子的主值项生成的矩量法矩阵；$\alpha$为扰动因子。$\boldsymbol{Z}_{\mathrm{EFIE}}$和$\boldsymbol{Z}_{\mathrm{MFIE}}$中的元素可以分别表示为

$$Z_{mn}^{\mathrm{EFIE}}=\mathrm{j}k\int_S\boldsymbol{f}_m(\boldsymbol{r})\cdot\int_{S'}\left(\bar{I}+\frac{1}{k^2}\nabla\nabla\right)G(\boldsymbol{r},\boldsymbol{r}')\cdot\boldsymbol{f}_n(\boldsymbol{r}')\mathrm{d}S'\mathrm{d}S \tag{10.48}$$

$$Z_{mn}^{\mathrm{MFIE}}=\frac{1}{2}\int_s\boldsymbol{f}_m(\boldsymbol{r})\cdot\boldsymbol{f}_n(\boldsymbol{r})\mathrm{d}s \tag{10.49}$$

此时，对角预条件矩阵构造为

$$\boldsymbol{D}'=\mathrm{diag}(\boldsymbol{T}^{\mathrm{T}}\boldsymbol{Z}\boldsymbol{T}) \tag{10.50}$$

因此，改进后的 MR 预条件矩阵构造为

$$\boldsymbol{S}=\boldsymbol{T}\boldsymbol{D}'^{-1/2} \tag{10.51}$$

对于由 EFIE 积分方程生成的矩阵方程：

$$\boldsymbol{Z}_{\mathrm{EFIE}}\boldsymbol{I}=\boldsymbol{V} \tag{10.52}$$

式中，$\boldsymbol{I}$ 为待求的 CRWG 基函数系数向量；$\boldsymbol{V}$ 为右边激励向量。将 MR 预条件应用于式(10.52)可得

$$\boldsymbol{S}^{\mathrm{T}}\boldsymbol{Z}_{\mathrm{EFIE}}\boldsymbol{S}\tilde{\boldsymbol{I}}=\boldsymbol{S}^{\mathrm{T}}\boldsymbol{V} \tag{10.53}$$

最后，待求系数向量 $\boldsymbol{I}$ 可以由 $\boldsymbol{I}=\boldsymbol{S}\tilde{\boldsymbol{I}}$ 求得。

10.2.3 多分辨预条件与快速多极子算法的结合

随着待分析目标电尺寸的变大，单纯的矩量法的计算量变得很大。此时，快速算法，如快速多极子(FMM)、自适应积分方法(AIM)等，是分析电大尺寸目标必不可少的技术。因此，多分辨预条件算法也必须与快速算法相结合才具有实际应用价值。本节以 FMM 算法为例，介绍多分辨预条件算法与快速算法相结合的技术。

快速算法，如 FMM 算法，为了节省计算量和内存需求，通常将矩量法矩阵分成近场矩阵和远场矩阵两部分：

$$\boldsymbol{Z}=\boldsymbol{Z}^{\mathrm{near}}+\boldsymbol{Z}^{\mathrm{far}} \tag{10.54}$$

式中，$\boldsymbol{Z}^{\mathrm{near}}$ 为近场矩阵，它是一个稀疏矩阵，代表物体表面上面元之间的强相互作用，其矩阵元素直接由矩量法计算填充；$\boldsymbol{Z}^{\mathrm{far}}$ 为远场矩阵，它代表物体表面面元之间的弱相互作用，并且可以根据面元之间作用的强弱划分成多层，它并不直接填充和存储。FMM 算法利用加法定理展开，将远场矩阵的计算分解为聚合、转移和配置三步。其他快速算法对于远场矩阵的处理方式有所不同，详细的介绍可参考 2.3 节的相关内容。

在 10.2.2 节中，得到多分辨预条件矩阵所需的相关信息是由整个矩量法矩阵得到的。然而，当快速算法应用于矩量法时，只能得到近场矩阵元素。幸运的是，由于近场矩阵代表物体面元间的强相互作用，利用近场矩阵信息已经足够构造多分辨预条件矩阵。此时，对角预条件矩阵构造为

$$\boldsymbol{D}_{\mathrm{S}}=\mathrm{diag}(\boldsymbol{T}^{\mathrm{T}}\boldsymbol{Z}^{\mathrm{near}}\boldsymbol{T}) \tag{10.55}$$

相应地，多分辨预条件矩阵构造为

$$\boldsymbol{S}_{\mathrm{S}}=\boldsymbol{T}\boldsymbol{D}_{\mathrm{S}}^{-1/2} \tag{10.56}$$

显然，多分辨预条件通过这种方式结合快速算法构造简单、计算量小。

10.2.4 多分辨基函数及预条件的数值算例与分析

本节通过一些实际算例验证基于 CRWG 基函数的多分辨基函数/预条件算法的正确性。求解矩量法矩阵方程的迭代求解器选择使用广义最小余量法 GMRES

(30)。迭代解的初始值设置为零矢量,迭代收敛精度为 10^{-3}。

算例 10.1　半径为 1m 的导体球,粗层网格离散为 76 个曲面面片,经过三层细分后生成 1824 个未知量。图 10.18 给出了 GMRES(30)迭代求解该导体球在 70～210MHz 范围内的迭代步数,从图中可以看出,MR 条件可以有效地加速 GMRES(30)的迭代收敛速度,而引入扰动后的 MR 预条件(P. MR)($\alpha=1.0$)可以进一步改善 GMRES(30)的收敛速度。图 10.19 给出了扰动因子 α 对迭代步数的影响,从图中可以看出,α 取值为 1.0 时效果较好。图 10.20 给出了矩阵稀疏度(η)对双站 RCS 的影响,从图中可以看出,使用 MR 基函数可以对矩量法矩阵进行很好的稀疏化而不影响结果。

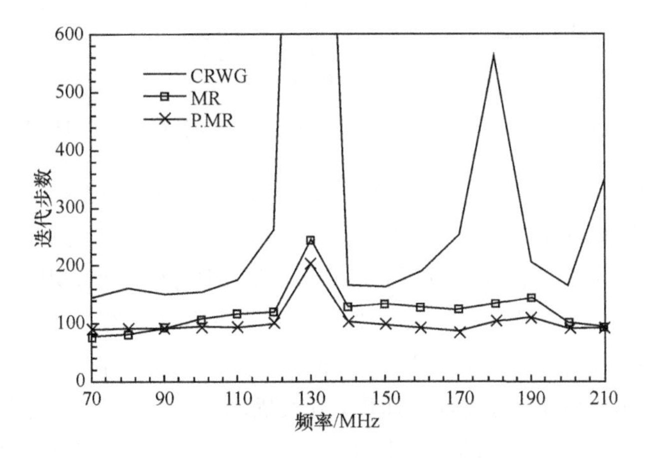

图 10.18　导体球的 GMRES(30)迭代步数

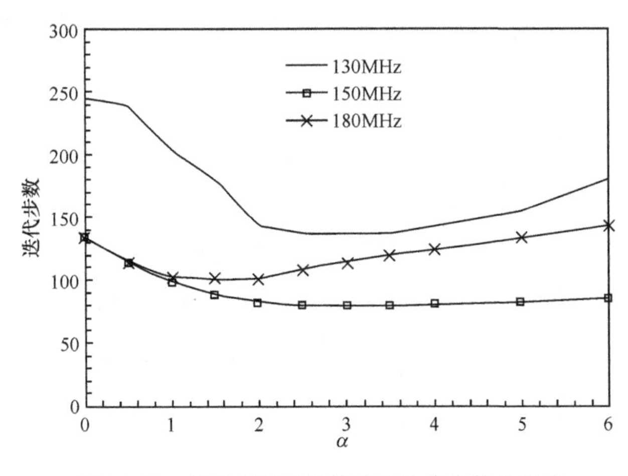

图 10.19　扰动因子对导体球的迭代步数的影响

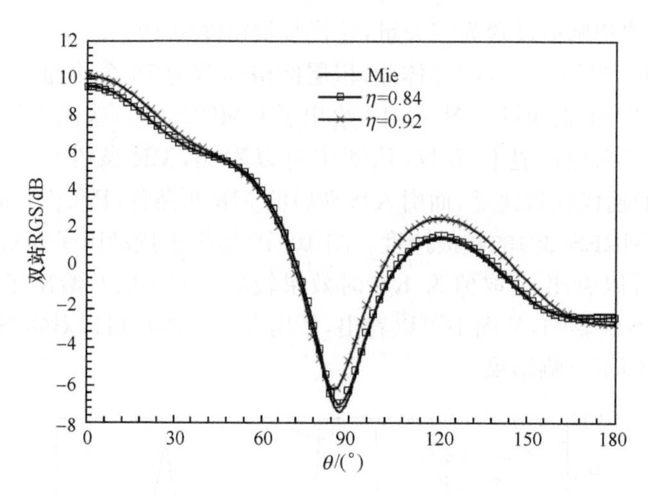

图 10.20　矩阵稀疏度对导体球双站 RCS 的影响(入射频率 150MHz,HH 极化)

算例 10.2　长 2.76m、直径 0.432m 的开口圆腔,如图 10.21 所示,粗层网格离散为 116 个曲面面片,经过三层细分后生成 2768 个未知量。图 10.21 给出了入射波频率 300MHz、VV 极化时的单站 RCS。从图中可以看出,MR 预条件并不影响单站 RCS 结果,该结果与文献[20]中的结果是一致的。图 10.22 给出了开口圆腔在 200～600MHz 范围内 GMRES(30)的迭代步数,从图中可以看出,MR 预条件可以加速 GMRES(30)迭代收敛速度,引入扰动($\alpha=1.0$)后可以进一步加速收敛速度。图 10.23 给出了扰动因子对开口圆腔迭代步数的影响,从图中可以看出,α 取值为 1.0 时效果较好。图 10.24 给出了矩阵稀疏度对开口圆腔双站 RCS 的影响,从图中同样可以看出,使用 MR 基函数可以对矩量法矩阵进行很好的稀疏化而不影响结果。

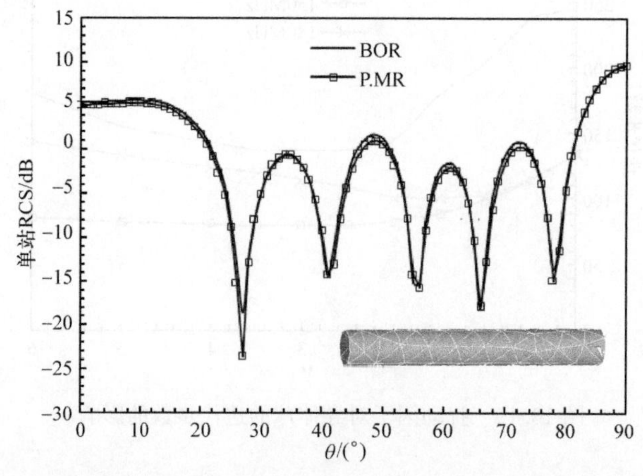

图10.21　开口圆腔的单站 RCS(入射波频率 300MHz,VV 极化)

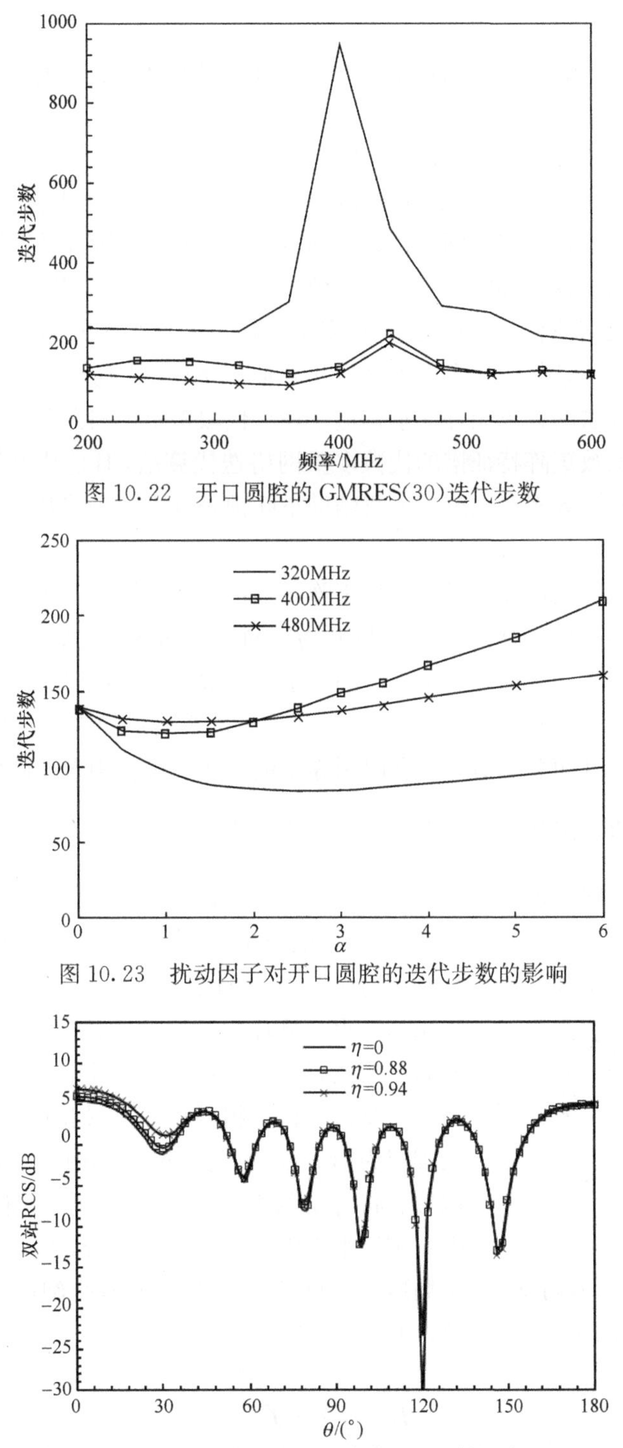

图 10.22　开口圆腔的 GMRES(30)迭代步数

图 10.23　扰动因子对开口圆腔的迭代步数的影响

图 10.24　矩阵稀疏度对开口圆腔双站 RCS 的影响(入射频率 300MHz,HH 极化)

10.3 新型多重网格预条件技术研究

多重网格预条件[7,38-40]的提出基于如下事实：在迭代过程中，误差的高频分量可以很快消除，而低频分量则很难快速消除，但是将这些低频误差分量映射到粗网格上则可以很快消除。多重网格预条件需要构造粗网格矩阵，联系粗网格和细网格之间关系的插值算子和限制算子。插值算子和限制算子有很多种构造方式，通常是基于目标几何信息和代数信息，将多重网格预条件分为几何多重网格预条件和代数多重网格预条件。代数多重网格比几何多重网格构造更灵活，文献[38]利用快速多极子方法的近场矩阵元素构造了一种代数多重网格预条件。文献[39]提出了一种基于系数矩阵特征谱的代数多重网格迭代算法，但是其限制在于位于零附近的特征值不能太多。文献[40]将辅助空间预条件方法和代数多重网格方法相结合加速有限元法的求解。

本节利用多层快速多极子的近场矩阵元素构造多重网格的粗网格矩阵[7]。首先，将粗网格上的每个 RWG 基函数展开为细网格上的 RWG 基函数的组合，其展开系数用于构造第一套插值算子和限制算子。其次，在粗网上构造旋度基函数，并且也表示为细网格上基函数的组合，其展开系数用于构造第二套插值算子和限制算子。然后结合这两套插值算子和限制算子消除迭代过程中误差的低频分量。

10.3.1 粗网格基函数的构造及粗网格矩阵构造

在实施多重网格预条件前，首先要产生一个嵌套的剖分网格。如图 10.25 所示，对于给定的目标，首先用较粗的网格进行剖分，然后利用每个三角形的中心点将三角形分割成四个小三角形。重复循环此过程，直到最细层网格达到 0.1λ 左右。当然，如果事先给定了最细层剖分网格，则需要在此基础上构造粗网格。令最粗层网格为第 1 层，最细层为第 L 层，在每层网格的内边上定义 RWG 基函数。将每层的 RWG 基函数(除最细层外)展开为下一细层上 RWG 基函数的组合，由于 RWG 基函数是局域基函数，很明显最多有八个细层基函数与其相关，如图 10.25 所示。

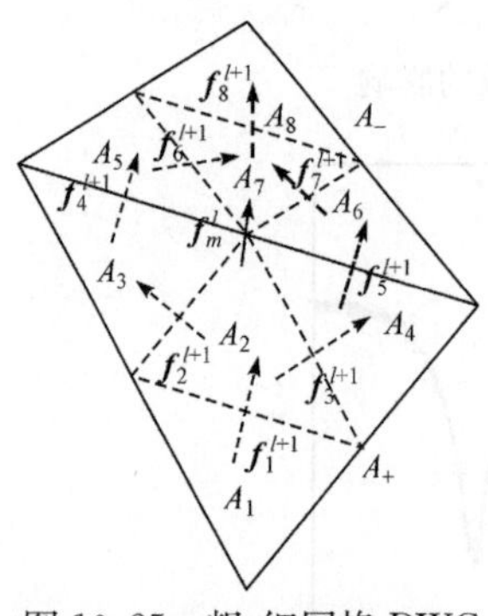

图 10.25 粗-细网格 RWG 基函数展开示意图

$$\boldsymbol{f}_m^l = \sum_{i=1}^{8} \alpha_i \boldsymbol{f}_i^{l+1} \tag{10.57}$$

式中，上标表示基函数所在的层数。关于系数 α_i，文献[26]给出了 α_i 的计算方法，即利用不同层的 RWG 基函数在同一位置的散度关系，对式(10.57)两边在不同区域上取散度可以得到如下关系式：

$$\begin{cases} \alpha_1 \dfrac{l_1}{A_1}=\dfrac{l}{A_+} \\ -\alpha_1 \dfrac{l_1}{A_2}+\alpha_2 \dfrac{l_2}{A_2}+\alpha_3 \dfrac{l_3}{A_2}=\dfrac{l}{A_+} \\ -\alpha_2 \dfrac{l_2}{A_3}+\alpha_4 \dfrac{l_4}{A_3}=\dfrac{l}{A_+} \\ -\alpha_3 \dfrac{l_3}{A_4}+\alpha_5 \dfrac{l_5}{A_4}=\dfrac{l}{A_+} \\ -\alpha_4 \dfrac{l_4}{A_5}+\alpha_6 \dfrac{l_6}{A_5}=-\dfrac{l}{A_-} \\ -\alpha_5 \dfrac{l_5}{A_6}+\alpha_7 \dfrac{l_7}{A_6}=-\dfrac{l}{A_-} \\ -\alpha_8 \dfrac{l_8}{A_8}=-\dfrac{l}{A_-} \end{cases} \tag{10.58}$$

式中，$A_i(i=1,\cdots,8)$表示细网格上第 i 个三角形的面积，$l_i(i=1,\cdots,8)$表示细网格上第 i 个基函数所在边的长度，A_+ 和 A_- 表示粗网格基函数所在的两个三角形的面积，l 表示粗网格基函数所在边的长度。

求解式(10.58)得到系数 $\alpha_i(i=1,\cdots,8)$，并用于构造限制算子矩阵 $\boldsymbol{P}_{l+1}^{l}$ 的第 m 行。限制算子矩阵的大小是 $N_l\times N_{l+1}$，N_l 和 N_{l+1} 分别表示第 l 层和 $l+1$ 层未知量的大小。由于每行最多有 8 个非零系数，所以 $\boldsymbol{P}_{l+1}^{l}$ 是一个稀疏矩阵。插值算子矩阵定义为限制算子的转置，即 $\boldsymbol{P}_{l}^{l+1}=(\boldsymbol{P}_{l+1}^{l})^{\mathrm{T}}$，利用伽辽金测试技术粗网格矩阵表示为

$$\boldsymbol{Z}_l=\boldsymbol{P}_{l+1}^{l}\boldsymbol{Z}_{l+1}\boldsymbol{P}_{l}^{l+1} \tag{10.59}$$

根据上述定义的插值算子、限制算子和粗网格矩阵可以建立标准的多重网格预条件，但是它对矩阵方程组迭代求解的速度改进却不是很大。为了进一步改善矩阵方程的迭代步数，在粗网格上构造一套旋度基函数，如图 10.26 所示。在粗网格的每条边的中点处定义旋度基函数 $\boldsymbol{f}_m'^{\,l}$ 并展开为细层 RWG 基函数的组合，定义为

$$\boldsymbol{f}_m'^{\,l} = \sum_{i=1}^{6}\beta_i\boldsymbol{f}_i^{l+1} \tag{10.60}$$

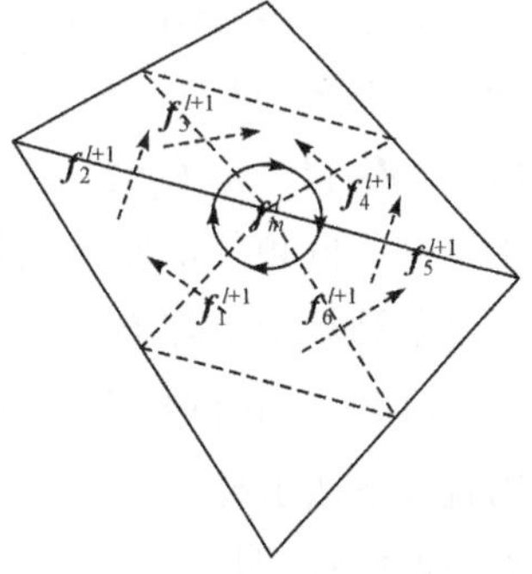

图 10.26　旋度基函数的构造及其展开

式中，当 $\boldsymbol{f}_i^{l+1}$ 的方向沿着顺时针方向时，$\beta_i=1$；当 $\boldsymbol{f}_i^{l+1}$

的方向沿着逆时针方向时，$\beta_i=-1$。从式(10.60)不难发现，$\nabla_s \cdot \boldsymbol{f}_m'^l=0$，其中，$\nabla_s$表示面散度。

求出系数 β_i 后，仿照第一套算子构造方法，利用 β_i 构造第二套限制算子矩阵 $\boldsymbol{Q}_{l+1}^l$的第 m 行，插值算子矩阵定义为限制算子的转置，即 $\boldsymbol{Q}_l^{l+1}=(\boldsymbol{Q}_{l+1}^l)^{\mathrm{T}}$，粗网格矩阵 $\boldsymbol{Z}_l'$表示为

$$\boldsymbol{Z}_l'=\boldsymbol{Q}_{l+1}^l\boldsymbol{Z}_{l+1}\boldsymbol{Q}_l^{l+1} \tag{10.61}$$

式(10.59)和式(10.61)中的 $\boldsymbol{Z}_{l+1}$表示细网格的阻抗矩阵。实际计算中考虑时间消耗，取细网格矩阵中的近场矩阵元素。

10.3.2 多重网格预条件的构造

常见的多重网格预条件算子的构造有 V-cycle 型和 W-cycle 型，本章选择 V-cycle型构造预条件。标准的 V-cycle 型多重网格预条件如下所示。

算法 10.1 MG V-cycle 算法

```
I_l ← MG(Z_l, I_l, V_l)
if l=1(最粗层)  then
    I_l ← 直接求解(Z_l I_l = V_l)
else
    I_l ← 在第 l 层上对 Z_l I_l = V_l 迭代求解 ν1 次得到近似解 I_l
    V_{l-1} ← P_l^{l-1}(V_l - Z_l I_l)
    I_{l-1} ← MG(Z_{l-1}, I_{l-1}, V_{l-1})
    修正 I_l = I_l + P_{l-1}^l I_{l-1}
    I_l ← 在第 l 层上对 Z_l I_l = V_l 迭代求解 ν2 次得到近似解 I_l
end if
```

为进一步说明如何构造多重网格预条件，假设有两层网格。首先在最细层上迭代求解 $\boldsymbol{Z}_{l+1}\boldsymbol{I}_{l+1}=\boldsymbol{V}_{l+1}$几步(不需要得到精确解)得到近似解 $\boldsymbol{I}_{l+1}^a$及残差 $\boldsymbol{e}_{l+1}=\boldsymbol{V}_{l+1}-\boldsymbol{Z}_{l+1}\boldsymbol{I}_{l+1}^a$。在这几步迭代过程中，误差的高频分量被消除，剩下低频分量，而正是这些低频分量导致收敛速度变慢。为了消除这些低频误差分量，将残差 $\boldsymbol{e}_{l+1}$通过限制算子矩阵 $\boldsymbol{P}_{l+1}^l$映射到粗网格上，即 $\boldsymbol{e}_l=\boldsymbol{P}_{l+1}^l\boldsymbol{e}_{l+1}$。结合式(10.59)的粗网格矩阵 $\boldsymbol{Z}_l$，在粗网格上求解方程组 $\boldsymbol{Z}_l\boldsymbol{r}_l=\boldsymbol{e}_l$。由于 $\boldsymbol{Z}_l$ 的矩阵维数较小，所以可以利用直接解法求解。得到 $\boldsymbol{r}_l$ 后，通过插值算子 $\boldsymbol{P}_l^{l+1}$ 将其映射到第 $l+1$ 层，并更新原来的近似解，即

$$\boldsymbol{I}_{l+1}^a=\boldsymbol{I}_{l+1}^a+\boldsymbol{P}_l^{l+1}\boldsymbol{r}_l \tag{10.62}$$

至此，完成了多重网格预条件的一个循环，重复这个过程，直到计算结果达到所需的精度。

为了进一步加速迭代求解的收敛速度，在完成上一次上述循环之后，利用第二套插值算子、限制算子和粗网格矩阵构造类似的多重网格预条件，算法如下所示。

算法 10.2　Proposed MG V-cycle 算法

```
I_l ← Proposed MG-1(Z_l, I_l, V_l)
if l=1(最粗层)then
    I_l ← 直接求解(Z_l I_l = V_l)
else
    I_l ← 在第 l 层上对 Z_l I_l = V_l 迭代求解 ν1 次得到近似解 I_l
    V_{l-1} ← P_l^{l-1}(V_l − Z_l I_l)
    I_{l-1} ← Proposed MG-1(Z_{l-1}, I_{l-1}, V_{l-1})
    修正 I_l = I_l + P_{l-1}^l I_{l-1}
    I_l ← 在第 l 层上对 Z_l I_l = V_l 迭代求解 ν2 次得到近似解 I_l
end if

I_l ← Proposed MG-2(Z'_l, I_l, V_l)
if l=1(最粗层)then
    I_l ← 直接求解(Z'_l I_l = V_l)
else
    I_l ← 在第 l 层上对 Z'_l I_l = V_l 迭代求解 ν3 次得到近似解 I_l
    V_{l-1} ← Q_l^{l-1}(V_l − Z'_l I_l)
    I_{l-1} ← Proposed MG-2(Z'_{l-1}, I_{l-1}, V_{l-1})
    修正 I_l = I_l + Q_{l-1}^l I_{l-1}
    I_l ← 在第 l 层上对 Z'_l I_l = V_l 迭代求解 ν4 次得到近似解 I_l
end if
```

第 l 层上构造的旋度基函数构成了第 $l+1$ 层上 RWG 基函数的一个子空间。和第一套多重网格类似，对应于此部分的误差低频分量可以在粗网格的求解过程中消去，从而加速收敛。

为了验证旋度基函数构造的粗网格矩阵的收敛特性，图 10.27 分别给出了两套粗网格矩阵的迭代收敛情况。可以发现，$\boldsymbol{Z}'_l\boldsymbol{I}_l=\boldsymbol{V}_l$ 比 $\boldsymbol{Z}_l\boldsymbol{I}_l=\boldsymbol{V}_l$ 的收敛速度更快，表明矩阵 $\boldsymbol{Z}'_l$ 比 $\boldsymbol{Z}_l$ 有更好的条件数。

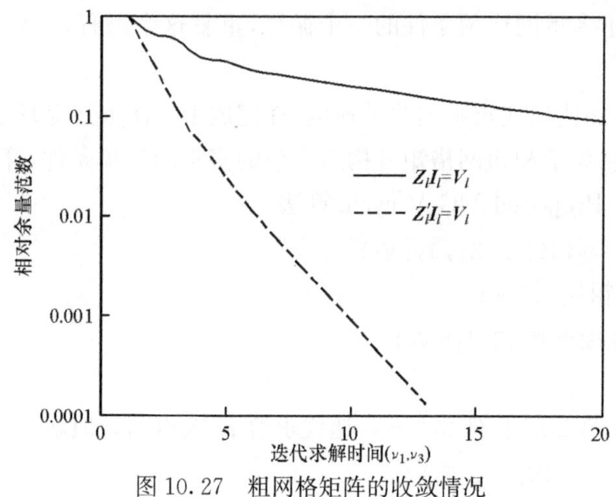

图 10.27 粗网格矩阵的收敛情况

10.3.3 数值算例分析与讨论

算例 10.3 分析如图 10.28 所示的矩形平板和三面角模型。矩形平板和三面角的边长分别为 20λ 和 10λ，入射波频率为 300MHz。矩形平板的入射角为 $\theta=45°$、$\phi=0°$，三面角的入射角为 $\theta=45°$、$\phi=45°$。为了得到嵌套的网格剖分，首先用 0.4λ 对目标表面进行剖分，经过两次细分后，最细层的网格平均剖分尺寸为 0.1λ，每层矩阵的大小列于表 10.3 中。由于粗层网格矩阵较大，用直接求解法很难快速求解，因此这里也用迭代求解方法 GMRES(30)求解粗层网格矩阵。算法中的预定迭代步数设置如表 10.4 所示。图 10.29 给出了 RCS 计算结果，作为比较，图中给出了用 GMRES(30)迭代求解的计算结果，可以看出，不同算法吻合良好。图 10.30 给出了收敛曲线，作为比较，图中给出了 SAI 预条件的计算结果。表 10.5 和表 10.6 给出了不同方法的计算时间和迭代步数。从表中可以看出，与不用预条件的 GMRES(30)求解器相比，本节所提出的多重网格预条件方法(算法 10.2)能同时降低迭代步数和计算时间。与 SAI 预条件相比，本节方法所需时间和步数稍微多一些。

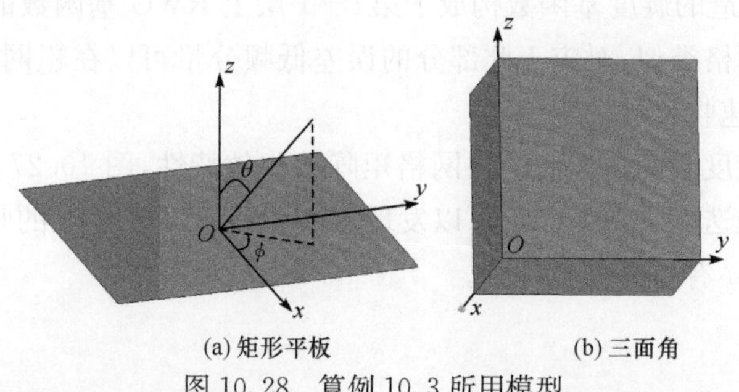

(a) 矩形平板 (b) 三面角

图 10.28 算例 10.3 所用模型

表 10.3　每层矩阵大小

l	1	2	3
矩形平板	4429	33961	136064
三面角	6255	25170	100980

表 10.4　参数设置

模型	算法 10.1		算法 10.2			
	ν_1	ν_2	ν_1	ν_2	ν_3	ν_4
矩形平板	10	20	8	8	4	4
三面角	10	20	8	8	4	4

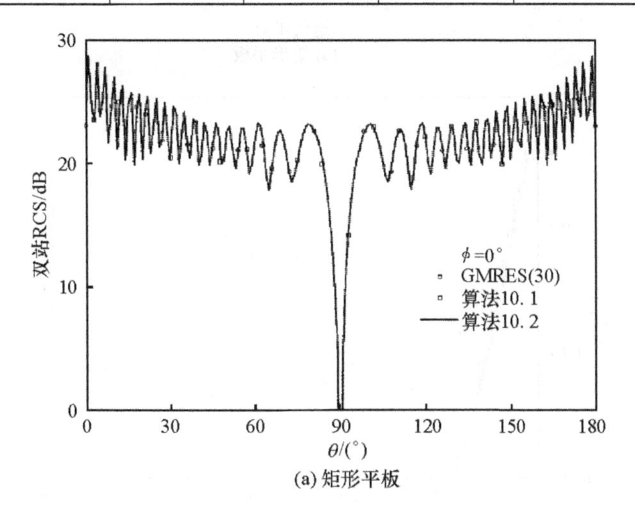

(a) 矩形平板

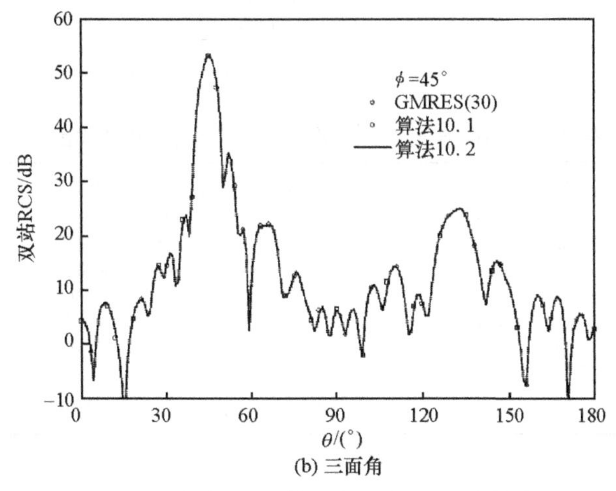

(b) 三面角

图 10.29　算例 10.3 模型的双站 RCS 计算结果

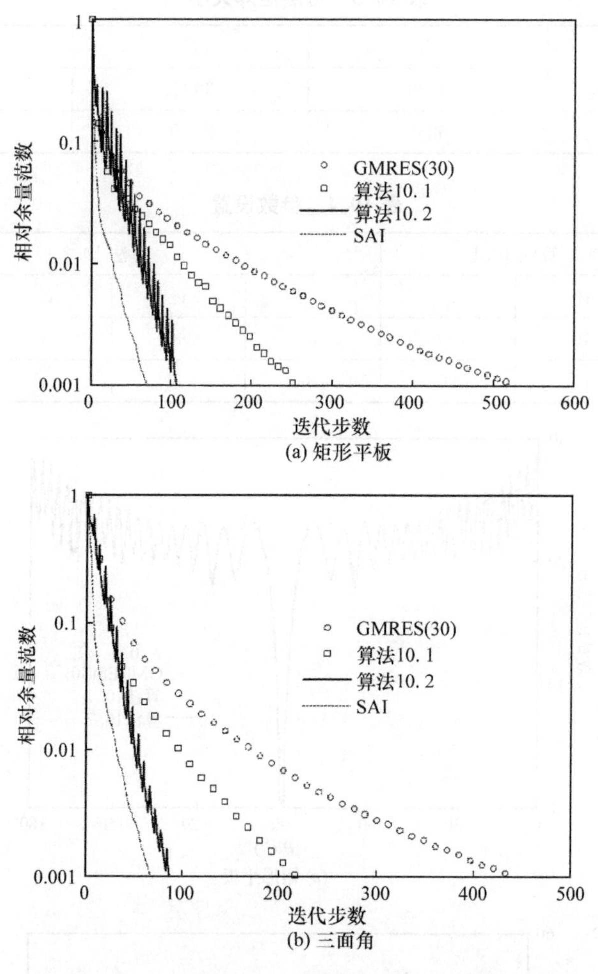

图 10.30　算例 10.3 模型的迭代收敛曲线

表 10.5　不同方法分析矩形平板的计算时间和迭代步数

方法	近场计算时间/s	预处理时间/s	迭代步数	求解时间/s	总计算时间/s
GMRES(30)	35	—	530	641	676
SAI	36	109	72	276	421
算法 10.1	35	102	258	480	617
算法 10.2	35	102	108	270	407

表 10.6　不同方法分析三面角的计算时间和迭代步数

方法	近场计算时间/s	预处理时间/s	迭代步数	求解时间/s	总计算时间/s
GMRES(30)	26	—	445	308	334
SAI	25	71	68	169	265
算法 10.1	25	83	219	254	362
算法 10.2	26	83	88	148	257

算例 10.4　考虑一边长为 3.5λ 的立方体和如图 10.31 所示的卫星模型的散射问题，以及一位于圆柱腔底部的偶极子的辐射特性，金属圆柱腔的半径为 1.75λ、高为8.5λ。入射到立方体和卫星的电磁波频率分别为150MHz和 400MHz。偶极子的工作频率为 150MHz。立方体和卫星的入射角设置为 $\theta_i=0°$、$\phi_i=0°$。立方体和圆柱腔的最粗层剖分尺寸为 0.2λ，卫星的最粗层剖分尺寸为 0.23λ，同样细分两次得到嵌套的网格剖分，各层的矩阵大小列于表 10.7 中。算法中的预定迭代步数设置如表 10.8 所示。图 10.32 给出了不同算法的收敛曲线，表 10.9～表 10.11 给出了不同方法的计算时间和迭代步数，从表中可以看出，与不用预条件的 GMRES(30)求解器相比，本节所提出的多重网格预条件方法(算法 10.2)能同时降低迭代步数和计算时间，对于立方体和卫星模型，本节方法所用的计算时间比 SAI 预条件方法的计算时间更少。

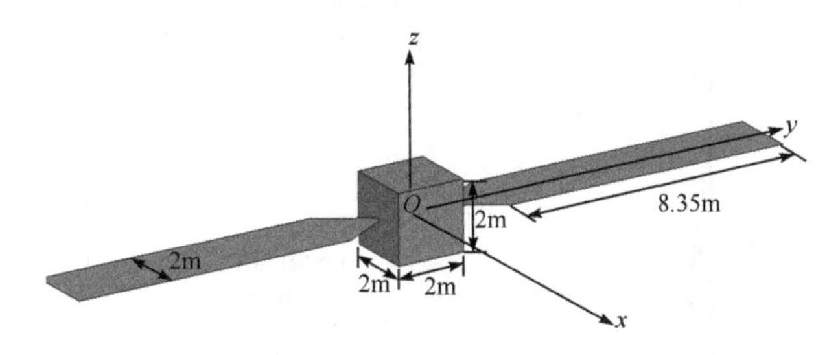

图 10.31　卫星几何模型

表 10.7　每层矩阵大小

模型	1	2	3
立方体	6276	25104	100416
卫星	6560	26488	106448
圆柱腔	8072	32344	129488

表 10.8 参数设置

模型	算法 10.1		算法 10.2			
	ν_1	ν_2	ν_1	ν_2	ν_3	ν_4
立方体	10	20	8	8	4	4
卫星	10	20	10	10	8	10
圆柱腔	10	20	10	10	8	10

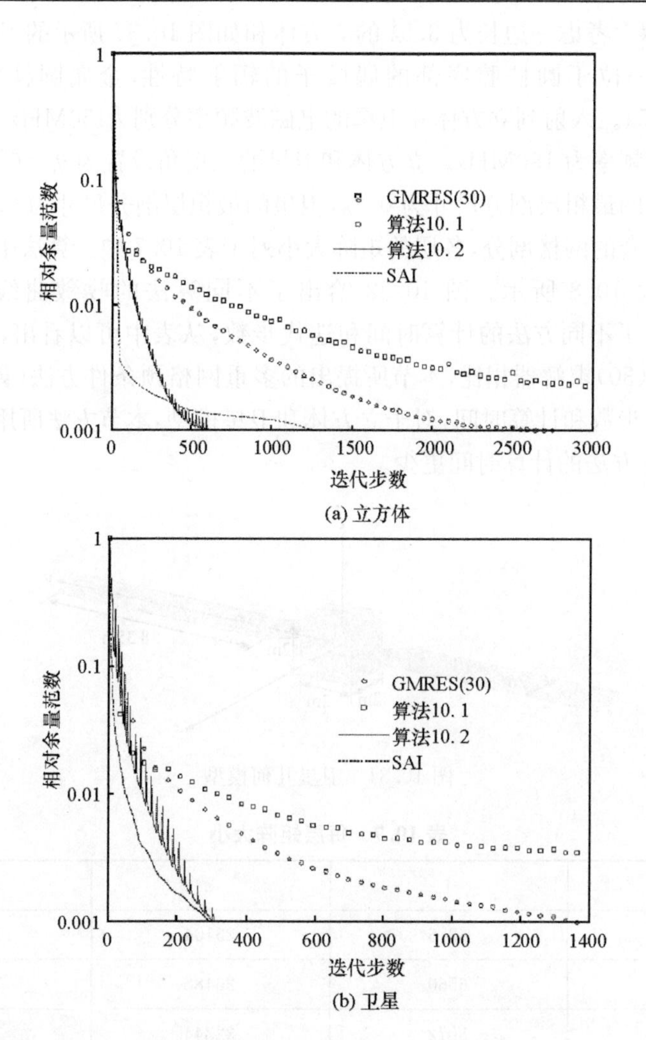

(a) 立方体

(b) 卫星

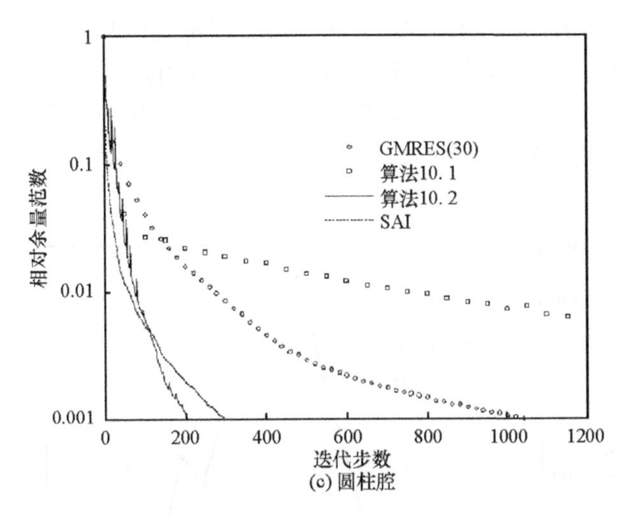

(c) 圆柱腔

图 10.32 算例 10.4 模型的迭代收敛曲线

表 10.9 不同方法分析立方体的计算时间和迭代步数

方法	近场计算时间/s	预处理时间/s	迭代步数	求解时间/s	总计算时间/s
GMRES(30)	41	—	2770	1237	1278
SAI	40	223	1252	642	905
算法10.2	42	85	613	693	820

表 10.10 不同方法分析卫星模型的计算时间和迭代步数

方法	近场计算时间/s	预处理时间/s	迭代步数	求解时间/s	总计算时间/s
GMRES(30)	39	—	1369	1933	1972
SAI	37	101	301	787	925
算法10.2	39	95	312	733	867

表 10.11 不同方法分析圆柱腔的计算时间和迭代步数

方法	近场计算时间/s	预处理时间/s	迭代步数	求解时间/s	总计算时间/s
GMRES(30)	60	—	1044	1153	1213
SAI	59	157	299	344	560
算法10.2	62	98	207	425	585

算例 10.5 考察本方法在处理低频崩溃、密网格崩溃的能力。以平板的电磁散射为例，入射角为 $\theta_i=45°$、$\phi_i=45°$。图 10.33 和图 10.34 分别给出了迭代步数随频率和最细层剖分尺寸变化的关系。从图 10.33 可以看出，在 1MHz 时，两种方法的迭代步数几乎相等，由于在小于 1MHz 时计算结果不准确，此部分的迭代

步数没有在图中给出，这是因为这种方法并没有将标量位和矢量位分开处理。从图 10.34 中可以看出，本节算法的迭代步数远小于没用预条件的 GMRES(30)，当最细层剖分尺寸为 0.05λ～0.2λ，本节算法的迭代步数几乎不变。图 10.35 给出了迭代步数随未知量变化的关系，可以发现本节方法的迭代步数远小于 GMRES 算法。

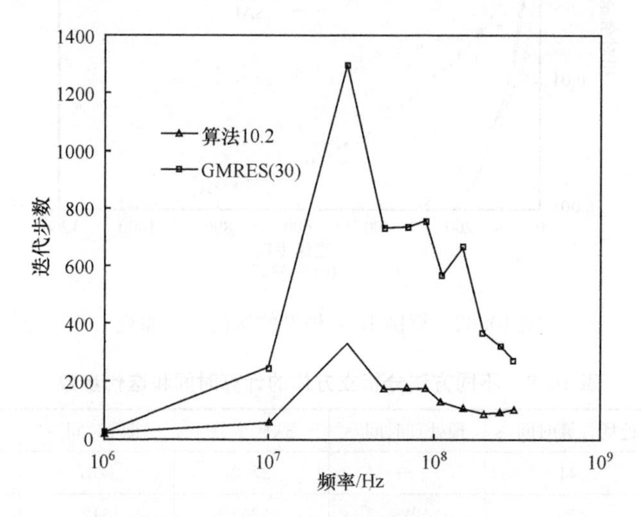

图 10.33　本节算法和 GMRES 的迭代步数随频率变化的关系(分析的金属平板尺寸固定为 4m，最细层剖分固定为 0.1m)

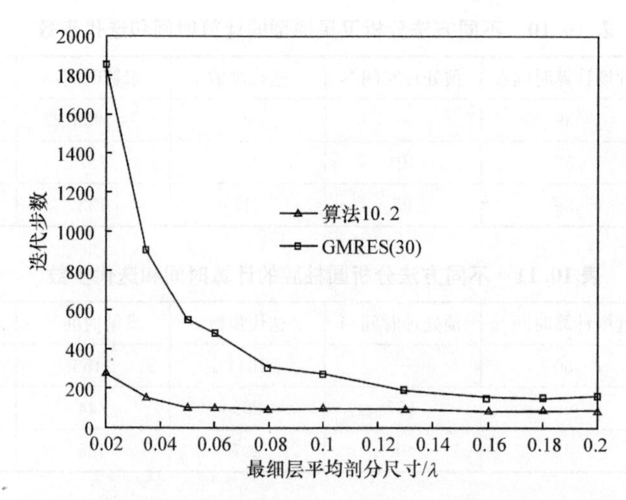

图 10.34　本节算法和 GMRES 的迭代步数随最细层剖分尺寸变化的关系(分析的金属平板尺寸固定为 4m，频率固定为 300MHz)

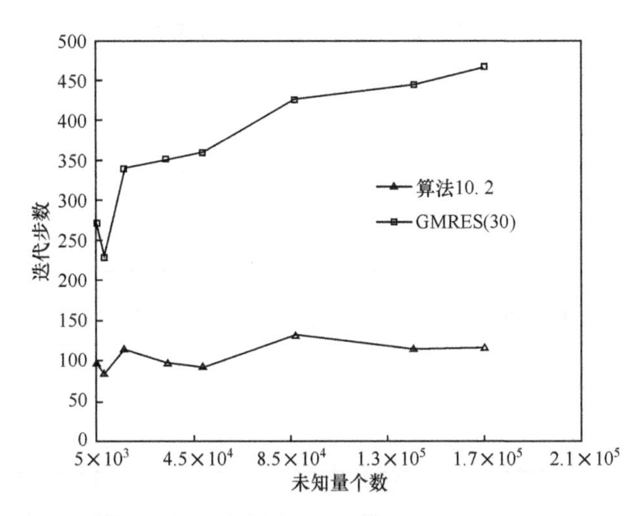

图 10.35　本节算法和 GMRES 算法的迭代步数随未知量变化的关系(分析的金属平板最细层剖分尺寸固定为 0.1λ,频率固定为 300MHz)

算例 10.6　考察算法中参数的选取,即算法 10.1 中的 ν_1 和 ν_2,算法 10.2 中的 ν_1、ν_2、ν_3 和 ν_4 的选取。以图 10.28(b)的三面角模型为例,表 10.12 给出了算法 10.1 中不同的 ν_1 和 ν_2 对迭代步数和求解时间的影响。由表可以看出,随着 ν_1 和 ν_2 的增加,迭代步数降低,当 ν_1 和 ν_2 分别大于 10 和 20 时,迭代步数变化不是很明显,求解时间反而增加。因此,$\nu_1=10$,$\nu_2=20$ 是合理的。对于算法 10.2,表 10.13 给出了在 $\nu_3=4$、$\nu_4=4$ 时,不同的 ν_1 和 ν_2 取值对迭代步数和求解时间的影响;和算法 10.1 一样,ν_1 和 ν_2 的值并不是越大越好。表 10.14 给出了在 $\nu_1=8$、$\nu_2=8$ 时,不同的 ν_3 和 ν_4 取值对迭代步数和求解时间的影响。与表 10.13 相比,较小的 ν_3 和 ν_4 能够使迭代步数大大减小,正如图 10.27 所示,$\boldsymbol{Z}_l'\boldsymbol{I}_l=\boldsymbol{V}_l$ 比 $\boldsymbol{Z}_l\boldsymbol{I}_l=\boldsymbol{V}_l$ 的收敛速度更快,因此 ν_3 和 ν_4 选取得较小。

表 10.12　算例 10.1 中不同参数设置对应的迭代步数和求解时间

ν_1	ν_2	迭代步数	求解时间/s
8	8	229	239
10	10	226	246
10	20	219	254
20	20	219	280
25	25	217	299

表 10.13　算法 10.2 中不同参数设置对应的迭代步数和求解时间($\nu_3=4,\nu_4=4$)

ν_1	ν_2	迭代步数	求解时间/s
8	8	88	148
10	10	84	144
15	15	83	157
20	20	83	174

表 10.14　算法 10.2 中不同参数设置对应的迭代步数和求解时间($\nu_1=8,\nu_2=8$)

ν_3	ν_4	迭代步数	求解时间/s
2	2	88	131
3	3	88	133
4	4	88	148
12	12	88	162

参 考 文 献

[1] Song J M,Lu C C,Chew W C. Multilevel fast multipole algorithm for electromagnetic scattering by large complex objects[J]. IEEE Transactions on Antennas and Propagation,1997,45:1488-1493.

[2] 聂在平,方大纲. 目标与环境电磁散射特性建模——理论、方法与实现(基础篇)[M]. 北京:国防工业出版社,2009.

[3] Eibert T F. Iterative-solver convergence for loop-star and loop-tree decomposition in method-of-moments solutions of the electric-field integral equation [J]. IEEE Antennas and Propagation Magazine,2004,46(3):80-85.

[4] Qian Z G,Chew W C. An augmented electric field integral equation for low frequency electromagnetic analysis[C]. IEEE Antennas and Propagation Society International Symposium,2008:1-4.

[5] Taskinen M,Ylä-Oijala P. Current and charge integral equation formulation [J]. IEEE Transactions on Antennas and Propagation,2006,54(1):58-67.

[6] Zhu J,Hu Y Q,Chen R S,et al. Calderón multiplicative preconditioner based on curvilinear elements for fast analysis of electromagnetic scattering[J]. IET Microwaves Antennas and Propagation,2011,5(1):102-112.

[7] An Y Y,Fan Z H,Ding D Z,et al. Investigation of multigrid preconditioner for integral equation fast analysis of electromagnetic scattering problems[J]. IEEE Transactions on Antennas and Propagation,2014,62(6):3091-3099.

[8] Chen R S,Ding J J,Ding D Z,et al. A Multiresolution curvilinear Rao-Wilton-Glisson basis function for fast analysis of electromagnetic scattering[J]. IEEE Transactions on Antennas

and Propagation,2009,57(10):3179-3188.

[9] Ding J J,Zhu J,Chen R S,et al. An alternative multiresolution basis in EFIE for analysis of low-frequency problems[J]. Applied Computational Electromagnetics Society Newsletter, 2010,26(1):26-30.

[10] Ding J J,Jiang Z N,Chen R S. A Multiresolution preconditioner combined with MDA-SVD algorithm for fast analysis of EM scatters with dense discretizations[J]. IET Microwave Antennas and Propagation,2011,5(11):1351-1358.

[11] Ding J J,Chen R S,Zhu J. A redundant loop basis for closed structures with application to MR basis [J]. Applied Computational Electromagnetics Society Journal, 2011, 26 (3): 225-233.

[12] 丁建军,柯涛,丁大志.多分辨预处理技术在电磁散射中的应用[J].电波科学学报,2007,22:86-89.

[13] Hu Y Q,Ding J J,Ding D Z,et al. Analysis of electromagnetic scattering from dielectric objects above a lossy half-space by multiresolution preconditioned multilevel fast multipole algorithm[J]. IET Microwave Antennas Propagation,2010,4(2):232-239.

[14] Li M M,Ding J J,Ding D Z,et al. Multiresolution preconditioned multilevel UV method for analysis of planar layered finite frequency selective surface[J]. Microwave and Optical Technology Letter,2010,52(7):1530-1536.

[15] Andriulli F P,Cools K,Bagci H,et al. A multiplicative Calderón preconditioner for the electric field integral equation[J]. IEEE Transactions on Antennas and Propagation, 2008, 56(8):2398-2412.

[16] Borel S,Levadoux D P,Alouges F. A new well-conditioned integral formulation for Maxwell equations in three dimensions[J]. IEEE Transactions on Antennas and Propagation,2005, 53(9):2995-3004.

[17] Adams R J. Combined field integral equation formulations for electromagnetic scattering from convex geometries[J]. IEEE Transactions on Antennas and Propagation,2004,52(5): 1294-1303.

[18] Adams R J. Physical and analytical properties of a stabilized electric field integral equation[J]. IEEE Transactions on Antennas and Propagation,2004,52(2):362-372.

[19] Contopanagos H,Dembart B,Epton M,et al. Well-conditioned boundary integral equations for three-dimensional electromagnetic scattering[J]. IEEE Transactions on Antennas and Propagation,2002,50(12):1824-1830.

[20] Christiansen S H,Nedelec J C. A preconditioner for the electric field integral equation based on Calderón formulas[J]. SIAM Journal on Numerical Analysis,2003,40(3):1100-1135.

[21] Adams R J,Brown G S. Stabilization procedure for electric field integral equation[J]. Electronics Letters,1999,35(23):2015-2016.

[22] Buffa A,Christiansen S. A dual finite element complex on the barycentric refinement[J]. Mathematics of Computation,2007,76:1743-1769.

[23] Zdemir T O, Volakis J L. Triangular prisms for edge-based vector finite element analysis of conformal antennas[J]. IEEE Transactions on Antennas and Propagation, 1997, 45(5): 788-797.

[24] Steinberg B Z, Leviatan Y. On the use of wavelet expansions in the method of moments[J]. IEEE Transactions on Antennas and Propagation, 1993, 41(5): 610-619.

[25] Goswami J C, Chan A K, Chui C K. On solving first-kind integral equations using wavelets on a bounded interval[J]. IEEE Transactions on Antennas and Propagation, 1995, 43(6): 614-622.

[26] Vipiana F, Pirinoli P, Vecchi G. A multiresolution method of moments for triangular meshes[J]. IEEE Transactions on Antennas and Propagation, 2005, 53(7): 2247-2258.

[27] Vipiana F, Vecchi G, Pirinoli P. A multiresolution system of Rao-Wilton-Glisson functions[J]. IEEE Transactions on Antennas and Propagation, 2007, 55(3): 924-930.

[28] Rao S, Wilton D, Glisson A. Electromagnetic scattering by surfaces of arbitrary shape[J]. IEEE Transactions on Antennas and Propagation, 1982, 30(3): 409-418.

[29] Vipiana F, Pirinoli P, Vecchi G. Spectral properties of the EFIE-MoM matrix for dense meshes with different types of bases[J]. IEEE Transactions on Antennas and Propagation, 2007, 55(11): 3229-3238.

[30] de Vita P, Freni A, Pirinoli P, et al. A combined MR-FMM approach[C]. Proceedings of URSI National Radio Science Meeting, 2005.

[31] de Vita P, Freni A, Vipiana F, et al. Fast analysis of large finite arrays with a multiresolution SM/AIM approach[J]. IEEE Transactions on Antennas and Propagation, 2006, 54(12): 3827-3832.

[32] de Vita P, Mori A, Freni A, et al. A BMIA/AIM multi-resolution approach for the analysis of large printed array[C]. Antennas and Propagation Society International Symposium, 2003: 803-806.

[33] Wandzura S. Electric current basis functions for curved surfaces[J]. Electromagnetics, 1992, 12(1): 77-91.

[34] Graglia R D, Wilton D R, Peterson A F. Higher order interpolatory vector bases for computational electromagnetics[J]. IEEE Transactions on Antennas and Propagation, 2002, 45(3): 329-342.

[35] Donepudi K, Kang G, Song J M, et al. Higher-order MoM implementation to solve integral equations[C]. IEEE AP-S International Symposium, 1999: 1716-1719.

[36] Canino L F, Ottusch J J, Stalzer M A, et al. Numerical solution of the Helmholtz equation in 2D and 3D using a high-order Nystrom discretization[J]. Journal of Computional Physics, 1998, 146(2): 627-663.

[37] Rui P L, Chen R S, Fan Z H, et al. Perturbed incomplete ILU preconditioner for efficient solution of electric field integral equations[J]. IET Microwave Antennas Propagation, 2007, 1(5): 1059-1063.

[38] Leem K H, Pelekanos G. Algebraic multigrid preconditioner for homogeneous scatterers in electromagnetics [J]. IEEE Transactions on Antennas and Propagation, 2006, 54(7): 2081-2087.

[39] Rui P L, Chen R S, Wang D X, et al. A spectral multigrid method combined with MLFMM for solving electromagnetic wave scattering problems[J]. IEEE Transactions on Antennas and Propagation, 2007, 55(9): 2571-2577.

[40] Aghabarati A, Webb J P. An algebraic multigrid method for the finite element analysis of large scattering problems[J]. IEEE Transactions on Antennas and Propagation, 2013, 61(2): 809-817.

第 11 章　块迭代算法

在单站 RCS 的计算中，随着激励方向的变化，最终需要求解一个具有相同系数矩阵的多右边向量的线性系统方程。前面几章介绍了多种适用于求解此类多右边向量线性系统方程的快速迭代算法与有效的预条件技术，采用的策略是逐个求解单个右边向量所对应的线性系统方程。本章考虑利用块迭代求解技术，同时求解多右边向量的线性系统方程，首先介绍一种块广义最小余量迭代算法（block GMRES，BGMRES），阐述块迭代求解技术的基本原理，随后引入一种块 GMRES-DR 迭代算法，将 GMRESE 及基于特征谱信息的 SMG 迭代算法应用于同时求解多右边向量的线性系统方程中并进行推广，分别形成块 GMRESE 迭代算法和块 SMG 迭代算法。

11.1　块 GMRES 迭代算法

广义最小余量（GMRES）迭代算法[1]是一种常用的求解线性系统方程组的 Krylov 子空间迭代算法，它构造一组全空间的 Krylov 正交基并在其中搜索使系统方程余量最小的解向量。由于受存储量或正交化过程中计算量的限制，GMRES 迭代算法一般均采用重复循环的形式，即 GMRES(m)，这里的 m 指每次循环中构造的 Krylov 子空间维数的大小。然而，重复循环的引入使 GMRES 迭代算法的收敛速度大为降低，这主要是因为较大维数的 Krylov 子空间可以更好地近似一些较小特征值所对应的特征向量，使这些较小的特征值对迭代过程收敛性的影响可以在迭代过程中被有效地消除，从而加速迭代算法的收敛速度[2]。这表明增大 Krylov 子空间的维数，有助于加速 GMRES 迭代算法的收敛速度。基于块的迭代求解技术就是扩大 Krylov 子空间维数的一种措施。它将多个右边向量当成一个块向量进行同时处理，为每个右边向量建立一个相对应的 Krylov 子空间，并将所有的 Krylov 子空间组合成一个维数更大的子空间，然后在此组合的空间内搜索每个右边向量所对应的解向量。

假定待求解的多右边向量的线性系统方程可以写为

$$\boldsymbol{A}\boldsymbol{x}^{(i)}=\boldsymbol{b}^{(i)},\quad i=1,2,\cdots \tag{11.1}$$

定义块向量 $\boldsymbol{X}=[\boldsymbol{x}^{(1)},\boldsymbol{x}^{(2)},\cdots,\boldsymbol{x}^{(p)}]$ 以及 $\boldsymbol{B}=[\boldsymbol{b}^{(1)},\boldsymbol{b}^{(2)},\cdots,\boldsymbol{b}^{(p)}]$，则式（11.1）定义的多右边向量线性系统方程可以写成块矩阵方程的形式为

$$\boldsymbol{A}\boldsymbol{X}=\boldsymbol{B} \tag{11.2}$$

给定一个初始近似解的块向量 $\boldsymbol{X}_0=[\boldsymbol{x}_0^{(1)},\boldsymbol{x}_0^{(2)},\cdots,\boldsymbol{x}_0^{(p)}]$，那么块状矩阵方程(11.2)的初始余量可写为 $\boldsymbol{R}_0=[\boldsymbol{r}_0^{(1)},\boldsymbol{r}_0^{(2)},\cdots,\boldsymbol{r}_0^{(p)}]$，其中 $\boldsymbol{r}_0^{(i)}=\boldsymbol{b}^{(i)}-\boldsymbol{A}\boldsymbol{x}_0^{(i)}$。

块 GMRES 迭代算法[3]在每次循环过程中，利用当前的余量 $\boldsymbol{R}_0$ 构造一组维数为 m 的子空间 $\mathrm{span}\{\boldsymbol{R}_0,\boldsymbol{A}\boldsymbol{R}_0,\cdots,\boldsymbol{A}^{l-1}\boldsymbol{R}_0,\boldsymbol{A}^l\boldsymbol{R}_0\}$，其中 $l=m/p$。然后在此空间内搜索使当前余量范数最小的近似解向量，即 $\boldsymbol{X}=\boldsymbol{X}_0+\boldsymbol{V}_m\boldsymbol{Y}$。这里，$\boldsymbol{V}_m$ 是上述空间的一组正交规范基，且有

$$\boldsymbol{A}\boldsymbol{V}_m=\boldsymbol{V}_{m+p}\overline{\boldsymbol{H}}_m \tag{11.3}$$

式中，$\overline{\boldsymbol{H}}_m$ 是维数为 $(m+p)\times m$ 的块状上 Hessenberg 阵。下面给出块 GMRES 迭代算法的一种具体实施流程。

算法 11.1　BGMRES(m,p)

(1) 开始：定义 $\boldsymbol{X}_0$，$\boldsymbol{R}_0=\boldsymbol{B}-\boldsymbol{A}\boldsymbol{X}_0$，对 $\boldsymbol{R}_0$ 进行 QR 分解，即 $\boldsymbol{R}_0=[\boldsymbol{v}_1,\boldsymbol{v}_2,\cdots,\boldsymbol{v}_p]\boldsymbol{R}$。

(2) 块 Arnoldi 迭代过程：对 $j=p,\cdots,m$ 进行循环，令 $k=j-p+1$，计算 $\boldsymbol{w}=\boldsymbol{A}\boldsymbol{v}_k$；对 $i=1,\cdots,j$ 进行循环，并计算

$$\begin{cases} h_{i,k}=\langle \boldsymbol{w},\boldsymbol{v}_i\rangle \\ \boldsymbol{w}=\boldsymbol{w}-h_{i,k}\boldsymbol{v}_i \end{cases}$$

计算 $h_{j+1,k}=\|\boldsymbol{w}\|_2$ 及 $\boldsymbol{v}_{j+1}=\boldsymbol{w}/h_{j+1,k}$ 终止循环。

(3) 终止或循环：定义 $\boldsymbol{V}_m:=[\boldsymbol{v}_1,\cdots,\boldsymbol{v}_m]$，并计算 $\boldsymbol{X}_m=\boldsymbol{X}_0+\boldsymbol{V}_m\boldsymbol{Y}$，这里 $\boldsymbol{Y}=\arg\min\limits_{y}\|\boldsymbol{E}_1\boldsymbol{R}-\overline{\boldsymbol{H}}_m\boldsymbol{Y}\|_2$。如果满足收敛精度要求，则停止迭代；否则，令 $\boldsymbol{X}_0\leftarrow\boldsymbol{X}_m$ 并返回步骤(1)。

上述算法中 $\boldsymbol{R}$ 为维数为 $p\times p$ 的上三角阵，$\boldsymbol{E}_1$ 为维数为 $(m+p)\times p$ 的矩阵，其前 $p\times p$ 的主块为维数为 $p\times p$ 的单位阵。

11.2　块 GMRES-DR 迭代算法

如前所述，重复循环的 GMRES 迭代算法中 Krylov 子空间的维数大小对其收敛速度有很大的影响。块 GMRES 迭代算法通过组合成一个维数大的空间来消去一些较小特征值对收敛性的影响，加速迭代求解速度。同样，存在很多策略来消除较小特征值对迭代算法收敛速度的影响，如第 5 章中介绍的 Krylov 子空间扩大技术、特征谱重复循环技术以及特征谱预条件技术等。本节采用块迭代求解技术结合特征谱重复循环技术，即利用块 GMRES-DR 迭代算法[4]来加速对多右边向量系统方程(11.1)的迭代求解过程。

GMRES-DR 迭代算法在每次重复循环时估计出系数矩阵的一系列最小特征向量信息，并通过显式的重复循环策略将其引入下一次 Krylov 子空间当中。假定 $\boldsymbol{r}_0$ 为当前循环的迭代余量，$[\boldsymbol{u}_1,\boldsymbol{u}_2,\cdots,\boldsymbol{u}_k]$ 为系数矩阵的一系列近似最小特征向

量，则 GMRES-DR 迭代算法构造的 m 维新 Krylov 子空间可表示为 $\mathcal{M}=\mathrm{span}\{\boldsymbol{u}_1,\boldsymbol{u}_2,\cdots,\boldsymbol{u}_k,\boldsymbol{r}_0,\boldsymbol{A}\boldsymbol{r}_0,\cdots,\boldsymbol{A}\boldsymbol{r}_0^{m-k-1}\}$。值得注意的是，尽管这里的空间 $\mathcal{M}$ 并不是以 $\boldsymbol{r}_0$ 为初始向量构造的 Krylov 子空间，但是仍然是一个 Krylov 子空间[4]。此外，这里的近似最小特征向量信息的引入并不需要很精确，就可以有效地消除相应的最小特征值对收敛性的不良影响。

同样，11.1 节中的 BGMRES 迭代算法中的一些最小特征值对收敛性能的影响也可以通过 GMRES-DR 迭代算法中类似的措施得以消除，即将一系列的近似最小特征向量通过显式循环的策略引入块的 Krylov 子空间当中，即 $\mathrm{span}\{\boldsymbol{u}_1,\boldsymbol{u}_2,\cdots,\boldsymbol{u}_k,\boldsymbol{R}_0,\boldsymbol{A}\boldsymbol{R}_0,\cdots,\boldsymbol{A}^{l-1}\boldsymbol{R}_0\}$，其中，$l=(m-k)/p$，从而形成了块 GMRES-DR 迭代算法(block GMRES-DR，BGMRES-DR)[5]。下面基于算法 11.1 中的 BGMRES 给出了一种 BGMRES-DR 迭代算法的具体流程。

算法 11.2　BGMRES-DR(m,k,p)

(1) 初始化：定义 $m,k,\boldsymbol{X}_0$，并计算 $\boldsymbol{R}_0=\boldsymbol{B}-\boldsymbol{A}\boldsymbol{X}_0$，通过对向量组 $\boldsymbol{r}_0^{(1)},\boldsymbol{r}_0^{(2)},\cdots,\boldsymbol{r}_0^{(p)}$ 的正交规范化构造 $\boldsymbol{V}_p$。

(2) 构造近似解：利用块 Arnold 迭代算法生成 $\boldsymbol{V}_{m+p}$ 和 $\overline{\boldsymbol{H}}_m$，求解最小化问题 $\min\|\boldsymbol{C}-\overline{\boldsymbol{H}}_m\boldsymbol{D}\|$ 获得 $\boldsymbol{D}$，这里 $\boldsymbol{C}=\boldsymbol{V}_{m+p}^{\mathrm{H}}\boldsymbol{r}_0^{(i)}$，构造新的近似解，$\boldsymbol{x}_m^{(i)}=\boldsymbol{x}_0^{(i)}+\boldsymbol{V}_m\boldsymbol{d}_i$，其中 $\boldsymbol{d}_i$ 是 $\boldsymbol{D}$ 的第 i 列向量，并计算余量 $\boldsymbol{r}^{(i)}=\boldsymbol{b}-\boldsymbol{A}\boldsymbol{x}_m^{(i)}=\boldsymbol{V}_{m+1}(\boldsymbol{c}_i-\overline{\boldsymbol{H}}_m\boldsymbol{d}_i)$。根据余量范数 $\|\boldsymbol{r}^{(i)}\|=\|\boldsymbol{c}_i-\overline{\boldsymbol{H}}_m\boldsymbol{d}_i\|$ 检验是否收敛，如果没有达到收敛精度，则迭代继续进行。

(3) 开始循环：令 $\boldsymbol{x}_0^{(i)}=\boldsymbol{x}_m^{(i)}$ 和 $\boldsymbol{r}_0^{(i)}=\boldsymbol{r}^{(i)}$，计算矩阵 $\boldsymbol{H}_m+\boldsymbol{H}_m^{-\mathrm{H}}\overline{\boldsymbol{H}}_{(m+1:m+p,1:m)}^{\mathrm{H}}\overline{\boldsymbol{H}}_{(m+1:m+p,m-p+1:m)}$ 的 k 个特征向量对$(\tilde{\theta}_i,\tilde{g}_i)$(其中 $\tilde{\theta}_i$ 为谐和里茨值)。

(4) 前 k 个向量的正交化：对向量 $\boldsymbol{g}_i(i=1,\cdots,k)$ 进行正交规范化以形成维数为 $m\times k$ 的矩阵 $\boldsymbol{P}_k$。

(5) 第 $k+1$ 个向量的正交化：首先将每个向量 $\boldsymbol{p}_1,\cdots,\boldsymbol{p}_k$ 补零至长度为 $m+p$，然后将矩阵 $\boldsymbol{C}-\overline{\boldsymbol{H}}_m\boldsymbol{D}$ 的每列向量与之正交规范化，以形成向量 $\boldsymbol{p}_{k+1},\cdots,\boldsymbol{p}_{k+p}$，这时矩阵 $\boldsymbol{P}_{k+p}$ 的维数便为$(m+p)\times(m+p)$。

(6) 构造新的空间：定义 $\overline{\boldsymbol{H}}_k^{\mathrm{new}}=\boldsymbol{P}_{k+p}^{\mathrm{H}}\overline{\boldsymbol{H}}_m\boldsymbol{P}_k$ 及 $\boldsymbol{V}_{k+p}^{\mathrm{new}}=\boldsymbol{V}_{k+p}\boldsymbol{P}_{k+p}$，并令 $\overline{\boldsymbol{H}}_k=\boldsymbol{H}_k^{\mathrm{new}}$，$\boldsymbol{V}_{k+p}=\boldsymbol{V}_{k+p}^{\mathrm{new}}$。

(7) 第 $k+1$ 个向量的重新正交化：将向量 $\boldsymbol{v}_{k+1},\cdots,\boldsymbol{v}_{k+p}$ 同矩阵 $\boldsymbol{V}_{k+p}$ 中的前 k 列进行正交规范化，并返回步骤(2)。

上述算法中，$\overline{\boldsymbol{H}}_m$ 表示维数为$(m+p)\times m$ 的块状上 Hessenberg 阵，$\boldsymbol{H}_m$ 为矩阵 $\overline{\boldsymbol{H}}_m$ 的大小为 $m\times m$ 的主值块矩阵。

11.3　块 GMRESE 迭代算法

GMRES-DR 迭代算法通过显式循环的策略，将系数矩阵的一些最小特征向量的信息很自然地引入下一次循环所构造的 Krylov 子空间当中，能有效地消除其相应的最小特征值对迭代过程收敛速度的影响。尽管 GMRES-DR 迭代算法在每次循环的过程中并不需要对系数矩阵的最小特征向量的信息进行精确的估计，就可以在很大程度上加速迭代过程中的收敛速度。然而，如前文所述，对这些特征向量太过粗糙的估计，并不能对收敛性能的提高有所帮助。因此，在 GMRES-DR 迭代的最初的几次循环当中，往往难以获得较好的加速收敛效果。

前文介绍的 GMRESE 能很好地解决上述问题，它通过对系数矩阵最小特征向量比较精确的预估，使这些较精确的特征向量信息在迭代开始时就得以应用，因而产生了更好的收敛效果。同样，也可以利用 GMRESE 迭代算法中的策略，加速 BGMRES 迭代算法的收敛速度，形成块 GMRESE 迭代算法(BGMRESE)。

以第 6 章中的 GMRESE(2) 为例，为了叙述方便，这里仍用 GMRESE 表示。假定$[\boldsymbol{u}_1,\boldsymbol{u}_2,\cdots,\boldsymbol{u}_k]$为系数矩阵的一系列近似最小特征向量，将其直接强加到块 GMRES 迭代算法每次循环的块状 Krylov 子空间当中，形成 $m+k$ 维新的子空间，表示为 $\mathcal{M}=\mathrm{span}\{\boldsymbol{R}_0,\boldsymbol{A}\boldsymbol{R}_0,\cdots,\boldsymbol{A}\boldsymbol{R}_0^{m-1},\boldsymbol{u}_1,\boldsymbol{u}_2,\cdots,\boldsymbol{u}_k\}$。下面给出块 GMRESE 迭代算法求解形如式(11.1)所示多右边向量线性系统方程的一种流程。

算法 11.3　BGMRESE(m,k,p)

(1) 利用 GMRES-DR 迭代算法求解线性系统 $\boldsymbol{A}\boldsymbol{x}^{(1)}=\boldsymbol{b}^{(1)}$，得到近似最小特征向量 $\boldsymbol{V}_k$。

(2) 利用式(5.1)计算并存储 k 个向量 $\boldsymbol{A}\boldsymbol{V}_k$。

(3) 仿照 AGMRES 迭代算法的流程，将 k 个近似特征向量 $\boldsymbol{V}_k$ 强加到 BGMRES 迭代过程的每次循环之中。注意，特征向量引入时所需要的矩阵矢量乘可以直接从 $\boldsymbol{A}\boldsymbol{V}_k$ 中获得。

(4) 应用步骤(3)所构造的迭代算法逐个求解后续的块线性系统方程 $\boldsymbol{A}\boldsymbol{X}^{(i)}=\boldsymbol{B}^{(i)}(i=2,3,\cdots)$。

11.4　块 SMG 迭代算法

多重网格迭代算法的基本思想是通过光滑迭代来消除迭代过程中的高频误差分量，而利用粗网格校正来消除误差的低频分量。由于迭代过程中误差的高频分量是同待求解系数矩阵特征谱中较大特征值相联系的，所以一般的迭代算法就能够用来消去误差的高频分量，即消除较大特征值对迭代过程收敛性的影响。因此，多重网格迭代算法中的关键步骤就集中在进行粗网格校正上，即定义一个有效的粗网格空间。这个粗网格空间必须同系数矩阵特征谱上一些较小特征值所对应的特征向量展开的空间相对应，以使误差的低频分量能够在此粗网格空间上得到充分的表达,从而消去迭代过程中误差的低频分量,即消除较小特征值对迭代过程收敛性的影响。光滑迭代同粗网格校正过程相结合,就形成了多重网格迭代算法,使得迭代过程的收敛速度能够显著提高。

前文介绍的基于特征谱信息的代数多重网格迭代算法,将一般的光滑迭代过程(如雅可比迭代、高斯-赛德尔迭代或松弛迭代等)推广到一般的任意 Krylov 子空间迭代算法,用于平滑迭代过程中的高频误差分量。而采用 GRMRES-DR 迭代算法对系数矩阵中一系列最小特征向量进行预估,直接构造出粗网格空间 $\boldsymbol{V}_k=\{\boldsymbol{v}_1,\boldsymbol{v}_2\cdots,\boldsymbol{v}_k\}$。定义插值算子 $\boldsymbol{P}$ 和限制算子 $\boldsymbol{R}$ 满足 $\boldsymbol{P}=\boldsymbol{R}^{\mathrm{H}}=\boldsymbol{V}_k$,则系数矩阵 $\boldsymbol{A}$ 在此粗网格空间中的投影为 $\boldsymbol{A}_{\mathrm{c}}=\boldsymbol{RAP}=\boldsymbol{V}_k^{\mathrm{H}}\boldsymbol{AV}_k=\boldsymbol{H}_k$。这里,$\boldsymbol{H}_k$ 为 GMRES-DR 迭代过程中形成的 Hessenberg 阵的主子阵,其维数为 $k\times k$。

将上述光滑迭代过程继续推广,利用块迭代算法来实现对多个右边向量所对应的误差高频分量同时进行平滑,并且对其低频分量同时进行粗网格校正,就形成了与上述相仿的基于特征谱信息的块多重网格迭代算法。此时,式(8.7)所定义的粗网格校正过程可以重新改写为

$$\boldsymbol{X}_k^{\mathrm{new}}=\boldsymbol{X}_k+\boldsymbol{V}_k\boldsymbol{H}_k^{-1}\boldsymbol{V}_k^{\mathrm{H}}\boldsymbol{R}_k \tag{11.4}$$

式中,$\boldsymbol{X}_k=[\boldsymbol{x}_k^{(1)},\boldsymbol{x}_k^{(2)},\cdots,\boldsymbol{x}_k^{(p)}]$,$\boldsymbol{R}_k=[\boldsymbol{r}_k^{(1)},\boldsymbol{r}_k^{(2)},\cdots,\boldsymbol{r}_k^{(p)}]$。根据式(8.10),同样可以得到校正后新的余量简化表达式为

$$\boldsymbol{R}_k^{\mathrm{new}}=\boldsymbol{R}_k-\boldsymbol{V}_k\boldsymbol{H}_k\boldsymbol{D},\quad \boldsymbol{D}=\boldsymbol{H}_k^{-1}\boldsymbol{V}_k^{\mathrm{H}}\boldsymbol{R}_k \tag{11.5}$$

下面同样给出了一种基于特征谱信息的块多重网格迭代算法(block AMG, BAMG)流程。

算法 11.4 BAMG(m,k,p)

(1) 粗网格空间的预估。

利用 GMRES-DR 迭代算法求解线性系统 $\boldsymbol{Ax}^{(1)}=\boldsymbol{b}^{(1)}$,得到近似最小特征向量 $\boldsymbol{V}_k$ 及粗网格矩阵 $\boldsymbol{A}_{\mathrm{c}}=\boldsymbol{H}_k$。

(2) 前光滑过程:消去误差的高频分量。

选择一个迭代算法,对当前迭代近似解 $\boldsymbol{X}_k$ 以及迭代余量 $\boldsymbol{R}_k$,执行 μ_1 次迭代。并记光滑后的近似解以及迭代余量分别为 $\boldsymbol{X}_{k+1/3}$ 和 $\boldsymbol{R}_{k+1/3}$。

(3) 粗网格校正过程:消去误差的低频分量。

利用式(11.4)对当前的光滑后的误差在粗网格空间中实行校正,即 $\boldsymbol{X}_{k+2/3}^{\mathrm{new}}=\boldsymbol{X}_{k+1/3}+\boldsymbol{V}_k\boldsymbol{H}_k^{-1}\boldsymbol{V}_k^{\mathrm{H}}\boldsymbol{R}_{k+1/3}$,同时利用式(11.5)计算校正后的余量 $\boldsymbol{R}_{k+2/3}$。

(4) 后光滑过程:再次消去误差的高频分量。

对校正后的近似解 $\boldsymbol{X}_{k+2/3}$ 以及校正后的余量 $\boldsymbol{R}_{k+2/3}$ 执行 μ_2 次与前光滑过程相同的迭代,得到新的迭代近似解 $\boldsymbol{X}_{k+1}$ 以及迭代余量 $\boldsymbol{R}_{k+1}$。

(5) 应用步骤(2)~(4)所构造的迭代算法重复求解多右边向量的块矩阵方程,直到完成为止。

11.5 数值结果

本节考察上述块迭代算法的收敛特性。为方便起见，仍采用 8.1.2 节中的四个算例模型，它们分别是：

算例 11.1　导体杏仁核(almond)。入射波频率为 5GHz，未知量为 3660。

算例 11.2　金属球-锥结合体(cone-sphere)。入射波频率为 2GHz，未知量为 4047。

算例 11.3　双向尖导体(double ogive)。入射波频率为 8GHz，未知量为 5886。

算例 11.4　某型号导弹(missile)。入射波频率为 200MHz，未知量为 7818。

这里，在对上述模型单站 RCS 的计算中，同样采用了垂直极化的方式，且垂直俯仰角设定为 $\theta=90°$，水平方位角 $\phi=0°\sim180°$，间隔为 2°。由于不同的激励方向分别对应了一个右边向量，所以可以得到具有 91 个右边激励向量的线性系统方程，这里也不再赘述。

为了说明上述块迭代算法的收敛特性，首先对块参数 $p=2$ 的方程(11.2)进行求解。它对应于式(11.1)中定义的第一及第二个右边向量组合成的多右边向量系统方程。由于预条件技术同迭代算法密不可分，这里同样采用改进的稀疏近似逆预条件技术 MSAI 来加速上述块迭代算法的收敛速度。迭代过程中的初始近似解皆取为零向量，迭代收敛精度设置为 10^{-5}，最大迭代步数为 2000。此外，本章所有数据的运行环境都是在 CPU 为 3.06GHz、内存为 1GB 的 Pentium 4 单机上进行的。

表 11.1 中给出了上述各种块迭代算法求解不同算例模型中前两个右边向量组成的块方程所需要的计算量。为了方便比较，表中同时给出了广义最小余量迭代算法 GMRES(m)逐个求解单个右边向量的线性系统方程总共所需要的计算量。从表 11.1 中可以得出如下几点结论：

(1) 与采用一般的迭代算法逐个求解多右边向量系统方程的方法相比，在 Krylov 子空间维数相同的情况下，采用块迭代算法同时求解多右边向量系统方程并不能获得加速效果，甚至需要更多的计算量。如算例 11.1 中 BGMRES(30,2)块迭代算法所需要的计算量是 GMRES(30)迭代算法的 1.5 倍。其他算例中 BGMRES(30,2)同样需要更多的计算量。造成这种现象的原因是块迭代算法 BGMRES(30,2)对应于各自右边向量的 Krylov 子空间缩小了一半，这里为 15。如前所述，这种缩小的 Krylov 子空间会降低迭代算法的收敛速度。

(2) 将 GMRES 迭代算法求解两个独立的右边向量所形成的 Krylov 子空间进行组合，形成更大维数的 Krylov 空间，有利于加速 GMRES 迭代算法的收敛速度。如表 11.1 中的 BGMRES(60,2)块算法就是将传统的 GMRES 迭代算法分别求解前两个右边向量所产生的 Krylov 子空间在每次循环的过程中进行组合。在算例 11.1 中,就达到收敛所需要的矩阵矢量乘次数,BGMRES(60,2)迭代算法所需要的矩阵矢量乘次数要比 GMRES(30)少。在其他算例中,BGMRES(60,2)迭代算法的收敛速度也有着不同程度的提高。

(3) 特征谱重复循环技术在 BGMRES 迭代算法中的应用,不仅使块迭代算法中的 Krylov 子空间的维数得到了大幅度的降低,而且也极大地加速了迭代算法的收敛速度。如表 11.1 中的 BGMRES-DR(30,10,2)迭代算法,其 Krylov 子空间的维数同一般的 GMRES(30)迭代算法相同,而是 BGMRES(60,2)块迭代算法的一半。然而,其收敛速度比起 BGMRES(60,2)块迭代算法又有了不同程度的提高。这表明,BGMRES-DR 块迭代算法不仅具有快速的收敛速度,且具有消耗内存小的优点。

(4) 通过在块迭代算法的 Krylov 子空间中引入一些较准确的最小特征向量信息,可以使迭代算法的收敛速度得到进一步提高。如表 11.1 中 BGMRESE(30,20,2)块迭代算法,就达到收敛所需要的矩阵矢量乘次数,GMRES(30)迭代算法逐个求解的整体计算量平均是 BGMRESE(30,20,2)块迭代算法的 3.0～7.3 倍。同时,就算法实施的内存量,BGMRESE(30,20,2)块迭代算法中的 Krylov 子空间中的维数也只是 BGMRES(60,2)块迭代算法的一半,而其收敛速度却得到了大幅度的提高。

(5) 应用多重网格思想,利用块迭代算法作为其光滑算子,而在由最小特征向量构成的粗网格空间中进行校正,同样能获得快速的收敛效果。如表 11.1 中的 BAMG(20,20,2)块迭代算法,其收敛效果同 BGMRESE(30,20,2)块迭代算法相当。然而,在使用相同量特征谱信息的条件下,BAMG(20,20,2)块迭代算法中的 Krylov 子空间的维数(为 20)又比 BGMRESE(30,20,2)块迭代算法的子空间维数(为 30)得到了降低。这同样表明了 BAMG 块迭代算法的优越性。

表 11.1　各种块迭代算法求解不同算例中 $p=2$ 的块方程达到收敛时所需要的矩阵矢量乘次数与迭代时间

迭代算法	算例 11.1	算例 11.2	算例 11.3	算例 11.4
GMRES(30)	297(40.0)	190(31.6)	618(204.1)	607(190.1)
BGMRES(30,2)	445(63.1)	267(48.0)	997(348.8)	1117(377.5)
BGMRES(60,2)	150(21.0)	111(19.4)	465(161.7)	532(180.3)
BGMRES-DR(30,10,2)	121(17.5)	144(25.7)	243(82.8)	215(73.4)
BGMRESE(30,20,2)	61(9.6)	62(13.4)	101(35.7)	83(31.9)
BAMG(20,20,2)	71(10.0)	65(14.2)	109(42.0)	93(33.6)

图 11.1～图 11.4 给出了用上述各种块迭代算法求解不同算例模型中前三个右边向量组成的块方程的迭代收敛曲线，它对应于求解 $p=3$ 时的块矩阵方程(11.2)。其中，对于块迭代算法，其迭代过程中的余量范数取为其右边向量所对应的余量范数的最大值。为了方便比较，图中同样给出了 GMRES 迭代算法求解第一个右边向量所对应的系统方程时的迭代收敛曲线。从图中可以得出与上述相同的结论。为方便比较，表 11.2 中同样列出了用各种块迭代算法求解不同算例中 $p=3$ 的块方程达到收敛时所需要的矩阵矢量乘次数与迭代时间。

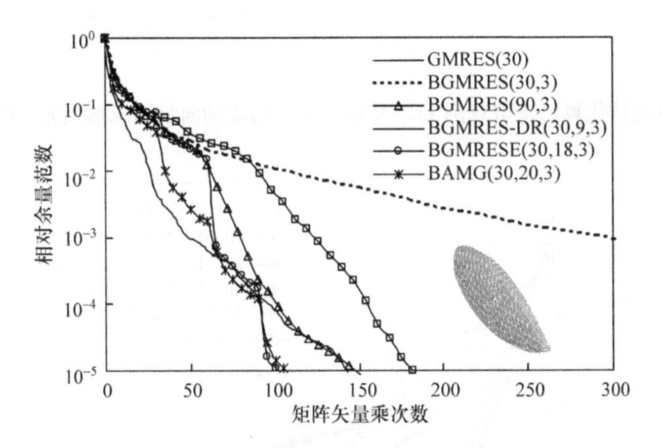

图 11.1　用各种块迭代算法求解算例 11.1 中前三个右边激励向量构成的块方程的迭代收敛曲线

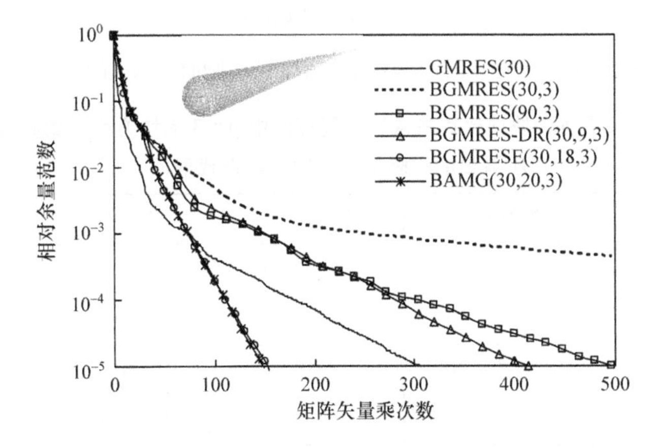

图 11.2　用各种块迭代算法求解算例 11.2 中前三个右边激励向量构成的块方程的迭代收敛曲线

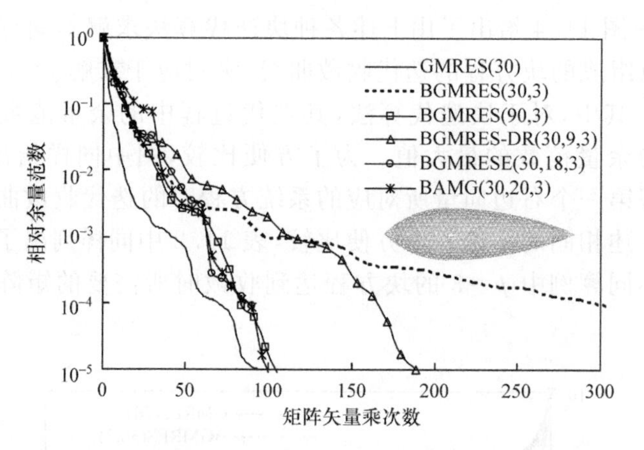

图 11.3　用各种块迭代算法求解算例 11.3 中前三个右边激励向量构成的块方程的迭代收敛曲线

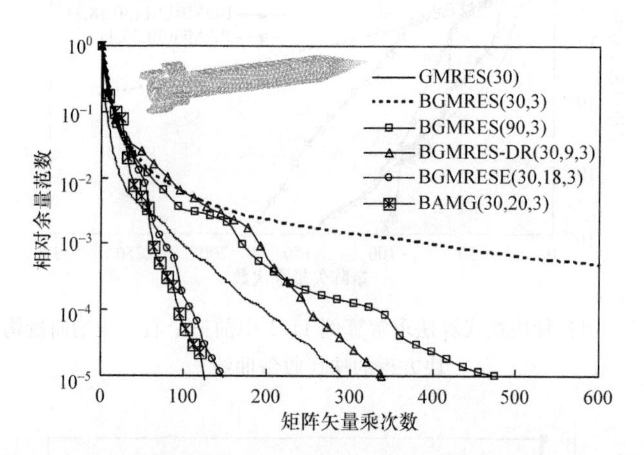

图 11.4　用各种块迭代算法求解算例 11.4 中前三个右边激励向量构成的块方程的迭代收敛曲线

表 11.2　用各种块迭代算法求解不同算例中 $p=3$ 的块方程达到收敛时所需要的矩阵矢量乘次数与迭代时间

迭代算法	算例 11.1	算例 11.2	算例 11.3	算例 11.4
GMRES(30)	458(61.5)	287(47.6)	939(310.3)	921(288.5)
BGMRES(30,3)	835(122.8)	508(95.4)	2190(788.5)	1833(665.9)
BGMRES(90,3)	151(21.7)	106(19.1)	502(178.3)	478(175.5)
BGMRES-DR(30,9,3)	184(25.3)	190(32.1)	414(138.5)	338(112.6)
BGMRESE(30,18,3)	103(14.9)	93(17.1)	154(55.8)	148(50.3)
BAMG(30,20,3)	106(15.3)	100(18.2)	148(53.4)	127(44.1)

最后，利用上述块迭代算法在块参数 $p=2$ 时计算了不同算例的单站 RCS。表 11.3 中给出了用各种块迭代算法求解时所需的整体计算量。从表中可以看出，与利用传统的 GMRES 迭代算法逐个求解所需的计算量相比，在所有的算例中，BGMRESE(30,20,2)迭代算法所需的矩阵矢量乘次数平均仅为 GMRES(30)的 1/5，进一步验证了该算法的高效性。此外，将块迭代算法与一般的迭代算法相比还可以发现，其对迭代求解时间的改善略小于对于迭代步数或矩阵矢量乘次数的改善。这是因为在块迭代算法的实施过程中，除了占据主要计算量的矩阵矢量乘操作，其相应的正交化过程所需的计算量也比一般的迭代算法要多。

表 11.3　用各种块迭代算法在块参数 $p=2$ 时求解不同算例单站 RCS 所需要的整体矩阵矢量乘次数与求解时间

迭代算法	算例 11.1	算例 11.2	算例 11.3	算例 11.4
GMRES(30)	15886(2121.9)	8346(1375.0)	27920(9161.9)	27089(8497.6)
BGMRES(60,2)	6467(898.9)	4926(851.4)	22706(8450.4)	21285(7769.4)
BGMRES-DR(30,10,2)	5270(718.9)	6117(1033.7)	11094(3995.5)	9834(3482.8)
BGMRESE(30,20,2)	2762(392.2)	2762(491.3)	4284(1623.0)	4003(1473.8)
BAMG(30,20,2)	3353(471.2)	2944(524.5)	4852(1872.8)	4606(1721.7)

参考文献

[1] Saad Y, Schultz M. GMRES: A generalized minimal residual algorithm for solving nonsymmetric linear systems[J]. SIAM Journal on Scientific and Statistical Computing, 2006, 7(3): 856-869.

[2] van der Vorst H A, Vuik C. The superlinear convergence behaviour of GMRES[J]. Journal of Computational and Applied Mathematics, 1993, 48(3): 327-341.

[3] Saad Y. Iterative Methods for Sparse Linear Systems[M]. New York: PWS Publishing Company, 1996.

[4] Morgan R B. GMRES with deflated restarting[J]. SIAM Journal on Scientific Computing, 2002, 24(1): 20-37.

[5] Morgan R B. Restarted block-GMRES with deflation of eigenvalues[J]. Applied Numerical Mathematics, 2005, 54(2): 222-236.

第 12 章　并行预条件技术研究

早期限于计算机资源，对于电大尺寸目标的散射特性分析主要采用高频近似方法如几何光学法(GO)、几何绕射理论(GTD)、物理光学法(PO)、物理绕射理论(PTD)等。由于高频近似方法具有计算快速、所需的计算机存储量少的优点，在早期被广泛应用于分析各类复杂目标的电磁特性。但是，由于复杂目标的精细结构不满足高频近似分析中“电大尺寸”和“场缓变”的基本要求，所以这种情况采用高频方法会使其精度大大降低。近年来，随着计算机技术的快速发展和各种快速算法的不断提出，精确方法也越来越适用于分析电大尺寸目标的电磁特性。对于实际存在的电大尺寸目标如飞机、坦克等，即使是在计算机技术日新月异的今天，由于受到计算资源的限制，单机仍远远满足不了电大尺寸目标分析时大规模数值计算的需求。这时，采用并行技术在并行计算机上求解，是解决这类问题的有效方法。并行计算使电大尺寸目标的电磁特性的精确仿真计算成为可能。

12.1　并行计算概述

近年来，随着现代科学技术的突飞猛进，计算机处理速度得到了不断提高，内存容量不断增大，软件功能不断增强，这给计算科学的发展提供了充分的条件。然而，由于计算机内存与求解速度的限制，人类对计算能力的需求远远快于摩尔定律所能提供的芯片发展速度，单个计算机远远满足不了现代许多领域中具有挑战性的大规模计算课题的需求。这时，采用多台计算机并联的并行技术来扩展计算机系统的硬件资源并提高计算效率，是解决这些大规模数值问题的有效方法。并行计算[1-13]是指在并行机器上将一个任务分解成多个小的任务，每个任务分配给不同的处理器，各个处理器之间相互协同，并行地执行某个任务，从而达到快速求解某个任务的目的。图 12.1 给出了串行计算和并行计算的示意图。从图 12.1(a)中可以看出，串行计算是将一个任务单独运行在一个处理器上，图 12.1(b)将一个任务分解成多个任务并行地放在多个处理器上并行处理。

要实现对于一个问题分析并行执行的目的，就必须有一个能够支持多个线程同时执行的硬件平台。早期因为硬件资源比较昂贵，所以大部分个人使用的计算机都是单个处理器，只能顺序地执行计算任务。近年来随着硬件资源价格的下降，多核处理器的出现，并行计算技术正越来越多地应用到各个行业。并行计算技术

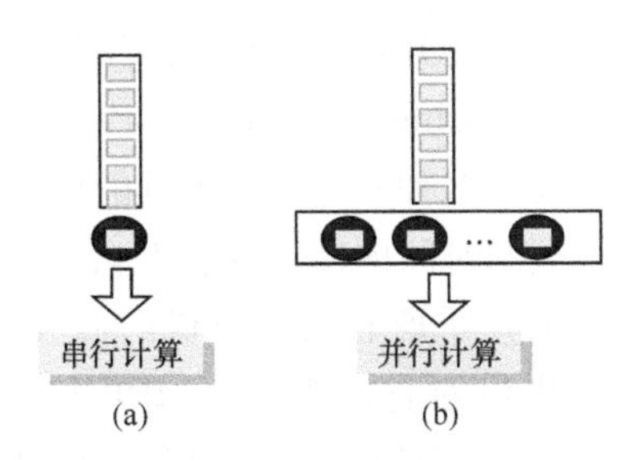

图 12.1　串行计算和并行计算模式

的发展离不开并行计算机。并行计算机的类型有多种划分方法。按同时能够执行的指令与处理数据的多少可分为单指令多数据并行计算机与多指令多数据并行计算机两种类型。按照并行计算机的存储方式,可划分为共享内存与分布内存两种。并行计算机当前有两种比较流行的系统结构,一种是共享内存的对称多处理器结构,这种结构中的处理单元和内存位于互联的网络两侧,每台处理单元通过互联网络访问内存模块来交换信息,协调各处理器对并行任务的处理。这种结构的优点在于每个处理单元的访问带宽、访问机会和访问延迟时间相等,各处理器之间交换信息和共享数据比较方便,能保持较好的负载平衡。缺点是这种结构限制了访问内存速率的提高,从而影响整个系统处理速率,可扩展性差。且处理器数目增多时,实现技术难度大。另一种结构为分布式内存结构,这种结构把大量高性能的处理器通过高速互联网络连接起来,各处理器拥有自己独立的操作系统内核和内存。可以按照不同的任务,通过增减参与并行计算的处理单元的数目来搭建并行计算平台,从而适应不同规模的计算任务。采用分布式结构后,各个处理器拥有独立的处理器和内存,不需要访问共同的内存单元,故处理单元数目不受限制。这种结构可以最大限度地利用已有的计算机资源,因此成本很低。缺点是其通信速度比共享内存的对称多处理器结构速度慢很多。

上述两种并行计算机系统结构中,最容易实现的是分布式内存结构中的集群计算机系统。集群计算机系统是指将一组松散集成的计算机软件和硬件通过高速网络连接起来能够协同高度密集地完成计算工作。集群系统中的单个计算机通常称为节点。一般情况下集群计算机比工作站或超级计算机性能价格比要高得多。对于一般的应用单位,可以直接通过内部的局域网或广域网将本单位的计算机连接起来组成一个简单的集群环境来完成一些简单的计算任务,这种并行计算环境的显著优点就是投资少、见效快、灵活性强等。通过构造简单的集群计算环境,而不必购买昂贵的并行计算机就可以实现可以达到超级计算机的目的,极大地促进了并行技术的发展。目前,国内已研制出神州、银河、天河、曙光、神威系列等高性能计算机硬件平台,其中涉及的部分并行技术(如集群操作系统、虫洞通信芯片设计、并行优化编译等)已达到国际先进水平。

编写并行算法程序需要相应的并行编程环境的支持。目前集群系统上使用最广泛的是MPI[13](message processing interface)并行编程环境。MPI标准正式发布于1994年5月,由于它吸收了多种并行编程工具的优势,同时具有移植性好、功能强大、效率高等特点,在很短的时间内便迅速普及,已成为国际上集群计算机系统并行程序开发的标准。目前几乎所有的并行机厂商和当前主流的操作系统如Windows、Unix、Linux等都提供对它的支持。MPICH软件为当前流行的基于MPI标准实现的免费软件,是一个实现MPI消息传递标准的具有上百个函数调用接口的库函数,而不是一种编程语言。该软件及其相关说明文档可以从其官方网站等网站上下载。

要在计算机上并行地解决某个问题,首要的问题就是开发出专门的并行算法,或者在原有的基础上将单机版的程序并行化,使程序能够运行在并行计算机上,达到能够并行快速地求解某个问题的目的。并行算法的核心就是在并行机器上用很多个处理器联合起来求解问题的方法和步骤。并行计算机平台搭建好后,如何充分有效地利用这个计算机平台来解决科学问题的一个很重要的问题就是如何充分设计一个高效的并行算法。目前国内的高性能计算机的发展取得了很大的进步,但与之相反的是高性能计算机的峰值水平与实际应用水平峰值相差很大,很重要的一个原因就是并行算法效率不是很高。因此,设计高效的并行算法是提升运算效率的关键,它可以使高性能计算机充分发挥其效能,使之在社会中发挥的作用更大。这也是本节研究工作的重点。

1. 并行度

在计算机体系结构中,并行度是指指令并行执行的最大条数,在并行机器上即可同时运算的处理机台数 p。在指令流水中,同时执行多条指令称为指令并行。

2. 并行加速比、效率

并行计算主要是为了解决串行程序计算速度或内存不足而设计的。因此,对并行效率的评价也应是根据实际需要从程序执行时间和单机内存的减少来判断的。

加速比定义为

$$S_p=\frac{\text{串行算法的执行时间}}{\text{并行算法在 } p \text{ 台处理机上的执行时间}} \tag{12.1}$$

并行算法效率定义为

$$E_p=\frac{S_p}{p} \tag{12.2}$$

12.2　有限元方法中并行区域分解算法及预条件技术

进行并行计算需要构建相应的并行算法。构建并行算法的一种方式是对已有的串行算法进行改造使其具有一定的并行度，例如，Krylov 子空间迭代算法，由于其主要操作为矩阵矢量乘，本身具有一定的并行度，可以很容易地改变成并行算法；另一种方式是发展具有高度并行度与并行效率的新方法，如区域分解法(DDM)等。设计一种高效的并行算法需要考虑三个方面的因素：尽量减少通信时间占总时间的比例、合理地分配各个节点计算机的载荷、有效地调度任务。如果各节点计算机之间通信时间过长或计算任务分配很不平均，则会降低并行算法的计算效率。由于微波技术的发展，并行算法在电磁场领域中的应用在近数十年来也得到了飞速发展。本章讨论在 MPI 分布式集群系统编程环境下的并行求解技术，使用区域分解的思想并行求解有限元线性系统。

区域分解法是一种非常适合进行大规模数值计算及并行计算的方法，该算法的思想最早在 19 世纪 70 年代就被德国数学家 Schwarz 提出[14]，最初的目的是采用交替法论证两个互相重叠的和集上 Laplace 方程的 Dirichlet 问题的解的存在性。但是直到 20 世纪 60 年代以后，这种方法才逐渐开始得到应用。经过数十年的发展，区域分解法现已经能够应用于很广泛的一类问题的求解，并在计算电磁学领域也得到快速的发展[15-25]。这种方法把大问题化为若干个小问题，缩小了计算规模，从而使计算所需的内存大大减少，这为超大规模问题的求解提供了一条有效的途径。区域分解法能将大型问题分解为数个小型问题、复杂边值问题分解为数个简单边值问题，缩小了计算规模，从而使计算所需的内存大大减少，这为超大规模问题的求解提供了一条有效的途径。而且区域分解算法能够在各子域上根据问题的局部特性采用解析或数值方法进行求解，非常灵活方便，具有高度的并行度。

区域分解算法是一种使用分而治之(divide and conquer)的思想解决问题的方法，它把所要求解的区域分解成若干子区域 $\Omega = \sum \Omega_i$ ，然后通过相邻子区域的边界连续条件，将原问题的求解转化为各子域上的解，进而得到整个区域的解。因为各个子区域的求解是相互独立的，所以区域分解算法特别适合于并行计算。区域分解算法本身并不是一种独立的方法，必须与其他数值方法如 FEM、FDTD、MoM 等结合使用。国内，许多学者对区域分解算法在电磁领域中的应用做了许多有意义的研究工作，例如，东南大学的洪伟教授和汪杰博士[21]、尹雷博士[22]将区域分解算法在二维和三维频域差分算法中的应用做了许多工作，中国科学技术大学的徐善驾教授和程军峰博士[23]将区域分解算法应用于二维有限元算法的串行求解，也取得了很好的效果。

区域分解法中的传输边界条件，大体上可以分为两类：一类是整体边界条件，利用分界面上场的连续性条件和场叠加原理得到分界面上的场值，这种方法得出的边界面方程与将整个区域作为一个整体得出的边界方程具有同样的形式；第二类为局部边界条件，即在边界上根据电场与磁场的切向连续性施加第一类与第三类边界条件，相邻区域通过临界面上的方程来交换信息。本章侧重于区域分解法的并行求解。设计一种高效的并行算法需要考虑三个方面的因素：尽量减少通信时间占总时间的比例，合理地分配各个节点计算机的载荷，有效地调度任务。如果各节点计算机之间通信时间过长或计算任务分配很不平均，则会降低并行算法的计算效率。在12.2.2节中，将研究使用区域分解法并行求解三维矢量有限元线性系统，并根据上面的两种边界条件，提出可以获得很高并行效率的并行区域分解算法。

下面使用区域分解的思想，并行求解三维矢量有限元线性系统，并提出两种可以获得很高并行效率的新算法。

12.2.1 并行代数域分解算法

假定整个计算区域为 Ω，如图12.2所示，将整个区域分为 k 个无重叠的子域，应用棱边有限元技术，在每个子域内可以得到 k 个稀疏线性子系统。

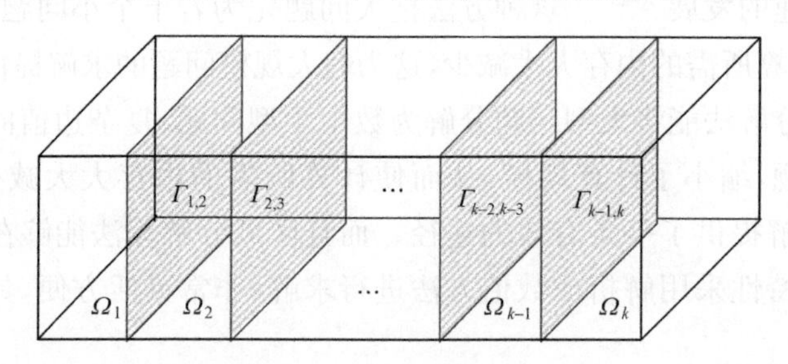

图12.2 计算区域的分块

将子域 Ω_i 内的未知量用 x^i 表示，并且用 $x^{i,i+1}$ 表示区域 Ω_i 与 Ω_{i+1} 相邻的边界上的未知量，在每个子域内将作为未知量的棱边重新排序，则在整个区域内的线性系统可以写为下面的形式：

$$\boldsymbol{A}\boldsymbol{x}=\boldsymbol{b} \tag{12.3}$$

并且 $\boldsymbol{A}$ 具有如下分块形式：

$$
\boldsymbol{A}=\begin{bmatrix}
\boldsymbol{A}_1 & & & & & \boldsymbol{C}_1 & & & \\
& \boldsymbol{A}_2 & & & & \boldsymbol{E}_2 & \boldsymbol{C}_2 & & \\
& & \boldsymbol{A}_3 & & & & \boldsymbol{E}_3 & \ddots & \\
& & & \ddots & & & & \ddots & \boldsymbol{C}_{k-1} \\
& & & & \boldsymbol{A}_k & & & & \boldsymbol{E}_k \\
\boldsymbol{C}_1^{\mathrm{T}} & \boldsymbol{E}_2^{\mathrm{T}} & & & & \boldsymbol{A}_{1,2} & & & \\
& \boldsymbol{C}_2^{\mathrm{T}} & \boldsymbol{E}_3^{\mathrm{T}} & & & & \boldsymbol{A}_{2,3} & & \\
& & \ddots & \ddots & & & & \ddots & \\
& & & \boldsymbol{C}_{k-1}^{\mathrm{T}} & \boldsymbol{E}_k^{\mathrm{T}} & & & & \boldsymbol{A}_{k-1,k}
\end{bmatrix},\quad
\boldsymbol{x}=\begin{bmatrix}\boldsymbol{x}^1\\ \boldsymbol{x}^2\\ \boldsymbol{x}^3\\ \vdots\\ \boldsymbol{x}^k\\ \boldsymbol{x}^{1,2}\\ \boldsymbol{x}^{2,3}\\ \vdots\\ \boldsymbol{x}^{k,k-1}\end{bmatrix} \tag{12.4}
$$

$$
\boldsymbol{b}=\begin{bmatrix}\boldsymbol{b}^1\\ \boldsymbol{b}^2\\ \boldsymbol{b}^3\\ \vdots\\ \boldsymbol{b}^k\\ \boldsymbol{b}^{1,2}\\ \boldsymbol{b}^{2,3}\\ \vdots\\ \boldsymbol{b}^{k,k-1}\end{bmatrix} \tag{12.5}
$$

式中，$\boldsymbol{A}_i$ 为块三对角阵，代表区域 Ω_i 内未知量的耦合，$\boldsymbol{A}_{i,i-1}$代表 Ω_i 与 Ω_{i-1}的边界 $\Gamma_{i,i-1}$上未知量的耦合。为了使用并行方法求解方程组(12.3)，使用块高斯消去法消去子域内部的未知量 $\boldsymbol{x}^1,\boldsymbol{x}^2,\cdots$，最终得到一个仅与边界上的未知量有关的缩减子系统：

$$
\boldsymbol{S}\boldsymbol{x}=\bar{\boldsymbol{b}} \tag{12.6}
$$

式中，$\boldsymbol{S}$ 矩阵称为 Schur 矩阵，为一个对称的块三对角阵，具有以下形式：

$$
\boldsymbol{S}=\begin{bmatrix}
\boldsymbol{A}'_{1,2} & \boldsymbol{F}_2^{\mathrm{T}} & & & \\
\boldsymbol{F}_2 & \boldsymbol{A}'_{2,3} & \boldsymbol{F}_3^{\mathrm{T}} & & \\
& \ddots & \ddots & \ddots & \\
& & \boldsymbol{F}_{k-2} & \boldsymbol{A}'_{k-2,k-1} & \boldsymbol{F}_{k-1}^{\mathrm{T}} \\
& & & \boldsymbol{F}_{k-1} & \boldsymbol{A}'_{k-1,k}
\end{bmatrix},\quad
\boldsymbol{x}=\begin{bmatrix}\boldsymbol{x}^{1,2}\\ \boldsymbol{x}^{2,3}\\ \vdots\\ \boldsymbol{x}^{k-2,k-1}\\ \boldsymbol{x}_{k-1,k}\end{bmatrix},\quad
\bar{\boldsymbol{b}}=\begin{bmatrix}\bar{\boldsymbol{b}}^{1,2}\\ \bar{\boldsymbol{b}}^{2,3}\\ \vdots\\ \bar{\boldsymbol{b}}^{k-2,k-1}\\ \bar{\boldsymbol{b}}^{k-1,k}\end{bmatrix} \tag{12.7}
$$

上面矩阵中的块定义为

$$
\begin{aligned}
&\boldsymbol{A}'_{i,i+1}=\boldsymbol{A}_{i,i+1}-\boldsymbol{C}_i^{\mathrm{T}}\boldsymbol{A}_i^{-1}\boldsymbol{C}_i-\boldsymbol{E}_{i+1}^{\mathrm{T}}\boldsymbol{A}_{i+1}^{-1}\boldsymbol{E}_{i+1}\\
&\boldsymbol{F}_i=-\boldsymbol{C}_i^{\mathrm{T}}\boldsymbol{A}_i^{-1}\boldsymbol{E}_i\\
&\bar{\boldsymbol{b}}'_{i-1,i}=\boldsymbol{b}_{i-1,i}-\boldsymbol{C}_{i-1}^{\mathrm{T}}\boldsymbol{A}_{i-1}^{-1}\boldsymbol{b}_{i-1}-\boldsymbol{E}_i^{\mathrm{T}}\boldsymbol{A}_i^{-1}\boldsymbol{b}_i
\end{aligned} \tag{12.8}
$$

使用直接解法求解上面的方程组(12.6)涉及 $\boldsymbol{S}$ 矩阵的求逆操作，很难用直接解法求解，因此使用并行的共轭梯度算法求解该方程。在共轭梯度算法中需要执行的主要操作是矩阵 $\boldsymbol{S}$ 与某一给定的矢量 $\boldsymbol{r}$ 相乘，这里 $\boldsymbol{r}$ 表示定义在子域相邻边界上的矢量。为了方便，下面只考虑整个区域被分为三部分，即 $k=3$ 的情况。矢量 $\boldsymbol{r}$ 可以分块写为 $\boldsymbol{r}=[\boldsymbol{r}^{1,2}\quad \boldsymbol{r}^{2,3}]^{\mathrm{T}}$，则矩阵矢量乘 $\boldsymbol{Sr}$ 可以表示为

$$\boldsymbol{Sr}=\begin{bmatrix}\boldsymbol{A}_{1,2}\boldsymbol{r}^{1,2}-\boldsymbol{C}_1^{\mathrm{T}}\boldsymbol{A}_1^{-1}\boldsymbol{C}_1\boldsymbol{r}_1^{1,2}-\boldsymbol{E}_2^{\mathrm{T}}\boldsymbol{A}_2^{-1}\boldsymbol{E}_2\boldsymbol{r}_1^{1,2} & -\boldsymbol{E}_2^{\mathrm{T}}\boldsymbol{A}_2^{-1}\boldsymbol{C}_2\boldsymbol{r}^{2,3}\\ -\boldsymbol{C}_2^{\mathrm{T}}\boldsymbol{A}_2^{-1}\boldsymbol{E}_2\boldsymbol{r}^{1,2} & \boldsymbol{A}_{2,3}\boldsymbol{r}^{2,3}-\boldsymbol{C}_2^{\mathrm{T}}\boldsymbol{A}_2^{-1}\boldsymbol{C}_2\boldsymbol{r}^{2,3}-\boldsymbol{E}_3^{\mathrm{T}}\boldsymbol{A}_3^{-1}\boldsymbol{E}_3\boldsymbol{r}^{2,3}\end{bmatrix} \tag{12.9}$$

上面的方程中包含了 $\boldsymbol{A}_i$ 的逆矩阵与矢量相乘，这可以用下面的操作来完成：定义 $\boldsymbol{p}^{i,i+1}=\boldsymbol{C}_i\boldsymbol{r}^{i,i+1}$（或 $\boldsymbol{p}^{i,i+1}=\boldsymbol{E}_{i+1}\boldsymbol{r}^{i,i+1}$），那么 $\boldsymbol{q}^{i,i+1}=\boldsymbol{A}_i^{-1}\boldsymbol{p}^{i,i+1}$（或 $\boldsymbol{q}^{i,i+1}=\boldsymbol{A}_{i+1}^{-1}\boldsymbol{p}^{i,i+1}$）可以通过求解下面的方程来计算：

$$\boldsymbol{A}_i\boldsymbol{q}^{i,i+1}=\boldsymbol{p}^{i,i+1} \tag{12.10}$$

或

$$\boldsymbol{A}_{i+1}\boldsymbol{q}^{i,i+1}=\boldsymbol{p}^{i,i+1} \tag{12.11}$$

上面的方程(12.10)与方程(12.11)可以选择合适的求解器求解，在这里使用 Multifrontal 方法求解。注意到子线性系统(12.10)和系统(12.11)的解是完全不相关的，因此可以使用并行的方法来求解矩阵矢量乘公式(12.9)。在用于并行计算的分布式内存网络中，各进程之间的相互通信由于网络传输数据速率的限制、网络延迟以及网络阻塞等因素需要花很长的时间，所以需要交换的数据要尽可能少。为了提高并行效率，各个进程所分配的任务要尽可能相等，因此要尽量使各个子线性系统的大小相同。

求解线性系统(12.6)的并行 CG 算法如下。

1）主进程

(1) 初始化：

$$\bar{\boldsymbol{b}}=\begin{bmatrix}\bar{\boldsymbol{b}}^{1,2}\\ \vdots\\ \bar{\boldsymbol{b}}^{k-1,k}\end{bmatrix},\quad \boldsymbol{r}_0=\begin{bmatrix}\boldsymbol{r}_0^{1,2}\\ \vdots\\ \boldsymbol{r}_0^{k-1,k}\end{bmatrix}=\begin{bmatrix}\bar{\boldsymbol{b}}^{1,2}-\boldsymbol{A}_{1,2}\boldsymbol{x}_0^{1,2}-\boldsymbol{F}_2^{\mathrm{T}}\boldsymbol{x}_0^{2,3}\\ \vdots\\ \bar{\boldsymbol{b}}^{k-1,k}-\boldsymbol{F}_{k-1}\boldsymbol{x}_0^{k-2,k-1}-\boldsymbol{A}_{k-1,k}\boldsymbol{x}_0^{k-1,k}\end{bmatrix}$$

广播 $\boldsymbol{r}_0$ 并在每一子进程上计算 $\boldsymbol{S}^{\mathrm{H}}\boldsymbol{r}_0$。

(2) 从各子进程接收数据，并存放在 $\boldsymbol{AH\_PP}_0$：

$$\boldsymbol{P}_0=\frac{\boldsymbol{AH\_PP}_0}{(\boldsymbol{AH\_PP}_0,\boldsymbol{AH\_PP}_0)}=\begin{bmatrix}\boldsymbol{P}_0^{1,2}\\ \boldsymbol{P}_0^{2,3}\\ \vdots\\ \boldsymbol{P}_0^{k-1,k}\end{bmatrix}$$

当 $i=0,1,2,\cdots$ 时，计算 $\boldsymbol{C}_1^{\mathrm{T}}\boldsymbol{A}_1^{-1}\boldsymbol{C}_1\boldsymbol{P}_i^{1,2}$，广播 $\boldsymbol{P}_i$ 并在每一子进程上计算 $\boldsymbol{SP}_i$，接收每

一子进程的数据，并存放在矢量 $\boldsymbol{A\_P}_i$ 中：

$$\alpha_i=\frac{1}{(\boldsymbol{A\_P}_i,\boldsymbol{A\_P}_i)}$$

$$\boldsymbol{x}_{i+1}=\boldsymbol{x}_i+\alpha_i\boldsymbol{P}_i$$

$$\boldsymbol{r}_{i+1}=\boldsymbol{r}_i-\alpha_i\boldsymbol{A\_P}_i$$

如果 $\frac{\|\boldsymbol{r}_{i+1}\|}{\|\bar{\boldsymbol{b}}\|}<\varepsilon$，向主进程发送终止信息，然后退出；否则，将 $\boldsymbol{r}_{i+1}^{1,2}$ 发送给进程 0、1，将 $\boldsymbol{r}_{i+1}^{2,3}$ 发送给进程 2、3，……

(3) 计算 $(\boldsymbol{C}_1^{\mathrm{T}}\boldsymbol{A}_1^{-1}\boldsymbol{C}_1)^{\mathrm{H}}\boldsymbol{r}_{i+1}^{1,2}$，从主进程接收数据，然后广播 $\boldsymbol{r}_i$ 在各子进程计算 $\boldsymbol{S}^{\mathrm{H}}\boldsymbol{r}_i$，接收来自各子进程的数据，存放在 $\boldsymbol{AH\_PP}_i$ 中：

$$\beta_i=\frac{1}{(\boldsymbol{AH\_PP}_i,\boldsymbol{AH\_PP}_i)}$$

$$\boldsymbol{P}_{i+1}=\boldsymbol{P}_i+\beta_i\boldsymbol{AH\_PP}_i$$

将 $\boldsymbol{P}_{i+1}^{1,2}$ 发送给进程 0、1，将 $\boldsymbol{P}_{i+1}^{2,3}$ 发送给进程 2、3，……

2) 子进程

(1) 当 $j=0,1,2,3,\cdots$ 时从主进程接收数据 $P_j^{i,i+1}$，并计算：

$$\text{进程 } 2i-1:\begin{cases}\boldsymbol{E}_{i+1}^{\mathrm{T}}\boldsymbol{A}_{i+1}^{-1}\boldsymbol{E}_{i+1}\boldsymbol{P}_j^{i,i+1}\\ \boldsymbol{C}_{i+1}^{\mathrm{T}}\boldsymbol{A}_{i+1}^{-1}\boldsymbol{E}_{i+1}\boldsymbol{P}_j^{i,i+1}\\ \boldsymbol{A}_{i,i+1}\boldsymbol{P}_j^{i,i+1}\end{cases},\quad \text{进程 } 2i:\begin{cases}\boldsymbol{E}_{i+1}^{\mathrm{T}}\boldsymbol{A}_{i+1}^{-1}\boldsymbol{C}_{i+1}\boldsymbol{P}_j^{i,i+1}\\ \boldsymbol{C}_{i+1}^{\mathrm{T}}\boldsymbol{A}_{i+1}^{-1}\boldsymbol{C}_{i+1}\boldsymbol{P}_j^{i,i+1}\end{cases},\quad i=1,2,\cdots$$

(2) 发送结果给主进程，从主进程接收信息，并判断是否满足终止条件。接收 $\boldsymbol{P}_{j+1}^{i,i+1}$，并计算：

$$\text{进程 } 2i-1:\begin{cases}(\boldsymbol{E}_{i+1}^{\mathrm{T}}\boldsymbol{A}_{i+1}^{-1}\boldsymbol{E}_{i+1})^{\mathrm{H}}\boldsymbol{r}_{j+1}^{i,i+1}\\ (\boldsymbol{C}_{i+1}^{\mathrm{T}}\boldsymbol{A}_{i+1}^{-1}\boldsymbol{E}_{i+1})^{\mathrm{H}}\boldsymbol{P}_{j+1}^{i,i+1}\\ (\boldsymbol{A}_{i,i+1})^{\mathrm{H}}\boldsymbol{P}_{j+1}^{i,i+1}\end{cases},\quad \text{进程 } 2i:\begin{cases}(\boldsymbol{E}_{i+1}^{\mathrm{T}}\boldsymbol{A}_{i+1}^{-1}\boldsymbol{C}_{i+1})^{\mathrm{H}}\boldsymbol{P}_j^{i,i+1}\\ (\boldsymbol{C}_{i+1}^{\mathrm{T}}\boldsymbol{A}_{i+1}^{-1}\boldsymbol{C}_{i+1})^{\mathrm{H}}\boldsymbol{P}_j^{i,i+1}\end{cases},\quad i=1,2,\cdots$$

(3) 发送结果给主进程。

在上面的并行算法中，乘积 $\boldsymbol{E}_{i+1}^{\mathrm{T}}\boldsymbol{A}_{i+1}^{-1}\boldsymbol{E}_{i+1}\boldsymbol{P}_j^{i,i+1}$ 与 $\boldsymbol{C}_{i+1}^{\mathrm{T}}\boldsymbol{A}_{i+1}^{-1}\boldsymbol{E}_{i+1}\boldsymbol{P}_j^{i,i+1}$ 被放在同一进程计算，这样在求解子线性系统时，只需要使用一次多波前方法，计算所需要的内存与 CPU 时间大大减少。一般来说，对于大型的稀疏线性系统，系数矩阵所分的子块数目 k 越大，则子系统中未知量的数目就越少，那么并行度就越高，并能取得更高的并行效率。

为了测试上述并行代数区域分解算法结合共轭梯度迭代算法的并行效率，下面将该方法用于求解前几章中测试的波导不连续性问题与微带传输线。对每一问题,测试结果给出了CG迭代法的收敛特性、加速比以及并行效率。

在数值实验中,采用的集群为在现有计算机局域网络的基础上通过32端口、10/100MB的D-link自适应快速以太网交换机将数台计算机连接组成分布式内存并行计算网络。机群中所用的计算机均为同样的配置,主频为Pentium IV,2.8GHz,内存为1.0GHz,操作系统为Windows XP;采用的编程语言为Visual C++6.0,并行编程软件为MPICH2.0。在本节的方案中,整个问题被划分为2~8个子问题,使用多波前方法求解与每个子问题相联系的中间方程组。使用这种方法多波前方法所需要的内存空间与对整个问题直接使用多波前方法大大地缩减,并且在许多节点计算机上启动进程可提供更多的内存空间。另外,通信与计算之间协调得很好,不需要相互等待,这也能够极大地节省并行求解的时间。为了证明上面使用的区域分解算法结合共轭梯度算法并行求解的效率,在这里使用上述算法重新测试前面的加半高介质块的波导不连续性与防护微带传输线问题。

首先考虑加半高介质块的波导不连续性问题。设定工作频率为$f=90$MHz。将整个区域剖分为22400个四面体,最终生成一个包含24952个未知量的线性系统。将整个问题分为2、3、4个子问题区域,相应地,需要分别使用2、4、6个进程进行求解。测试的结果示于下面的表12.1(a)~(c)中。在表中,$n=k\times p$表示在p个节点计算机上启动n个进程,每个节点计算机上为k个进程。用时间t_s表示在一台计算机上运行串行程序所需要的CPU时间,t_p表示并行求解所需要的CPU时间,则并行效率与加速比的定义如下:并行效率$E_p=S_p/p$,加速比$S_p=t_s/t_p$。在理想情况下,并行效率接近于1.0,加速比随着节点计算机个数的增加而增大。然而由于对于同一算法,串行算法与并行算法的编程方式不同,会出现并行效率大于1.0的情况。从表中可以看出,对于该问题,使用区域分解技术结合CG迭代求解的并行效率非常高。

表12.1 加半高介质块的波导问题使用并行区域分解算法结合CG算法在调用不同进程数时的一些测量参数

(a) 两个进程

方式	进程数 $n=k\times p$	迭代步数	CPU时间/s	加速比 S_p	并行效率 E_p
串行	—	238	8123	—	—
并行	2=2×1	238	6960	1.17	1.17
	2=1×2	238	4594	1.77	0.88

(b) 四个进程

方式	进程数 $n=k\times p$	迭代 步数	CPU 时间/s	加速比 S_p	并行效率 E_p
串行	—	1426	57756	—	—
并行	4=4×1	1426	49660	1.16	1.16
	4=2×2	1426	32874	1.76	0.88
	4=1×4	1426	20587	2.81	0.7

(c) 六个进程

方式	进程数 $n=k\times p$	迭代 步数	CPU 时间 /s	加速比 S_p	并行效率 E_p
串行	—	462	11855	—	—
并行	6=6×1	462	10280	1.15	1.15
	6=3×2	462	5934	2	1
	6=2×3	462	4101	2.89	0.96
	6=1×6	462	2485	4.77	0.8

在使用 CG 迭代时，为了提高迭代法的收敛速度，在求解时往往需要使用预条件算子与 CG 迭代相结合：

$$\boldsymbol{M}^{-1}\boldsymbol{S}\boldsymbol{x}=\boldsymbol{M}^{-1}\bar{\boldsymbol{b}} \tag{12.12}$$

在这里，取预条件算子为下面的形式：

$$\boldsymbol{M}=\begin{bmatrix}\boldsymbol{A}_{1,2} & & & \\ & \boldsymbol{A}_{2,3} & & \\ & & \ddots & \\ & & & \boldsymbol{A}_{k-1,k}\end{bmatrix} \tag{12.13}$$

该算子非常容易实现并行化。在图 12.3(a)～(c)中，给出了使用不同进程时 CG 迭代与 PCG 迭代收敛步数的比较。可以看出，虽然使用不同的进程数采用预条件技术的加速效果不相同，但预条件技术的使用显著加速了 CG 迭代的收敛速度。表 12.2 给出了串行 CG 算法与 PCG 算法在调用不同进程数时的迭代步数与 CPU 时间的比较。

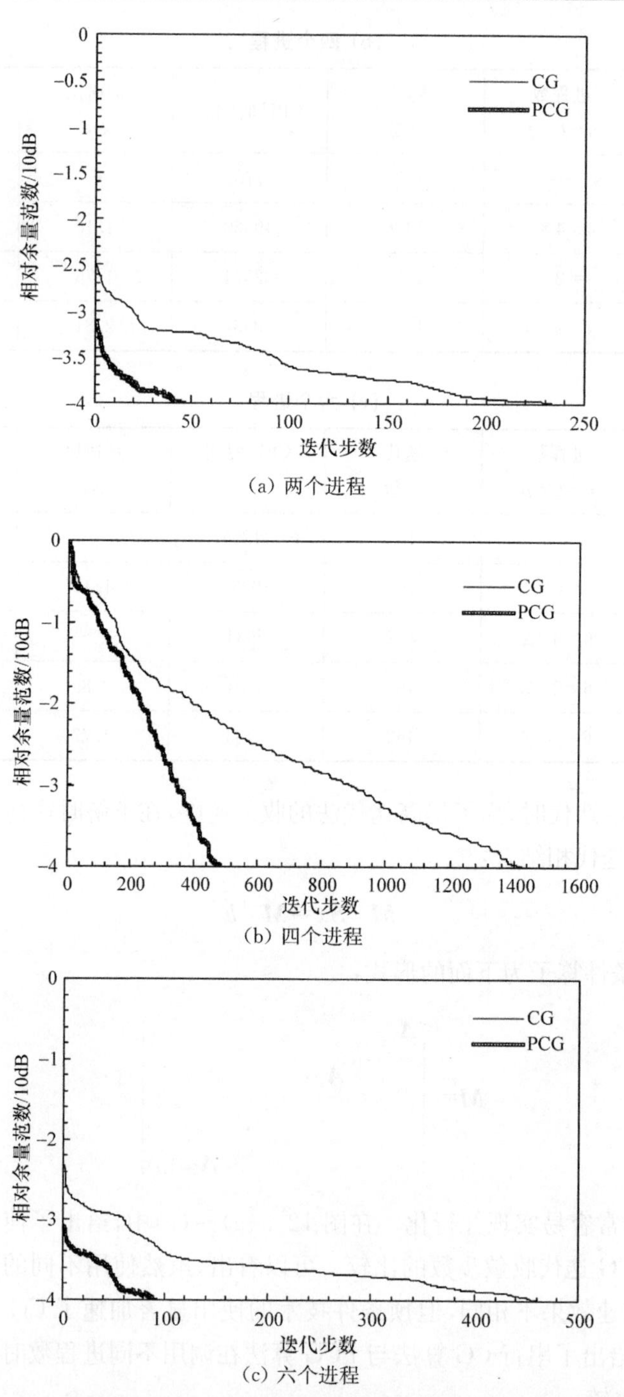

图 12.3　加半高介质块的波导不连续性问题在调用不同进程数时的 CG 与 PCG 算法的迭代收敛曲线

表 12.2 加半高介质块的波导问题使用串行区域分解算法结合 CG 与 PCG 算法在调用不同进程数时的迭代步数与 CPU 时间

进程数	迭代步数		CPU 时间/s	
	CG	PCG	CG	PCG
2	238	46	8123	1656
4	1426	485	57756	21340
6	462	92	11855	2484

研究的另一个问题为防护微带传输线问题。将整个问题区域分为 13500 个四面体，使用棱边有限元法最终生成一个包含 14501 个未知量的稀疏线性系统。并行代数域分解算法结合 CG 迭代的收敛步数与 CPU 时间等参数列于表 12.3(a)～(c)中。从表中可以看出，对于该问题，使用并行计算所用的 CPU 时间要远比串行程序所用的时间少，加速比 S_p 与并行效率 E_p 非常高。表 12.4 列出了串行 CG 与 PCG 迭代算法在调用不同进程数时的收敛步数与 CPU 时间的比较。图 12.4(a)～(c)分别给出了在使用 2、4、6 个进程时区域分解算法结合 CG 迭代与 PCG 迭代的收敛曲线图。

表 12.3 防护微带传输线使用并行区域分解算法结合 CG 算法在调用不同进程数时的一些测量参数

(a) 两个进程

方式	进程数 $n=k\times p$	迭代步数	CPU 时间/s	加速比 S_p	并行效率 E_p
串行	—	361	3914	—	—
并行	2=2×1	361	3486	1.12	1.12
	2=1×2	361	2165	1.81	0.9

(b) 四个进程

方式	进程数 $n=k\times p$	迭代步数	CPU 时间/s	加速比 S_p	并行效率 E_p
串行	—	686	8841	—	—
并行	4=4×1	686	6980	1.27	1.27
	4=2×2	686	4483	1.97	0.99
	4=1×4	686	2554	3.46	0.87

(c) 六个进程

方式	进程数 $n=k\times p$	迭代 步数	CPU 时间 /s	加速比 S_p	并行效率 E_p
串行	—	1167	12019	—	—
并行	6=6×1	1167	9878	1.22	1.22
	6=3×2	1167	5952	2.02	1.01
	6=2×3	1167	4191	2.87	0.96
	6=1×6	1167	2396	5.02	0.84

表 12.4 防护微带传输线使用串行区域分解算法结合 CG 与 PCG 算法在调用不同进程数时的迭代次数与 CPU 时间

进程数	迭代步数		CPU 时间/s	
	CG	PCG	CG	PCG
2	361	106	3914	1166
4	686	228	8841	2667
6	1167	669	12019	7697

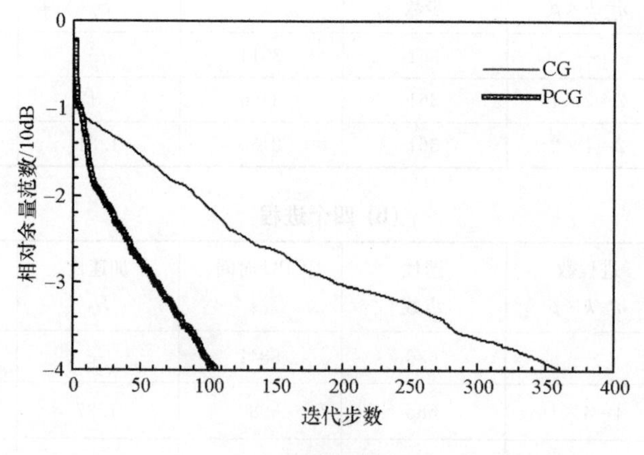

(a) 两个进程

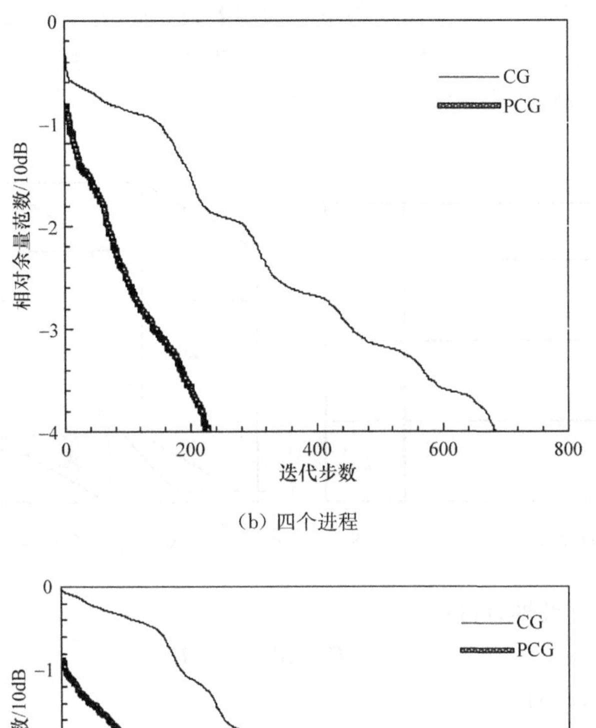

(b) 四个进程

(c) 六个进程

图 12.4　防护微带传输线使用并行区域分解算法结合 CG 与 PCG 算法在不同进程时的迭代收敛曲线

12.2.2　并行撕裂对接算法

在上面区域分解算法中，采用整体边界条件连接相邻的各子域，即各子域相邻边界面上的矩阵元素的生成方法是将各相邻子域内相对应位置的非零元素叠加。与将整个区域作为一个整体进行建模生成矩阵的方法完全相同，这种边界条件没有明确的物理意义，并且在生成子域矩阵的过程中需要使用到相邻区域内的非零元素。本节采用另一种边界条件来连接各相邻子区域。将整个区域划分为 k 个相互不重叠的子域 Ω_1、Ω_2、…、Ω_k，如图 12.5 所示。假定 Ω_i、Ω_j 是两个相邻的子域，两个区域相邻的表面及其单位法向矢量分别用$\boldsymbol{\Gamma}_i$、$\boldsymbol{\Gamma}_j$、$\boldsymbol{n}_i$、$\boldsymbol{n}_j$表示，其相互关系示于图 12.6 中。在相邻区域的边界面上，有两个边界条件需要满足，即电场连续性边界条件与磁场连续性边界条件。

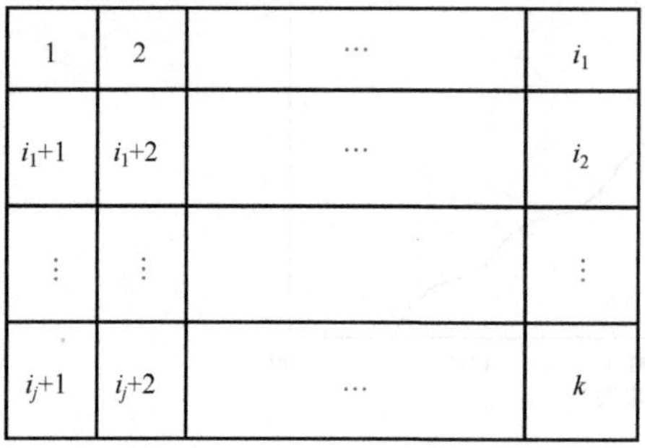

1	2	…	i_1
i_1+1	i_1+2	…	i_2
⋮	⋮		⋮
i_j+1	i_j+2	…	k

图 12.5　撕裂对接法的区域划分示意图

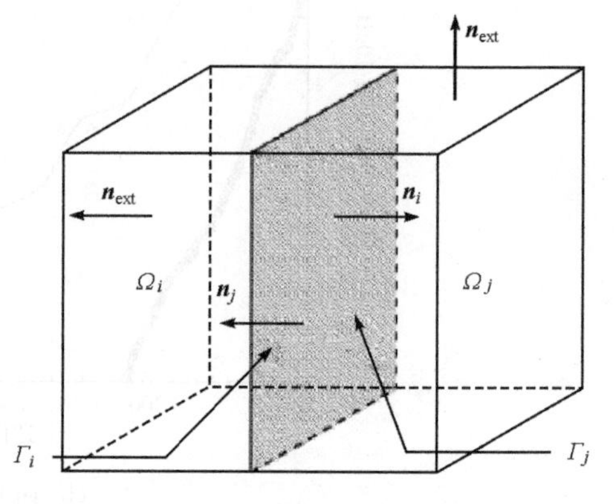

图 12.6　两个互不重叠的相邻区域示意图

根据电场的连续性，可得

$$\boldsymbol{n}^i\times\boldsymbol{n}^i\times\boldsymbol{E}^i=\boldsymbol{n}^j\times\boldsymbol{n}^j\times\boldsymbol{E}^j \tag{12.14}$$

根据磁场的连续性，有

$$\boldsymbol{n}^i\times\nabla\times\boldsymbol{E}^i=-\boldsymbol{n}^j\times\nabla\times\boldsymbol{E}^j=\boldsymbol{\Lambda} \tag{12.15}$$

式(12.14)为 Dirichlet 边界条件，式(12.15)可看成阻抗边界条件，子域Ω_i、Ω_j通过上述边界条件相互耦合。如果边界上的场值$\boldsymbol{E}$或$\boldsymbol{\Lambda}$任意一个为已知量，就可以应用上述边界条件独立地求出每个子域内的场值。但是在Ω_i、Ω_j相邻的边界面上的$\boldsymbol{E}^i$、$\boldsymbol{E}^j$、$\boldsymbol{\Lambda}$均是待求的未知量，因此需要通过上述边界条件将各子域联合求解。当求出$\boldsymbol{\Lambda}$或与其等价的量后，就可以根据式(12.15)单独地求出每个子域内的解。由于各个子域互不重叠，该方法相当于将整个求解区域撕裂，然后通过边界连续性条件相互连接，因此，这种区域分解法又称撕裂对接法[20]（tearing and interconnecting method）。

为了将撕裂对接法与有限元法相结合(FE-TI)求解电磁问题，首先需要在每个子域内建立有限元线性系统。引入阻抗边界条件(12.15)后，矢量 Helmholtz 方程的变分公式如下：

$$\begin{aligned}F(\boldsymbol{E})=&\frac{1}{2}\int_{\Omega}\frac{1}{\mu_r}(\nabla\times\boldsymbol{E}(\boldsymbol{r}))\cdot(\nabla\times\boldsymbol{E}(\boldsymbol{r}))^*-k_0^2\varepsilon_r\boldsymbol{E}(\boldsymbol{r})\cdot\boldsymbol{E}(\boldsymbol{r})^*\,\mathrm{d}V\\&+\frac{1}{2}\int_{\partial\Omega}\boldsymbol{E}^*\times\boldsymbol{\Lambda}+\boldsymbol{E}\times\boldsymbol{\Lambda}^*\,\mathrm{d}S+\frac{\mathrm{j}k_0Z_0}{2}\int_{\partial\Omega}\boldsymbol{E}^*(\boldsymbol{r})\cdot\boldsymbol{J}-\boldsymbol{E}(\boldsymbol{r})\cdot\boldsymbol{J}^*\,\mathrm{d}V\end{aligned} \tag{12.16}$$

将场值用基函数展开，并令$\delta F(\boldsymbol{E})=0$，最终的有限元线性系统变为下面的形式：

$$\boldsymbol{A}\boldsymbol{x}=\boldsymbol{b}+\boldsymbol{b}' \tag{12.17}$$

式中

$$A_{ij}=\int_{\Omega}[(\nabla\times\boldsymbol{w}_i)\mu_r^{-1}\cdot(\nabla\times\boldsymbol{w}_j)-\boldsymbol{w}_i\cdot\varepsilon_r^{-1}\boldsymbol{w}_j]\mathrm{d}v+\mathrm{j}k_0\int_{\partial\Omega}[(\hat{\boldsymbol{n}}\times\boldsymbol{w}_i)\cdot(\hat{\boldsymbol{n}}\times\boldsymbol{w}_j)]\mathrm{d}s$$

$$b_i=-\mathrm{j}k_0Z_0\int_{\Omega}\boldsymbol{J}(\boldsymbol{r})\cdot\boldsymbol{w}(\boldsymbol{r})\mathrm{d}v$$

$$b_i'=-\int_{\partial\Omega}\boldsymbol{w}_i\cdot\boldsymbol{\Lambda}\mathrm{d}s \tag{12.18}$$

将第 n 个子域 Ω_n 内的子线性系统表示为

$$\boldsymbol{A}_n\boldsymbol{x}_n=\boldsymbol{b}_n+\boldsymbol{b}_n' \tag{12.19}$$

由于在各子域内的 $\boldsymbol{\Lambda}$ 未知，所以 $\boldsymbol{b}_n'$ 矢量内的非零元素也是未知的。在求出每个子域内的有限元线性系统后，接下来需要应用边界条件(12.14)和条件(12.15)将各个子线性系统联合求解。为了方便，将每一子域中的棱边按照其所在的位置分为三种类型：各子域内部的棱边(用上标 v 表示)、邻界面上的棱边(与两个子域相连，用上标 i 表示)以及拐角上的棱边(与多个子域相连，用上标 c 表示)。相应地，将与三种类型的棱边相对应的电场系数记为 $\boldsymbol{x}=[\boldsymbol{x}^v,\boldsymbol{x}^i,\boldsymbol{x}^c]$。将 $\boldsymbol{x}^v$、$\boldsymbol{x}^i$ 归为一种类型，记为 $\boldsymbol{x}^r$，则子域 Ω_n 内的矩阵 $\boldsymbol{A}_n$ 与 $\boldsymbol{x}_n$ 可以划分为

$$\boldsymbol{A}_n=\begin{bmatrix}\boldsymbol{A}_n^{rr} & \boldsymbol{A}_n^{rc}\\ \boldsymbol{A}_n^{cr} & \boldsymbol{A}_n^{cc}\end{bmatrix},\quad \boldsymbol{x}_n=\begin{bmatrix}\boldsymbol{x}_n^r\\ \boldsymbol{x}_n^c\end{bmatrix} \tag{12.20}$$

式中，$\boldsymbol{A}_n^{rr}$ 是与内部及边界上的棱边相关的矩阵；$\boldsymbol{A}_n^{cc}$ 是与拐角处的棱边相关的矩阵；$\boldsymbol{A}_n^{rc}$、$\boldsymbol{A}_n^{cr}$ 表示两者之间的耦合。

在式(12.19)中，$\boldsymbol{b}_n'$ 矢量只在与邻界面上的棱边编号相对应的位置具有非零元素。将所有临界面上的棱边进行编号，并定义与临界面有关的矢量 $\boldsymbol{\lambda}$ 及矩阵 $\boldsymbol{B}_n^r$。$\boldsymbol{B}_n^r$ 称为布尔矩阵，为邻界面上的棱边在整个子域内部的编号与在邻界面上的编号的映射关系的矩阵。假定某一棱边在临界面上的编号为 i，在子域 n 内的编号为 j，则 $B_n^r(i,j)=1$，否则 $B_n^r(i,j)=0$。$\boldsymbol{\lambda}$ 是定义在子域邻界面上的与 $\boldsymbol{\Lambda}$ 有关的未知矢量，两者之间具有以下关系：

$$\boldsymbol{B}_n^{r\mathrm{T}}\boldsymbol{\lambda}=\int_{\partial\Omega_n}\boldsymbol{w}(\boldsymbol{r})\cdot\boldsymbol{\Lambda}\mathrm{d}s \tag{12.21}$$

则 $\boldsymbol{b}_n'$ 可以写为 $\boldsymbol{b}_n'=\boldsymbol{B}_n^{r\mathrm{T}}\boldsymbol{\lambda}$。方程(12.17)变为

$$[\boldsymbol{A}_n,\boldsymbol{B}_n^{r\mathrm{T}}][\boldsymbol{x}_n,\boldsymbol{\lambda}]^{\mathrm{T}}=\boldsymbol{b}_n \tag{12.22}$$

同时将所有拐角处的棱边进行编号，并定义 $\boldsymbol{B}_n^c$ 为棱边对应的在拐角上的编号与在子域 n 内的编号的映射关系的矩阵，$\boldsymbol{x}_n^c$ 表示子域 n 内拐角上的未知量。则有下面的关系：

$$\boldsymbol{B}_n^c\boldsymbol{x}_n=\boldsymbol{x}_n^c \tag{12.23}$$

应用边界条件(12.14),则各个子域内的线性系统可以组合为下面的形式:

$$\boldsymbol{A}\boldsymbol{x}=\boldsymbol{b} \tag{12.24}$$

$\boldsymbol{A}$、$\boldsymbol{x}$、$\boldsymbol{b}$ 具有如下分块的形式:

$$\boldsymbol{A}=\begin{bmatrix} \boldsymbol{A}_1^{rr} & & & & \boldsymbol{A}_1^{rc}\boldsymbol{B}_1^c & \boldsymbol{B}_1^{r\mathrm{T}} \\ & \boldsymbol{A}_2^{rr} & & & \boldsymbol{A}_2^{rc}\boldsymbol{B}_2^c & \boldsymbol{B}_2^{r\mathrm{T}} \\ & & \ddots & & \vdots & \vdots \\ & & & \boldsymbol{A}_k^{rr} & \boldsymbol{A}_k^{rc}\boldsymbol{B}_k^c & \boldsymbol{B}_k^{r\mathrm{T}} \\ \boldsymbol{B}_1^{c\mathrm{T}}\boldsymbol{A}_1^{rc\mathrm{T}} & \boldsymbol{B}_2^{c\mathrm{T}}\boldsymbol{A}_2^{rc\mathrm{T}} & \cdots & \boldsymbol{B}_k^{c\mathrm{T}}\boldsymbol{A}_1^{rc\mathrm{T}} & \sum_{n=1}^{k}\boldsymbol{B}_n^{c\mathrm{T}}\boldsymbol{A}_n^{cc}\boldsymbol{B}_n^c & \\ \boldsymbol{B}_1^r & \boldsymbol{B}_2^r & \cdots & \boldsymbol{B}_k^r & & 0 \end{bmatrix} \tag{12.25}$$

$$\boldsymbol{b}=\left[\boldsymbol{b}_1^r,\boldsymbol{b}_2^r,\cdots,\boldsymbol{b}_k^r,\sum_{n=1}^{k}\boldsymbol{B}_n^{c\mathrm{T}}\boldsymbol{b}_n^c,0\right]^{\mathrm{T}},\quad \boldsymbol{x}=\left[\boldsymbol{x}_1^r,\boldsymbol{x}_2^r,\cdots,\boldsymbol{x}_k^r,\boldsymbol{x}_c,\boldsymbol{\lambda}\right]^{\mathrm{T}} \tag{12.26}$$

式中,$\boldsymbol{A}_n^{rc}\boldsymbol{B}_n^c$ 表示子域Ω_n 内与拐角有关的矩阵元素在整个拐角集合上的投影。最后一行是在各个子域相邻边界面上应用 Dirichlet 边界条件(12.14)的结果。为了求解方程组(12.20),使用块高斯消去法消去子域内部及拐角处的未知量 $\boldsymbol{x}_1^r$、$\boldsymbol{x}_2^r$、…、$\boldsymbol{x}_c$,最终得到一个仅与邻界面上的未知量 $\boldsymbol{\lambda}$ 有关的缩减子系统:

$$[\boldsymbol{F}^{rr}+\boldsymbol{F}^{rc}\overline{\boldsymbol{A}}^{cc^{-1}}\boldsymbol{F}^{rc^{-\mathrm{T}}}]\boldsymbol{\lambda}=\boldsymbol{d}^r-\boldsymbol{F}^{rc}\overline{\boldsymbol{A}}^{cc^{-1}}\overline{\boldsymbol{b}}^c \tag{12.27}$$

该线性系统中的块定义为

$$\begin{aligned} \boldsymbol{F}^{rr} &= \sum_{n=1}^{k}\boldsymbol{B}_n^r\boldsymbol{A}_n^{rr^{-1}}\boldsymbol{B}_n^{r\mathrm{T}} \\ \boldsymbol{F}^{rc} &= \sum_{n=1}^{k}\boldsymbol{B}_n^r\boldsymbol{A}_n^{rr^{-1}}\boldsymbol{A}_n^{rc}\boldsymbol{B}_n^c \\ \boldsymbol{d}^r &= \sum_{n=1}^{k}\boldsymbol{B}_n^r\boldsymbol{A}_n^{rr^{-1}}\boldsymbol{b}_n^r \\ \overline{\boldsymbol{b}}^c &= \sum_{n=1}^{k}\boldsymbol{B}_n^{c^{\mathrm{T}}}\boldsymbol{b}_n^c-\boldsymbol{B}_n^{c^{\mathrm{T}}}\boldsymbol{A}_n^{rc^{\mathrm{T}}}\boldsymbol{A}_n^{rr-1}\boldsymbol{b}_n^r \\ \overline{\boldsymbol{A}}^{cc} &= \sum_{n=1}^{k}[\boldsymbol{B}_n^{c^{\mathrm{T}}}\boldsymbol{A}_n^{cc}\boldsymbol{B}_n^c-(\boldsymbol{A}_n^{rc}\boldsymbol{B}_n^c)^{\mathrm{T}}\boldsymbol{A}_n^{rr^{-1}}(\boldsymbol{A}_n^{rc}\boldsymbol{B}_n^c)] \end{aligned} \tag{12.28}$$

方程(12.27)是一个非正定的线性系统,系数矩阵的形式很复杂,因此对其进行直接求解非常困难,最好的办法是使用迭代法求解,在本节中仍旧使用并行 Krylov 子空间迭代法求解该线性系统。在进行矩阵矢量乘操作时,采用与 12.2.1 节同样的方法,涉及矩阵的求逆操作时,仍使用 UMFPACK 软件求解,每个子域矩阵只使用 UMFPACK 分解一次,保存其上下三角因子,然后每次迭代时只需进行三角回代即可。在 12.2.1 节中详细推导了用于求解区域分解法生成的邻界面方程组的并行共轭梯度迭代算法公式，本节中的并行迭代算法公式可以参照 12.2.1 节中的方法导出，这里不再写出具体的步骤。

为了测试撕裂对接法结合有限元法的性能，下面使用该方法分析几个典型的微波结构。在本次数值实验中，所采用的计算机硬件与软件配置与 12.2.1 节中的完全相同。在本节的方案中，整个问题被划分为不同数目的子域，测试划分区域数目对迭代步数与并行效率的影响。

当矩阵的性态很差时，GMRES(m)算法由于在重新启动时丢失前面构造的正交向量的信息而性能很差。但是如果同一个性能良好的预条件器相结合，GMRES(m)算法会表现出优异的收敛性能。这里使用下面的预条件件矩阵[31]：

$$\boldsymbol{M}=\sum \boldsymbol{B}_n^r\begin{bmatrix}\boldsymbol{0} & \boldsymbol{0}\\ \boldsymbol{0} & \boldsymbol{A}_n^{ii}-\boldsymbol{A}_n^{iv}\boldsymbol{A}_n^{vv^{-1}}\boldsymbol{A}_n^{iv^{\mathrm{T}}}\end{bmatrix}\boldsymbol{B}_n^{r^{\mathrm{T}}} \tag{12.29}$$

接下来使用 PGMRES(m)重新求解上面的问题。将 PGMRES(m)的迭代步数、求解时间与并行效率列于表 12.5 中。将表中的数据与 PCG 迭代的数据结果进行比较，可以看出，对于该问题，使用 PGMRES(m)算法比 PCG 算法节省了迭代步数与求解时间，特别是在划分两个区域时，PGMRES 只需一步迭代就可以达到求解精度，显示了其卓越的收敛性。划分三、四个区域时迭代步数的节省比划分两个区域时要少，但是 CPU 时间的节省反而增加，主要原因是，在划分区域较多时，对子域线性系统进行分解所花费的时间减少，在 PGMRES 迭代步数较少时，这个时间在 PGMRES 迭代中占了很大的比重，因此减少子域线性系统的分解时间会显著地增加计算效率。

表 12.5　加半高介质块的矩形波导 f=9.0GHz、划分不同区域时并行 PGMRES 迭代的性能

(a) 两个区域

进程数	迭代步数	CPU 时间/s	加速比	并行效率
2=2×1	1	34	—	—
2=1×2	1	20	1.7	0.85

(b) 三个区域

进程数	迭代步数	CPU 时间/s	加速比	并行效率
3=3×1	3	36	—	—
3=1×3	3	13	2.77	0.92

(c) 四个区域

进程数	迭代步数	CPU 时间/s	加速比	并行效率
4=4×1	5	44	—	—
4=2×2	5	23	1.91	0.96
4=1×4	5	12	3.67	0.92

图 12.7 给出了划分不同数目区域时 PGMRES 迭代的收敛曲线。由于在划分两个区域时只需一步就可收敛，所以其收敛曲线没有在图中表示出来。可以看出，PGMRES 的迭代步数随着划分区域数目的增加仍然会逐渐上升。这主要是因为在划分区域较多时，临界面上的场值变化较大，所以需要更多的迭代步数。在划分区域时，要结合具体的物理问题，尽量避开场值变化幅度较大的区域。

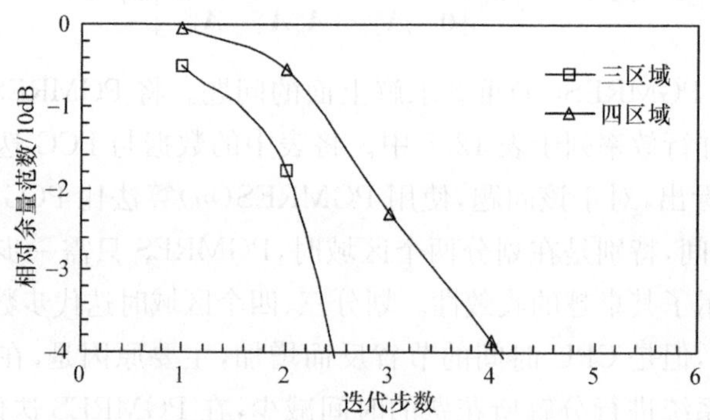

图 12.7 加半高介质块的矩形波导 $f=9.0$GHz、划分不同数目区域时 PGMRES 迭代的收敛曲线图

对加半高介质块的波导不连续性问题的测试证明了撕裂对接法在求解一般问题时具有很好的收敛性。但是在实际中使用区域分解法的目的一般是针对电大尺寸、使用单机很难求解的问题。下面使用撕裂对接法结合有限元方法来分析一个较复杂的问题。

图 12.8 为一宽边耦合定向耦合器的结构示意图。图中的参数如下：$t=1.0$mm，$s_1=s_5=2.48$mm，$s_2=s_4=2.76$mm，$s_3=0.56$mm，$d_1=d_4=1.7$mm，$d_2=d_3=0.4$mm。其波导端口的尺寸为 $a=2.54$mm，$b=1.27$mm。图 12.9 中给出了在 88～100GHz 时该结构的 S 参数曲线。图中带标记的点是使用本节有限元程序计算的结果，不带标记的曲线是 HFSS 仿真结果。可以看出，两者能够很好地吻合，这验证了本节所建 FEM 模型的正确性。为了验证撕裂对接法的效率，假定该结构的工作频率为 94GHz。对于该问题，将其分为七个区域，使用七台计算机并行求解，每台计算机上各开一个进程。每个区域内的四面体个数为 6000、45000、42000、48000、43500、45000、61500；使用有限元建模，每个子域内生成的未知量个数分别为 45020、45910、44890、45050、46030、45910、46720。共计 319530 个未知

量。为了便于比较，分别用 CG、PCG、PGMRES 三种迭代法对该问题进行求解，收敛精度为−40dB。CG 迭代收敛时所需的迭代步数为 568，求解时间为 20575s；PCG 迭代步数为 46，求解时间为 2868s；而 PGMRES 的迭代步数与求解时间分别为 15 与 885s。这显示了撕裂对接法结合 PGMRES 迭代在求解复杂的腔体结构时的良好收敛性能。PCG 的迭代步数与求解时间分别降低到原来的 8.1%与 13.9%；PGMRES 的迭代步数与求解时间分别只是 CG 的 2.6%与 4.3%。图 12.10 中给出了划分七个区域时 CG 与 PCG、PGMRES 迭代收敛曲线的比较。由于对于该问题在一台微机上开七个进程求解较困难，所以这里没有计算其并行效率。

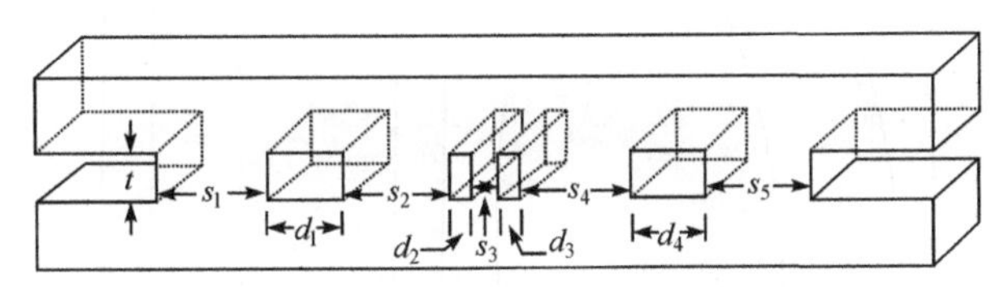

图 12.8　宽边耦合定向耦合器的结构示意图

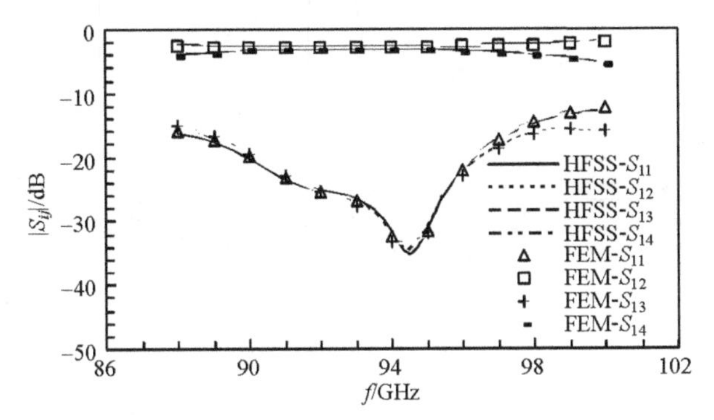

图 12.9　宽边耦合定向耦合器的 S 参数曲线

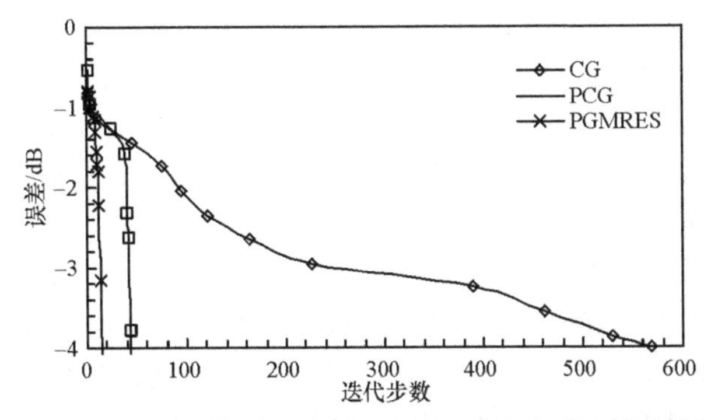

图 12.10　宽边定向耦合器在 f=94GHz、划分七个区域时 CG 与 PCG、PGMRES 迭代收敛曲线的比较图

接下来使用撕裂对接法结合有限元方法分析如图 12.11 所示的准光腔结构。该腔体的右边是一边长为 S 的正方形平面反射镜，中心部位开有两个矩形耦合孔，与波导腔输出端的规则波导相连接，左边是一曲率半径为 R、口径半径为 a 的球面反射镜，中心开有一个矩形耦合输出孔，外接规则波导。两反射面间距离为 d。为了方便，定义与球面镜连接的端口为 1 端口，平面反射镜上的上下两个端口分别为 2、3 端口。

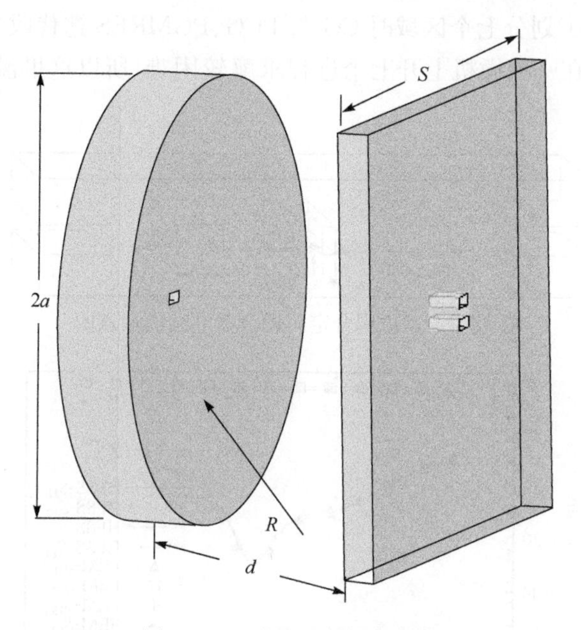

图 12.11　准光腔结构示意图

准光腔结构的参数如下：$R=10\text{mm}$，$a=8\text{mm}$，$d=6\text{mm}$，$S=16\text{mm}$；外接波导的尺寸为 2.032mm 和 1.016mm。为了使用有限元建模，将两反射镜之间的区域四周使用 PML 截断。使用考虑到对称性，只需对其一半进行建模。将其分为六个区域，使用六台计算机并行求解，每台计算机上各一个进程。每个区域内的四面体个数分别为 38554、30613、28722、28065、30041、38760，未知量个数分别为 41880、33322、30672、29910、32672、42111，共计 210567 个未知量。在图 12.12 中给出了 120～135GHz 时该结构的 S 参数曲线。为了验证所建模型的正确性，图中同时将计算结果与 HFSS 仿真结果进行了比较。可以看出，本节的仿真结果与 HFSS 仿真结果能够很好地吻合。为了验证撕裂对接法的效率，假定工作频率为 110GHz、120GHz、130GHz。不同频率下 PGMRES 的迭代步数与求解时间列于表 12.6 中。从表中可以看出，PGMRES 的迭代步数随着频率的增加逐渐上升。在 110GHz 时，需要 231 步迭代达到收敛，而在 130GHz 时需要 695 步。与前面测试问题的结果相比，对于该问题，PGMRES 的迭代步数相对较多，但是仍能在数百步内取得收敛。这里 PGMRES 性能表现较差的原因是在各区域相邻边界面上的未知量较多,由于结构的电尺寸较大,所以在邻界面上的场变化幅度较大,对迭代法的收敛速度有很大的影响。这里由于 CG 迭代与 PCG 迭代达到收敛需要很长的时间,所以这里没有给出其收敛结果。图 12.13 中给出了划分六个区域时在不同频率下 PGMRES 迭代收敛曲线的比较。

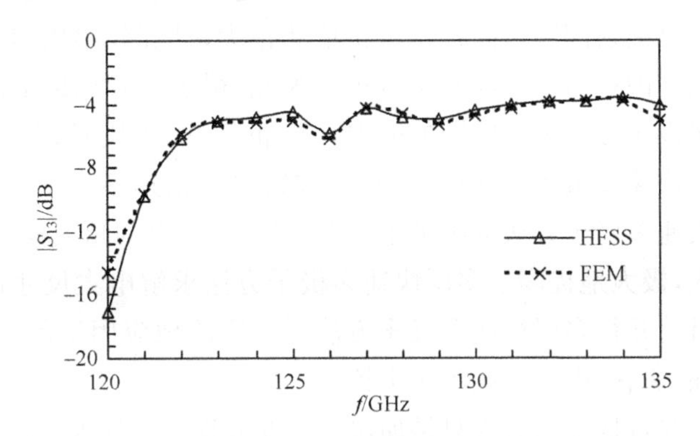

图 12.12　准光腔结构在不同频率下的散射参数曲线

表 12.6　准光腔在不同频率下分六个区域时 PGMRES 的测量结果

频率/GHz	迭代步数	求解时间/s
110	231	10723
120	315	15425
130	695	31442

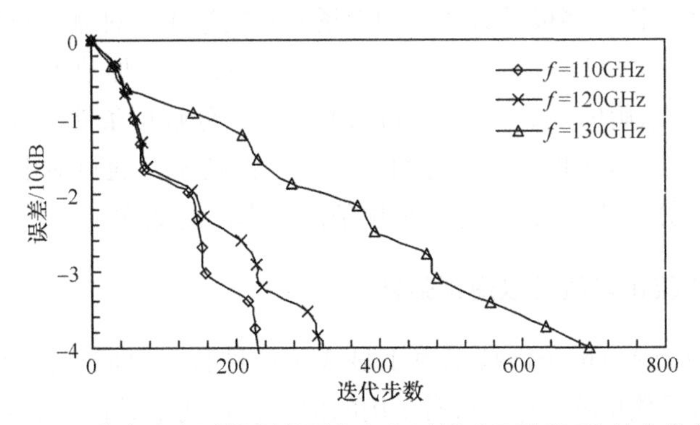

图 12.13　准光腔在不同频率下分六个区域时 PGMRES 的收敛曲线

通过上面几个例子可以看出撕裂对接法结合有限元法在求解电大尺寸问题时的优越性能。撕裂对接法有明显的物理意义,但是在分析不规则结构时很难使各计算机上的载荷保持均衡,要根据物理问题各部分的特性与几何形状来选择合理的区域划分方式。

12.3　矩量法中并行稀疏近似逆预条件技术

对于电尺寸达到几百个波长的目标,使用快速多极子方法和多层快速多极子方法求解这类电磁散射问题对内存需求量依然很大,计算效率仍然很慢。进一步降低计算复杂度和内存需求已经非常困难。为此,很多学者提出了使用并行技术提高多层快速多极子方法求解问题的能力。20 世纪 90 年代 Chew 教授首先将并行技术引入多层快速多极子方法中,实现了并行多层快速多极子方法[26],并成功应用并行多层快速多极子方法解决了未知量达到 1000 万的超大规模型电磁问题。并行技术的引入,极大地提高了多层快速多极子方法求解电大尺寸目标电磁散射特性的能力。目前并行多层快速多极子方法[27-34]广泛地应用于雷达目标特性、隐身与反隐身、电磁兼容、电磁干扰等各个领域。

快速方法和并行技术的引入只是加快了线性方程组迭代求解过程中矩阵矢量乘的速度,并不能减少线性方程组迭代求解的迭代步数。如何在加速矩阵矢量乘的基础上进一步加快矩阵迭代求解收敛的速度,也是近年来众多学者研究的一个热点。其中一个简单而有效的技术就是预条件技术。通过预条件技术将原来的矩阵变换到一个新的具有同解的矩阵,而新的矩阵与原来的矩阵相比具有更好的条件数,采用迭代方法求解改善后的线性方程组可以达到快速收敛的目的。同样,预条件算子的构造效率对整个算法的并行度有重要影响,因此近年来发展具有高并行度的预处理技术[35-42]成为预处理技术研究的一个热点。

本节利用多层快速多极子方法中的近场元素构造了一种基于近场矩阵的并行稀疏近似逆预条件(SAI)[35-38],并结合幂级数展开技术[42]加速了矩阵迭代求解收敛的速度,节省了求解时间。最后,通过将并行 LU 分解预条件技术与并行特征谱预条件技术有效结合,实现一种并行的双步预条件技术。通过对电大尺寸目标电磁散射特性的计算应用,验证并行双步预条件技术的高效性。

12.3.1　近场稀疏化稀疏近似逆预条件

稀疏近似逆(SAI)预条件技术属于显式预条件技术,即它直接构造出一个 $\boldsymbol{M}$ 来近似原方程组系数矩阵的逆。最常采用的构造方式就是寻找一个稀疏矩阵 $\boldsymbol{M}$,在给定 $\boldsymbol{M}$ 的稀疏化模式 G 条件下使得 $\|\boldsymbol{I}-\boldsymbol{MZ}\|_F$(左边预条件)或者 $\|\boldsymbol{I}-\boldsymbol{ZM}\|_F$(右边预条件)值最小,$\|\cdot\|_F$ 代表求解 F-范数。这种选择在 F-范数下值最小的构造方式可以把求 F-范数下值最小问题转化成求解 N 个相互独立的线性最小二乘问题,故右边预条件过程可用具体公式描述如下:

$$\min_{M \in G} \| \boldsymbol{I}-\boldsymbol{ZM} \|_F^2 = \sum_{j=1}^{n} \min_{m_j \in G_j} \| \boldsymbol{e}_j - \boldsymbol{Z}\boldsymbol{m}_j \|_2^2 \tag{12.30}$$

式中，$\boldsymbol{e}_j$ 为单位矩阵 $\boldsymbol{I}$ 的第 j 列；$\boldsymbol{m}_j$ 为预条件矩阵 $\boldsymbol{M}$ 的第 j 列；$\boldsymbol{G}_j$ 描述的是稀疏模式第 j 列的容许求解，其意思是每一次最小化问题求解都可以分别独立地求解。这个特点使得 SAI 预条件具有天然的并行特性，非常利于计算机并行计算的实现。

根据式(12.30)的思想进行 SAI 预条件构造的最后也是最为关键的一步就是如何选取预条件矩阵 $\boldsymbol{M}$ 的非零模式，它的选取直接决定着预条件矩阵 $\boldsymbol{M}$ 的元素形成和待求的最小二乘问题的计算量的大小，而这个步骤与近场矩阵稀疏化过程是密不可分的。在快速多极子技术分析理想金属导体的散射应用中，其远场作用矩阵元素没有显式存储而是借助矩阵矢量乘的方式隐式给出，它显式保存的只是近场作用矩阵元素。然而对一个稠密矩阵直接进行稀疏近似逆预条件处理计算量非常大，需要对该近场稠密矩阵进行稀疏化处理，并在此稀疏化后的矩阵上进行 SAI 预条件构造操作，这就要求稀疏后的矩阵必须满足使原始矩阵的良好近似，如果不满足这个要求，预条件效果就不会达到快速收敛的目的。

为了减少在 SAI 预条件构造中的时间和内存消费，下面将给出近场矩阵 $\boldsymbol{Z}$ 以及预条件矩阵 $\boldsymbol{M}$ 的稀疏化方式的关键步骤。一般地，经积分方程运算产生的系数矩阵填充元素的大小会随着两个基函数之间距离 R_{mn} 的增大而减小，并且随着两基函数距离每增加 R_{mn} 其幅度值就会以至少 $1/R_{mn}$ 速度减小(R_{mn} 代表第 m 个基函数和第 n 个基函数之间的距离)。因此，阻抗矩阵中填充元素的值代表近场组基函数对相互作用的那部分要远远大于代表远场组基函数对相互作用的那部分。而阻抗矩阵 $\boldsymbol{Z}$ 的谱特性主要是由其中互作用值较大的量决定的。另外，来自于电场积分方程的阻抗矩阵 $\boldsymbol{Z}$ 是一个稠密的、对称的、主对角线元素占优的矩阵，很自然地，可以用描述阻抗矩阵 $\boldsymbol{Z}$ 稀疏化的思路来描述预条件矩阵 $\boldsymbol{M}$ 的形成过程。因此，下面给出采用相同的构造方式来稀疏化矩阵 $\boldsymbol{Z}$ 和 $\boldsymbol{M}$ 的过程。

首先选择一个门限值 ξ 来把阻抗矩阵 $\boldsymbol{Z}$ 划分成两个部分，即近场矩阵和远场矩阵，又称强相互作用矩阵和弱相互作用矩阵：

$$\boldsymbol{Z}=\boldsymbol{Z}_{强}+\boldsymbol{Z}_{弱} \tag{12.31}$$

式中

$$\boldsymbol{Z}_{强}=\begin{cases} \boldsymbol{Z}_{mn}, & R_{mn} \leqslant \xi \\ 0, & 否则 \end{cases} \tag{12.32}$$

如图 12.14 所示，R_{mn} 的值被定义为第 n 个 RWG 基函数三角形对的每个顶点与第 m 个 RWG 基函数三角形对的每个顶点之间的最小距离：

$$R_{mn}=\min(\text{dist}(V_{m,i}, V_{n,j})), \quad i,j=1,2,3,4 \tag{12.33}$$

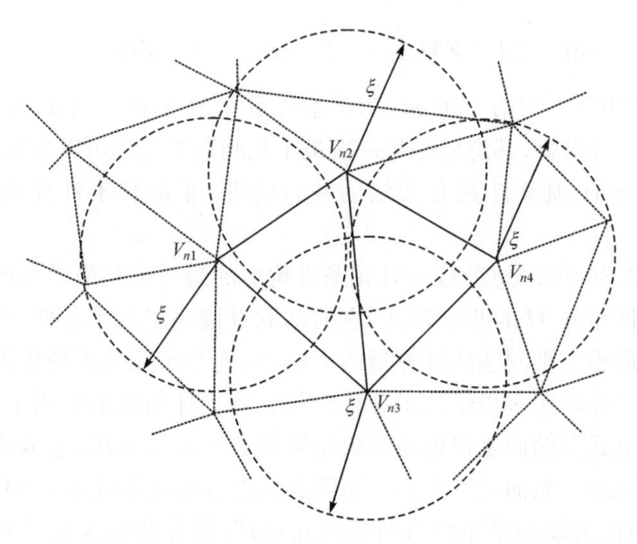

图 12.14 第 n 个 RWG 基函数三角形对及其与周围三角形对的关系

据上述描述可知，在稀疏矩阵 $\boldsymbol{Z}^{\text{near}}$ 中的每一个非零元素都说明了其所在的两组 RWG 基函数之间的距离小于设置的门限值 ξ，因而可以把 $\boldsymbol{Z}^{\text{near}}$ 当成矩阵 $\boldsymbol{Z}$ 的一种近似。为便于描述，用 $\widetilde{\boldsymbol{Z}}$ 来代替 $\boldsymbol{Z}^{\text{near}}$，它的稀疏模式也就是说非零元素值在 $\widetilde{\boldsymbol{Z}}$ 中的分布可以用 S_1 来表示。同理，通过设置门限值 ζ 和稀疏模式 S_2 即可得到预条件矩阵 $\boldsymbol{M}$ 的稀疏化过程。稀疏化完成后，开始计算构造 SAI 预条件矩阵。此时，式(12.30)最小化问题可以进一步转化成下面"简化版"的最小二乘问题的求解：

$$\min_{M_j \in S_2} \| \boldsymbol{e}_j - \widetilde{\boldsymbol{Z}}\boldsymbol{m}_j \|_2, \quad 1 \leqslant j \leqslant N \tag{12.34}$$

把 $\boldsymbol{J}_j = \{ i \in \boldsymbol{J}_j \mid m_{ij} \neq 0 \} \subset S_2$ 作为 $\boldsymbol{m}_j$ 的稀疏模式，则式(12.34)又可转化为

$$\min_{M_j \in S_2} \| \boldsymbol{e}_j - \widetilde{\boldsymbol{Z}}\boldsymbol{m}_j \|_2 = \min_{m_j(J_j)} \| \boldsymbol{e}_j(\boldsymbol{I}_j) - \widetilde{\boldsymbol{Z}}(\boldsymbol{I}_j, \boldsymbol{J}_j)\boldsymbol{m}_j(\boldsymbol{J}_j) \|_2 \tag{12.35}$$

式中，$\boldsymbol{I}_j = \{ i \in \boldsymbol{J}_j \mid \widetilde{\boldsymbol{Z}}(i, \boldsymbol{J}_j) \neq 0 \} \subset S_1$ 是属于 $\widetilde{\boldsymbol{Z}}(:, \boldsymbol{J}_j)$ 的非零行。

如果 m_j 在指定位置具有 n_2 个不为零的元素且在矩阵 $\widetilde{\boldsymbol{Z}}$ 的 $\boldsymbol{J}_j$ 中有 n_1 个非零行，那么式(12.34)独立的最小化问题就可以缩减为一个 $n_1 \times n_2$ 阶的最小二乘问题的求解，而关于最小二乘问题的求解本节采用 QR 分解法：

$$\widetilde{\boldsymbol{Z}} = \boldsymbol{Q}_j \begin{pmatrix} \boldsymbol{R}_j \\ \boldsymbol{0} \end{pmatrix} \tag{12.36}$$

式中，$\boldsymbol{R}_j$ 是一个具有非奇异性的上三角矩阵；$\boldsymbol{Q}_j$ 为酉矩阵，有 $\boldsymbol{Q}_j^{-1} = \boldsymbol{Q}_j^{\mathrm{H}}$ 的特性。由于 $\boldsymbol{m}_j$ 每一列的求解对应着一次最小二乘问题的求解运算，所以求解 N 次独立的最小二乘计算便可最终得到预条件矩阵 $\boldsymbol{M}$。

12.3.2 并行稀疏近似逆预条件构造原理

从 12.3.1 节对预条件矩阵构造的过程可以发现，如果待求问题的未知量个数

非常大，形成预条件矩阵时需要进行的最小二乘求解计算量非常巨大，会给计算机造成很大的资源耗费。本节提供两种方式来改进预条件算子的有效构造：一是利用快速多极子分组思想作为构造 SAI 预条件的非零模式以提高预条件算子的性能；二是改进分组方式以减少 SAI 预条件构造的复杂程度以提高最小二乘的计算效率。

众所周知，快速多极子的核心思想就是任何两个组中的基函数之间的相互作用都可以用其所在的两个组的中心的相互作用来间接表达。而快速多极子这种分组方式的建立过程一般称为树形结构，树形结构创建中形成的块称为组。FMM 的作用过程就是建立在这种树形结构基础上完成的，近场组作用可通过数值积分直接得到，而远场组作用主要靠快速多极子的聚合-转移-配置过程来实现，但无论是近场组还是远场组作用皆是通过组来完成的。本节正是利用这种组的思想来作为 SAI 预条件构造的一个很有效的非零模式，下面是其形成过程。

给定一未知量 j 所在组 G_j，NG_j 是它的近场组，那么预条件器 M 中的第 j 列 m_j 的非零模式便可以写成 G_j 和 NG_j 里面全部未知量相应的标号的集合：

$$\boldsymbol{J}=\{i\in[1,N]\mid i\in G_j\cup i\in \mathrm{NG}_j\}\tag{12.37}$$

同理，式(12.34)定义的问题只与 $\widetilde{\boldsymbol{Z}}(:,\boldsymbol{J})$ 有关，假定 G_j 和 NG_j 的全部近场组是 NNG_j，则 $\widetilde{\boldsymbol{Z}}(:,\boldsymbol{J})$ 就可以写成 G_j、NG_j 和 NNG_j 全部未知量对应标号的集合：

$$\boldsymbol{I}=\{i\in[1,N]\mid i\in G_j\cup i\in \mathrm{NG}_j\cup i\in \mathrm{NNG}_j\}\tag{12.38}$$

这时，又可得到一个“缩小版”的最小二乘求解问题表达为

$$\min\|\hat{\boldsymbol{e}}_j-\widetilde{\boldsymbol{Z}}\hat{\boldsymbol{m}}_j\|_2,\quad j=1,2,\cdots,M\tag{12.39}$$

式中，M 代表快速多极子最细层的组数，但此时的 $\widetilde{\boldsymbol{Z}}$ 以及 $\hat{\boldsymbol{m}}_j$ 的含义已经发生了变化。

对应上述描述可以发现，虽然同一组里面的未知量在预条件矩阵里面对应不同的列号，然而它们相应的列却拥有同样的非零模式，故这些列的构造就可以对应同一个最小二乘问题的求解。也就是说，同属于一个组的未知量的标号对应的预条件器 M 矩阵中的列的形成仅仅需要计算一个最小二乘问题即可，而一个组只对应一次 QR 分解运算，这样经过一次 QR 分解便能得到一个组内对应的所有预条件矩阵中的列而不是一次 QR 分解只对应预条件矩阵的一列，从而大为减少了 SAI 预条件矩阵构造的计算量。

按组构造 SAI 预条件的确很大程度上减少了计算量，但因为每次最小二乘计算不是按单列计算，所以会导致由近场得到的 n_1 与 n_2 通常会大于单列计算得到的值，尤其是每个组内元素比较多时，形成的子矩阵 $\widetilde{\boldsymbol{Z}}$ 的尺度大小会变得难以控制。因此，如何能既不影响预条件效果又能尽可能地降低 $\widetilde{\boldsymbol{Z}}$ 的尺度便是下面改进方法的重点。

改进的办法就是通过设置一个门限 τ_1 来筛取与未知量边具有最强相互作用

的标号以更好地借助边的空间分布或者几何信息来形成列的非零模式：

$$J=\{i\in[1,N]\mid(i\in G_j\cup \mathrm{NG}_j)\text{且}(\mathrm{dist}(i,j)\leqslant\tau_1)\}\tag{12.40}$$

图 12.15 给出了二维近场稀疏门限示意图，在三维空间中，利用稀疏门限 τ_1 画出的将是一个球面，在球面里面的元素即稀疏进来的元素。

同理，对矩阵 $\tilde{\mathbf{Z}}(:,J)$ 也可采取同样的筛选，如图 12.16 所示，设置筛选门限 τ_2 则有

$$I=\{i\in[1,N]\mid(i\in G_j\cup \mathrm{NG}_j\cup \mathrm{NNG}_j)\text{且}(\mathrm{dist}(i,k)\leqslant\tau_2,k\in J)\}\tag{12.41}$$

式中，τ_1、τ_2 可以由最细组大小来确定，通常可按以下建议取值：

$$0.25\lambda\leqslant\tau_1,\quad \tau_2\leqslant1.0\lambda\text{ 且 }\tau_1<\tau_2\tag{12.42}$$

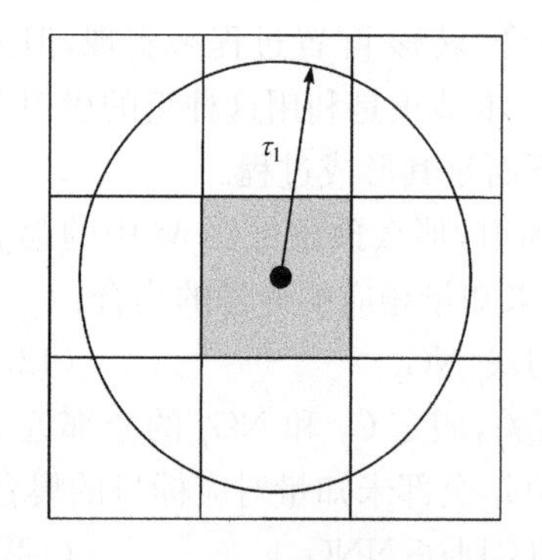

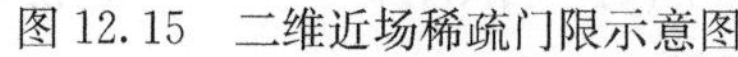
图 12.15　二维近场稀疏门限示意图

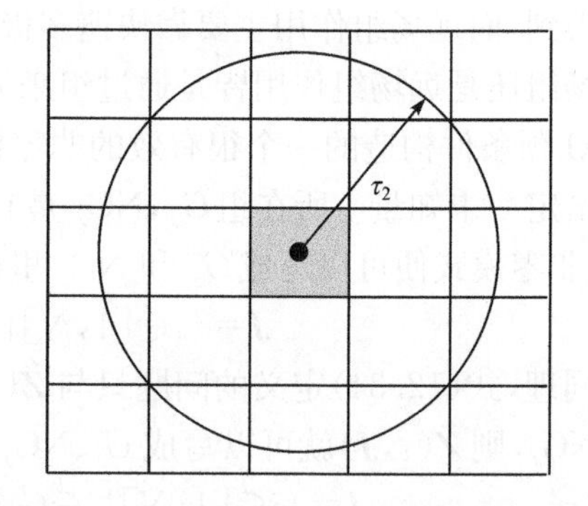

图 12.16　二维近场的近场稀疏门限示意图

这样便构造了一个应用于快速多极子的高效 SAI 预条件算子，它能显著提高电场积分方程计算中的迭代求解。然而这并不能解决另一个问题，就是计算机单机内存消耗及求解时间限制，难以解决实际工程中复杂的三维电大目标散射问题。所以预条件技术的并行化处理便成为下一步所要达到的目标。

在多层快速多极子算法中，近场矩阵填充完毕后就直接构造并行稀疏近似逆预条件矩阵，预条件矩阵构造完毕后，释放掉不需要的数组，需要存储的就是稀疏矩阵的数值和索引，这样就可以在一定程度上避免计算时内存超出的问题。构造并行稀疏近似逆预条件矩阵时，需要首先快速多极子近场填充以 CSR 格式存储的近场元素索引发送到零进程汇总，在零进程里面开辟二维结构体，分别对应每个进程编号和每个进程里面的索引，使用二维结构体的目的是防止不同的进程里面存储的索引长度有比较大的差异，如果使用二维数组，可能会导致大量无用数据的存储，当未知量很大时，用二维数组开辟是不可行的。经过汇总后，零进程里面会有这些索引关系，然后从零进程将这些索引关系广播出去，广播的目的是让各个进程之间确定需要通信的数据，把这些需要通信的数据同样在各个进程里面建立索引关系，然后本进程里面其他进程需要的数据通过这些索引关系再发送出去。需要强调的是，各个进程之间发送的数据同样用结构体来开辟，在结构体开辟之前需要

在每个进程统计哪些进程需要本进程的数据，以及需要多少本进程的数据。确定这些关系后，结构体的大小就可以确定，这个结构体是在各个进程开辟的，每个进程都会存储一个这样的结构体，然后把非本进程所有本进程需要的数据打包发送到本进程。各个进程之间发送的数据差异会非常大，如果使用数组开辟，当未知量较大时，程序在这个环节会出现通信报错。经过实测发现，当未知量达到百万级别时，这个发送的数据通常在千万级别，甚至达到亿级别。所以在各个进程之间的通信是实现未知量较大时构造稀疏近似逆预条件的关键。下面给出矩阵填充完毕与计算远场之间构造稀疏近似逆的具体过程。

（1）统计每个进程中近场元素建立的索引，在零进程中开辟结构体数组，结构体的大小是进行运算的进程大小，结构体中的每个元素对应本进程中近场元素建立的索引，一般会有每行元素个数和每行元素信息的索引，这样在零进程中会有全部元素的索引关系，然后广播这个索引关系，广播索引关系的目的是能在下面各个进程通信时知道需要交换哪些数据。

（2）开始进行列方向的稀疏化，循环所有的组，找到本组的近场组，式(12.40)设置的门限值进行稀疏化。如果需要全部近场元素，可以把这个门限值设置得比较大，这样可以包含所有的近场元素。稀疏化进来的近场元素需要判断是来自哪个进程，如图 12.17 所示，以便进程与进程之间的通信，这里需要用到的重要信息就是上面从零进程广播出去的索引。统计完每个进程里面其他进程需要数据的个数和索引关系后进行数据的收发。

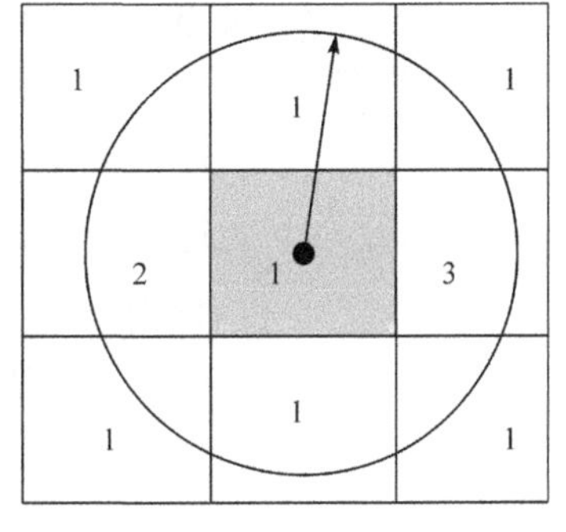

图 12.17　需要发送数据进程的判定

各个进程之间数据的收发是分析大未知量问题的关键，如果处理不当，会出现通信堵塞。这里依然开辟结构体数组，在每个进程里面都需要开辟一个计算进程减一定大小的数组，每个元素又对应本进程里面需要接收其他进程发送过来的数据的个数大小的数组。然后循环所有进程，把需要发送给其他进程的数据发送出去，同时各个进程也进行接收数据，发送和接收数据的大小要统一，如图 12.18 所示。下面给出一段发送接收的伪代码：

```
do i=1,course
   if(rank==k)then
      do j=1,course
         if(j==rank)cycle
         if(本进程有需要发送的数据)then
            call MPIS_END(发送数据)
```

```
        end if
      end do
    else
          call MPI_RECV(接收数据)
    end if
end do
```

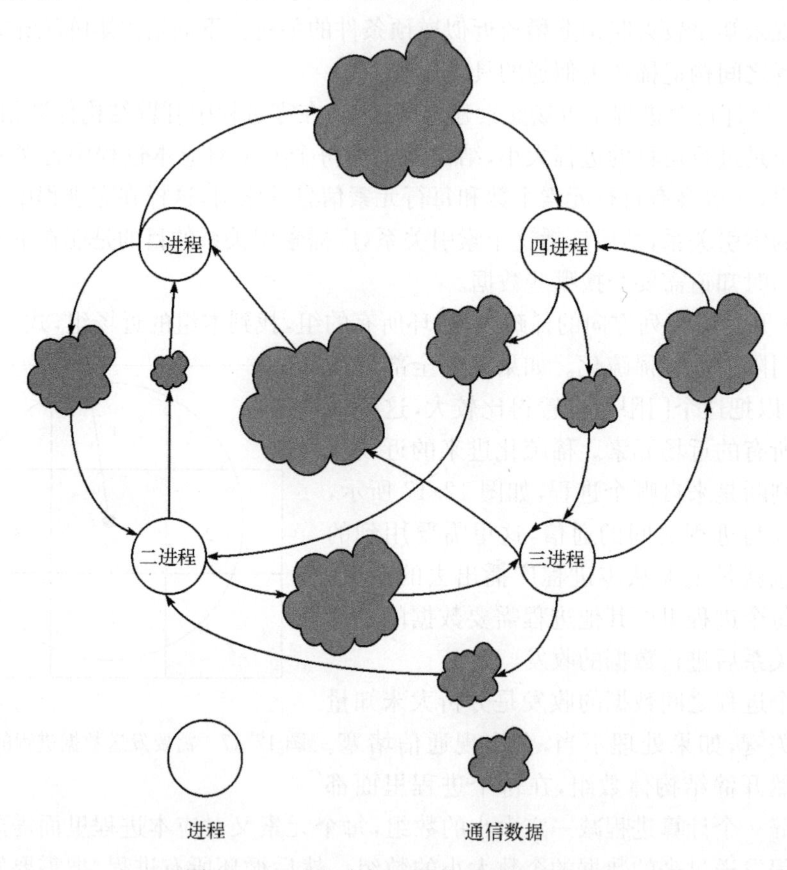

图 12.18　进程之间互相发送数据示意图

(3) 各个进程之间数据发送接收完毕后,需要进行的就是抽取需要做 QR 分解的矩阵,上面进行第一次稀疏化时是在列方向上进行的,这个大小就是需要抽取矩阵的列的个数,即抽取的矩阵是一个 $n_1 \times n_2$ 大小的数组。第一次在列方向上稀疏出来的个数等于 n_2。

然后进行行方向上的稀疏,需要稀疏的行即进行列方向上稀疏出来的元素。按照式(12.41)进行稀疏,最后得到抽取矩阵的行数 n_1,开辟大小为 $n_1 \times n_2$ 的数组,下面向里面填充元素,给出一段填充抽取矩阵的伪代码:

```
if(元素所在进程==本进程) then
    抽取矩阵=本进程近场元素
else
    抽取矩阵=本进程接收其他进程发送过来的元素
end if
```

经过上面一系列操作，抽取的矩阵定义为 $\tilde{\boldsymbol{Z}}$，然后进行 QR 分解获得需要的逆向量，最终获得稀疏化存储的近似逆矩阵 $\boldsymbol{M}$。

上面给出了稀疏近似逆预条件并行的具体过程，经过实际的测试发现并行效率比较高，同时稀疏门限的值决定了构造时间的长短，门限取较大值时，迭代步数较少，但是构造时间较长。门限值取较小值时，迭代步数较多，但是构造时间较短。图 12.19 给出一个稀疏门限与构造时间的变化曲线，由于两者之间没有严格的对应关系，所以需要根据经验值选择稀疏门限值，这里固定 $\tau_2=0.5\lambda$，变化 τ_1 的值。测试模型与参数设置如验证模型所示。

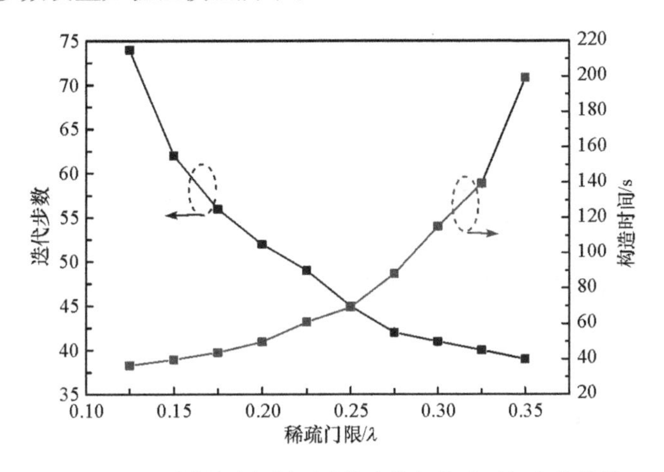

图 12.19　不同稀疏门限下迭代步数与构造时间变化曲线

从图 12.19 可以看出，迭代步数与构造时间是一对矛盾的参变量，稀疏门限越大，迭代步数越少，迭代时间花费越少，但是相应的构造时间会增加，这样总的求解时间可能会变长，所以需要取一个折中。通过下面的验证算例发现，取 $\tau_1=0.3$ 时，总时间相对较短，所以在进行使用稀疏近似逆预条件与不使用稀疏近似逆预条件及并行效率测试时使用这个稀疏门限。

12.3.3　并行稀疏近似逆数值结果与讨论

以美国 AGM158 联合防区外空对地巡航导弹模型为例，在 x、y、z 三个方向上的物理尺寸为 3.50m×5.03m×1.04m，导弹主体沿 y 轴放置。入射波频率为

2.4GHz,剖分后未知量个数为 320490。入射角度为 $\theta^{inc}=90°$,$\phi^{inc}=-90°$,入射波为 θ 方向极化。双站 RCS 的观察角为 $\theta=90°$,$\phi=0°\sim180°$。图 12.20～图 12.23 分别给出了导弹模型使用并行 SAI 与不使用 SAI 时的收敛曲线,以及两种方法计算所得双站 RCS 曲线及在 2.4GHz 下导弹表面感应电流的分布图。从机头入射波的双站 RCS 可以看出,这种巡航导弹极具隐身性,本观察角下的双站 RCS 全部在 0dB 以下,在其具有如此优良的隐身性能下,能够准确地获知其散射信息具有很高的军用价值。

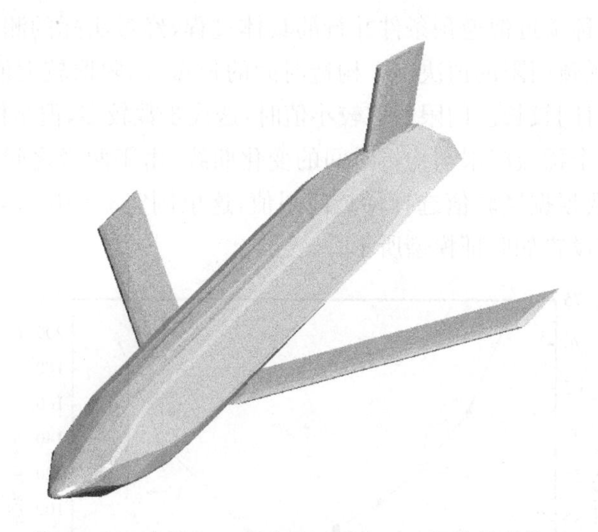

图 12.20　AGM158 联合防区外空对地巡航导弹模型

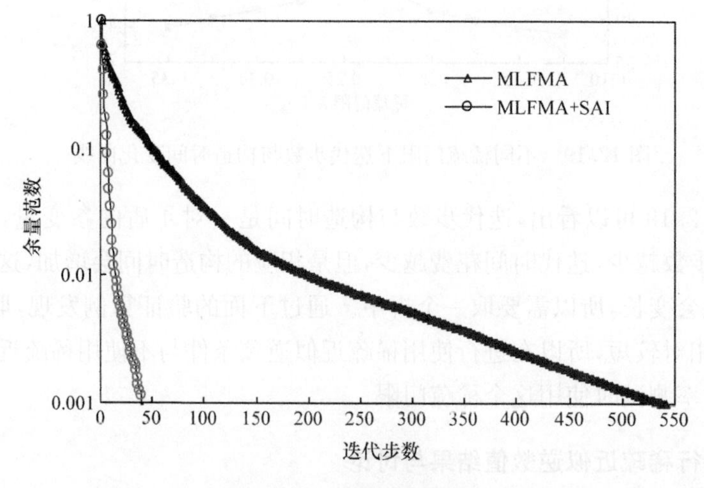

图 12.21　迭代收敛曲线

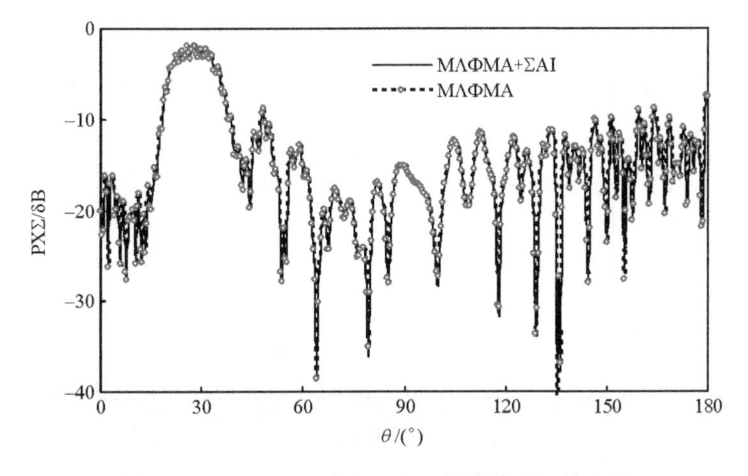

图 12.22　2.4GHz 时 AGM158 导弹模型双站 RCS

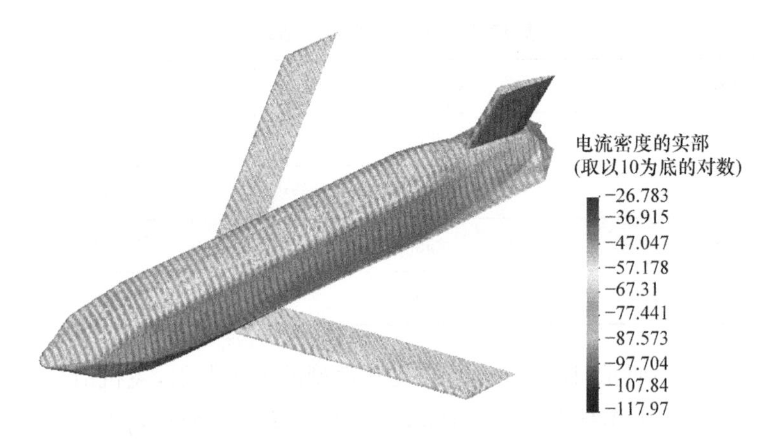

图 12.23　2.4GHz 时 AGM158 弹体感应电流分布

下面以这个算例给出并行效率的测试结果。

从图 12.24 及表 12.7 可以看出，未知量为 32 万的巡航导弹算例在调用 8 个进程以内计算时，并行效率可以达到 80%以上，但是当调用 16 个进程计算时，效率突然降低，这是因为未知量比较小时调用多个进程进行计算时会出现进程与进程之间大量的数据通信，这样会影响并行效率。当未知量达到百万甚至千万级别时，调用 16 个进程的数据通信会相对减少，这时效率会很高。由于未知量较大时调用两个进程与四个进程时计算太慢，本节不再给出其并行效率测试结果。

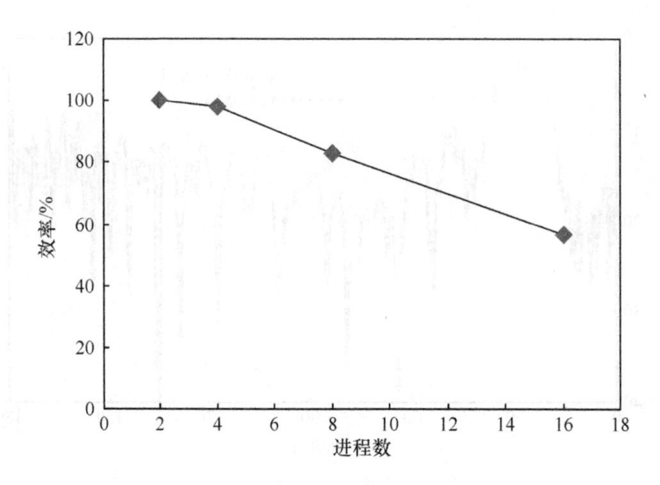

图 12.24　并行效率变化曲线

表 12.7　并行效率测试结果

进程数	SAI 构造时间	效率/%
2	337.02	100.00
4	114.97	97.71
8	58.11	82.85
16	39.70	56.60

如图 12.25(a)所示，计算一架 F15 飞机模型的电磁散射，飞机沿着 xOy 平面放置，平面波入射，工作频率为 2.4GHz，入射角度为 $\theta^{\mathrm{inc}}=90°$，$\phi^{\mathrm{inc}}=0°$，即沿着机尾方向入射，极化方式为 θ 方向，电尺寸为 $210.29\lambda\times147.34\lambda\times46.78\lambda$，离散出来三角形内边个数为 1209 万。设置收敛精度为 10^{-3}。表 12.8 给出了使用稀疏近似预条件与不使用稀疏近似逆预条件与商用 MUMPUS 预条件的构造时间和迭代时间对比，使用商用预条件库的原因是验证计算这种 1000 万以上未知量问题时，稀疏近似逆预条件矩阵的准确性，其中稀疏门限分别为 0.7λ 与 0.4λ，MUMPS 使用 0.15λ 范围以内矩阵来构造逆矩阵。由于不使用预条件很难收敛，本节给出了 1000 步的收敛曲线。图 12.25(b)给出了使用 SAI 与不使用 SAI 及 MUMPS 预条件收敛曲线，图 12.25(c)给出了本节方法与 MUMPS 预条件计算该模型的双站 RCS 结果。本次计算调用 40 个进程。

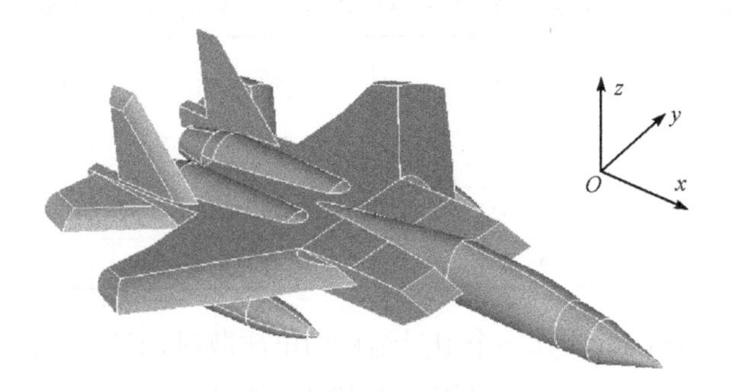

(a) F15 飞机模型结构图

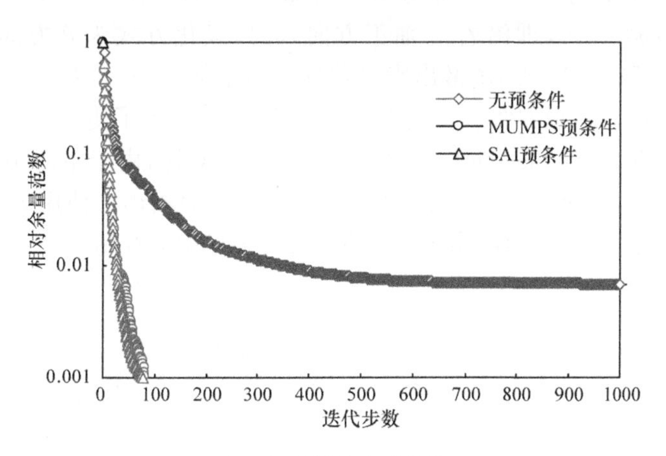

(b) 有无预条件收敛曲线

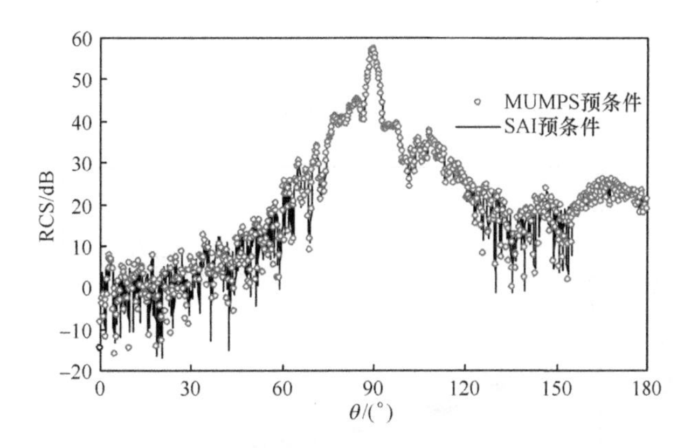

(c) F15 飞机模型双站 RCS 结果

图 12.25　F15 飞机模型的电磁散射算例

表 12.8　无预条件与使用 SAI、MUMPS 消耗时间与迭代步数

方法＼时间	构造时间/s	迭代时间/s	迭代步数
无预条件	0	19845.7	未收敛(1000)
SAI 预条件	3579.5	2028.2	78
MUMPS 预条件	9575.8	2132.2	82

如图 12.26(a)所示，计算一个卫星结构的电磁散射，卫星沿着 xOy 平面放置，中间立方体的长宽高都为 2m，两边的两块太阳能电板与立方体之间的间隔为 1.87m，太阳能电板的长为 8m、宽为 2m。平面波入射，工作频率为 8GHz，入射角度为 $\theta^{\text{inc}}=0°$，$\phi^{\text{inc}}=0°$，即沿着 z 轴正方向入射，极化方式为 θ 方向，电尺寸为 $53.33\lambda\times732.85\lambda\times53.33\lambda$，离散出来三角形内边个数为 1652 万。其中稀疏门限分别为 0.7λ 与 0.4λ，设置收敛精度为 10^{-3}。表 12.9 给出了使用稀疏近似预条件与不使用稀疏近似逆预条件的构造时间和迭代时间对比，由于不使用预条件很难收敛，本节只给出了 3000 步的收敛曲线。图 12.26(b)给出了使用 SAI 与不使用 SAI 收敛曲线，图 12.26(c)给出了本节方法计算该模型的双站 RCS 结果。本次计算调用 40 个进程。

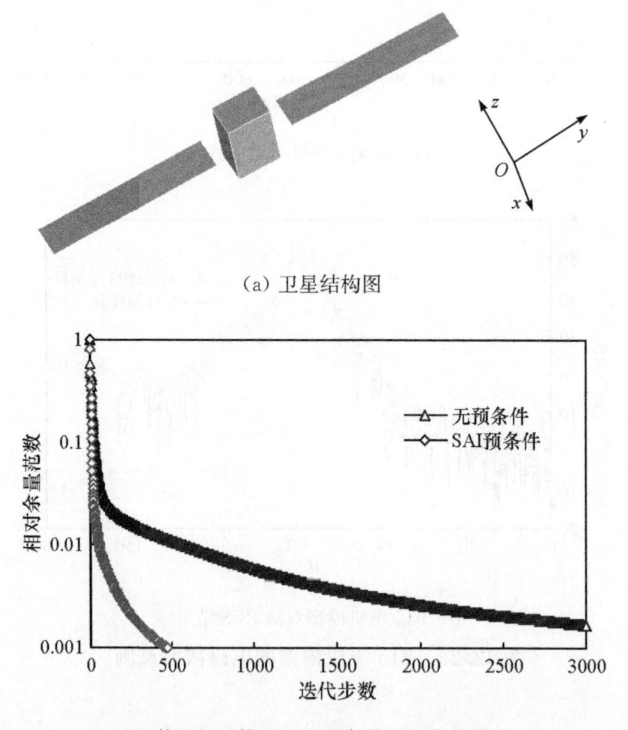

(a) 卫星结构图

(b) 使用与不使用 SAI 预条件卫星收敛曲线

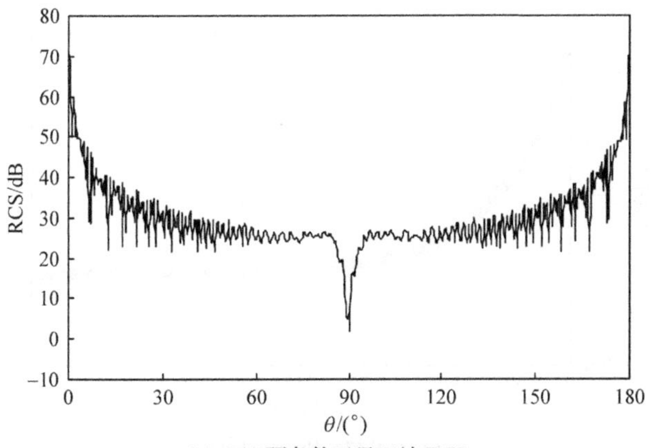

(c) SAI 预条件卫星双站 RCS

图 12.26　卫星模型的电磁散射算例

表 12.9　使用与不使用 SAI 预条件时间对比

方法＼时间	构造时间/s	迭代时间/s	收敛步数
GMRES	0.0	51964.7	未收敛(3000)
GMRES+SAI	4519.6	26689.4	468

如图 12.27(a)所示，计算一架 F22“猛禽”战斗机模型的电磁散射，飞机沿着 xOz 平面放置，平面波入射，工作频率为 3GHz，入射角度为 $\theta^{\text{inc}}=0°$，$\phi^{\text{inc}}=0°$，即沿着机头方向入射，极化方式为 θ 极化，电尺寸为 $40.24\lambda\times135.73\lambda\times189.36\lambda$，离散出来三角形内边个数为 1053 万。设置收敛精度为 10^{-3}，其中稀疏门限分别为 0.7λ 与 0.4λ。表 12.10 给出了使用稀疏近似预条件与不使用稀疏近似逆预条件的构造时间和迭代时间对比，由于不使用预条件很难收敛，本节只给出了 500 步的收敛曲线。图 12.27(b)给出了使用 SAI 与不使用 SAI 的收敛曲线，图 12.27(c)给出了本节方法计算该模型的双站 RCS 结果，可以看出，F22 飞机结构在物理结构上就具有很好的隐身效果。本次计算调用 40 个进程。

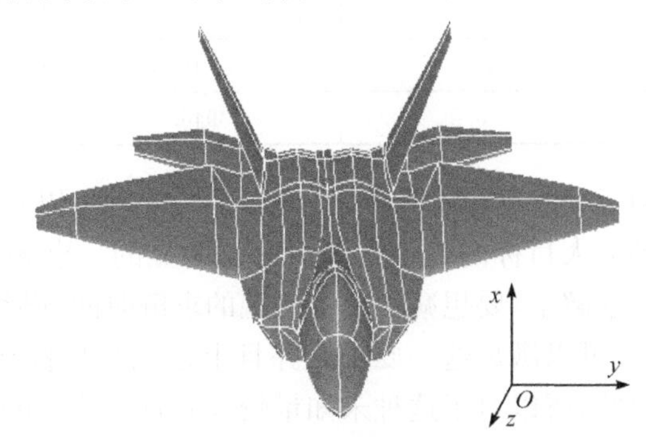

(a) F22 飞机模型结构图

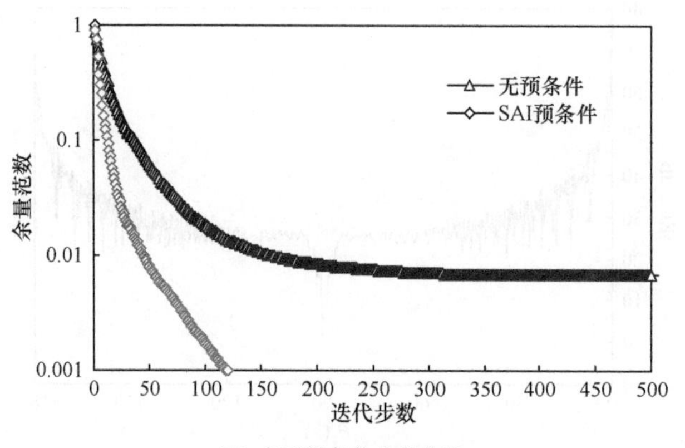

(b) 有无预条件收敛曲线

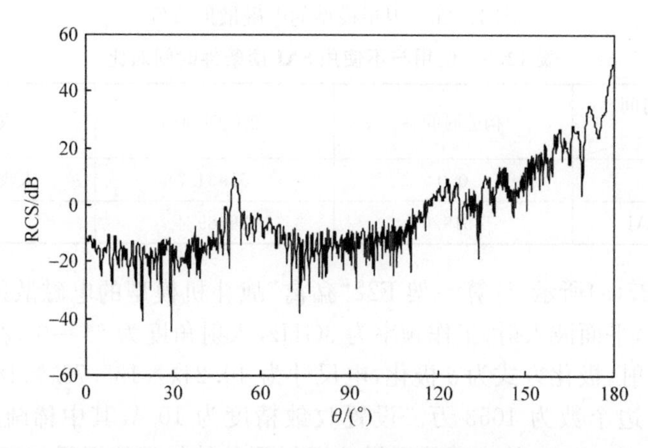

(c) SAI 预条件 F22 飞机模型双站 RCS 曲线

图 12.27　F22 飞机模型电磁散射算例

表 12.10　有无预条件迭代时间与迭代步数对比

时间 方法	构造时间/s	迭代时间/s	迭代步数
无预条件	0.0	14309.1	未收敛(500)
SAI 预条件	1770.5	3946.8	124

通过本节给出的三个未知量都在 1000 万以上的算例可以看出,并行的稀疏近似逆预条件对于这种电大目标的收敛性态改善是明显的。求解电大目标问题时,时间主要花费在迭代求解上,要想减少整个问题的求解时间,必须从减少迭代步数入手,稀疏近似逆正好可以满足这一要求。并且上述三个目标在不使用预条件的情况下是不容易收敛的,所以对于这种未知量较大并且难收敛的问题,并行预条件的引入是必要的。

12.3.4　并行稀疏近似逆预条件结合幂级数展开技术

利用快速多极子方法求解目标电磁散射时,建立的线性方程组可以写成如下形式:

$$(\boldsymbol{Z}_{\text{强}}+\boldsymbol{Z}_{\text{弱}})\boldsymbol{I}=\boldsymbol{V} \tag{12.43}$$

式中,$\boldsymbol{Z}_{\text{强}}$表示强相互作用矩阵,包括全部的近场矩阵与一部分远场作用矩阵;$\boldsymbol{Z}_{\text{弱}}$表示弱相互作用矩阵。把强相互作用提出,式(12.43)可以写为

$$\boldsymbol{Z}_{\text{强}}(\bar{\boldsymbol{I}}+\boldsymbol{Z}_{\text{强}}^{-1}\boldsymbol{Z}_{\text{弱}})\boldsymbol{I}=\boldsymbol{V} \tag{12.44}$$

把前面两项乘到方程的右边,可得

$$\boldsymbol{I}=(\bar{\boldsymbol{I}}+\boldsymbol{Z}_{\text{强}}^{-1}\boldsymbol{Z}_{\text{弱}})^{-1}\boldsymbol{Z}_{\text{强}}^{-1}\boldsymbol{V} \tag{12.45}$$

式中,$\bar{\boldsymbol{I}}$ 是单位矩阵,对于 $\bar{\boldsymbol{I}}+\boldsymbol{Z}_{\text{强}}^{-1}\boldsymbol{Z}_{\text{弱}}^{-1}$ 可以利用数学中级数展开的概念进行展开,展开的原理为

$$\frac{1}{1+x}=1-x+x^2-x^3+\cdots+(-1)^n x+\cdots,\quad n=0,1,2,\cdots,\infty \tag{12.46}$$

需要强调的是,式(12.46)成立的条件是$|x|<1$,所以式(12.45)可展开的条件就是 $\boldsymbol{Z}_{\text{强}}^{-1}\boldsymbol{Z}_{\text{弱}}$ 的 2-范数小于 1。由于 $\boldsymbol{Z}_{\text{弱}}$ 的值相对比较小,所以一般情况下展开条件是满足的。

所以式(12.45)可以展开为

$$\boldsymbol{I}=(\bar{\boldsymbol{I}}-\boldsymbol{Z}_{\text{强}}^{-1}\boldsymbol{Z}_{\text{弱}}+\boldsymbol{Z}_{\text{强}}^{-1}\boldsymbol{Z}_{\text{弱}}\boldsymbol{Z}_{\text{强}}^{-1}\boldsymbol{Z}_{\text{弱}}-\boldsymbol{Z}_{\text{强}}^{-1}\boldsymbol{Z}_{\text{弱}}\boldsymbol{Z}_{\text{强}}^{-1}\boldsymbol{Z}_{\text{弱}}\boldsymbol{Z}_{\text{强}}^{-1}\boldsymbol{Z}_{\text{弱}}+\cdots)\boldsymbol{Z}_{\text{强}}^{-1}\boldsymbol{V} \tag{12.47}$$

$$\begin{aligned}\boldsymbol{I}=&\boldsymbol{Z}_{\text{强}}^{-1}\boldsymbol{V}-\boldsymbol{Z}_{\text{强}}^{-1}\boldsymbol{Z}_{\text{弱}}\boldsymbol{Z}_{\text{强}}^{-1}\boldsymbol{V}+\boldsymbol{Z}_{\text{强}}^{-1}\boldsymbol{Z}_{\text{弱}}\boldsymbol{Z}_{\text{强}}^{-1}\boldsymbol{Z}_{\text{弱}}\boldsymbol{Z}_{\text{强}}^{-1}\boldsymbol{V}\\&-\boldsymbol{Z}_{\text{强}}^{-1}\boldsymbol{Z}_{\text{弱}}\boldsymbol{Z}_{\text{强}}^{-1}\boldsymbol{Z}_{\text{弱}}\boldsymbol{Z}_{\text{强}}^{-1}\boldsymbol{Z}_{\text{弱}}\boldsymbol{Z}_{\text{强}}^{-1}\boldsymbol{V}+\cdots\end{aligned} \tag{12.48}$$

$$\boldsymbol{I}=\boldsymbol{I}_1-\boldsymbol{I}_2+\boldsymbol{I}_3-\boldsymbol{I}_4+\cdots \tag{12.49}$$

式中

$$\boldsymbol{I}_1=\boldsymbol{Z}_{\text{强}}^{-1}\boldsymbol{V} \tag{12.50}$$

$$\boldsymbol{I}_2=\boldsymbol{Z}_{\text{强}}^{-1}\boldsymbol{Z}_{\text{弱}}\boldsymbol{I}_1 \tag{12.51}$$

$$\boldsymbol{I}_3=\boldsymbol{Z}_{\text{强}}^{-1}\boldsymbol{Z}_{\text{弱}}\boldsymbol{I}_2 \tag{12.52}$$

$$\boldsymbol{I}_4=\boldsymbol{Z}_{\text{强}}^{-1}\boldsymbol{Z}_{\text{弱}}\boldsymbol{I}_3 \tag{12.53}$$

从上面的级数展开形式可以看出,电流项是呈幂级数形式增加的。一般情况下,可以取很少的项数即可以满足一定的精度,这样可以节约时间,在许多情况下可以比 GMRES 迭代算法更节省时间。

下面的重点问题是如何快速高效地求解 $\boldsymbol{Z}_{\text{强}}^{-1}\boldsymbol{V}$,可以利用迭代方法求解,步骤如下。

(1) 求解 $\boldsymbol{I}_1$:

① 构造 $\boldsymbol{Z}_{\text{强}}\boldsymbol{I}_1=\boldsymbol{V}$;

② 构造稀疏近似逆矩阵 $\boldsymbol{M}$;

③ 利用构造出来的 $\boldsymbol{M}$ 来加快迭代求解 $\boldsymbol{I}_1$：

$$\boldsymbol{M}\boldsymbol{Z}_{强}\boldsymbol{I}_1=\boldsymbol{M}\boldsymbol{V}$$

$$\boldsymbol{I}_1=\boldsymbol{Z}_{强}^{-1}\boldsymbol{V}$$

$$\boldsymbol{I}=\boldsymbol{I}_1-\boldsymbol{Z}_{强}^{-1}\boldsymbol{Z}_{弱}\boldsymbol{I}_1+\boldsymbol{Z}_{强}^{-1}\boldsymbol{Z}_{弱}\boldsymbol{Z}_{强}^{-1}\boldsymbol{Z}_{弱}\boldsymbol{I}_1-\boldsymbol{Z}_{强}^{-1}\boldsymbol{Z}_{弱}\boldsymbol{Z}_{强}^{-1}\boldsymbol{Z}_{弱}\boldsymbol{Z}_{强}^{-1}\boldsymbol{Z}_{弱}\boldsymbol{I}_1+\cdots$$

(2) 求解 $\boldsymbol{I}_2$：

① 构造 $\boldsymbol{Z}_{强}\boldsymbol{I}_2=\boldsymbol{V}'$，其中，$\boldsymbol{V}'=\boldsymbol{Z}_{弱}\boldsymbol{I}_1$；

② 利用上面构造出来的稀疏近似逆矩阵 $\boldsymbol{M}$ 加快迭代求解 $\boldsymbol{I}_2$：

$$\boldsymbol{I}_2=\boldsymbol{Z}_{强}^{-1}\boldsymbol{V}'=\boldsymbol{Z}_{强}^{-1}\boldsymbol{Z}_{弱}\boldsymbol{I}_1$$

(3) 重复上面的操作，需要注意的是电流是一种以级数的关系累加的，累加多少项需要根据求出的电流系数代入原方程进行 2-范数的判断。

由式(12.46)可以看出，随着级数展开项项数的增加，残差越来越小，呈幂级数形式的方式递减。下面通过一个半径为 5m 的金属球验证上述级数展开的正确性。如图 12.28 所示，其中照射金属球的平面波入射方向为 $\theta^{\text{inc}}=0°$，$\phi^{\text{inc}}=0°$，入射波频率为 300MHz，剖分出来的未知量个数为 10 万，使用混合场积分方程。图 12.28 给出了强相互作用为 1λ、2λ 与 4λ 时取级数的项数与残差的曲线图。可以很明显地看出，随着级数展开项数的增加，残差是一种呈超线性的递减趋势。多取一项时，残差就降低一个数量级，从而证明了程序的正确性。

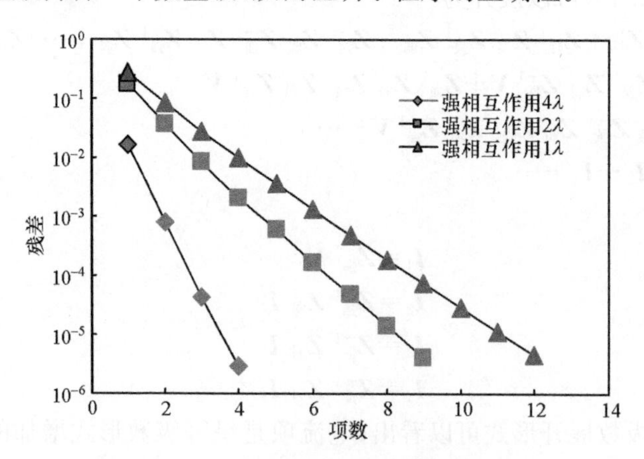

图 12.28 残差随着电流展开项数变化曲线

图 12.28 给出了半径为 5m 的金属球残差随电流展开项数变化曲线，使用的是混合场积分方程，在第 3 章中已经给出了混合场 CFIE＝αEFIE＋(1－α)MFIE 的表达式，经过大量的算例分析，发现使用混合场积分方程时比电场积分方程的收敛效果要好。这是因为磁场积分方程有一项主值积分项，可以使矩阵趋于主对角占优，当矩阵分布是主对角占优时，使用级数展开的效果较佳。

图 12.29(a)为 B2 轰炸机模型结构图。其中,入射波频率为150MHz,入射角度为$\theta^{\text{inc}}=0°$,$\phi^{\text{inc}}=0°$,模型的电尺寸为 10.5λ×26.2λ×1.5λ,离散后未知量个数为 121971。GMRES+SAI 设置收敛精度为 10^{-3},稀疏门限为 0.5λ 与 0.3λ,级数展开取强相互作用为 3λ 范围内,取二项电流展开项。表 12.11 给出了使用 GMRES+SAI 与使用级数展开方法的构造时间和迭代时间对比。图 12.29(b)给出了 GMRES+SAI 和本节方法计算该模型的双站 RCS 结果,可以看出两种方法的结果吻合得很好。

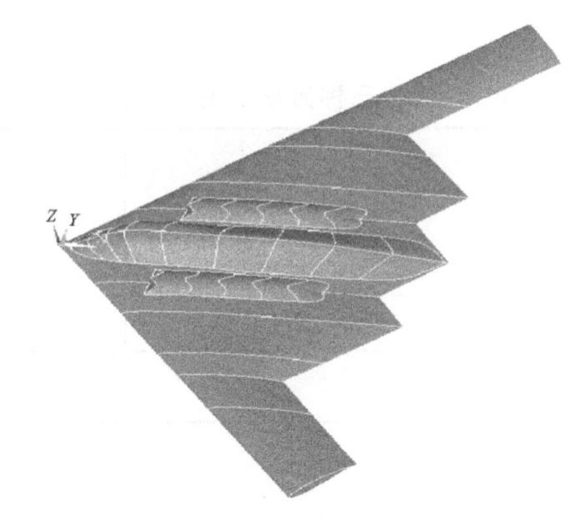

(a) B2 轰炸机模型结构图

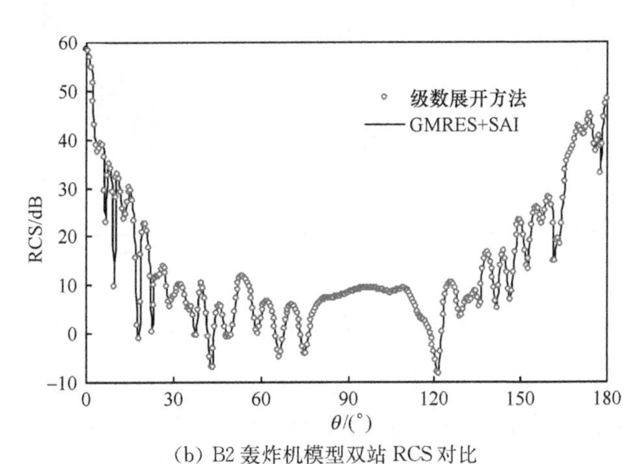

(b) B2 轰炸机模型双站 RCS 对比

图 12.29　B2 轰炸机模型电磁散射算例

表 12.11　构造时间与迭代时间对比

求解方法＼时间	构造时间/s	迭代时间/s
GMRES+SAI	41.7	39.8
级数展开方法	41.7	34.6

计算一架如图 12.25(a)所示 F15 飞机模型的电磁散射,模型沿着 xOy 平面放置,平面波入射,工作频率为 1.2GHz,入射角度为 $\theta^{inc}=0°$,$\phi^{inc}=0°$,极化方式为 θ 方向,目标电尺寸为 $133.8\lambda\times93.7\lambda\times29.7\lambda$,离散出来三角形内边个数为 4828032。GMRES+SAI 设置收敛精度为 10^{-3},稀疏门限为 0.5λ 与 0.3λ,级数展开取强相互作用为 9λ,取二项电流展开项。表 12.12 给出了使用 GMRES+SAI 与使用级数展开方法的构造时间和迭代时间对比。图 12.30 给出了 GMRES+SAI 和本节方法计算该模型的双站 RCS 结果,可以看出两种方法的结果吻合得很好。

表 12.12　三种方法的时间对比

方法＼时间	构造时间/s	迭代时间/s
GMRES+SAI	643.2	1161.2
级数展开方法	643.2	977.3

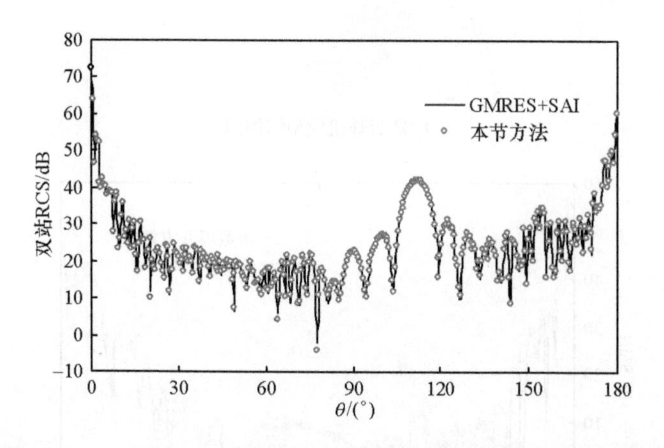

图 12.30　GMRES+SAI 和本节方法计算模型的双站 RCS 对比图

通过本节的两个算例可以看出,级数展开方法在求解收敛步数不是太多的问题时,可以在一定程度上减少迭代时间,主要是因为求解每一项展开的电流项时,矩阵矢量乘时间比全矩阵的矩阵矢量乘时间减少。这种方法有效的前提是展开的项数在比较少的情况下就能达到精度时,若需要较多的展开项,则整个时间可能比传统的求解方法长。

参 考 文 献

[1] 陈国良. 并行算法的设计与分析[M]. 北京:高等教育出版社,2002.
[2] 莫则尧,袁国兴. 消息传递并行编程环境 MPI[M]. 北京:科学出版社,2001.

[3] 都志辉. 高性能计算并行编程技术——MP 并行程序设计[M]. 北京:清华大学出版社,2001.
[4] 张宝琳,谷同祥,莫则尧. 数值并行计算原理与方法[M]. 北京:国防工业出版社,1999.
[5] 李晓梅,莫则尧,胡庆丰. 可扩展并行算法的设计与分析[M]. 北京:国防工业出版社,2000.
[6] 迟利华. 大型稀疏线性方程组在分布式存储环境下的并行计算[D]. 长沙:国防科技大学,1998.
[7] 汪杰. 适合于并行计算的一类电磁场边值问题分析方法的研究[D]. 南京:东南大学,2001.
[8] Chio-Grogan Y S, Eswar K, Sadayappan P, et al. Sequential and parallel implementations of the partitioning finite-element method[J]. IEEE Transactions on Antennas and Propagation, 1997, 44(12): 1609-1616.
[9] Wolfe C T, Navasariwala U, Gedney S D. A parallel finite-element tearing and interconnecting algorithm for solution of the vector wave equation with PML absorbing medium[J]. IEEE Transactions on Antennas and Propagation, 2000, 48(2): 278-284.
[10] Mathur K K, Johnsson S L. The finite element method on a data parallel computing system[J]. International Journal of High Speed Computing, 1989, 1(1): 29-44.
[11] 李晓梅,迟利华. 并行求解大型稀疏线性方程组的研究概况[J]. 装备学院学报,1999, 10(3): 1-8.
[12] 平学伟. 电磁场中的快速有限元分析[D]. 南京:南京理工大学,2007.
[13] 莫则尧. 消息传递并行编程环境:MPI[M]. 北京:科学出版社,2001.
[14] Schwarz H A. Gesammelte Mathenraticsche Abhandlungen[M]. Berlin: Springer, 1890.
[15] Cwik T. Parallel decomposition methods for the solution of electromagnetic scattering problems[J]. Electromagnetics, 1992, 12(3-4): 343-357.
[16] Chen R S, Wang D X, Yung E K N, et al. An algebraic domain decomposition algorithm for the vector finite-element analysis of 3D electromagnetic field problems[J]. Microwave and Optical Technology Letters, 2002, 34(6): 414-417.
[17] Ping X W, Chen R S. Application of algebraic domain decomposition combined with Krylov subspace iterative methods to solve 3D vector finite element equations[J]. Microwave and Optical Technology Letters, 2007, 49(49): 686-692.
[18] Chen R S, Ping X W, Yung E K N. Parallel realization of algebraic domain decomposition for the vector finite element analysis of 3D time-harmonic EM field problems[J]. International Journal of Numerical Modelling, 2005, 18(6): 481-492.
[19] Rixen D, Farhat C. A simple and efficient extension of a class of substructure based preconditioners to heterogeneous structural mechanics problems[J]. International Journal for Numerical Methods in Engineering, 1999, 44(4): 489-516.
[20] Li Y J, Jin J M. A vector dual-primal finite element tearing and interconnecting method for solving 3-D large-scale electromagnetic problems[J]. IEEE Transactions on Antennas and Propagation, 2006, 54(10): 3000-3009.
[21] 汪杰. 适合于并行计算的一类电磁场边值问题分析方法的研究[D]. 南京:东南大学,2001.

[22] 尹雷. 区域分解算法及其在电磁问题中的应用[D]. 南京:东南大学,2000.
[23] 程军峰. 提高有限元方法计算效率的若干问题的研究[D]. 合肥:中国科技大学,2002.
[24] 宛汀,朱剑,陈如山. 有限元边界积分结合撕裂对接法分析大型电磁散射问题[J]. 系统工程与电子技术,2010,32(9):1854-1858.
[25] 丁大志,宛汀,甘辉,等. 一种分析准周期结构散射问题的有限元区域分解算法[J]. 电波科学学报,2009,24(4):735-741.
[26] Velamparambil S, Chew W C, Song J. 10 Million unknowns: Is it that big? [J]. IEEE Transactions on Antennas and Propagation,2003,45(2):43-58.
[27] Zhao H, Hu J, Nie Z. Parallelization of MLFMA with composite load partition criteria and asynchronous communication[J]. Applied Computational Electromagnetics Society Journal, 2010,25(2):167-173.
[28] Fangjing H, Zaiping N, Jun H. An efficient parallel multilevel fast multipole algorithm for large-scale scattering problems[J]. Applied Computational Electromagnetics Society Journal,2010,25(4):381-387.
[29] Donepudi K C, Jin J M, et al. A higher order parallelized multilevel fast multipole algorithm for 3-D scattering[J]. IEEE Transactions on Antennas and Propagation, 2001, 49(7): 1069-1078.
[30] Pan X M, Sheng X Q. A sophisticated parallel MLFMM for scattering by extremely large targets[EM Programmer's Notebook][J]. Antennas & Propagation Magazine IEEE, 2008, 50(3):129-138.
[31] Gurel L, Ergul O. Fast and accurate solutions of extremely large integral-equation problems discretised with tens of millions of unknowns[J]. Electronics Letters, 2007, 43(9): 2335-2345.
[32] Ergul Ö, Gurel L. Efficient parallelization of the multilevel fast multipole algorithm for the solution of large-scale scattering problems[J]. IEEE Transactions on Antennas and Propagation,2008,56(8):2335-2345.
[33] Ergul Ö, Gurel L. A hierarchical partitioning strategy for an efficient parallelization of the multilevel fast multipole algorithm[J]. IEEE Transactions on Antennas and Propagation, 2009,57(6):1740-1750.
[34] Rankin W, Board J. A potable distributed implementation of the papallel multipole tree algorithm[J]. IEEE International Symposium on High Performance Distributed Computing, 1995:17-22.
[35] Grote M, Huckle T. Parallel preconditioning with sparse approximate inverses[J]. SIAM Journal on Scientific Computing,1997,18(3):838-853.
[36] Yu K L, Yu Y A. Factorized sparse approximate inverse preconditionings I: Theory[J]. SIAM Journal on Matrix Analysis and Applications,1993,14(1):45-58.
[37] Kdotilina L Y, Nikishin A A, Yeremin A Y. Factorized sparse approximate inverse preconditionings. IV: Simple approaches to rising efficiency[J]. Numerical Linear Algebra with

Applications,1999,6(7):515-531.

[38] Ahn C H,Chew W C,Zhao J S,et al. Numerical study of approximate inverse preconditioner for two-dimensional engine inlet problems[J]. Electromagnetics,1999,19(1):131-146.

[39] Botros Y Y,Volakis J L. Precoditioned generalized minimal residual iterative scheme for perfectly matched layer terminated application[J]. IEEE Microwave and Guided Wave Letters,1999,9(2):45-47.

[40] Chen M,Chen R S,Ding D Z,et al. Accelerating the multilevel fast multipole method with parallel preconditioner for large-scale scattering problems. Applied Computational Electromagnetic Society,2011,26(10):815-822.

[41] Li M M,Chen M,Zhuang W,et al. Parallel SAI preconditioned adaptive integral method for analysis of large planar microstrip antennas[J]. Applied Computational Electromagnetic Society,2010,25(11):926-935.

[42] He Z,Ding D Z. Efficient recursive-iterative solution for EM scattering problems[J]. Electronics Letter,2015,51(4):306-308.